普通高等教育焊接技术与工程系列教材

焊接结构学

第2版

主编 方洪渊
参编 董俊慧 王文先 刘雪松

机械工业出版社

本书主要内容包括：绪论、焊接热过程、焊接应力与变形、焊接接头、焊接结构的脆性断裂、焊接结构的疲劳强度、焊接结构类型及其力学特点、焊接结构设计等。本书力求理论联系实际，突出基本问题，注重对思维能力的培养，并适当反映国内外的最新研究成果和发展趋势。针对以往焊接专业学生培养过程中缺乏焊接热过程相关知识的状况，本书对这方面的知识也做了比较详细的介绍。

本书可作为焊接技术与工程专业以及材料成形及控制工程专业研修焊接专业方向的本科生教材，也可供从事焊接工作的工程技术人员参考。

图书在版编目（CIP）数据

焊接结构学/方洪渊主编. —2版. —北京：机械工业出版社，2017.3
（2025.2重印）
普通高等教育焊接技术与工程系列教材
ISBN 978-7-111-56202-3

Ⅰ.①焊… Ⅱ.①方… Ⅲ.①焊接结构-高等学校-教材 Ⅳ.①TG403

中国版本图书馆 CIP 数据核字（2017）第 040948 号

机械工业出版社（北京市百万庄大街22号 邮政编码100037）
策划编辑：冯春生 责任编辑：冯春生 安桂芳
责任校对：肖 琳 封面设计：路恩中
责任印制：张 博
北京建宏印刷有限公司印刷
2025年2月第2版第11次印刷
184mm×260mm·22.25印张·531千字
标准书号：ISBN 978-7-111-56202-3
定价：69.00元

电话服务　　　　　　　　网络服务
客服电话：010-88361066　　机 工 官 网：www.cmpbook.com
　　　　　010-88379833　　机 工 官 博：weibo.com/cmp1952
　　　　　010-68326294　　金 书 网：www.golden-book.com
封底无防伪标均为盗版　　　机工教育服务网：www.cmpedu.com

第2版前言

焊接作为制造业的基础技术，在航空航天、海洋工程与舰船、水利电力、轨道交通、桥梁建筑等各个领域都扮演着不可或缺的重要角色。我国近7亿t的钢铁年产量，有近50%的钢材需要通过焊接来制造成各种工程结构。随着我国制造业的飞速发展，新材料、新装备和新的焊接方法不断涌现，使焊接结构的设计与制造有了更多的途径和方法，同时也出现了新的问题与挑战。

以焊接技术作为主要制造手段而生产的焊接结构，不论其隶属于哪个工业领域和具有何种功能，在其设计、制造和服役过程中，都有一些共同的规律需要与焊接结构相关的从业人员学习、了解、遵循和运用。本书作为高等学校焊接技术与工程专业的本科生教材，其目的是向学生介绍与焊接结构相关的基本概念、基本原理和基础知识，使学生能够了解和掌握并运用相关的理论和知识去分析和解决一些工程实际问题。

本书第1版自2008年出版以来，被多所高校选为焊接技术与工程专业和材料成形及控制工程专业焊接方向的教材，八年来，许多教师和学生对该教材提出了很多有益的意见和建议，同时也指出了教材中的一些错误和疏漏。在此，向这些提出意见和建议、批评和鼓励的所有人表示衷心的感谢和深深的敬意。

本书秉承了第1版的体例结构，各章节仍由原编写人员做修订。在编写过程中，各位编者参阅了大量的国内外相关著作和文献资料，在此向援引的文献作者一并表示衷心的感谢。我们希望做到在尽可能全面准确介绍本领域相关的基本概念、基础知识和基本原理的基础上，多介绍一些适宜于本科阶段学习的新的思想、观念、方法和知识，从而对读者的学习和工作有所帮助。

由于编者水平有限，尽管我们努力工作，但书中的疏漏与错误之处亦在所难免，我们真诚地希望使用本书的广大师生和读者随时批评指正。

编　者
2016年12月

第1版前言

焊接结构是焊接技术应用于工程实际产品的主要表现形式,也是在许多工业部门中应用最为广泛的金属结构。焊接结构学作为焊接专业及相关专业研究焊接方向学生的专业基础课,对学生专业知识、专业技能的培养具有重要的作用。随着科学技术的不断发展和培养高层次焊接人才的迫切需求,中国机械工业教育协会材料加工工程学科教学委员会和机械工业出版社共同规划了本书。

本书的编写力求理论联系实际,突出基本问题,注重对思维能力的培养,并适当反映国内外的最新研究成果和发展趋势。针对以往焊接专业学生培养过程中缺乏焊接热过程相关知识的状况,本书对这方面的知识也做了比较详细的介绍。

本书由哈尔滨工业大学方洪渊教授担任主编,具体编写分工为:第1、2、3章由哈尔滨工业大学方洪渊教授编写,第4章由内蒙古工业大学董俊慧教授编写,第5、6章由哈尔滨工业大学刘雪松副教授编写,第7、8章由太原理工大学王文先教授编写。本书在编写过程中参阅了大量的国内外文献资料,在此向援引的参考文献作者一并表示衷心的感谢。

本书是我国著名焊接专家、焊接教育家、哈尔滨工业大学乃至中国焊接学科的重要奠基人之一——田锡唐教授辞世前主审的最后一本教材。田锡唐教授以其严谨的治学态度和渊博的专业知识,为本书的编写提出了许多宝贵的意见和建议。值此田锡唐教授逝世一周年之际,谨以本书的出版作为对田锡唐教授的衷心的悼念和永久的追忆。

本书可作为焊接技术与工程专业以及材料成形及控制工程专业研修焊接专业方向的本科生教材,也可供从事焊接工作的工程技术人员参考。

由于编者水平有限,书中的疏漏与错误之处在所难免,敬请读者批评指正。

编　者
2008年4月于哈尔滨

目　录

第 2 版前言
第 1 版前言
第 1 章　绪论 ………………………………… 1
　1.1　焊接结构的特点 ……………………… 1
　1.2　构件焊接性 …………………………… 2
第 2 章　焊接热过程 ………………………… 5
　2.1　基本概念与基本原理 ………………… 6
　　2.1.1　电弧焊热过程概述 ……………… 6
　　2.1.2　热传播基本定律 ………………… 6
　　2.1.3　焊接热源 ………………………… 9
　2.2　焊接温度场 …………………………… 17
　　2.2.1　瞬时固定热源作用下的温度场 …… 17
　　2.2.2　连续移动集中热源作用下的
　　　　　温度场 …………………………… 22
　　2.2.3　高斯分布热源作用下的温度场 …… 27
　　2.2.4　快速移动大功率热源作用下的
　　　　　温度场 …………………………… 30
　　2.2.5　热饱和与温度均匀化 …………… 31
　2.3　焊接热循环 …………………………… 34
　　2.3.1　焊接热循环及其主要参数 ……… 34
　　2.3.2　焊接热循环参数的计算 ………… 35
　　2.3.3　多层焊时的热循环 ……………… 39
　2.4　熔化区域的局部热作用 ……………… 41
　　2.4.1　热平衡和热流密度 ……………… 41
　　2.4.2　电极的加热与熔化 ……………… 43
　　2.4.3　焊接熔池模型 …………………… 46
第 3 章　焊接应力与变形 …………………… 49
　3.1　内应力的产生 ………………………… 49
　　3.1.1　内应力及其产生原因 …………… 49
　　3.1.2　热应变与相变应变 ……………… 50
　3.2　焊接应力与变形的形成过程 ………… 51
　　3.2.1　简单杆件的应力与变形 ………… 51
　　3.2.2　不均匀温度场作用下的应力与
　　　　　变形 ……………………………… 52
　　3.2.3　焊接引起的应力与变形 ………… 56

　3.3　焊接残余应力 ………………………… 62
　　3.3.1　焊接残余应力的分布 …………… 62
　　3.3.2　焊接残余应力的影响 …………… 72
　3.4　焊接残余变形 ………………………… 79
　　3.4.1　焊接残余变形的分类 …………… 79
　　3.4.2　纵向收缩变形及其引起的挠曲
　　　　　变形 ……………………………… 82
　　3.4.3　横向收缩变形及其引起的挠曲
　　　　　变形 ……………………………… 86
　　3.4.4　角变形 …………………………… 94
　　3.4.5　薄壁焊接构件的翘曲（波浪
　　　　　变形）…………………………… 96
　　3.4.6　焊接错边和扭曲变形 …………… 99
　3.5　焊接残余应力与变形的测量和调控 … 100
　　3.5.1　焊接过程中应变、位移及焊接
　　　　　变形的测量 ……………………… 101
　　3.5.2　焊接残余应力的测量 …………… 103
　　3.5.3　焊接残余应力与变形的调整与
　　　　　控制 ……………………………… 109
第 4 章　焊接接头 …………………………… 129
　4.1　焊接接头的基本特性 ………………… 129
　　4.1.1　焊接接头的概念及定义 ………… 129
　　4.1.2　焊接接头的分类 ………………… 130
　　4.1.3　焊接节点与焊接坡口 …………… 133
　　4.1.4　焊接接头及焊缝的表示方法 …… 135
　4.2　焊接接头的非均质特性 ……………… 139
　　4.2.1　焊接接头的几何不连续性 ……… 139
　　4.2.2　焊接接头的冶金不完善性 ……… 140
　　4.2.3　焊接接头的力学不均匀性 ……… 142
　4.3　焊接接头工作应力的分布与承载
　　　　能力 …………………………………… 145
　　4.3.1　工作焊缝与联系焊缝 …………… 145
　　4.3.2　典型焊接接头的应力集中系数 … 147
　　4.3.3　各类焊接接头中工作应力的
　　　　　分布 ……………………………… 152

4.4 静载荷条件下焊缝强度的计算 ………… 160
  4.4.1 焊缝静载强度计算的基本原理及简化计算的基本假设 ………… 160
  4.4.2 对接接头的静载强度计算 ………… 161
  4.4.3 搭接接头的静载强度计算 ………… 163
  4.4.4 T形（十字）接头的静载强度计算 ………… 170
4.5 焊接接头设计概述 ………… 183
  4.5.1 焊接接头的设计原则 ………… 183
  4.5.2 焊接接头的传统设计方法——许用应力设计法 ………… 184
  4.5.3 焊接接头的现代设计方法——可靠性设计法 ………… 186
  4.5.4 焊接接头的等承载设计思想概述 ………… 188

第5章 焊接结构的脆性断裂 ………… 192

5.1 脆性断裂事故及其危害性 ………… 192
5.2 金属断裂特征及焊接结构脆性断裂影响因素 ………… 195
  5.2.1 断裂的分类 ………… 195
  5.2.2 金属材料断裂的形态特征 ………… 196
  5.2.3 影响金属及其焊接结构脆性断裂的主要因素 ………… 199
5.3 焊接结构制造特点与脆性断裂的关联性 ………… 203
5.4 脆性断裂的转变温度评定方法 ………… 209
  5.4.1 冲击韧性试验 ………… 209
  5.4.2 爆炸膨胀试验和落锤试验 ………… 211
  5.4.3 缺口试样静载试验 ………… 213
  5.4.4 韦尔斯宽板拉伸试验 ………… 214
  5.4.5 断裂韧性试验 ………… 215
  5.4.6 尼伯林克试验 ………… 217
  5.4.7 罗伯逊试验和ESSO试验 ………… 218
  5.4.8 双重拉伸试验 ………… 218
5.5 脆性断裂的断裂力学评定方法 ………… 220
  5.5.1 线弹性断裂力学评定方法 ………… 220
  5.5.2 弹塑性断裂力学评定方法 ………… 226
5.6 预防焊接结构脆性断裂的措施 ………… 229
  5.6.1 正确选用材料 ………… 230
  5.6.2 采用合理的焊接结构设计和制造工艺 ………… 231
  5.6.3 用断裂力学方法评定结构安全性 ………… 235
  5.6.4 国内外主要的缺陷评定标准及SINTAP/FITNET安全性评定规范简介 ………… 236

第6章 焊接结构的疲劳强度 ………… 239

6.1 材料及结构疲劳失效的特征 ………… 239
6.2 疲劳试验及疲劳图 ………… 240
  6.2.1 疲劳载荷及其表示法 ………… 240
  6.2.2 基础疲劳试验及疲劳曲线 ………… 242
  6.2.3 疲劳强度的常用表示法——疲劳图 ………… 243
  6.2.4 各类参数对疲劳强度的影响 ………… 244
6.3 疲劳断裂的物理过程和断口特征 ………… 247
6.4 焊接接头的疲劳强度计算标准 ………… 251
6.5 影响焊接结构疲劳强度的因素 ………… 254
  6.5.1 应力集中 ………… 254
  6.5.2 残余应力 ………… 260
  6.5.3 焊接接头区域金属性能变化 ………… 262
  6.5.4 焊接缺陷 ………… 264
6.6 焊接结构疲劳设计及提高疲劳强度的措施 ………… 266
  6.6.1 焊接结构疲劳强度设计原则 ………… 266
  6.6.2 提高疲劳强度的工艺措施 ………… 267
  6.6.3 提高疲劳强度几种工艺方法的定量分析与比较 ………… 270
6.7 疲劳裂纹扩展的定量描述及寿命计算 ………… 271
  6.7.1 裂纹亚临界扩展描述 ………… 272
  6.7.2 疲劳裂纹扩展寿命计算 ………… 274
  6.7.3 利用断裂力学预测疲劳寿命的局限及全寿命分析方法 ………… 275

第7章 焊接结构类型及其力学特点 ………… 278

7.1 焊接结构的基本类型 ………… 278
  7.1.1 焊接结构的分类 ………… 278
  7.1.2 焊接结构的力学合理性分析 ………… 279
7.2 焊接结构力学特征 ………… 281
  7.2.1 框架结构及其力学特征 ………… 282
  7.2.2 桁架结构及其力学特征 ………… 286
  7.2.3 板壳结构及其力学特征 ………… 290
  7.2.4 实体结构及其力学特征 ………… 293
7.3 焊接结构实例分析 ………… 293
  7.3.1 桥式起重机主梁 ………… 294
  7.3.2 焊接容器 ………… 297
  7.3.3 机床机身 ………… 300

7.3.4　焊接旋转体 …………………… 307
　　7.3.5　薄板结构 ……………………… 314
第 8 章　焊接结构设计 ……………… 319
　8.1　焊接结构设计的一般原则 ………… 319
　　8.1.1　焊接结构设计的一般思路 …… 319
　　8.1.2　焊接结构设计的合理性分析 …… 323
　　8.1.3　焊接结构设计中应注意的问题 … 330
　8.2　焊接结构设计实例 ………………… 332
　　8.2.1　机床机身 ………………………… 332
　　8.2.2　压力容器 ………………………… 335
　　8.2.3　薄板结构 ………………………… 343
参考文献 ……………………………………… 346

绪 论　第1章

　　焊接作为一种重要的先进制造技术在工业生产和国民经济建设中起着非常重要的作用。经过几十年的快速发展，目前，焊接已在许多工业部门的金属结构（如建筑钢结构、船体、铁道车辆、压力容器等）制造中几乎全部取代了铆接。此外，在机械制造业中，以往由整铸整锻方法生产的大型毛坯改成了焊接结构，目前，世界主要工业国家生产的焊接结构占到钢产量的 50%~60%。

1.1　焊接结构的特点

　　与铆接、螺栓联接结构相比，或者与铸造和锻造结构相比，焊接结构具有下列优点：
　　（1）焊接接头强度高　在适当的条件下，焊接接头的强度可达到与母材等强度甚至高于母材强度。而铆接或螺栓联接的结构，由于要在母材上钻孔，这样就削弱了工作截面，从而导致承载能力比母材降低约 20%。
　　（2）焊接结构设计灵活性大　主要表现在：焊接结构的几何形状不受限制，可以制造空心结构，而采用铆、铸、锻等方法是无法制造的；焊接结构的壁厚不受限制，当两被连接构件的壁厚相差很大时，仍然可以实现有效连接；焊接结构的外形尺寸不受限制，对于大型结构可分段制成部件，现场组焊，这是锻、铸工艺所不能完成的。此外，可利用标准或非标准型材组焊形成所需要的结构，目前许多大型起重机和桥梁等都采用型材制造；采用焊接的方法可实现异种材料的连接，在同一结构的不同部位可按需要配置不同性能的材料，做到物尽其用。焊接还可与其他工艺方法联合使用，如铸—焊、锻—焊、栓—焊、冲压—焊接等联合工艺来制造金属结构。
　　（3）焊接接头密封性好　其气密性、水密性均优于其他方法，特别是在高温、高压容器上，只有焊接接头才是最理想的连接形式。
　　（4）焊前准备工作简单　特别是近年来数控精密切割技术的发展，对于各种厚度或形状复杂的待焊件，不必预画线就能直接从板料上切割出来，一般不用再进行机械加工就可投入装配焊接。
　　（5）易于结构的变更和改型　与铸、锻工艺相比，焊接结构的制造无需铸型和模具，因此成本低、周期短。特别是在制作大型或重型、结构简单而且是单件或小批量生产的产品结构时，具有明显的优势。
　　（6）焊接结构的成品率高　一旦出现缺陷可以修复，因此很少产生废品。
　　焊接结构也存在如下不足之处：
　　（1）存在较大的焊接应力和变形　由于焊接过程是一个局部不均匀加热的过程，不均匀的温度场会导致热应力的产生,并由此造成残余塑性变形和残余应力,以及引起结构变形。由此而引发的工艺缺欠会影响到结构的刚度、强度和稳定性,从而导致结构承载能力降低。为避免这类问题,常需要进行消除应力处理和校正变形,因而会增加工作量和生产成本。

(2) 对应力集中敏感 焊接结构具有整体性,其刚度大,焊缝的布置、数量和次序等都会影响到应力分布,并对应力集中敏感,而应力集中部位常常是疲劳、脆性断裂等破坏的起源,因此在焊接结构设计时要妥善处理。

(3) 焊接接头的性能不均匀 焊缝金属是由母材和填充金属在焊接热作用下熔合而成的铸造组织,靠近焊缝金属的母材(近缝区)受焊接热的影响,组织和性能发生变化(称之热影响区),因此,焊接接头在成分、组织和性能上都是一个不均匀体,其不均匀程度远远超过了铸、锻件,这种不均匀性对结构的力学行为,特别是断裂行为有重要影响。

1.2 构件焊接性

焊接作为一种制造技术或生产手段,其目的是要获得具有优异的连接质量和优秀的使用性能的产品(或构件)。但是由于焊接过程的复杂性和众多的影响因素,如非线性问题、瞬时作用以及温度的相关性效应等,使得要正确描述在各种情况下产生的焊接变形和焊接残余应力,准确把握产品质量变得非常困难。在实际工作中,人们采用"构件焊接性"的概念作为一个分类系统,它在考虑焊接残余应力和焊接变形的影响方面有一定的意义。随着科学技术的不断发展和进步,现在已经有可能将焊接性分解为热学、力学、显微结构等过程,从而可以对复杂的焊接性问题进行定性和一定程度上的定量描述。

1. 构件焊接性分析

与"材料焊接性"的概念相比,构件焊接性的含义更广泛,它可以包含以下几方面内容:"材料的焊接适应性""设计的焊接可靠性"和"制造的焊接可行性",如图 1-1 所示。焊接残余应力和焊接变形是焊接性的重要组成部分,它影响到冷、热裂纹的产生,影响使用性能并妨碍制造过程。

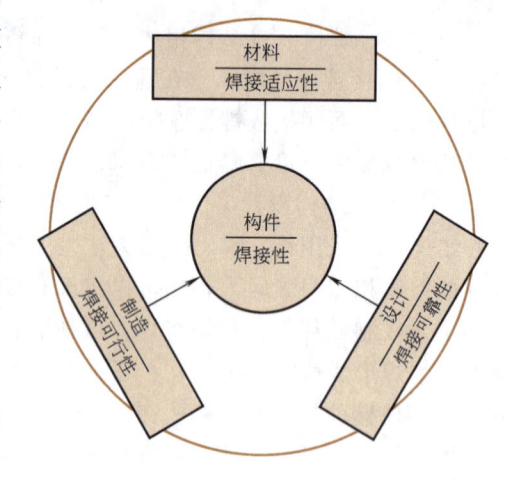

图 1-1 构件焊接性的定义

2. 影响构件焊接性的因素

根据上述分类,可将影响构件焊接性的因素按图 1-2 所示的方式加以区分。

从狭义上来说,构件焊接性可理解为所需求的强度性能。焊接接头的强度受到化学成分和温度循环等主要影响因素的支配,而这些因素又受到如焊缝类型或预热温度等因素的影响。强度行为可用一些主要的物理特征值来描述,而这些特征值又可能涉及另一些次要的或工艺的特征值,图 1-3 所示为一张仅限于影响强度性能的不完全的可变因素图,由此可以看出"焊接性"的复杂性。

"焊接性"是一个复杂的问题,以往对焊接性的描述多数为定性的语言描述,已经发展

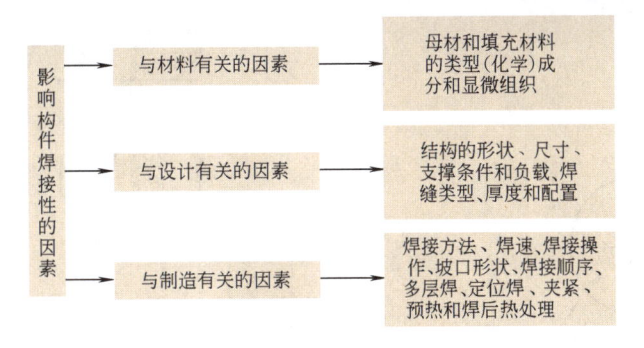

图 1-2 影响构件焊接性的因素

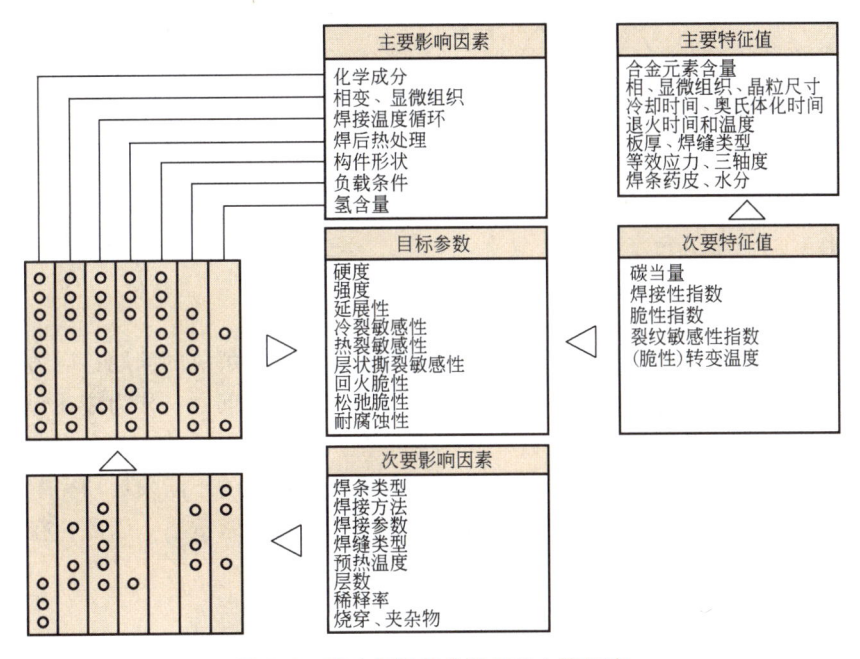

图 1-3 影响焊接接头强度的主要因素

了一些实验方法，可以针对某一具体情况或特定的性能参数来定量描述，但从全面、宏观上对焊接性进行定量描述却十分复杂，也十分困难。随着科学技术的发展，特别是计算机和数值模拟技术的进步，将焊接性分解成温度场、应力和变形场以及显微组织状态场，如图 1-4 所示，这对于定量分析焊接问题具有重要意义。

图 1-4 中的实线箭头表示存在强烈的影响，虚线箭头表示影响较弱，在工程上可以忽略其间的相互关联。值得强调的是，需要把显微组织的转变包括到分析中去。显微组织的转变不仅取决于材料的化学成分，也取决于其受热过程（特别是与焊接有关的过程）。

为强调相变行为的影响，并显示出有限元分析中的基本输入和输出参数，可对图 1-4 加以扩展（见图 1-5），使各类影响因素之间的关系更为清晰。

从前述内容可以看出，焊接结构的性能和质量问题涉及三个主要方面，即热场（温度场）、应力和变形场以及显微组织状态场。其对应的基本理论分别为热学（传热学）、力学（流体力学、材料力学、弹塑性力学、断裂力学）和金相学（金属学、冶金学、金属力学性

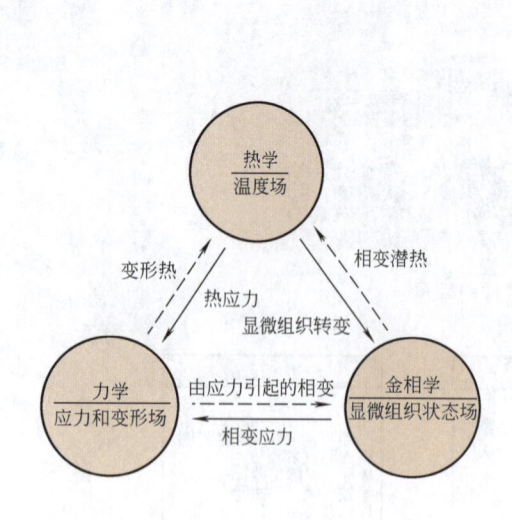

图 1-4 温度场、应力和变形场以及显微组织状态场的分解和相互影响

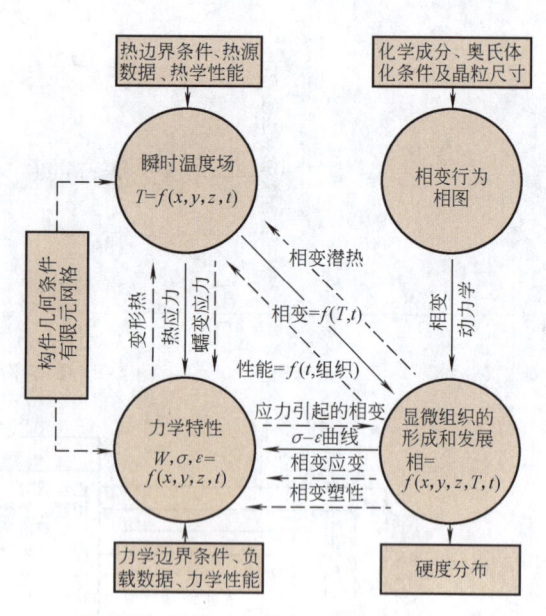

图 1-5 显微组织转变对焊接性的影响

能等)。

显微组织状态场的分析与解读是焊接冶金学课程中重点要解决的问题；应力和变形场以及结构强度等问题则是焊接结构学课程的主要内容；而温度场问题，作为描述焊接冶金过程和焊接应力变形行为的共性基础，一直是我国焊接专业本科教学活动中的一个薄弱环节。随着对焊接过程研究工作的不断深入，以及有限元数值模拟技术的不断发展和完善，焊接温度场这一研究焊接过程的重要基础性问题的教学工作已经显得非常重要。因此，在本书中纳入焊接热过程一章，以补充这方面的不足。

焊接热过程

第 2 章

除了冷压焊等极个别的特例之外，其他焊接过程都需要加热，即热过程是伴随焊接过程始终的，甚至在焊前和焊后也仍然存在着热过程问题，如工件在焊前进行预热和焊后进行的冷却和热处理等过程。因此，热过程在决定焊接质量和提高焊接生产率等方面具有重要意义。

焊接热过程是一个十分复杂的问题，从 20 世纪 30 年代由罗塞舍尔和雷卡林开始进行了系统研究，到目前已取得很大进展，但尚未得到圆满解决。这一问题的复杂性主要表现在以下几个方面：

（1）焊接热过程的局部性或不均匀性　与热处理工艺不同，多数焊接过程都是进行局部加热的，只有在热源直接作用下的区域受到加热，有热量输入，其他区域则存在热量损耗。受热区域的金属熔化，形成焊接熔池。这种局部加热正是引起焊接残余应力和焊接变形的根源。

（2）焊接热过程的瞬时性（非稳态性）　由于在金属材料中热量的传播速度很快，焊接时必须利用高度集中的热源。这种热源可以在极短的时间内将大量的热量由热源传递给工件，这就造成了焊接热过程的时变性和非稳态特性。例如，在最不利的情况下，构件的初始温度可达到-40℃（在北方冬天的室外温度），而焊接熔池的最高温度可以达到金属汽化的温度（如钢的沸点为 3000℃），而熔池的形成是在很短时间内完成的，因此其加热速度之快，常可以达到 1500℃/s 以上。

（3）焊接热源的相对运动　由于焊接热源相对于工件的位置不断发生变化，这就造成了焊接热过程的不稳定性。

由以上几点可以看出，焊接热过程是一个十分复杂的问题，这给分析研究工作带来了许多困难。但是如果能够了解和掌握焊接热过程的基本规律，能够准确知道工件任一位置在任一时刻的状态和温度，则对控制焊接质量、调整焊接参数、消除焊接应力、减小焊接变形、预测接头性能等方面均具有重要的意义。

到目前为止，世界上许多国家的焊接工作者对焊接热过程进行了大量的系统的研究工作，但距离上述要求还存在着差距，这主要是因为在解决一些复杂的焊接传热问题时，不得不提出一些数学上的假设并进行推导。这一方面的经典工作是由苏联的雷卡林完成的。雷卡林的工作对一些相对简单的情况给出了一些解析解，但其结果常存在很大偏差。随着有限元理论和数值分析技术的发展，使一些复杂问题的计算得以进行，因而使计算模型的建立可以更接近实际情况，准确程度也明显提高，但仍没有达到完全实用化的程度，并且许多复杂的理论问题也未得到很好的解决。因此，焊接热过程目前仍然是国际焊接界研究的热点问题之一。

本章以常规的 MIG 焊（Metal Inert Gas Welding，熔化极惰性气体保护焊）为例来讨论焊接热源、热场、流场的基本规律和焊接热过程的计算方法，以及焊接热循环的有关问题，目的是为讨论焊接冶金、应力、变形、热影响区等建立基础。

2.1 基本概念与基本原理

2.1.1 电弧焊热过程概述

首先，分析一下最典型的焊接过程——MIG 焊时都有哪些因素会影响到热过程。在焊接过程中，热量的来源包括：电弧热、电阻热、相变潜热和变形热。电弧热是利用气体介质的放电过程来产生热量，并熔化焊丝和加热工件，是焊接时热量最主要的来源。电阻热是当焊接电流流过焊丝和工件时，由焊丝和工件本身的电阻将电能转化为热能所产生的热量。在电弧热和电阻热的作用下，当被焊母材和焊丝发生熔化或凝固时，将释放出相变潜热，并因此影响焊接的热过程。此外，焊接构件发生变形时将产生变形热，只是这部分热量的影响较小，一般情况下可以忽略。

以上的热量来源构成了焊接过程的产热机构。焊接过程中产生的热量，在加热工件的同时也要发生损失，即形成焊接过程的散热机构。散热机构包括环境散热（即处于高温的工件和焊丝向周围介质散失热量）和飞溅散热（即由于焊接飞溅，造成发生质量损失的同时也伴有热量损失）。

在焊接的过程中，涉及以下几种热量的传递方式：由于温差的存在，工件和焊丝中高温区域的热量通过热传导的方式向低温区域转移；在焊接熔池内部，由于各处温度不同，加上电弧的冲击作用会产生强迫对流，并且在工件表面处，周围气体介质流过时也会通过对流方式带走一些热量，即发生对流换热；而由于电弧本身处于极高温度，将向周围的低温物体发生辐射，并传递热量，即存在辐射换热。除了热传导、对流和辐射这三种热量传递方式以外，在焊接过程中还将发生焓迁移。这主要是指具有高温的熔滴从焊丝端部向母材熔池过渡迁移，在传质的同时发生传热，并且焊接飞溅从熔池向四周飞散，也可以视为一种焓迁移。

从上述分析可以看出，要分析焊接热过程，就要处理几方面的问题：①热源，即热量的来源，包括产热的机构、性质、分布和效率等；②热量传输方式，涉及热传导、对流、辐射等；③传质问题，即流体流动（在熔池内、环境、飞溅）；④相变问题，即潜热、热物理参数变化；⑤位移问题，即热源与工件相对位置变化、工件变形等；⑥力学问题，即电弧力、重力、等离子流力、热应力、拘束力和相变应力等。

综上所述，可以看出，焊接热过程是一个十分复杂的过程，涉及多学科的知识，因此，在求解这一问题时需要对各方面的知识加以综合利用。

2.1.2 热传播基本定律

1. 热传导定律

热传导问题由傅里叶定律来描述，即：物体等温面上的热流密度 q^* [J/(mm²·s)] 与垂直于该处等温面的负温度梯度成正比，与热导率 λ 成正比，即

$$q^* = -\lambda \frac{\partial T}{\partial n} \tag{2-1}$$

式中，λ 为热导率 [J/(mm·s·K)]；$\dfrac{\partial T}{\partial n}$ 为温度梯度（K/mm）。

热导率 λ 表示物质传导热量的能力。在数值上，可以认为热导率等于每单位温度梯度的比热流量，或等于单位长度内沿该表面法线方向的温度梯度减小 1℃ 时，经单位时间流过单位表面积的热量。金属的热导率取决于物质的化学成分、组织和温度。碳钢和珠光体类低合金钢在 800℃ 以下的热导率是随温度的升高而降低的；而奥氏体类高合金钢的热导率则随温度的增加而增加（见图 2-1）。在 800℃ 以上时，各种钢材的热导率彼此接近。

金属的导热和导电都取决于同一机理，即在温度差或电位差作用下的自由电子的移动。所以，热导率 λ 和电导率 σ [$\sigma = 1/\rho$，单位为 $1/(\Omega·cm)$] 之间存在一定的关系，可以用洛伦兹定律来表示，即

$$\dfrac{\lambda}{\sigma} = LT \qquad (2\text{-}2)$$

式中，L 为比例系数，$L = (2 \sim 3) \times 10^{-8}$ [$\Omega·J/(s·K)$]；T 为热力学温度。

式（2-2）可用于近似地估计热导率与温度的关系，因为在高温时，由实验确定电阻比确定热导率要简单得多。

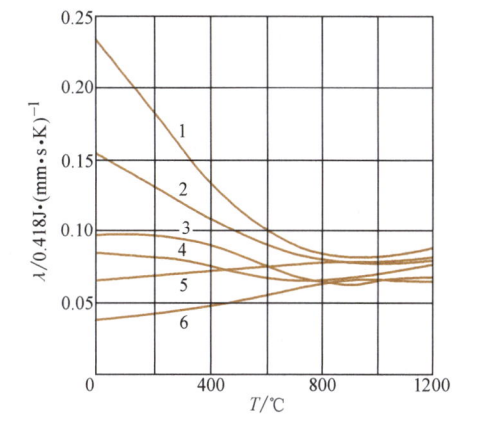

图 2-1 各种钢材的热导率 λ 与温度的关系
1—电解铁　2—低碳钢（$w_C = 0.1\%$）　3—碳钢（$w_C = 0.45\%$、$w_{Si} = 0.08\%$、$w_{Mn} = 0.07\%$）　4—低铬钢（$w_C = 0.1\%$、$w_{Si} = 0.02\%$、$w_{Mn} = 0.4\%$、$w_{Cr} = 4.98\%$）　5—铬钢（$w_C = 1.52\%$、$w_{Si} = 0.38\%$、$w_{Mn} = 0.38\%$、$w_{Cr} = 13.1\%$）　6—铬镍不锈钢（$w_C = 0.15\%$、$w_{Si} = 0.19\%$、$w_{Mn} = 0.26\%$、$w_{Ni} = 8.04\%$、$w_{Cr} = 17.8\%$）

2. 对流传热定律

在气体和流体中，热的传播主要借助于物质微粒的运动。如果这种运动仅仅由于温度差引起的密度差而造成，则产生自然对流；如果依靠外力来维持这种运动，则产生强迫对流（如电弧和火焰的吹力效应）。

对流传热遵循牛顿定律，即：某一与流动的气体或液体接触的固体的表面微元，其热流密度 q_c^* 与对流表面传热系数 α_c [J/(mm²·s·K)] 和固体表面温度与气体或液体温度之差（$T - T_0$）成正比，即

$$q_c^* = \alpha_c (T - T_0) \qquad (2\text{-}3)$$

式中，T 为固体表面温度（K）；T_0 为气体或液体温度（K）；α_c 为对流表面传热系数 [J/(mm²·s·K)]。

对流表面传热系数 α_c 取决于放热表面的物理性能、形状和尺寸、在空间的位置，以及周围介质的密度、黏性和导热性等，此外还取决于温度差（$T - T_0$）。

3. 辐射传热定律

加热体的辐射传热是一种空间的电磁波辐射过程，可以穿过透明体，被不透光的物体吸收后又转变成热能。因此，任何物体间均处于相互热交换的状态。

根据斯蒂芬-玻尔兹曼定律：受热物体在单位时间内由单位面积上辐射的热量，即其热

流密度 q_r^* 与其表面温度的 4 次方成正比,即

$$q_r^* = \varepsilon C_0 T^4 \tag{2-4}$$

式中,$C_0 = 5.67 \times 10^{-14}$ J/(mm²·s·K⁴),适用于绝对黑体;ε 为黑度系数(即吸收率),$\varepsilon <1$。对于抛光后的金属表面,$\varepsilon = 0.2 \sim 0.4$;对于粗糙且被氧化的钢材表面,$\varepsilon = 0.6 \sim 0.9$。黑度系数随温度的增加而增加,在熔化温度的范围内,$\varepsilon = 0.90 \sim 0.95$。

在焊接条件下,相对比较小的物体(温度为 T)在相对较宽阔的环境中(温度为 T_0)冷却,通过热辐射(与对流相比,高温下热辐射占主要地位)发生的热损失可按下式计算,即

$$q_r^* = \varepsilon C_0 (T^4 - T_0^4) \tag{2-5}$$

作为上式的线性化近似,有

$$q_r^* = \alpha_r (T - T_0) \tag{2-6}$$

式中,α_r 为辐射表面传热系数 [J/(mm²·s·K)],在很大程度上取决于 T 和 T_0。

加热固体表面的放热是通过对流换热和辐射换热过程来完成的,这些过程的物理机制是完全不同的,彼此完全独立进行,而其换热效果可以叠加,即全部放热的比热流量等于对流换热和辐射换热的比热流量之和,即

$$q = q_c^* + q_r^* = (\alpha_c + \alpha_r)(T - T_0) = \alpha (T - T_0) \tag{2-7}$$

式中,α 为全部表面传热系数,等于对流表面和辐射表面传热系数之和。

当表面温度不超过 300℃ 时,对流换热起主要作用,随着温度的升高,辐射换热的作用逐渐加强,如在 800℃ 时,辐射换热约占总放热量的 80%。在 50~1500℃ 范围内,全部表面传热系数 α 的数值要增加 30~50 倍。

4. 导热微分方程

对于均匀且各向同性的连续体介质,并且其材料特征值与温度无关时,在能量守恒原理的基础上,可得到下面的热传导微分方程

$$\frac{\partial T}{\partial t} = \frac{\lambda}{c\rho}\left(\frac{\partial^2 T}{\partial x^2} + \frac{\partial^2 T}{\partial y^2} + \frac{\partial^2 T}{\partial z^2}\right) + \frac{1}{c\rho}\frac{\partial Q_v}{\partial t} \tag{2-8}$$

式中,λ 为热导率 [J/(mm·s·K)];c 为比热容 [J/(g·K)];ρ 为密度 (g/mm³);Q_v 为单位体积逸出或消耗的热能 (J/mm³);$\frac{\partial Q_v}{\partial t}$ 为内热源强度 [J/(mm³·s)]。

定义热扩散率 $a = \lambda/(c\rho)$,并引入拉普拉斯算子 ∇^2,则上式简化为

$$\frac{\partial T}{\partial t} = a\nabla^2 T + \frac{1}{c\rho}\frac{\partial Q_v}{\partial t} \tag{2-9}$$

热扩散率 a 标志着不稳定导热时温度均匀化的速度,其单位为 cm²/s。与热导率 λ 和比热容 c 一样,a 在很大程度上取决于温度值。

导热时的边界条件可分为三类:

第一类边界条件为已知边界上的温度值。边界上的温度可能是恒定的,也可能是随时间

变化的，即

$$T_s = T_s(x,y,z,t) \tag{2-10}$$

等温边界条件代表第一类边界条件的个别情况。

第二类边界条件为已知边界上的热流密度分布，即

$$\lambda \frac{\partial T}{\partial n} = q_s(x,y,z,t) \tag{2-11}$$

绝热边界为第二类边界条件的个别情况，在绝热表面，任意点的比热流量以及沿表面法线方向的温度梯度均为零。

第三类边界条件为已知边界上物体与周围介质间的热交换，即

$$\lambda \frac{\partial T}{\partial n} = \alpha(T_s - T_0) \tag{2-12}$$

当表面传热系数 α 非常大而热导率 λ 很小时，即 $\alpha/\lambda \to \infty$，表面温度接近于周围介质的温度，此时相当于等温边界条件；而当 $\alpha/\lambda \to 0$ 时，通过边界表面的热流趋近于零，成为另一种极端情况，即绝热条件。

2.1.3 焊接热源

一般来说，必须由外界提供相应的能量才能实现基本的焊接过程，也就是说，有能源的存在是实现焊接的基本条件。到目前为止，实现金属焊接所采用的能量形式从基本性质来看，包括电能、机械能、光辐射能和化学能等。

1. 焊接热源的种类及特征

（1）电弧焊热源　电弧焊时，热量产生于阳极与阴极斑点之间气体柱（弧柱、热等离子体）的放电过程。MIG焊过程采用的是直接弧，阳极斑点和阴极斑点直接加热母材和焊丝（或电极材料），电弧柱产生的辐射和对流（气流效应）传热及电极斑点产生的辐射传热也起辅助作用；等离子弧焊时，应用非直接弧，也就是电弧是间接加热被焊工件的，加热方式以辐射和对流加热为主。

（2）气焊热源　气焊时，乙炔（C_2H_2）在纯氧（O_2）中部分燃烧，在环绕焰芯的还原区形成一氧化碳（CO）和氢（H_2），然后在外焰区与空气中的氧作用，完全燃烧形成二氧化碳（CO_2）和水蒸气，焰流以高速冲击焊接区的表面，通过对流和辐射方式来加热工件。

（3）电阻焊热源　以电阻热为主要焊接热源的焊接方法包括电阻点焊（如凸焊、缝焊、点焊等）、电阻对焊（压力对焊、闪光对焊）及电渣焊。电阻点焊和电阻对焊时，最初起主要作用的是被焊构件间的接触区域存在接触电阻，电流流过时导致表面被加热，并使表面局部熔化，此后，接触电阻减弱甚至消失，热量的产生主要取决于电流密度和被加热的体积。在进行通过传导或感应传递能量的高频电阻焊时，由于集肤效应和传输电阻的存在，首先使极薄的表面层被加热；而电渣焊时，熔融而导电的渣池被电阻热加热，并熔化母材和连续给进的焊丝。

（4）摩擦焊热源　摩擦焊时，相互接触并相对运动的表面因互相摩擦而产生热量，使接触区域温度升高，材料的塑性变形能力增强，最后在轴向加压的作用下实现连接。

(5) 电子束焊热源 电子束焊时，由热阴极发射并经电子透镜聚焦的电子束流被大约 10μm 厚的焊件表面层吸收，并产生热量。当电子束功率足够大时，焊件表面被熔化，最后导致形成很深的穿透型蒸气毛细管，其周围是熔化的金属，并形成焊接热源。

(6) 激光焊热源 激光焊接时，聚焦的激光束直接照射到焊接区域，并被大约 0.5μm 厚的表面层吸收，如果激光功率密度足够大，可以像电子束一样形成汽化的毛细管。作为实际应用的焊接热源，激光散焦时，也可以通过热传导的方式传递热量到焊件内部。

(7) 铝热剂焊热源 这种方法主要用于钢轨焊接。通过铝粉和金属氧化物的放热化学反应产生热量，形成熔池，并形成熔渣（即铝的氧化物）和填充金属。

从上述各种焊接热源来看，有些热量产生于表面，需要通过传导将其传送至工件内部；有些产生于材料内部。由于工件及其坡口几何尺寸的不同，以及焊接热源可调节特性等方面的差异，在实际应用中会有各种变化。表2-1给出了各种焊接热源的主要特性。

表 2-1 各种焊接热源的主要特性

热 源	最小加热面积 /cm²	最大功率密度 /(W/m²)	正常焊接参数下的温度 /K
乙炔火焰	10^{-2}	2×10^3	3200
金属极电弧	10^{-3}	10^4	6000
钨极电弧(TIG)	10^{-3}	1.5×10^4	8000
埋弧焊	10^{-3}	2×10^4	6400
电渣焊	10^{-3}	10^4	2000
熔化极氩弧(MIG) CO_2 气体保护焊	10^{-4}	$10^4 \sim 10^5$	
等离子弧	10^{-5}	1.5×10^5	18000~24000
电子束	10^{-7}	—	—
激光	10^{-8}	$10^7 \sim 10^9$	—

2. 焊接热源的有效热功率（热效率）

焊接热源对焊接温度场的影响主要表现在热输入参数上。对于瞬时热源，通常采用热量 Q（J）来描述热输入量；对于连续热源，一般采用热流量 q（J/s）来描述热输入量。

由于在焊接过程中所产生的热量并非全部用于加热工件，而是有一部分热量损失于周围介质和飞溅，因此，焊接热源也存在一个热效率问题。焊接过程的热效率（或称功率系数）$\eta_h < 1$。

电弧焊时，一般可将电弧看成是无电感的纯电阻，则全部电能转变为热能，因此有效热功率为

$$q = \eta_h UI = \eta_h RI_{\text{eff}}^2 \text{（交流时）} \tag{2-13}$$

式中，q 为电弧的有效热功率（J/s）；U 为电弧电压（V）；I 为电弧电流（A）；η_h 为功率系数；R 为电弧的电阻（Ω）；I_{eff} 为有效电流（A）（交流情况下，用瞬时积分得出的有效值）。

气焊时，以乙炔的消耗量为基本参数来描述热源，其有效热功率为

第 2 章

$$q = \eta_h \cdot 3.2 V_{Ac} \tag{2-14}$$

式中，q 为气体火焰的有效热功率；V_{Ac} 为乙炔的消耗量（L/h）。

缝焊时，为了使用方便，常用单位长度焊缝上的热输入 q_w 来替代单位时间的热输入 q，因此，其热功率为

$$q_w = q/v \tag{2-15}$$

式中，q_w 为单位长度焊缝上的热输入（J/mm）；v 为焊接速度（mm/s）。此外，根据不同的焊接方法，还可以用单位质量熔敷金属的热量 q_m 代替 q。

电阻焊时，其有效能量为电阻 R、有效电流 I_{eff} 和电流持续时间 t_c 的乘积，即

$$Q = \eta_h R I_{eff}^2 t_c \tag{2-16}$$

在一定条件下，η_h 是常数，其主要取决于焊接方法、焊接参数和焊接材料的种类。表 2-2 给出了焊接钢和铝时，常用焊接方法的热功率数据。

表 2-2 钢和铝常用焊接方法的热功率数据

焊接方法	热功率 q /(kJ/s)	焊接速度 v /(mm/s)	单位长度热输入 q_w /(kJ/mm)	热效率 η_h
焊条电弧焊	1~20	<5	<3.5	0.65~0.90
气保护金属极电弧焊	5~100	<15	<2	0.65~0.90
气保护钨极电弧焊	1~15	<15	<1	0.20~0.50
埋弧焊	5~250	<25	<10	0.85~0.95
电子束焊	0.5~10	<150	<10	0.95~0.97
激光焊	1~5	<150	<0.05	0.80~0.95
氧乙炔焊	1~10	<10	<1	0.25~0.85

3. 构件几何尺寸的简化

在进行函数解析求解时，将构件有关的几何尺寸和热输入条件进行简化，作为分析模型的一部分，是绝对必要的。这可以使最后的温度场表达式更为简单，否则将无法获得解析解。而在进行有限元求解时，原则上允许考虑几乎任何复杂的情况，但实际上和经济上的要求也给予了一定的限制。

进行焊接温度场的解析求解时，简化模型的一个共同特点是将工件中的热量传递视为一个纯导热问题，忽略焊接熔池中的复杂过程，特别是熔池的熔化和凝固过程、熔池中流体的运动和熔池中以对流和辐射方式进行的传热过程。

根据构件的几何形状，引入三种基本的几何形体：半无限扩展的立方体（半无限体）、无限扩展的板（无限大板）和长度无限扩展的杆（无限长杆）。

所谓半无限体，是指热源作用于立方体上表面的中心，立方体的尺寸是无限的，热量向三个方向传递。当进行厚板焊接的温度场计算时，可对工件进行这种简化，板的厚度越大越符合这种模型。

所谓无限大板，是指在板的厚度方向上没有温度梯度，即认为是二维传热，热流密度在

板厚方向上的分布为常数，作用于板中心的热源功率在板厚度方向上的分布也是常数。这一模型适用于薄板，板越薄越符合。

所谓无限长杆，是指在杆的横截面上的热功率为常数，可将其看成是一维传热。这类假设可用于求解焊丝上的温度场。几何尺寸简化模型的示意图如图2-2所示。

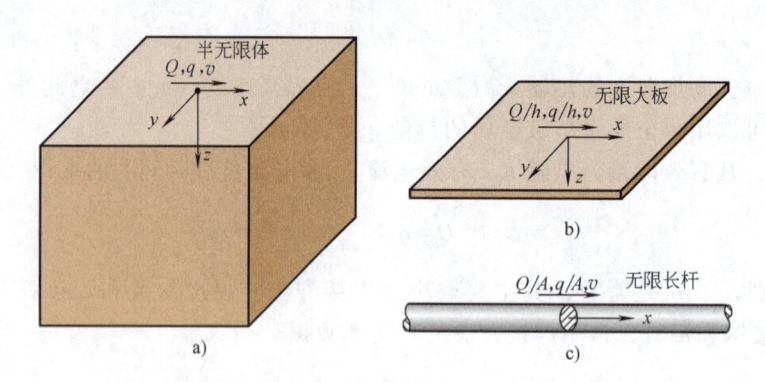

图 2-2 以函数解析为基础的温度场分析的基本几何形状

用简化的无限扩展体来代替有限尺寸，在许多情况下是合理的，特别是当构件在相应方向上的尺寸越大，热传播周期（加热和冷却）越短，热扩散率越低，研究区域离热源越远以及传热系数越大时，效果越好。

4. 焊接热源模型

焊接热输入具有局部集中的特点，在建立焊接热源模型时，可以充分利用这一特征，同时应注意到：①在和热源尺寸相同量级的范围内，焊接热源的热流密度分布对温度场有显著影响；②如果用作用于面积中心或体积中心的集中热源来代替分布的热源，则在远离热源处的温度场将不发生明显变化；③在靠近热源的区域，热流密度分布决定温度场，在远离热源的区域，构件的几何尺寸起决定作用。

(1) 点热源模型　点热源模型是一种集中热源模型，这一模型将焊接电弧的热量视为由一个点向工件输入。点热源一般配合半无限体几何模型使用。点热源作用于半无限体或立方体表面，热量向 x、y、z 三个方向传播，可用来模拟厚板表面的堆焊过程。

(2) 线热源模型　线热源模型也是一种集中热源模型，这一模型将热源看成是沿板厚方向上的一条线。在厚度方向上，热能均匀分布并垂直作用于板平面。线热源模型通常配合无限大板几何模型使用，认为热量仅做二维传播。线热源模型可模拟一次熔透的薄板对接焊过程。

(3) 面热源模型　面热源模型同样是一种集中热源模型，通常配合无限长杆几何模型使用。这一模型假定热量沿杆件的截面上均匀分布，作用于杆的横截面上，此时热量只沿一个方向传播，是一个一维传热。面热源模型可模拟电极端面或摩擦焊时的加热过程。

当计算点远离热源时，用集中热源模型进行温度场计算是成功的，但在接近热源区域则会出现很大的偏差。特别是在热源中心处，集中热源模型使热源中心成为数学处理上的一个奇异点，温度将会升高至无限大，这种情形在实际焊接过程中是不可能出现的。实践证明，在进行电弧、束流和火焰焊接的温度场计算时，采用分布热源模型进行模拟更为有效和准确。

（4）**高斯热源模型** 高斯热源模型是一种分布热源模型，又称之为正态分布热源模型。这一模型假定工件表面上电弧笼罩的区域内，热流密度 q^* 的分布可以用概率分析中的高斯正态分布函数来描述，即

$$q^* = q^*_{max} \exp(-kr^2) \tag{2-17}$$

式中，q^*_{max} 为最大热流密度 [J/(mm²·s)]；k 为表示热源集中程度的系数，称之为热源集中系数（1/mm²）；r 为电弧覆盖区域内某一点到热源中心的距离（mm）。

对于最大热流密度 q^*_{max} 的确定，可做如下考虑：假设在加热表面上的比热流量按某种规律 $q^*(r)$ 分布，为确定分布在 A 面积上的热源的全部热功率，需要将整个面积 A 划分为微元面积 dA，并将在微元面积 d$A = 2\pi r dr$ 上的热量 $q^*(r) \cdot 2\pi r dr$ 总计起来（见图2-3），即在整个面积 A 上进行积分。对于高斯分布热源来说，r 的取值范围由 $r = 0$ 到 $r = \infty$，则热源的热功率为

$$q = \int_A q^*(r) dA = \int_0^\infty q^*_{max} \exp(-kr^2) \cdot 2\pi r dr \tag{2-18}$$

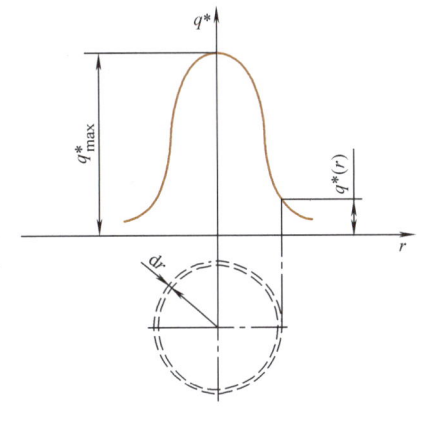

图 2-3 加热表面的环形微元 $2\pi rdr$ 上热量的总计

求解上式，可得 $q = \frac{\pi}{k} q^*_{max}$，由此可以确定最大热流密度为

$$q^*_{max} = \frac{k}{\pi} q \tag{2-19}$$

电弧笼罩的区域是有限的，其大小可以通过实验来确定。通常，取电弧笼罩区域的直径为 d_n，并假定在此区域内集中了电弧绝大部分（95%以上）的热量。对于电极斑点直径大约为 5mm 的电弧，测量得出 $d_n = 14 \sim 35$mm；而对于气体火焰，$d_n = 55 \sim 84$mm，其取决于焊炬喷嘴的尺寸。由此可以计算出

$$d_n = \frac{2\sqrt{3}}{\sqrt{k}} \tag{2-20}$$

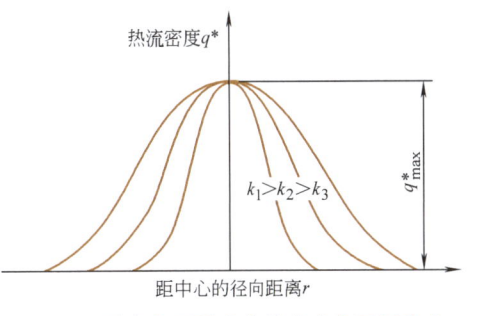

图 2-4 具有相同最大热流密度和不同集中系数时的热流密度 q^* 与距离 r 的关系

可以看出，当 q^*_{max} 相同，而 k 不同时，热流密度的集中程度不同（见图2-4），k 值增加，表示热流集中程度增加。所以，电子束、激光等热源的 k 值较大，电弧的 k 值适中，而气体火焰的 k 值较小。

有时会采用多把焊炬排成一列同时加热工件。对于这种情况，可用带状热源来描述。所谓带状热源，就是将高斯热源沿一个方向拉长的结果。高斯热源和带状热源的示意图如图2-5所示。

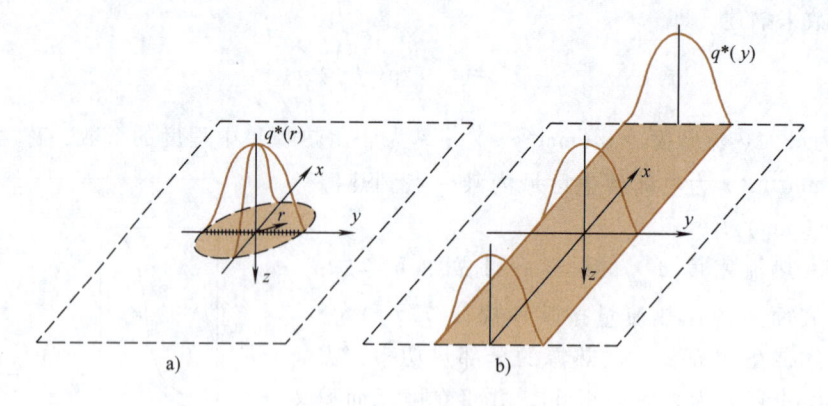

图 2-5 正态分布的热源
a）高斯热源 b）带状热源

（5）双椭球热源模型　在进行薄板熔透焊接或当电弧挺度较小、对熔池的冲击力也较小的情况下，采用高斯热源模型可以取得比较精确的结果。但对于高能束焊接厚板时，采用高斯热源模型计算的精度降低。针对这种情况，又出现了一种用一个近似于焊接熔池形状和尺寸的半卵形分布的体积热源来描述深熔表面堆焊或对接焊缝时的移动热源模型（见图2-6）。对于卵形热源的形状，以电弧中心所在位置为分界，将其分为前后两部分，对这两部分分别用两个1/4椭球来描述，因此，这一热源模型又被称之为双椭球热源模型。

对于双椭球热源模型，假设在卵形面内，其热流密度 q 按高斯函数正态分布，热流密度在卵形面的中心有最大值，从中心至边缘呈指数曲线下降。卵形尺寸的选择约比熔池小10%，总热功率应等于焊接过程的有效热功率。在对比计算的和测量的焊接熔池形状和温度场的基础上，对描述椭球形状的参数，即椭球的半轴长度进行最后的校准。双椭球热源模型是一个体热源模型，因为热量是在半椭球体内分布的。

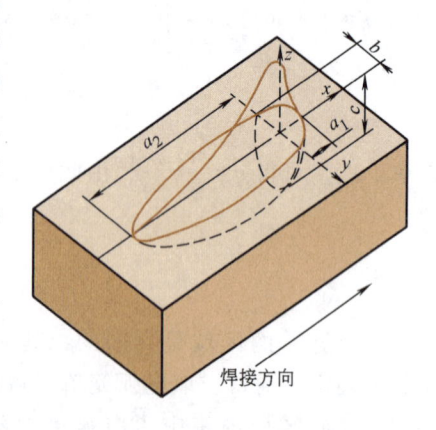

图 2-6 具有体积热流密度 q 正态分布的运动双椭球热源模型

双椭球热源模型的前后两部分采用不同的表达式，前半部分椭球内热源分布的表达式为

$$q(x,y,z) = \frac{6\sqrt{3}f_1 Q}{\pi a_1 bc\sqrt{\pi}} \exp\left(-3\frac{x^2}{a_1^2}\right) \exp\left(-3\frac{y^2}{b^2}\right) \exp\left(-3\frac{z^2}{c^2}\right) \quad (2\text{-}21)$$

后半部分椭球内热源分布的表达式为

$$q(x,y,z)=\frac{6\sqrt{3}f_2 Q}{\pi a_2 bc\sqrt{\pi}}\exp\left(-3\frac{x^2}{a_2^2}\right)\exp\left(-3\frac{y^2}{b^2}\right)\exp\left(-3\frac{z^2}{c^2}\right) \tag{2-22}$$

式中，$Q=\eta UI$，η 为热源效率，U 为焊接电压（V），I 为焊接电流（A）；a、b、c 为椭球形状参数；f_1、f_2 为前后椭球热量分布函数，$f_1+f_2=2$。

（6）**广义双椭球热源模型** 上述热源模型均认为电弧轴线是与工件垂直的，也就是说，没有考虑电弧轴线相对于工件表面发生偏转的情况。而在实际焊接过程中，电弧轴线经常会不垂直于被焊工件的表面。电弧的偏转会导致热流的分布发生变化，因此，要描述这种情况，热源模型中相应的参数也应变化。现假定在笛卡儿坐标系 $Oxyz$ 中，被焊工件的表面与 xOy 平面重合，x 方向为焊接方向，y 方向为焊缝熔宽方向，z 方向为熔深方向，正常焊接时电弧轴线与 z 轴重合。如果电弧轴线在 xOz 平面内相对于工件做顺时针偏转，偏转角度为 β，对此，也可以视为工件逆时针偏转了 β 角（见图 2-7）。此时，三维高斯热源能量密度的分布公式为

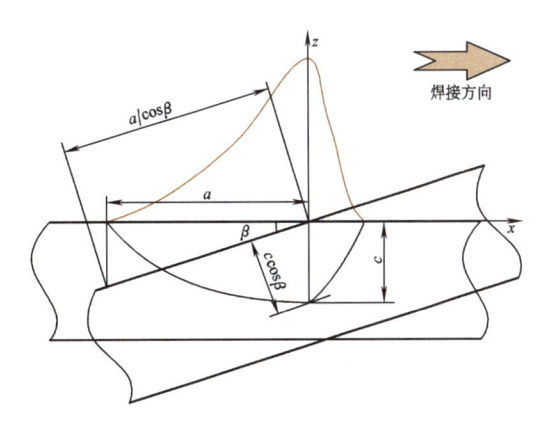

图 2-7 电弧轴线偏转的双椭球热源模型示意图

$$q(x,y,z)=q(0)\exp(-Ax^2-By^2-Cz^2) \tag{2-23}$$

对式（2-23）在整个空间域内进行积分，则能量关系满足

$$2Q=\iiint q(x,y,z)\mathrm{d}x\mathrm{d}y\mathrm{d}z=q(0)\frac{\pi\sqrt{\pi}}{\sqrt{ABC}} \tag{2-24}$$

所以

$$q(0)=\frac{2Q\sqrt{ABC}}{\pi\sqrt{\pi}} \tag{2-25}$$

定义 a、b、c 为电弧未偏转时 x、y、z 方向热流密度降至 $0.05q(0)$ 时的距离。由图 2-7 可以看出，电弧偏转后，x、z 方向热流密度降为 $0.05q(0)$ 时的距离分别变为 $a/\cos\beta$ 和 $c\cos\beta$，而 y 方向没有偏转，距离仍然是 b，所以有

$$q\left(\frac{a}{\cos\beta},0,0\right)=q(0)\exp\left[-A\left(\frac{a}{\cos\beta}\right)^2\right]=0.05q(0) \tag{2-26}$$

$$q(0,b,0)=q(0)\exp[-Bb^2]=0.05q(0) \tag{2-27}$$

$$q(0,0,c\cos\beta)=q(0)\exp[-C(c\cos\beta)^2]=0.05q(0) \tag{2-28}$$

求解以上三式，可得

$$A = \frac{\ln 20}{(a/\cos\beta)^2} \approx \frac{3}{(a/\cos\beta)^2} \quad (2\text{-}29)$$

$$B = \frac{\ln 20}{b^2} \approx \frac{3}{b^2} \quad (2\text{-}30)$$

$$C = \frac{\ln 20}{(c\cos\beta)^2} \approx \frac{3}{(c\cos\beta)^2} \quad (2\text{-}31)$$

将 A、B、C 代入式（2-23），可得热源公式为

$$q = \frac{6\sqrt{3}\,Q}{\pi abc\sqrt{\pi}} \exp\left[-\frac{3x^2}{(a/\cos\beta)^2} - \frac{3y^2}{b^2} - \frac{3z^2}{(c\cos\beta)^2}\right] \quad (2\text{-}32)$$

引入前后椭球热量分布函数 f_1 和 f_2，且 $f_1+f_2=2$，最后得到考虑电弧沿焊接方向偏转时的双椭球热源模型表达式，得

前半椭球为

$$q = \frac{6\sqrt{3}\,Qf_1}{\pi a_1 bc\sqrt{\pi}} \exp\left[-\frac{3x^2}{(a_1/\cos\beta)^2} - \frac{3y^2}{b^2} - \frac{3z^2}{(c\cos\beta)^2}\right] \quad (2\text{-}33)$$

后半椭球为

$$q = \frac{6\sqrt{3}\,Qf_2}{\pi a_2 bc\sqrt{\pi}} \exp\left[-\frac{3x^2}{(a_2/\cos\beta)^2} - \frac{3y^2}{b^2} - \frac{3z^2}{(c\cos\beta)^2}\right] \quad (2\text{-}34)$$

如果考虑电弧轴线向任意方向偏转，与焊接方向（x 方向）构成夹角为 β，与熔池宽度方向（y 方向）构成夹角为 γ，与熔池深度方向（z 方向）构成夹角为 θ（见图 2-8），采取与前述相同的处理方式，可以求出电弧偏转后在 x、y、z 方向上热流密度降为 $0.05q(0)$ 时的距离分别为 $a/\sin\beta$、$b/\sin\gamma$、$c\cos\theta$。据此可以推导出考虑电弧轴线向任意方向偏转时的双椭球热源模型表达式，得

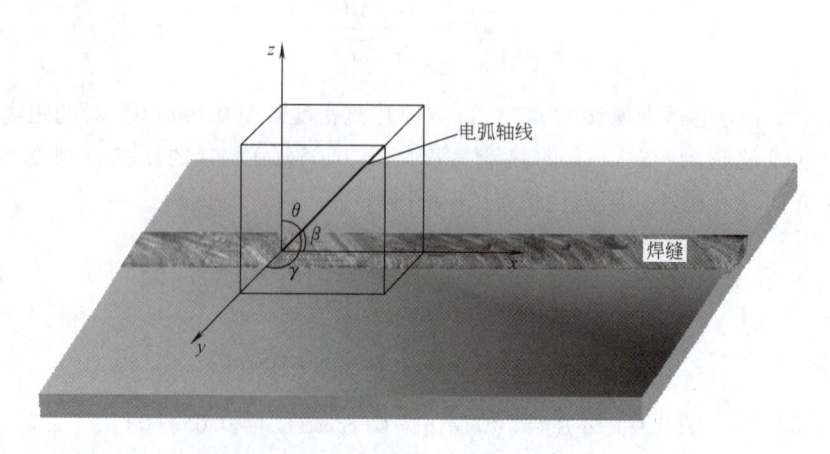

图 2-8 电弧轴线相对于工件发生偏转示意图

前半椭球为

$$q = \frac{6\sqrt{3}\,Qf_1\sin\beta\sin\gamma}{\pi a_1 bc\cos\theta\sqrt{\pi}}\exp\left[-\frac{3x^2}{(a_1/\sin\beta)^2}-\frac{3y^2}{(b/\sin\gamma)^2}-\frac{3z^2}{(c\cos\theta)^2}\right] \quad (2\text{-}35)$$

后半椭球为

$$q = \frac{6\sqrt{3}\,Qf_2\sin\beta\sin\gamma}{\pi a_2 bc\cos\theta\sqrt{\pi}}\exp\left[-\frac{3x^2}{(a_2/\sin\beta)^2}-\frac{3y^2}{(b/\sin\gamma)^2}-\frac{3z^2}{(c\cos\theta)^2}\right] \quad (2\text{-}36)$$

这一热源模型称之为广义双椭球热源模型。

分析广义双椭球热源模型可以发现，这一模型涵盖了一系列热源模型。如果电弧垂直于工件表面，即 $\beta=\gamma=90°$，$\theta=0°$，则广义双椭球热源模型就简化为普通双椭球热源模型；如果取 $a=b=c=r$，则简化为半球形热源模型；如果取 $a=b=r$，且 $c=0$，则简化为高斯热源模型。因此可以说，前述的各种热源模型仅仅是广义双椭球热源模型的特殊形式。

计算焊接温度场时，除了对热源的空间分布进行简化处理之外，对热源作用的时间因素也需要进行简化。一般将作用时间极短的热源称之为瞬时热源，认为热源在某一瞬间（$t \to 0$）就向工件导入了热量 Q。点焊、定位焊、栓塞焊、爆炸焊等过程接近于此。对于持续作用的热源，称之为连续作用热源，可以认为在热源作用期间内，热源以恒定的热流密度 q 导入工件。对于各种连续的焊接过程，可以认为符合这种情况。

2.2 焊接温度场

焊接温度场是指在焊接过程中，某一时刻所有空间各点温度的总计或分布。焊接温度场可以方便地用等温面或等温线来表示。等温面是工件上具有相同温度的所有点的轨迹；等温线是等温面与某一截面的交线。

2.2.1 瞬时固定热源作用下的温度场

瞬时固定热源可作为具有短暂加热及随后冷却的焊接过程（如点焊）的简化模型，其相应的数学解还可以作为分析连续移动热源焊接过程的基础，因此具有重要意义。

为获得简化的温度场计算公式，需要做一些假设：

1) 在整个焊接过程中，热物理常数不随温度而改变。
2) 焊件的初始温度分布均匀，并且不考虑相变潜热。
3) 二维或三维传热时，认为彼此无关，互不影响。
4) 认为焊件的几何尺寸是无限的。
5) 热源是按点状、线状或面状假设集中作用在焊件上的。

1. 瞬时点热源作用于半无限体时的温度场

在这种情况下，热量 Q 在时间 $t=0$ 的瞬间作用于半无限大立方体表面的中心处，热量呈三维传播，如图 2-9 所示。在任意方向距点热源的距离为 r 处的点经过时间 t 时，温度增加为 $T-T_0$。求解导热微分方程

$$\frac{\partial T}{\partial t} = \frac{\lambda}{c\rho}\left(\frac{\partial^2 T}{\partial x^2} + \frac{\partial^2 T}{\partial y^2} + \frac{\partial^2 T}{\partial z^2}\right) \qquad (2\text{-}37)$$

可得此条件下的温度场表达式为

$$T = \frac{Q}{c\rho(4\pi at)^{3/2}}\exp\left(-\frac{r^2}{4at}\right) \qquad (2\text{-}38)$$

式中，Q 为焊件瞬时所获得的能量（J）；r 为距点热源的距离（mm），$r^2 = x^2 + y^2 + z^2$；t 为传热时间（s）；$c\rho$ 为焊件的容积比热容 [J/(mm^3·℃)]；a 为热扩散率（mm^2/s）。

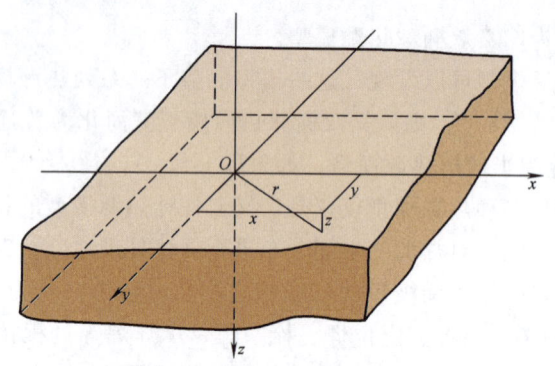

图 2-9 瞬时点热源作用于半无限体

只要证明式（2-38）是微分方程式（2-37）的一个特解即可。在此设：

$$u = \frac{Q}{c\rho(4\pi at)^{3/2}}, v = \exp\left(-\frac{r^2}{4at}\right), T = uv, \frac{\partial T}{\partial t} = \frac{\partial(uv)}{\partial t} = u\frac{\partial v}{\partial t} + v\frac{\partial u}{\partial t}$$

则

$$\frac{\partial T}{\partial t} = \frac{Q}{c\rho(4\pi at)^{3/2}}\left(-\frac{r^2}{4a}\right)\left(-\frac{1}{t^2}\right)\exp\left(-\frac{r^2}{4at}\right) + \exp\left(-\frac{r^2}{4at}\right)\frac{Q}{c\rho(4\pi a)^{3/2}}\left(-\frac{3}{2}\frac{1}{t^{5/2}}\right)$$

$$= T\left(\frac{r^2}{4at^2} - \frac{3}{2t}\right) = \frac{T}{t}\left(\frac{r^2}{4at} - \frac{3}{2}\right)$$

而

$$\frac{\partial T}{\partial x} = \frac{\partial T}{\partial r}\frac{\partial r}{\partial x} = \frac{Q}{c\rho(4\pi at)^{3/2}}\exp\left(-\frac{r^2}{4at}\right)\left(-\frac{2r}{4at}\right)\frac{\partial r}{\partial x} = T\left(-\frac{2r}{4at}\right)\frac{\partial r}{\partial x}$$

由于 $r^2 = x^2 + y^2 + z^2$，$2rdr = 2xdx$，$\frac{\partial r}{\partial x} = \frac{x}{r}$，所以

$$\frac{\partial T}{\partial x} = T\left(-\frac{x}{2at}\right)$$

则 $\dfrac{\partial^2 T}{\partial x^2} = \dfrac{\partial}{\partial x}\left(\dfrac{\partial T}{\partial x}\right) = \dfrac{\partial}{\partial x}\left(-T\dfrac{x}{2at}\right) = -\dfrac{T}{2at} - \dfrac{x}{2at}\dfrac{\partial T}{\partial x} = -\dfrac{T}{2at} - \dfrac{x}{2at}\left(-T\dfrac{x}{2at}\right) = \dfrac{T}{2at}\left(\dfrac{x^2}{2at} - 1\right)$

同理 $\dfrac{\partial^2 T}{\partial y^2} = \dfrac{T}{2at}\left(\dfrac{y^2}{2at} - 1\right)$，$\dfrac{\partial^2 T}{\partial z^2} = \dfrac{T}{2at}\left(\dfrac{z^2}{2at} - 1\right)$

将上面各式代入微分方程式（2-37），得

$$\frac{T}{t}\left(\frac{r^2}{4at} - \frac{3}{2}\right) = \frac{\lambda}{c\rho}\left[\frac{T}{2at}\left(\frac{x^2}{2at} - 1 + \frac{y^2}{2at} - 1 + \frac{z^2}{2at} - 1\right)\right] = \frac{T}{t}\frac{\lambda}{c\rho}\frac{1}{a}\left(\frac{x^2 + y^2 + z^2}{4at} - \frac{3}{2}\right)$$

因为 $\frac{\lambda}{c\rho}=a$，所以，微分方程两端相等，即说明式（2-38）确实是微分方程式（2-37）的特解，只要正确确定常数项即可。

可以看出，瞬时点热源作用下的温度场是一个半径为 r 的等温球面，考虑到焊件为半无限体，热量只在半球中传播，则对式（2-38）加以修正，即认为热量完全为半无限体获得，即

$$T-T_0 = \frac{2Q}{c\rho(4\pi at)^{3/2}}\exp\left(-\frac{r^2}{4at}\right) \tag{2-39}$$

式中，T_0 为初始温度。

在热源作用点（$r=0$）处，其温度为

$$(T-T_0)_{r=0} = \frac{2Q}{c\rho(4\pi at)^{3/2}} \tag{2-40}$$

在此点，当 $t=0$ 时，$T-T_0\to\infty$。这与实际情况不符合（电弧焊接时，$T_{max}=2500℃$），这是点热源模型简化的结果。

随着时间延长，温度 T 随 $1/t^{3/2}$ 呈双曲线下降，双曲线高度与 Q 成正比。在中心以外的各点，其温度开始时随时间 t 的延长而升高，达到最大值以后，逐渐随 $t\to\infty$ 而下降到环境温度 T_0。图 2-10 给出了瞬时点热源作用下的温度场。

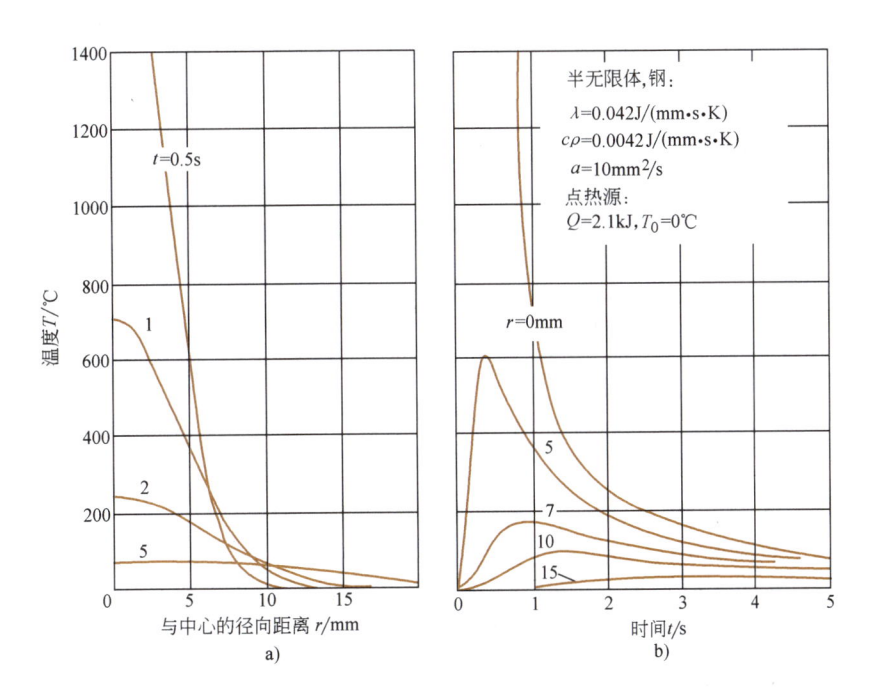

图 2-10 半无限体瞬时点热源周围的温度场
a）温度 T 随与中心径向距离 r 的变化 b）温度 T 随时间 t 的变化

2. 瞬时线热源作用于无限大板时的温度场

在厚度为 h 的无限大板上，瞬时线热源集中作用于某点上，即相当于热量在该点处在板

厚方向上均匀瞬间输入。假定焊件初始温度为 T_0，在 $t=0$ 时刻，有热量 Q 瞬间作用于焊件，求解距热源为 r 的某点，经过时间 t 后的温度。此时可用二维导热微分方程来求解。对于薄板来说，必须考虑与周围介质的换热。当薄板表面的温度为 T_0 时，在板上取一微元体 $hdxdy$（见图 2-11），在单位时间内微元体损失的热能为 $\mathrm{d}Q$，即

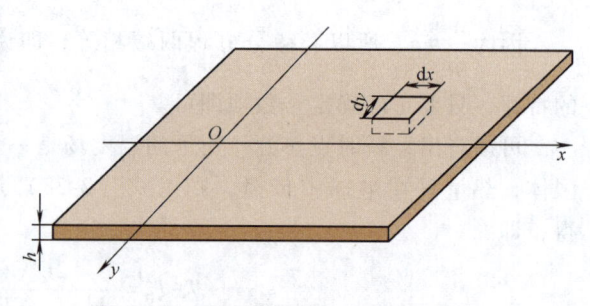

图 2-11 瞬时线热源作用于无限大板

$$\mathrm{d}Q = 2\alpha(T-T_0)\mathrm{d}x\mathrm{d}y\mathrm{d}t \qquad (2\text{-}41)$$

式中，α 为表面传热系数 [$\mathrm{J/(mm^2 \cdot s \cdot ℃)}$]；2 为考虑双面散热；$T$ 为板表面温度（℃）；T_0 为周围介质温度（℃）。

由于散热使微元体 $hdxdy$ 的温度下降，则此时失去的热能应为 $\mathrm{d}Q$，即

$$\mathrm{d}Q = -\mathrm{d}Tc\rho \mathrm{d}V = -\mathrm{d}Tc\rho h \mathrm{d}x\mathrm{d}y \qquad (2\text{-}42)$$

式（2-41）与式（2-42）应相等，整理得

$$\frac{\mathrm{d}T}{\mathrm{d}t} = -\frac{2\alpha}{c\rho h}(T-T_0) = -bT(\text{当 } T_0=0 \text{ 时}) \qquad (2\text{-}43)$$

式中，$b = 2\alpha/(c\rho h)$，称为散温系数（s^{-1}）。

因此，焊接薄板时如果考虑表面散热，则导热微分方程式中应补充一项，即

$$\frac{\partial T}{\partial t} = a\left(\frac{\partial^2 T}{\partial x^2} + \frac{\partial^2 T}{\partial y^2}\right) - bT \qquad (2\text{-}44)$$

此微分方程的特解为

$$T-T_0 = \frac{Q}{hc\rho(4\pi at)}\exp\left(-\frac{r^2}{4at} - bt\right) \qquad (2\text{-}45)$$

此为薄板瞬时线热源传热计算公式。可见，其温度分布是平面内以 r 为半径的圆环。

在热源作用处（$r=0$），其温度增加为

$$T-T_0 = \frac{Q}{hc\rho(4\pi at)}\exp(-bt) \qquad (2\text{-}46)$$

温度以 $1/t$ 双曲线形式下降，下降的趋势比半无限体要缓和些。

3. 瞬时面热源作用于无限长杆时的温度场

假定热量 Q 在 $t=0$ 时刻作用于横截面积为 A 的无限长杆上 $x=0$ 处的中央截面，Q 均布于面积 A 上，形成与面积有关的热流密度 Q/A，热量呈一维传播。

同样考虑散热，求解一维导热微分方程

$$\frac{\partial T}{\partial t} = a\frac{\partial^2 T}{\partial x^2} - b^*t \qquad (2\text{-}47)$$

可得

$$T-T_0 = \frac{Q}{Ac\rho(4\pi at)^{1/2}}\exp\left(-\frac{x^2}{4at} - b^*t\right) \qquad (2\text{-}48)$$

式中，$b^* = \alpha L/(Ac\rho)$，为细杆的散温系数（s^{-1}），其中 L 为细杆的周长（mm），A 为细杆的横截面积（mm^2）。

在热源作用处（$x=0$），其温度升高为

$$T - T_0 = \frac{Q}{Ac\rho(4\pi at)^{1/2}} \exp(-b^* t) \qquad (2\text{-}49)$$

温度以 $1/t^{1/2}$ 双曲线形式下降，下降的趋势比无限大板更缓和。

图 2-12 给出了体、板、杆的中心温度下降的不同梯度。热流空间受限越多，温度梯度减小越明显，因此，热传播的快速性从体至板，再从板至杆逐渐减小。

4. 叠加原理

焊接过程中常常会遇到工件上可能有数个热源同时作用，也可能先后作用或断续作用的情况。对于这些情况，某一点的温度变化可像单独热源作用那样分别求解，然后再进行叠加。

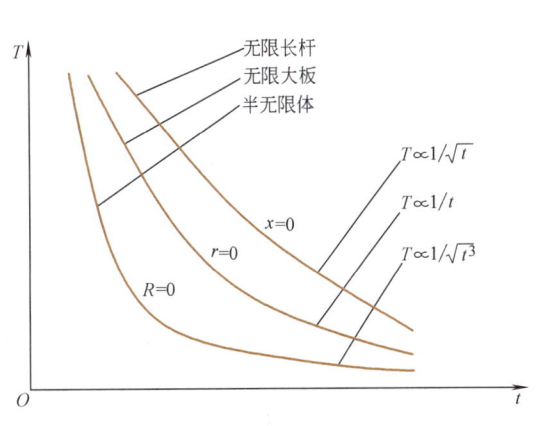

叠加原理：假设有若干个不相干的独立热源作用在同一焊件上，则焊件上某一点的温度等于各独立热源对该点产生温升的总和，即

图 2-12 瞬时点、线、面热源中心处温度变化的比较

$$T = \sum_{i=1}^{n} T(r_i, t_i) \qquad (2\text{-}50)$$

式中，r_i 为第 i 个热源与计算点之间的距离；t_i 为第 i 个热源相应的热传播时间。

例 2-1 如图 2-13 所示的薄板上，有热量 Q_A 在 A 点瞬时传入薄板，其后 5s，又有热量 Q_B 在 B 点瞬时传入薄板，求 B 热源作用 10s 后，P 点的瞬时温度。

解 由题意可知：A 热源传播时间为 $t_A = 15s$，B 热源传播时间为 $t_B = 10s$，则

图 2-13 叠加原理示意图

$$T_A = \frac{Q_A}{hc\rho(4\pi a \times 15)} \exp\left[\frac{(\overline{AP})^2}{4a \times 15} - b \times 15\right]$$

$$T_B = \frac{Q_B}{hc\rho(4\pi a \times 10)} \exp\left[\frac{(\overline{BP})^2}{4a \times 10} - b \times 10\right]$$

$$T_P = T_A + T_B$$

有了叠加原理后，就可以处理连续热源作用的问题，即将连续热源看成是无数个瞬时热源作用叠加的结果。

2.2.2 连续移动集中热源作用下的温度场

焊接过程中,热源一般都是以一定的速度运动并连续作用于工件上。前面讨论的瞬时热源传热为讨论连续热源奠定了理论基础。

在实际的焊接条件下,连续作用的热源由于运动速度(即焊接速度)不同,对温度场会产生较大影响,一般可分为以下三种情况:

1) 热源移动速度为零,即相当于定点焊的情况,此时可以得到稳定的温度场。

2) 热源移动速度较慢,即相当于焊条电弧焊的条件,此时温度分布比较复杂,处于准稳定状态。理论上虽能得到满意的数学模型,但与实际焊接条件有较大偏差。

3) 热源移动速度很快,即相当于快速焊接(如自动焊接的情况),此时温度场分布也较复杂,但可简化后建立数学模型,定性分析实际条件下的温度场。

1. 作用于半无限体的移动点热源

连续作用的移动热源的温度场的数学表达式可以从叠加原理获得。叠加原理的应用范围是线性微分方程式,而线性微分方程式是建立在材料的特征值均与温度无关的基本假设基础之上的。这种线性化在很多情况下是可以被接受的。

现假定:有不变功率 q 的连续作用点热源沿半无限体表面匀速直线移动,热源移动速度为 v。在 $t=0$ 时刻,热源处于 O_0 位置,并开始沿着 O_0x_0 坐标轴运动。从热源开始作用算起,经过 t 时刻,热源运动到 O 点,O_0O 的距离为 vt。建立运动坐标系 $Oxyz$,使 Ox 轴与 O_0x_0 轴重合,O 为运动坐标系的原点,Oy 轴平行于 O_0y_0 轴,Oz 轴平行于 O_0z_0 轴,如图2-14所示。

现考察开始加热之后的时刻 t',热源位于 O' (vt', 0, 0) 点,在时间微元 dt' 内,热源在 O' 点发出热量 $dQ=qdt'$。经过 $t-t'$ 时期的传播,到时间 t 时,在 A 点 (x_0, y_0, z_0) 引起的温度变化为 $dT(t')$。在热源移动的整个时间 t 内,把全部路径 O_0O 上加进的瞬时热源的总和所引起的在 A 点的微小温度变化叠加起来,就得到 A 点的温度变化 $T(t)$,即

$$T(t) = \int_0^t dT(t') \tag{2-51}$$

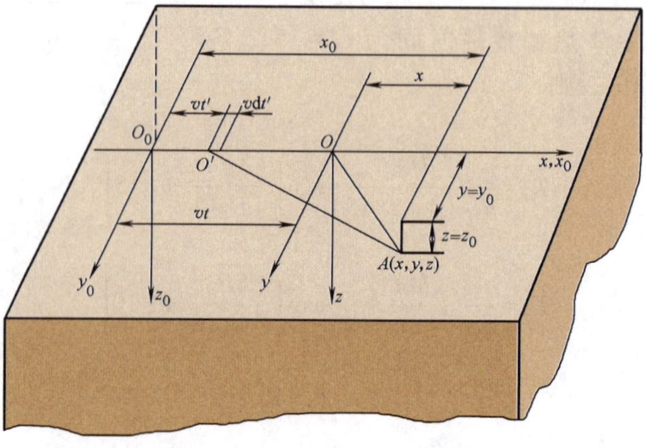

图 2-14 移动点热源作用于半无限体时的坐标系建立

应用瞬时点热源的热传播方程

$$dT = \frac{2Q}{c\rho(4\pi at)^{3/2}}\exp\left(-\frac{r^2}{4at}\right) \tag{2-52}$$

此时，$r^2 = (\overline{O'A})^2 = (x_0-vt')^2 + y_0^2 + z_0^2$，热源持续时间为 $t-t_0$，则有

$$dT(x_0, y_0, z_0, t) = \frac{2qdt'}{c\rho[4\pi a(t-t')]^{3/2}}\exp\left[-\frac{(x_0-vt')^2 + y_0^2 + z_0^2}{4a(t-t')}\right] \quad t>t'>0 \tag{2-53}$$

所以

$$T(x_0, y_0, z_0, t) = \int_0^t \frac{2qdt'}{c\rho[4\pi a(t-t')]^{3/2}}\exp\left[-\frac{(x_0-vt')^2 + y_0^2 + z_0^2}{4a(t-t')}\right] \tag{2-54}$$

上式属于固定坐标系 $O_0x_0y_0z_0$，对于运动坐标系 $Oxyz$ 来说，由于 $x=x_0-vt$、$y=y_0$、$z=z_0$，现设 $t''=t-t'$，代入上式，得

$$T(x, y, z, t) = \frac{2q}{c\rho(4\pi a)^{3/2}}\exp\left(-\frac{vx}{2a}\right)\int_0^t \frac{dt''}{t''^{3/2}}\exp\left(-\frac{v^2 t''}{4a} - \frac{r^2}{4at''}\right) \tag{2-55}$$

如果忽略焊接加热过程的起始阶段和收尾阶段（即不考虑起弧和收弧），则作用于无限体上的匀速直线运动的热源周围的温度场，可认为是准稳态温度场，如果将此温度场放在运动坐标系中，就呈现为具有固定场参数的稳定温度场。

对此，考虑极限状态，$t \to \infty$，并设 $\frac{r^2}{4at} = u^2$、$\frac{vr}{4a} = m$、$du = -\frac{r}{2(4a)^{1/2}}\frac{dt''}{t''^{3/2}}$，代入上式中的定积分部分，由于

$$\int_0^\infty \exp\left(-u^2 - \frac{m^2}{u^2}\right)du = \frac{\sqrt{\pi}}{2}\exp(-2m) = \frac{\sqrt{\pi}}{2}\exp\left(-\frac{vr}{2a}\right) \tag{2-56}$$

所以

$$T(r,x) = \frac{2q}{c\rho 2\pi ar\sqrt{\pi}}\exp\left(-\frac{vx}{2a}\right)\frac{\sqrt{\pi}}{2}\exp\left(-\frac{vr}{2a}\right) = \frac{q}{2\pi\lambda r}\exp\left[-\frac{v}{2a}(x+r)\right] \tag{2-57}$$

式（2-57）即为以恒定速度沿半无限体表面运动的、不变功率的点热源的热传播极限状态方程式。式中，r 为运动坐标系中的空间动径，即所考察点 A 到坐标原点 O 的距离。

当 $v=0$ 时，相当于固定连续热源，则

$$T-T_0 = \frac{q}{2\pi\lambda r} \tag{2-58}$$

可见，等温面为同心半球形，温度随 $1/r$ 呈双曲线下降，热导率 λ 越小时，加热至高温的区域越大。

当 $x=-r$ 时，同样可获得式（2-58）。这说明移动热源运动轴线上热源后方各点（$x=-r$）的温度值与移动速度 v 无关。相反，适用于运动轴线上热源前方各点（$x=r$）的温度分布计算式为

$$T-T_0 = \frac{q}{2\pi\lambda r}\exp\left(-\frac{vr}{a}\right) \tag{2-59}$$

可见运动速度 v 越大,热源前方的温度下降就越快,当 v 极大时,热量传播几乎只沿横向进行。图 2-15 描述了这种情况。

当与热源的距离增加时,热源前方的温度下降最为剧烈,热源后方的温度下降则最为缓慢。完整的温度场如图 2-16 所示。表面的等温线为封闭的椭圆形,等温线在热源前方密集,在热源后方稀疏,等温线的长度由参数 vr/a 决定,热源移动越快,等温线的长度就越大。横截面上的等温线为许多同心圆,使得等温面相对于热源移动轴线对称。在热源作用点的位置上,温度为无限大。

2. 作用于无限大板的移动线热源

无限扩展的平板上作用着以速度 v 做匀速直线运动的线状热源,板厚方向的热功率

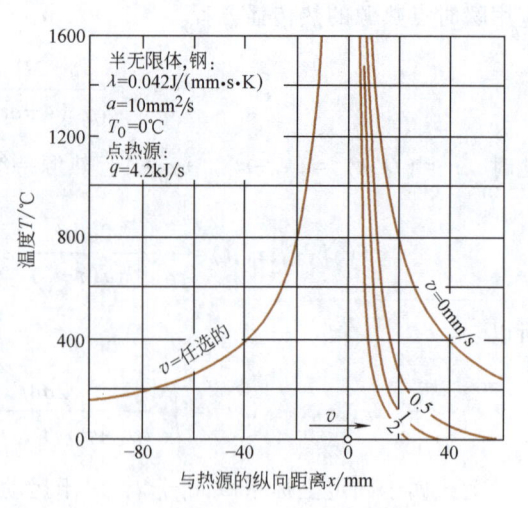

图 2-15 半无限体上移动点热源前方和后方的准稳定极限状态温度分布曲线

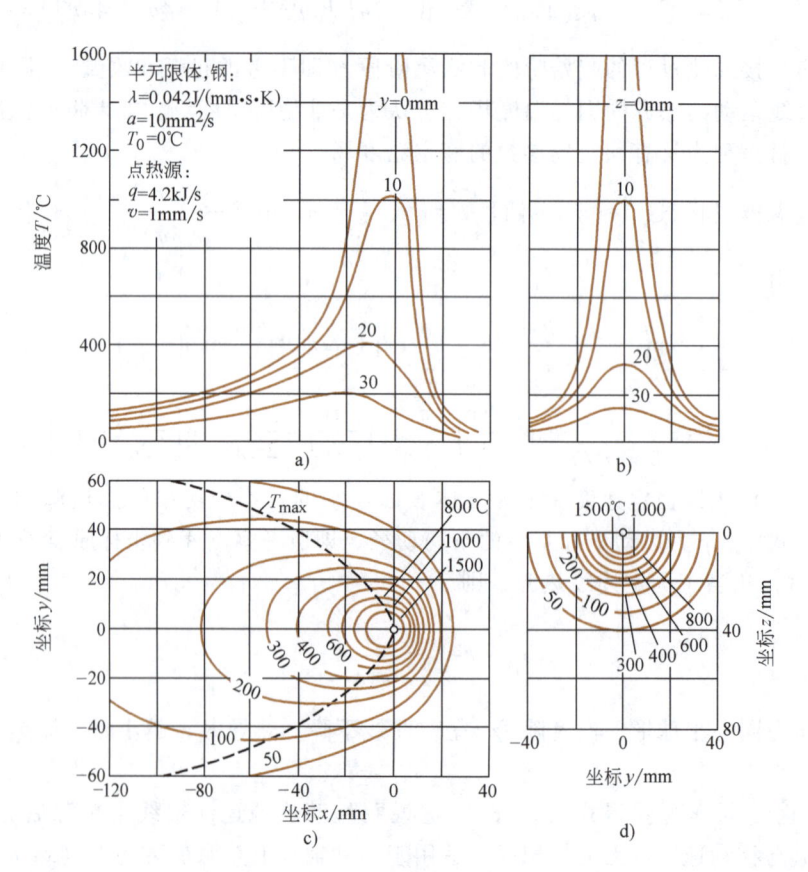

图 2-16 作用于半无限体上的移动点热源周围的温度场（在运动坐标系中,处于准稳定的极限状态）

a)、b) x、y 轴线上的温度 T　c)、d) 表面和横截面上的等温线

为 q/h，距移动热源 r 处的温度 T 为

$$T(x, y, t) = \frac{q}{4\pi\lambda h}\exp\left(-\frac{vx}{2a}\right)\int_0^t \frac{\mathrm{d}t''}{t''}\exp\left[-\left(\frac{v^2}{4a}+b\right)t'' - \frac{r^2}{4at''}\right] \tag{2-60}$$

其中，$r^2 = x^2 + y^2$。

为考察准稳态温度场，取极限状态。设 $t \to \infty$，并设

$$w = \left(\frac{v^2}{4a}+b\right)t'', \quad u^2 = r^2\left(\frac{v^2}{4a^2}+\frac{b}{a}\right)$$

$$t'' = \frac{w}{v^2/(4a)+b}, \quad \frac{r^2}{4at''} = \frac{r^2[v^2/(4a)+b]}{4aw} = \frac{u^2}{4w}$$

$$\mathrm{d}w = \left(\frac{v^2}{4a}+b\right)\mathrm{d}t''$$

$$T(x, y, t) = \frac{q}{4\pi\lambda h}\exp\left(-\frac{vx}{2a}\right)\int_0^{t''}\frac{\mathrm{d}w}{w}\exp\left(-w-\frac{u^2}{4w}\right)$$

因为 $r^2 = x^2 + y^2$

所以 $$T(r, t) = \frac{q}{4\pi\lambda h}\exp\left(-\frac{vx}{2a}\right)\int_0^{t''}\frac{\mathrm{d}w}{w}\exp\left(-w-\frac{u^2}{4w}\right)$$

由于 $$\int_0^{t''}\frac{\mathrm{d}w}{w}\exp\left(-w-\frac{u^2}{4w}\right) = 2K_0(u) \tag{2-61}$$

其中，$K_0(u)$ 可看作是参数 u 的函数，称为第二类虚自变量零次贝塞尔函数，当 u 增加时，$K_0(u)$ 是降低的。$K_0(u)$ 的数值可以查表。

由此可得极限状态方程

$$T(r,t) = \frac{q}{2\pi\lambda h}\exp\left(-\frac{vx}{2a}\right)K_0\left(r\sqrt{\frac{v^2}{4a^2}+\frac{b}{a}}\right) \tag{2-62}$$

注意，上式中 K_0 为贝塞尔函数，$u = r\sqrt{\frac{v^2}{4a^2}+\frac{b}{a}}$ 为其自变量，$b = \frac{2(\alpha_c+\alpha_r)}{c\rho h}$ 为散温系数。

对于固定点热源（$v=0$），连续加热达到稳态时，$t\to\infty$，则

$$T = \frac{q}{2\pi\lambda h}K_0(r\sqrt{b/a}) \tag{2-63}$$

此时，等温面为同心圆柱。温度随 r 的下降比半无限体时要缓慢，并取决于 $\frac{b}{a} = \frac{2(\alpha_c+\alpha_r)}{h\lambda}$，即取决于传热和热扩散的比例。图 2-17 给出了这种情况下的温度场。

热导率 λ 对加热到某一温度以上的范围的大小有决定性的影响（见图 2-18）。当 λ 很小时，采用很小的热功率 q_w 就可以焊接；当 λ 较大时，就需要较大的 q_w。因此，不锈钢等热导率 λ 较小的材料，可以用较小的热输入进行焊接；而铝和铜的热导率 λ 较大，焊接时需要较高的单位长度焊缝上的热输入。

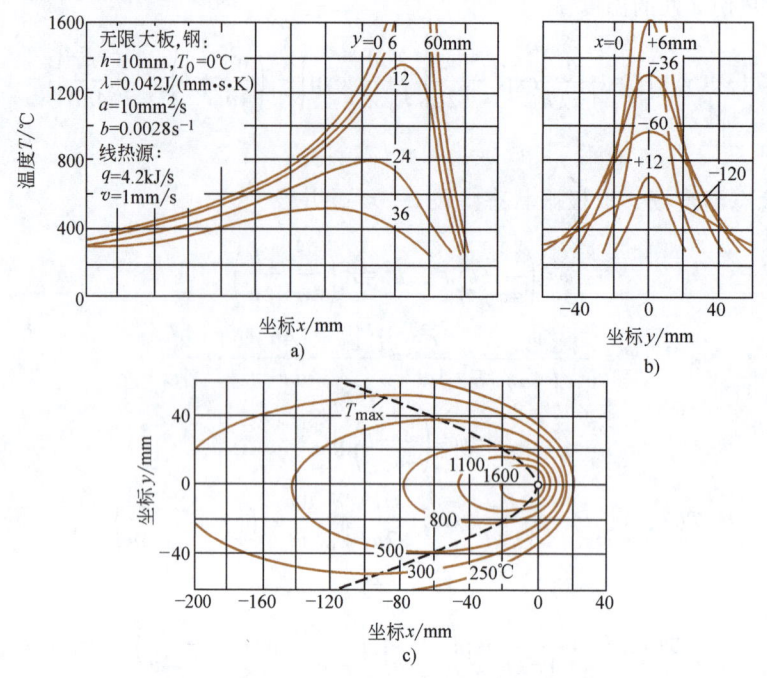

图 2-17 作用于无限大板上的移动线热源周围的温度场（在运动坐标系中，处于准稳定的极限状态）

a)、b) x、y 轴线上的温度 T c) 板平面上的等温线

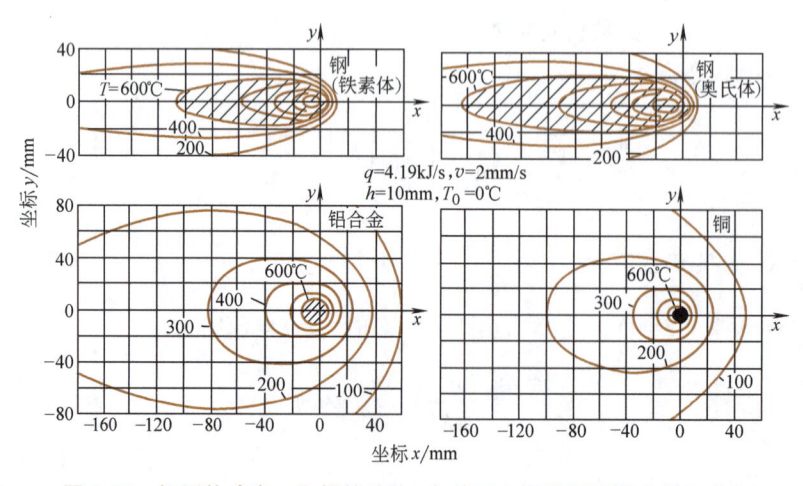

图 2-18 相同热功率 q 和焊接速度 v 条件下，不同材料板上的温度场

3. 作用于无限长杆上的移动面热源

对于作用于无限长杆上的匀速移动的面状热源，在热源移动速度为 v，单位面积上的热功率为 q/A 的条件下，距离热源 x 处的温度为

$$T = \frac{q}{Ac\rho v}\exp\left[-\left(\sqrt{\frac{v^2}{4a^2}+\frac{P}{A}\frac{\alpha_c+\alpha_r}{\lambda}}+\frac{v}{2a}\right)x\right] \quad (x>0) \tag{2-64}$$

$$T = \frac{q}{Ac\rho v}\exp\left[\left(\sqrt{\frac{v^2}{4a^2}+\frac{P}{A}\frac{\alpha_c+\alpha_r}{\lambda}}+\frac{v}{2a}\right)x\right] \quad (x<0) \tag{2-65}$$

式中，P 为杆横截面周长（mm）；A 为杆横截面积（mm^2）。

在 $x=0$ 处有最高温度为：$T_{max}-T_0 = \dfrac{q}{Ac\rho v}$。

2.2.3 高斯分布热源作用下的温度场

1. 作用于半无限体表面上的瞬时高斯热源

有效功率为 q，集中系数为 k 的高斯热源，在 $t=0$ 时刻瞬时施加于半无限体的表面上，此表面不与周围介质换热。热源中心与 $Oxyz$ 坐标系原点 O 重合（见图2-19），热源在 xOy 面上的分布为

$$q^*(r)\mathrm{d}t = q^*_{max}\mathrm{d}t\exp(-kr^2) \tag{2-66}$$

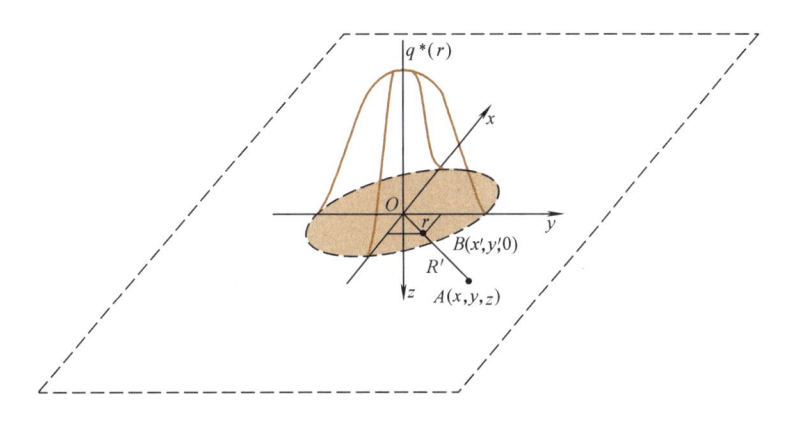

图 2-19　瞬时高斯热源加热半无限体示意图

将热源作用的 xOy 平面内的整个区域划分为微元平面，$\mathrm{d}A = \mathrm{d}x'\mathrm{d}y'$，在 $t=0$ 时刻，施加到物体表面 $B(x', y', 0)$ 点的微元面积上的热量 $\mathrm{d}Q = q(r)\mathrm{d}x'\mathrm{d}y'\mathrm{d}t$，可视同瞬时点热源。这种点热源在半无限体内的热传播过程可描述为

$$\mathrm{d}T(x,y,z,t) = \frac{2q(r)\mathrm{d}x'\mathrm{d}y'\mathrm{d}t}{c\rho(4\pi at)^{3/2}}\exp\left(-\frac{R'^2}{4at}\right) \tag{2-67}$$

式中，R' 为物体上任一点 $A(x, y, z)$ 到瞬时点热源 $B(x', y', 0)$ 的距离。

$$R'^2 = (x-x')^2 + (y-y')^2 + z^2, \quad r^2 = x'^2 + y'^2$$

将上式及式（2-66）代入式（2-67），整理得

$$\mathrm{d}T(x,y,z,t) = \frac{2q_{max}\mathrm{d}x'\mathrm{d}y'\mathrm{d}t}{c\rho(4\pi at)^{3/2}}\exp\left[-\frac{(x-x')^2+(y-y')^2+z^2}{4at}-k(x'^2+y'^2)\right] \tag{2-68}$$

将整个高斯热源看成是无数的加在微元面积上的微元热量 $\mathrm{d}Q$ 的总和，按照叠加原理，各微元瞬时点热源分布在 xOy 平面内的整个面积 A 上

$$T(r, z, t) = \int_A \mathrm{d}t(x, y, z, t)$$

即
$$T(r,z,t) = \frac{2q_{max}dt}{c\rho(4\pi at)^{3/2}} \int_{-\infty}^{+\infty} \int_{-\infty}^{+\infty} dx'dy' \exp\left[-\frac{(x-x')^2+(y-y')^2+z^2}{4at} - \frac{x'^2+y'^2}{4at_0}\right] \tag{2-69}$$

此表达式中，热源的集中系数 k 被时间常数 t_0 所替换，即 $k = 1/(4at_0)$。

$$T(r,z,t) = \frac{2q_{max}dt}{c\rho(4\pi at)^{3/2}} \exp\left(-\frac{z^2}{4at}\right) \int_{-\infty}^{+\infty} dx' \exp\left[-\frac{(x-x')^2}{4at} - \frac{x'^2}{4at_0}\right]$$

$$\int_{-\infty}^{+\infty} dy' \exp\left[-\frac{(y-y')^2}{4at} - \frac{y'^2}{4at_0}\right]$$

经计算可得

$$T(r,z,t) = \frac{2q_{max}dt}{c\rho(4\pi at)^{3/2}} \exp\left(-\frac{z^2}{4at}\right) \frac{\pi 4at_0 4at}{4a(t+t_0)} \exp\left[-\frac{r^2}{4a(t+t_0)}\right] \tag{2-70}$$

因为 $q_{max} = qk/\pi, \quad k = 1/(4at_0)$

所以 $q = 4\pi at_0 q_{max}$

代入并化简，得

$$T(r,z,t) = \frac{2qdt}{c\rho} \frac{\exp[-z^2/(4at)]}{(4\pi at)^{1/2}} \frac{\exp\{-r^2/[4a(t+t_0)]\}}{4a(t+t_0)} \tag{2-71}$$

上式中的第二项表示施加在 xOy 平面上的虚拟瞬时平面热源的热量平行于 Oz 轴向物体内部线性传播的过程，其施加时间为 $t=0$ 时开始的。第三项描述为与 Oz 轴重合的虚拟线热源平面径向传播过程，这个过程比实际热源施加的时刻早开始了 t_0 时间。瞬时高斯热源在半无限体内的热传播过程可以看成是线性热传播过程表达式和平面径向热传播过程表达式的乘积。

2. 运动高斯热源加热半无限体

按照叠加原理，可将连续作用的运动高斯热源的热量在半无限体内的传播过程，视为相应的瞬时热源微元的热传播过程的总和。

对于有效功率为 q、集中系数为 k 的热源在半无限体表面上移动，半无限体的表面与周围空气不换热。开始时刻 $t=0$，热源中心同固定坐标系 $O_0x_0y_0z_0$ 的原点 O_0 重合，热源的运动速度为 v，沿 O_0x_0 轴移动（见图 2-20）。热源在全部加热时间内保持不变，时间间隔微元为 dt'，在 t' 时刻施加的瞬时热源 $dQ = qdt'$ 的中心点为 C' 点，这时，由热源加进的热量在物体内经过 $t'' = t-t'$ 时间的传播，使 $A(x_0, y_0, z_0)$ 点的温度在 t 时刻提高到

$$dT(r',z,t'') = \frac{2qdt'}{c\rho} \frac{\exp[-z^2/(4at'')]}{(4\pi at'')^{1/2}} \frac{\exp\{-r'^2/[4a(t_0+t'')]\}}{4\pi a(t_0+t'')} \tag{2-72}$$

式中，$r'^2 = (\overline{C'A'})^2 = (x_0-vt)^2 + y_0^2$。

按照叠加原理，热源作用了 t 时间后，温度等于所有微元热源 $dQ(t')$ 促成的温度 dT 之和。这些微元热源是在热源作用时间内（从 $t'=0$ 到 $t'=t$）于其整个移动路径 O_0C 上划分出的。

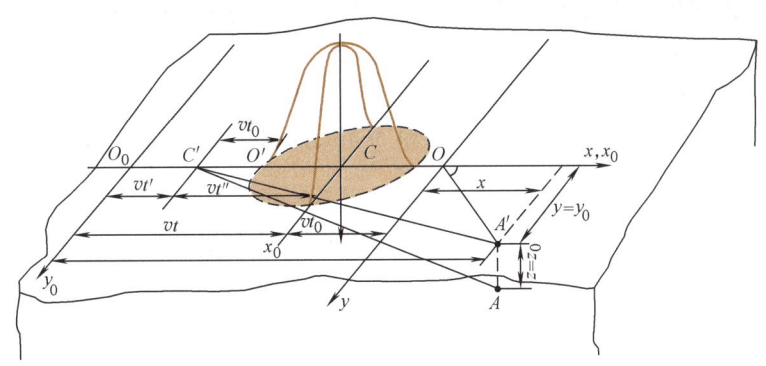

图 2-20 运动高斯热源加热半无限体示意图

$$T(x_0, y_0, z_0, t) = \int_0^t \frac{2q\mathrm{d}t'}{c\rho[4\pi a(t-t')]^{1/2}[4\pi a(t_0+t-t')]}$$
$$\exp\left[-\frac{z_0^2}{4a(t-t')} - \frac{(x_0-vt')^2 + y_0^2}{4a(t_0+t-t')}\right] \tag{2-73}$$

由于 $t-t'=t''$，且对于运动坐标原点 O 的动径为 $r^2 = x^2 + y^2$，则

$$T(x, y, z, t) = \frac{2q}{c\rho(4\pi a)^{3/2}} \exp\left(-\frac{vx}{2a}\right) \int_0^t \frac{\mathrm{d}t''}{\sqrt{t''}(t_0+t'')} \exp\left[\frac{z^2}{4at''} - \frac{r^2}{4a(t_0+t'')} - \frac{v^2}{4a}(t_0+t'')\right] \tag{2-74}$$

式（2-74）是高斯热源加热半无限体表面时，以运动坐标系表示的温度场，O 点是在高斯热源中心前面相距 vt_0 处的虚拟点热源上。式（2-74）中的积分只在某些个别的情况下才可以用初等函数来表示。

下面来考察一下固定热源中心的温度，此时 $v=0$，$x=y=z=0$，则

$$T(0, 0, 0, t) = \frac{2q}{c\rho(4\pi a)^{3/2}} \int_0^t \frac{\mathrm{d}t''}{\sqrt{t''}(t_0+t'')}$$

令

$$\frac{t''}{t_0} = \omega^2, \quad \frac{\mathrm{d}t''}{t_0} = 2\omega\mathrm{d}\omega$$

$$T(0, 0, 0, t) = \frac{2q}{c\rho(4\pi a)^{3/2}} \int_0^{\sqrt{t/t_0}} \frac{\mathrm{d}\omega}{1+\omega^2} \frac{2}{\sqrt{t_0}}$$

$$= \frac{4q}{4\pi a c\rho\sqrt{4\pi a t_0}} \arctan\sqrt{\frac{t}{t_0}}$$

$$= \frac{q}{2\lambda\sqrt{4\pi a t_0}} \frac{2}{\pi} \arctan\sqrt{\frac{t}{t_0}}$$

当 $t=0$ 时，热源中心处的温度为 $T(0,0,0,0)=0$。在加热初始阶段，当 $t \ll t_0$ 时，由于 $\arctan\sqrt{t/t_0} \approx \sqrt{t/t_0}$，因而温度同时间的平方根成比例升高。之后温度上升变慢并逐渐趋近于极限状态温度 T_∞。当 $t \to \infty$ 时，$\arctan\sqrt{t/t_0} \to \pi/2$，则极限温度为

$$T(0,0,0,\infty) = \frac{q}{2\lambda\sqrt{4\pi a t_0}} = \frac{q}{2\lambda}\sqrt{\frac{k}{\pi}} \tag{2-75}$$

即高斯热源中心点的极限温度 T_∞ 同热源功率 q 成正比,同热源的集中系数 k 的平方根成正比,同热导率 λ 成反比。

3. 运动高斯热源加热无限大板

瞬时功率密度为 $q\mathrm{d}t$ 的线热源作用于板厚为 h 的无限大板上,造成板的温升为

$$\mathrm{d}T=\frac{q\mathrm{d}t}{hc\rho 4\pi a(t+t_0)}\exp\left[-\frac{r^2}{4a(t+t_0)}\right] \tag{2-76}$$

式中,t_0 为虚拟提前时间。

当热源以匀速 v 移动时

$$T=\frac{q}{h4\pi\lambda}\exp(bt_0)\left\{-E_i\left[-\left(b+\frac{v^2}{4a}\right)t_0\right]\right\} \tag{2-77}$$

式中,$E_i(-u)=\int_u^\infty\left(\frac{e^{-u}}{u}\right)\mathrm{d}u$,$u>0$ 为积分指数函数;$b=\frac{2(\alpha_c+\alpha_r)}{c\rho h}$ 为散温系数。

4. 作用于无限大板上的固定带状高斯热源

带状高斯热源在带条方向上单位长度的热功率为 q,假定带状热源在板厚上均匀分布,带条位于 x 轴,此时传热发生于 y 轴方向(见图 2-21)。在带状热源中心线上($y=0$),长时间加热达极限状态时可保持到一个简单解,即

$$T_{\max}=\frac{q}{2[2(\alpha_c+\alpha_r)\lambda h]^{1/2}}e^{bt_0}\left[1-\varPhi(bt_0)^{1/2}\right] \tag{2-78}$$

式中,$\varPhi(u)=\frac{2}{\sqrt{\pi}}\int_0^u e^{-u^2}\mathrm{d}u$,为高斯概率积分。

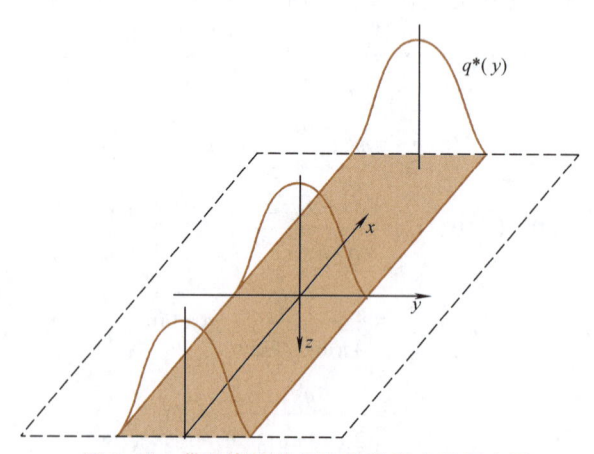

图 2-21 带状高斯热源加热无限大板示意图

2.2.4 快速移动大功率热源作用下的温度场

1. 作用于半无限体上的快速移动大功率热源

快速移动大功率热源以高热功率 q 和高热源移动速度 v 为特征,工艺参数 q 和 v 成比例

增加，以保证单位长度焊缝上的热输入 $q_w = q/v$ 为常数。快速移动大功率热源使焊接时间减少，因此具有重要的实际意义。

由于要求 q_w 为常数，可引入 $q \to \infty$ 和 $v \to \infty$ 的极限值，在靠近热源附近，引入极限值造成的误差很小，这样可使问题简化。

对于大功率快速移动热源的传热，其加热区的长度与速度成比例增加，其宽度趋近于一个极限值。当移动速度极高时，热传播主要在垂直于热源运动的方向上进行，在平行于热源运动的方向上传热量很少，可以忽略。

半无限体或板可以再划分为大量的垂直于热源运动方向的平面薄层，当热源通过每一薄层时，输入的热量只在该薄层内扩散，与相邻的薄层状态无关，这将有助于模型简化和计算。

对于作用于半无限体上的快速移动大功率点热源，下式成立

$$T = \frac{q}{v 2\pi \lambda t} \exp\left(-\frac{r^2}{4at}\right) \tag{2-79}$$

式中，r 为薄层上的点与点热源的距离。

对于作用于半无限体上的快速移动大功率高斯热源，可变换为一个等效的、提前 t_0 时间作用的线热源，此线热源在热源运动方向的垂线上按高斯分布，其热量只在垂直于运动的方向上传播。其温度场表达式为

$$T = \frac{2q}{vc\rho} \frac{\exp[-z^2/(4at)]}{(4\pi at)^{1/2}} \frac{\exp\{y^2/[4a(t+t_0)]\}}{[4\pi a(t+t_0)]^{1/2}} \tag{2-80}$$

2. 作用于无限大板上的快速移动大功率热源

对于作用于无限大板上的快速移动大功率线热源，下式成立

$$T = \frac{q}{vh(4\pi\lambda c\rho t)^{1/2}} \exp\left(-\frac{y^2}{4at} + bt\right) \tag{2-81}$$

对于作用于无限大板上的快速移动大功率高斯热源，可变换为一个等效的、提前 t_0 时间作用的带状热源，其热量仅在垂直于运动的方向上传播，温度场的表达式为

$$T = \frac{q}{vh[4\pi\lambda c\rho(t+t_0)]^{1/2}} \exp\left[-\frac{y^2}{4a(t+t_0)} + bt\right] \tag{2-82}$$

2.2.5 热饱和与温度均匀化

1. 热饱和

如前所讨论，热源长时间作用后可导致极限状态。在固定热源的情况下，其相应的温度场是稳定温度场，即各点的温度与时间无关。在移动热源的情况下，其相应的温度场是准稳定的温度场，即在与热源同步运动的移动坐标系中，各点的温度与时间无关。

极限状态的出现需要一定的时间，所研究的点距离热源越远，达到极限状态越晚。定义从开始热输入起，至获得局部温度的极限状态 T_{li} 的时间为热饱和时间。为了简化对移动热

源的分析，局部温度的变化可用一个通用的热饱和函数 $\psi(\rho_i, \tau_i)$ 来描述，即

$$T(t) - T_0 = \psi(\rho_i, \tau_i) T_{1i} \tag{2-83}$$

式中，τ_i 为一无量纲参数，与时间 t 成比例；ρ_i 为一无量纲参数，与研究点至热源的距离 r 成比例（$i = 1, 2, 3$）。

对于半无限体表面作用的移动点热源的三维热扩散，有

$$\rho_3 = \frac{v}{2a}r, \quad \tau_3 = \frac{v^2}{4a}t \tag{2-84}$$

其相应的热饱和函数 ψ_3 如图 2-22 所示。

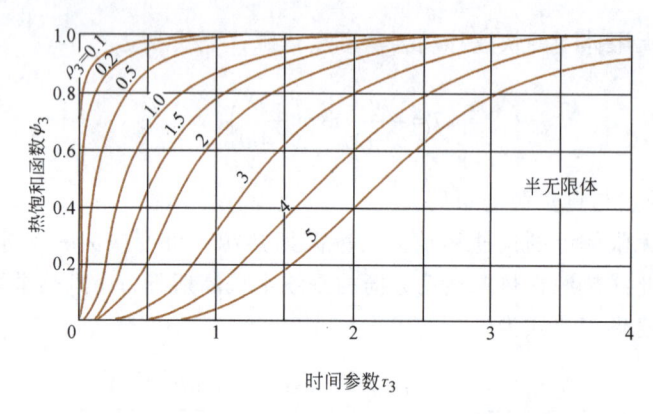

图 2-22　作用于半无限体上的点热源在不同距离参数 ρ_3 时，热饱和函数 ψ_3 与时间参数 τ_3 的关系

对于无限大板上作用的移动线热源的二维热扩散，有

$$\rho_2 = \left(\sqrt{\frac{v^2}{4a^2} + \frac{b}{a}}\right)r, \quad \tau_2 = \left(\frac{v^2}{4a} + b\right)t \tag{2-85}$$

其相应的热饱和函数 ψ_2 如图 2-23 所示。

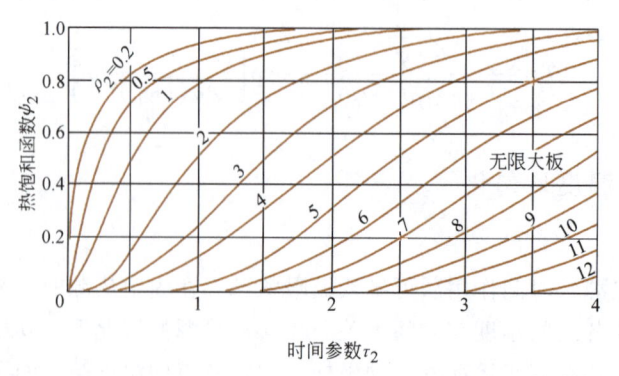

图 2-23　作用于无限大板上的线热源在不同距离参数 ρ_2 时，热饱和函数 ψ_2 与时间参数 τ_2 的关系

对于无限长杆上作用的移动面热源的一维线性热扩散，有

$$\rho_1 = \sqrt{\frac{v^2}{4a^2} + \frac{b}{a}} \, |x| \, , \quad \tau_1 = \left(\frac{v^2}{4a} + b\right) t \tag{2-86}$$

有关热饱和函数 ψ_1 如图 2-24 所示。

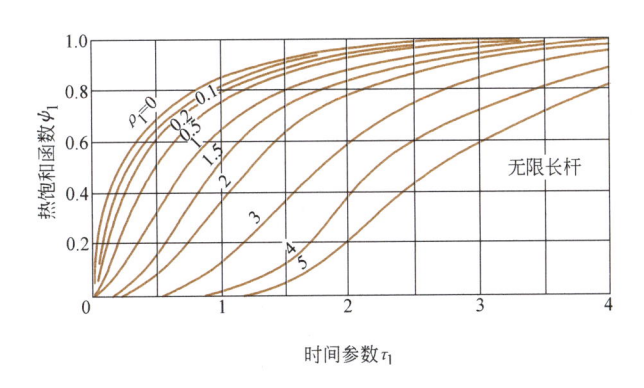

图 2-24 作用于无限长杆上的面热源在不同距离参数 ρ_1 时，
热饱和函数 ψ_1 与时间参数 τ_1 的关系

如果空间热流被限制在平面或线性条件下，热饱和过程进行得就较为缓慢。如果考察点距离热源较近，则进行得就较快。

2. 温度均匀化

当一个恒定热功率的热源停止加热后，将开始一个与热饱和相反的过程，由热源造成的温度的不均匀性逐渐被平衡，直至物体内达到某一恒定的温度。由于存在前期的热源作用，此温度比原始温度略有升高。与此过程有关的时间间隔被称为温度的均匀化时间。

对这种情况的处理方法为：引入一个等效热沉（具有负的热功率），此热沉与"连续并且未停止作用"的热源（具有正的热功率）相叠加，以模拟热源终止之后的情况。

用上述方法分析物体内任一点温度变化的情况，如图 2-25 所示。在热源停止加热的时刻热沉开始作用，负的热饱和曲线与正的热饱和曲线相减，得到热源终止后的情况。

对于均匀化时间内的温度可做如下计算

$$T(t) - T_0 = T_{li} [\psi(t) - \psi(t - t_s)] \tag{2-87}$$

应注意：采用这种方法进行温度均匀化计算时，热沉的性质和形状等必须与热源一致，仅仅是符号相反。如热源为固定集中热源，则热沉也为固定集中热沉；热源为移动分布热源，则热沉也相应地为移动分布热沉，并且其分布特征和作用位置都与热源相同。

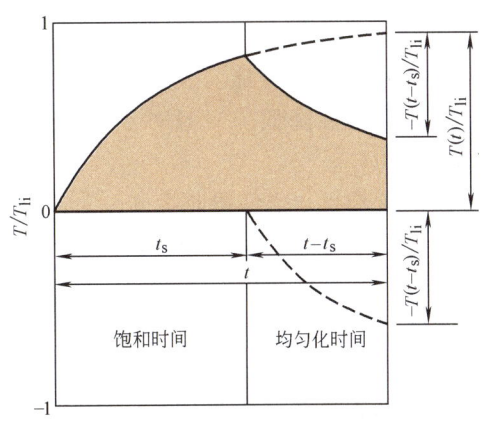

图 2-25 应用正、负热饱和
曲线叠加的温度均匀化模型

2.3 焊接热循环

2.3.1 焊接热循环及其主要参数

在焊接过程中，工件上的温度随着瞬时热源或移动热源的作用而发生变化，温度随时间由低而高，达到最大值后，又由高而低的变化称为**焊接热循环**。简单地说，焊接热循环就是工件上某点的温度随时间的变化，它描述了该点在焊接过程中热源对其热作用过程。

在焊缝两侧距焊缝远近不同的点所经历的热循环是不同的（见图2-26），距焊缝越近的各点，加热最高温度越高；越远的点，加热最高温度越低。

焊接热循环的主要参数包括：

1. 加热速度（v_h）

焊接加热速度要比热处理时的加热速度快得多，这种快速加热使体系处于非平衡状态，因而在其冷却过程中必然影响热影响区的组织和性能。例如：加热速度 v_h 增加，会导致相变温度 T_p 提高；而相变温度的提高又会引起奥氏体均匀化程度的降低以及碳化物溶解程度的降低。

2. 加热最高温度（T_{max}）

加热最高温度 T_{max} 是指工件上某一点在焊接过程中所经历的最高温度，即该点热循环曲线上的峰值温度。金属材料的组织变化除与化学成分有关外，主要是受加热温度和冷却速度的影响。焊件上不同的点加热的最高温度不同、冷却速度不同，就会有不同的组织和不同的性能。例如，在熔合线附近，由于温度高，使母材晶粒发生严重长大，促使其塑性降低。一般对于低碳钢和低合金钢来说，熔合线附近的温度可以达到 1300~1350℃。

3. 相变温度以上停留时间（t_H）

相变温度以上停留的时间越长，就会有利于奥氏体的均匀化过程。当然如果温度很高，即使时间不长，对某些金属来说，也会造成严重的晶粒长大。为了研究问题方便，一般将相变温度以上停留时间（t_H）分成两部分，即加热过程停留时间 t' 和冷却过程停留时间 t''，所以 $t_H = t' + t''$。

4. 冷却速度（或冷却时间）（v_c）

冷却速度是决定热影响区组织性能的最重要参数之一，是研究热过程的重要内容。通常所说的冷却速度，可以指一定温度范围内的平均冷却速度（或冷却时间），也可以指某一瞬时的冷却速度。

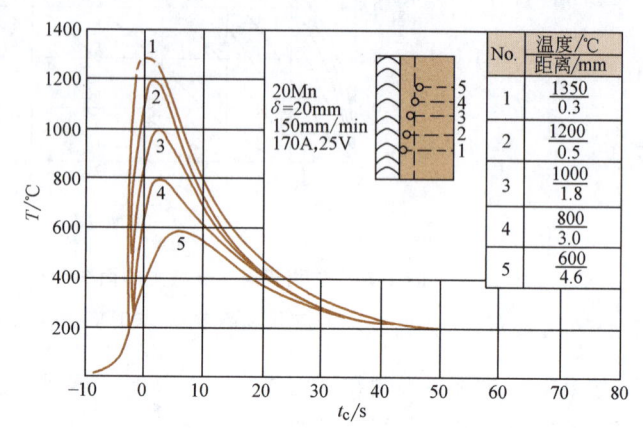

图2-26 距焊缝不同位置的焊接热循环

对于低碳钢和低合金钢来说，比较关心熔合线附近在冷却过程中经过540℃时的瞬时速度，或者是从800℃到500℃的冷却时间 $t_{8/5}$。因为这个温度范围是相变最激烈的温度区间。

图2-27示出了几个主要的焊接热循环参数。表2-3给出了单层电弧焊和电渣焊低合金钢时近缝区的热循环参数。

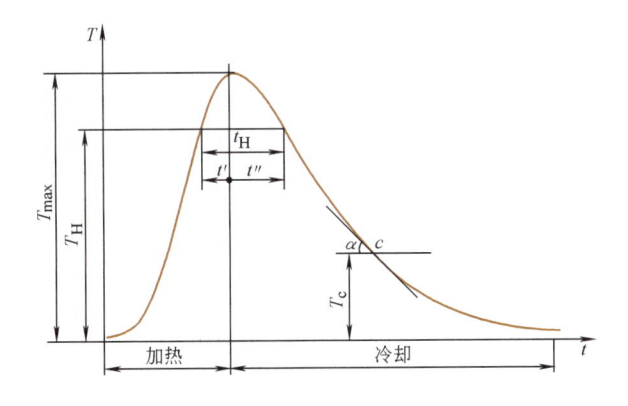

图 2-27　焊接热循环参数示意图

表 2-3　单层电弧焊和电渣焊低合金钢时近缝区的热循环参数

板厚/mm	焊接方法	焊接热输入/(J/cm)/s	900℃以上的停留时间/s 加热时间	900℃以上的停留时间/s 冷却时间	冷却速度/(℃/s) 900℃时	冷却速度/(℃/s) 550℃时	900℃时的加热速度/(℃/s)	备注
1	TIG焊	940	0.4	1.2	340	60	1700	对接无坡口
2	TIG焊	1680	0.6	1.8	120	30	1200	对接无坡口
3	埋弧焊	3780	2.0	5.5	54	12	700	对接无坡口,有焊剂垫
5	埋弧焊	7140	2.5	7	40	9	600	对接无坡口,有焊剂垫
10	埋弧焊	19320	4.0	13	22	5	200	V形坡口对接,有焊剂垫
15	埋弧焊	42000	9.0	22	9	2	100	V形坡口对接,有焊剂垫
25	埋弧焊	105000	25.0	75	5	1	60	V形坡口对接,有焊剂垫
50	电渣焊	504000	162.0	335	1.0	0.3	4	双丝
100	电渣焊	672000	36.0	168	2.3	0.7	7	三丝
100	电渣焊	1176000	125.0	312	0.83	0.25	3.5	板极
220	电渣焊	966000	144.0	395	0.8	0.25	3.0	双丝

2.3.2　焊接热循环参数的计算

焊接热循环参数可以用理论计算方法确定，也可以用近似算法和经验公式来确定。有时为了精确，常将几种方法联合使用，并且这种计算往往要配合某些实验，才能得到准确的结果。

1. 最高温度的计算

根据传热理论，焊件上某点的温度经过时间 t_m 后达到最高温度 T_{max}，此时其温度变化的速度应为零，即 $\partial T/\partial t=0$，因此，可利用相应的热源传热公式求得 T_{max} 值。

对于快速移动点热源作用于半无限体表面时的温度场，可用下式表示

$$T(r_x,t) = \frac{q}{2\pi\lambda vt}\exp\left(-\frac{r_x^2}{4at}\right)$$

式中，$r_x^2 = y_0^2 + z_0^2$，为平面动径的平方，动径表示 A 点到 Ox 轴的距离。由于为快速移动热源，所以认为热量只在垂直运动方向的平面内传播。

对上式取对数，得

$$\ln T(t) = \ln\left(\frac{q}{2\pi\lambda v}\right) - \ln t - \frac{r_x^2}{4at}$$

对此式求微分，得

$$\frac{1}{T}\frac{\partial T(t)}{\partial t} = -\frac{1}{t} + \frac{r_x^2}{4at^2}$$

$$\frac{\partial T(t)}{\partial t} = \frac{T}{t}\left(\frac{r_x^2}{4at} - 1\right)$$

所以

令 $\frac{\partial T}{\partial t} = 0$，则 $\frac{r_x^2}{4at} - 1 = 0$，此时 $t = t_m$。

达到最高温度所需时间为

$$t_m = \frac{r_x^2}{4a}$$

因为

$$vt_m = -x_m, \quad t_m = -\frac{x_m}{v}$$

所以 $r_x^2 = -\frac{4ax_m}{v}$。它代表达到最高温度各点的轨迹。

加热最高温度 T_{max} 即为加热到 t_m 时刻的温度 T_m，为

$$T_m(r_x) = T(r_x, t_m) = \frac{q}{2\pi\lambda vt_m}\exp\left(-\frac{r_x^2}{4at_m}\right)$$

$$= \frac{q}{2\pi\lambda v}\frac{4a}{r_x^2}\exp(-1) = \frac{2}{\pi e}\frac{a}{\lambda v}\frac{q}{r_x^2} = 0.234\frac{q}{c\rho vr_x^2} \tag{2-88}$$

式中，e 为自然对数的底数，$e \approx 2.718$。

快速移动线热源作用下进行平板对接焊时，其温度为

$$T = \frac{q}{2vh(\pi\lambda c\rho t)^{1/2}}\exp\left(-\frac{y_0^2}{4at} + bt\right)$$

当 $\frac{\partial T}{\partial t} = 0$ 时，$\frac{y_0^2}{4at_m} = \frac{1}{2} + bt_m$。

对于靠近热源移动轴线的点，散热来不及显著降低其最高温度，即 $bt_m \ll \frac{1}{2}$，则 $t_m \approx \frac{y_0^2}{2a}$，所以，最高温度为

$$T_m(y_0) = \frac{q}{2vc\rho hy_0}\sqrt{\frac{2}{\pi e}} = 0.242\frac{q}{vc\rho hy_0} \tag{2-89}$$

如果考虑散热时，则

$$T_m(y_0) = 0.242 \frac{q}{vc\rho h y_0}\left(1 - \frac{by_0^2}{2a}\right) \tag{2-90}$$

上面是由传热理论推导出的计算公式，由于其最初的基本假设与实际的情况有较大差异，故准确性方面存在不足。因此，也有人在理论分析的基础上通过实验建立了一些经验公式，如薄板对接焊时，母材表面上某点的最高温度计算公式为

$$\frac{1}{T_m - T_0} = \frac{4.13c\rho h y_0}{q/v} + \frac{1}{T_M - T_0} \tag{2-91}$$

式中，T_m 为某点的最高温度；T_0 为薄板初始温度；T_M 为母材的熔化温度；y_0 为与热源移动轴线的垂直距离（cm）。

例 2-2 巨型钢件表面堆焊，电流 $I = 200A$，电弧电压 $U = 20V$，电弧移动速度 $v = 2mm/s$，求出最高温度达到 500℃ 之处离堆焊轴线的距离（此时钢开始丧失弹性）。（确定实际热功率系数 $\eta_h = 0.75$）

解 电弧的有效热功率为

$$q = \eta_h IU = 0.75 \times 200 \times 20 J/s = 3000 J/s$$

单位长度上的有效能量为

$$q/v = (3000/2)J/mm = 1500J/mm = 15000J/cm$$

钢在 400℃ 的容积热容量为

$$c\rho = 0.668 \times 7.8 J/(cm^3 \cdot ℃) = 5.21 J/(cm^3 \cdot ℃)$$

$$T_m = 0.234 q/(c\rho v r_x^2)$$
$$= 0.234 \times 15000 (J/cm)/\{[5.21 J/(cm^3 \cdot ℃)]r_x^2\}$$
$$= 674(℃ \cdot cm^2)/r_x^2 = 500℃$$

所以 $r_x = 1.16cm$，即离堆焊轴线 11.6mm 处的最高温度达到了 500℃，所需时间为

$$t_m = r_x^2/(4a) = 4.1s$$

2. 相变温度以上停留时间 t_H 的计算

在一定温度（包括相变温度）以上的停留时间，可用计算方法，也可用图解方法求得。为方便起见，两种方法一般联合使用。

由于 t_H 是一个复杂的函数，运算过程十分烦琐，故实际上常引用无量纲判据，再用图解法求得。具体步骤为：令 $\theta = \frac{T - T_0}{T_m - T_0}$ 为无量纲温度判据。由此求出 θ 后，可按图 2-28 查得 f_3 和 f_2。f_3 和 f_2 分别为厚板堆焊和薄板对接时的无量纲参数。

在厚板堆焊时

$$t_H = f_3 \frac{q/v}{\lambda(T_m - T_0)} \tag{2-92}$$

对于板厚为 δ 的薄板对接焊时

$$t_H = f_2 \frac{[q/(v\delta)]^2}{\lambda c\rho(T_m - T_0)^2} \tag{2-93}$$

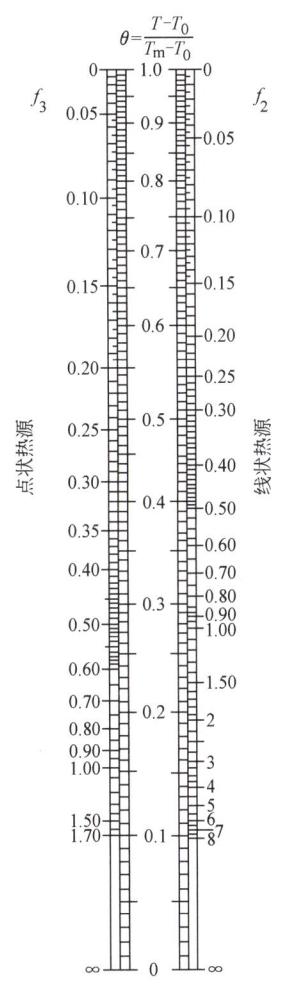

图 2-28 无量纲温度 θ 与无量纲参数 f_3 和 f_2 的关系

由公式可见，热输入 q/v 增加，导致高温停留时间 t_H 增加，并且 t_H 的增加在薄板上表现得更为显著。

3. 瞬时冷却速度 v_c 的计算

试验证明，焊缝和熔合线附近的冷却速度几乎相同。因为距焊缝不远的各点，某瞬时温度下冷却速度相差不多，最大差 5%～10%，因此在计算时只需计算焊缝的冷却速度即可。

对于大厚板堆焊时 v_c 的计算，可采用移动热源的传热公式

$$T-T_0 = \frac{q}{2\pi\lambda vt}\exp\left(-\frac{r_0^2}{4at}\right)$$

当 $r_0 = 0$（即焊缝中心），并对 t 进行微分，即得

$$\frac{dT}{dt} = -\frac{q}{2\pi\lambda vt^2}$$

因为

$$T-T_0 = \frac{q}{2\pi\lambda vt},\quad (r_0 = 0)$$

$$\frac{1}{t} = \frac{2\pi\lambda v(T-T_0)}{q},\quad \frac{dT}{dt} = -\frac{2\pi\lambda v(T-T_0)^2}{q}$$

所以

$$v_c = \frac{dT}{dt} = -2\pi\lambda\frac{(T-T_0)^2}{q/v} \tag{2-94}$$

当进行薄板对接焊时，由移动热源的传热公式

$$T-T_0 = \frac{q}{vh(4\pi\lambda c\rho t)^{1/2}}\exp\left(-\frac{y_0^2}{4at}\right)$$

令 $y_0 = 0$，并对 t 进行微分，即得

$$\frac{dT}{dt} = -\frac{q}{4vh(\pi\lambda c\rho t^3)^{1/2}}$$

因为

$$\frac{1}{\sqrt{t}} = \frac{vh\sqrt{4\pi\lambda c\rho}}{q}(T-T_0)$$

所以

$$v_c = \frac{dT}{dt} = -\frac{2\pi\lambda c\rho(T-T_0)^2}{[q/(vh)]^2} \tag{2-95}$$

一般来说，当板厚大于 25mm 时，可将其视为厚板；当板厚小于 8mm 时，可将其视为薄板，分别套用上述两公式。当板厚介于 8～25mm 之间时，可利用厚板公式并乘以一个修正系数 K，即

$$v_c = -K\frac{2\pi\lambda(T-T_0)^2}{q/v} \tag{2-96}$$

式中，修正系数 $K = f(\varepsilon)$，可由图 2-29 查得。$\varepsilon = \dfrac{2q/v}{\pi h^2 c\rho(T-T_0)}$ 为无量纲系数。

先求出 ε，再按图 2-29 查得 K，代入式（2-96），即可求出中等厚度板的冷却速度 v_c。

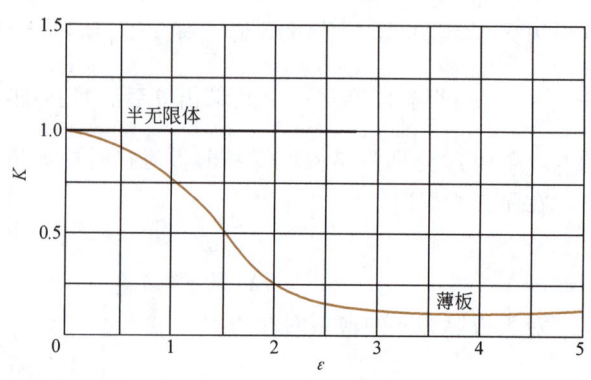

图 2-29　$K = f(\varepsilon)$ 的关系图

2.3.3 多层焊时的热循环

多层焊的坡口由若干焊道填满,后层焊道覆盖于前层焊道的上部,并产生相互的热作用,使焊道被加热若干次。在焊接 T 形接头的双面单道角焊缝、十字接头或搭接接头的角焊缝时,也有某种类型的多次加热。

按照多次加热的局部叠加的相对位置,可区分为两种极限情况,即"长段多层焊"和"短段多层焊"。

1. 长段多层焊热循环

长段多层焊时每层焊缝的长度约为 1.0m,此时,当焊完前一层再焊后一层时,前层焊道已基本冷却到了较低的温度,一般多在 100~200℃。

图 2-30 为长段多层焊时焊接热循环变化示意图。在靠近焊缝的母材上,每一点只有一次超过其奥氏体化温度 Ac_3。如果产生了马氏体组织,它将被后续焊道退火,退火后的马氏体硬度下降,使其强化行为变得更为有利,但是裂纹也可能在后一道焊接之前的短暂时间间隔内产生。

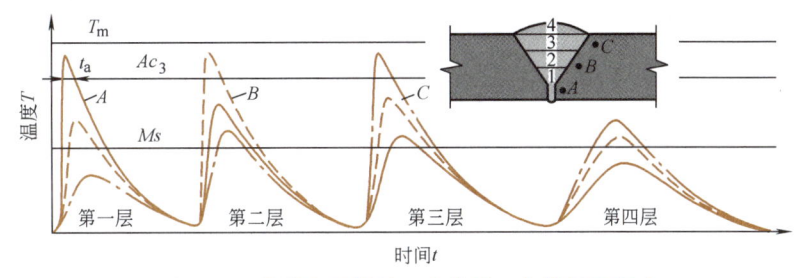

图 2-30 长段多层焊坡口边缘处三点的循环温度

图 2-31 示出了焊接接头的热影响区在焊缝的横截面上峰值温度的分布和局部重复的时间顺序示意图,横截面上各点多次受热的情况取决于点的位置。有的点可能经历三个以上的重叠热循环,每个循环的峰值温度均不同,结果造成许多不同的显微组织,并相应地改变了其力学性能。

2. 短段多层焊热循环

短段多层焊时每层焊缝较短,为 50~400mm,此时,前层焊道尚未冷却就开始了下一道的焊接,后条焊道是在前一条焊道造成的预热状态下进行焊接的。图 2-32 为短段多层焊时焊接热循环变化示意图。

图 2-31 多层焊焊缝的热影响区的峰值温度的分布与重叠

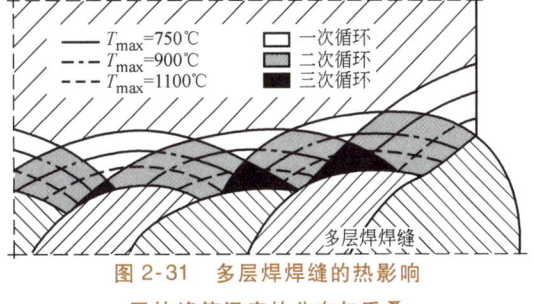

如果适当选择焊接参数和焊缝长度,就可保证使第一焊道的冷却温度一开始就不降低至马氏体生成温度 Ms 点以下,并随后续焊道的完成,相对缓慢地下降,这有利于产生贝氏体组织以代替马氏体。而在焊接最后一道焊缝时,由于预热的结果,有利于其冷却速度的降低。这种方法可使每道焊缝的奥氏体化时间相对来说都很小,避免了不良的晶粒粗化,因此短段多层焊适合于硬化倾向大和晶粒粗化倾向大的钢材的焊接。这种工艺的缺点是操作繁

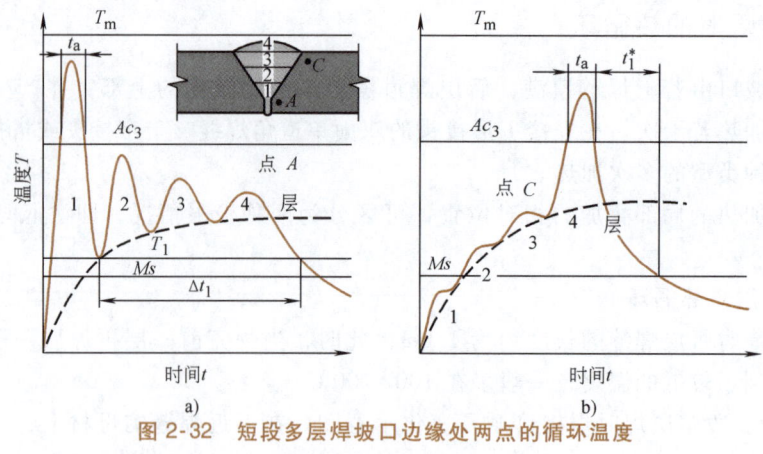

图 2-32 短段多层焊坡口边缘处两点的循环温度
a) 邻近第一层　b) 邻近最后一层

琐，生产率低。

对于短段多层焊来说，确定出合适的焊道长度具有重要意义。由焊接传热公式

$$T-T_0=\frac{q}{vh(4\pi\lambda c\rho t)^{1/2}}\exp\left(-\frac{y_0^2}{4at}-bt\right)$$

以焊缝上某点的热循环来代替近缝区的热循环，即取 $y_0=0$，并忽略散温系数的影响，即 $b=0$，则焊缝移动轴线上各点的冷却时间为

$$t=\frac{q^2}{4\pi\lambda c\rho h^2 v^2(T-T_0)^2} \tag{2-97}$$

为使金属不发生淬火，则冷却的温度应不低于 $T_B[T_B\approx Ms+(50\sim80℃)]$。对于低合金钢来说，$Ms=200\sim350℃$。假如经过 t_c 时间后，第一层焊缝可冷却到 T_B，则

$$t_c=t_2+t_1$$

式中，t_2 为电弧净燃烧时间；t_1 为电弧间断时间。

定义电弧净燃烧系数为 k_2，$k_2=t_2/t_c$，则 $t_2=k_2 t_c$。一般情况下，多层焊条电弧焊时取 $k_2=0.6\sim0.8$，多层自动焊时取 $k_2=1$。所以，焊缝的实际长度 $l=vt_2=vk_2 t_c$。将 T_B 和 t_c 代入上式，得

$$l=vk_2 t_c=\frac{vk_2 q^2}{4\pi\lambda c\rho h^2 v^2(T_B-T_0)^2}k_3^2=\frac{k_3^2 k_2 q^2}{4\pi\lambda c\rho h^2 v(T_B-T_0)^2} \tag{2-98}$$

式中，k_3 为接头形式系数，对接接头：$k_3=1.5$；十字接头：$k_3=0.8$；T 形接头：$k_3=0.9$；搭接接头：$k_3=0.9$。

由此可确定焊缝的合适长度。

例 2-3　1MnMoNbB 钢，板厚 $h=14mm$，以焊条电弧焊方式进行短段多层对接焊，求合适的焊缝长度。

已知：马氏体转变温度 $Ms=400℃$，材料的热导率 $\lambda=0.4J/(cm\cdot s\cdot℃)$，材料的容积比热容 $c\rho=5.25J/(cm^3\cdot℃)$，初始温度 $T_0=25℃$。焊接电流 $I=200A$，焊接电压 $U=25V$，焊接速度 $v=0.2cm/s$，取热效率系数 $\eta_h=0.7$。

解 由于采用焊条电弧焊、对接，则 $k_2=0.7$，$k_3=1.5$。
电弧的有效热功率为

$$q=\eta_h IU=0.7\times200\times25\text{J/cm}=3500\text{J/cm}$$

为保险起见，取 $T_B=Ms+50℃$，则合适的焊缝长度为

$$l=\frac{k_3^2 k_2 q^2}{4\pi\lambda c\rho h^2 v(T_B-T_0)^2}$$

$$=\frac{1.5^2\times0.7\times3500^2}{4\pi\times0.4\times5.25\times1.4^2\times0.2\times(450-25)^2}\text{cm}$$

$$=10.33\text{cm}\approx103\text{mm}$$

即：合适的焊缝长约为 103mm。

2.4 熔化区域的局部热作用

2.4.1 热平衡和热流密度

确定焊接热源的有效功率是进行热过程分析中非常关键的问题，如果通过分析电弧的物理过程来求解有效功率将是十分复杂的。一般情况下，可利用焊接电弧的热平衡来估算有效功率。

电弧的总电功率 IU 和构件上的有效热输入 q 之间的关系可用热效率表示，即

$$\eta_h=q/(IU)<1$$

熔化极焊接时，由于部分用于熔化电极的热量和熔滴一起进入熔池，增加了对母材的加热，因而热效率的值较高。而焊接电流的类型、极性和密度对热效率的影响较小。

图 2-33 给出了几种焊接电弧作用下的热平衡关系。从中可以看出，就热效率来说，熔化极焊接的热效率大于非熔化极焊接的热效率，埋弧焊接的热效率高于明弧焊接的热效率，并且潜弧焊接的热效率也高于明弧焊接的热效率，这是因为电弧潜入熔池或埋弧时，电弧与空间的辐射换热明显减少，因而热效率提高。而电弧长度（即电弧电压）增加时，热效率要降低。

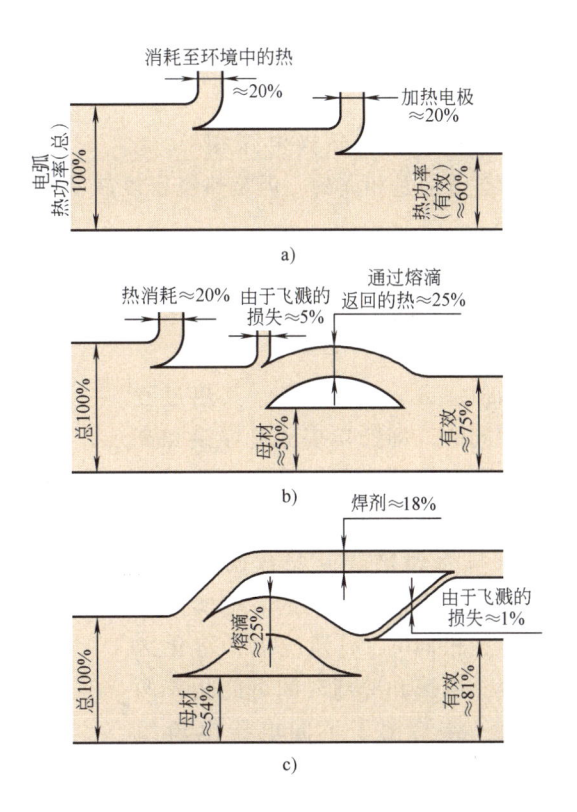

图 2-33 几种焊接电弧的热平衡
a) 明弧，碳极　b) 明弧，金属极　c) 埋弧，金属极

电流密度是集中在阳极和阴极的斑点上的，而斑点的位置在不停变化，斑点的尺寸和数量也在不断变化。因此，要精确确定电流的分布是十分困难的，一般在焊接热过程计算中，尤其是用数值方法求解时，常常引入热流密度的概念，即认为热源在一个较大的基本面积（加热斑点）上近似具有高斯正态分布。在加热斑点的中心，热量的产生主要是带电粒子撞击的结果，在周围环形区域内，对流和辐射加热占主要地位。阴、阳极斑点的大小一般在毫米尺度，而加热斑点的直径一般在厘米尺度，即比前者大一个数量级。

图 2-34 给出了碳电极快速移动电弧的热流密度与径向中心距 r、电流 I 和电压 U 的关系。一般来讲，电流 I 增加，热流密度最大值 q_{max} 增加，加热范围也增大；电压 U 增加，热流密度的最大值 q_{max} 下降，但加热范围增大。

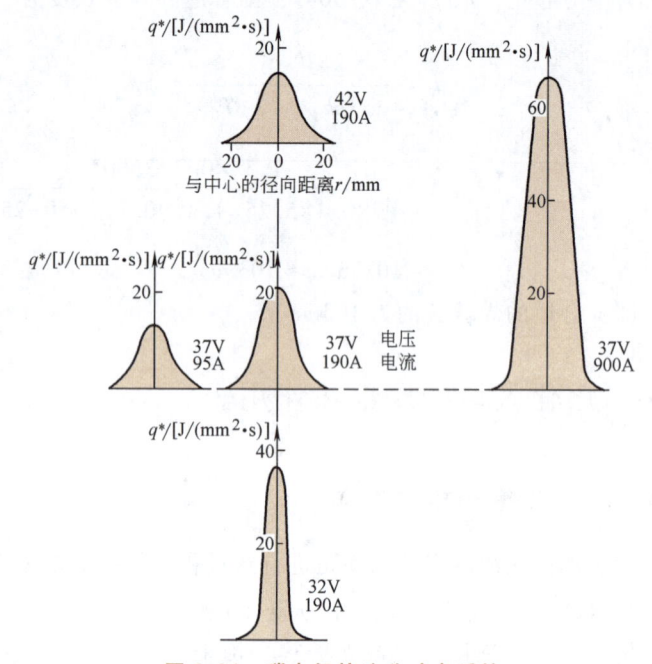

图 2-34　碳电极快速移动电弧的热流密度与径向中心距 r、电流 I 和电压 U 的关系

金属极电弧与碳极电弧相比，加热范围是相同的，但是热流密度较高；埋弧与明弧相比，其热流密度更为集中（见图 2-35）。

前面曾提出了单位长度焊缝上的热输入 q_w 的概念，即 $q_w = q/v$。从热输入的角度来看，只要 q_w 恒定（不论是如何保证 q_w 恒定的），其热过程就是相同的，即低功率低速焊接和高功率高速焊接的作用似乎应该获得一样的结果；或者小焊接电流配合高焊接电压与大焊接电流配合低焊接电压，其作用应该是相同的。但实际情况是，在相同 q、q_w 情况下，熔化区的宽度、熔深和冷却时间可能相差两倍。表 2-4 给出了不同电压电流组合，保持 q 和 q_w 恒定时，焊道截面的形状和尺寸发生明显变化的情况，因此，通过 q_w 得到的参数变换，要视具体情况加以修正。

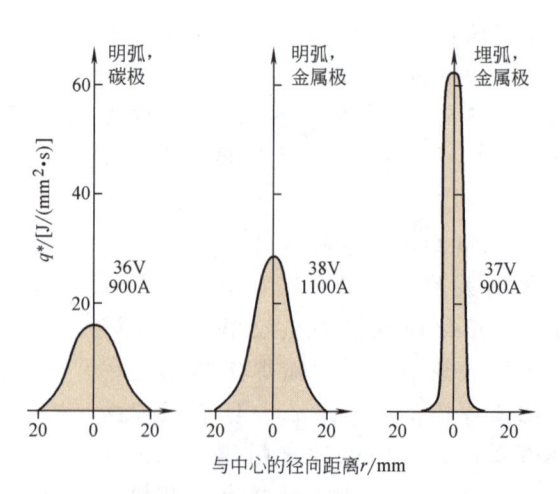

图 2-35　不同电弧的加热范围和热流密度的比较

表 2-4 CO_2 气体保护金属极电弧表面堆焊的熔化区和热影响区的形状与焊接参数的关系

GMA 焊接	$U=37V, I=300A$	$U=31.5V, I=350A$	$U=27.8V, I=400A$
$\bar{q}=11kJ/s$ $v=7.7mm/s$ $\bar{q}_w=1.44kJ/mm$	熔合区 热影响区		
$\bar{q}=11kJ/s$ $v=11.5mm/s$ $\bar{q}_w=0.96kJ/mm$			

注：$\bar{q}$—单位时间内的热输入量的平均值；$\bar{q}_w$—单位长度焊缝上的热输入量的平均值。GMA—气体保护金属电极电弧焊；HAZ—热影响区。

2.4.2 电极的加热与熔化

电极的熔化（填充金属的熔敷）是焊接电弧的重要功能之一，它对焊接工艺过程、冶金过程、焊接缺欠的产生及焊接生产率都有很大的影响。

电弧焊时，加热和熔化电极（焊条或焊丝）的能量有：焊接电流通过焊丝时产生的电阻热和焊接电弧传给焊丝端部的热能以及由于化学反应产生的热能。一般情况下，后者仅占 1%~3%，可以忽略。

1. 电阻热的作用

电阻热作用于电流流过的整个体积内，在电极尾端区域，加热斑点使其温度急剧上升，导致电极熔化。电阻热随电流密度和电流作用时间而增加，在整个电极体积内任何时刻各处升温都相同（假定各部位的电流密度相同）。但在焊条药皮内，存在有径向的温度梯度。

电流加热焊条时，电流在焊芯上发生的总热量 Q 应等于用于升高焊芯温度的热量 Q_1、用于升高药皮温度的热量 Q_2 和向周围介质散失的热量 Q_3 之和，即

$$Q=Q_1+Q_2+Q_3 \tag{2-99}$$

由焦耳-楞次定律可知，电流在焊芯上的发热量为

$$Q=\frac{\gamma^*}{A_e}lI^2dt \tag{2-100}$$

式中，γ^* 为比电阻（$R=\gamma^*l/A_e$）；l 为电流流经的焊丝的长度；A_e 为焊芯横截面积（见图 2-36）。

而使焊芯升温的热量 Q_1，与其容积比热容 $c_1\rho_1$ 和瞬时加热速度 dT/dt 成正比，即

$$Q_1=c_1\rho_1\frac{dT}{dt}A_eldt \tag{2-101}$$

使药皮升温的热量 Q_2，与药皮的容积比热容 $c_2\rho_2$ 和瞬时加热速度 dT_2/dt 成正比，即

$$Q_2=c_2\rho_2\frac{dT_2}{dt}A_cldt \tag{2-102}$$

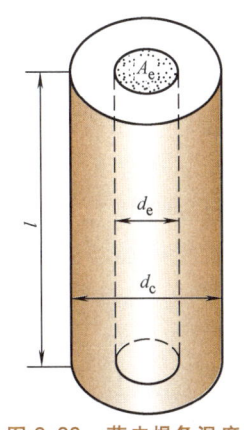

图 2-36 药皮焊条温度场计算示意图

式中，A_c 为药皮的横截面积。

向周围介质散失的热量 Q_3 为

$$Q_3 = \alpha_3 (T_3 - T_0) \pi d_c l dt \tag{2-103}$$

式中，α_3 为焊条药皮表面传热系数；T_3 为药皮表面的平均温度；T_0 为环境温度。

将式（2-100）~式（2-103）代入式（2-99），得

$$\frac{\gamma^* l}{A_e} I^2 dt = c_1 \rho_1 \frac{dT}{dt} A_e l dt + c_2 \rho_2 \frac{dT_2}{dt} A_c l dt + \alpha_3 (T_3 - T_0) \pi d_c l dt \tag{2-104}$$

由于药皮的平均温度 T_3 与焊芯温度 T 相差很小，因此，以 $(T-T_0)$ 代替 (T_3-T_0)，此时表面传热系数应该相应地采用降低了的表面传热系数，即 $\alpha_t = (0.9 \sim 0.95)\alpha_3$，并取 $dT_2/dt = dT/dt$，则

$$\frac{\gamma^*}{A_e} I^2 = \alpha_t (T-T_0) \pi d_c + \frac{dT}{dt}(c_1 \rho_1 A_e + c_2 \rho_2 A_c) \tag{2-105}$$

两端同除以 A_e

$$\gamma^* \frac{I^2}{A_e^2} = \alpha_t (T-T_0)\frac{\pi d_c}{A_e} + \frac{dT}{dt}\frac{(c_1 \rho_1 A_e + c_2 \rho_2 A_c)}{A_e} \tag{2-106}$$

令 $\overline{c\rho} = \dfrac{c_1 \rho_1 A_e + c_2 \rho_2 A_c}{A_e}$，显然 $\overline{c\rho} > c_1 \rho_1$。并且电流密度 $j = \dfrac{I}{A_e}$，$\dfrac{\pi d_c}{A_e} = \dfrac{\pi d_c}{\pi d_e^2/4} = \dfrac{4 d_c}{d_e^2}$，由此推导出电极加热的微分方程式为

$$\overline{c\rho}\frac{dT}{dt} = \gamma^* j^2 - \alpha_t (T-T_0)\frac{d_c}{d_e}\frac{4}{d_e} \tag{2-107}$$

求解此微分方程，就可得到由电阻热造成的焊条的温升。

在正常温度条件下，各种钢材的电阻率是不同的，奥氏体钢材的电阻率要比低碳钢大 5~7 倍，并且，随着温度的升高，电阻率也相应增加，而且低碳钢电阻率的增加要比奥氏体钢电阻率的增加快得多。当加热温度达到居里点（铁为 768℃）以上，特别是超过奥氏体化温度 Ac_3 时，各种钢材的电阻率就趋于一致。图 2-37 为不同类型钢材的电阻率随温度的变化关系。

自动焊或半自动焊时，由于采用裸丝不存在药皮，因而热量不再需要加热药皮，所以其升温较快。

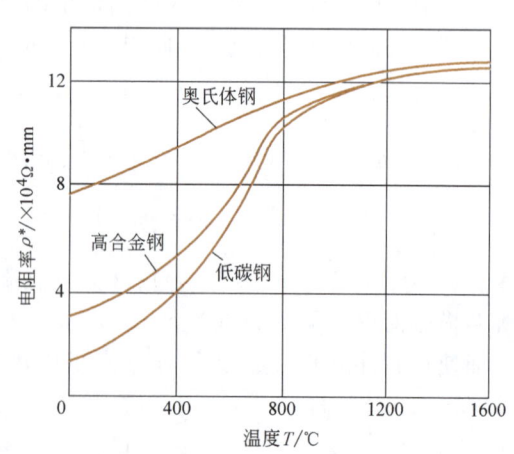

图 2-37 不同类型钢材的电阻率随温度的变化关系

2. 电弧加热焊丝

电弧产生的热作用位于电极端部及邻近的大约 10mm 以内的区域，在此范围内的温度急剧下降，可以近似用杆的移动面热源的温度计算公式

$$T = T_r + (T_m^* - T_r)\exp\left(-\frac{v_e x}{a}\right) \quad (2\text{-}108)$$

式中，T 为焊丝端部温升；T_r 为由于电阻热造成的温升；T_m^* 为熔滴的温度（$T_m^* > T_M$ 熔点）；v_e 为焊丝熔化速度，或送丝速度；a 为热扩散率；x 为焊丝轴向坐标。

焊接过程中，电阻热造成的温升 T_r 在焊芯中或整个焊条内随焊接时间 t_w 稳定增加，自动送丝时，温度 T_r 从导电嘴到焊丝端部接近线性增加。

在这两种情况下，T_r 与由电弧造成的按指数形式增加的温升相叠加。在自动焊时，其最高温度 T_{rmax} 随焊丝伸出长度的加长而增加，因此可以获得较高的熔化速率。图 2-38 给出了在电阻和电弧共同作用下恒速送进的低碳钢焊丝上的温度分布。

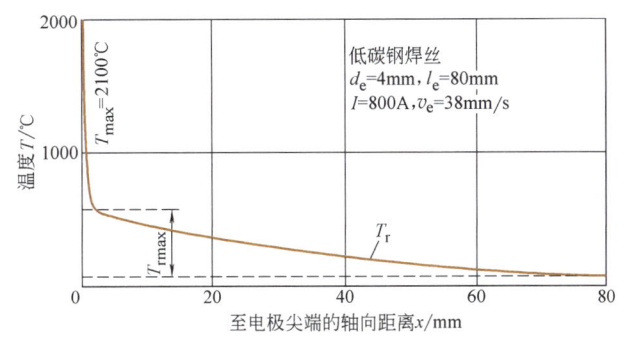

图 2-38 在电阻和电弧共同作用下恒速送进的低碳钢焊丝上的温度分布

3. 电极的熔化速度

可以从温度分布和热平衡来描述电极的熔化速度。作用于电极上的电弧有效热功率 q_e 取决于弧端电压 U、电流 I 和焊丝的有效热功率系数 η_e（$\eta_e \approx 0.1$），即

$$q_e = \eta_e UI \quad (2\text{-}109)$$

有效热功率 q_e 使焊丝端部温度升高到 $T_m^{**} > T_M$（熔点），焊丝以速度 v_e 不断送进并熔化

$$q_e = v_e A_e \overline{c\rho}(T_m^{**} - T_{rmax}) \quad (2\text{-}110)$$

上式中可引入变量熔化速率 m_e（g/s），即

$$m_e = v_e A_e \rho \quad (2\text{-}111)$$

电弧熔化的熔滴与电阻热加热的焊丝末端相比较，其单位质量的热含量（即焓）的变化为

$$\Delta i = c(T_m^{**} - T_{rmax}) \quad (2\text{-}112)$$

由于 ρ 和 c 是随温度变化的，为简单起见，采用所研究温度范围内的平均值，并考虑熔化潜热对其加以修正，以 $\overline{c\rho}$ 表示

$$q_e = \eta_e UI = v_e A_e \overline{c\rho}(T_m^{**} - T_{rmax}) = m_e c(T_m^{**} - T_{rmax}) \quad (2\text{-}113)$$

$$m_e = v_e A_e \rho = \frac{\eta_e UI}{c(T_m^{**} - T_{rmax})} \quad (2\text{-}114)$$

所以焊丝的熔化速度为

$$v_e = \frac{\eta_e UI}{A_e \overline{c\rho}(T_m^{**} - T_{rmax})} \quad (2\text{-}115)$$

实际上，熔化速率 m_e 和熔化速度 v_e 主要受电流 I 的控制。

对于焊芯来讲，焊接时间 t_w 增加，熔化速率 m_e 增加，这是因为 T_r 增加所致。因此，焊接过程越快，对于给定的焊芯，在整个焊接过程完成后的温升 T_{rmax} 就越大，而且裸焊丝比药皮焊条的温升更高。

定义 α_e 为单位电流作用下的熔化速率，即

$$\alpha_e = m_e / I \tag{2-116}$$

如果熔敷速率不是特别高，则 α_e 近似为常数，一般在焊条电弧焊时 $\alpha_e = 5 \sim 14 \text{g}/(\text{A} \cdot \text{h})$，在埋弧焊时，$\alpha_e = 13 \sim 23 \text{g}/(\text{A} \cdot \text{h})$。

熔敷量应为熔化量与质量损耗（蒸发与飞溅等）的差值，即

$$m_d = m_e (1 - \psi_d) \tag{2-117}$$

式中，ψ_d 为损失系数。对于普通焊接方法，$\psi_d = 0.05 \sim 0.2$，对于埋弧焊，$\psi_d = 0.01 \sim 0.02$。

定义 α_d 为单位电流作用下的熔敷速率，即

$$\alpha_d = m_d / I \tag{2-118}$$

则

$$\alpha_d = \alpha_e (1 - \psi_d) \tag{2-119}$$

2.4.3 焊接熔池模型

前述对焊接温度场的计算过程，均未考虑焊接熔池的行为，仅仅是以热传导模型为基础进行的。这样的分析对于焊接接头的温度场、残余应力和变形、显微组织的变化等问题，在热影响区之外的区域内，可以给出可靠的结果。在一定的条件下，也可在热影响区内获得可靠的结果。但对于焊接熔池部分却无能为力。与传统的热传导模型相比，焊接熔池内的热量传递主要是依靠对流，而对流传热则基于熔池内流体的流动。熔池内流体的流动可以由非对称电磁场、表面张力梯度、等离子体和气体射流的作用力、金属熔滴的撞击力以及浮力所引发。熔池内的温度梯度随流体流动速度的增加而减小。

关于焊接熔池行为的模型化工作，近年来已经取得了显著的进展。已经提出了基于麦克斯韦方程式的焊接电弧模型、流体静力学的表面张力模型、流体静力学的焊缝形状模型、流体动力学焊接熔池模型和描述大功率密度焊接（等离子弧、激光、电子束）熔池行为的小孔模型等。但是，尽管在这一方面取得了显著的进步，这些模型却还只能回答非常有限的实际问题。这种现状促使许多焊接工作者不断进行深入研究，并因此使这一研究领域始终成为国际上的研究热点。这里，仅就相对比较成熟的非熔化极气体保护焊熔池的三维数学模型加以介绍。

1. 控制方程组

要描述焊接熔池的行为及其温度场，就需要建立运动电弧作用下焊接熔池中的流体力学状态和传热过程的三维数值分析模型。以 TIG 焊为例，电弧热量使被焊金属熔化并形成熔池，电弧以恒定的速度 u_0 沿 x 方向移动，根据温度分布，熔池分为前后两部分。在熔池前部，输入的热量大于散失的热量，所以，随着电弧的移动，金属不断熔化；在熔池后部，散失的热量大于输入的热量，所以发生凝固。在熔池内部则因自然对流、电磁力和表面张力等

作用力的驱动，产生流体对流。

在固定坐标系 $O'\xi y'z'$ 中（见图 2-39），热能方程为

$$\rho c\left(\frac{dT}{dt}+u\frac{\partial T}{\partial \xi}+v\frac{\partial T}{\partial y'}+w\frac{\partial T}{\partial z'}\right)=\frac{\partial}{\partial \xi}\left(\lambda\frac{\partial T}{\partial \xi}\right)+\frac{\partial}{\partial y'}\left(\lambda\frac{\partial T}{\partial y'}\right)+\frac{\partial}{\partial z'}\left(\lambda\frac{\partial T}{\partial z'}\right) \quad (2\text{-}120)$$

式中，ρ 为密度；c 为比热容；λ 为热导率；T 为温度；t 为时间；u、v、w 分别为 ξ、y'、z' 方向上的速度分量。

式（2-120）的求解区域包括液态熔池和其周围的固态金属。在整个计算区域内，是一个对流与导热的问题。由于在固体中流体的流速为零，所以在实际固体中就转化为纯导热问题了。

考虑到热源是一个热流密度为 $q(r)$ 的以恒速 u_0 移动的电弧，在此进行坐标变换，将 $x=\xi-u_0t$、$y=y'$、$z=z'$ 代入式（2-120），就可以将固定坐标系转换为以热源中心为坐标原点的移动坐标系。其中，x 为电弧移动方向的点到热源中心的距离，此时

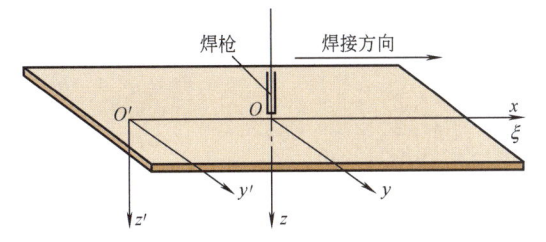

图 2-39 计算焊接熔池行为的三维坐标系

$$\rho c\left[\frac{\partial T}{\partial t}+(u-u_0)\frac{\partial T}{\partial x}+v\frac{\partial T}{\partial y}+w\frac{\partial T}{\partial z}\right]=\frac{\partial}{\partial x}\left(\lambda\frac{\partial T}{\partial x}\right)+\frac{\partial}{\partial y}\left(\lambda\frac{\partial T}{\partial y}\right)+\frac{\partial}{\partial z}\left(\lambda\frac{\partial T}{\partial z}\right) \quad (2\text{-}121)$$

式（2-121）为移动坐标系下的热能方程，它表示系统满足<u>能量守恒</u>。

对于熔池中的流体来说，应满足动量守恒，即满足动量方程（以笛卡儿坐标系下三个方向的分量来表示）

$$\rho c\left[(u-u_0)\frac{\partial u}{\partial x}+v\frac{\partial u}{\partial y}+w\frac{\partial u}{\partial z}\right]=X-\frac{\partial p}{\partial x}+\mu\left(\frac{\partial^2 u}{\partial x^2}+\frac{\partial^2 u}{\partial y^2}+\frac{\partial^2 u}{\partial z^2}\right) \quad (2\text{-}122)$$

$$\rho c\left[(u-u_0)\frac{\partial v}{\partial x}+v\frac{\partial v}{\partial y}+w\frac{\partial v}{\partial z}\right]=Y-\frac{\partial p}{\partial y}+\mu\left(\frac{\partial^2 v}{\partial x^2}+\frac{\partial^2 v}{\partial y^2}+\frac{\partial^2 v}{\partial z^2}\right) \quad (2\text{-}123)$$

$$\rho c\left[(u-u_0)\frac{\partial w}{\partial x}+v\frac{\partial w}{\partial y}+w\frac{\partial w}{\partial z}\right]=Z-\frac{\partial p}{\partial z}+\mu\left(\frac{\partial^2 w}{\partial x^2}+\frac{\partial^2 w}{\partial y^2}+\frac{\partial^2 w}{\partial z^2}\right) \quad (2\text{-}124)$$

式中，μ 为流体黏度；p 为流体压力；X、Y、Z 为体积力 F_b 在 x、y、z 方向上的分量。

此外，流场还应满足一个附加的约束条件，即流体是连续和不可压缩的，也就是说流体需要满足连续性方程

$$\frac{\partial u}{\partial x}+\frac{\partial v}{\partial y}+\frac{\partial w}{\partial z}=0 \quad (2\text{-}125)$$

上述的热能方程、动量方程和连续性方程就构成了求解焊接熔池问题的控制方程组，求解的结果应同时满足上述方程。

2. 体积力

动量方程中出现了 X、Y、Z 三个体积力分量。电弧焊接熔池中的体积力包括电磁力和自然对流项。体积力为

$$F_b = j \times B - \rho g \beta \Delta T \tag{2-126}$$

式中，j 为电流密度；B 为磁感应强度；β 为体积膨胀系数；g 为重力加速度；ΔT 为温差。

体积力 F_b 在 x、y、z 三个方向上的分量分别为

$$X = (j \times B)_x$$

$$Y = (j \times B)_y$$

$$Z = (j \times B)_z - \rho g \beta \Delta T$$

3. 边界条件

热能方程的边界条件为：工件上表面（$z=0$）有电弧覆盖的区域，有热流 $q(r)$ 向工件输入热量，即

$$q(r) = \frac{\eta_h I U}{2\pi \sigma_q^2} \exp\left(-\frac{r^2}{2\sigma_q^2}\right) \tag{2-127}$$

式中，I 为焊接电流；U 为焊接电压；σ_q 为热流分布函数；r 为电弧覆盖区域的半径；η_h 为热效率。

在工件的上表面（$z=0$）非电弧覆盖区域和工件的下表面（$z=\delta$，δ 为工件厚度），通过对流和辐射向环境放热，此时有

$$-\lambda \frac{\partial T}{\partial z} = \alpha(T - T_0) \tag{2-128}$$

在固液界面上，$T = T_M$，T_M 为材料熔点。

考虑到要求解的温度场关于中心平面（xOz 平面）对称，因此，可取 $y=0$ 为边界，此处应满足

$$\frac{\partial T}{\partial y} = 0 \tag{2-129}$$

的条件。

动量方程和连续性方程的边界条件为：在固体中和固液相界面上，有

$$u = -u_0, v = w = 0 \tag{2-130}$$

在熔池表面上，应满足

$$\mu \frac{\partial v}{\partial z} = -\frac{\partial \sigma}{\partial T} \frac{\partial T}{\partial y} \tag{2-131}$$

$$\mu \frac{\partial u}{\partial z} = -\frac{\partial \sigma}{\partial T} \frac{\partial T}{\partial x} \tag{2-132}$$

式中，μ 为流体的黏度；$\frac{\partial \sigma}{\partial T}$ 为流体的表面张力梯度。

上述控制方程组和边界条件就构成了描述焊接熔池的数学模型。求解此模型，就可以确定工件上各点的温度以及熔池中流体的状态。但由于方程组的复杂性，没有办法求出解析解，所以只能采用数值方法。随着计算机的发展，这种复杂问题的求解已成为可能。

焊接应力与变形

第 3 章

3.1 内应力的产生

3.1.1 内应力及其产生原因

所谓内应力是指在没有外力的条件下平衡于物体内部的应力。在各种类型的工程结构中，内应力是普遍存在的。

内应力按其分布范围的不同可以分为三类：第一类内应力，又称为宏观内应力，其平衡范围很大，可以和物体的尺度相比较；第二类内应力，又称为微观内应力，其平衡范围比前者要小得多，仅相当于晶粒的尺度；第三类内应力，又称为超微观内应力，其平衡范围更小，其大小可与晶格尺度来比量。从焊接所导致的结构内应力来看，所涉及的主要是第一类内应力，即宏观内应力。

"热胀冷缩"是自然界中普遍存在的一种物理现象。物体受热后会膨胀，冷却后会收缩，也就是说，温度的变化会使物体产生变形。如果物体的这种"胀""缩"变形是自由的，即变形不受约束，则说明变形是温度变化的唯一反映；如果这种变形受到约束，就会在物体内部产生应力，这种应力称为温度应力或热应力。

热应力是由于构件不均匀受热所引起的。如图 3-1a 所示，将 $w_C = 0.04\%$ 的钢棒固定在刚性台上，如果加热钢棒使其受热膨胀，由于钢棒受到刚性台的制约，膨胀不能自由进行，此时，钢棒就受到压应力，而刚性台就受到拉应力。这种应力是在没有外力作用的情况下出

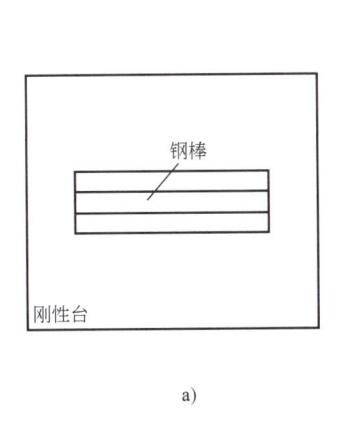

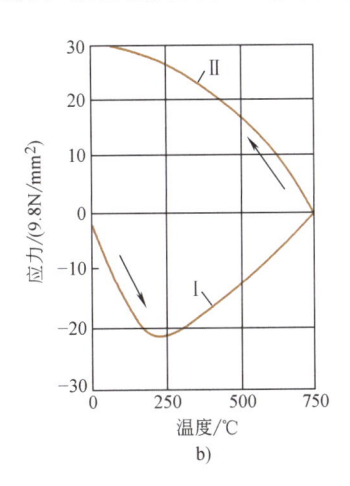

图 3-1 加热和冷却产生内应力的实验装置及温度应力曲线

现的,并且拉应力和压应力在系统内部平衡,就构成了内应力。此内应力的产生是由于不均匀加热造成的,因而是热应力。

如果钢棒受热产生的热应力的大小低于材料的屈服强度,即钢棒不发生塑性变形,则冷却后热应力将随之消失。如果钢棒受热使其温度超过250℃,此时产生的热应力就会超过钢棒材料的屈服强度,钢棒就开始产生压缩塑性变形。随着加热温度的继续升高,压缩塑性变形量会不断增加,而材料的屈服强度会不断降低,因而钢棒内的压应力也会不断减小。当钢棒温度达到750℃时,由于材料的屈服强度下降为零,所以热应力也降为零,在此升温过程中的应力变化曲线如图3-1b中的曲线Ⅰ所示,此时热膨胀量全部转变为钢棒的压缩塑性变形。随后使钢棒降温,则钢棒的冷却收缩同样受到刚性台的制约,因而产生拉伸塑性变形并产生拉应力,降温时的应力变化曲线如图3-1b中的曲线Ⅱ所示。而此时刚性台则受到压应力的作用,这样在系统中又形成了新的内应力,此应力是在温度均匀后残存在杆件中的,因此称之为**残余应力**。

如果材料在受热过程中发生相变,并且相变造成材料的比体积发生变化,因而也会造成体积变化,即产生变形。这种相变所带来的体积变化如果受到制约,也会产生新的内应力,这种内应力即为**相变应力**。当温度恢复到初始的均匀状态后,如果相变产物仍然保留,则相变应力也将保留,并形成残余应力,即**相变残余应力**。

3.1.2 热应变与相变应变

固体的温度变化伴随着热应变。如果材料的线膨胀系数为 α,则有

$$\varepsilon_T = \alpha \Delta T \tag{3-1}$$

式中,ε_T 为热应变;ΔT 为温度差。

线膨胀系数 α 是与温度相关的,即 $\alpha = \alpha(T)$。图3-2为用膨胀仪测定的无相变奥氏体钢和有相变珠光体钢的热膨胀曲线。一般情况下,在给定的温度范围内可使用平均线膨胀系数 α_m。α_m 可由膨胀曲线的平均斜率 $\tan\theta$ 求出,另外,也可由膨胀曲线的局部斜率求出瞬时或微元热膨胀系数 α。

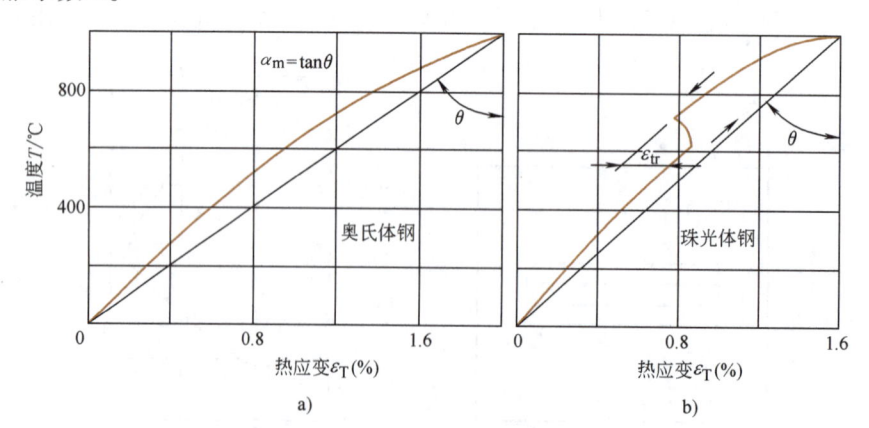

图3-2 用膨胀仪测定的奥氏体钢和珠光体钢的热膨胀曲线
a) 无相变奥氏体钢 b) 有相变珠光体钢

对于珠光体钢,图3-2b中曲线上的不连续性标志着接近于800℃的相变温度 Ac_1。根据

奥氏体化参数的不同，即奥氏体化峰值温度 T_{amax}、奥氏体化时间 Δt_a 和冷却时间 $\Delta t_{8/5}$，冷却时的相变温度也不同。图中的 ε_{tr} 为相变应变，其方向与热应变相反。

温度场随时间变化，引起热应变和相变应变，并造成弹性或塑性应变场，以及相关的局部和总体变形。

在相变温度范围内屈服应力可能降低很多，并且低于双相材料的两个组成相中屈服强度较低的一个。与加热过程的屈服强度降低相比，在冷却转变成两相材料时屈服强度的降低，被称之为"屈服强度滞后"现象（见图3-3）。存在应力作用的显微组织转变中，除有体积相变应变外，还会发生塑性相变应变。

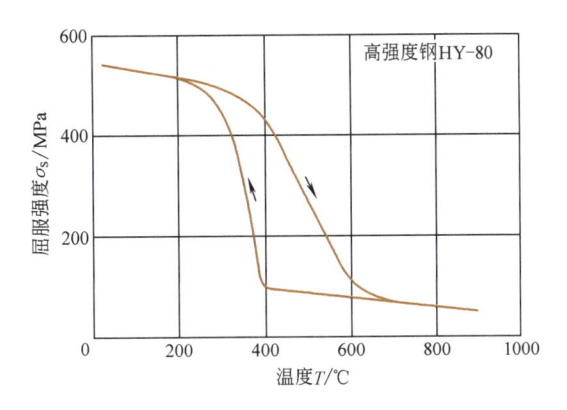

图 3-3 HY-80 高强度钢屈服强度与温度的关系以及屈服强度滞后现象

3.2 焊接应力与变形的形成过程

3.2.1 简单杆件的应力与变形

当金属物体的温度发生变化或发生相变时，它的形状和尺寸就要发生变化。如果这种变化没有受到外界的任何阻碍而自由进行，这种变形就称为自由变形，自由变形的大小称为自由变形量，单位长度上的自由变形量称为自由变形率。

以低碳钢杆件的受热膨胀为例，当杆件温度为 T_0 时，其长度为 L_0。当其受热使温度升高到 T_1 时，如果杆件伸长不受阻碍，则其长度将变为 L_1，如图3-4a所示，则此时的自由变形量 ΔL_T 为

$$\Delta L_T = L_1 - L_0 = \alpha L_0 (T_1 - T_0) \quad (3-2)$$

式中，α 为杆件的热膨胀系数。而其自由变形率 ε_T 为

$$\varepsilon_T = \Delta L_T / L_0 = \alpha (T_1 - T_0) \quad (3-3)$$

当杆件的伸长受阻碍，使其不能完全自由变形时，如图3-4b所示，变形量只能部分表现出来，则将所表现出的部分变形称为外观变形或可见变形，用 ΔL_e 表

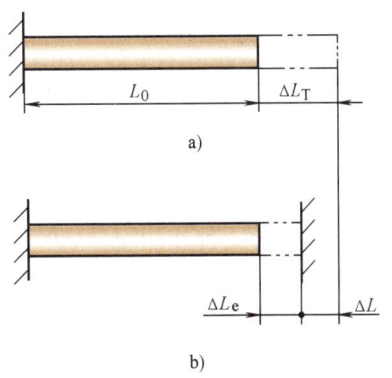

图 3-4 金属杆件的受热变形
a) 自由变形量 b) 外观变形量

示。其外观变形率 ε_e 可用下式表示

$$\varepsilon_e = \frac{\Delta L_e}{L_0} \tag{3-4}$$

而未表现出来的那部分变形，称之为 内部变形，记为 ΔL。内部变形的数值是自由变形与外观变形的差值，由于是受到压缩，故取为负值，可表示为

$$\Delta L = -(\Delta L_T - \Delta L_e) = \Delta L_e - \Delta L_T \tag{3-5}$$

同样，内部变形率 ε 可表示为

$$\varepsilon = \frac{\Delta L}{L_0} = \frac{\Delta L_e - \Delta L_T}{L_0} = \varepsilon_e - \varepsilon_T \tag{3-6}$$

由胡克定律可知，在弹性范围（即材料的弹性模量 E 为常数）内应力和应变之间应满足如下线性关系

$$\sigma = E\varepsilon = E(\varepsilon_e - \varepsilon_T) \tag{3-7}$$

对于低碳钢一类材料，其应力-应变曲线如图 3-5 所示。当杆件中的应力 σ 达到材料的屈服强度 σ_s 后就不再升高。

如果金属杆件在 T_1 温度下所产生的内部变形率 ε_1 小于材料屈服时的变形率 ε_s，即 $|\varepsilon_1|<\varepsilon_s$，则杆件中的应力值也小于材料的屈服强度，即 $\sigma<\sigma_s$。若使杆件温度恢复到 T_0，并允许杆件自由收缩，则杆件将恢复到原来的长度 L_0，并且杆件中也不存在应力。如果使杆件的温度升高到 T_2，使杆件中的内部变形率 ε_2 大于材料屈服时的变形率 ε_s，即 $|\varepsilon_2|>\varepsilon_s$，则杆件中的应力会达到材料的屈服强度，即 $\sigma=\sigma_s$，同时还会产生压缩塑性变形 ε_p（$|\varepsilon_p|=|\varepsilon_e-\varepsilon_T|-\varepsilon_s$）。在杆件的温度恢复到 T_0 时，若允许其自由收缩，杆件中也不存在内应力，但杆件的最终长度将比初始长度缩短 ΔL_p（ΔL_p 为塑性变形量）。

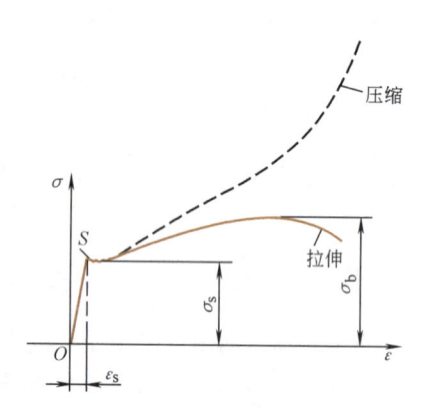

图 3-5 低碳钢的应力-应变曲线

3.2.2 不均匀温度场作用下的应力与变形

前面分析了杆件均匀受热时的应力和变形情况，如果受热不均匀，应力和变形情况要复杂得多。

1. 长板条中心加热

取一长度为 L、宽度为 B、厚度为 δ 的板条，在板条的中心线处沿板条的整个长度加热，并假定在板条的长度方向不存在温度梯度，仅在板条的宽度方向存在中间高两边低的不均匀温度场（见图 3-6）。同时，为使问题简化，假定板条的厚度很薄（即 $\delta\rightarrow0$），这意味着在板条的厚度方向上也不存在温度梯度，温度场仅在板宽方向上对称分布。

从板条中截取单位长度的一段,并假设此段是由若干条彼此无关的纤维并列而成,则各纤维均可以自由变形。在图 3-6 所示的不均匀温度场的作用下,其端面的轮廓线将表现为中间高两边低的形式,如图 3-7 所示。这一轮廓线的形状应该与自由变形率 ε_T 曲线的形状一致。

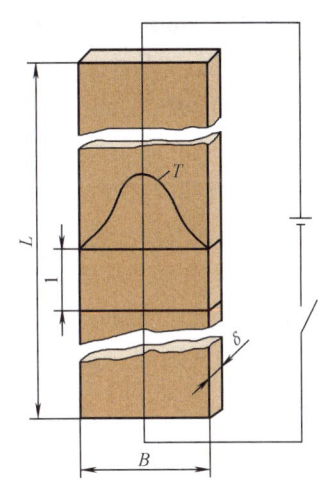

实际上,各纤维之间是相互制约的,板条作为一个整体,如果板条足够长,则去除两个端头部分外,其中段截面必须保持为平面,以满足材料力学中的平面假设原理(即当构件受纵向力或弯矩作用而变形时,构件中的平截面始终保持为平面),并且由于温度场是相对于板条中心线对称的,所以端面产生平移,移动距离为 ε_e。此时,ε_e 与 ε_T 的差值即为应变 ε。可以看出,板条中心部分的应变为负值,即为压应变,在这一区域将产生压应力;板条两侧的应变为正值,即为拉应变,在这一区域产生拉应力。这三个区域内的应力应该相互平衡,所以正负面积相等(见图 3-7b)。如果已知温度分布是 x 的函数 $T=f(x)$,则应力平衡的条件可以表示为

图 3-6 长板条中心加热示意图

$$\sum Y = \int_{-B/2}^{B/2} \sigma \delta dx = \int_{-B/2}^{B/2} E(\varepsilon_e - \varepsilon_T) \delta dx = E\delta \int_{-B/2}^{B/2} [\varepsilon_e - \alpha f(x)] dx = 0 \quad (3-8)$$

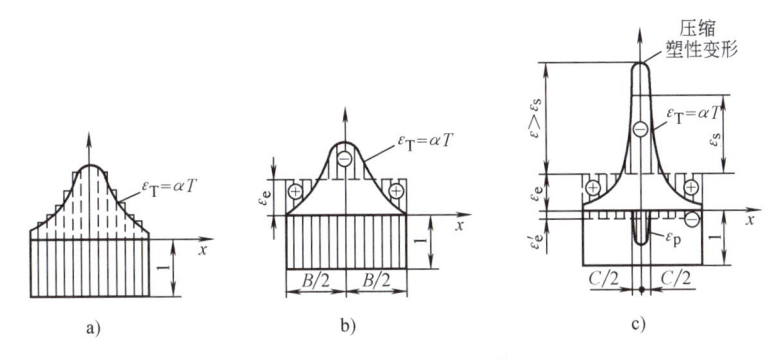

图 3-7 板条中心加热时的变形

由式(3-8)可以求出外观变形 ε_e,并进而可以由 $\sigma = E(\varepsilon_e - \varepsilon_T)$ 求出截面各点上的应力值,从而确定截面上的应力分布。当截面上的最大应力小于材料的屈服强度 σ_s 时,取消加热使板条恢复到初始温度,则板条会恢复到初始长度,应力和应变全都消失。

如果加热温度较高,使中心部位产生较大的内部变形并导致其变形率 ε 大于金属屈服时的变形率 ε_s,则在中心部位会因受压而产生塑性变形。此时停止加热使板条恢复到初始温度,并允许板条自由收缩,则最终板条长度将缩短,其缩短量为残余变形量,并且在板条中形成一个中心受拉、两侧受压的残余应力分布。此残余应力在板条内部平衡,如果已知塑性区压缩变形的分布规律为 $\varepsilon_p = f_p(x)$,则残余应力为

$$\sigma = E[\varepsilon_e' - f_p(x)] \quad (3-9)$$

式中,ε_e' 为残余外观应变量。

残余应力和变形的平衡条件可表达为

$$\sum Y = \int_{-B/2}^{B/2} \sigma\delta\mathrm{d}x = \int_{-B/2}^{B/2} E(\varepsilon_e' - \varepsilon_p)\delta\mathrm{d}x = E\delta\int_{-B/2}^{-C/2}\varepsilon_e'\mathrm{d}x + E\delta\int_{-C/2}^{C/2}[\varepsilon_e' - f_p(x)]\mathrm{d}x + E\delta\int_{C/2}^{B/2}\varepsilon_e'\mathrm{d}x$$

$$= E\delta\varepsilon_e'(B - C) + E\delta\int_{-C/2}^{C/2}[\varepsilon_e' - f_p(x)]\mathrm{d}x = 0 \tag{3-10}$$

由于 ε_p 的分布对称于中心轴，所以截面也只做平移，ε_e' 为常数。由上面的两个公式可以求出残余应力和变形。此各区残余应力的符号与热应力的符号大致相反。

2. 长板条单侧加热

在板条的一侧加热，则在板条中产生一侧高而另一侧低的不均匀温度场（见图 3-8）。如果假定板条由无数互不相干并可以自由变形的纵向纤维组成，则这些纵向纤维的变形量应当与温度成正比，其比例系数即为线膨胀系数，所以自由变形量曲线的形状应与温度曲线的形状相似。实际上，由于各纤维之间相互制约，并且可以认为平面假设是正确的（这一假设对板条变形问题足够精确），则实际变形量将不是曲线 ε_T，而是直线 ε_e。由于位移的大小受内应力必须平衡这一条件的制约，因而不可能出现图 3-8b、c 的情况，因为这将产生不平衡的力矩。

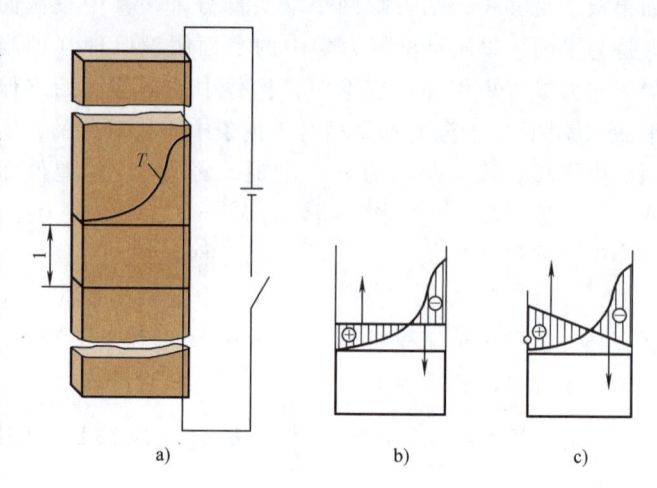

图 3-8 板条一侧受热时的应力和变形

由于曲线 ε_T 和直线 ε_e 没有重合，所以板条内部将产生应力。应力的大小取决于自由变形量 ε_T 与实际变形量 ε_e 之差，即 $\sigma = E(\varepsilon_e - \varepsilon_T)$。当 $\varepsilon_e < \varepsilon_T$ 时，σ 为压应力，反之为拉应力。

考虑到所研究的截面上没有附加外力，内应力处于平衡状态，即内应力的总和以及内应力对任一点的力矩之和应等于零。由此可以列出

$$\sum Y = \int_0^B \sigma\delta\mathrm{d}x = 0 \tag{3-11}$$

$$\sum M = \int_0^B \sigma\delta x\mathrm{d}x = 0 \tag{3-12}$$

在此，分几种情况加以考虑。

1) 当加热温度较低，在板条的任何区域内均不发生塑性变形的条件下（见图 3-9a），由于 $\sigma = E(\varepsilon_e - \varepsilon_T)$，并且 $\varepsilon_T = \alpha(T - T_0)$，所以

$$\sum Y = \int_0^B \sigma\delta\mathrm{d}x = \int_0^B \delta E(\varepsilon_e - \varepsilon_T)\mathrm{d}x = E\delta\int_0^B[\varepsilon_e - \alpha(T - T_0)]\mathrm{d}x = 0 \tag{3-13}$$

$$\sum M = \int_0^B \sigma\delta x\mathrm{d}x = \int_0^B \delta E(\varepsilon_e - \varepsilon_T)x\mathrm{d}x = E\delta\int_0^B[\varepsilon_e - \alpha(T - T_0)]x\mathrm{d}x = 0 \tag{3-14}$$

由于此时截面发生转动，即 ε_e 不再是常数，而是 x 的线性函数，即

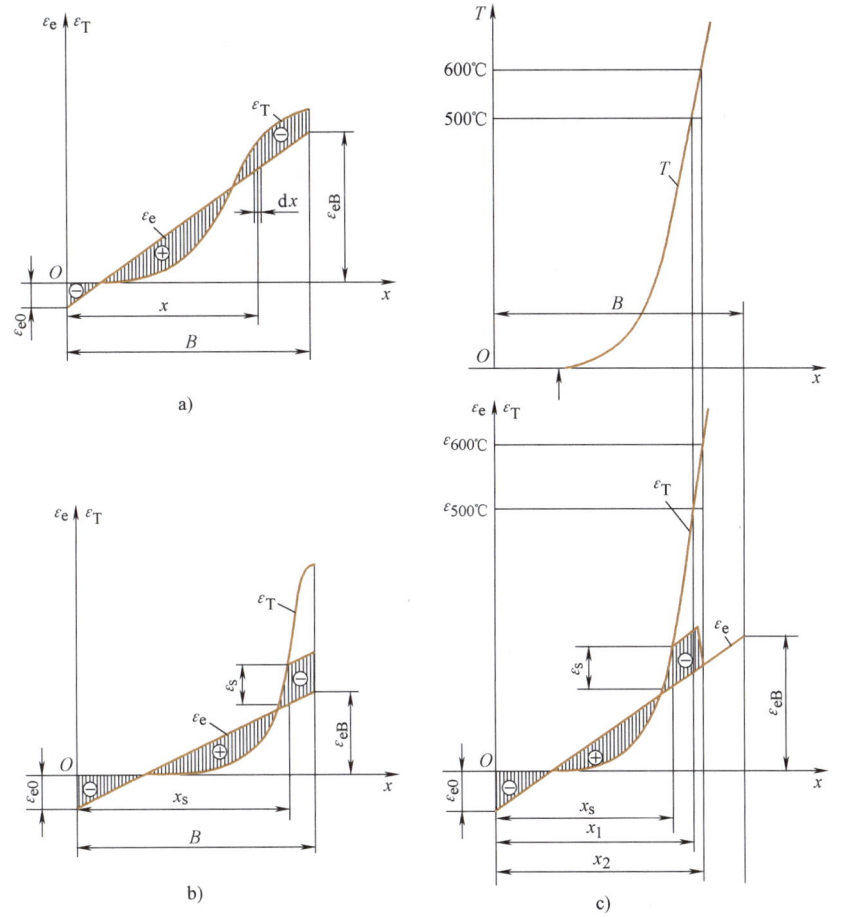

图 3-9 板条单边加热到不同温度时的应力与变形

$$\varepsilon_e = \varepsilon_{e0} + \frac{x}{B}(\varepsilon_{eB} - \varepsilon_{e0}) \tag{3-15}$$

将式（3-15）代入式（3-13）和式（3-14），联立求解可得到 ε_{e0} 和 ε_{eB}，并进而可求出 ε_e 和 σ。此外还可以求出板条的平均变形率 ε_{em}，即

$$\varepsilon_{em} = (\varepsilon_{e0} + \varepsilon_{eB})/2 \tag{3-16}$$

以及板条在该截面内的曲率 C，即

$$C = \frac{\varepsilon_{eB} - \varepsilon_{e0}}{B} \tag{3-17}$$

在这种情况下，内部变形小于金属屈服强度的变形率（$\varepsilon < \varepsilon_s$），则温度恢复后，板条中既不存在残余应力，也不存在残余变形。

2）当加热温度较高，使板条在靠近高温一侧的（$B-x_s$）局部范围内产生塑性变形（见图 3-9b），则有

$$\varepsilon_T = \begin{cases} \alpha(T-T_0) \in (0 \sim x_s) \\ \varepsilon_s \in (x_s \sim B) \end{cases} \tag{3-18}$$

如前分析，有

$$\int_0^B (\varepsilon_e - \varepsilon_T)dx = \int_0^{x_s}[\varepsilon_e - \alpha(T - T_0)]dx + \int_{x_s}^B \varepsilon_s dx$$

$$= (B - x_s)\varepsilon_s + \int[\varepsilon_e - \alpha(T - T_0)]dx = 0 \quad (3\text{-}19)$$

$$\int_0^B (\varepsilon_e - \varepsilon_T)xdx = \int_0^{x_s}[\varepsilon_e - \alpha(T - T_0)]xdx + \int_{x_s}^B \varepsilon_s xdx$$

$$= \frac{\varepsilon_s}{2}(B - x_s)^2 + \int[\varepsilon_e - \alpha(T - T_0)]xdx = 0 \quad (3\text{-}20)$$

可见变形 ε_e 仍可按式（3-15）计算，联立求解式（3-19）和式（3-20），就可求出 ε_{e0}、ε_{eB}、ε_s、σ 等。

3）当加热温度很高，造成板边 $(B-x_2)$ 一段内的 $\sigma_s = 0$，即变形抗力为零（见图 3-9c）。此时，在 $(B-x_2)$ 一段内，由于温度很高，使变形抗力为零，在此区域内发生完全塑性变形，而应力 $\sigma = 0$。在 (x_2-x_1) 范围内，塑性变形抗力从 x_2 处的 $\sigma = 0$ 线性变化到 x_1 处的 $\sigma = \sigma_s = E\varepsilon_s$，在此区域内可将应力表示为 $\sigma = \sigma_s(T) = E\varepsilon'_s$。在 $(x_1 \sim x_s)$ 范围内，发生**塑性变形**，塑性变形抗力为 σ_s，即 $\sigma = \sigma_s$，并且有 $\varepsilon = \varepsilon_s$。在 $(x_s \sim 0)$ 范围内为**弹性变形区**。

采用与前述相同的处理办法，可得

$$\sum Y = \int_0^B \sigma\delta dx = \int_0^B E\varepsilon\delta dx = \int_0^{x_s} E(\varepsilon_e - \varepsilon_T)\delta dx + \int_{x_s}^{x_1} E\varepsilon_s\delta dx + \int_{x_1}^{x_2} E\varepsilon'_s\delta dx$$

$$= \frac{E\delta\varepsilon_s}{2}(x_2 - x_1) + E\delta\varepsilon_s(x_1 - x_s) + E\delta\int[\varepsilon_e - \alpha(T - T_0)]dx = 0 \quad (3\text{-}21)$$

$$\sum M = \int_0^B \sigma\delta xdx = \int_0^B E\varepsilon\delta xdx = \int_0^{x_s} E(\varepsilon_e - \varepsilon_T)\delta xdx + \int_{x_s}^{x_1} E\varepsilon_s\delta xdx + \int_{x_1}^{x_2} E\varepsilon'_s\delta xdx$$

$$= \frac{E\delta\varepsilon_s}{x_1 - x_2}\left[\frac{x_2^3 - x_1^3}{3} - \frac{x_2}{2}(x_2^2 - x_1^2)\right] + \frac{E\delta\varepsilon_s}{2}(x_1^2 - x_s^2) + E\delta\int_0^{x_s}[\varepsilon_e - \alpha(T - T_0)]xdx = 0$$

$$(3\text{-}22)$$

另有

$$\varepsilon_s = \varepsilon_{es} - \varepsilon_T \quad (3\text{-}23)$$

式中，ε_{es} 为屈服时的外观变形率。

由式（3-21）、式（3-22）和式（3-23）联立，可以求出 x_s、ε_{e0}、ε_{eB} 等参数，并进而求出 ε_e 和 σ。

在板条侧边加热的情况下，板条的外观变形不仅有端面平移，而且有角位移。这使得板条沿长度方向出现了弯曲变形。弯曲变形的曲率按式（3-17）计算。

3.2.3 焊接引起的应力与变形

焊接时发生应力和变形的原因是**焊件受到不均匀加热，并且，因加热所引起的热变形和组织变形受到焊件本身刚度的约束**。在焊接过程中所发生的应力和变形被称为**暂态或瞬态的应力变形**，而在焊接完毕和构件完全冷却后残留的应力和变形，称之为**残余或剩余的应力变形**。

焊接残余应力和残余变形在某种程度上会影响焊接结构的承载能力和服役寿命，因此对这一问题的研究不仅具有理论意义，而且具有重要的实际工程价值。而为了确定残余应力和变形，必须了解焊接过程中所发生的瞬时应力和变形以及应力和变形的演化规律。

1. 引起焊接应力与变形的机理及影响因素

焊接时焊件受到不均匀加热并使焊缝区熔化，与焊接熔池毗邻的高温区材料的热膨胀则受到周围冷态材料的制约，产生不均匀的压缩塑性变形。在冷却的过程中，已经发生压缩塑性变形的这部分材料（如长焊缝两侧）同样受到周围金属的制约而不能自由收缩，并在一定程度上受到拉伸而卸载。与此同时，熔池凝固，焊缝金属冷却收缩也因受到制约而产生收缩拉应力和变形。这样，在焊接接头区域就产生了缩短的不协调应变，即残余应变，或称之为初始应变或固有应变。

焊接应力与变形是由多种因素交互作用而导致的结果。图 3-10 给出了引起焊接应力与变形的主要因素及其内在联系。焊接时的局部不均匀热输入是产生焊接应力与变形的决定性因素，热输入是通过材料因素、制造因素和结构因素所构成的内拘束度和外拘束度而影响热源周围的金属运动，最终形成了焊接应力和变形。影响热源周围金属运动的内拘束度主要取决于材料的热物理参数和力学性能，而外拘束度主要取决于制造因素和结构因素。

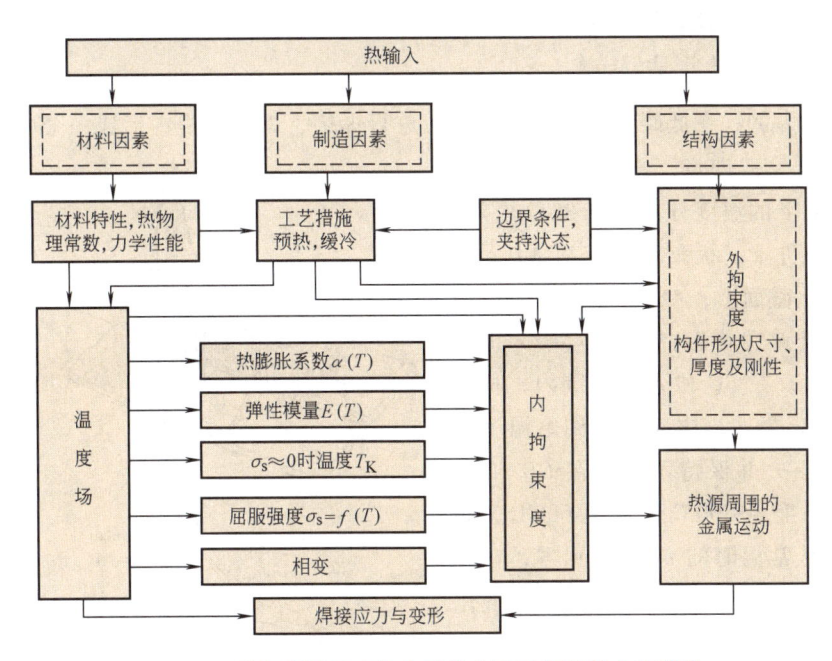

图 3-10 引起焊接应力与变形的主要因素及其内在联系

焊接应力和变形与前述不均匀温度场所引起的应力和变形的基本规律是一致的，但其过程更为复杂，主要表现为焊接时的温度变化范围更大，焊缝上的最高温度可以达到材料的沸点，而离开焊接热源温度就急剧下降直至室温。温度的这种情况会导致两方面的问题。

（1）高温下金属的性能发生显著变化　图 3-11 为几种材料的屈服强度与温度的关系曲线。由图可见，低碳钢在 0~500℃ 范围内的 σ_s 变化很小，工程中将其简化为一条水平直线；在 500~600℃ 范围内，σ_s 迅速下降，工程上将其简化为一条斜线；超过 600℃ 则认为其 σ_s 接近于零。对于钛合金，在 0~700℃ 范围内，σ_s 一直下降，工程上用一条斜线对其进行简化。材料 σ_s 的这种变化必然会影响到整个焊接过程中的应力分布，从而使问题变得更加复杂。

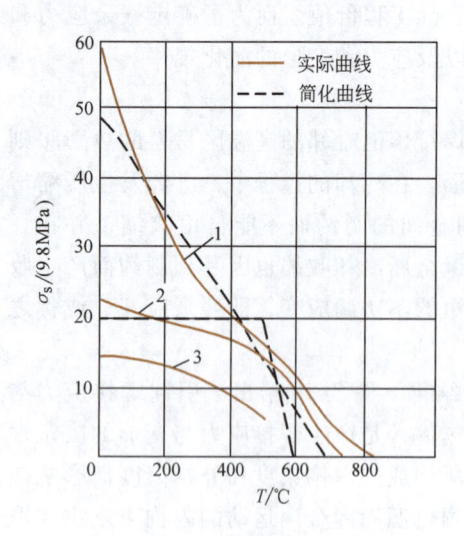

图 3-11 几种典型金属材料的屈服强度 σ_s 与温度的关系曲线

1—钛合金 2—低碳钢 3—铝合金

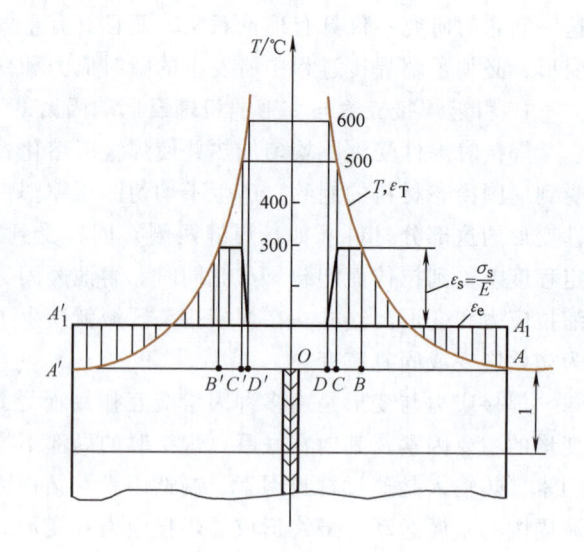

图 3-12 平板中心焊接时的内应力分布

以低碳钢为例：在低碳钢平板上沿中心线进行焊接，焊接过程中形成一个中心高两侧低的对称的不均匀温度场。在热源附近取一横截面，截面上的温度分布如图 3-12 所示。在此温度场条件下，板条端面应从 AA' 平移到 A_1A_1'。在此截面上，AB 和 $A'B'$ 范围内的材料处于完全弹性状态，其内应力 σ 正比于内部应变值；在 BC 和 $B'C'$ 范围内，材料屈服，有 $|\varepsilon_e - \varepsilon_T| > \varepsilon_s$，内应力达到室温下材料的屈服强度 σ_s 并保持不变；在 CD 和 $C'D'$ 范围内，温度从 500℃ 上升到 600℃，屈服强度 σ_s' 也从常温时的 σ_s 下降到零，在此范围内的内应力恒等于 σ_s'（σ_s' 是随温度变化的）；在 DD' 范围内，温度超过了 600℃，σ_s 可视为零，不会产生内应力，所以此区域不参加内应力的平衡。

（2）焊接的温度场是一个空间分布极不均匀的温度场 图 3-13 给出了薄板焊接时的典型温度场。由于焊接时的加热并非是沿着整个焊缝长度上同时进行的，因此焊缝上各点的温度分布是不同的。这与前述长板条加热的情况存在差异。这种差异使平面假设的准确性降低。但是，由于焊接速度

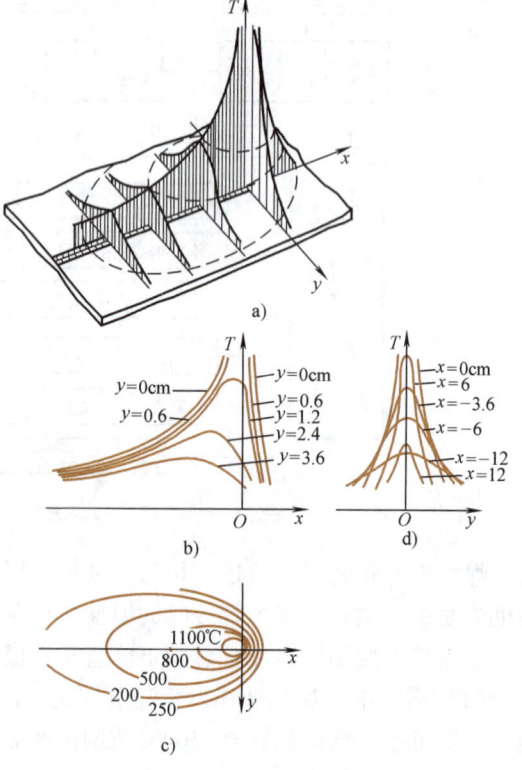

图 3-13 薄板焊接时的温度场

a）立体图 b）沿纵向截面的温度分布
c）等温线 d）横截面的温度分布

一般比较快，而材料的导热性能较差（如低碳钢、低合金钢），在焊接温度场的后部，还是有一个相当长的区域的纵向温度梯度较小，因此，仍然可以用平面假设做近似的分析。

此外，焊接加热过程中会出现相变，相变的结果会引起许多物理和力学参量的变化，并因而影响焊接应力和变形的分布。

2. 焊接应力与变形的演变过程

随着焊接过程的进行，热源后方区域内温度在逐渐降低，即焊缝在不断冷却。因此，离热源中心不同距离的各横截面上的温度分布是不同的，因而其应力和变形情况也不相同。图 3-14 给出了低碳钢板焊接时不同截面处的温度及纵向应力。图中截面 I 位于塑性温度区最宽处，该截面到热源的距离是 $s_1 = vt_1$（v 为焊接速度，t_1 为加热时间）。截面 II、III、IV 到热源的距离分别为 $s_2 = vt_2$、$s_3 = vt_3$、$s_4 = vt_4$。截面 IV 距离热源很远，温度已经恢复到原始状态，其应力分布就是残余应力在该截面上的分布。对于准稳态温度场来说，所谓不同截面处的情况，也可以看成是热源经过某一固定截面后不同时刻的情况，这种空域向时域转换的结果是一致的。

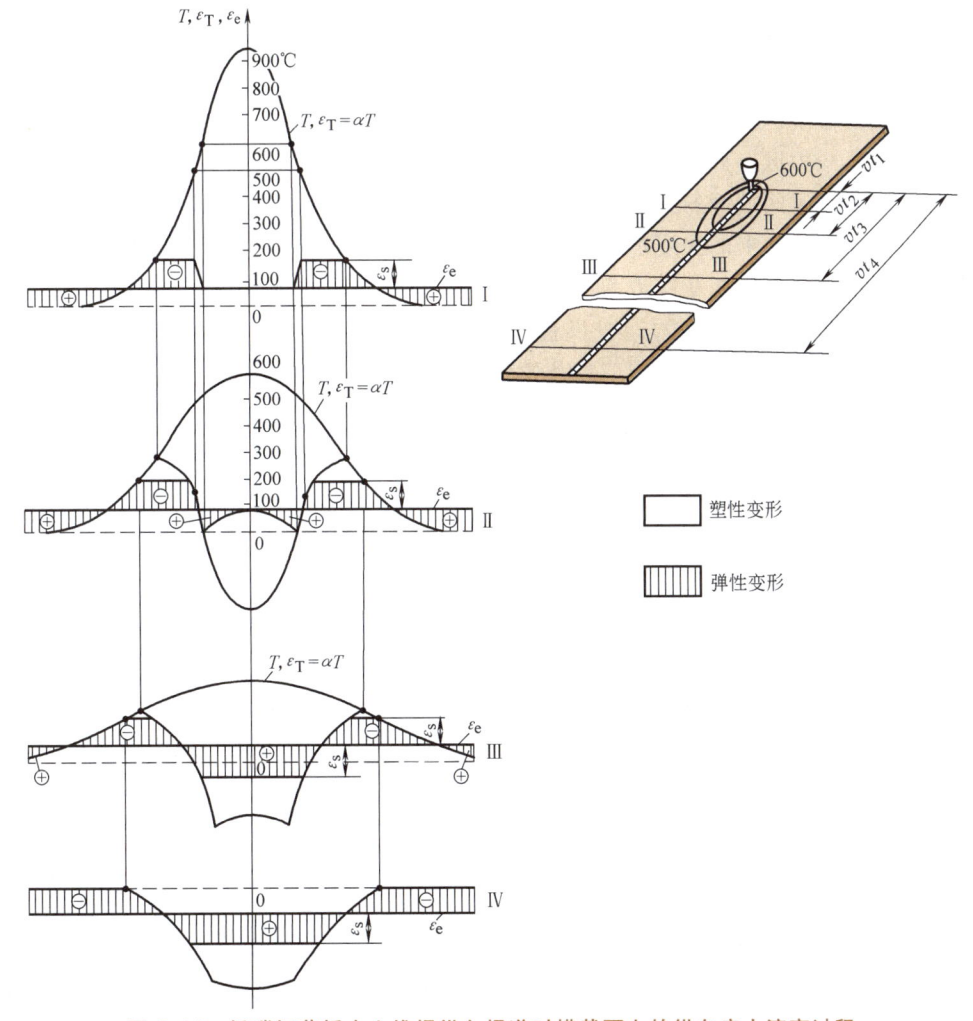

图 3-14 低碳钢薄板中心堆焊纵向焊道时横截面上的纵向应力演变过程

截面Ⅰ为塑性温度区最宽的截面,即600℃等温线在该截面处最宽。在该截面上温度超过600℃区域内,$\sigma_s = 0$,产生的变形全部为压缩塑性变形;在600~500℃范围内,屈服应力从0逐渐增加到σ_s,压应力也从0增加到σ_s,弹性开始逐渐恢复,所产生的变形除压缩塑性变形外,开始出现弹性变形;在500~200℃左右的范围内,弹性应变达到最大值ε_s,压应力$\sigma = \sigma_s$,同时存在塑性变形;在200℃以下的范围内,内应力$\sigma < \sigma_s$,并逐渐由压应力转变为拉应力,在板边处拉应力可能达到材料的拉伸屈服强度σ_s。由于内应力自身平衡的特性,截面上拉应力区的面积与压应力区的面积是相等的。

截面Ⅱ上的最高温度为600℃。由于经历了降温过程,应产生收缩,但受到周围金属的约束而不能自由进行,所以受到拉伸。中心线处的温度为600℃,拉应力为零,并产生拉伸塑性变形;在中心线两侧温度高于500℃的区域,弹性开始部分恢复,受拉伸后产生拉应力,并出现弹性变形,拉伸变形与原来的压缩塑性变形相互叠加,使某一点处的变形量为零,在该处之外的区域仍为压缩变形;在500℃以下的范围内,应力和变形情况与截面Ⅰ基本相同,在板边处为拉应力,但此拉应力区域变小。

截面Ⅲ处的最高温度已经低于500℃。由于温度继续降低,材料进一步受到拉伸,拉应力增大达到了σ_s,使板材中心部位出现了拉伸塑性变形,原来的压缩塑性变形区进一步减小,板边的拉应力区几乎消失。

截面Ⅳ处的温度已经降到了室温,中心区域的拉应力区进一步扩大,板边也由原来的拉应力区转变为压应力区,此时得到的是残余应力和残余变形。

对于上述四个空间截面的分析,也可以看成是某一固定截面在不同时刻的情况。因为在焊接结束后,任一截面上的温度都要下降恢复到室温,因而必然要经历上述的各个过程。此外,上述分析中没有考虑相变应力和变形。这是因为低碳钢的相变温度高于600℃,相变时材料处于完全塑性状态($\sigma_s = 0$),可以自由变形而不产生应力。相变时的体积变化可以完全转变为塑性变形,因而对以后的应力和变形的变化过程不产生影响。

3. 焊接热应变循环

在焊接过程中金属经历了焊接热循环,与此同时,由于焊接温度场的高度不均匀性所产生的瞬时应力将使金属经受热应变循环。下面分析离焊缝较远、最高温度低于相变温度的区域和离焊缝较近、最高温度高于相变温度的区域的热应变情况(见图3-15)。

第一种情况(见图3-15a):$0 \sim t_1$时段,随温度升高,自由变形ε_T大于可见变形ε_e,金属受到压缩,压应力不断升高,并在t_1时刻,压应力达到σ_s,开始出现压缩塑性变形;$t_1 \sim t_2$时段,温度继续升高,压应力$\sigma = \sigma_s$,并且在500~600℃范围内下降,压缩塑性变形量增加,在t_2时刻,金属达到塑性温度T_p,$\sigma = \sigma_s = 0$;$t_2 \sim t_3$时段,温度继续升高,压缩塑性变形量持续增加,并在t_3时刻,温度达到峰值,压缩塑性变形量也达到最大值;$t_3 \sim t_4$时段,温度开始降低,金属开始发生收缩,此时由于收缩仍然受到阻碍,自由变形ε_T大于外观变形ε_e,使金属受到拉伸并产生拉伸塑性变形,并在t_4时刻,温度下降到T_p,金属开始恢复弹性;$t_4 \sim t_5$时段,温度继续降低,使拉应力值升高,拉伸塑性变形量增加,但增加速度减缓,在t_5时刻,拉应力达到σ_s;t_5以后的时段,温度继续降低,拉伸塑性变形量继续增加,但增加速度逐渐趋向于零。

第二种情况(见图3-15b):在t_2以前的时段与第一种情况时相同;$t_2 \sim t_3$时段,温度继续升高,压缩塑性变形量持续增加,并在t_3时刻温度达到Ac_1,开始发生奥氏体转变,比体

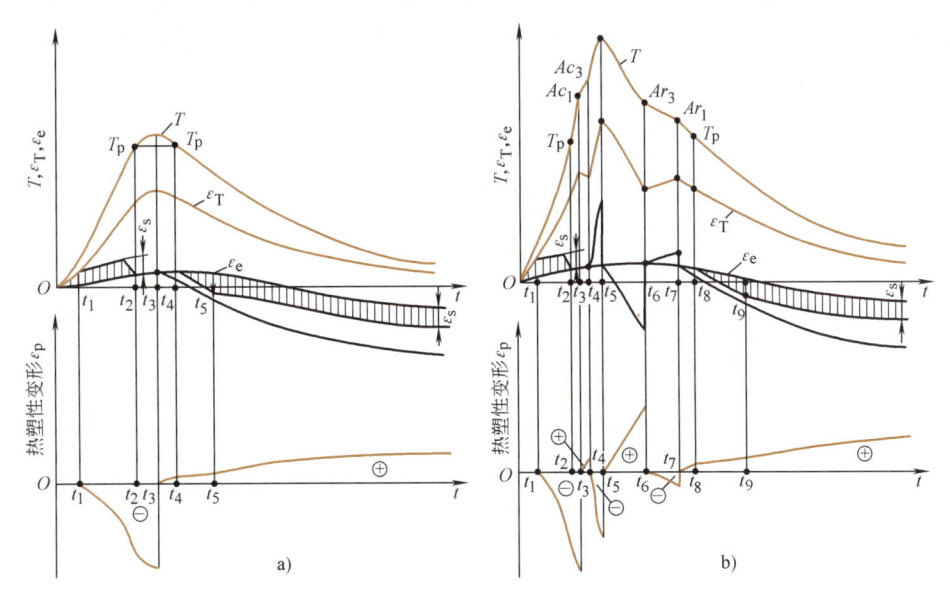

图 3-15 低碳钢焊接近缝区的热循环与热应变循环示意图

积缩小，塑性变形方向发生逆转，开始出现拉伸塑性变形；$t_3 \sim t_4$ 时段，温度继续增加，体积减小，但受到周围金属的制约，因而受到拉应力并使拉伸塑性变形量增加，在 t_4 时刻，温度达到 Ac_3，相变结束，比体积停止变化，塑性变形方向再次逆转，开始出现压缩塑性变形；$t_4 \sim t_5$ 时段，温度继续升高，压缩塑性变形量继续增加，并在 t_5 时刻温度达到峰值；$t_5 \sim t_6$ 时段，温度开始下降，开始出现拉伸塑性变形，在 t_6 时刻，温度达到 Ar_3，开始出现反向相变，比体积增加，塑性变形方向再次逆转，由拉伸塑性变形转变为压缩塑性变形；$t_6 \sim t_7$ 时段，温度继续下降，体积增大，压缩塑性变形量继续增加，在 t_7 时刻，温度达到 Ar_1，相变结束，塑性变形由压缩转变为拉伸；$t_7 \sim t_8$ 时段，温度继续下降，拉伸塑性变形量继续增加，在 t_8 时刻，温度下降到塑性温度 T_p，金属的弹性开始恢复；t_8 以后时段的变化与第一种情况中 t_4 以后时段的变化相同。

对于近缝区的焊接热应变循环来说，基本上遵循两条规律：其一是金属在加热时受压缩，在冷却时受拉伸，屈服后出现塑性变形；其二是相变（奥氏体转变）开始和结束后出现应力和应变方向的逆转。对于焊缝金属来说，由于其瞬时达到最高温度并熔化，金属熔化前的物性和状态全部消失，所以就应力和变形的分析来说，可以认为并不存在加热过程，只有冷却阶段。在冷却过程中，焊缝金属除发生相变阶段外，都处于受拉伸状态。

4. 热循环过程中材料性能的变化

在整个热循环过程中，金属的性能发生很大的变化（见图 3-16）。当温度接近固相线 S 时，晶粒

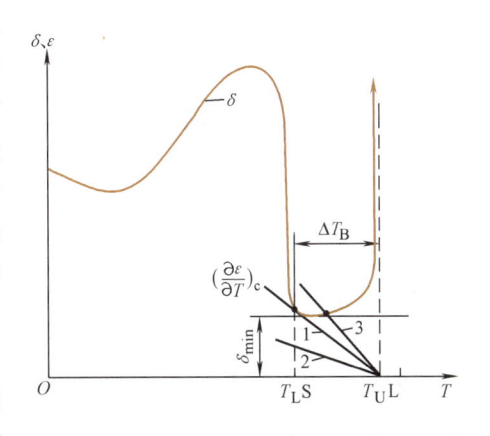

图 3-16 金属在高温时的塑性和断裂

间的低熔点物质开始熔化，导致金属的塑性陡然下降。当温度接近液相线 L 时，液相所占的比例很大，金属的变形能力迅速上升。因此存在一个低塑性的脆性温度区间（brittle temperature range，简称 BTR）ΔT_B，其下限温度为 T_L，上限温度为 T_U。

在焊接冷却过程中，金属的温度下降到脆性温度区间 ΔT_B 范围内时，由于温度下降导致金属的拉伸应变增加，这可能引发开裂。拉伸应变随温度的变化 $\left(\dfrac{\partial \varepsilon}{\partial T}=\dfrac{\partial \varepsilon}{\partial t}\bigg/\dfrac{\partial T}{\partial t}\right)$ 可以用一条通过 T_U 的直线来表示。金属降温通过 ΔT_B 时是否发生开裂，取决于三个因素：拉伸应变随温度的变化率 $\dfrac{\partial \varepsilon}{\partial T}$（即通过 T_U 点的射线的斜率）的大小、脆性温度区间 ΔT_B 的大小和金属处在这个区间内时所具有的最小塑性 δ_{min}。当 $\dfrac{\partial \varepsilon}{\partial T} > \left(\dfrac{\partial \varepsilon}{\partial T}\right)_c$ [$\left(\dfrac{\partial \varepsilon}{\partial T}\right)_c$ 为临界值，即图 3-16 中的射线 1] 时，则发生断裂，即产生裂纹（图 3-16 中的直线 3）；当 $\dfrac{\partial \varepsilon}{\partial T} < \left(\dfrac{\partial \varepsilon}{\partial T}\right)_c$ 时，则不会产生裂纹（图 3-16 中的直线 2）。$\dfrac{\partial \varepsilon}{\partial T}$ 越大，ΔT_B 越大，以及 δ_{min} 越小，则越容易产生裂纹。$\dfrac{\partial \varepsilon}{\partial T}$ 与金属的物理性能及焊缝的拘束度等因素有关，而 ΔT_B 和 δ_{min} 则与金属的组织和成分密切相关。另外，在焊接冷却过程中，特别是在 200~300℃ 范围内的塑性变形会消耗金属的一部分塑性，对金属在室温和低温下的塑性有较大的影响，使其发生延性耗竭。这种现象在低碳钢，特别是沸腾钢中表现得更为明显，这被称之为 热应变脆化。在焊接过程中，如果近缝区中存在着几何不连续性（将导致应力集中），则焊接塑性应变量在这些部位成倍增加，将加剧延性耗竭。所有这些问题都与焊接时的应力与变形过程密切相关。

3.3 焊接残余应力

前面已经讨论过内应力的一般概念以及焊接应力的产生过程，这一节讨论焊接残余应力的分布和影响。

3.3.1 焊接残余应力的分布

一般焊接结构制造所用材料的厚度相对于长和宽都很小，在板厚小于 20mm 的薄板和中厚板制造的焊接结构中，厚度方向上的焊接应力很小，残余应力基本上是双轴的，即为平面应力状态。只有在大型结构厚截面焊缝中，在厚度方向上才有较大的残余应力。通常，将沿焊缝方向上的残余应力称为纵向应力，以 σ_x 表示；将垂直于焊缝方向上的残余应力称为横向应力，以 σ_y 表示；对厚度方向上的残余应力以 σ_z 表示。

1. 纵向残余应力的分布

平板对接焊件中的焊缝及近缝区等经历过高温的区域中存在纵向残余拉应力，其纵向残余应力沿焊缝长度方向的分布如图 3-17 所示。当焊缝比较长时，在焊缝中段会出现一个稳定区，对于低碳钢材料来说，稳定区中的纵向残余应力 σ_x 将达到材料的屈服强度 σ_s。在焊缝的端部存在应力过渡区，纵向应力 σ_x 逐渐减小，在板边处 $\sigma_x=0$。这是因为板的端面 0—0 截面处是自由边界，端面之外没有材料，其内应力值自然为零，因此端面处的纵向应力

$\sigma_x = 0$。一般来说，当内应力的方向垂直于材料边界时，则在该边界处的与边界垂直的应力值必然等于零。如果应力的方向与边界不垂直，则在边界上就会存在一个切应力分量，因而不等于零。当焊缝长度比较短时，应力稳定区将消失，仅存在过渡区，并且焊缝越短纵向应力 σ_x 的数值就越小。图 3-18 给出了 σ_x 随焊缝长度的变化情况。

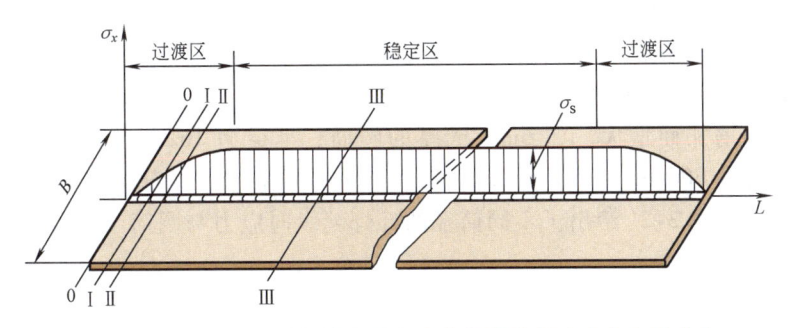

图 3-17 平板对接时焊缝上纵向应力沿焊缝长度方向上的分布

纵向应力沿板材横截面上的分布表现为中心区域是拉应力，两边为压应力，拉应力和压应力在截面内平衡。图 3-19 给出了不同材料的焊缝纵向应力沿板材横向上的分布。

铝合金和钛合金的 σ_x 分布规律与低碳钢基本相似，但焊缝中心的纵向应力值比较低。对于铝合金来说，由于其热导率比较高，使其温度场近似于正圆形，与沿焊缝长度同时加热的模型相差悬殊，造成了与平面变形假设的出入比较大。在焊接过程中，铝合金受热膨胀，实际受到的限制比平面假设时的要

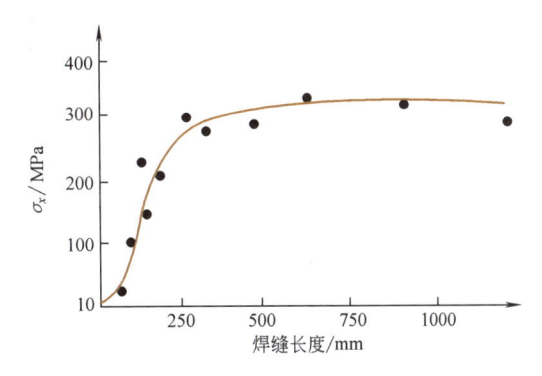

图 3-18 不同焊缝长度 σ_x 值的变化

小，因此压缩塑性变形量降低，残余应力也因而降低，一般 σ_x 只能达到 $0.6 \sim 0.8\sigma_s$。对于钛合金来说，由于其膨胀系数和弹性模量都比较低，大约只有低碳钢的 1/3，所以造成其 σ_x 比较低，只能达到 $0.5 \sim 0.8\sigma_s$。

圆筒环焊缝上的纵向（圆筒的周向）应力分布如图 3-20 所示。当圆筒直径与壁厚之比

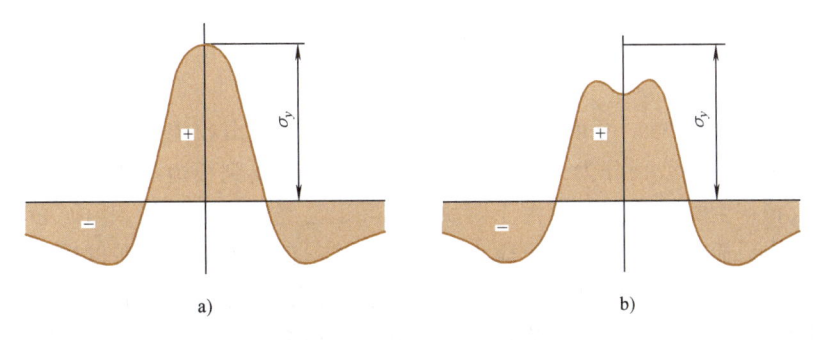

图 3-19 焊缝纵向应力沿板材横向上的分布
a）低碳钢　b）铝合金

较大时，σ_x 分布与平板相似，对于低碳钢材料来说，σ_x 可以达到 σ_s。当圆筒直径与壁厚之比较小时，σ_x 有所降低。

对于圆筒上的环焊缝来说，由于其纵向收缩的自由度比平板的收缩自由度大，因此其纵向应力比较小。纵向残余应力值的大小取决于圆筒的半径 R、壁厚 δ 和塑性变形区的宽度 b_p。当壁厚不变时，σ_x 随着 R 的增加而增大，如 6mm 壁厚的圆筒，半径为 162mm 时，环焊缝上的 σ_x 为 115MPa；而半径为 600mm 时，σ_x 为 210MPa。相同壁厚和半径情况下，塑性变形区宽度 b_p 的减小使 σ_x 增加。图 3-21 给出了不同筒径的环焊缝纵向应力与圆筒半径及焊接塑性变形区宽度的关系。

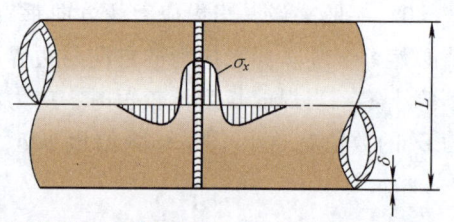

图 3-20 圆筒环焊缝纵向残余应力的分布

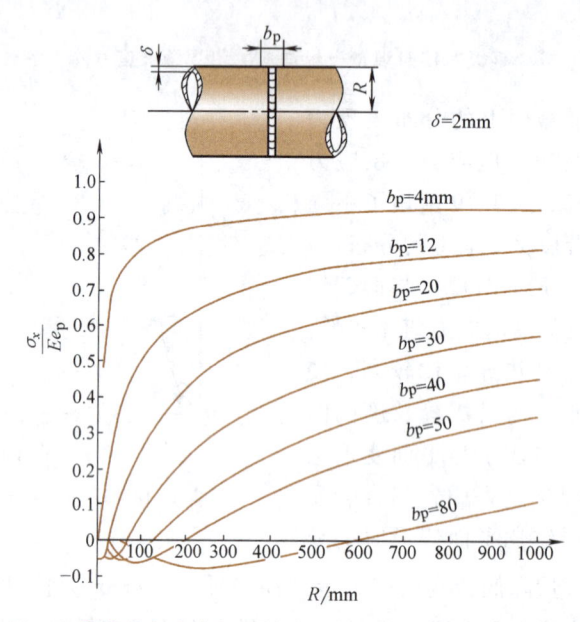

图 3-21 环焊缝纵向应力与圆筒半径及焊接塑性变形区宽度的关系

2. 横向残余应力的分布

横向残余应力产生的**直接原因是来自焊缝冷却时的横向收缩，间接原因是来自焊缝的纵向收缩**。另外，表面和内部不同的冷却过程以及可能叠加的相变过程也会影响横向应力的分布。

（1）纵向收缩的影响 考虑边缘无拘束（横向可以自由收缩）时平板对接焊的情况。如果将焊件自焊缝中心线一分为二，就相当于两块板同时受到板边加热的情形。由前述分析可知，两块板将产生相对的弯曲。由于两块板实际上已经连接在一起，因而必将在焊缝的两端部分产生压应力而中心部分产生拉应力，这样才能保证板不弯曲。所以焊缝上的横向应力 σ_y 应表现为两端受压、中间受拉的形式，压应力的值要比拉应力大得多，如图 3-22 所示。当焊缝较长时，中心部分的拉应力值将有所下降，并逐渐趋近于零。不同长度焊缝上的横向应力的比较如图 3-23 所示。

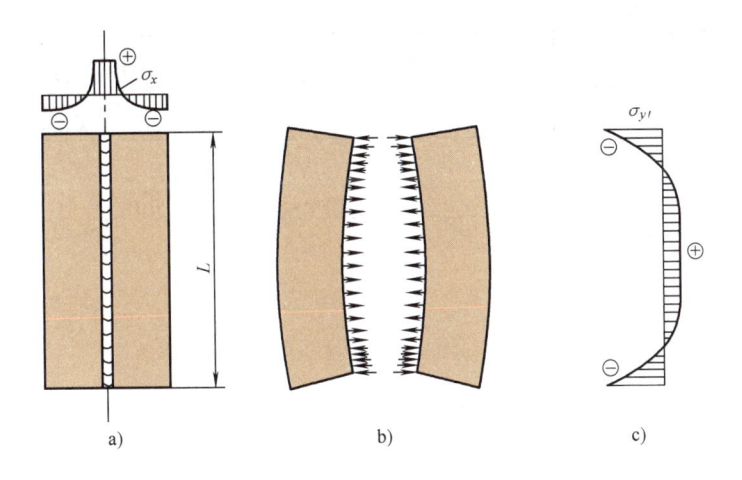

图 3-22 由纵向收缩所引起的横向应力的分布

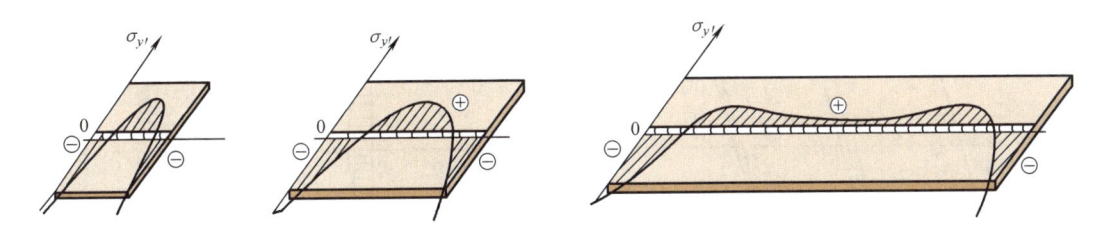

图 3-23 不同长度焊缝上的横向应力的比较

（2）横向收缩的影响 对于边缘受拘束的板，焊缝及其周围区域受拘束的横向收缩对横向应力起主要作用。由于一条焊缝的各个部分不是同时完成的，先焊接的部分先冷却并恢复弹性，会对后冷却部分的横向收缩产生阻碍作用，因而产生横向应力。基于这一分析可以发现，焊接的方向和顺序对横向应力必然产生影响。例如：平板对接时如果从中间向两边施焊，中间部分先于两边冷却，后冷却的两边在冷却收缩过程中会对中间先冷却的部分产生横向挤压作用，使中间部分受到压应力；而中间部分会对两端的收缩产生阻碍，使两端承受拉应力。所以在这种情况下，$\sigma_{y''}$ 的分布表现为中间部分承受压应力，两端部分承受拉应力，如图 3-24a 所示。如果将焊接方向改为从两端向中心施焊，造成两端先冷却并阻碍中心部分冷却时的横向收缩，就会对中间部分施加拉应力并同时承受中间部分收缩所带来的压应力。因此，在这种情况下 $\sigma_{y''}$ 的分布表现为中间部分承受拉应力，两端部分承受压应力，如图 3-24b 所示，与前一种情况正好相反。

对于直通焊缝来说，焊缝尾部最后冷却，因而其横向收缩受到已经冷却的先焊部分的阻碍，故表现为拉应力，焊缝中段则为压应力。而焊缝初始段由于要保持截面内应力的平衡，也表现为拉应力，其横向应力的分布规律如图 3-24c 所示。采用分段退焊和分段跳焊，$\sigma_{y''}$ 的分布将出现多次交替的拉应力和压应力区。

焊缝纵向收缩和横向收缩是同时存在的，因此横向应力的两个组成部分 $\sigma_{y'}$ 和 $\sigma_{y''}$ 也是同时存在的。横向应力 σ_y 应是上述两部分应力 $\sigma_{y'}$ 和 $\sigma_{y''}$ 综合作用的结果。

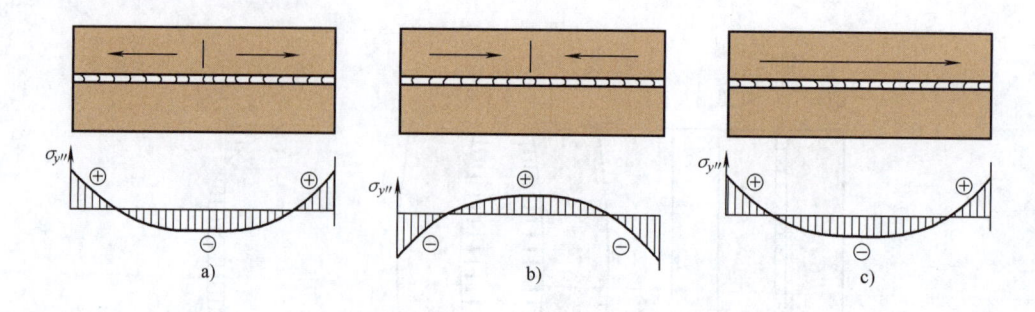

图 3-24 不同焊接方向对横向应力分布的影响

横向应力在与焊缝平行的各截面上的分布与在焊缝中心线上的分布相似，但随着离开焊缝中心线距离的增加，应力值降低，在板的边缘处 $\sigma_y = 0$（见图 3-25）。由此可以看出，横向应力沿板材横截面的分布表现为：焊缝中心应力幅值大，两侧应力幅值小，边缘处应力值为零。

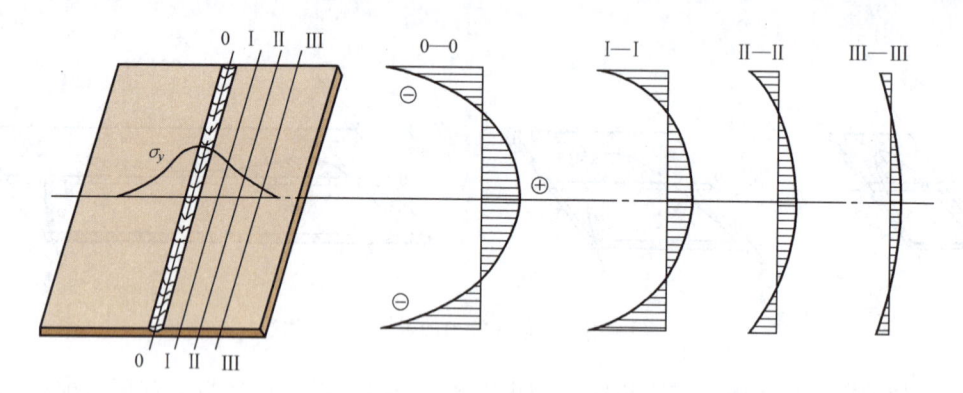

图 3-25 横向应力沿板宽方向的分布

3. 厚板中的残余应力

厚板焊接接头中除存在纵向应力和横向应力外，还存在较大的厚度方向的应力 σ_z。另外，板厚增加后，纵向应力和横向应力在厚度方向上的分布也会发生很大的变化，此时的应力状态不再满足平面应力模型，而应该用平面应变模型来分析。

厚板焊接多为开坡口多层多道焊接，后续焊道在（板平面内）纵向和横向都遇到了较高的收缩抗力，其结果是在纵向和横向均产生了较高的残余应力。而先焊的焊道对后续焊道具有预热作用，因此对残余应力的增加稍有抑制作用。由于强烈弯曲效应的叠加，使先焊焊道承受拉伸，而后焊焊道承受压缩。横向拉伸发生在单边多道对接焊缝的根部焊道，这是由于在焊缝根部的角收缩倾向较大，如果角收缩受到约束则表现为横向压缩。板厚方向的残余应力比较小，因而多道焊明显避免了三轴拉伸残余应力状态。图 3-26 给出了厚板 V 形坡口对接焊缝的三个方向残余应力的分布。

图 3-27 为 80mm 厚的低碳钢板 V 形坡口多层焊焊缝横截面的中心处残余应力沿厚度方向的分布。σ_y 在焊缝根部大大超过了屈服强度，这是由于每焊一层就产生一次弯曲作用（如图中坡口两侧箭头所示），多次拉伸塑性变形的积累造成焊缝根部应变硬化，使应力不断升高。严重时，甚至会因塑性耗竭而导致焊缝根部开裂。如果在焊接时限制焊缝的角变

形，则在焊缝根部会出现压应力。

对于厚板对接单侧多层焊时横向残余应力的分布规律，可利用图3-28a所示的模型来分析。随着坡口中填充层数的增加，横向收缩应力 σ_y 也随之沿 z 轴向上移动，并在已经填充的坡口的纵截面上引起薄膜应力及弯曲应力。如果板边无拘束，厚板可以自由弯曲，则随着坡口填充层数的积累，会产生明显的角变形，导致如图3-28b所示的应力分布，在焊缝根部会产生很高的拉应力。相反，如果厚板被刚性固定，限制角变形的发生，则横向残余应力的分布如图3-28c所示，在焊缝根部就会产生压应力。图3-29为50mm厚结构钢进行20层的窄间隙焊接时，横向残余应力 σ_y 变化规律的有限元分析结果。对于板材可以自由变形和板材受到刚性拘束两种条件的计算结果与按照图3-28的模型分析的结果定性吻合。

25mm厚低碳钢板开X形坡口双面交替焊接，σ_x 与 σ_y 在靠近板材的表面处均为拉应力，在板厚的中间部位为压应力，如图3-30所示。显然这是因为表层焊道是最后焊接的。σ_z 在上、下表面处应该为零，而在厚板的中间部位主要表现为压应力。

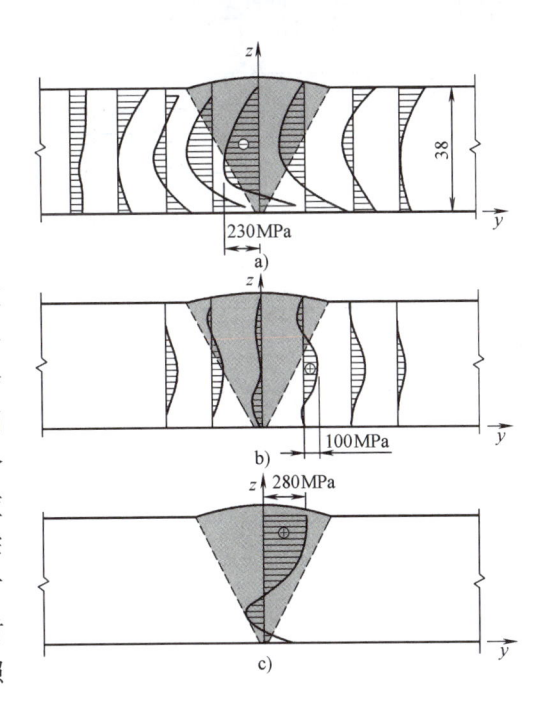

图 3-26　厚板 V 形坡口对接焊缝的三个方向残余应力的分布
a) 横向残余应力 σ_y　b) 厚向残余应力 σ_z
c) 纵向残余应力 σ_x

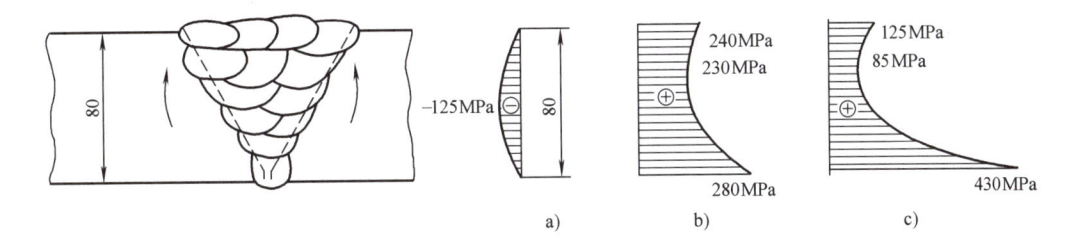

图 3-27　厚板 V 形坡口多层焊时沿厚度上的应力分布
a) σ_z 在厚度上的分布　b) σ_x 在厚度上的分布　c) σ_y 在厚度上的分布

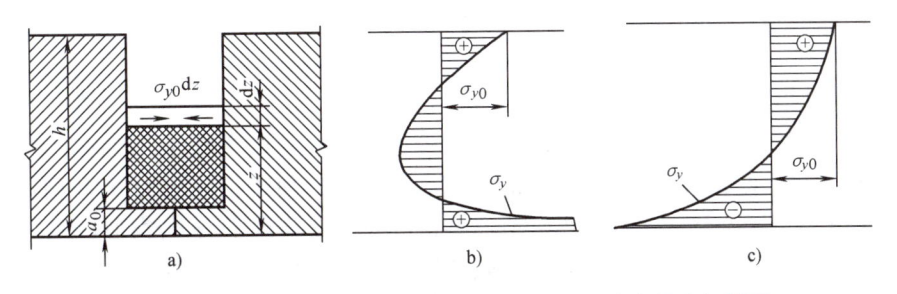

图 3-28　厚板对接单侧多层焊时横向残余应力分布的分析模型

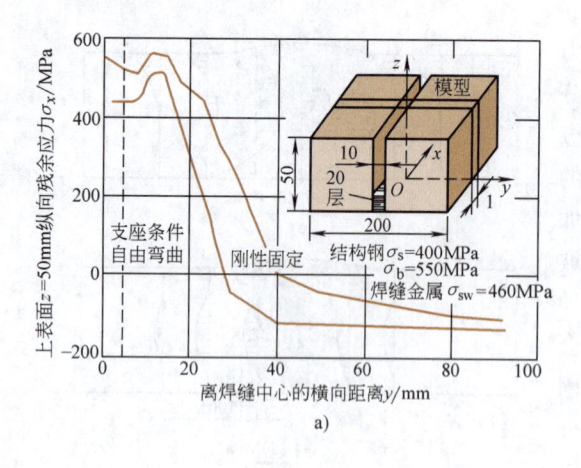

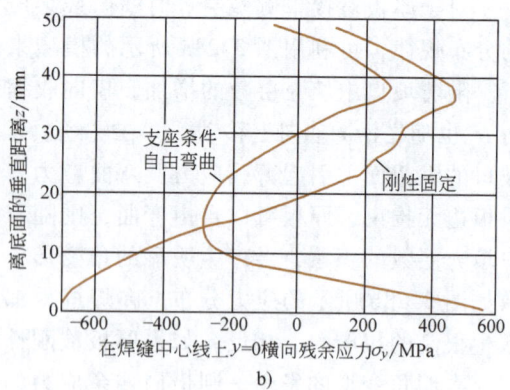

图 3-29　厚板窄间隙多层焊残余应力分布的有限元计算结果
a) 纵向残余应力在上表面沿 y 轴方向分布　b) 横向残余应力沿厚度分布

4. 拘束状态下焊接的内应力

实际构件多数情况下都是在受拘束的状态下进行焊接的，这与在自由状态下进行焊接有很大不同。构件内应力的分布与拘束条件有密切关系。这里举一个简单的例子加以说明。图 3-31 为一金属框架，如果在中心构件上焊一条对接焊缝（见图 3-31a），则焊缝的横向收缩受到框架的限制，在框架的中心部分引起拉应力 σ_f，这部分应力并不在中间杆件内平衡，而是在整个框架上平衡，这种应力称为反作用内应力。

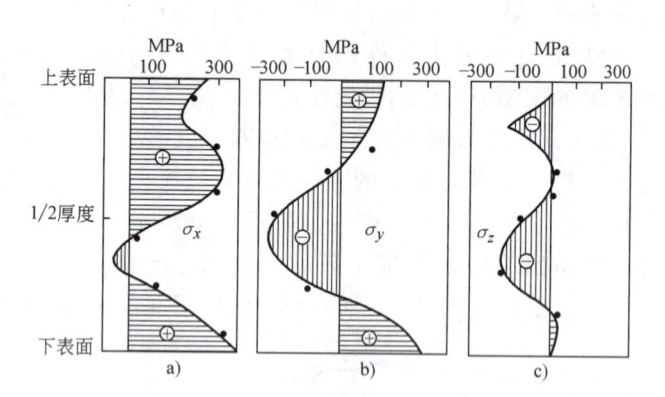

图 3-30　25mm 厚低碳钢板多层对接焊的残余应力沿板厚方向的分布实测结果

此外，这条焊缝还会引起与自由状态下焊接相似的横向内应力 σ_y。反作用内应力 σ_f 与 σ_y 相叠加形成一个以拉应力为主的横向应力场。如果在中间构件上焊一条纵向焊缝（见图 3-31b），则由于焊缝的纵向收缩受到限制，将产生纵向反作用内应力 σ_f。与此同时，焊缝还引起纵向内应力 σ_x，最终的纵向内应力将是两者的叠加。当然叠加后的最大值应该小于材料的屈服强度，否则，应力场将自行调整。

5. 封闭焊缝引起的内应力

封闭焊缝是指焊道构成封闭回路的焊缝。在容器、船舶等板壳结构中经常会遇到这类焊缝，如接管、法兰、人孔、镶块等焊缝。图 3-32 给出了几种典型的容器接管焊缝示意图。

分析封闭焊缝（特别是环形焊缝）的内应力时，一般使用径向应力 σ_r 和周向应力 σ_θ。径向应力 σ_r 是垂直于焊接方向的应力，所以其情况在一定程度上与 σ_y 类似；周向应力（或称切向应力）σ_θ 是沿焊缝方向的应力，因此其情况在一定程度上可类似 σ_x。但是由于封闭焊缝与直焊缝的形式和拘束情况不同，因此其分布与 σ_x 和 σ_y 仍有差异。

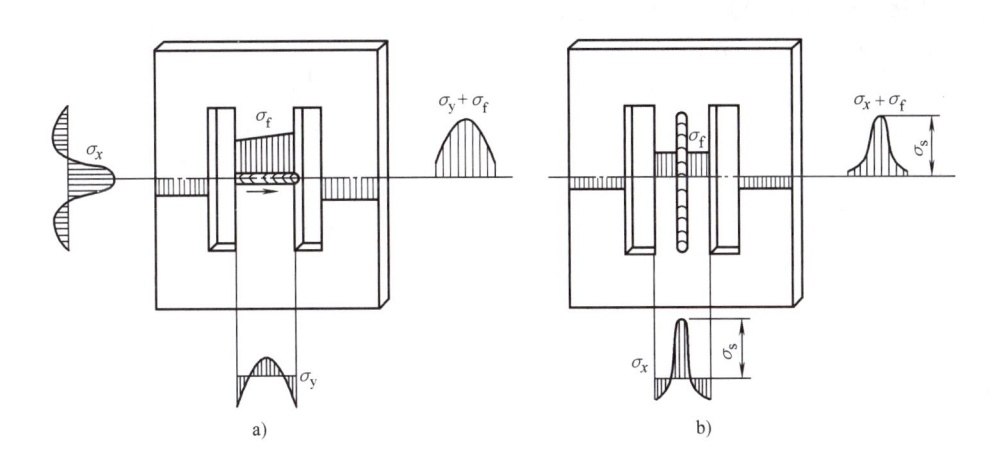

图 3-31 拘束状态下焊接的内应力
a) 对接焊缝中的横向应力 b) 纵向焊缝中的纵向应力

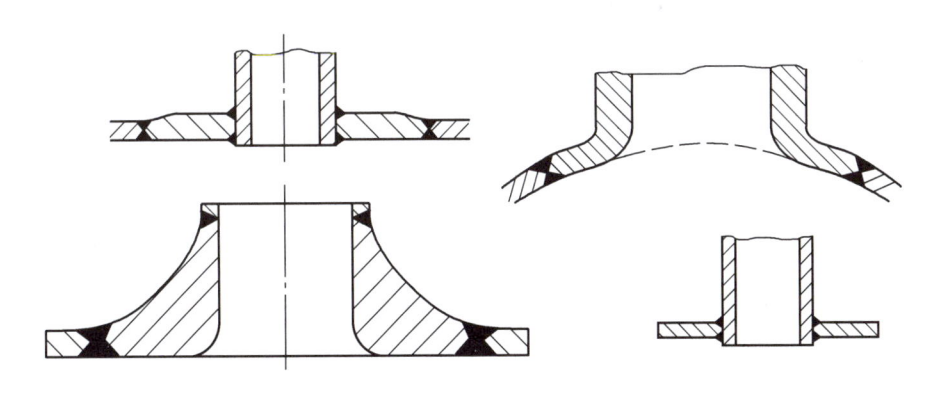

图 3-32 容器接管焊缝

在实际工程中，封闭焊缝一般都是在较大的拘束条件下焊接的，因此其内应力值也比较大。图 3-33 给出了直径 D 为 1m、厚度为 12mm 的圆盘，在中心切取直径为 d 的孔并镶块焊接时，径向应力 σ_r 和周向应力 σ_θ 的分布。从图中可以看出，径向应力 σ_r 在整个构件中均为拉应力；周向应力 σ_θ 在焊缝附近及镶块中为拉应力，在焊缝的外侧区域为压应力，并且，随着镶块直径 d 的增大，周向应力 σ_θ 的峰值始终出现于焊缝中心位置，大小基本不变，而在镶块中心区域的 σ_θ 降低，径向应力 σ_r 则随着 d 的增加而下降。另外，在镶块中心区域，有 $\sigma_r = \sigma_\theta$，即在该区域形成了一个均匀的双轴应力场，其应力值的大小与镶块直径 d 和圆盘直径 D 的比值有关。d/D 越小，拘束度就越大，镶块中的内应力就越大。可见，结构刚度越大，拘束度越大，内应力就越大。当然，镶块本身的刚度也起重要作用，如果采用空心镶块，内应力就要小得多。接管由于本身的刚度较小，其内应力一般比镶块的小。

6. 相变应力

当金属发生相变时，其比体积将发生突变。这是由于不同的组织具有不同的密度和不同的晶格类型，因而具有不同的比体积。例如，对于碳钢来说，当奥氏体转变为铁素体或马氏体时，其比体积将由 0.123~0.125 增加到 0.127~0.131。发生反方向相变时，比体积将减小相应的数值。如果相变温度高于金属的塑性温度 T_p（材料屈服强度为零时的温度），则由于材料处于完全塑性状态，比体积的变化完全转化为材料的塑性变形，因此，不会影响焊后的残余应力分布。

对于低碳钢来说，受热升温过程中，发生铁素体向奥氏体的转变，相变的初始温度为 Ac_1，终了温度为 Ac_3。冷却时反向转变的温度稍低，分别为 Ar_1 和 Ar_3（见图 3-34a）。在一般的焊接冷却速度下，其正、反向相变温度均高于 600℃（低碳钢的塑性温度 T_p），因而其相变对低碳钢的焊接残余应力没有影响。

对于一些碳含量或合金元素含量较高的高强度钢，加热时，其相变温度 Ac_1 和 Ac_3 仍高于 T_p，但冷却时其奥氏体转变温度降低，并可能转变为马氏体，而马氏体转变温度 Ms 远低于 T_p（见图 3-34b）。在这种情况下，由于奥氏体向马氏体转变使比体积增大，不但可以抵消部分焊接时的压缩塑性变形，减小残余拉应力，而且可能出现较大的焊接残余压应力。

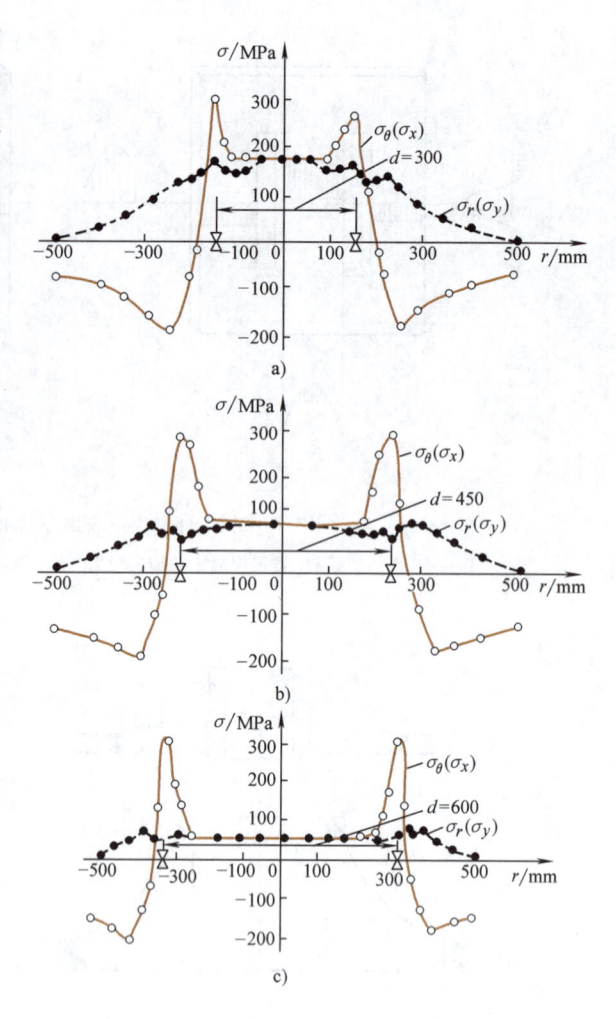

图 3-33 圆盘镶块封闭焊缝所引起的焊接残余应力分布

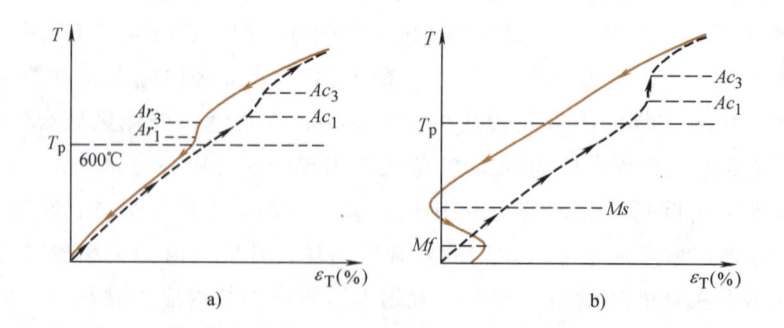

图 3-34 钢材加热和冷却时的膨胀和收缩曲线
a) 相变温度高于塑性温度 b) 相变温度低于塑性温度

当焊接奥氏体转变温度低于 T_p 的板材时，在塑性变形区（b_s）内的金属产生压缩塑性变形，造成焊缝中心受拉伸、板边受压缩的纵向残余应力 σ_x。如果焊缝金属为不产生相变的奥氏体钢，则热循环最高温度高于 Ac_3 的近缝区（b_m）内的金属在冷却时，体积膨胀，在该区域内产生压应力。而焊缝金属为奥氏体钢，以及板材两侧温度低于 Ac_1 的部分均未发生相变，因而承受拉应力。这种由于相变而产生的应力称为相变应力。纵向相变应力 σ_{mx} 的分布如图 3-35a 所示，焊缝最终的纵向残余应力分布应为 σ_x 与 σ_{mx} 之和（见图 3-35a）。如果焊接材料为与母材同材质的材料，冷却时焊缝金属和近缝区 b_m 一样发生相变，则其纵向相变应力 σ_{mx} 和最终的纵向残余应力 $\sigma_x+\sigma_{mx}$ 如图 3-35b 所示。

在 b_m 区内，相变所产生的局部纵向膨胀，不但会引起纵向相变应力 σ_{mx}，而且也可以引起横向相变应力 σ_{my}，如果沿相变区 b_m 的中心线将板截开，则相变区的纵向膨胀将使截下部分向内弯曲，为了保持平直，两个端部将出现拉应力，中部将出现压应力，如图 3-36a 所示。同样相变区 b_m 在厚度方向的膨胀也将产生厚度方向的相变应力 σ_{mz}。σ_{mz} 也将引起横向相变应力 σ_{my}，其在平板表面为拉应力，在板厚中间为压应力，如图 3-36b 所示。

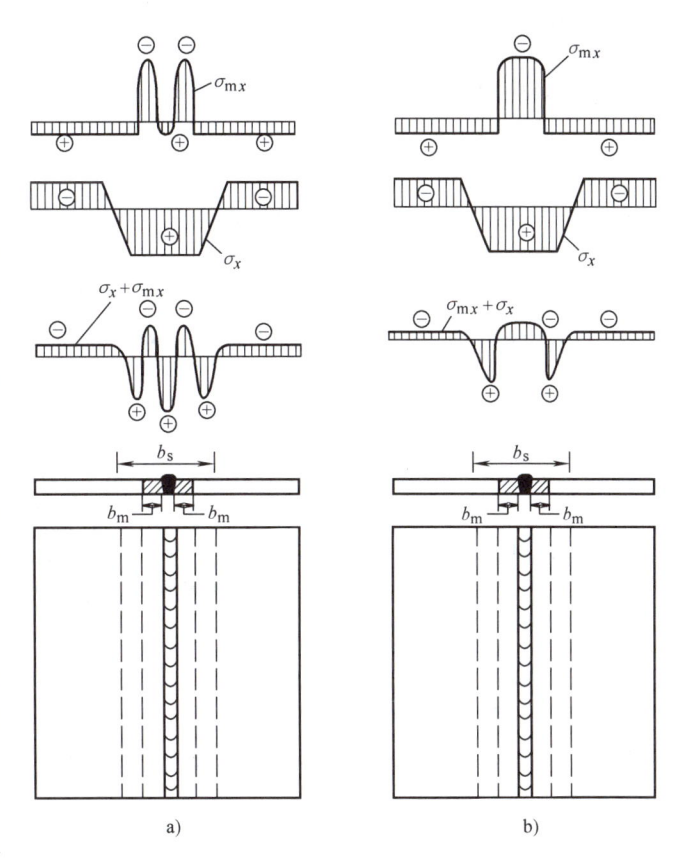

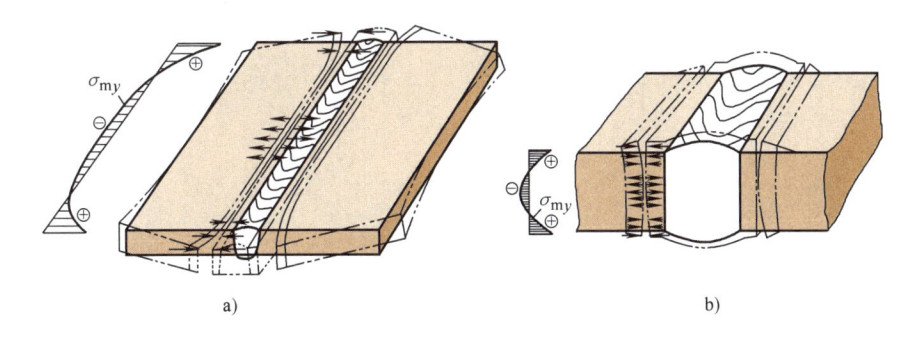

图 3-35 高强度钢焊接相变应力对纵向残余应力分布的影响
a) 焊缝金属为奥氏体钢 b) 焊缝成分与母材相近

图 3-36 横向相变应力 σ_{my} 的分布
a) 由 σ_{mx} 引起的 σ_{my} 沿纵向的分布 b) 由 σ_{mz} 引起的 σ_{my} 在厚度上的分布

从上述分析可以看出，相变不但在 b_m 区产生拉应力 σ_{mx} 和 σ_{mz}，而且可以引起拉应力 σ_{my}。相变应力的数值可以相当大，这种拉伸应力是产生冷裂纹的原因之一。

3.3.2 焊接残余应力的影响

焊接残余应力的存在对焊接结构产生的影响是多方面的,并且其作用机理也不尽相同。另外,焊接残余应力在构件中并非总是有害的,其作用应根据具体的情况做分析。

1. 内应力对静载强度的影响

在一般焊接构件中,焊缝区的纵向拉伸残余应力峰值较高,对于某些材料来说,可以接近材料的屈服强度 σ_s。当外载工作应力与其方向一致而相互叠加时,这一区域会发生塑性变形,并因而丧失了继续承受外载的能力,减小了构件的有效承载面积。

假设构件的内应力分布如图3-37所示,中间部分为拉应力,两侧为压应力。构件在外载 F 的作用下产生拉应力 σ,则

$$\sigma = F/A = F/(B\delta)$$

式中,A 为构件截面积;B 为构件的宽度;δ 为构件的厚度。

由于 σ 的存在使构件两侧的压应力减小,并逐渐转变为拉应力,而中心处的拉应力将与外力叠加。如果材料具有足够的塑性,当拉应力峰值达到材料的屈服强度 σ_s 后,该区域的应力不再增加,将产生塑性变形。继续增加外力,构件中尚未屈服的区域的应力值继续增加并逐渐屈服,直至整个截面上应力完全达到 σ_s,应力就全面均匀化了(见图3-37a)。由于初始内应力是平衡的,即拉应力和压应力的面积相等,所以使构件截面完全屈服所需要施加的外力与无内应力而使构件完全屈服所需要施加的外力是相等的。可见,只要材料具有足够的塑性,能进行塑性变形,则内应力的存在并不影响构件的承载能力,因而对静载强度没有影响。

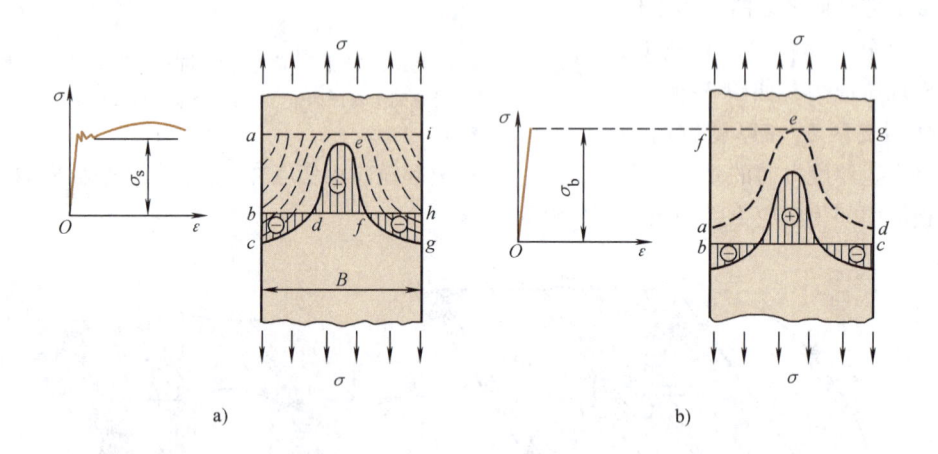

图3-37 外载荷作用下塑性材料和脆性材料构件中应力的变化
a) 塑性材料 b) 脆性材料

如果材料处于脆性状态(见图3-37b),当外载荷增加时,由于材料不能发生塑性变形使构件上的应力均匀化,因而应力峰值不断增加,一直达到材料的抗拉强度 σ_b。这将造成局部破坏,从而导致整个构件断裂。也就是说,当材料的塑性变形能力不足时,内应力的存在将影响构件的承载能力,使其静载强度降低。

塑性变形产生的必要条件是存在切应力。材料在单轴应力 σ 作用下,最大切应力 $\tau_{max} = $

$\sigma/2$（见图 3-38a）。在三轴等值拉应力作用下（见图 3-38b），最大切应力 $\tau_{max}=0$，在这种情况下，不可能产生塑性变形。因此三轴残余拉应力将阻碍塑性变形的产生，在一定条件下，对承载能力有不利的影响。

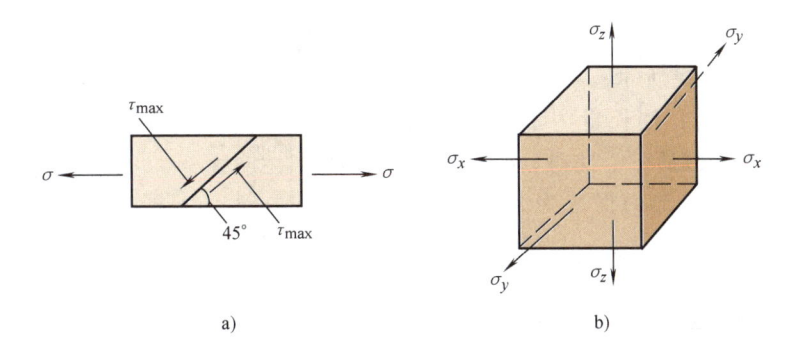

图 3-38 单轴和三轴应力状态

实验证明，许多材料处于单轴或双轴拉伸应力下表现为塑性，当处于三轴拉伸应力作用下时，因不易发生塑性变形而表现为脆性。在实际结构中，三轴应力可能由三轴拉伸载荷产生，但更多情况下是由结构的几何不连续性所引起的。如图 3-39 所示的构件受单轴拉伸，其缺口部位出现高度的应力集中，而缺口根部的应力状态就为三轴应力状态。

2. 内应力对刚度的影响

构件受拉伸但应力未达到材料的屈服强度 σ_s 时，构件的伸长量 ΔL 与作用力 F 之间有如下关系

$$\Delta L = \frac{FL}{AE} = \frac{FL}{B\delta E} \quad (3-24)$$

式中，F 为外载荷；L 为构件长度；E 为弹性模量；$A=B\delta$ 为构件的截面积；B 为构件的宽度；δ 为构件的厚度。构件的刚度可以用

$$\tan\alpha = \frac{F}{\Delta L} = \frac{EA}{L} \quad (3-25)$$

来表征。

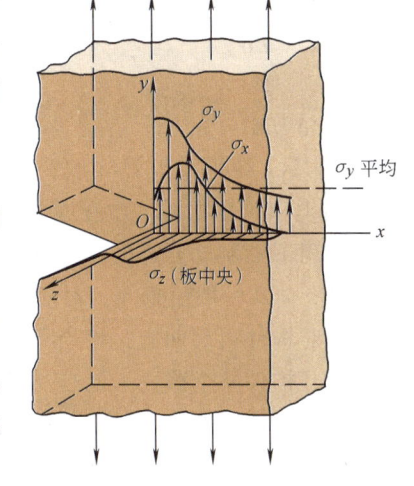

图 3-39 缺口根部应力分布示意图

假设一构件有中心焊缝，其内应力分布如图 3-40a 所示。在焊缝附近 b 区内的应力为拉应力 σ_1，两侧的应力为压应力 σ_2。一般情况下 $\sigma_1=\sigma_s$。在外力 F 的作用下，由于 b 区内 $\sigma=\sigma_s$，应力不能继续增加，即 b 区不能继续承受载荷，而由 b 区之外的部分 $(B-b)\delta$ 来承载，因而有效承载面积缩小了。此时，构件的伸长变为

$$\Delta L' = \frac{FL}{(B-b)\delta E} \quad (3-26)$$

比较式（3-24）和式（3-26），可以看出 $\Delta L' > \Delta L$，即存在内应力时伸长量增大。而其刚度指标为

$$\tan\alpha' = \frac{F}{\Delta L'} \tag{3-27}$$

对比式（3-25）和式（3-27），有 tanα′<tanα，即其刚度比没有内应力时要小。

分析这一现象可以看出，当无内应力的构件承受外载 F 时，将产生伸长 ΔL，即如图 3-40b 中的 O-S 线所示；当有内应力的构件承受外载 F 时，伸长量为 $\Delta L'$，即如图 3-40b 中的 O-1 线所示。此时，b 区中只产生拉伸塑性变形，应力保持为 σ_s。而在 $(B-b)$ 区内，应力上升为 $\sigma_2 + \frac{F}{(B-b)\delta}$。在此过程中，构件的各截面产生大小为 $\Delta L'$ 的平移。卸载时，发生回弹（即各截面反向平移），此时不产生新的塑性变形区，各区中的应力均匀下降 $\frac{F}{B\delta}$，则在 b 区中的应力变为 $\sigma_s - \frac{F}{B\delta}$，在 $(B-b)$ 区中应力为 $\sigma_2 + \frac{F}{(B-b)\delta} - \frac{F}{B\delta}$。两个区域中的内应力都比加载前低。此时构件的回弹量为 ΔL（图中的 1-2 线）。由于 1-2 线平行于 O-S 线，也就是说，卸载后在构件上保留了一个拉伸变形量 $\Delta L' - \Delta L$。可以看出，如果构件中存在与外载荷方向一致的内应力，并且内应力的值为 σ_s，则在外载荷作用下的刚度要降低，并且卸载后构件的变形不能完全恢复。构件的刚度下降与 b/B 的值有关，b/B 的数值越大，对刚度的影响就越大。

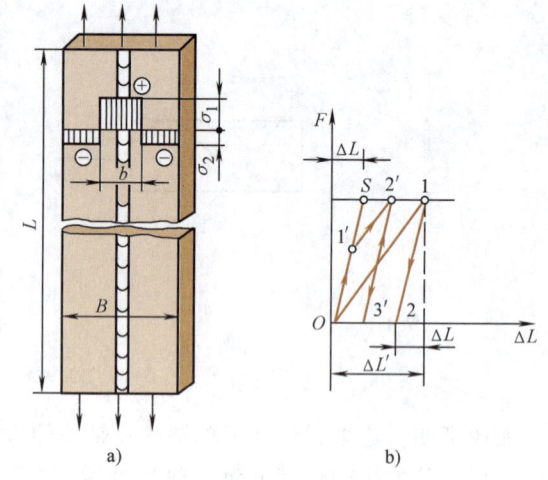

图 3-40 残余应力对刚度的影响

如果对构件再次加载，相当于 $\sigma_1 < \sigma_s$ 的情况，此时 b 区还可以承受一部分载荷。在外力的作用下，构件整个截面上的应力都增加，因此加载过程按 O-S 线进行，与无内应力是一样的。当外载产生的应力与 σ_1 之和达到 σ_s 时，如果继续加载，b 区中的应力就不再增加，并产生塑性变形，相当于构件截面积减小，加载过程由 1′-2′ 表示，1′-2′ 与 O-1 线平行。此时卸载，则沿 2′-3′ 变化，2′-3′ 与 O-S 平行，使得回弹量小于拉伸变形。

第一次加载后使 b 区内应力由 σ_s 下降到 $\sigma_s - \frac{F}{B\delta}$。如果第二次加载与第一次加载完全相同，则加载过程是完全弹性的，卸载后的回弹量与拉伸变形相同。由此可得到一个非常重要的结论：焊接构件经过一次加载和卸载后，如果再次加载，只要载荷大小不超过前次的载荷，内应力就不再起作用，外载荷也不影响内应力的分布。此结论仅适用于静载条件，对交变载荷则另当别论。如果构件承受弯曲载荷，这一结论也是适用的。例如，图 3-41 所示的工字形梁承受弯曲载荷时，翼缘焊缝附近区域 A_s 中的内应力达到 σ_s，与外加力矩 M 引起的拉应力符号相同，将造成塑性变形，截面的有效惯性矩 I' 将比没有内应力时小。因此，挠曲变形将比没有内应力时大，刚度有所下降。下降的程度不但与 A_s 的大小有关，而且与 A_s 的位置有关，焊缝靠近中性轴时对刚度的影响较小。上述讨论的是纵向焊缝引起的内应力，A_s

的面积占截面总面积的比例较小。在实际生产中，横向焊缝和火焰校正都可能在相当大的截面上产生较大的拉应力。虽然其在长度方向的分布范围较小，但对刚度的影响仍不可忽视。特别是采用了大量火焰校正后的焊接梁，在加载后可能产生较大的变形，而卸载后回弹量不足，应予重视。

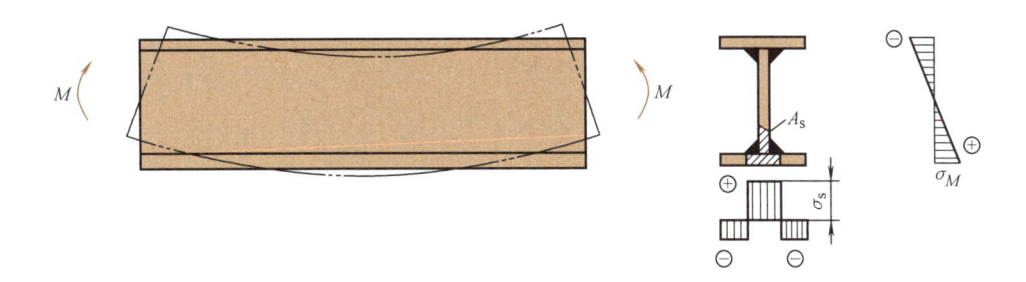

图 3-41 焊接梁工作时的刚度分析

3. 内应力对杆件受压稳定性的影响

由材料力学的基本理论可知，受压杆件在弹性范围内工作，其失稳的临界应力为

$$\sigma_{cr} = \frac{\pi^2 EI}{l^2 A} = \frac{\pi^2 E}{\lambda^2} \tag{3-28}$$

式中，E 为弹性模量；l 为受压杆件自由长度；I 为构件截面惯性矩；A 为构件截面积；$\lambda = l/r$ 为构件长细比；$r = \sqrt{I/A}$ 为截面惯性半径。可见 σ_{cr} 与 λ^2 成正比。

由于焊接残余应力在构件内部平衡，因此构件截面上同时存在压应力和拉应力，压应力和拉应力分布在不同区域。当构件承受压力外载荷时，外加压力和压缩内应力叠加，将使压应力区内的金属首先达到屈服强度 σ_s，屈服区内的应力不再增加，则使该区丧失了进一步承受外载荷的能力。就整个构件来说，这相当于削弱了构件的有效承载面积。对于拉应力区，拉应力与外载荷引起的压缩应力作用方向相反，这将使拉应力区晚于其他部分达到屈服强度 σ_s，所以该区还可以继续承受外力。

当长细比较大（$\lambda > 150$）时，临界失稳应力 σ_{cr} 的值较低，这将造成外载压力与残余压应力的和达到 σ_s 之前就发生失稳（$\sigma_{cr} < \sigma_s$）。此时，内应力对构件的稳定性无影响。当长细比较小（$\lambda < 30$）、相对偏心又不大（< 0.1）时，临界失稳应力主要取决于杆件的全面屈服，因而内应力也不会影响杆件的稳定性。当长细比 λ 介于前述两种情况之间时，会影响到杆件的稳定。以焊接 H 形受压杆件为例，其纵向焊接应力分布如图 3-42a 所示，承受外加压力 F 并产生压应力 σ_p，受压后的应力分布如图 3-42b 所示。

对比图 3-42 中杆件受压前后的情况可以看出：杆件受压前的有效承载面积为

$$A = 2B\delta_b + h\delta_h$$

有效面积对 x—x 轴的惯性矩（忽略腹板对 x—x 轴的惯性矩）I_x 为

$$I_x = \frac{2B^3 \delta_b}{12}$$

杆件受压后的有效承载面积为

$$A' = 2B'\delta_b + h'\delta_h$$

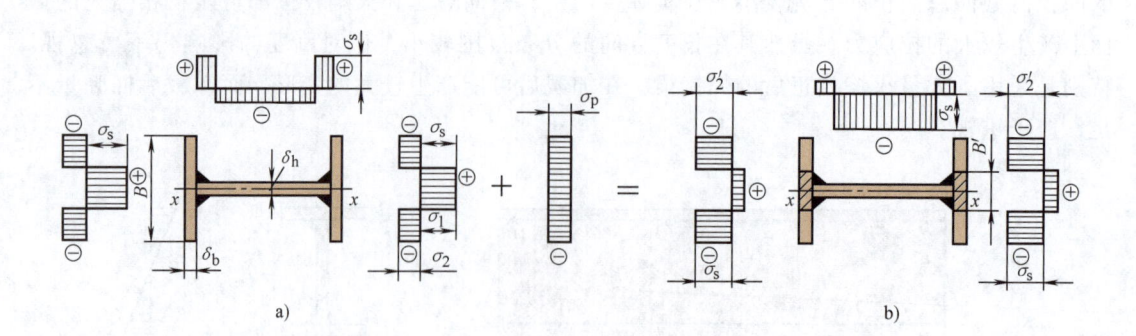

图 3-42 受压焊接杆件工作应力的分布
a) 受压前 b) 受压后

有效面积对 x—x 轴的惯性矩（忽略腹板对 x—x 轴的惯性矩）I'_x 为

$$I'_x = \frac{2(B')^3 \delta_b}{12}$$

由于 $B > B'$，则 $B^3 \gg (B')^3$，所以 $I_x \gg I'_x$。而 $A > A'$，综合比较可以判定：$\dfrac{I_x}{I'_x} > \dfrac{A}{A'}$，所以，长细比之间的关系为

$$\lambda_x = \frac{l}{r_x} = \frac{l}{\sqrt{I_x/A}} < \lambda'_x = \frac{l}{r'_x} = \frac{l}{\sqrt{I'_x/A'}}$$

由此可以推出 $\sigma'_{cr} < \sigma_{cr}$。即：当构件的残余压应力 σ_2 与外载应力 σ_p 之和达到 σ_s 时，临界失稳应力 σ'_{cr} 将比没有外载荷时的 σ'_{cr} 低。也就是说，此时更容易发生失稳。如果内应力的分布与上述情况相反，即翼板边侧为拉应力，中心为压应力，则会使有效面积的分布离中性轴较远，这样，情况会大有好转。

依据上述分析，用气体火焰对翼板侧边进行一次加热（或用气割加工翼板），或在翼板上加焊盖板（见图 3-43），就可以在翼板侧边产生拉应力，这样可使构件受压后的临界应力提高 20%~30%，基本上与经过高温回火消除应力处理后的情况相当。

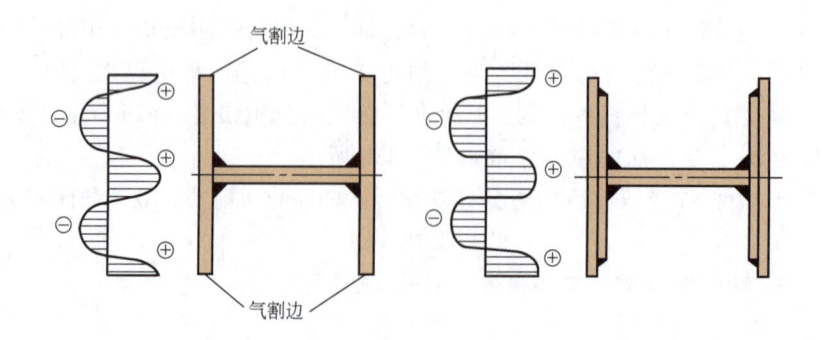

图 3-43 带气割边及带盖板的焊接杆件的内应力分布

对于图 3-44 所示的箱形结构，由于拉应力区远离中性轴，因此消除残余应力前后的临

界失稳应力变化不大。

图 3-45 给出了几种用不同方法制造的截面受压构件的相对临界失稳应力 σ'_{cr} 与长细比 λ 的关系。当杆件的 λ 较大，杆件的临界应力比较低，如果内应力的数值也较低，在外载与内应力之和尚未达到 σ_s 时杆就会失稳，如图 3-45 中 BE 段欧拉曲线所示，此时内应力的存在并未导致杆件的提前屈服，因而对杆件的失稳没有影响。当杆件的 λ 比较小，若相对偏心 r 不大，其临界应力主要取决于杆件的全面屈服，内应力也不致产生影响。对比不同制造方法可以看出，消除了残余应力的杆件和气割板焊接而成的杆件（曲线 CDB 段）具有比轧制板材直接焊成的杆件（曲线 AB 段）更高的相对临界失稳应力。也就是说，由气割板焊接而成的杆件的稳定性与整体热轧而成的（没有经过焊接的）型材杆件的稳定性相当。

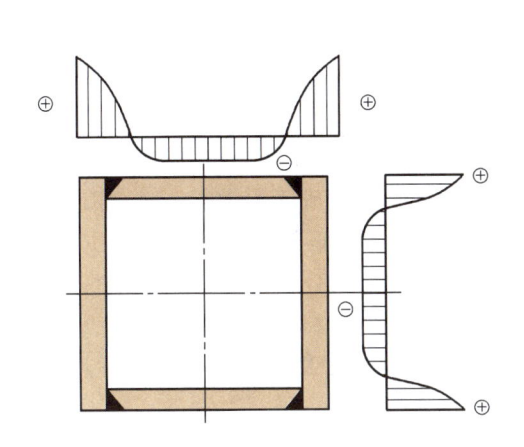

图 3-44 焊接箱形杆件的内应力分布

图 3-45 残余应力对焊接杆件受压失稳强度的影响

4. 内应力对构件精度和尺寸稳定性的影响

为保证构件的设计技术条件和装配精度，对复杂焊接件在焊后要进行机械加工。机械加工把一部分材料从构件上去除，使截面积相应改变，并释放一部分残余应力，从而破坏了原来构件中内应力的平衡。内应力的重新分布引起构件变形，并影响加工精度。例如，在焊接的 T 形零件上（见图 3-46a）加工一个平面，在加工完毕后松开夹具，变形就充分表现出来，这就破坏了已经加工的平面的精度。又如图 3-46b 所示的齿轮箱上有几个需要加工的轴承孔，加工后一个孔时必然影响已加工好的孔的精度。

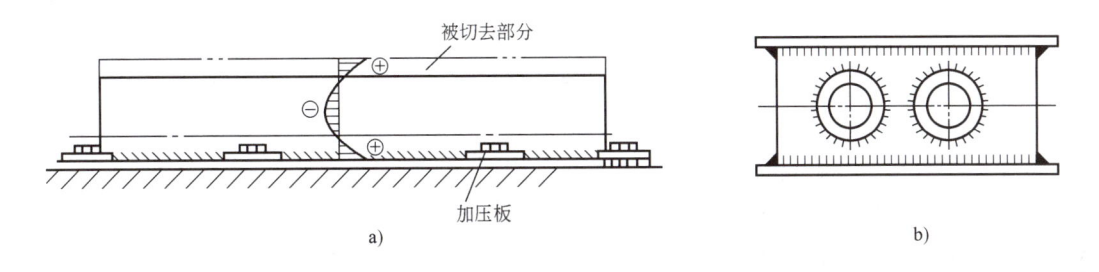

图 3-46 机械加工引起的内应力释放和变形

要保证焊接件的机械加工精度，可以先对焊接件进行消除焊接残余应力处理，然后再进行机械加工。但这种方法对大尺寸的构件实现起来比较困难，并且残余应力也很难完全消除。分步加工也是保证尺寸精度的一种方法。对于图 3-46a 所示的情况，可以将加工过程分成几次进行。每次加工后，适当放松夹具，使变形充分表现出来，然后重新装夹，再次加工。每次的加工量应逐渐减小，使得每次释放的应力和变形量也相应减小，从而保证加工精度。对于图 3-46b 所示的情况，可以对几个孔交替进行加工，并且加工量也应逐次减小。这种方法的不足之处是比较烦琐，不方便。

焊件在长期存放和使用过程中，其焊接应力会随时间发生变化，因而也会影响构件的尺寸精度。这一点对精密机床床身和大型量具框架等精密构件非常重要。焊件在长期存放和使用过程中逐渐发生的尺寸变化称为**焊接件的尺寸稳定性**。造成构件尺寸不稳定的原因主要有两方面。**一方面是蠕变和应力松弛**。如低碳钢焊接件在室温下存放两个月，会使残余应力下降 2.5%~3%，这种变化就是由蠕变和应力松弛造成的。一般来说，原始残余应力小，其应力松弛作用也小，应力下降比例也小。另外，存放温度高，会使蠕变作用加强，应力下降的比例增大。如低碳钢焊接件在 100℃ 下存放两个月，应力下降量是室温时的 5 倍。**第二个方面是不稳定组织的存在**。如 30CrMnSi、12Cr5Mo 等高强度合金结构钢焊后产生残留奥氏体，这种残留奥氏体在室温存放过程中会不断转变为马氏体，由此造成体积膨胀，并使内应力明显降低，从而影响焊件的尺寸稳定性。又如中碳钢和 40Cr13 等钢材在焊接后会产生淬火马氏体，在室温或稍高的温度下，淬火马氏体逐渐转变为回火马氏体，这将造成体积收缩，引起内应力增加，也会影响尺寸稳定性。焊后产生不稳定组织的材料，由于不稳定组织随时间而转变，内应力变化也较大，构件的尺寸也不稳定。为保证尺寸稳定，焊后要进行热处理，使组织稳定，并使残余应力消除，然后再进行机械加工。

5. 内应力对应力腐蚀开裂的影响

当材料处于持续的拉应力作用，同时又与材料敏感的腐蚀介质相接触，经过一定时间后，就会发生开裂，这就是所谓的**应力腐蚀开裂**，简称**应力腐蚀**。低碳钢在 NaOH 溶液、NH_4NO_3 溶液等介质中承受拉应力就会发生应力腐蚀；奥氏体不锈钢在 $MgCl_2$ 溶液等含氯介质中也会发生应力腐蚀。

通常认为应力腐蚀可分为三个阶段：第一阶段，局部腐蚀造成小腐蚀坑和其他形式的应力集中，并逐渐发展成为微裂纹，即裂纹的**萌生阶段**；第二阶段，在腐蚀介质的作用下，金属在裂纹尖端处被腐蚀掉，进而在拉应力的作用下裂纹扩展，产生新的表面，新表面又进一步被腐蚀，这样在应力和腐蚀的交替作用下裂纹逐渐扩展，即裂纹的**扩展阶段**；第三阶段，当裂纹扩展到临界值时，在拉应力作用下，裂纹迅速扩展造成脆性断裂，即**断裂阶段**。应力腐蚀开裂的必要条件是同时存在腐蚀介质和拉应力。引起应力腐蚀断裂的时间与拉应力的大小有关。应力越大，发生断裂所需的时间就越短。图 3-47 给出了两种铬镍不锈钢的应力与断裂时间的关系。在曲线以下不发生断裂，在曲线以上则发生断裂。导致应力腐蚀开裂的应力，不论是工作应力还是残余应力，其作用是相同的。

焊接后，构件中存在残余应力，在没有外载荷作用时，焊接残余应力的分布不会发生太大的变化。如果残余拉应力与工作应力叠加，就会促进应力腐蚀。当只有残余应力的作用时，裂纹扩展到其尖端处的拉应力为屈服强度的 30% 左右时就停止扩展。如果存在工作应力，会使裂纹尖端处因缺口效应而产生很大的三向拉应力，裂纹的深度越大，裂纹尖端的应力强度因子就越大，因而裂纹的扩展也进一步加速。

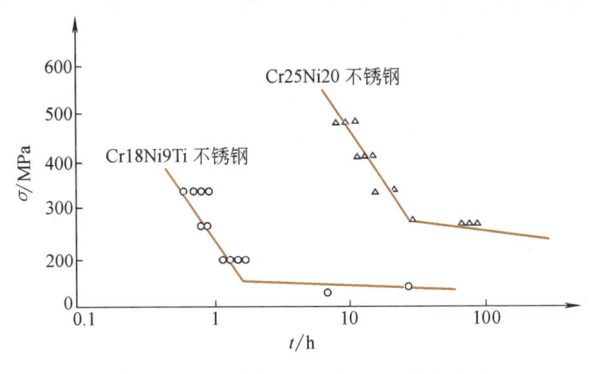

图 3-47 不锈钢的应力腐蚀开裂曲线

要防止应力腐蚀开裂，可以采取消除残余应力的方法，也可以采用保护涂层、添加缓蚀剂或选用耐蚀性好的材料。

3.4 焊接残余变形

3.4.1 焊接残余变形的分类

焊接残余变形是指焊后残存于结构中的变形。焊接变形可以发生于结构板材的某一平面内，称为面内变形，也可以发生于平面之外，称为面外变形。焊接残余变形主要有以下几种表现形式：

（1）**纵向收缩变形**　表现为焊后构件在焊缝长度方向上发生收缩，使长度缩短，如图 3-48 中的 ΔL 所示。纵向收缩是一种面内变形。

（2）**横向收缩变形**　表现为焊后构件在垂直焊缝长度方向上发生收缩，如图 3-48 中的 ΔB 所示。横向收缩也是一种面内变形。

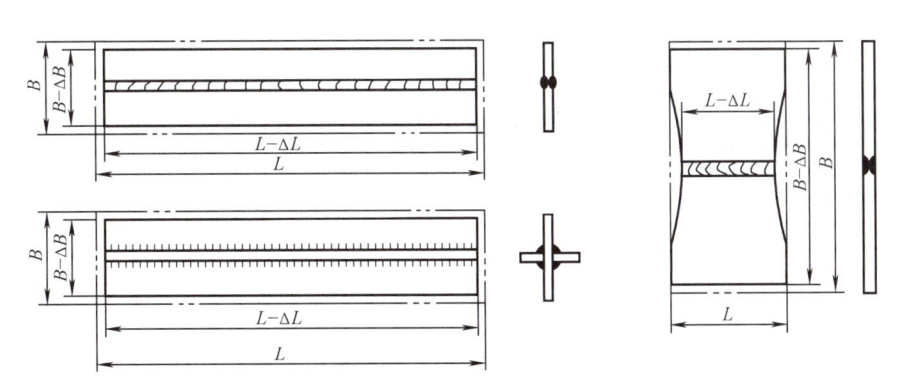

图 3-48 纵向和横向收缩变形

（3）**挠曲变形**　其是指构件焊后发生挠曲。挠曲可以由纵向收缩引起，也可以由横向收缩引起，如图 3-49 所示，对于图中的腹板来说，挠曲变形是一种面内变形，而对于翼板来说则是面外变形。

（4）角变形　表现为焊后构件的平面围绕焊缝产生角位移，图 3-50 给出了角变形的常见形式。角变形是一种面外变形。

（5）波浪变形　指构件的平面焊后呈现出高低不平的波浪形式，这是一种在薄板焊接时易于发生的变形形式，如图 3-51 所示。波浪变形也是一种面外变形。

（6）错边变形　指由焊接所导致的构件在长度方向或厚度方向上出现错位，如图 3-52 所示。长度方向的错边变形是面内变形，厚度方向的错边变形为面外变形。

（7）螺旋形变形　又称为扭曲变形，表现为构件在焊后出现扭曲，如图 3-53 所示。扭曲变形是一种面外变形。

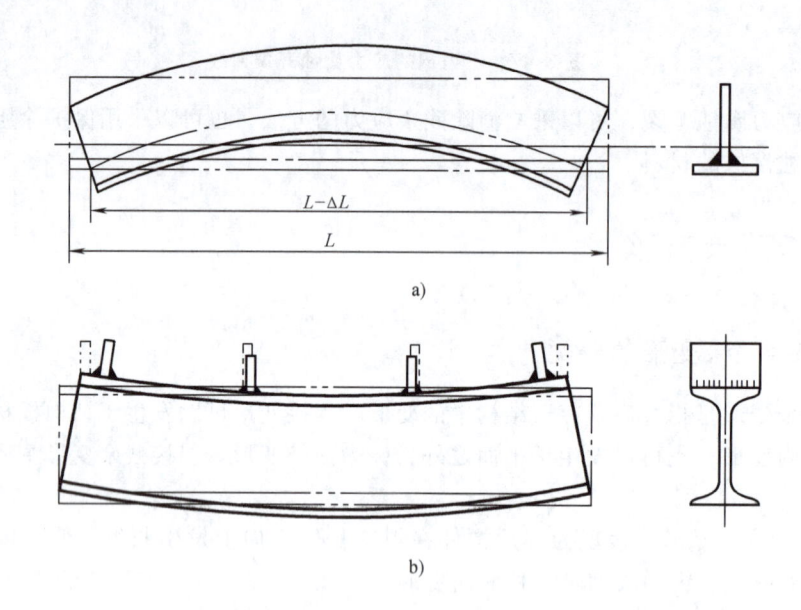

图 3-49　挠曲变形
a）由纵向收缩引起的挠曲变形　b）由横向收缩引起的挠曲变形

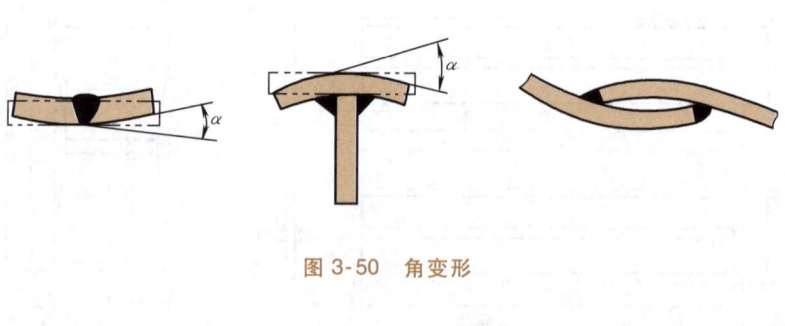

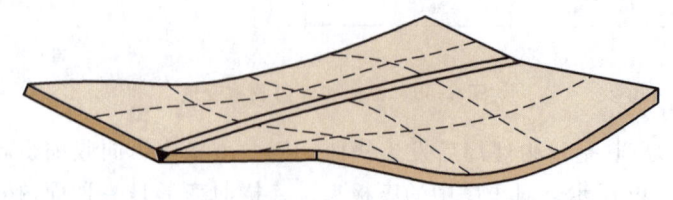

图 3-50　角变形

图 3-51　波浪变形

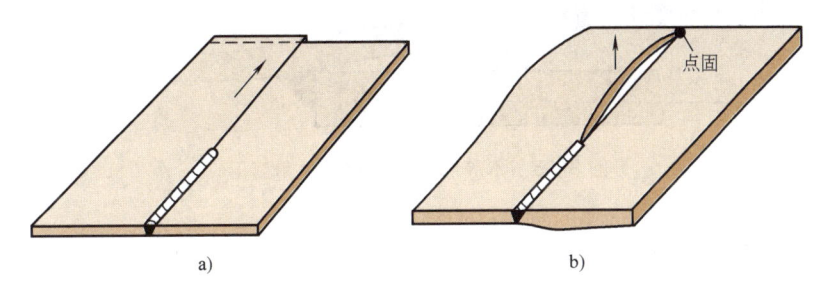

图 3-52 错边变形

a）长度方向的错边　b）厚度方向的错边

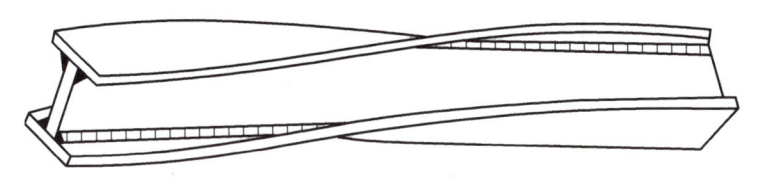

图 3-53 螺旋形变形

在实际焊接生产过程中，各种焊接变形常常会同时出现，互相影响。这一方面是由于某些种类的变形的诱发原因是相同的，因此这样的变形就会同时表现出来；另一方面，构件作为一个整体，在不同位置焊接不同性质、不同数量和不同长度的焊缝，每条焊缝所产生的变形要在构件内相互制约和相互协调，因而相互影响。

焊接变形的出现会带来一系列的问题。例如，焊接结构一旦出现变形，常常需要进行校正，耗工耗时。有时比较复杂的变形的校正工作量可能比焊接工作量还要大，而有时变形太大，可能无法校正，因而造成废品。对于焊后需要进行机械加工的工件，变形增加了机械加工工作量，同时也增加了材料消耗。焊接变形的出现还会影响构件的美观和尺寸精度，并且还可能降低结构的承载能力，引发事故。例如，图 3-54 所示的圆球容器的焊接角变形会在结构上引起附加的弯曲应力，并因而降低了结构的承载能力。又如图 3-55 所示的不同厚度钢板的搭接接头角焊缝所引起的角变形使薄板弯曲，而厚板基本保持平直。在承受拉伸载荷时，焊缝 1 所承受的载荷要比焊缝 2 大得多，这样就会导致焊缝 1 因超载而被破坏。

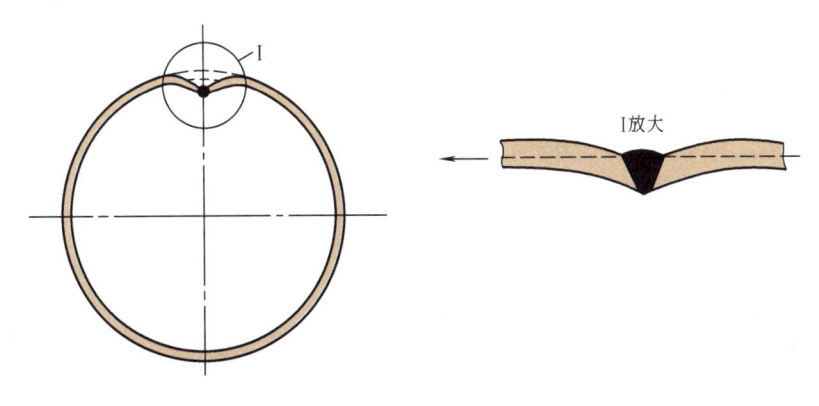

图 3-54 角变形引起的不圆度

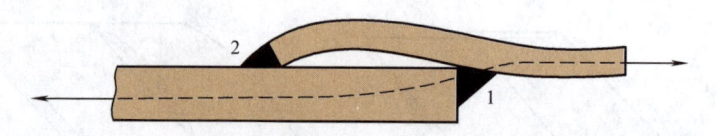

图 3-55 不等厚板搭接接头的角变形

3.4.2 纵向收缩变形及其引起的挠曲变形

1. 纵向收缩力模型

按照弹性方法，焊接长板条的纵向收缩变形可以近似地由焊缝及其附近区域的纵向收缩力来确定。焊接时，焊缝金属在冷却过程中收缩，因此比周边的材料短，而其附近的金属则由于在高温下的自由变形受到阻碍，产生了压缩塑性变形，这个区域通常被称为 缩短变形区 或塑性区，该区域内的塑性变形的分布如图 3-56 所示。

人们可以将变形区的产生设想成在焊缝部位存在一个收缩力，这一收缩力作用在原始无应力的构件上，使构件产生压缩变形。收缩力的大小可以表示为

$$F_f = E \int_{A_p} \varepsilon_p dA \quad (3-29)$$

式中，ε_p 为缩短变形量；A_p 为变形区的面积。

对于各边无拘束板条并带有中心纵向焊缝的最简单的情况，假设焊缝横截面上作用有达到了材料屈服强度的拉应力 $\sigma_{tr} = \sigma_s$，拉应力 σ_{tr} 的作用宽度近似等于塑性区的宽度 B_p，如图 3-57 所示，根据平衡条件，压缩应力 σ_c 为

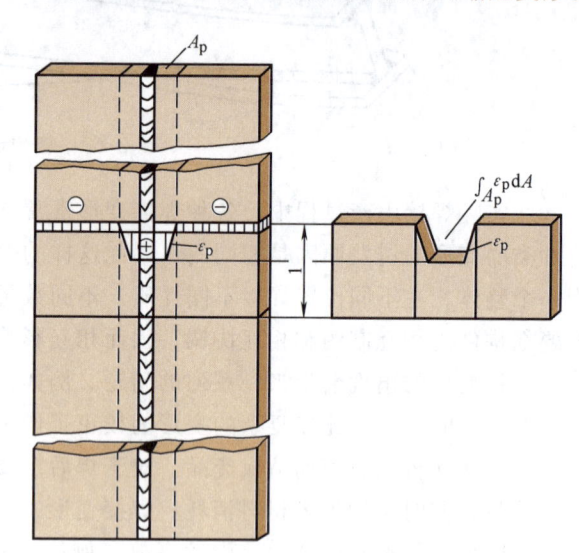

图 3-56 焊接缩短变形的分布

$$\sigma_c = -\sigma_{tr} \frac{B_p}{B - B_p} = -\sigma_s \frac{B_p}{B - B_p} \quad (3-30)$$

在这种情况下，可以求出假设的收缩力 F_f 为

$$F_f = (\sigma_{tr} - \sigma_c) B_p \delta = (\sigma_s - \sigma_c) B_p \delta \quad (3-31)$$

比较图 3-57，还可以得出

$$F_f = -\sigma_c B \delta \quad (3-32)$$

即收缩力由整个截面来承受。

只有在（纵向）刚性支承（或无限宽弹性）板条的情况下，才有

$$F_f = \sigma_{tr} B_p \delta = \sigma_s B_p \delta \quad (3-33)$$

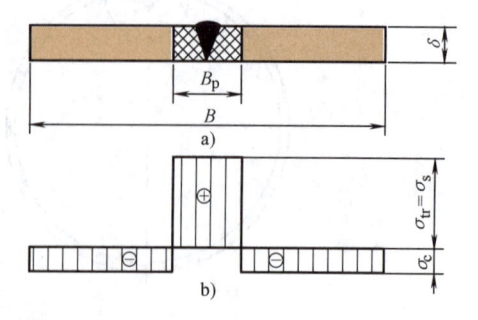

图 3-57 板边无拘束的带有中心纵向焊缝的板条的简化应力分布

收缩力和缩短变形区的大小主要取决于焊

接过程参数和材料的热物理特性值，其次，还受构件的纵向刚度以及焊接接头的热流的影响，而且实际上缩短变形区的大小就决定了收缩力。

焊接过程的主要参数是热输入量 q 和焊接速度 v，或者用单位长度焊缝的热输入量 q_w 来表征。热输入量的增加或焊接速度的降低均导致缩短变形区宽度的增加。因此收缩力 F_f 与单位长度焊缝的热输入量 q_w 之间存在近似的公式。对于低碳钢，有

$$F_f \approx 170 q_w \tag{3-34}$$

式中，F_f 的单位为 N；q_w 的单位为 J/mm。

由式（3-33）和式（3-34）可以求出缩短变形区的宽度 B_p 为

$$B_p = 170 \frac{q_w}{\delta \sigma_s} \tag{3-35}$$

式中，B_p 的单位为 mm；δ 的单位为 mm；σ_s 的单位为 MPa；q_w 的单位为 J/mm。

单位长度焊缝的热输入是和单位长度焊缝熔化金属填充的体积成正比的，或与焊缝横截面积 A_w 成正比，即

$$q_w = k A_w \tag{3-36}$$

如果上式中 A_w 的单位取为 mm^2，q_w 的单位取为 J/mm，则对于焊条电弧焊比例系数 $k=61$，金属极气体保护电弧焊 $k=41$，埋弧焊 $k=72$。

在具有 n 道次的多道焊中，纵向收缩力应乘以校正系数 k_n，即

$$k_n = n^{-2/3} \tag{3-37}$$

对于单道和双填角焊，其值应按照焊接顺序做进一步的修正。

对于收缩力和缩短变形区的宽度来说，主要的材料参数是屈服强度 σ_s、弹性模量 E 和热膨胀系数 α。这些参数决定了冷却卸载过程中，从压缩屈服强度到拉伸屈服强度的变化情况。对于两端刚性固定低强度结构钢杆件，该过程示于图 3-58。在屈服强度 σ_s 较大和弹性模量 E 及热膨胀系数 α 较小时，随弹性卸载可持续的温差 ΔT_{el} 越大，随后的缩短变形区就越窄。该温差 ΔT_{el} 可表示为

$$\Delta T_{el} = \frac{2\sigma_s}{E\alpha} \tag{3-38}$$

对于图 3-58 中的结构软钢，$\Delta T_{el} \approx 180℃$。

另外，构件或板条的纵向刚度对收缩力和塑性区宽度有影响。与刚性支承相比，刚度的降低导致塑性区变窄，因而收缩力减小。

实际上在纵向收缩力模型中，并没有考虑构件纵向刚度和热流分布等次要参量的影响，

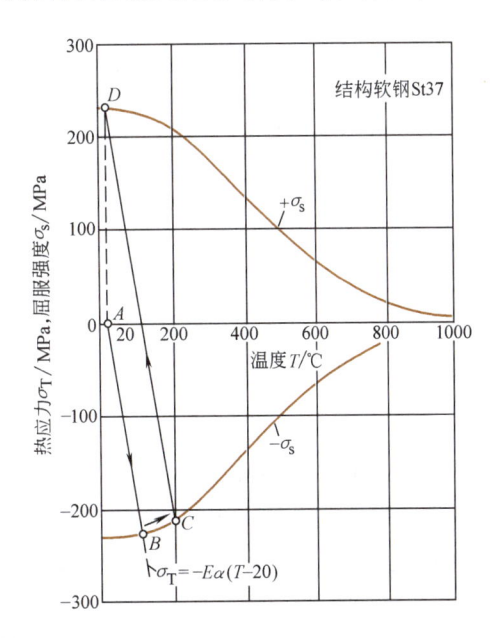

图 3-58 两端刚性固定杆件的应力-温度循环

即认为收缩力只取决于焊接工艺和材料,而和焊接接头及构件的几何尺寸无关。

2. 纵向收缩变形

缩短变形区的存在相当于构件受到收缩力 F_f 的作用,使构件产生纵向收缩 ΔL,如图 3-59 所示,其数值为

$$\Delta L = \frac{F_f L}{EA} = \frac{L \int_{A_p} \varepsilon_p \mathrm{d}A}{A} \tag{3-39}$$

式中,A 为构件的截面积;A_p 为缩短变形区的截面积(对于板条 $A_p = B_p \delta$);E 为构件材料的弹性模量;L 为构件长度(焊缝贯穿全长);ε_p 为缩短应变。

缩短应变 ε_p 可表示为

$$\varepsilon_p = \mu_1 \frac{\alpha q_w}{c\rho A} \tag{3-40}$$

式中,$\mu_1 = 0.335$ 为纵向刚度系数。

钢制细长构件,如梁、柱等结构的纵向收缩量可以通过如下公式做初步估算。单层焊的纵向收缩量 ΔL_1 为

$$\Delta L_1 = \frac{k A_h L}{A} \tag{3-41}$$

式中,A_h 为焊缝截面积(mm²);A 为构件截面积(mm²);L 为构件长度(mm);ΔL_1 为单层焊的纵向收缩量(mm);k 为比例系数,与焊接方法和材料有关。

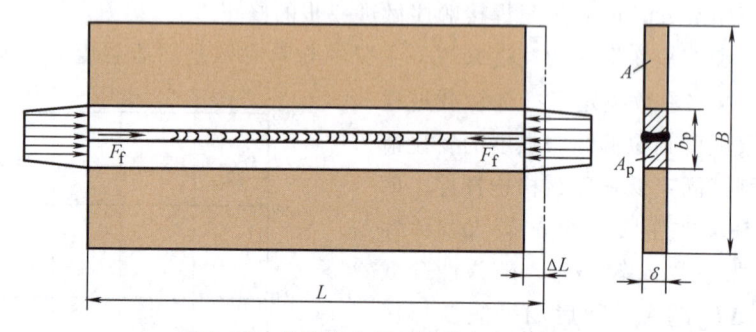

图 3-59 收缩力作用下的纵向收缩变形

多层焊的纵向收缩量 ΔL_n 可通过计算单层焊时的纵向收缩量 ΔL_1,再乘以与焊接层数有关的系数 k_2 来获得,即

$$\Delta L_n = k_2 \Delta L_1 = (1 + 85\varepsilon_s n) \Delta L_1 \tag{3-42}$$

式中,$\varepsilon_s = \sigma_s / E$ 为极限弹性应变;n 为焊道层数。

对于双面有角焊缝的 T 形接头,由于塑性变形区部分相互重叠,使缩短变形区的总面积仅比单侧焊缝时大 15% 左右,故其纵向收缩量 ΔL_T 为

$$\Delta L_T = (1.15 \sim 1.40) \frac{k A_h L}{A} \tag{3-43}$$

注意，式中的 A_h 是指一条角焊缝的截面积。

例 3-1　低碳钢工字形构件长 5m，腹板高 250mm，厚 10mm，翼板宽 250mm，厚 12mm，四条角焊缝均为埋弧焊一次焊完，焊脚 $K=8$mm，试计算工字形构件的纵向收缩量。

解　每条角焊缝的截面积：$A_h = \dfrac{1}{2} \times 8 \times 8 \text{mm}^2 = 32 \text{mm}^2$

构件截面积：$A = (2 \times 250 \times 12 + 250 \times 10) \text{mm}^2 = 8500 \text{mm}^2$

整个构件的纵向收缩量相当于一对带有双面角焊缝的 T 形构件的纵向收缩量，而双面角焊缝 T 形接头的纵向收缩量又是单面角焊缝的纵向收缩量的 1.15~1.40 倍。考虑到板厚因素，其双面角焊缝的塑性变形区基本是重叠的，故取为 1.15 倍，其纵向收缩量为

$$\Delta L = 1.15 \times \frac{0.072 A_h \times L}{A} \times 2 = 1.15 \times \frac{0.072 \times 32 \times 5000}{8500} \times 2 \text{mm} \approx 3.12 \text{mm}$$

3. 纵向收缩引起的挠曲变形

当焊缝在构件中的位置不对称，即焊缝处于纵向偏心时，所引起的收缩力 F_f 是偏心的。因此，收缩力 F_f 不但使构件缩短，同时还造成构件弯曲。其弯矩为

$$M = F_f e \tag{3-44}$$

式中，e 为偏心距，如图 3-60 所示。

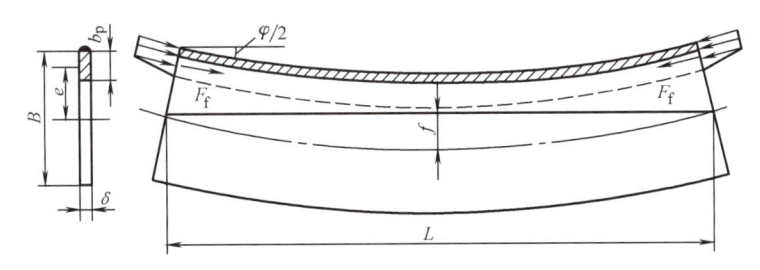

图 3-60　焊缝在结构中的位置不对称所引起的焊接变形

弯矩 M 的作用使构件终端的横截面发生转角 φ 和挠度 f。转角 φ 可按如下计算

$$\varphi = \frac{F_f e L}{EI} \tag{3-45}$$

式中，L 为构件长度；I 为构件的几何惯性矩；e 为缩短变形区中心到断面中性轴的距离，即偏心距，可以取焊缝中心到断面中性轴的距离。

构件的挠度 f 可由下式获得

$$f = \frac{F_f e L^2}{8EI} \tag{3-46}$$

由上式可以看出，挠曲变形 f 与收缩力 F_f 和偏心距 e 成正比，与构件的刚度 EI 成反比。当焊缝对称或接近于中性轴时，挠曲变形就很小；反之，挠曲变形就很大。

必须注意，焊缝相对于整个构件的中性轴对称，并不意味着在组焊的过程中始终是对称的。因为，随着组焊过程的进行，构件的中性轴位置和截面惯性矩是变化的。这也意味着，

通过变化组焊顺序,有可能对挠曲变形进行调整。例如,在生产工字形结构时,如果先组焊成T形结构(见图3-61a)后再组焊成工字形结构(见图3-61b),则挠曲变形为两次组焊过程的叠加。形成T形结构的挠曲变形 f_T 为

$$f_T = \frac{F_f e_T L^2}{8EI_T}$$

上式中下标T表示T形结构的相应参数。形成工字形结构的挠曲变形 f_I 为

$$f_I = \frac{F_f e_I L^2}{8EI_I}$$

上式中下标I表示工字形结构的相应参数。

可以判断出,f_T 与 f_I 的方向相反。但是,尽管 $e_T<e_I$,而 $I_T \ll I_I$,所以 $e_I/I_I<e_T/I_T$,即 $f_T>f_I$,两者不能相互抵消,焊后仍有较大的挠曲变形。如果焊前先将腹板和翼板点固成工字形截面,施焊时按照图3-61b中括号内的顺序进行,则使构件在焊接过程中的惯性矩基本不变,因而偏心距也相同,这样就可以使两对角焊缝所引起的挠曲变形相互抵消,保持构件基本平直。

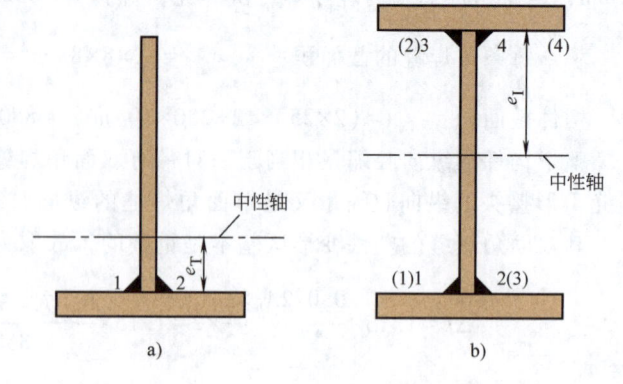

图3-61 工字形梁的几种组焊顺序

钢制构件单道焊缝所引起的挠度可以用下式计算

$$f = \frac{kA_h eL^2}{8I} \tag{3-47}$$

式中各符号的含义与前述相同。对于多层焊和双面角焊缝应乘以与纵向收缩公式中相同的系数 k_2。

3.4.3 横向收缩变形及其引起的挠曲变形

1. 横向收缩力模型

拘束程度对焊缝纵向残余应力的影响较小,但对焊缝横向残余应力的影响至关重要。焊缝及近缝区的横向收缩 ΔB 引起较高的横向应力,特别是在焊件刚度很大和横向夹紧的情况更是如此。对于两块受到刚性拘束的板材间对接的焊缝(见图3-62a),其两侧刚性拘束之间的距离(即应变长度)为 B,在一维框架内考虑,可引起横向应力 σ_B,这是由于横向收缩 ΔB 引起的弹性反作用力造成的,即

$$\sigma_B = \frac{\Delta B E}{B} \tag{3-48}$$

相应的横向收缩力 F_B 与板的横截面积 A 有关,即

$$F_B = \sigma_B A \tag{3-49}$$

横向收缩量 ΔB 可由板边无拘束时的收缩量来确定,并按式(3-48)转换成拘束板时的情况。在此假设横向收缩应力 σ_B 不超过材料的屈服强度 σ_s,如果存在塑性横向收缩变形,则

σ_B应相应降低。

此外，由于对角收缩的拘束也会引起横向弯曲应力，如按照图 3-62b、c 的拘束条件，由梁的工程理论可以通过适当的方式来确定。

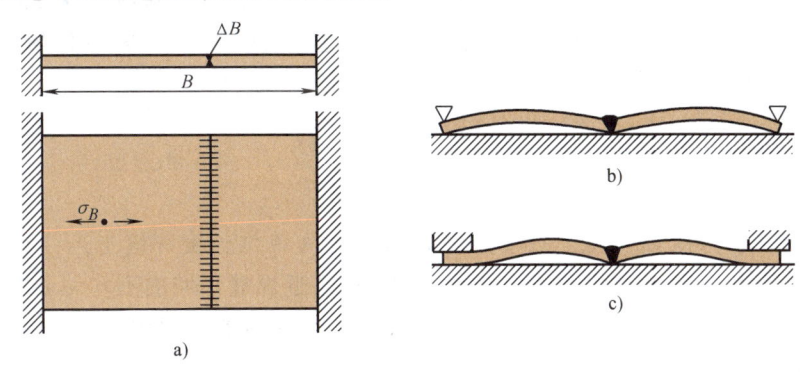

图 3-62 与焊缝垂直的残余应力 σ_B

非拘束条件下 ΔB 横向收缩的引入，是作为一个与焊缝拘束程度无关的参量，可以通过试验测量来确定，也可以利用相关的公式来近似计算确定。由拘束横向收缩确定的反作用力取决于焊缝和受拘束板材的刚度。为了比较，对于厚板间的薄细焊缝，如图 3-63 给出的两

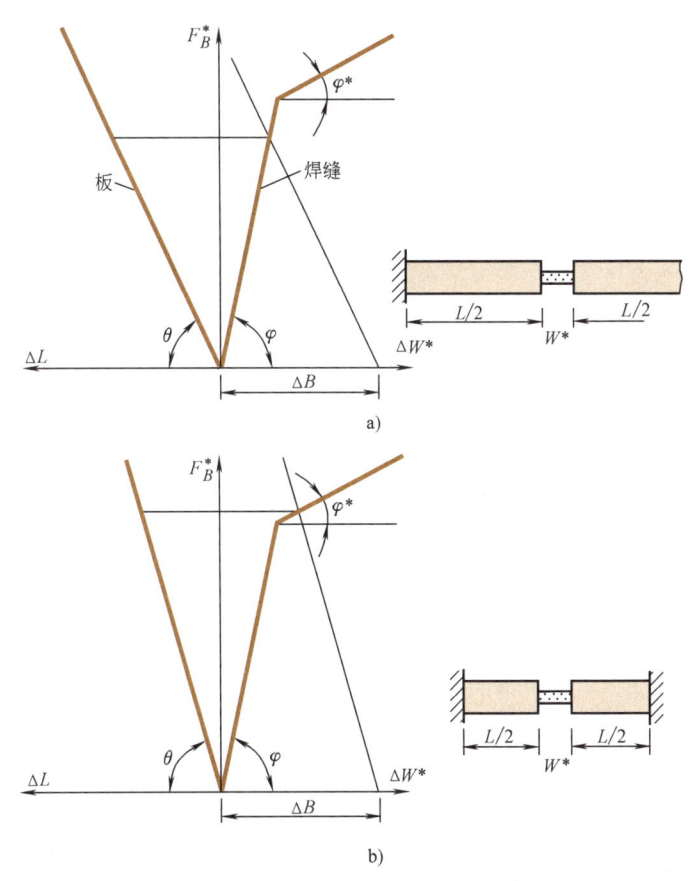

图 3-63 横向焊缝拉伸试样的反向加载图
a）应变长度较长 b）应变长度较短

种应变长度不同的夹紧板条在焊缝承受横向载荷时的弹性曲线和弹塑性曲线，并给出了单位长度焊缝的横向收缩力 F_B^* 对板伸长量 ΔL 和对焊缝横向变形 ΔW^* 的关系。可由横向收缩量 ΔB 来获得单位长度横向收缩力 F_B^*。由图 3-63 可见，应变长度较长时，焊缝处的应力不超过屈服强度，但应变长度较短时，焊缝处的应力超过了屈服强度。以力-位移曲线的倾角 θ 表征的夹紧板刚度 R，被称为作用在焊缝上的**拘束强度**，即

$$R = \tan\theta = \frac{F_B^*}{\Delta L} = \eta^* \frac{E\delta}{L} \tag{3-50}$$

式中，δ 为板厚；L 为应变长度；拘束强度 R 可解释为单位长度焊缝上产生单位横向伸长（$\Delta L = 1$）所需的力；η^* 为形状因子，是考虑夹紧板靠近焊缝区域的不均匀分布所引起的刚度降低，其大小可以根据图 3-64 确定。借助于图 3-63 反向加载图中的 ΔW^*，可以单独考虑焊缝的刚度。

板内单位长度的反作用应力 $\sigma_B = F_B^*/\delta$（δ 为板厚），或焊缝内的反作用应力 $\sigma_B^* = F_B^*/a$（a 为焊缝厚度），可结合式（3-50）来确定。考虑到在 $\Delta W^* \ll \Delta L$ 时，有 $\Delta L = \Delta B$，结果有

$$\sigma_B = R \frac{\Delta B}{\delta} \tag{3-51}$$

$$\sigma_B^* = R \frac{\Delta B}{a} \tag{3-52}$$

2. 横向收缩变形

横向收缩变形是指垂直于焊缝方向的变形，其与纵向收缩同时发生。在分析纵向收缩变形时，并未考虑考察点前后金属对其产生的拘束作用，这相当于沿焊缝全长加热的情况。但在实际焊接过程中，在焊缝长度方向的各点加热并非是同时进行的，图 3-65 给出了平板表面火焰加热产生变形的动态过程。

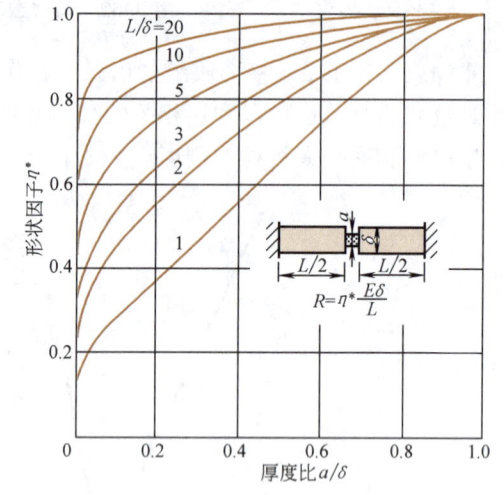

图 3-64 横向焊缝拉伸试样拘束强度 R 的形状因子与厚度比的关系

在热源附近的金属受热膨胀，但将受周围温度较低的金属的约束而承受压应力，这样就会在板宽方向上产生压缩塑性变形，并使其厚度增加，最终结果表现为横向收缩。对于宽度为 B、厚度为 δ 的板条焊后在无拘束状态下冷却收缩时，单位长度焊缝热输入 q_w 所引起的平均温度升高可表示为

$$\Delta T_o = \frac{q_w}{c\rho\delta B} \tag{3-53}$$

由于 $\Delta B = \alpha \Delta T_o B$，则

$$\Delta B = \frac{\alpha q_w}{c\rho\delta} \tag{3-54}$$

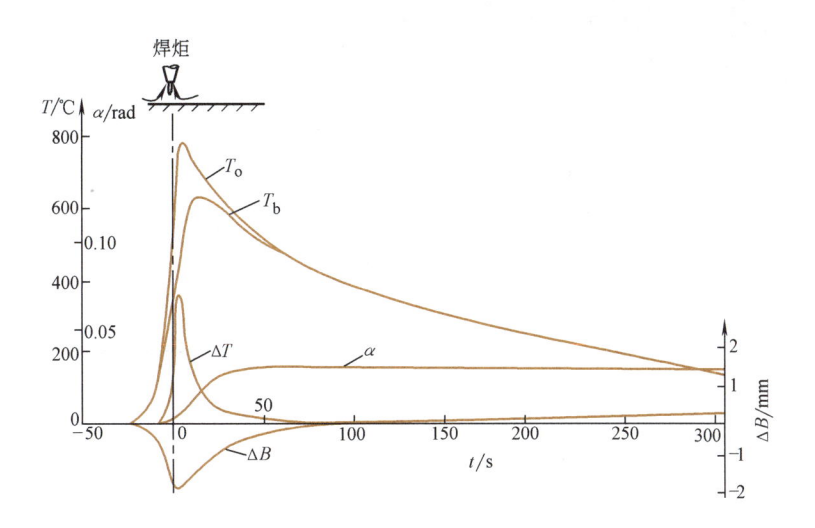

图 3-65 平板表面火焰加热产生变形的动态过程

ΔB—横向收缩 α—角变形 T_o—正面温度 T_b—背面温度 $\Delta T = T_o - T_b$

在实际工程中应用的计算横向收缩的近似公式大部分基于式（3-54）。例如，对于材料为低碳钢，平均坡口宽度为 W_g 的对接焊缝，用焊缝横截面积代替单位长度焊缝的热输入，结果是 $\Delta B = 0.17 W_g$。

由式（3-54）可以看出，横向收缩量 ΔB 与热输入 q_w 成正比，与板厚 δ 成反比。对于尺寸为 200mm×200mm，板厚为 6mm、10mm、15mm、20mm 的低碳钢板进行表面堆焊，其横向收缩与热输入及板厚的关系如图 3-66 所示。其近似关系可以表达为：$\dfrac{\Delta B}{\delta} = 1.2 \times 10^{-5} \dfrac{q}{v\delta^2}$。

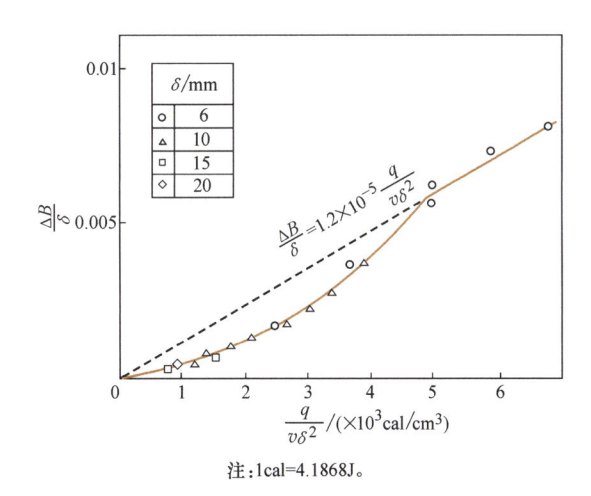

图 3-66 横向收缩与热输入和板厚的关系

横向收缩沿焊缝长度方向上的分布是不均匀的，这是因为先焊的焊缝的横向收缩对后焊的焊缝产生挤压作用，使后者的横向收缩增大。因此横向收缩的变化趋势为：沿焊接方向由小到大，并渐趋稳定（见图 3-67）。

T形接头和搭接接头的角焊缝所引起的横向收缩与平板堆焊时相似,其大小与角焊缝的尺寸和板厚有关。对于T形接头,由于立板的存在,在焊接时将吸收热量,使输入到平板的热量减少,因而使横向收缩量减小。

平板上的热输入量可以按照 $\dfrac{q}{v}\dfrac{2\delta_h}{2\delta_h+\delta_v}$ 来估计。其中 δ_h 和 δ_v 分别为平板和立板的厚度。T形接头的横向收缩可以利用图3-68做初步估计。图中的横坐标为焊缝计算高度 a 与板厚 δ 之比,即 a/δ,$a=0.7K$,K 为角焊缝的焊脚尺寸;纵坐标为横向收缩变形 ΔB,各条线上的数字为角焊缝的计算高度。由图可见,ΔB 随着 a 的增加而增加,随着 δ 的增加而减小。

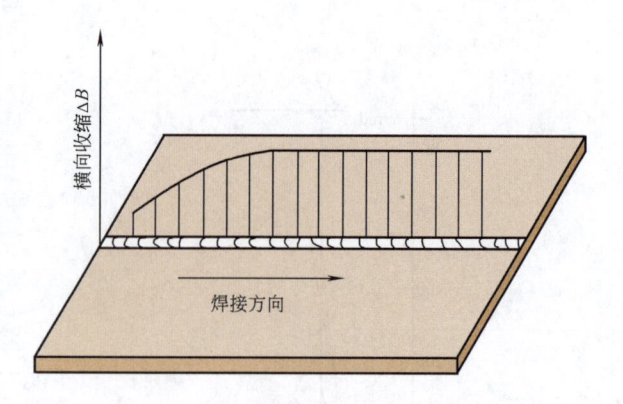

图3-67 横向收缩在焊缝长度方向上的分布

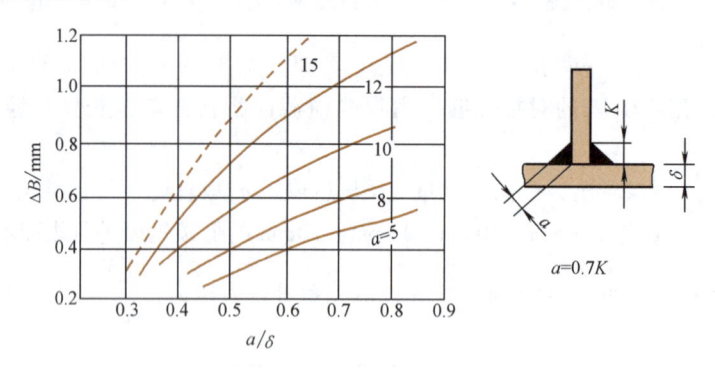

图3-68 T形接头的 a/δ 与横向收缩 ΔB 的关系曲线

对接接头的横向收缩也是比较复杂的。如果两平板对接中间留有间隙,焊接时,坡口边缘可以无拘束地移动,热源扫过之后的坡口横向闭合,产生的横向位移的最大值可由纯弹性解表示

$$\Delta_{e\max}=\dfrac{2\alpha q}{c\rho\delta v} \qquad (3\text{-}55)$$

此横向位移可以无拘束地进行。如果热源扫过之后的材料立即具有足够的强度,则横向收缩将因冷却立即开始。实际上,在热源后的一小段范围内,材料还处于完全塑性状态,没有变形抗力,因而还不会产生收缩应力,所以降低了横向收缩量。带坡口间隙的焊后横向收缩量可按下式计算

$$\Delta B=\mu_t\times\dfrac{2\alpha q_w}{c\rho\delta} \qquad (3\text{-}56)$$

式中,$\mu_t=0.75\sim0.85$,为横向刚度系数。

在没有坡口间隙(或存在定位焊或坡口楔块使间隙活动的可能性很小)时,板材受热后的膨胀将造成对接边压缩,并由于横向挤压使厚度增厚。在横向上,由于没有间隙使板向

外侧膨胀，冷却后向外侧膨胀的部分可以恢复，而厚度方向上的变形不可恢复，最终仍将产生横向变形，但变形量比前一种情况小。此时横向收缩仍可按式（3-56）估计，但要取横向刚度系数 $\mu_t = 0.5 \sim 0.7$。图 3-69 给出了两种情况的变形过程。

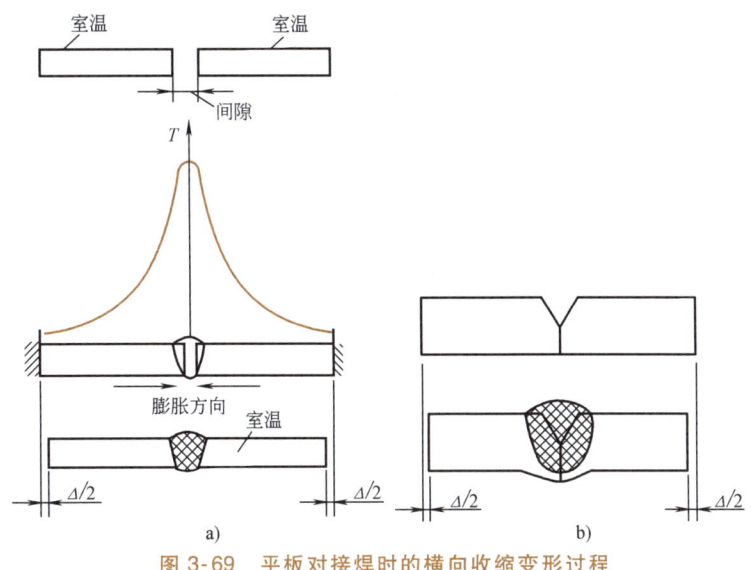

图 3-69 平板对接焊时的横向收缩变形过程
a) 留有坡口间隙 b) 不留坡口间隙

不仅横向收缩导致横向收缩变形，而且纵向收缩也可以影响横向收缩变形。对于两块比较窄的板条对接焊，相当于对两板同时进行板边加热，这将使两板产生挠曲变形，两板相对分离张开，间隙变大。此张开变形的大小不仅与沿板宽方向的温度分布有关，还与沿板长方向上的温度分布有关。如图 3-70 所示，A 点为热源位置，B 点为金属开始恢复弹性的位置，AB 间焊缝金属的屈服强度很小，可视为零，此处的金属不会阻碍挠曲变形，其他部位的金属已经具有弹性，会对挠曲变形产生阻碍。AB 间的距离 Δl_p 越大，板的转动就越大，间隙的张开也就越大。由上述分析可以看出，对横向变形来说，横向收缩的作用和纵向热膨胀的作用正好是相反的，最终的变形量是这两方面因素综合作用的结果。例如，采用埋弧焊拼板时，由于所用的功率大，焊接速度快，其 Δl_p 比焊条电弧焊时大，因此间隙的扩张倾向更大，导致横向收缩量比焊条电弧焊时小。对于窄而长的板条，挠曲对横向收缩的影响更为明显。此外，横向收缩的大小还与拼装后的定位焊和装夹情况有关。定位焊焊点越大、越密，装夹的刚度越大，横向变形就越小。

多层焊时，各层焊道所产生的横向收缩量以第一层为最大，随后逐层递减。例如，采用双 U 形对称坡口焊接 180mm 厚的 20MnSi 钢对接接头，第一层焊缝的横向收缩量可以达到 1mm，前三层的收缩量可以达到总收缩量的

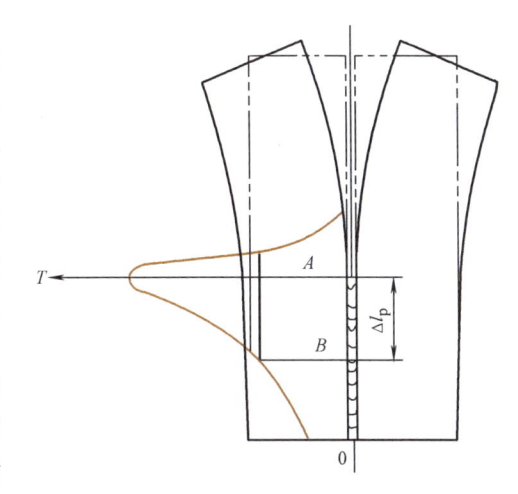

图 3-70 平板对接焊的纵向膨胀所引起的横向变形

70%。厚板对接接头多层焊的横向收缩量与焊接方法、坡口形式和板厚等因素有关。图 3-71 给出了不同条件下多层焊对接接头的横向收缩情况。表 3-1 给出了不同条件下低碳钢对接接头的横向收缩量。

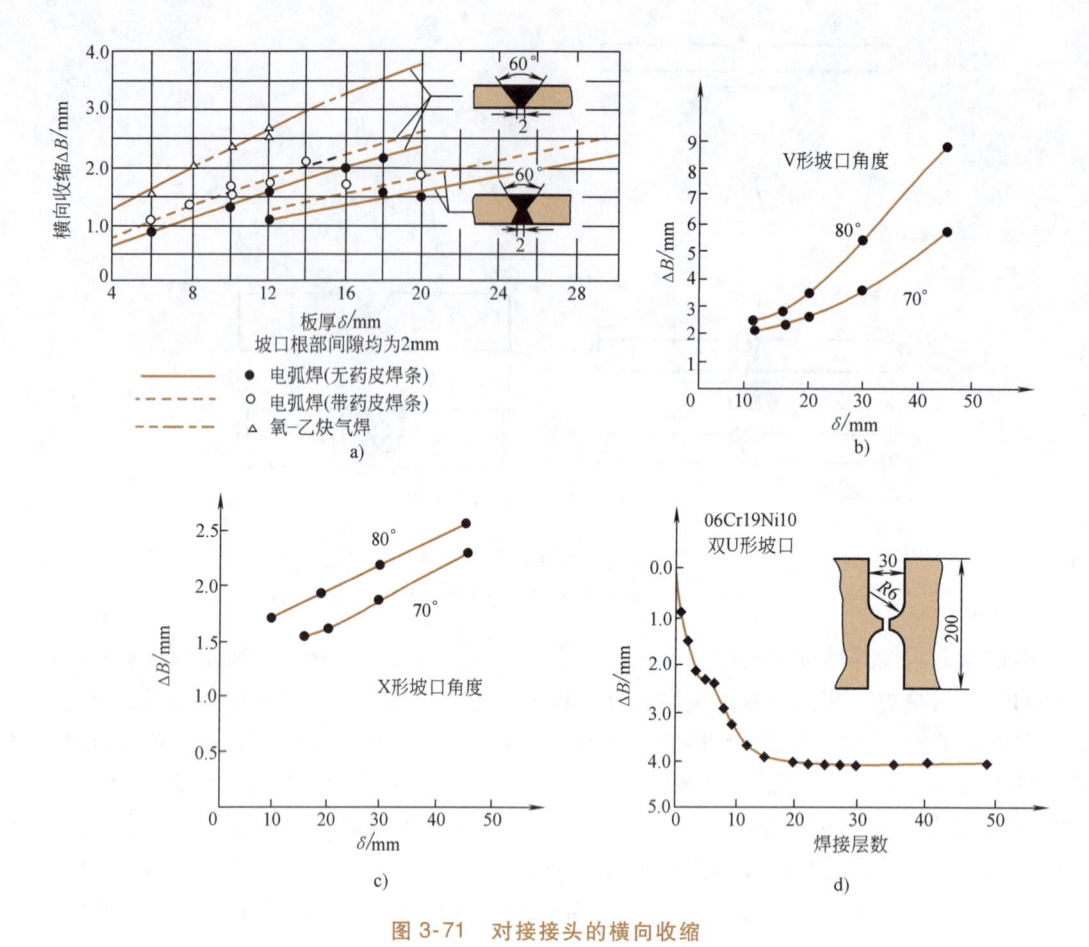

图 3-71 对接接头的横向收缩

a）不同坡口不同焊接方法　b）不同角度的 V 形坡口　c）不同角度的 X 形坡口
d）200mm 厚不锈钢板双 U 形坡口

3. 横向收缩引起的挠曲变形

如果横向焊缝在结构上分布不对称，则它的横向收缩也会引起结构的挠曲变形，这种情况在生产中是比较常见的。如图 3-72 所示构件上的短肋板与翼板和腹板之间的焊缝，这些焊缝集中分布于工字钢中性轴的上部，其横向收缩将使上翼缘变短，因而产生向下的挠曲变形。每对肋板与翼缘之间的角焊缝的横向收缩 ΔB_1 将使梁弯曲一个角度 φ_1，即

$$\varphi_1 = \Delta B_1 \frac{S_1}{I}$$

式中，S_1 为翼缘对梁截面水平中性轴的静矩。

$$S_1 = A_1 \left(\frac{h}{2} - \frac{\delta_1}{2} \right)$$

式中，A_1 为翼缘的截面积；δ_1 为翼缘厚度。

表 3-1 低碳钢对接接头的横向收缩量

接头横截面	焊接方法	横向收缩量/mm	接头横截面	焊接方法	横向收缩量/mm
(厚6)	焊条电弧焊两层	1.0	(宽20,深35)	焊条电弧焊20道,背面未焊	3.2
(厚12)	焊条电弧焊五层	1.6	(厚22)	1/3 背面焊条电弧焊,2/3 埋弧焊一层	2.4
(厚12)	焊条电弧焊正面五层背面清根后焊两层	1.8	(厚14)	铜垫板上埋弧焊一层	0.6
(厚20)	焊条电弧焊正背各焊四层	1.8	(120°,厚12)	焊条电弧焊	3.3
(厚12)	焊条电弧焊（深熔焊条）	1.6	(厚12,间隙4)	焊条电弧焊（加垫板单面焊）	1.5
(厚12)	右向气焊	2.3			

每对肋板与腹板之间的角焊缝的横向收缩 ΔB_2 也将使梁弯曲一个角度 φ_2，即

$$\varphi_2 = \Delta B_2 \frac{S_2}{I}$$

式中，S_2 为高度为 h_1 的部分腹板对梁截面水平中性轴的静矩。

$$S_2 = h_1 \delta_2 e$$

式中，e 为肋板与腹板间的焊缝中心到梁截面中性轴的距离；δ_2 为腹板厚度。

每对肋板焊接完成所造成的梁弯曲角度 $\varphi = \varphi_1 + \varphi_2$，按照图 3-72 所示情形，梁的总挠度可按下式估算

$$f = 5\varphi l + 4\varphi l + 3\varphi l + 2\varphi l + \varphi l$$

式中，l 为肋板间距。

如果梁的中心有一肋板，则

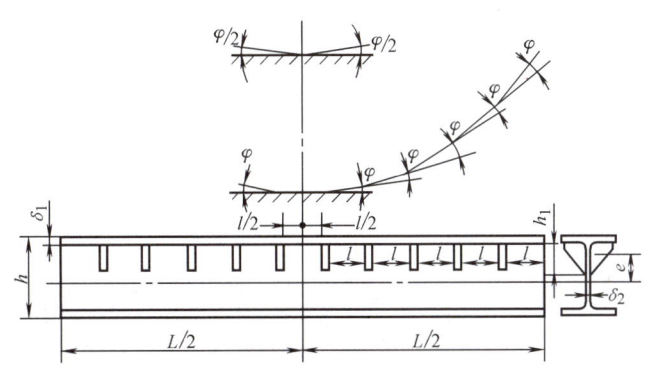

图 3-72 肋板焊缝横向收缩所引起的挠曲变形

它所引起的挠曲可用下式估算

$$f_0 = \frac{\varphi}{2} \frac{L}{2}$$

式中，L 为梁的长度。

3.4.4 角变形

单侧或不对称双侧焊接，在对接、搭接、T 形、十字形和角接接头中常常会发生角变形。发生角变形的根本原因是横向收缩在厚度方向上的不均匀分布所造成的。焊缝正面的横向收缩量大，背面的收缩量小，这样就会造成构件平面的偏转，产生角变形。角变形的大小取决于熔化区的宽度和深度以及熔深与板厚之比，接头类型、焊道次序、材料性能、焊接过程参数等因素也对角变形有重要的影响。图 3-73 为表面堆焊或对接时熔深 H 和板厚 δ 之比对角变形的影响示意图。图 3-74 为低碳钢或低合金钢单道焊缝的角变形与焊接速度 v、单位长度焊缝热输入 q_w 和熔深或板厚之间的关系。由图 3-74 可见，随着热输入的增加或板厚的减小，角变形出现了先增加后降低的变化趋势。这是因为，板厚较大而热输入较小时，板材背面的温度低，材料还处于弹性状态，塑性变形区未能贯穿板厚，因此角变形较小；而在板厚较小但热输入较大时，背面的温度会迅速升高而导致与正面温度之差变小，因而也会减小角变形。只有在塑性变形区贯穿板厚，并且板材正反面的温差最大时才会出现角变形的最大值。

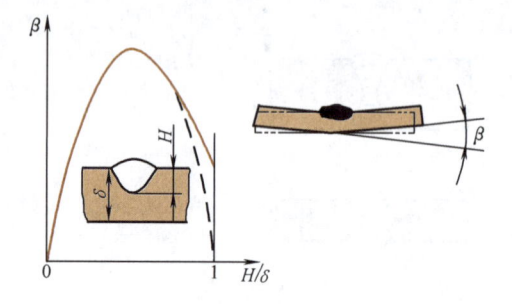

图 3-73 表面堆焊或对接时熔深 H 和板厚 δ 之比对角变形的影响示意图

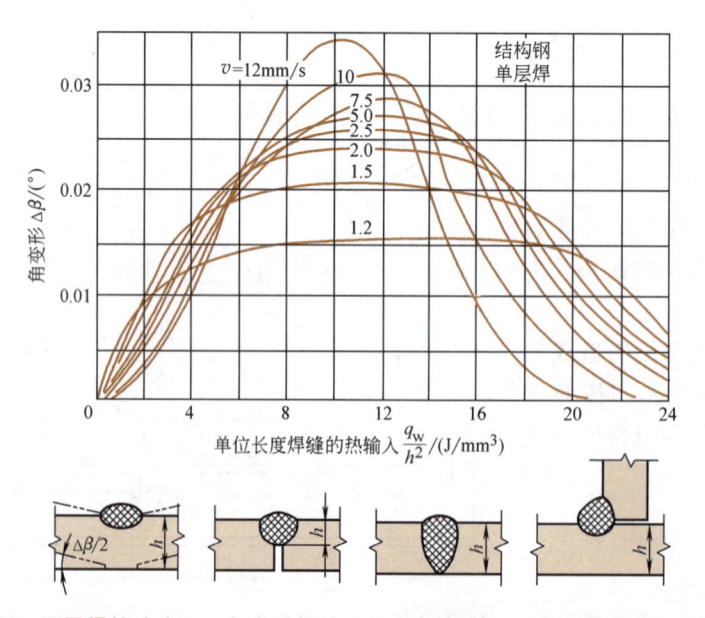

图 3-74 不同焊接速度下，角变形与单位长度焊缝热输入及焊缝厚度或板厚的关系

造成角变形的根本原因是横向收缩，因此，角变形沿焊缝长度方向上的分布也与横向收缩类似，在开始时比较小，以后逐渐增加，如图 3-75 所示。

多层焊时，分布在板材中性轴两侧的焊道所产生的角变形方向是相反的，最终的角变形是各道焊缝所产生的角变形的代数和，即

$$\beta = \sum \beta_i m_i - \sum \beta_j m_j \tag{3-57}$$

式中，m 为考虑经过不同道次焊接后，因板材的刚度增加而造成角变形减小的校正因子；下标 i、j 分别代表板材正面焊道和背面焊道。校正因子 m_i 和 m_j 可以根据焊道层数 i、j 按照图 3-76 来确定。可以根据图 3-74 来确定每条焊道所产生的角变形 β_i 或 β_j，只是焊缝厚度 h 的选取应与已完成焊道的总厚度相一致。图 3-77 示出了 X 形坡口 4 层对接焊缝时的情况。

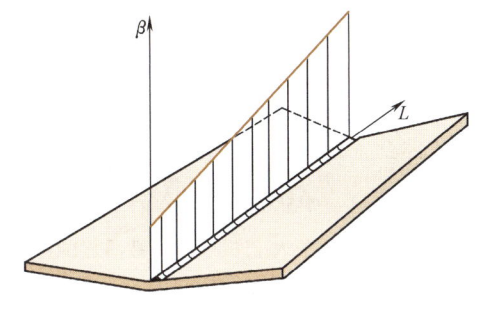

图 3-75 角变形在焊缝长度上的分布

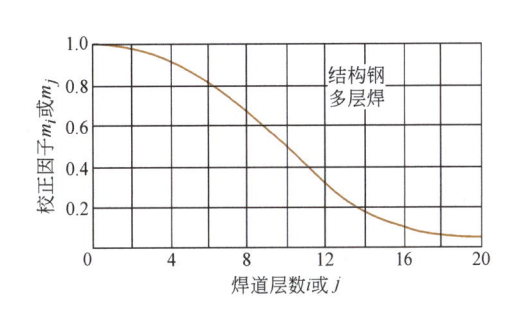

图 3-76 校正因子与焊道层数的关系

角焊缝所造成的 T 形接头的角变形由两部分组成（见图 3-78）：其一是角焊缝使翼缘产生横向收缩而造成翼缘偏转一个角度 β'（$\beta' = \varphi = \Delta BS/I$）；其二是角焊缝自身的收缩引起的角变形 β''。由于角焊缝的截面近似为三角形，其横向收缩量在焊缝表面处比在焊根处大，因而造成腹板和翼缘之间的角收缩 β''。β'' 的大小与尺寸参数基本无关。单侧角焊缝（偏转无拘束）时，$\beta'' \approx 1.25°$。双侧角焊缝（另一侧的角焊缝对偏转造成拘束）时，背面偏转收缩 β''_b 角为

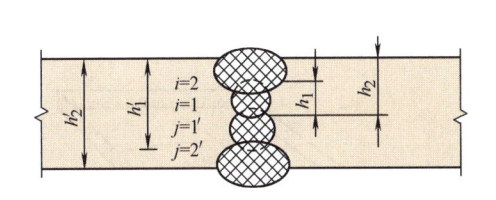

图 3-77 X 形坡口 4 层对接焊缝的焊缝厚度 h 的确定

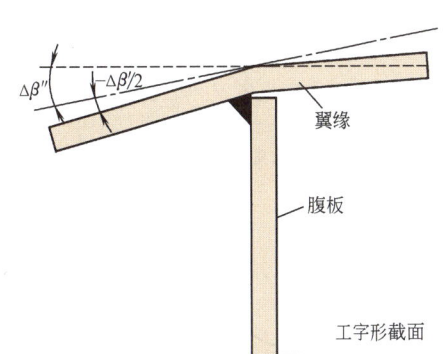

图 3-78 T 形接头单侧角焊缝的角变形

$$\beta''_b = k_b \varepsilon_s = k_b \frac{\sigma_s}{E} \tag{3-58}$$

式中，ε_s 为屈服极限应变。因子 k_b 取决于腹板的厚度 h_{wb} 和翼缘的厚度 h_{fl} 以及焊缝厚度 a

($\beta''<1.15°$)。k_b 可根据图 3-79 确定。

3.4.5 薄壁焊接构件的翘曲（波浪变形）

薄板所承受的压应力超过某一临界值，就会出现波浪变形，或称为压曲失稳变形。如果对一块矩形平板的两个平行边施加两个方向的刚性约束，使其仅能沿一个方向滑动，并在其可移动方向上施加压力（见图 3-80），则其失稳的临界应力可表示为

$$\sigma_{cr} = K\left(\frac{\delta}{W}\right)^2 \quad (3-59)$$

式中，δ 为板厚；W 为板宽；K 为与拘束情况有关的系数。由此可见，板的厚宽比越小，越易发生失稳。

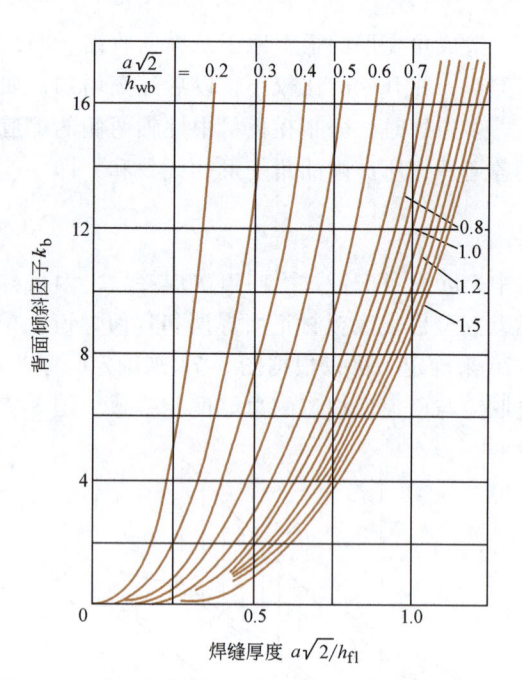

焊后存在于平板中的内应力，在焊缝附近为残余拉应力，在离焊缝较远的地方为残余压应力。如果残余压应力超过板材的临界失稳应力，就会发生失稳，出现波浪变形。这种变形的翘曲量一般都比较大，而且同一构件的失稳变形形态可以有两种以上的稳定形式。波浪变形不但影响构件的美观，而且将降低一些承受压力的薄壁构件的承载能力。

图 3-81 为一个周围有框架的薄板结构，焊后在平板上出现压应力，使平板中心产生压曲失稳变形。图 3-82 为舱口结构，在平板中间有一个长圆形的孔，孔周边焊有钢圈，由于焊接残余压应力的存在，使舱口四周出现了波浪变形。

三块平板由四条纵向焊缝连接成十字形截面的薄壁杆（见图 3-83），纵向收缩力 F_f 可由塑性区宽度 $W_{pl} = 50\text{mm}$、收缩应力 $\sigma_s = 400\text{MPa}$、板厚 $\delta = 2\text{mm}$ 和 6mm 等参数来确定，收缩力 F_f 除以杆的截面积 A，得出板条的纵向压缩应力 σ_c。该结构的临界失稳应力为

图 3-79 背面倾斜因子 k_b 与板厚和焊缝厚度的关系

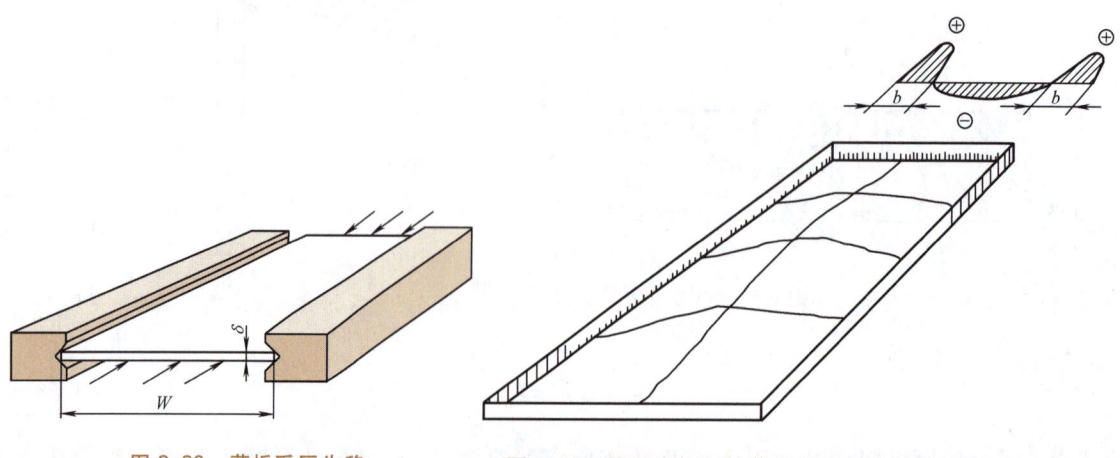

图 3-80 薄板受压失稳

图 3-81 周围有框架的薄板结构的残余应力和波浪变形

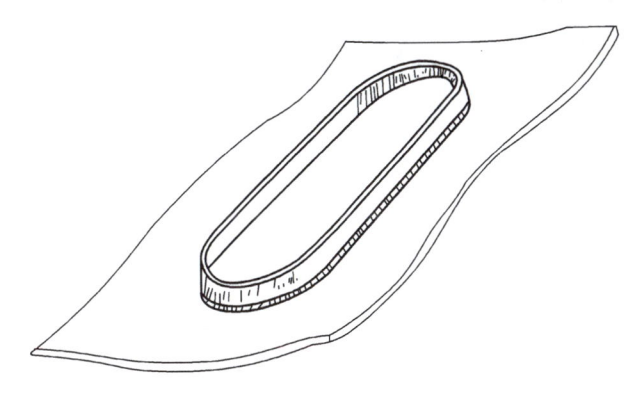

图 3-82 舱口的波浪变形

$$\sigma_{cr} = k\frac{\pi^2 E\delta^2}{12(1-\mu^2)W^2} \quad (3-60)$$

式中，k 为压曲的几何因子；μ 为泊松比。

根据图 3-83 中的尺寸，板的长宽比 $L/W = 10$ 时，$k = 1.328$，并且失稳的波数 $m = 3$。

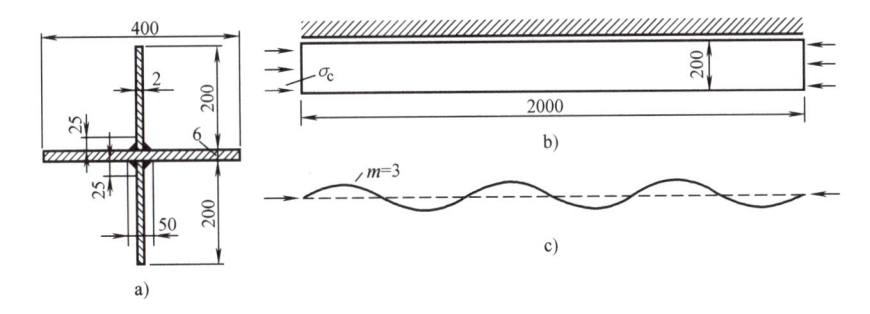

图 3-83 由板条和纵向角焊缝连接形成的十字形截面薄壁杆的失稳变形分析
a) 构件尺寸　b) 失稳模型　c) 波数

带有中心纵缝的平板，承受纵向收缩力引起的翘曲如图 3-84 所示。由于焊缝中纵向峰值拉应力引起的两侧板件中的压应力的作用，当压应力值高于板件的临界失稳应力时，板件发生翘曲失稳。在纵向形成曲率半径为 ρ 的弯曲变形，并有挠度 f；在横截面上，焊缝中心低于板件边缘，这是由残余应力场在稳定状态时具有最小势能所决定的。板件受残余压应力的作用发生失稳，使得收缩力的作用点出现偏心，产生了纵向弯曲所需的弯矩，因而加剧板件纵向的挠曲变形。图 3-85 给出了纵向曲率 $1/\rho$ 与板厚 δ、板宽 W、收缩应力 σ_s 和塑性区宽度 W_{pl} 的关系。而板的长度 L 无影响。

平面上的封闭环焊缝也会导致失稳变形。图 3-86 为在外侧半径为 200mm、内侧

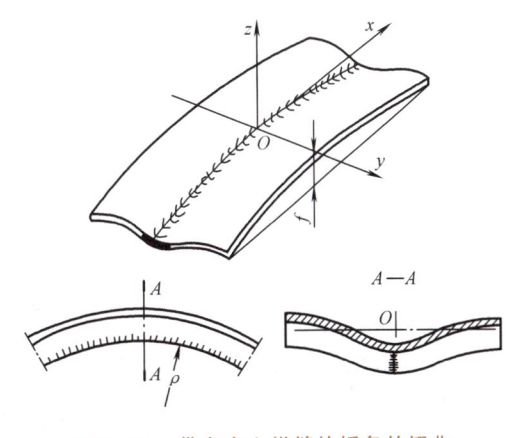

图 3-84 带有中心纵缝的板条的翘曲

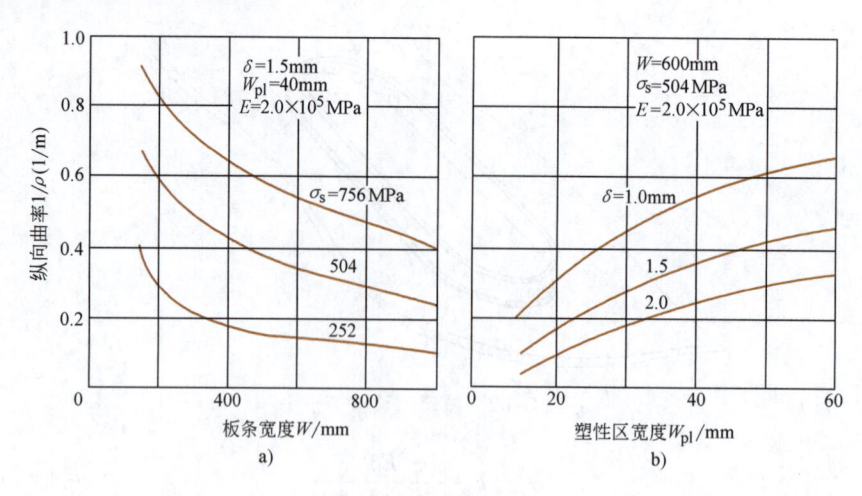

图 3-85 带有中心纵缝的板条的纵向曲率 $1/\rho$ 的分析结果

半径为 50mm、厚度为 2mm 的圆环形 5A06（LF6）铝合金薄板上，沿半径为 100mm 的圆形轨迹进行堆焊时失稳变形的有限元计算结果。由于残余压应力超过了材料的临界失稳应力，导致圆板出现马鞍形变形。

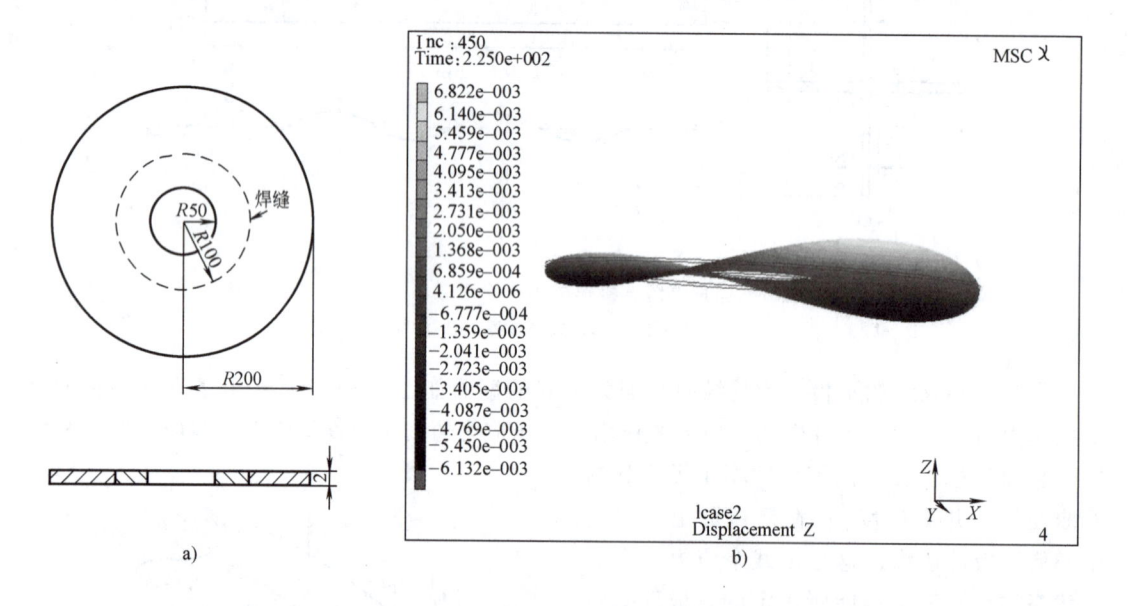

图 3-86 平面封闭环焊缝引起的马鞍形变形

角变形也能产生类似的波浪变形。例如，大量采用肋板的结构上可能出现如图 3-87 所示的变形。但这种波浪变形与上述失稳变形有本质的区别。实际结构中，这两种不同原因引起的波浪变形可能同时出现，应该针对它们各自的特点，分清主次采取措施加以解决。

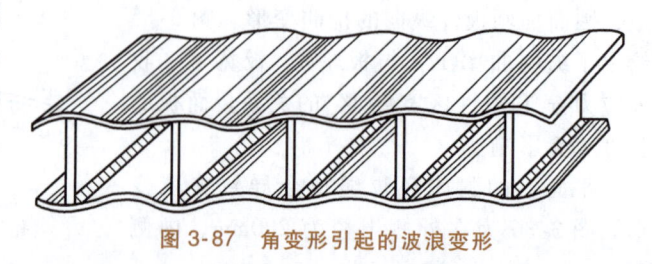

图 3-87 角变形引起的波浪变形

3.4.6 焊接错边和扭曲变形

焊接错边是指两被连接工件相对位置发生变化，造成错位的一种几何不完善性。错边可能是装配不当造成的，也可能是由焊接过程造成的。焊接过程造成错边的主要原因之一是热输入不平衡。而热输入的不平衡可能由于：夹具一侧未将工件夹紧，使其导热相对于另一侧较慢（图 3-88a）；工件与夹具间一侧导热好而另一侧导热差（图 3-88b）；焊接热源偏离中心，使工件一侧的热输入比另一侧大（图 3-88c）；焊道两侧的热容量不同，一侧大，一侧小（图 3-88d）等。除了热输入的差异引起错边外，焊缝两侧的工件刚度的差异也会引起错边，刚度小的一侧变形位移较大，刚度大的一侧位移较小，因而造成错边。例如，封头与筒身之间的环焊缝比较容易发生错边，这是由于封头的刚度比筒身大，因而筒身的径向位移更大一些，随着焊接向一个方向进行，两者的位移差不断积累，因而错边不断增加。图 3-89 给出了封头与筒身环焊缝对接边错边的产生过程，图 3-90 给出了对接接头不对称刚度和温度场产生的径向位移。

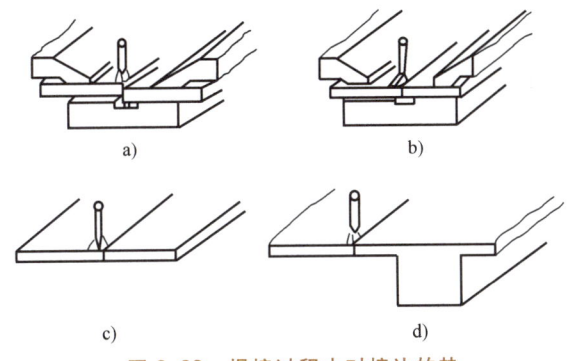

图 3-88 焊接过程中对接边的热输入不平衡的典型例子

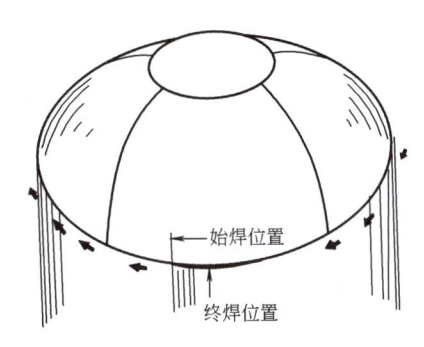

图 3-89 封头与筒身环焊缝对接边错边的产生过程

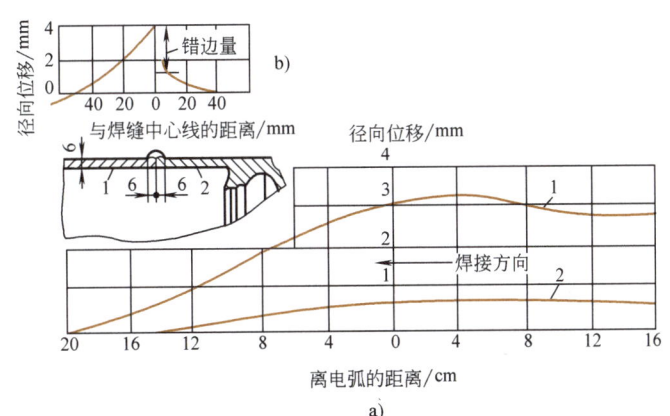

图 3-90 对接接头不对称刚度和温度场产生的径向位移
1—筒身　2—封头

扭曲变形又称为螺旋形变形，主要是指焊后工件的中性面发生扭曲。产生的原因与角变形沿焊缝长度上的分布不均匀性和工件的纵向错边有关。如图 3-91 所示的工字形梁有四条纵向角焊缝，定位焊后如果不进行适当的装夹就进行焊接，并且同一块翼缘上的两条角焊缝焊接方向相反，而腹板同一侧的两条角焊缝的焊接方向相同，这样的焊接顺序会造成工字形梁扭曲变形。这是因为第一条焊缝焊接时，角变形沿焊接方向不断增大，并且构件的刚度增加，反向焊第二条角焊缝时，角变形规律与第一条角焊缝相反，但由于刚度增加，实际的角变形比第一条角焊缝的小，因此，两条角焊缝的综合角变形仍表现为由小到大。焊另一块翼缘时产生同样的效果，最终造成扭曲变形。如果改变焊接次序和方向，将两条相邻的焊缝同时同方向焊接，可以克服这种变形。

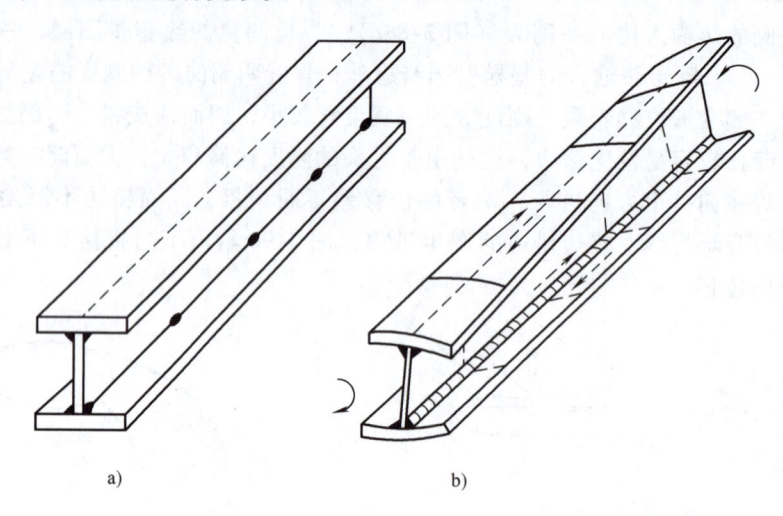

图 3-91 工字形梁的扭曲变形
a) 焊前　b) 焊后

对于箱形梁结构，如果腹板和翼板之间的焊接造成错边，并且错边构成一封闭回路，就会造成构件扭曲，如图 3-92 所示。

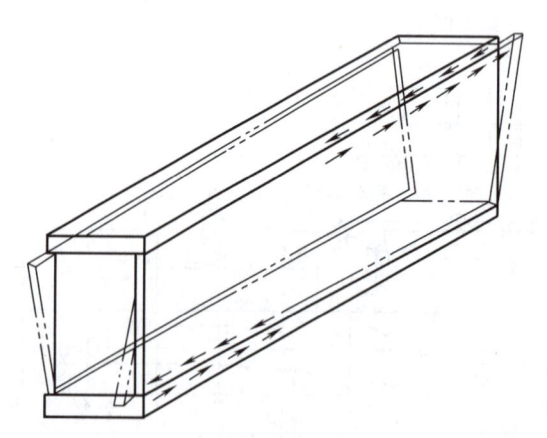

图 3-92 由纵向焊接错边引起的箱形构件的扭曲变形

3.5 焊接残余应力与变形的测量和调控

要想全面掌控焊接结构的残余应力分布和变形行为是非常复杂和困难的。虽然焊接热弹塑性理论的发展使得借助于有限元方法和高速计算机可以计算和预测焊接残余应力的演变和分布以及焊接变形的行为,但是,由于焊接过程本身的复杂性和数值模拟计算本身的局限性,理论模型和数值求解均包含了很大程度的简化,其方法只能保证主要特征近似。因此,需要通过试验来检验理论计算的准确程度。

3.5.1 焊接过程中应变、位移及焊接变形的测量

焊接接头的高温区是焊接时产生最大应变的部位,因而要求应变测量方法能在高温下进行,需要采用耐高温的应变计。可按照图 3-93 所示的方式设置对横向应变和纵向应变的测量标距孔或测量球印,并配合热电偶测定应变点的温度,以区分各应变分量并进而求出应力。热应变和相变应变可由膨胀计曲线进行分离,从测量的总应变 ε_{tot} 减去热应变和相变应变 ε_T,并由胡克定律获得弹性应力(应注意,确定的弹性应力不能超过相应的屈服强度 σ_s)。上述过程如图 3-94 所示,ε_{tot}-ε_T 曲线由冷却曲线 ε_{tot} 和膨胀计曲线 ε_T 求得。当 ε_{tot}-ε_T 开始增加时(拉伸)屈服极限应变 $\varepsilon_s = \sigma_s/E$ 不超过 ε_{el}。随后在相变开始引起 ε_{tot}-ε_T 降低的过程中发生弹性卸载。对所研究的情况,达不到压缩屈服极限应变,由弹性应变分布 ε_{el} 可求出温度的应力分布 $\sigma = E\varepsilon_{el}$。

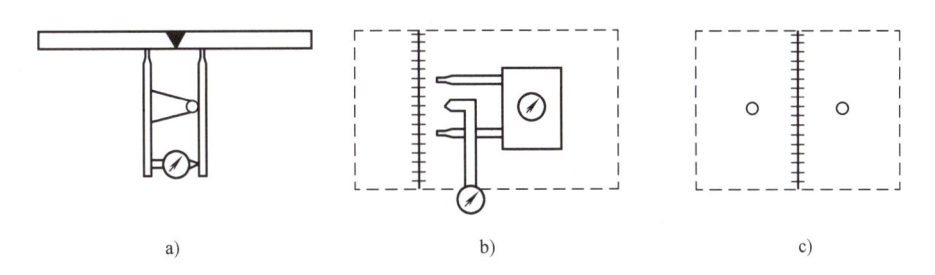

图 3-93 焊缝横向和纵向应变的测量
a)采用测量标距孔 b)配合热电偶 c)测量球印

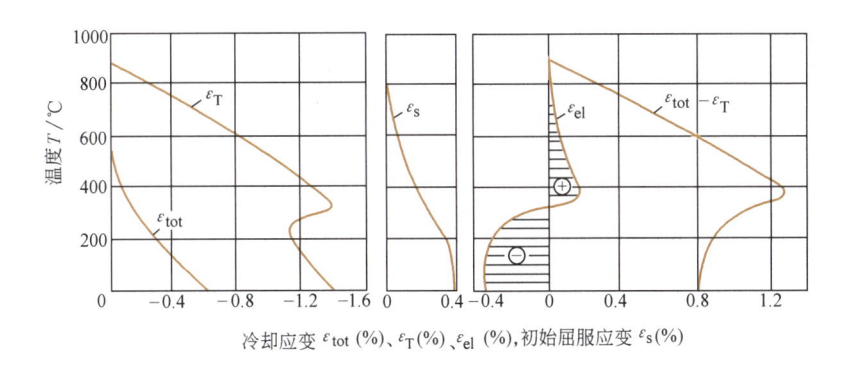

图 3-94 焊缝冷却应变、膨胀计应变、初始屈服应变以及焊缝弹性应变与温度的关系

高温区各点相对于构件低温区甚或构件外的参考点位移的测量已得到解决,并在不同的场合得到应用。图 3-95 给出了焊缝横向和纵向位移的测量情况,以及与平板和圆筒垂直的竖向位移的测量情况(内环随测量仪器转动)。测量仪器可以是机械的、光学的、电感的、电容的或基于电阻作用的。

焊接残余变形的测量实际上经常采用长度和角度测量技术,而不需要任何与焊接相关的

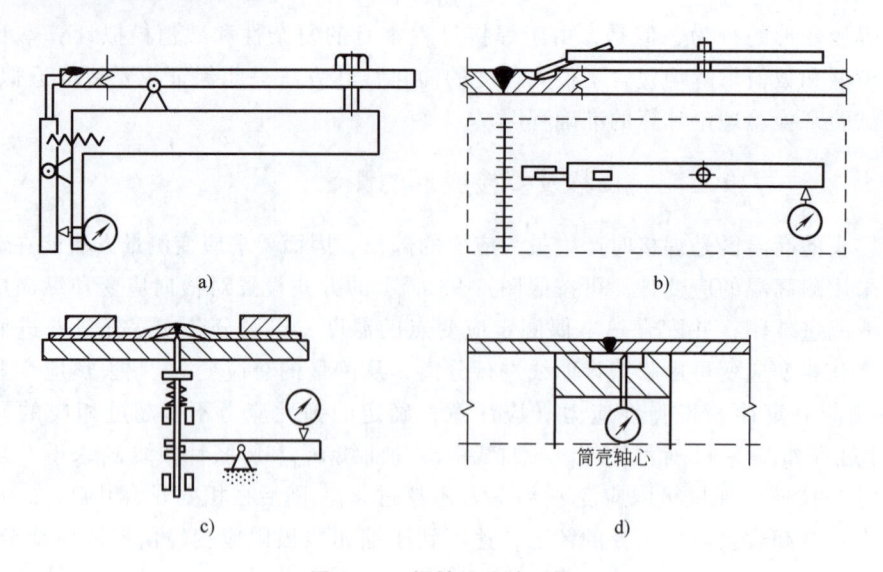

图 3-95　焊缝位移的测量
a)、b) 横向和纵向位移的测量　c)、d) 焊缝的偏移

特殊匹配。图 3-96 给出了应用的实例。采用米尺很容易测定横向和纵向收缩。对弯曲和角变形的测量，可在测量板上用拉线的办法进行，或对构件采用直角尺测量（图 3-96a、b、c）。还可以连续测量挠度，以确定弯曲和角变形后构件的轮廓（图 3-96d、e）。对于竖直延伸的构件，如柱、支座、缶壁，可用吊垂线的办法测量倾斜和偏差，吊线的重物要浸入液体中，以防止摆动（图 3-96g）。圆筒或球壳的圆周测量，可以用沿构件绕线的办法，为了使线在所有边上都拉紧，可采用两个张力滚轮，并以恒定弹簧拉力相互绞合（图 3-96f），用周长的变化计算变形，周长的变化由张力滚轮对有焊缝和无焊缝构件绞合角度的比较确定。

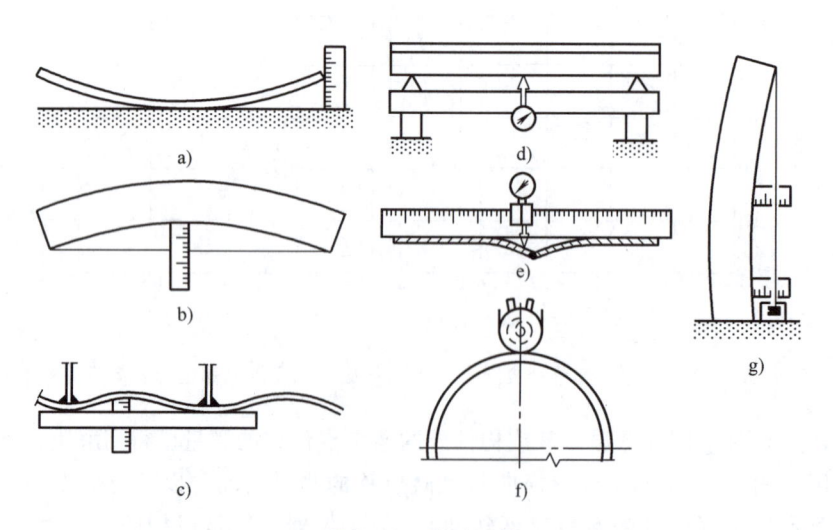

图 3-96　变形测量
a) 在测量板上测量弯曲变形　b) 拉线测量　c) 用直角尺测量角收缩
d)、e) 挠度的连续测量　f) 收缩测量　g) 倾斜测量

3.5.2 焊接残余应力的测量

1. 焊接残余应力的破坏性测量

这类方法的基本原理是通过完全切除或部分切除构件的局部材料，测量被释放的应变，并根据胡克定律计算残余应力。

(1) 单轴焊接残余应力的测量

1) 切条法。对于单轴焊接残余应力，可采用切条法进行测量。图 3-97 所示的工字形截面梁，在要测量残余应力的 x 方向，将构件切割成大量窄条，并根据释放的应变求出应力

$$\sigma_x = -E\varepsilon_x \qquad (3\text{-}61)$$

可以用锯进行切条，释放的应变可由可拆卸的应变计或粘贴的电阻应变计测量。

2) 弹性变形法。具有不均匀单轴纵向残余应力分布的杆件，在平面夹紧状态下通过铣、磨、切割、腐蚀等方法对杆件进行剥层。剥层进行过程中松开杆件，杆件会因弹性变形而弯曲，弯曲变形量由回位弹簧的偏斜、剥层侧反面的曲率或应变来确定（见图 3-98）。沿杆件高度 z 方向的纵向初始残余应力 σ_x 可用下式计算

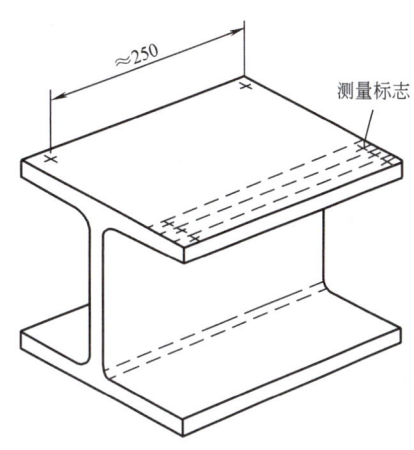

图 3-97 用于工字形截面梁的切条法

$$\sigma_x = \frac{E}{3L^2}\left[h^2\frac{\mathrm{d}w}{\mathrm{d}h} + 4hw - 2\int_h^{h_0}w(z)\mathrm{d}z\right] \qquad (3\text{-}62)$$

式中，h_0 为梁的初始高度；h 为随剥层变化的高度；L 为发生挠曲 w 的梁的长度；E 为弹性模量。

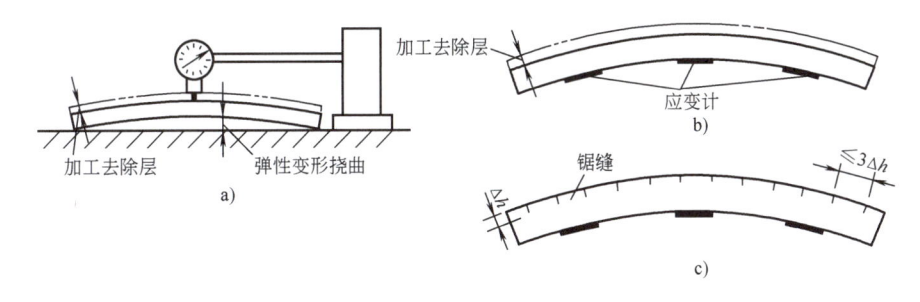

图 3-98 弹性变形法的曲率测量
a)、b) 机加工释放应力 c) 锯切

(2) 双轴焊接残余应力的测量

1) 切块法。对于薄板对接构件需要测定双轴焊接残余应力时，可采用的方法之一是切块法。将需要测定残余应力的构件先划分成若干区域（约 30mm×30mm），在各区域的待测点上粘贴应变片或加工出机械引伸计所需的标距孔，然后测定其原始读数，如图 3-99 所示。残余应力 σ_x 和 σ_y 由释放的应变 ε_x 和 ε_y 求得

$$\sigma_x = -\frac{E}{1-\mu^2}(\varepsilon_x + \mu\varepsilon_y) \tag{3-63}$$

$$\sigma_y = -\frac{E}{1-\mu^2}(\varepsilon_y + \mu\varepsilon_x) \tag{3-64}$$

式中，μ 为泊松比。在确定整个平面应力状态时至少需要三个测量方向，可采用由三个应变片组成的应变花来测量。

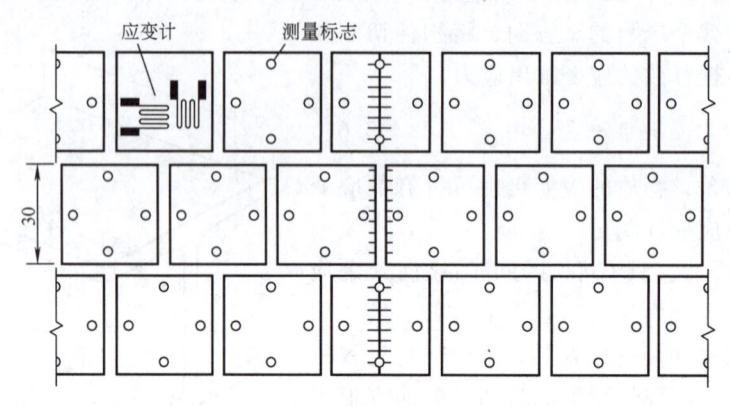

图 3-99　用于对接焊缝板的切块法

2) **钻孔法**。钻孔法是已经标准化的方法。对板钻小通孔可以评价释放的径向应变。在应力场中取一直径为 d 的圆环，并在圆环上粘贴应变片，在圆环的中心处钻一直径为 d_0 的小通孔（见图 3-100），由于钻孔使应力的平衡受到破坏，测出孔周围的应力变化，就可以用弹性力学的理论来推算出小孔处的应力。设应变片中心与圆环中的连线与 x 轴的夹角为 α，其释放的径向应变 ε_r 和钻孔释放的残余应力之间的关系，可按照带孔无限板的弹性理论，同时承受双轴薄膜应力 σ_x 和 σ_y（理解为主应力）的条件求解

$$\varepsilon_r = (A + B\cos\alpha)\sigma_x + (A + B\cos\alpha)\sigma_y \tag{3-65}$$

$$A = -\frac{1+\mu}{2E}\left(\frac{d_0}{d}\right)^2 \tag{3-66}$$

$$B = -\frac{1+\mu}{2E}\left[\frac{4}{1+\mu}\left(\frac{d_0}{d}\right)^2 - 3\left(\frac{d_0}{d}\right)^4\right] \tag{3-67}$$

为了完全确定未知的双轴残余应力状态（两个主应力 σ_1 和 σ_2，以及主应力方向 β），必须至少在圆环上的三个不同测量方向评价释放的径向应变 ε_r（如采用三个应变片组成的应变花）。按照图 3-100，常用的应变花布置是 $\alpha = 0°$、$\alpha = 45°$ 和 $\alpha = 90°$（对应 ε_{00}、ε_{45} 和 ε_{90}）（左下角的应变片也可以布置在右上部）

$$\sigma_{1,2} = \frac{\varepsilon_{90} + \varepsilon_{00}}{4A^*} \pm \frac{\sqrt{2}}{4B^*}\sqrt{(\varepsilon_{90} - \varepsilon_{45})^2 + (\varepsilon_{45} - \varepsilon_{00})^2} \tag{3-68}$$

$$\tan 2\beta = \frac{\varepsilon_{00} - 2\varepsilon_{45} + \varepsilon_{90}}{\varepsilon_{00} - \varepsilon_{90}} \tag{3-69}$$

式（3-68）还可以写成另一种形式

$$\sigma_{1,2} = \frac{\varepsilon_{90}+\varepsilon_{00}}{4A^*} \pm \frac{1}{4B^*} \sqrt{(\varepsilon_{90}-\varepsilon_{00})^2+(2\varepsilon_{45}-\varepsilon_{90}-\varepsilon_{00})^2} \tag{3-70}$$

在如点状作用的情况下，A^* 和 B^* 可以与式（3-66）和式（3-67）中的 A 和 B 相同。实际上应该考虑应变片的长度和宽度的影响，对 A^* 和 B^* 也可以通过单轴拉伸试验来标定。钻孔的尺寸与测量元件的尺寸有关，一般可取 $d_0 = 1.5 \sim 3 \text{mm}$，$d = d_0 + 3 \text{mm}$。

3）盲孔法。对于厚度大的板或体型构件，可采用盲孔法测定残余应力。盲孔法的操作及计算公式与钻孔法相同，只是盲孔深度要稍大于盲孔直径，如 $h_0 = 1.2 d_0$，这样求得的残余应力是盲孔深度上的平均值。

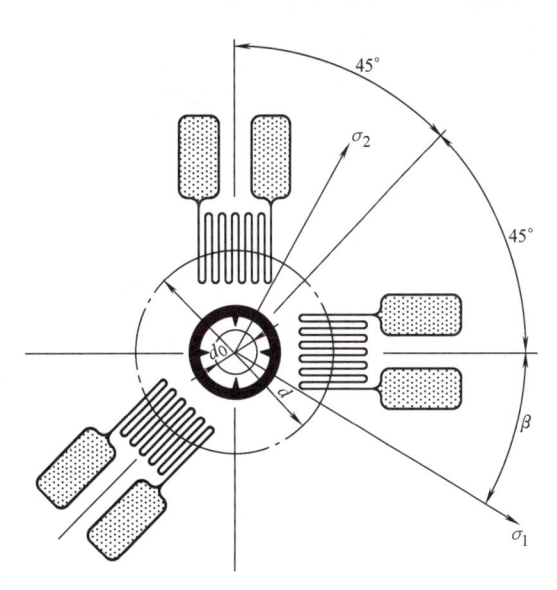

图 3-100 根据 ASTM 标准，钻孔法所用的三元件应变花的角度及径向位置的确定

当垂直于表面方向上有明显的应力梯度时，盲孔法也能确定残余应力水平对深度坐标的变化。为此，对沿深度存在应力变化的构件，其释放应变的分布 $\varepsilon = f(h_0)$，要和沿深度应力恒定的拉伸模型或拉伸试件进行比较。按照图 3-101 标定曲线 $\varepsilon_0 = f_0(h_0)$，对于同样的 h_0/d_0 和 d/d_0，梯度比 $(\mathrm{d}\varepsilon/\mathrm{d}h_0)/(\mathrm{d}\varepsilon_0/\mathrm{d}h_0)$ 直接导致所研究构件中释放的应力与标定试件的应力相当。盲孔底部应力与原始残余应力相等只是近似正确的。

4）套孔法。残余应力的破坏性测试方法还有环形槽法（或称为套孔法，推荐尺寸见图 3-102），这种方法预先在环形槽内粘贴应变片，然后加工环形槽，测出释放的应变量，并根据下式计算残余应力

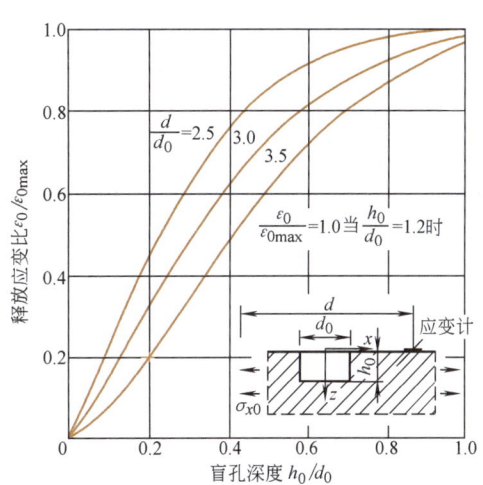

图 3-101 在均匀拉应力场中盲孔应力释放的标定曲线

$$\sigma_1 + \sigma_2 = -\frac{E}{2(1-\mu)}(\varepsilon_{00}+\varepsilon_{45}+\varepsilon_{90}+\varepsilon_{135}) \tag{3-71}$$

$$\sigma_1 - \sigma_2 = \frac{E}{1+\mu}\sqrt{(\varepsilon_{00}-\varepsilon_{90})^2+(\varepsilon_{45}-\varepsilon_{135})^2} \tag{3-72}$$

$$\tan 2\beta = \frac{\varepsilon_{135}-\varepsilon_{45}}{\varepsilon_{00}-\varepsilon_{90}} \tag{3-73}$$

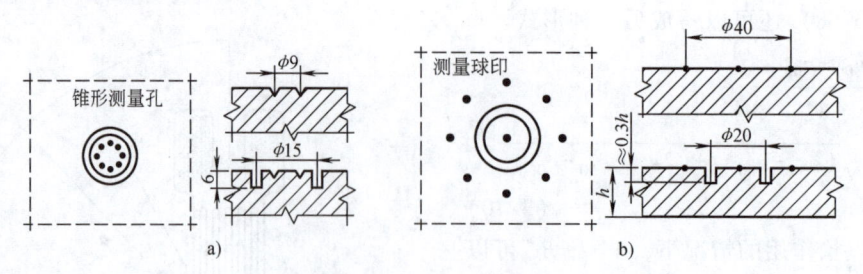

图 3-102 环形槽法
a) Gunnert 方式　b) Kunz 方式

钻孔法、盲孔法、切条法和套孔法均已在实践中获得广泛应用，钻孔法已有标准支持，所有这些方法在科学研究中都有应用。

(3) 三轴焊接残余应力的测量　可采用套取芯棒测量法来测量三向应力及平面应力沿焊件厚度方向的分布规律。在被测量处先钻一个通孔或深盲孔，将按不同孔深贴有应变片的特制骨架放入孔中，向孔中浇注拌有固化剂的环氧树脂，待固化后，读取应变片的初始读数，再用较大直径的空心套料钻将深孔周围的金属套取出来，即可测量应变并计算应力。也可在被测部位所钻孔内按不同深度将应变片直接贴在孔的内壁上，然后套取芯棒并测量释放应变（见图 3-103）。

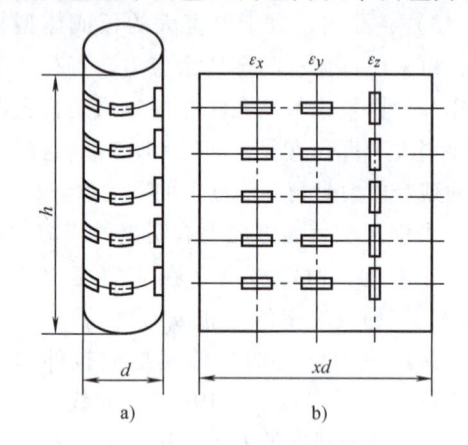

图 3-103 内孔壁展开尺寸及应变片粘贴位置
a) 内孔壁或纸筒　b) 应变片粘贴位置

根据应变片位置的夹角和应变释放量可以算出主应力及其方向。如能预先估计出应力方向，则可将应变片方向与主应力方向平行布置，残余应力 σ_x、σ_y、σ_z 可根据各应变片释放应变 ε_x、ε_y、ε_z 按下式计算

$$\sigma_x = \frac{\mu E}{(1-\mu)(1-2\mu)}(\varepsilon_x + \varepsilon_y + \varepsilon_z) - \frac{E}{1-\mu}\varepsilon_x \tag{3-74}$$

$$\sigma_y = \frac{\mu E}{(1-\mu)(1-2\mu)}(\varepsilon_x + \varepsilon_y + \varepsilon_z) - \frac{E}{1-\mu}\varepsilon_y \tag{3-75}$$

$$\sigma_z = \frac{\mu E}{(1-\mu)(1-2\mu)}(\varepsilon_x + \varepsilon_y + \varepsilon_z) - \frac{E}{1-\mu}\varepsilon_z \tag{3-76}$$

这种方法适合于测量大厚度截面深度方向的三向残余应力，对工件的破坏性较大，测量精度与操作技巧和钻孔及套钻的误差有关。

2. 焊接残余应力的非破坏性测量

(1) X 射线衍射法　晶体在应力作用下原子间的距离发生变化，其变化量与应力成正比。如果能够直接测量晶格尺寸，就可以不破坏物体而直接测量出内应力的数值。采用 X 射线照射晶体，射线被晶体的晶格衍射，并产生干涉现象，因而可求出晶格的面间距，根据晶格面间距的变化以及与无应力状态的比较，就可以确定加载应力或残余应力。

实际上应用的是反射法（见图 3-104），X 射线碰到构件表面，反射后产生干涉并显现在一回转膜上成为干涉环。现代设备采用闪烁计数器代替回转膜。由于干涉线满足布拉格定律（$n=1$），因而掠射角取决于晶格原子的面间距 d_A 和 X 辐射的波长 λ，即

$$2d_A \sin\theta = n\lambda \tag{3-77}$$

由干涉环的半径 r 和试样与回转膜的间距 a_f，可以非常精确地确定布拉格角 θ 为

$$\theta = \frac{1}{2}\arctan\left(-\frac{r}{a_f}\right) \tag{3-78}$$

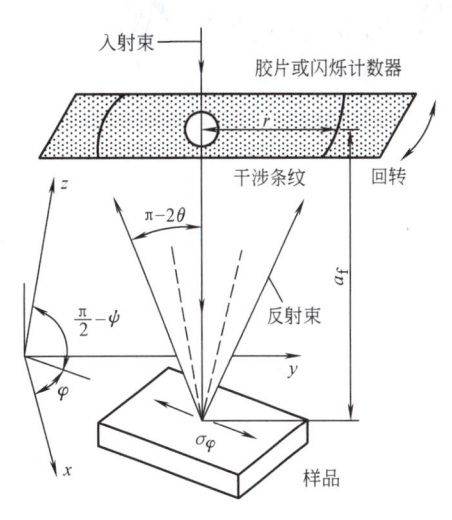

图 3-104　X 射线反射法残余应力测量

根据干涉环半径在三个方位角（如 φ，$\varphi+\pi/4$，$\varphi+\pi/2$）的变化和射线弹性常数，可以确定表面双轴应力状态。在每种情况下，X 射线束采用不同的倾角 ψ（相对于表面法向），晶格应变对 $\sin^2\psi$ 线性平均，主应力和各应力分量按 $\sin^2\psi$ 方法确定。同时，一阶残余应力可从高阶残余应力中分离出来，也能区分各显微组织构成之间的应力。

X 射线测量残余应力的主要优点是可以无损测量，测量的范围是 $0.1\sim1\text{mm}^2$。由于其测量深度约为 $10\mu\text{m}$，因此，只能用于表面应力的测量。

（2）中子衍射法　采用中子衍射测量残余应力是最近发展起来的另一项无损应力测量技术。与 X 射线由电子壳层散射的情况不同，中子是由原子核散射的，因此，中子的穿透深度比 X 射线大得多，对于钢材可达 30mm，对于铝合金可达 300mm，因此能够测量构件内部的应力应变。典型情况为，由单色光镜晶体从反应堆芯（约 50mm×50mm）发射中子束，镉吸收屏狭缝处于构件和入射束及衍射束之间，以降低残余应力的取样体积（图 3-105），平行衍射束发自对衍射有正确取向的晶面。通过研究衍射束的峰值位置和强度，可获得应力或应变及织构的数据。

无损检测残余应力的方法还有超声波法和磁致伸缩法。这两种方法均处于发展阶段，并已有了初步的工程应用。

3. 相似关系

对于很大的构件，用缩小尺寸的模型进行焊接试验可以降低试验成本。相反，当研究很小的薄壁构件时，也可以用放大的模型进行试验，这样做是为了更好地安排试验。在模型几何相似并用同样材料制造的条件

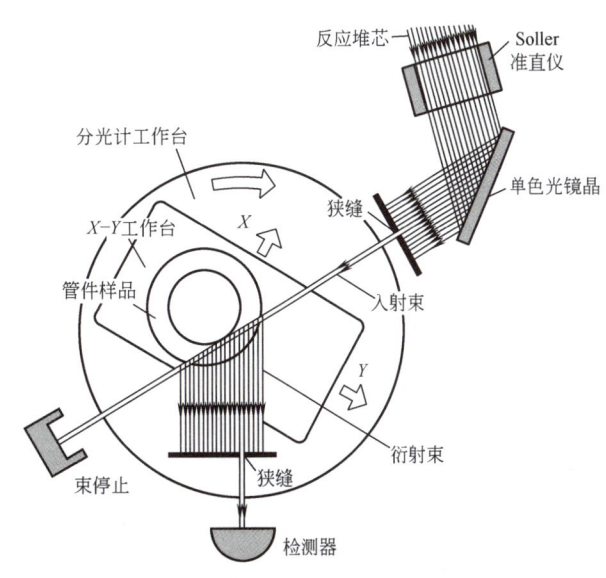

图 3-105　中子衍射残余应力测定

下,两种情况所面对的问题都是在焊接过程中及焊后的力、位移、应力和应变的相似关系。

对于相同的温度场(即相应点有相同的温度),存在如下的相似关系,但必须允许温度场与时间相关的梯度可以不同,这意味着蠕变和松弛的影响以及相变过程不同,因为它们取决于冷却速率和奥氏体化时间。但一般来说,至少在单层焊接的情况下,可以忽略蠕变和松弛的影响。对于和冷却速率相关的相变过程,相似关系只能用于可以排除相变影响的材料,包括奥氏体钢、低碳钢以及许多铝合金和钛合金。

首先考虑实体件的(大功率)焊接过程,此时向周围空气的热传导可以忽略不计,对半无限体移动点热源的温度场表达式,必须满足下述关系,以在原始构件(无下标)和模型(下标 m)之间有相同的温度场,即

$$\left(\frac{q}{2\pi\lambda R}\right)_m = \frac{q}{2\pi\lambda R} \tag{3-79}$$

$$\left(\frac{vR}{2a}\right)_m = \frac{vR}{2a} \tag{3-80}$$

引入几何相似模型的尺度系数 γ,即

$$\gamma = \frac{R_m}{R} = \frac{x_m}{x} = \frac{y_m}{y} = \frac{z_m}{z} = \frac{h_m}{h} \tag{3-81}$$

因此,由式(3-79)~式(3-81),分别得出相似关系

$$\frac{q_m}{q} = \gamma \tag{3-82}$$

$$\frac{v_m}{v} = \frac{1}{\gamma} \tag{3-83}$$

保持时间 Δt 与单位长度焊缝热输入 $q_w = q/v$ 成比例,可得出

$$\frac{\Delta t_m}{\Delta t} = \gamma^2 \tag{3-84}$$

对于焊缝横截面 A_w(单层焊是坡口横截面,多层焊是焊层横截面),认为

$$\frac{A_{wm}}{A_w} = \gamma^2 \tag{3-85}$$

对于送丝速度 v_e,类似焊缝横截面的变化,其关系为

$$\frac{v_{em}}{v_e} = \gamma \tag{3-86}$$

应力 σ 的结果相同,而位移 u 要进行修正(转角相同)

$$\sigma_m = \sigma \tag{3-87}$$

$$u_m = \gamma u \tag{3-88}$$

采用小功率焊接方法焊接板材时,向环境散热起重要作用,这在相似关系中要加以考虑,此时,除式(3-79)和式(3-80)外,还要采用

$$\left(\frac{br^2}{a}\right)_m = \frac{br^2}{a} \tag{3-89}$$

$b = 2(\alpha_c + \alpha_r)c\rho h$,并设模型和原构件的传热系数 $(\alpha_c + \alpha_r)$ 相同,同时 $r_m/r = \gamma$,则

$$\frac{h_{\mathrm{m}}}{h} = \gamma^2 \tag{3-90}$$

如果构件尺寸随 γ 而变，则板厚必须随 γ^2 而变。热输入 q_{m} 与板厚成比例

$$\frac{q_{\mathrm{m}}}{q} = \gamma^2 \tag{3-91}$$

其他公式，式（3-83）~式（3-88）仍有效。

采用上述相似关系，就可以利用模型进行焊接试验，并根据模型的试验结果推出原始构件的状态。

3.5.3 焊接残余应力与变形的调整与控制

焊接残余应力的存在会对焊件产生不同的影响。例如：三维残余拉应力会促进裂纹类缺陷处发生脆性断裂，单轴或双轴拉应力会降低材料的耐蚀性但可提高其稳定性极限；残余压应力能提高构件的疲劳强度等。焊接残余应力的存在还会引起构件的残余变形，影响构件的精度和质量。因此在实际生产中需要有效地调整和控制残余应力和变形。

事实上，焊接残余应力与焊接变形在很大程度上具有相反的行为特征，这是在讨论如何减少焊接残余应力和焊接变形时遇到的基本问题：焊接时被固定夹紧的构件，在焊后具有较高的残余应力；相反，若焊接时无任何拘束，则焊接变形较大而焊接残余应力较小。这说明要想获得焊接应力与变形都较小的构件，实际上是很困难的。因此，要区分构件的主要问题和次要问题，依据实际情况有针对性地采取措施，并综合考虑方方面面的情况使得尽可能兼顾焊接残余应力和变形。

通常，薄壁构件的焊接变形强烈，因此控制变形是问题的关键所在；而厚壁构件中的残余应力比较大，因此降低残余应力又会成为主要需求。但在上述两种情况下，同时兼顾另一方面的问题也是非常重要的，这也是要对焊接残余应力和变形进行综合调控的根本原因。调控焊接残余应力和变形的措施可以分为焊前、焊时和焊后措施，也可以分为力学措施和加热及工艺措施。各种措施的采取需要根据具体情况来考虑确定。

1. 焊前调控焊接残余应力与变形的措施

对于焊接残余应力与变形，在进行构件的设计时就给予充分的考虑是非常重要的，这会大大降低构件后续的加工难度，并有利于保证构件的质量。焊前措施包括以下几个方面：

1）合理地选择焊缝的形状和尺寸。焊缝尺寸直接关系到焊接工作量、焊接残余应力和变形的大小。在保证结构承载能力的前提下，应遵循的原则是：尽可能使焊缝长度最短；尽可能使板厚小；尽可能使焊脚尺寸小；断续焊缝和连续焊缝相比，优先采用断续焊缝；角焊缝与对接焊缝相比，优先采用角焊缝以及复杂结构最好采用分部组合焊接。

图 3-106 给出了焊接箱形梁的不同形式。图 3-106a 为用两槽钢对接焊缝制成的梁，其焊接变形最小。由翼板和腹板用四条角焊缝焊成的梁（见图 3-106b）其变形较大，但其特点是翼板的厚度可以大于腹板。用两角钢焊成的梁（见图 3-106c），

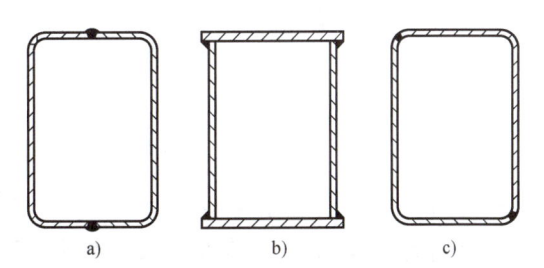

图 3-106 焊接箱形梁的不同形式

会产生非对称变形,因而实际中很少采用。

2) **尽量避免焊缝的密集与交叉是非常重要的**。焊缝间相互平行且密集时,相同方向上的焊接残余应力和塑性变形区会出现一定程度的叠加;焊缝交叉时,两个方向上均会产生较高的残余应力。这两种情况下,作用于结构上的双重温度-变形循环均可能会在局部区域(如缺口和缺陷处)超过材料的塑性。对此,可将横焊缝在连续的纵焊缝之间做交错布置,如图 3-107a 中所示的板条拼焊,并且应先焊错开的短焊缝,后焊直通的长焊缝。对于图 3-107b 所示的工字形梁接头,要使翼板焊缝和腹板焊缝错开,两交错焊缝间的距离至少应为板厚的 20 倍。此外,还可以采用切口来避免交错焊缝(如图 3-107c),但在需要考虑结构疲劳强度时,这类缺口应有条件的采用。

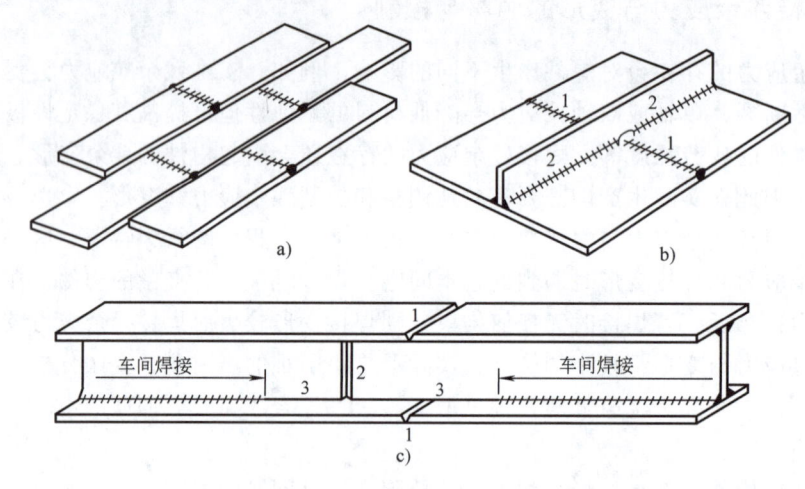

图 3-107 避免焊缝交叉的措施与最优焊接顺序

3) 合理地选择肋板的形状并适当地安排肋板的位置,可以减少焊缝,提高肋板加固的效果。如图 3-108 所示,采用槽钢来加固轴承(见图 3-108b)比采用辐射状肋板(见图 3-108a)具有更好的效果,并且需要的焊缝也比较少。

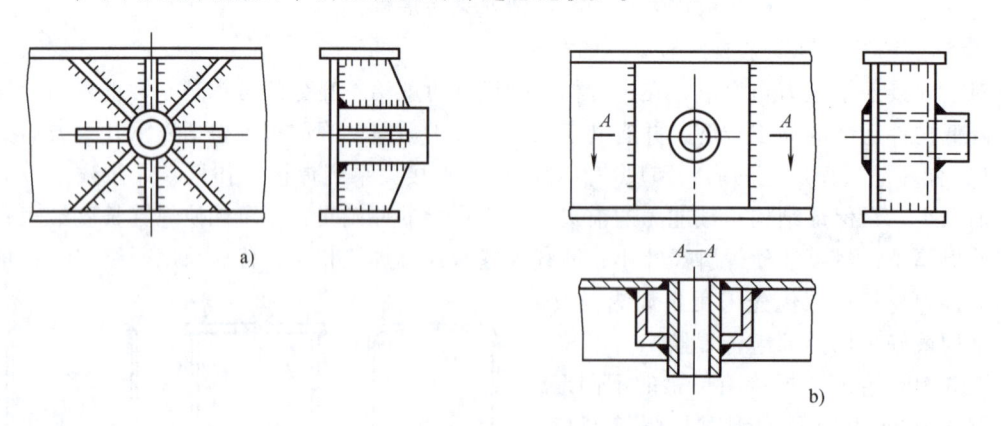

图 3-108 轴承的加固形式

4) 采用压形板来提高平板的刚性和稳定性,也可以减小焊接量和减小变形。如货轮的隔舱壁采用图 3-109 所示的压形板来代替 T 形肋板和平板焊接的隔舱板,焊接量大大减少,并省去了焊后的校正工作。

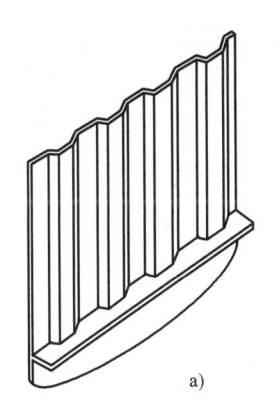

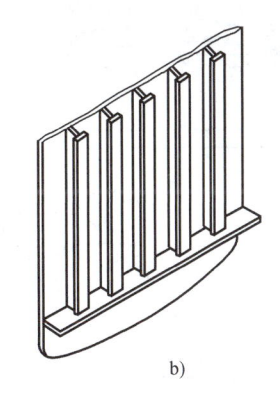

图 3-109 两种隔舱板的形式
a) 压形板 b) 拼焊板

5) 联系焊缝（按构件设计要求不直接承载的焊缝）可采用断续焊缝的形式以降低热输入总量。双面断续角焊缝的焊段可做交替布置。在可能出现腐蚀的地方用切口使焊缝闭合。断续焊缝与切口在需要考虑疲劳强度的场合不宜采用。断续焊缝还可采用另一种变形较小的形式，即塞焊。图 3-110 对用塞焊连接的肋板与用断续角焊缝连接的肋板做了比较。

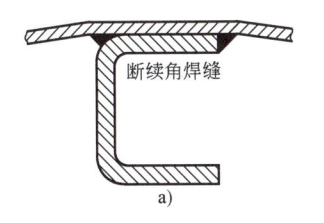

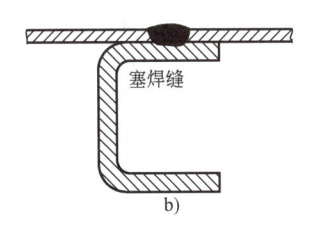

图 3-110 减小联系焊缝的变形
a) 用断续角焊缝焊接面板与槽钢顶面时变形相对严重 b) 用塞焊连接则变形较小

6) 预变形法或反变形法也是焊前需要考虑采用的重要措施之一。按照预先估计好的结构的变形大小和方向，在装配时对构件施加一个大小相等、方向相反的变形与焊接变形相抵消，使构件焊后保持设计要求。图 3-111 给出了几种典型的反变形措施。

在薄壳结构上焊接支座类的零件时，焊后壳体往往产生塌陷，如图 3-112 所示。为防止这种塌陷，可在焊前将支座周围的壳壁向外顶出，然后进行焊接。这样不但可以防止壳体变形，而且可以减小内应力。

7) 合理选择接头形式和焊缝种类。就减小残余应力和变形来说，十字接头、T 形接头、角接接头和搭接接头中的角焊缝优于对接焊缝（在疲劳强度方面则不然）。采用角焊缝时，间隙与力线的偏移会降低接头的刚性，从而降低结构中的横向残余应力。在焊接盖板时最好搭接，而不宜焊平补齐。在待焊构件的尺寸偏差和装配要求方面，角焊缝也优于对接焊缝，角焊缝可以允许更大的横向错位和角度偏差，而对接结构装配时其坡口必须精确对准（实际中常因拉、压调整装配误差而导致预应力）。对于 T 形接头的角变形来说，采用如图 3-113c 所示的三板接头形式，尽管也像对接焊缝一样会引起较高的横向应力，但在减小角变形方面却优于图 3-113a、b 所示的双面角焊缝。

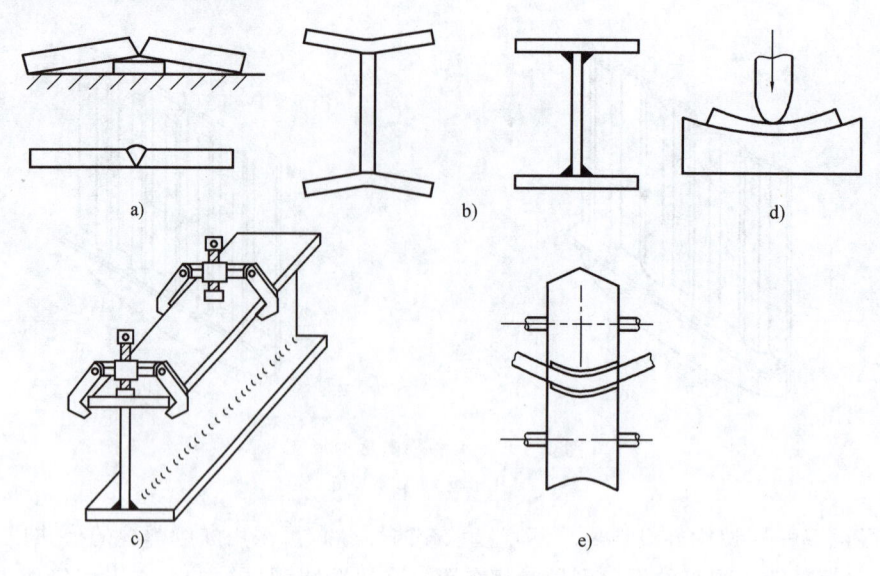

图 3-111 几种典型的反变形措施

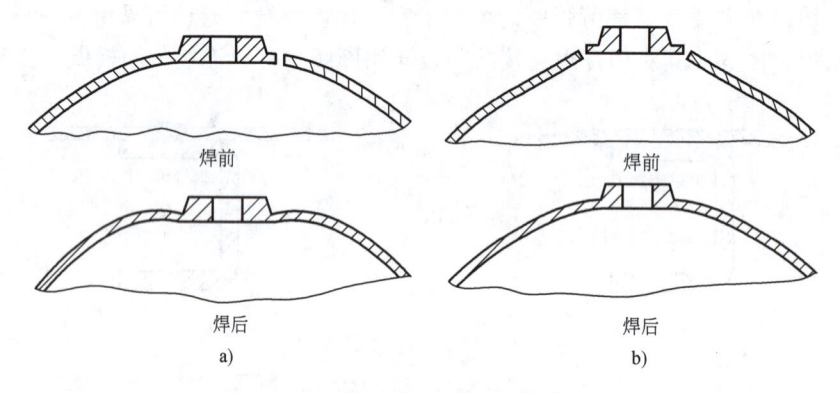

图 3-112 薄壳结构支座焊接的反变形

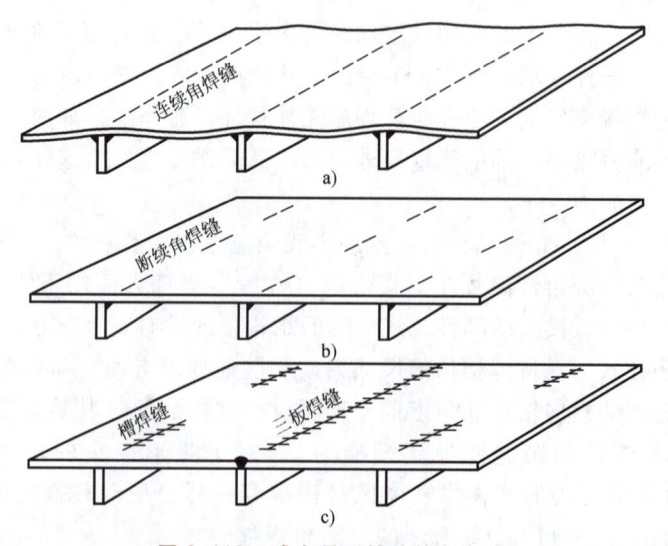

图 3-113 减小 T 形接头的角变形

8) **刚性固定法**。该方法是经常采用的一种方法。这种方法是在没有反变形的情况下，通过将构件加以固定来限制焊接变形。这种方法只能在一定程度上减小挠曲变形，但可以防止角变形和波浪变形。例如，在焊接法兰时，采用刚性固定可以有效减小法兰的角变形，使法兰保持平直（见图3-114）。

焊接薄板时，在焊缝两侧用夹具紧压固定，可以防止波浪变形（见图3-115），固定位置应尽量接近焊缝。压力要均匀，总压力 F 的大小可以按下式估算

$$F = 2\delta L \sigma_s \quad (3-92)$$

式中，δ 为板厚；L 为板长；σ_s 为材料的屈服强度。保持较高的均匀压力，既可以防止工件移动，又可以使夹具均匀可靠地导热，限制工件的高温区宽度，从而降低焊后变形。当薄板面积较大时，可以采用压铁，分别放在焊缝的两侧（见图3-116a），也可以在焊缝两侧定位焊角钢（见图3-116b）。

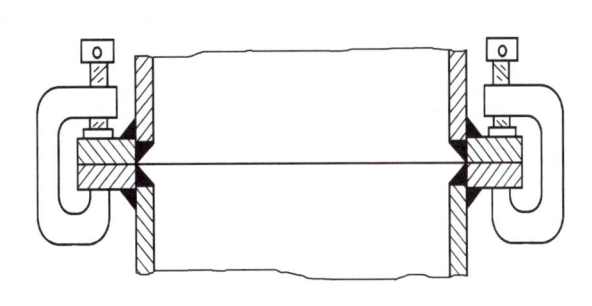

图 3-114 刚性固定法焊接法兰

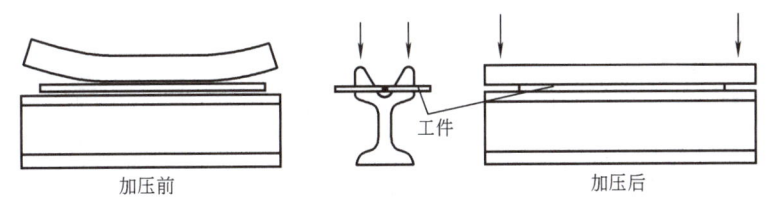

图 3-115 采用焊接夹具防止波浪变形

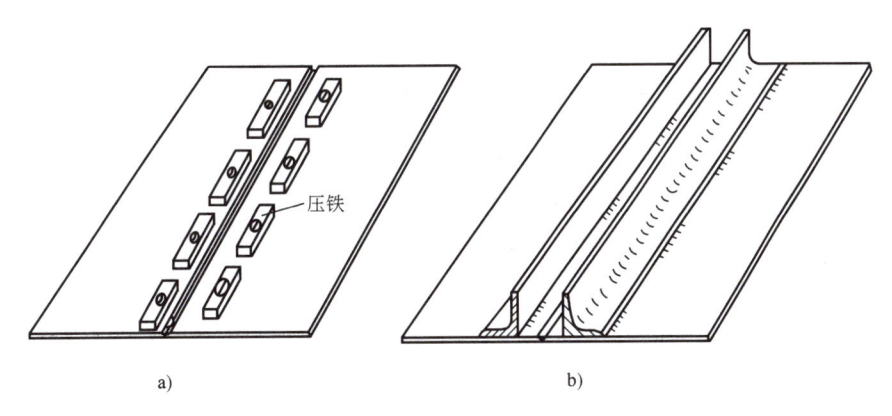

图 3-116 防止薄板波浪变形的辅助措施
a) 采用压铁　b) 用角钢临时增加近缝区刚性

2. 焊后调控焊接残余应力与变形的措施

构件焊接完成之后，如果出现较大的焊接变形和残余应力，则需要进行变形校正和消除应力处理。可采用的方法主要分为两类：机械方法和加热方法。

（1）**机械方法** 焊接变形产生的主要原因是焊缝金属的收缩，收缩受到约束就产生了残余应力。因此，采用一定的措施使收缩的焊缝金属获得延展，就可以校正变形并调节内应力的分布。利用外力使构件产生与焊接变形方向相反的塑性变形，使两者相互抵消，这是减

小和消除焊接残余应力与变形的基本思路之一。对于大型构件（如工字形梁）可以采用压力机来校正挠曲变形（见图 3-117）。对于不太厚的板结构，可以采用锤击的方法来延展焊缝及其周围的压缩塑性变形区金属，达到消除变形和调整残余应力的目的。对于厚板多层焊的工件，可以只锤击最后焊道的焊缝和熔合线，也可以在每层焊道焊完后逐层锤击。图 3-118 给出了 Q345（16MnR）钢用锤击法调节中厚板（厚 30mm）多层焊残余应力的结果。锤击法的优点是节省能源、降低成本、提高效率，缺点是劳动强度大，并且工件表面质量差。对于薄板并具有规则的焊缝，可采用碾压的方法，利用圆盘形滚轮来碾压焊缝及其两侧（见图 3-119），使之伸长来达到消除变形和调控残余应力的目的。碾压力 F 可以近似地按下式选定

$$F = c\sqrt{\frac{10\delta d\sigma_s^3}{E}} \tag{3-93}$$

式中，σ_s 为被碾压材料的屈服强度；δ 为被碾压工件的厚度；E 为材料的弹性模量；d 为碾压轮直径；c 为碾压轮的工作宽度。

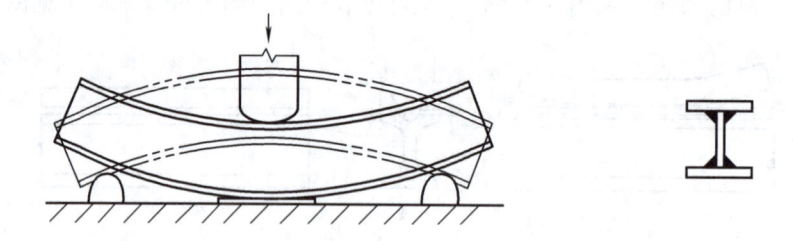

图 3-117 用压力机校正工字形梁的挠曲变形

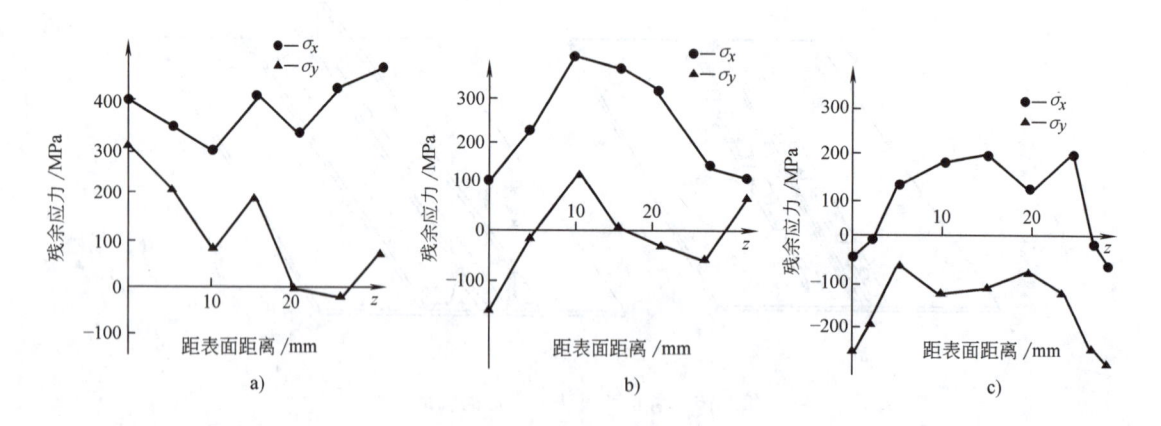

图 3-118 锤击法调节中厚板多层焊时的残余应力在厚度（z 向）上的分布
a）焊后状态　b）只锤击最后一层焊道　c）逐层锤击

对于形状不规则的焊缝，可以采用逐点挤压的办法，即用一对圆截面压头挤压焊缝及其附近的压缩塑性变形区，使压缩塑性变形得以延展。挤压后会使焊缝及其附近产生压应力，这对提高接头的疲劳强度是有利的。图 3-120 给出了无限板经点压缩后所形成的残余应力，其径向应力 σ_r 为压应力，切向应力 σ_t 在压缩处为压应力，其周围为拉应力，应力呈轴对称

分布。这种方法用于存在疲劳破坏危险的焊缝端部可提高其疲劳强度（见图3-121）。这种方法用于点焊接头，可以使焊点的疲劳强度提高四倍。

通过对焊件施加一次机械拉伸，使得拉应力区（焊缝及其附近的纵向应力一般为拉应力，且可以接近σ_s）在外载作用下产生拉伸塑性变形，其方向与焊接时产生的压缩塑性变形相反。这样不但减小了纵向焊接变形，而且可以降低残余应力。从图3-122中可以比较清楚地看到加载前、加载后和卸载后应力的分布情况。残余应力降低的数值$\Delta\sigma$可按下式计算

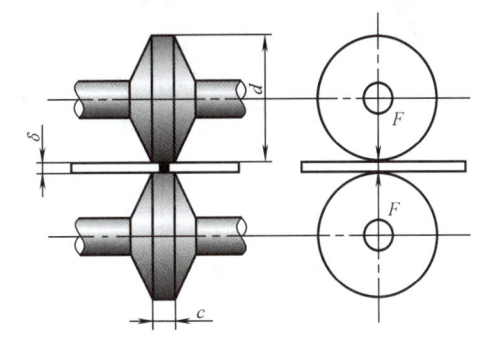

图3-119 碾压矫形

$$\Delta\sigma = \sigma_1 + \sigma - \sigma_s \tag{3-94}$$

式中，σ_s为材料的屈服强度；σ为加载时的应力；σ_1为残余应力（通常在焊接结构中$\sigma_1 = \sigma_s$，故$\Delta\sigma = \sigma$）。

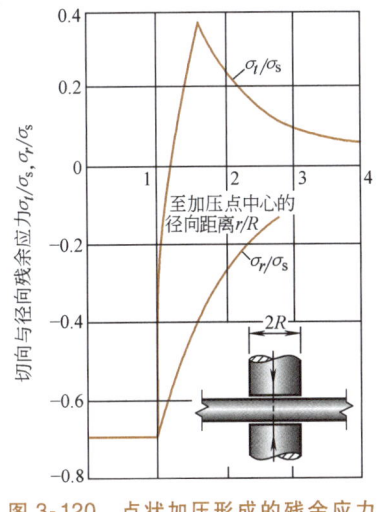

图3-120 点状加压形成的残余应力

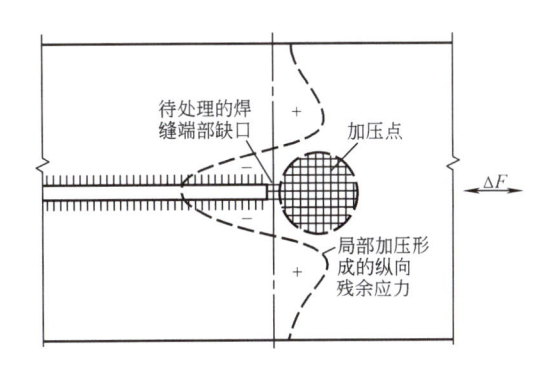

图3-121 在焊缝端部缺口处进行点状加压后形成的残余应力

机械拉伸消除内应力对于一些焊接容器特别有意义。在进行液压试验时，采用一定的过载系数就可以起到降低残余应力的作用。对液压试验的介质（通常为水）温度要加以适当的控制，最好能使其高于容器材料的脆性断裂临界温度，以免在加载时发生脆断。

利用机械作用消除残余应力的另一种方法就是振动时效技术。这种方法是利用偏心轮和变速电动机组成激振器，使结构发生共振所产生的应力循环来降低内应力。图3-123给出了振动循环次数与消除应力的效果。从图中可以看出，随着振动循环次数的增加，残余应力值会逐渐下降，并渐趋一平稳值。这种方法的优点是设备简单、处理成本低、处理时间短，也没有高温回火时的金属氧化问题。这种方法不推荐在为防止断裂和应力腐蚀失效的结构上应用，对于如何控制振动，使得既能降低内应力，又不会使结构发生疲劳损伤等问题还有待进一步研究解决。

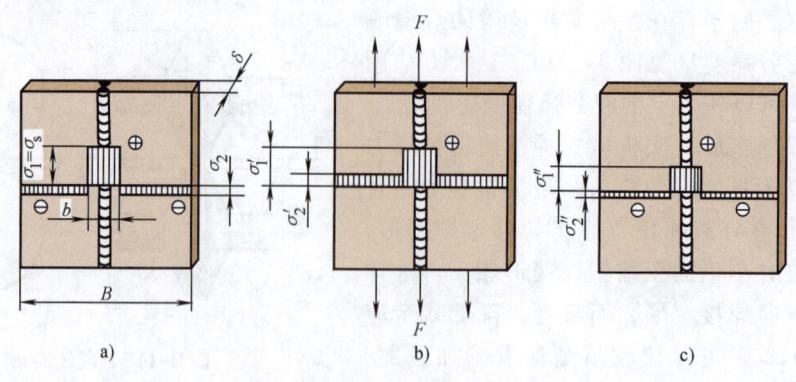

图 3-122 机械加载降低内应力
a) 加载前的内应力分布　b) 加载后的应力分布　c) 卸载后的内应力分布

$$\sigma_1 = \sigma_s$$

$$\sigma_2 = -\frac{\sigma_s b}{B-b}$$

$$\sigma_1' = \sigma_s$$

$$\sigma_2' = \sigma_2 + \frac{F}{\delta(B-b)}$$

$$= -\frac{\sigma_s b}{B-b} + \frac{F}{\delta(B-b)}$$

$$\sigma_1'' = \sigma_s - \frac{F}{\delta B}$$

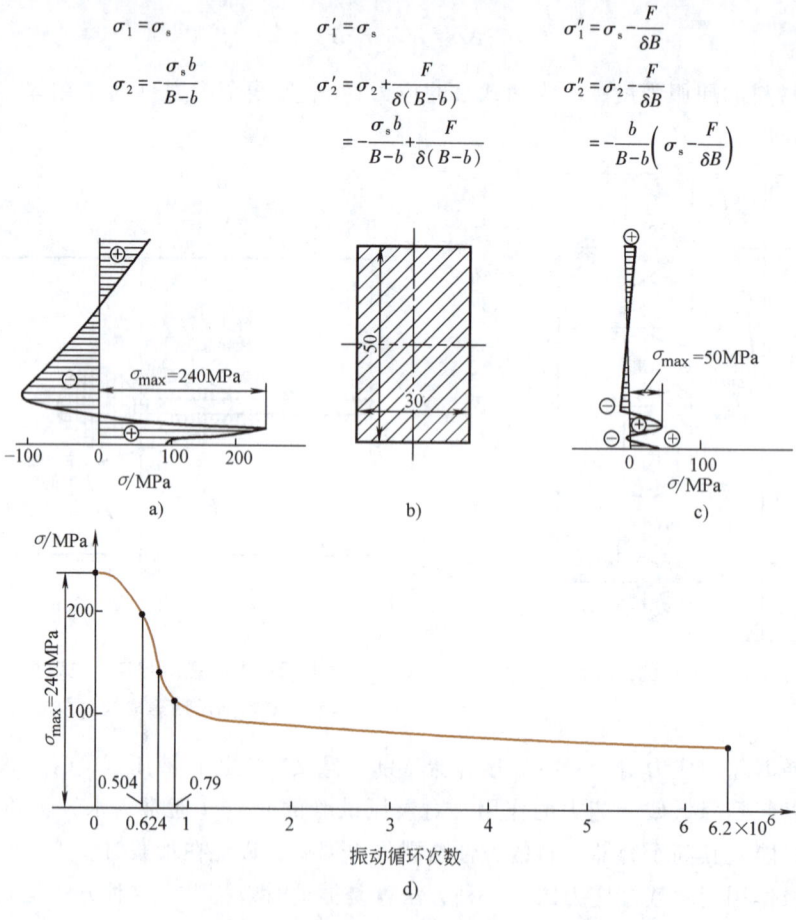

$$\sigma_2'' = \sigma_2' - \frac{F}{\delta B}$$

$$= -\frac{b}{B-b}\left(\sigma_s - \frac{F}{\delta B}\right)$$

图 3-123 振动循环次数与消除应力的效果
a) 初始应力分布　b) 试件截面　c) 经过 $6.2×10^6$ 次循环后的内应力分布
d) 经不同循环次数作用后内应力峰值的变化

（2）**加热方法**　通过加热来消除残余应力与材料的蠕变和应力松弛现象有密切的关系。其消除应力的原理包括两方面。一方面，材料的屈服强度会因温度的升高而降低，并且材料的弹性模量也会下降（见图 3-124）。加热时，如果材料的残余应力超过了该温度下材料的屈服强度，就会发生塑性变形，并因而缓和残余应力。这种作用是有限的，不能使残余应力降低到所加热温度条件下的材料屈服强度以下。另一方面，高温时材料的蠕变速度加快，蠕变引起应力松弛。理论上，只要给予充分的时间，就能把残余应力完全消除，并且不受残余应力大小的限制。实际上，要完全消除残余应力，必须在较高的温度下保温较长的时间才行，但这也可能引起某些材料的软化。

依据上述原理，对焊接构件进行高温回火，可以彻底消除焊接残余应力。重要的焊接构件多采用整体加热的高温回火方法来消除焊接残余应力。回火温度的选择因材料而异，具体情况见表3-2。

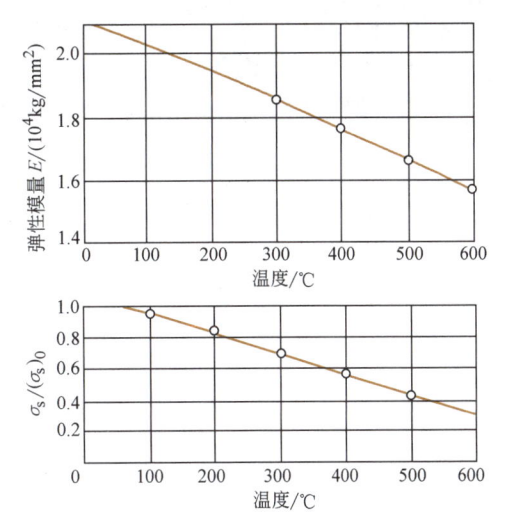

图3-124 钢的弹性模量和屈服强度与温度的关系

表3-2 不同材料消除焊接残余应力的回火温度

材料种类	碳钢及低合金钢	奥氏体钢	铝合金	镁合金	钛合金	铌合金	铸铁
回火温度/℃	580~680	850~1050	250~300	250~300	550~600	1100~1200	600~650

高温回火消除内应力的效果主要取决于加热温度，材料的成分和组织也与应力状态和保温时间有关。对于同种材料，回火温度越高、时间越长，应力消除得就越彻底。图3-125为低碳钢在不同温度下内应力随保温时间的变化结果。用高温回火消除残余应力时，不能同时消除构件的残余变形。为了达到能同时消除残余变形的目的，在加热之前就应该采取相应的工艺措施（如使用刚性夹具）来保持构件的几何尺寸和形状。整体处理后，如果构件的冷却不均匀，又会形成新的热处理残余应力。保温时间应根据构件的厚度来确定。对于钢材可按照每毫米厚度保温1~2min计算，但总的保温时间一般不宜低于30min；对于中厚板结构，不必超过3h。

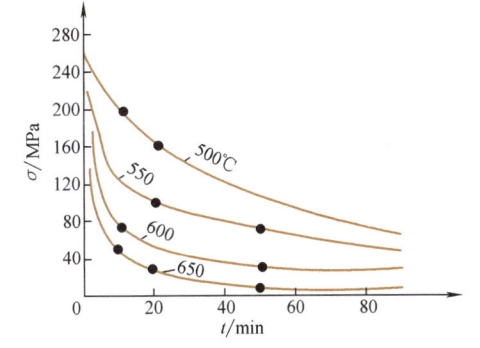

图3-125 低碳钢在不同温度下内应力与保温时间的关系

高温回火也可以以局部加热的方式进行。这种处理方法是把焊缝周围的一个局部区域进行加热。由于局部加热的性质，因此消除应力的效果不如整体高温回火，它只能降低应力峰值，不能完全消除内应力。但是局部处理可以改善焊接接头的力学性能。处理对象仅限于比较简单的焊接接头。局部加热可以采用电阻、红外、火焰和感应加热，消除应力的效果与温度分布有关，而温度分布又与加热的范围有关。为取得良好的降低应力的效果，应该保证足够的加热宽度。圆筒接头加热区宽度（B）一般取为

$$B = 5\sqrt{R\delta} \tag{3-95}$$

式中，R 为圆筒半径；δ 为圆筒壁厚。对于长板对接接头，取 $B=W$，W 为板宽（见图3-126）。必须指出，在复杂结构中采用局部加热处理时，存在产生较大的反作用应力的危险。

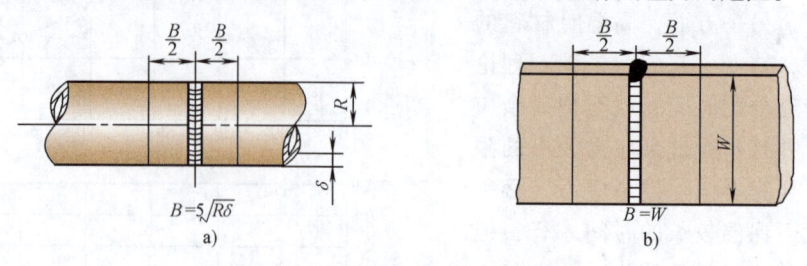

图 3-126 局部热处理的加热区宽度
a) 环焊缝　b) 长构件对接焊缝

不均匀加热是导致产生焊接残余应力和变形的根本原因。对于已经产生了焊接残余应力和变形的构件，也可以利用不均匀的加热来调控焊接残余应力和减小变形。火焰矫形就是利用这一原理最成功的例子。所谓火焰矫形，就是利用火焰局部加热时产生的压缩收缩变形使较长的金属在冷却后收缩，来达到矫正变形的目的。可见这种方法的原理与锤击法等机械方法相反，机械方法是通过使已经收缩的金属被延展来消除变形。因此这两种方法都会引起新的矫正变形残余应力场，所产生的残余应力符号相反。图 3-127 给出了在刚性较好的构件（如焊接工字梁、带纵缝的管件等）上局部加热的位置，可直接用火焰加热构件的横截面上金属延伸变形区，但加热面积应有限定。在矫正薄壁构件的失稳波浪变形时（见图 3-128），会由于加热面积过大而产生新的翘曲变形，因此采用多孔压板并通过压板上的小孔加热，限制受热面积，增强矫形效果。有时也可以采用热量更集中的钨极氩弧或等离子弧作为热源，但应防止加热时金属过热或熔化。

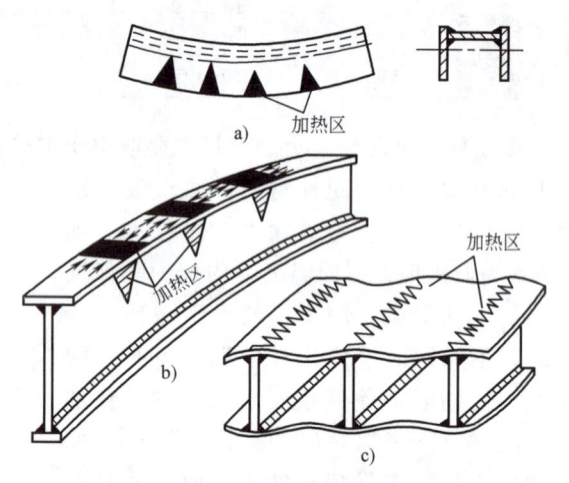

图 3-127 气体火焰局部加热矫形

火焰局部加热不仅可以用来矫正变形，使构件平直，也可以反过来利用它把平直的钢板弯曲成各种曲面，这种方法在生产上称为火焰成形或水火弯板（见图 3-129）。用这种方法成形各种曲面（见图 3-130），具有设备简单，生产率高，成本低，质量好的优点，许多船厂均采用这种方法进行船体板材的成形。

温差拉伸法也是利用不均匀加热来消除残余应力和变形的。这种方法的基本原理与机械拉伸法相类似，只不过是使用加热的方式对焊缝施加拉应力。具体做法是：在焊缝两侧各用一个适当宽度的气体火焰炬加热，在焰炬后面一定距离上用一个带有排孔的水管喷头冷却，焰炬和水管以相同的速度向前移动（见图 3-131），这样就造成一个两侧温度高（其峰值约为 200℃）、焊缝区温度低（约为 100℃）的温度场，两侧金属受热膨胀对温度较低的区域进行拉伸，从而起到减小残余应力和变形的目的。利用温差拉伸的方法，如果规范选择恰当，可以取得较好的效果。

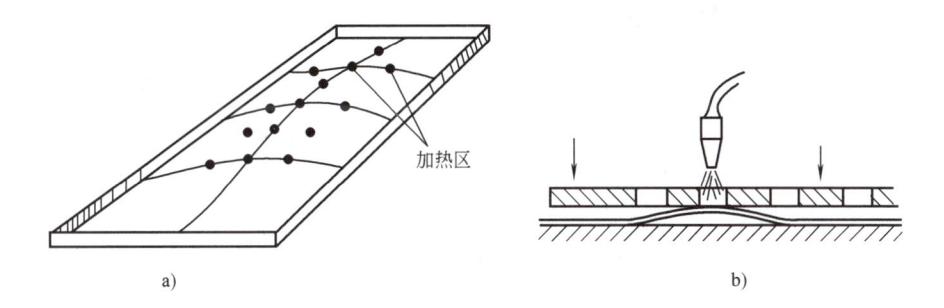

图 3-128 薄板结构点状加热矫形
a）加热点的布置　b）多孔压板火焰加热

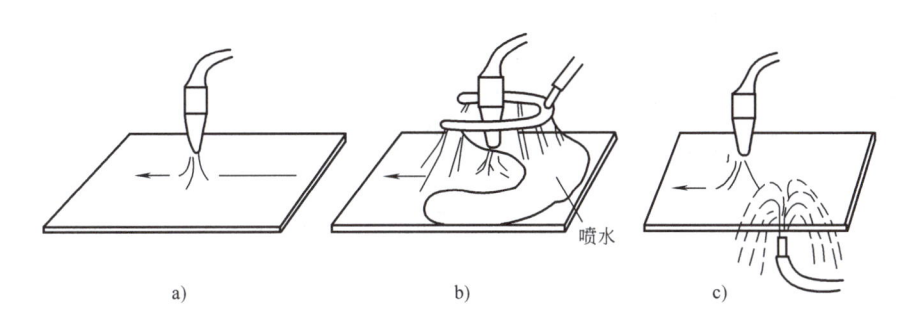

图 3-129 火焰成形的三种方法

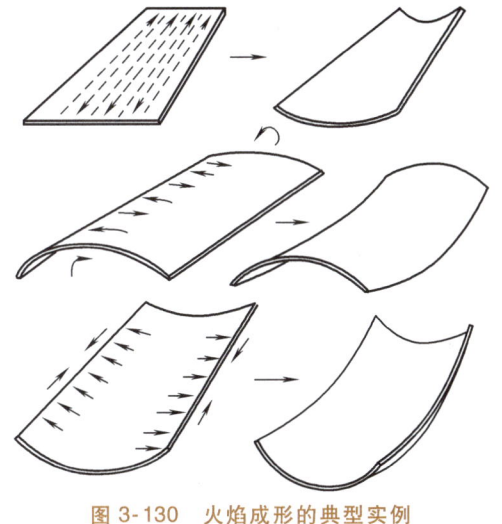

图 3-130 火焰成形的典型实例

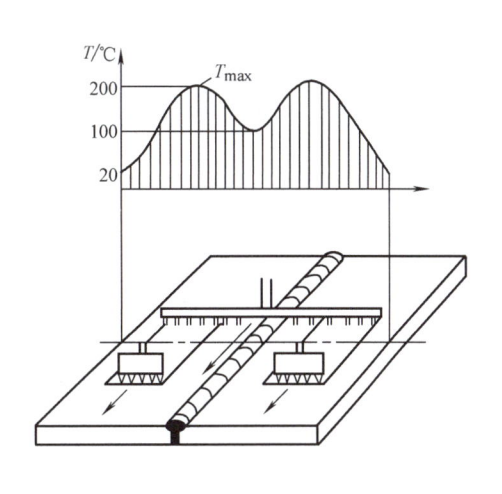

图 3-131 温差拉伸法

3. 随焊调控焊接残余应力与变形的措施

在焊接过程中对焊接残余应力和变形进行随时的调整和控制同样具有重要的意义。焊时，既可以通过合理选择焊接方法和规范，采取一些辅助措施来调控残余应力和变形，也可以采用一些特殊的设备和手段对焊接残余应力与变形进行调控。下面将对焊接过程中可以采用的一些措施加以简单的介绍。

（1）减小焊缝的热输入　采用热输入较小的焊接方法，可以有效地防止焊接变形。如 CO_2 半自动焊的变形比气焊和焊条电弧焊的变形小；真空电子束焊接的焊缝极窄，变形很小，可以用来焊接精度要求高的机械加工件。焊缝不对称的细长构件有时可以通过选用适当的热输入，而不用任何反变形或夹具来克服挠曲变形。如图 3-132 所示的构件，焊缝 1、2 到中性轴的距离 e_1、e_2 大于焊缝 3、4 到中性轴的距离 e_3、e_4。如果采用相同的规范进行焊接，构件将出现下挠。可将焊缝 1、2 适当分层焊接，每层采用小的热输入，则有可能使挠曲变形相互抵消，得到平直的构件。

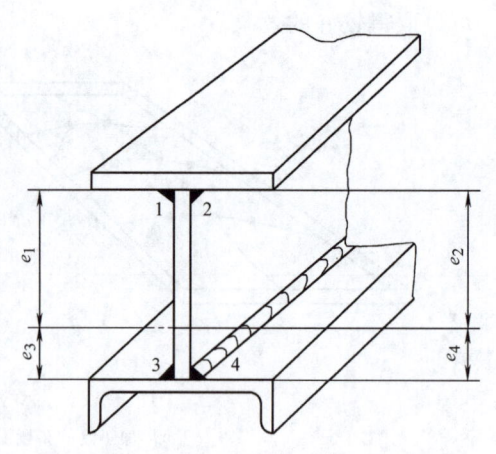

图 3-132　防止非对称截面挠曲变形的焊接

采用直接水冷（图 3-133a）或采用铜冷却块（图 3-133b）来限制焊接热场的分布，可以起到类似减小焊接热输入的作用，达到减小变形的目的。

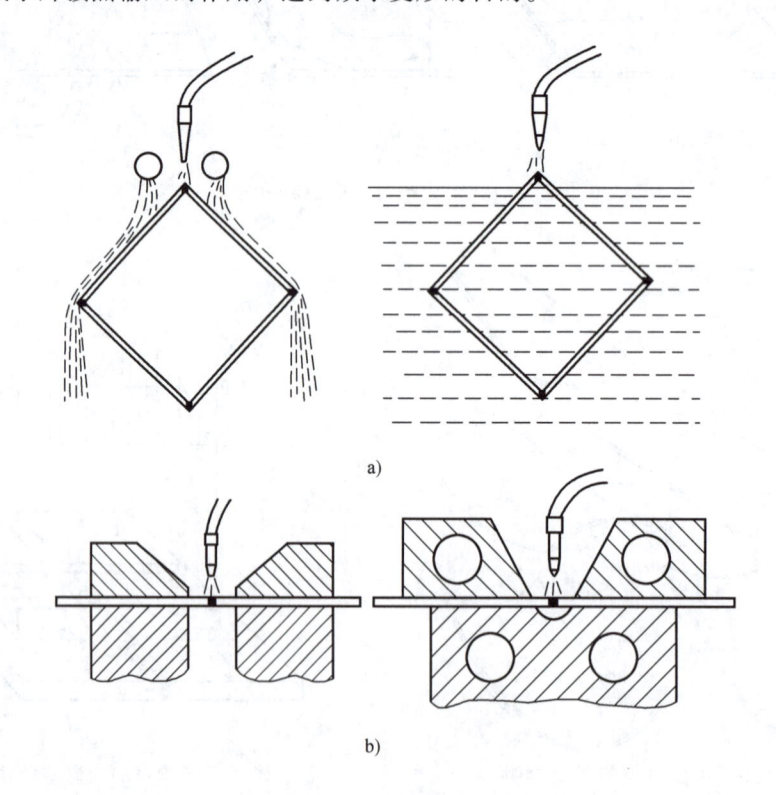

图 3-133　通过加强冷却来减小焊接变形的方法
a）直接水冷　b）采用铜冷却块

（2）合理安排装配焊接的顺序　通过合理安排装配焊接的顺序也可以调控焊接变形。如图 3-134 所示的焊接梁，由两根槽钢和一些隔板及盖板组成。三者之间用角焊缝 1、2、3

连接，将三类角焊缝所产生的挠度分别记为 f_1、f_2、f_3。如果先将隔板和槽钢用角焊缝 3 焊接到一起，由于焊缝 3 的大部分在构件的中性轴下方，因此构件将产生向上的挠曲 f_3，此后的焊缝 1 和 2 都在构件的中性轴的下方，也将产生向上的挠曲 f_1、f_2，这样的焊接顺序所产生的总挠曲变形为 $(f_1+f_2+f_3)$。如果先焊隔板与盖板之间的角焊缝 2，由于盖板处于自由状态，只产生横向收缩和角变形，而角变形可以通过将盖板压紧在平台上来限制，

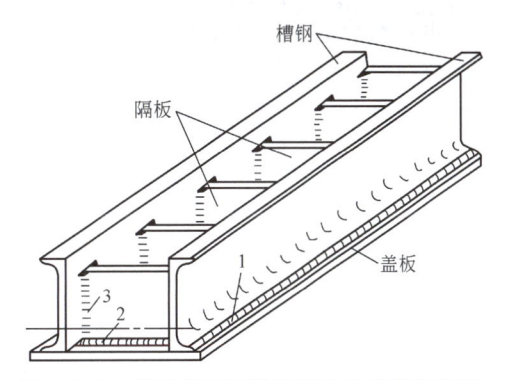

图 3-134 带盖板的双槽钢焊接梁的焊接顺序

此时不会引起挠曲变形，即 $f_2=0$。在此基础上焊接盖板与槽钢间的角焊缝 1，会引起上挠度 f_1。最后焊接隔板与槽钢之间的角焊缝 3，此时角焊缝 3 的大部分已经位于整个构件的中性轴的上方，因此会产生下挠度 f_3，这种焊接顺序所产生的总挠曲变形为 (f_1-f_3)，其挠曲变形明显比前一种情况要小。

（3）预拉伸法 这种方法是机械拉伸法的扩展。在平板对接焊之前，在焊缝两侧对平板施加一个与焊接方向平行的拉伸载荷，使平板在受载的情况下进行焊接，这种方法称为预拉伸法（见图 3-135）。由于预先施加拉伸载荷，在焊接热输入的作用下，焊缝附近的材料较早处于屈服状态，使平板焊缝在塑性状态下被拉伸延展，因此可以抑制平板的纵向收缩变形。并且焊后去除拉伸载荷，平板内的纵向残余应力可以降低，其降低的幅度与预拉伸载荷相当。由于通常预拉伸载荷是在焊缝附近施加，因此在板边处降低残余应力的作用更明显。在平板的中段，由于力线的扩展，使应力值下降，因而降低残余应力的作用也降低。图 3-136 给出了预拉伸状态下平板纵向应力场的数值模拟结果。从图中可以看出，纵向应力的分布呈现中间低、两边高的状态。预拉伸法也可以用于筒体的纵缝焊接，配合适当的工装，还可以用于筒体的环缝焊接。

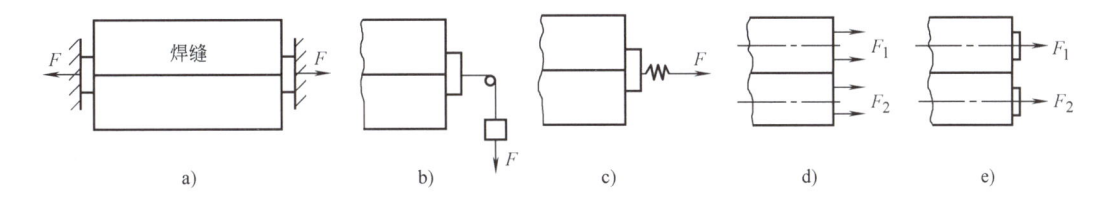

图 3-135 施加预拉伸载荷的几种方案

应当指出的是，对于一些热裂倾向较高的材料，如硬铝和超硬铝合金，预拉伸会使产生热裂纹的倾向增大。对此，可以采用双向预置应力的方法来焊接，即：焊接时，在焊接方向上施加拉应力，在垂直焊缝的方向（横向）上施加压应力，这样就可以避免热裂纹的产生。

（4）焊时温差拉伸法 这种方法是焊后温差拉伸法的扩展。平板对接焊时，采用专门的工装夹具（见图 3-137），在焊缝下方放置一个空腔内通以冷却水的铜垫板，在焊缝两侧用电加热带加热，这样就会在焊缝附近造成一个马鞍形的温度场（见图 3-138）。在这种条件下进行焊接，马鞍形温度场的高温区（焊缝两侧）膨胀，会对温度相对较低的焊缝区施加拉伸作用，使焊缝的纵向收缩得到抑制，因此可以降低残余应力和减小变形。图 3-139 给

出了在电加热带时工件处于不同温度 T_p 时纵向残余应力的测试结果。从图中可以看出，残余应力峰值随 T_p 的增加明显下降。与常规焊相比，纵向收缩可以减小 75%，但横向收缩则会增加。

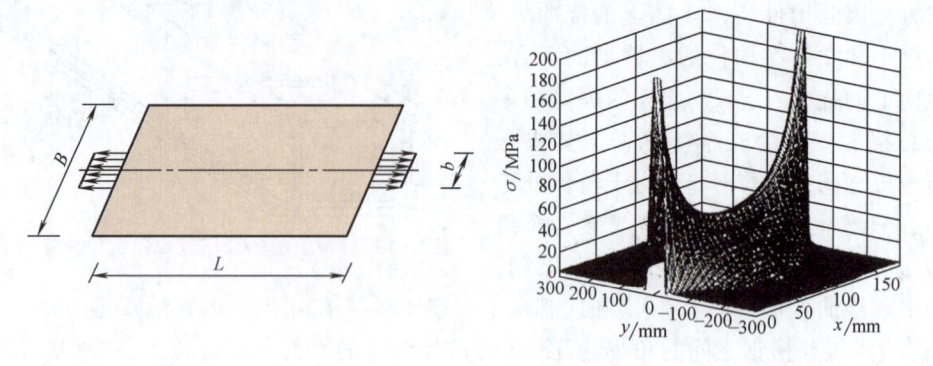

a)

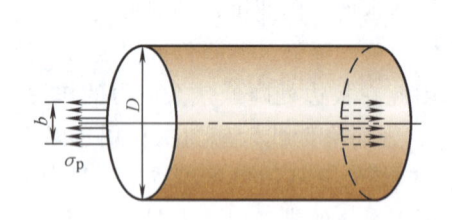

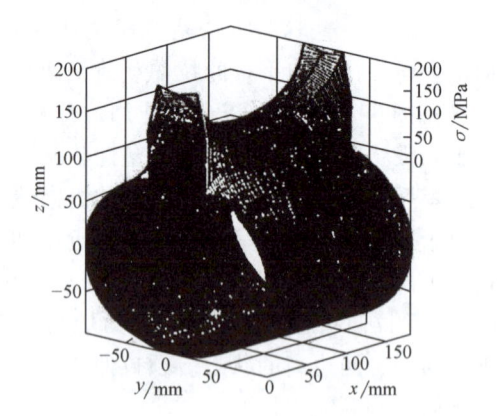

b)

图 3-136 常温下预拉伸的纵向应力场
a) 平板 b) 筒体

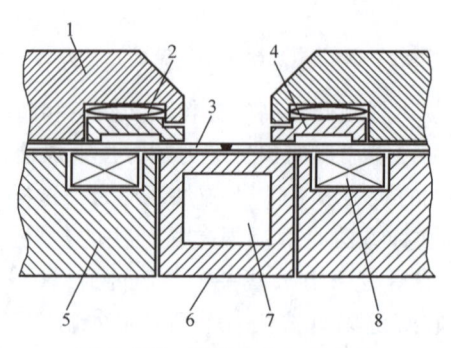

图 3-137 温差拉伸专用夹具
1—盖板 2—油囊 3—工件 4—琴键 5—底板 6—水冷铜垫板 7—水冷腔 8—电加热带

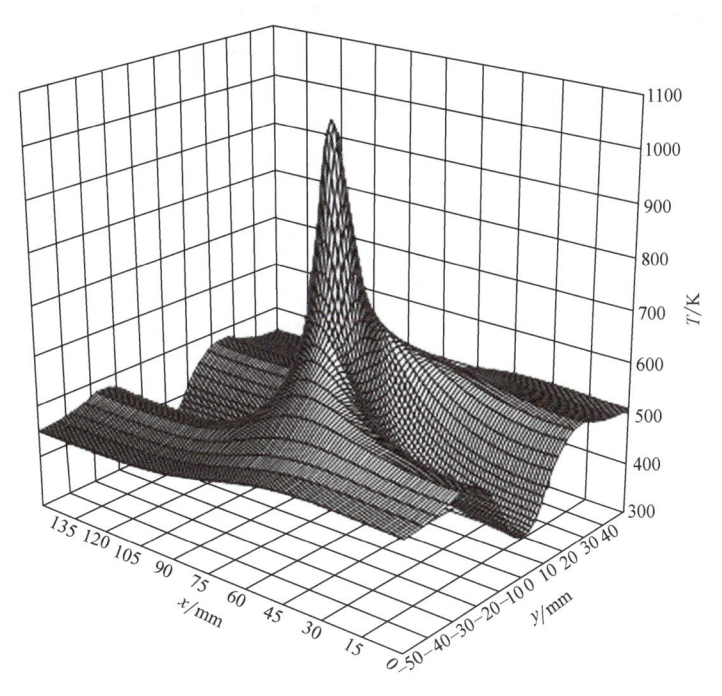

图 3-138 T_p 为 150℃时的焊接温度场

（5）**随焊激冷法** 又称为逆焊接加热处理（Anti Welding Heating Treatment），其基本原理（见图 3-140）是利用与焊接加热过程相反的方法，采用冷却介质使焊接区获得比相邻区域（母材）更低的负温差，在冷却过程中，焊接区由于受到周围金属的拉伸而产生拉伸塑性变形，从而抵消焊接过程中形成的压缩塑性变形，达到消除残余应力的目的。具体的激冷方法如图 3-141 所示，可以在焊缝两侧或焊缝后方涂覆吸热软膏或晶体吸热剂，也可以在焊缝后方喷水或喷冷却效果更好的液氮，但水或液氮的汽化会干扰电弧，影响焊缝质量。采用由液氮冷却的柔性铜丝刷作为冷源与焊枪后方的焊缝接触（见图 3-142），可以避免蒸气干扰电弧的问题。图 3-143 给出了常规焊和随焊激冷条件下的焊接温度场的比较。随焊激冷方法可以减小纵向收缩变形，但会增大横向收缩变形，因而不能用于封闭焊缝。这种方法的另

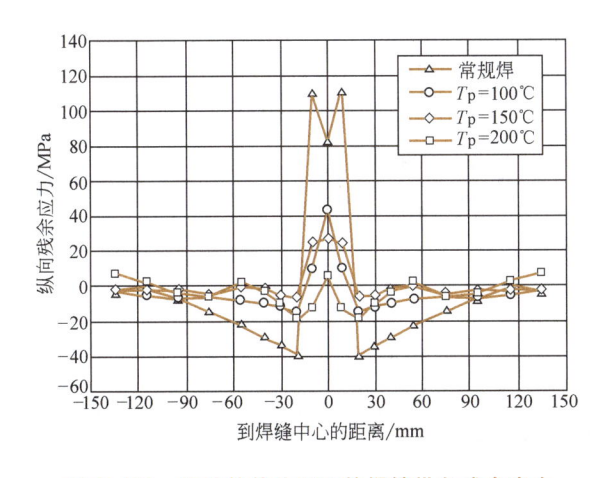

图 3-139 温差拉伸作用下的焊缝纵向残余应力

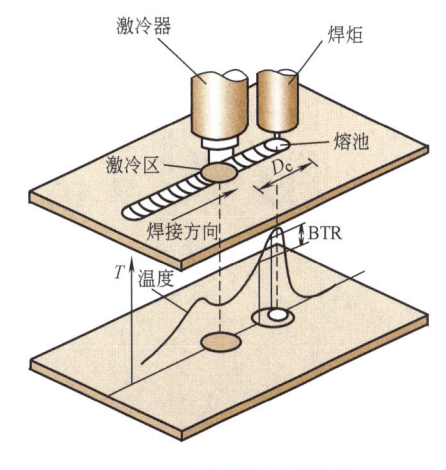

图 3-140 随焊激冷法的原理

一个好处是可以避免焊接热裂纹。这是因为冷源所处位置的金属会产生横向收缩,对焊接熔池后方处于脆性温度区间内的金属有横向挤压作用,因此可以避免产生热裂纹。

随焊激冷与温差拉伸两种方法联合使用会取得更好的效果。

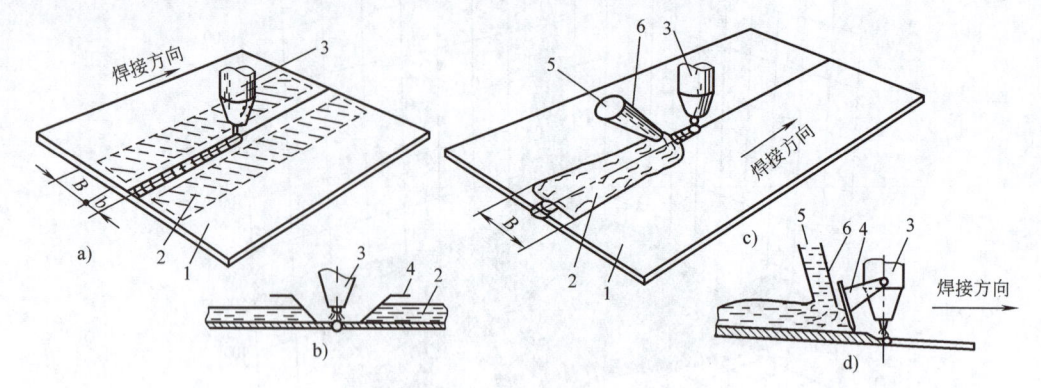

图 3-141 几种随焊激冷方案

1—焊件 2—晶体吸热剂 3—焊枪 4—挡板 5—吸热软膏 6—涂膏器

图 3-142 柔性随焊激冷器

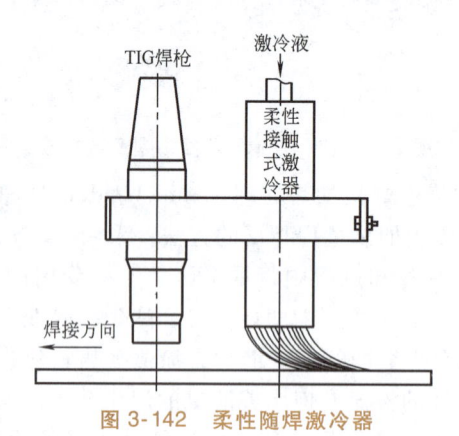

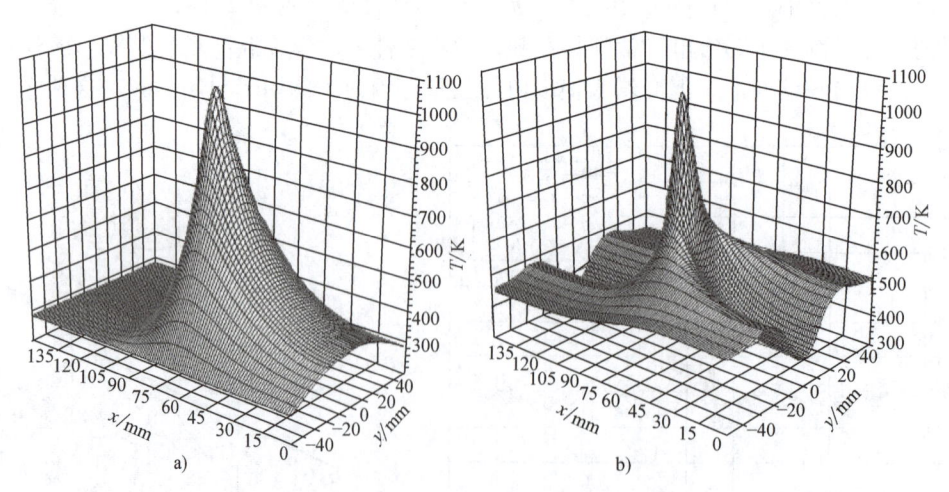

图 3-143 常规焊与随焊激冷焊接的温度场

a) 常规焊 b) 随焊激冷焊接

(6) **随焊碾压法** 将碾压方法与焊接过程同时串联进行,就得到了本方法。采用本方法的主要目的是减小焊接变形和降低残余应力,可以用平面轮或凸面轮直接碾压焊缝金属。由于随焊碾压时,焊缝金属的温度相对于完全冷态时要稍高一些,因此碾压力也可以降低一些。如果主要目的是降低材料焊接热裂纹的倾向,可以采用凹面轮来碾压焊趾,由此产生一横向挤压作用来避免热裂纹(见图3-144)。由于脆性温度区间大约在热源后方距焊接熔池中心20~30mm处,而碾压轮的尺寸相对庞大,使得着力点难以靠近熔池,因而其作用效果受到了限制。

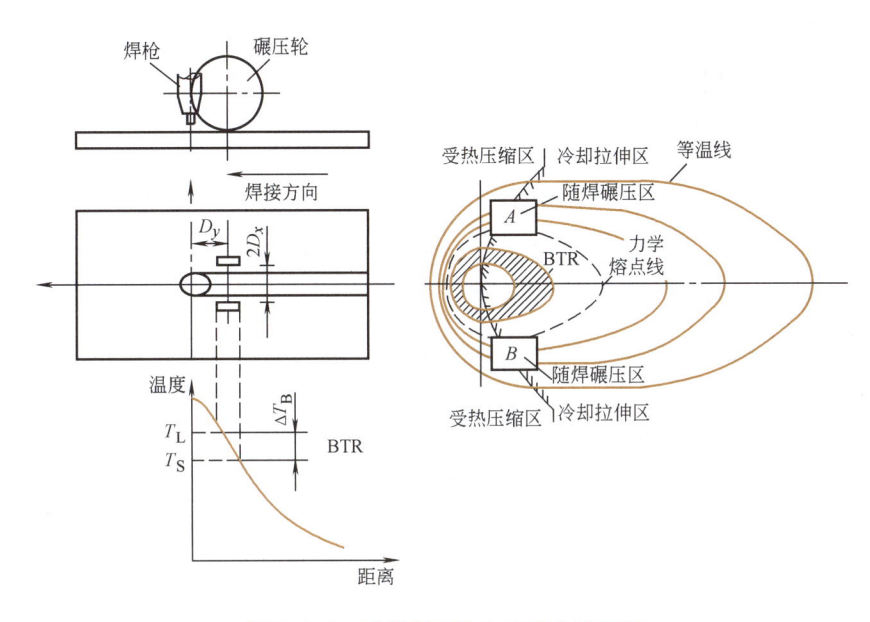

图3-144 随焊碾压防止热裂纹的原理

(7)**随焊锤击法** 将锤击方法在焊接进行的过程中使用就构成了本方法。由于电弧刚刚加热过的焊缝金属的温度较高,因此,只需很小的力就可以使其产生较大的塑性延展变形,从而抵消焊缝及其附近区域的缩短变形,达到控制焊接变形和降低焊接残余应力的目的。当锤击点处于焊缝的脆性温度区两侧时,则可以起到避免焊接热裂纹的作用。随焊锤击的实施方案如图3-145所示,将一空气锤置于焊枪后方,与焊枪联动,锤头制成以三点或四点施力的方式,当需要强化焊缝时,采用三点式锤头,当需要强化焊趾时,采用四点式锤头。锤头的前两个施力点作用于焊缝脆性温度区间两侧,其他施力点作用于焊缝或焊趾(见图3-146)。

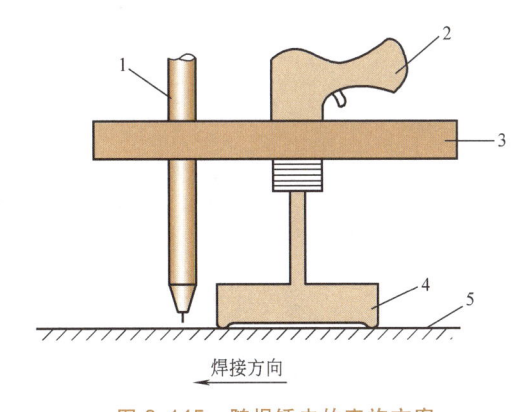

图3-145 随焊锤击的实施方案
1—焊枪 2—空气锤 3—固定平台 4—锤头 5—工件

对于热裂倾向比较严重的2A12T4铝合金薄板(500mm×400mm),采用随焊锤击工艺和常规焊接的情况相比,纵向收缩量和横向收缩量都明显减小,挠曲变形降低到不足常规焊的1/10,纵向和横向残余应力的峰值也显著下降(见图3-147),并且避免了热裂纹的产生。

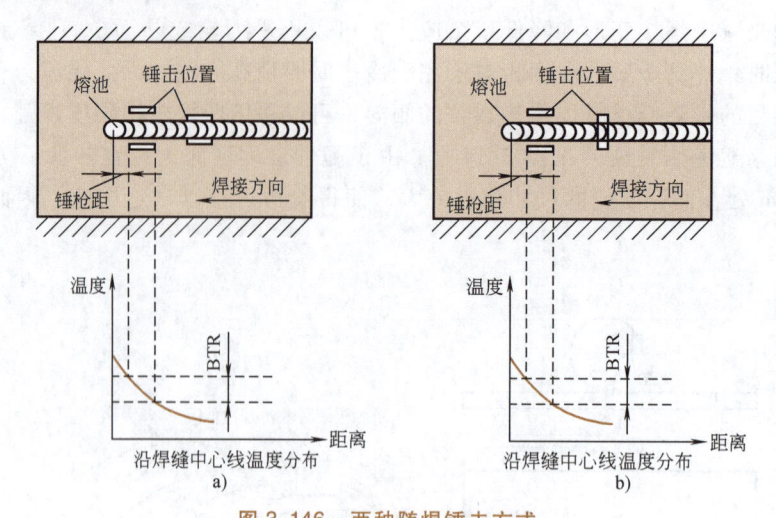

图 3-146 两种随焊锤击方式

a）强化焊趾　b）强化焊缝

随焊锤击技术不仅可以减小变形，降低残余应力，防止焊接热裂纹，而且可以使焊缝的力学性能得到改善。与常规焊接相比，焊接接头的抗拉强度由 265MPa 提高到 334MPa，伸长率由 2.72% 提高到 4.09%，冷弯角由 20.17° 提高到 27.17°，疲劳强度大约可以提高 100%。随焊锤击方法的主要缺点是焊缝的表面质量不佳，存在明显的锤痕。

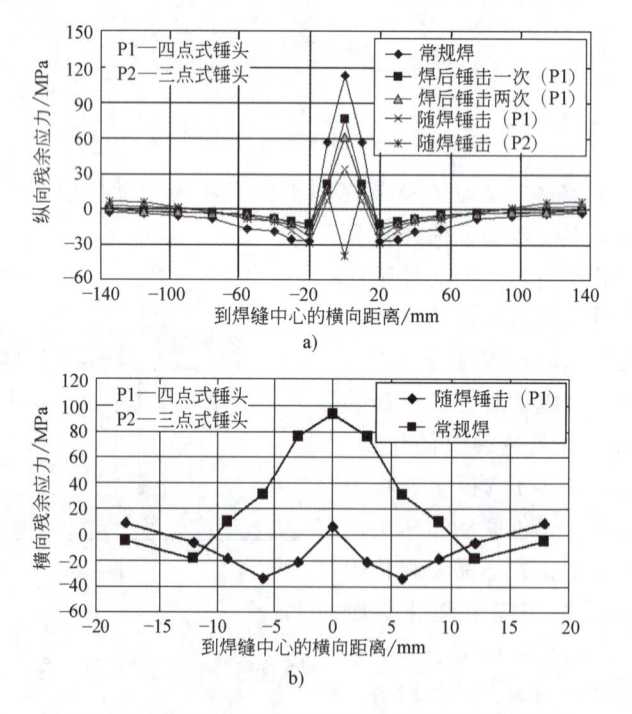

图 3-147 常规焊与随焊锤击处理后残余应力的对比

（8）**随焊冲击碾压法**　受随焊锤击法的启发，并结合随焊碾压的优点，我国学者发明了随焊冲击碾压法。这种方法是将随焊锤击的锤头换成可以转动的小尺寸碾压轮，碾压轮在冲击载荷作用的间隙内向前滚动，它保持了随焊锤击的优点，并克服了焊缝表面质量不佳的问题。图 3-148 给出了平直焊缝随焊冲击碾压装置的照片，图 3-149 为随焊冲击碾压装置结构图，其主要由动力源（气锤）、气锤支架、冲击轮后座支架、冲击传力杆、冲击轮后座、压缩弹簧、扭簧、减振弹簧和两个冲击碾压轮等部件构成。

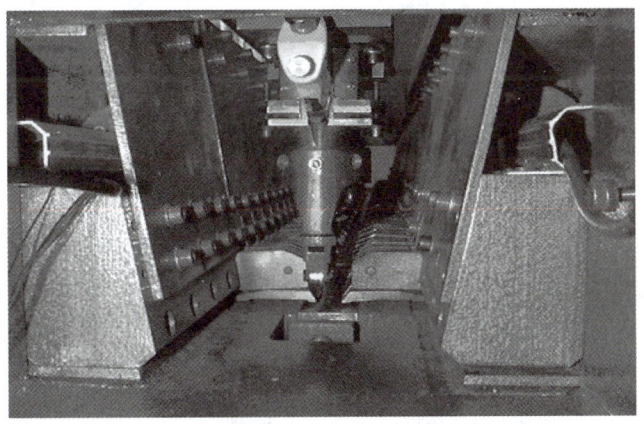

图 3-148 平直焊缝随焊冲击碾压装置的照片

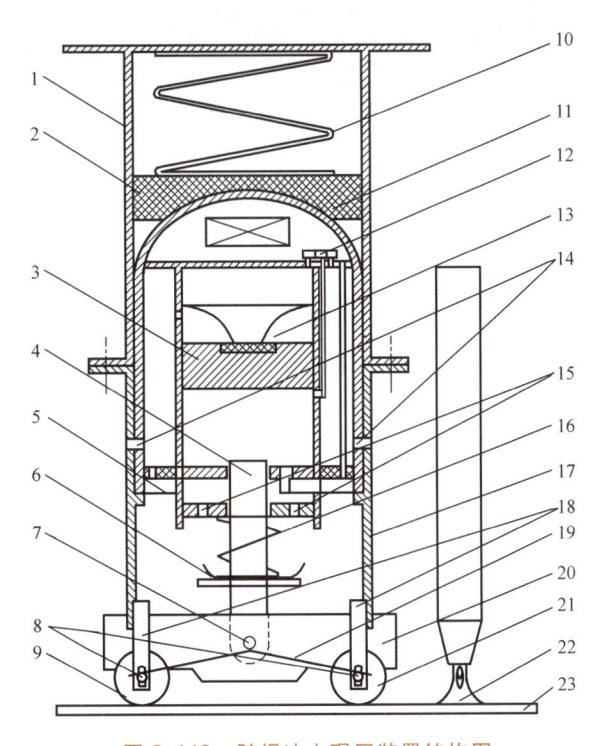

图 3-149 随焊冲击碾压装置结构图

1—后座 2—橡胶垫 3—冲击活塞 4—冲击传力杆 5、6—排气整流罩 7—销轴 8—冲击碾压轮轴销
9—后冲击碾压轮 10—减振弹簧 11—气锤壳体 12—气流换向阀 13—气缸 14、15—排气孔
16—强力压簧 17—冲击碾压轮支架 18—导向夹持叉 19—扭簧 20—冲击碾压轮后座
21—前冲击碾压轮 22—焊接电弧 23—工件

随焊冲击碾压技术的关键在于两冲击轮轮缘型面的设计。为防止焊接热裂纹，前冲击轮需要根据焊缝的尺寸制成凹面轮，使得施力点作用于熔合线附近，并向内施加一挤压力。同时为保证前轮的挤压力恰好作用于脆性温度区间的外侧附近，轮的直径不宜过大，一般为

20mm 左右。后冲击轮设计成凸面轮，直接作用在焊缝上，通过对尚处于较高温度的焊缝金属施加冲击碾压作用，将焊缝延展开，从而减小残余应力和变形。图 3-150 为前后冲击轮作用下试件中横向塑性应变的有限元模拟结果。从图中可以看出，前轮确实有向焊缝内部施加挤压力的作用，而后轮确实使焊缝金属得到了充分的延展。

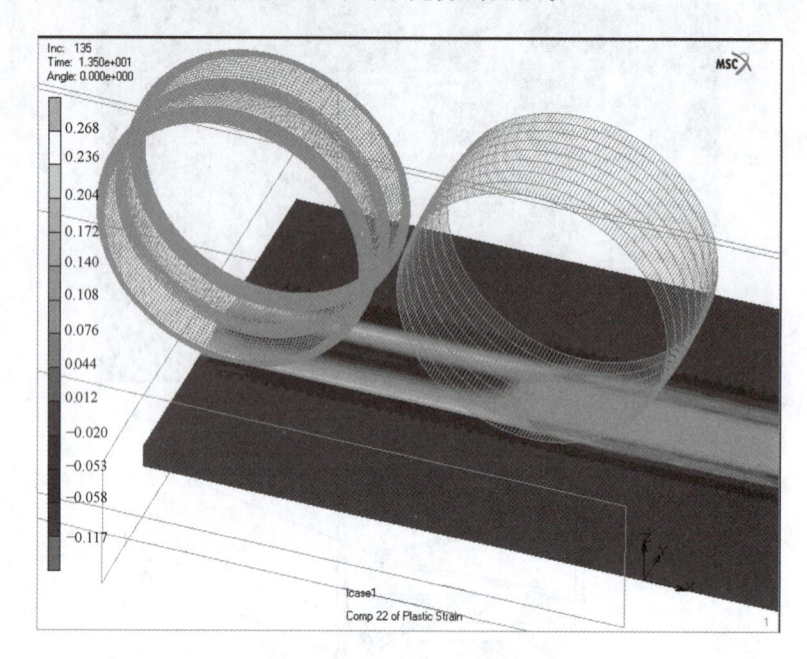

图 3-150　冲击碾压作用下的横向塑性应变的分布

随焊冲击碾压在减小焊接变形、控制焊接残余应力、防止焊接热裂纹和提高焊缝力学性能方面均取得了与随焊锤击同样优异的效果，并且，处理后焊缝的表面光滑平整。

焊接接头 第4章

4.1 焊接接头的基本特性

4.1.1 焊接接头的概念及定义

将两个或两个以上的构件以焊接的方法来完成连接，使之成为具有一定刚度且不可拆卸的整体，其连接部位就是所谓的焊接接头。依据焊接方法的不同，可以将其区分为熔焊接头、钎焊接头和压焊接头等。通常在不加以特别说明的情况下，一般所说的焊接接头是指采用电弧焊方法来实现连接的熔焊接头。本章也遵循这一做法，对于非熔焊接头将会加以特别说明。

由于电弧焊过程是一个局部加热过程，加热使被连接的构件局部发生熔化。在此过程中可能还需要向受热熔化的区域额外加入填充材料（即焊条或焊丝等，又称为焊接材料或焊材），待熔化的金属冷却凝固后形成一个具有冶金结合特征的不可拆卸的连接接头。熔焊的这一特点使得焊接接头成为一个在化学成分、力学性能和几何形状上都要发生剧烈变化的区域，因此，通常将焊接接头看成是一个具有冶金不完善性、力学非均质性和几何不连续性的不均匀体。图 4-1 为熔焊焊接接头的组成。一般将焊接接头分成焊缝金属、熔合区、热影响区和母材四个区域。

焊缝是指在焊接过程中经历过液态向固态转变，冷却凝固后所形成的区域。焊缝金属可以是由熔化的被焊金属和填充材料经历共同的冷却凝固过程所形成的部分（如熔化极保护焊时的焊缝），也可以是仅由受热熔化的被焊材料经冷却凝固所形成的部分（如非熔化极气体保护焊时的焊缝）。由于焊缝金属在焊接时经历了熔化、冷却凝固过程，使其成分、组织及性能既不同于被焊金属，

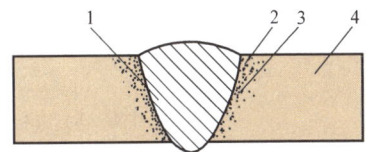

图 4-1 熔焊焊接接头的组成
1—焊缝金属　2—熔合区
3—热影响区　4—母材

也不同于填充金属。焊缝的形成保证构件之间实现了有效的冶金连接，因此它是焊接接头中最重要的部分，如果在焊接过程中没有形成焊缝，就不存在构件之间的有效连接，也就不会形成焊接接头。

母材是指被连接的构件的材料。应当强调，母材特指在焊接的过程中没有因为受热而发生明显的组织与性能变化的区域，在焊接前后，母材的性能和状态是完全不变的。

热影响区是指焊缝金属和母材之间的区域。该区域在焊接加热过程中尽管没有发生熔化，但其组织和性能均因焊接热循环的影响而发生了明显的变化，使其既不同于母材，也不同于焊缝金属。这一区域被称之为热影响区。

熔合区是指焊缝金属与热影响区的过渡区域。熔合区的本质是焊接过程中出现的固-液双相区经冷却凝固后的部分。由于焊接时的冷却速度很快，温度梯度大，因此熔合区的尺寸一般很小，在宏观金相中只能看到一条线，所以，习惯上又将其称为熔合线。

焊接接头是上述四个区域所构成的整体的总称。焊接接头所表现出的各种特点和行为也是这四个区域共同作用的结果，因此，对焊接接头的分析与理解也要充分考虑这四个区域的特点和差异。

4.1.2 焊接接头的分类

依据不同的视角或特征，对焊接接头有多种分类方法。通常，人们会依据焊接方法的不同，粗略地将焊接接头分为钎焊接头、压焊接头和熔焊接头，或将具体的焊接方法冠于焊接接头之前，如火焰钎焊接头、电阻点焊接头、激光焊接头、电子束焊接头等。这种分类方法强调的是制造焊接接头所使用的焊接方法，还不足以描述焊接接头的几何特征，因此，焊接接头最常用的分类方法是根据形成焊接接头的构件的空间相对位置关系来区分和命名焊接接头。此时可以将焊接接头大致分为对接接头、搭接接头、T形（十字）接头、角接接头和端接接头几种基本类型（见图4-2）。

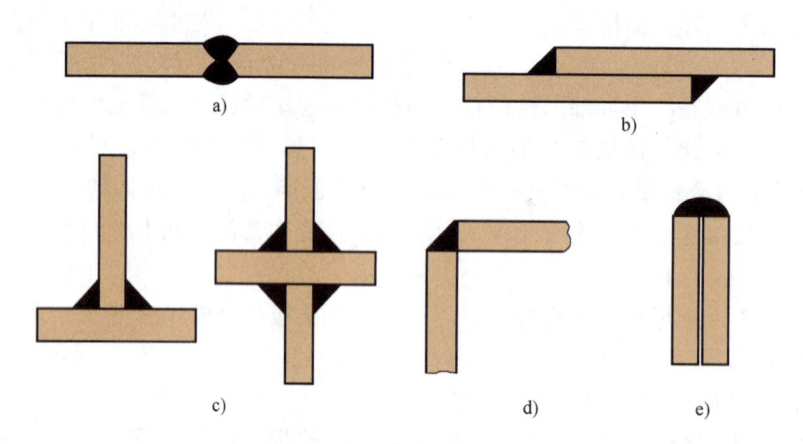

图4-2 焊接接头的基本形式
a）对接接头　b）搭接接头　c）T形（十字）接头　d）角接接头　e）端接接头

（1）**对接接头**　两平板处于同一平面内，在相对端面处进行焊接所形成的接头称为对接接头。在工程上，当两焊件表面构成大于或等于135°、小于或等于180°夹角，并在相对端面进行焊接，所形成的焊接接头也归类为对接接头。对接接头中的焊缝为对接焊缝。依据焊缝与板件的位置关系，又可将其分为直焊缝对接接头和斜焊缝对接接头，如果是管件进行对接时，所形成的接头为环焊缝对接接头（见图4-3）。

（2）**搭接接头**　两板件部分重叠起来用角焊缝将一板件的端部与另一板件的中部连接而形成的焊接接头称为搭接接头。依据板件的数量及相对位置关系，又可分为单侧搭接接头、双侧搭接接头和盖板搭接接头等（见图4-4）。而依据焊缝与板件的位置关系，又可以将其分为正面角焊缝搭接接头、侧面角焊缝搭接接头和联合角焊缝搭接接头等。此外，像开槽焊搭接接头和塞焊搭接接头等情况也都归类为搭接接头的范畴，而当焊缝不是直通焊缝，而是锯齿状焊缝时，则将其称为锯齿状焊缝搭接接头（见图4-5）。

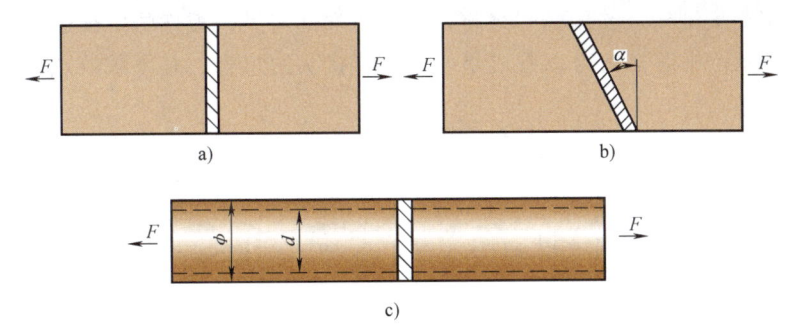

图 4-3 对接接头形式

a) 直焊缝对接接头　b) 斜焊缝对接接头　c) 环焊缝对接接头

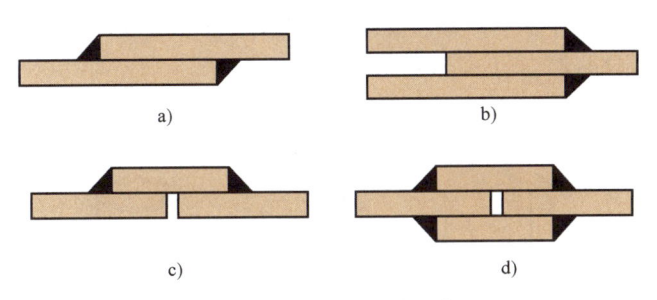

图 4-4 搭接接头的形式

a) 单侧搭接接头　b) 双侧搭接接头　c) 单盖板搭接接头　d) 双盖板搭接接头

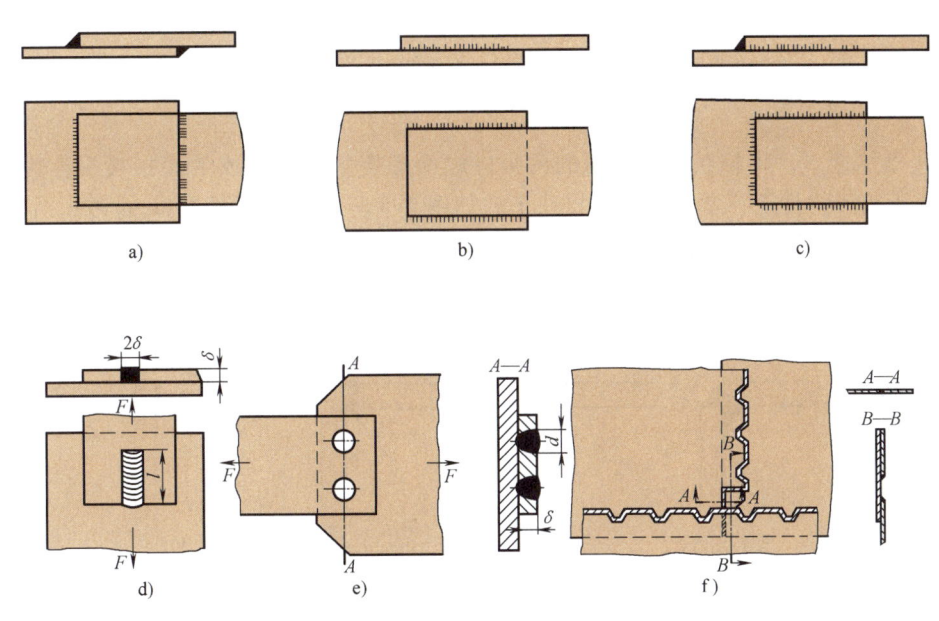

图 4-5 各种类型的搭接接头

a) 正面角焊缝搭接接头　b) 侧面角焊缝搭接接头　c) 联合角焊缝搭接接头
d) 开槽焊搭接接头　e) 塞焊搭接接头　f) 锯齿状焊缝搭接接头

（3）T形（十字）接头　T形接头是将互相垂直的两被连接件用角焊缝将一板件的端部与另一板件的中部连接起来的接头，十字接头是将两处于同一平面内的板件与另一板件相互垂直，构成十字交叉结构，并用角焊缝将两板件的端部与另一板件的中部连接起来构成的接头，如图 4-6 所示。十字接头可以看成是两个 T 形接头的组合，其承载特点和载荷特征也与 T 形接头相近。

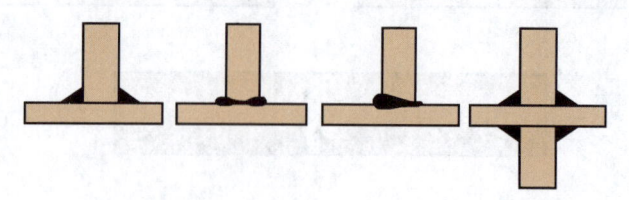

图 4-6 常见 T 形（十字）接头

T 形接头通常都采用双侧角焊缝来进行连接，这样可使 T 形接头很好地承受各种类型的载荷。除非结构自身具有对称性，如管板接头，否则，一般情况下不采用单侧角焊缝来进行 T 形接头的连接（见图 4-7）。

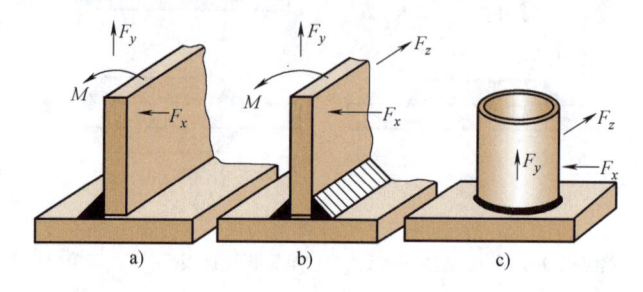

图 4-7 T 形接头的承载能力
a) 单侧角焊缝 T 形接头无法承载 b) 双侧角焊缝 T 形接头可承受各种载荷
c) 具有自身对称性的管板接头

（4）角接接头 将相互构成直角的两板件端面焊接起来所构成的焊接接头称为角接接头，多用于箱形构件上，常见的角接接头形式如图 4-8 所示。其中图 4-8a 的形式制作简单，但承载能力差；图 4-8b 在内外两侧用角焊缝进行连接，其承载能力较大；图 4-8c、d 开坡口保证焊透，可以有较高的强度；图 4-8e、f 的接头形式装配简单，节省工时。依据不同的应用场合和不同的要求，可以采用不同的角接接头形式。

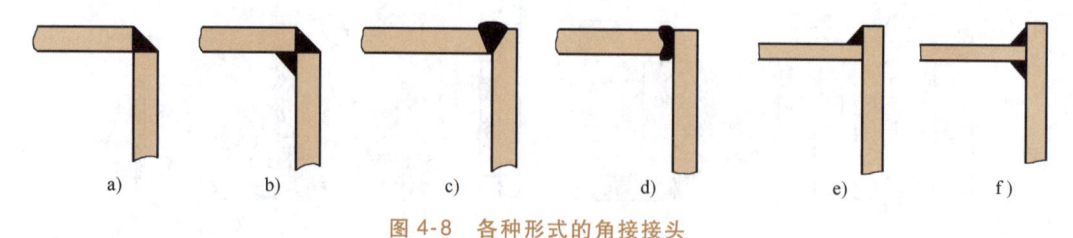

图 4-8 各种形式的角接接头

（5）端接接头 端接接头是将两板件平行叠放，并在板件一端将其焊在一起所形成的接头形式（见图 4-9）。在实际工程应用中，端接接头的应用比较少见，在有些膜盒结构中，膜片之间的连接是最典型的采用了端接接头形式。

图 4-9 端接接头

上述给出的焊接接头的例子主要以熔焊接头为主，而钎焊接头和压焊接头由于焊接方法本身的特点和要求，还表现出一些特殊性。对于钎焊接头来说，由于钎料的强度通常都会低于母材的强度，因此，钎焊接头多采用搭接接头形式，希望通过增大搭接面积来使钎焊接头具有与母材相近的承载能力，图4-10给出了一些钎焊接头搭接化设计的例子。

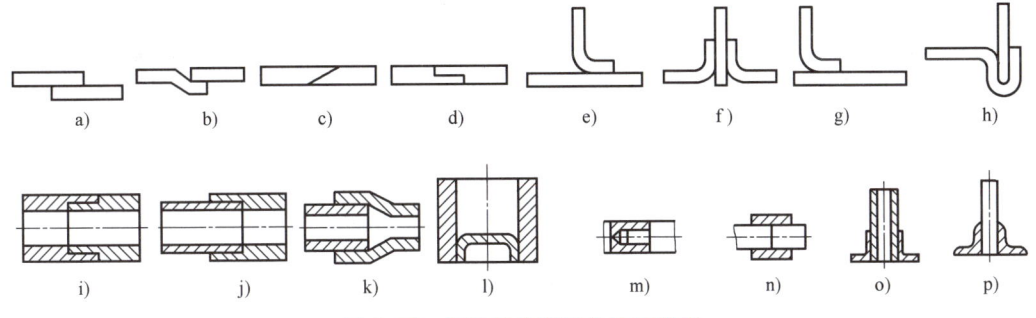

图4-10 钎焊接头搭接化设计举例

除闪光对焊等特例之外，电阻焊接头也较多地采用搭接接头形式。如电阻点焊依据焊点排列的方式分为单排点焊接头和多排点焊接头。研究结果表明，焊点排数多于三排时，并不能再增加接头的承载能力。此外，根据加盖板的情况，可以将其分为单面盖板点焊接头和双面盖板点焊接头等（见图4-11）。双面盖板点焊接头可以避免偏心所引起的附加弯矩，使焊点承受纯剪切载荷。

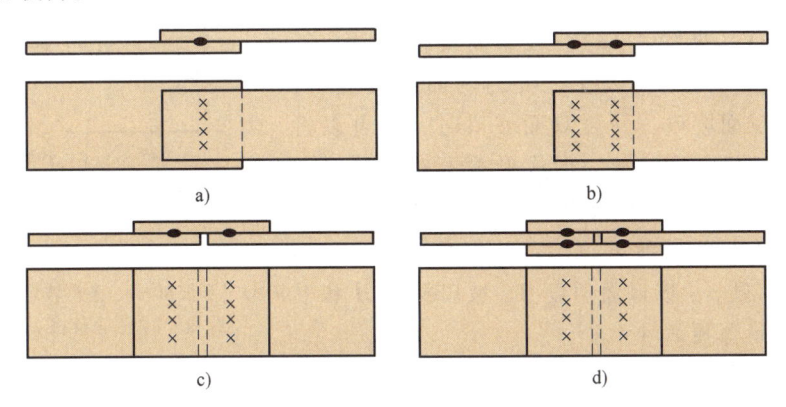

图4-11 电阻点焊接头的类型
a）单排点焊接头　b）双排点焊接头　c）单面盖板点焊接头　d）双面盖板点焊接头

4.1.3 焊接节点与焊接坡口

1. 焊接节点

采用焊接的方法将交汇于一点的多个构件连接在一起，使之成为不可拆卸的刚性体，由此构成的接头组合体称为焊接节点。焊接节点多用于桁架结构，依据构成节点的连接件的不同以及节点本身的特点，可分为管件连接节点、管板连接节点、球形节点和铸件节点等多种形式（见图4-12）。焊接节点可以使结构紧凑，节省材料和减小质量，但制造难度相对较大。

2. 焊接坡口

由于焊接工艺的需要以及结构设计的要求，常常将被焊工件的待焊部位加工装配成具

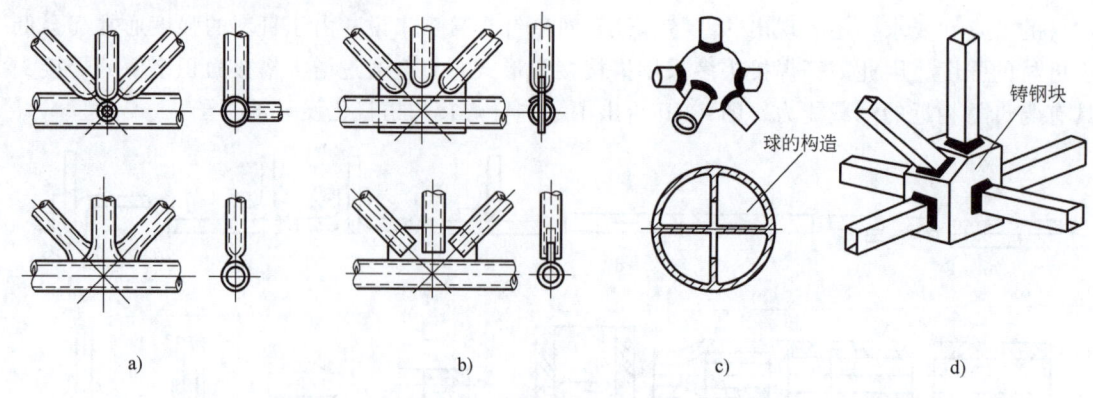

图 4-12 各种不同的焊接节点
a）管件连接节点　b）管板连接节点　c）球形节点　d）铸件节点

有规定尺寸的几何形状，这种焊前连接部位的几何形状关系通常称为焊接坡口。开坡口一般是为了保证焊透，对于大厚度的连接截面，由于一次焊接不能保证整个截面全部实现连接，从而需要多次施焊，为保证焊枪的可达性，也需要预先开坡口。焊接坡口的基本形式包括 I 形坡口、V 形坡口、单边 V 形坡口、U 形坡口和 J 形坡口（见图 4-13）。根据需要，可以在工件的一面开设坡口，也可以在工件的两面开设坡口，即单面坡口和双面坡口。开设双面坡口时，也可以将不同形式的坡口组合到一起，形成形式不对称的组合坡口。图 4-14 给出了一些典型的组合坡口形式。关于表征坡口形状的几何参量包括：坡口角度 α、根部间隙 b、钝边高度 p、坡口面角度 β、坡口深度 H 和根部半径 R 等，具体见表 4-1。

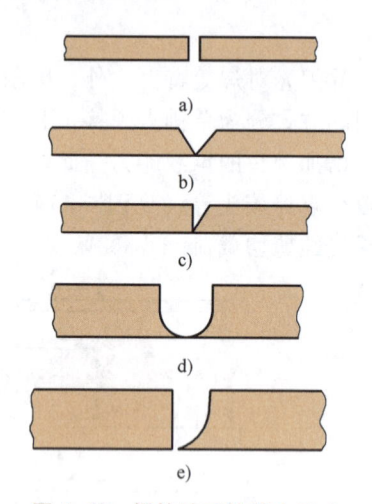

图 4-13 焊接坡口的基本形式
a) I 形坡口　b) V 形坡口　c) 单边 V 形坡口　d) U 形坡口　e) J 形坡口

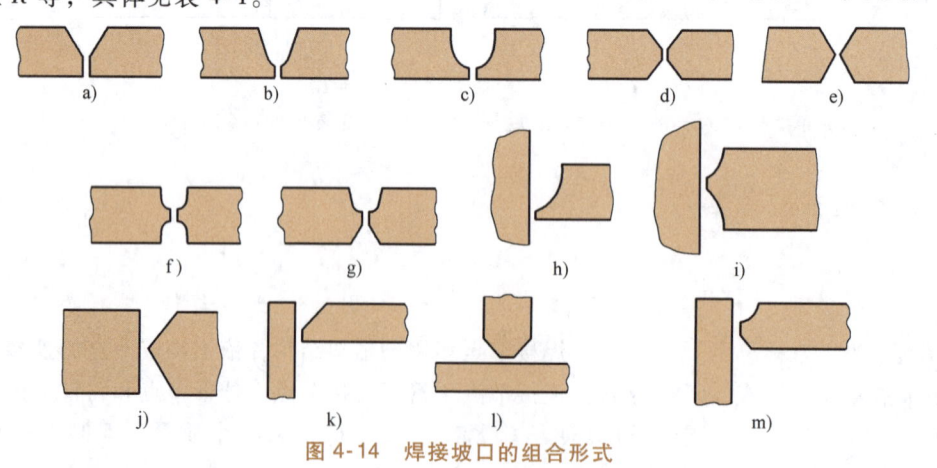

图 4-14 焊接坡口的组合形式
a) Y 形坡口　b) VY 形坡口　c) 带钝边 U 形坡口　d) 双 Y 形坡口　e) 双 V 形坡口　f) 带钝边双 U 形坡口　g) UY 形坡口　h) 带钝边 J 形坡口　i) 带钝边双 J 形坡口　j) 双单边 V 形坡口　k) 带钝边单边 V 形坡口　l) 带钝边双单边 V 形坡口　m) 带钝边 J 形单边 V 形坡口

表 4-1 坡口尺寸名称及代号

代号	名称	图示	代号	名称	图示
α	坡口角度		β	坡口面角度	
b	根部间隙		H	坡口深度	
p	钝边高度		R	根部半径	

为了更加清晰准确地表达焊接接头的几何特征，还可以用坡口形式和接头形式联合起来描述焊接接头，如将焊接接头称为某种坡口的焊接接头。图 4-15 和图 4-16 分别为带有坡口形式的对接接头和带有坡口形式的 T 形接头。

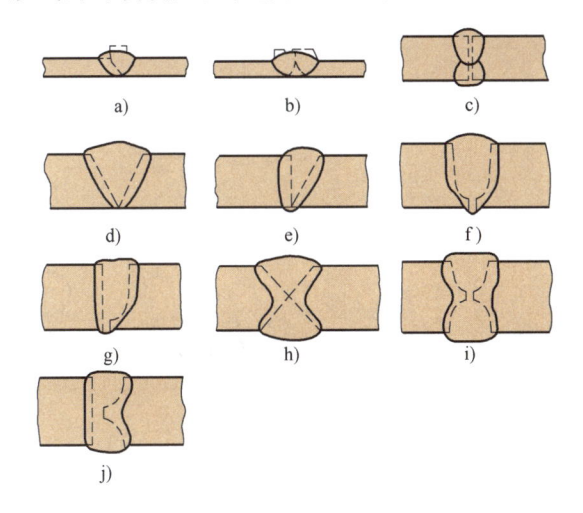

图 4-15 带有各种坡口形式的对接接头
a) 单边卷边坡口接头 b) 双边卷边坡口接头 c) I 形坡口接头
d) V 形坡口接头 e) 单边 V 形坡口接头 f) 带钝边 U 形坡口接头 g) 带钝边 J 形坡口接头 h) 双 V 形坡口接头
i) 带钝边双 U 形坡口接头 j) 带钝边双 J 形坡口接头

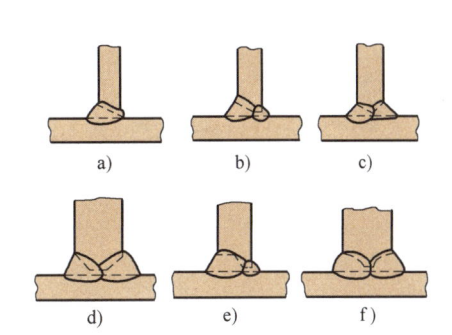

图 4-16 带有各种坡口形式的 T 形接头
a) 单边 V 形坡口接头 b) 带钝边单边 V 形坡口接头
c) 双单边 V 形坡口接头 d) 带钝边双单边 V 形坡口接头
e) 带钝边 J 形坡口接头 f) 带钝边双边 J 形坡口接头

4.1.4 焊接接头及焊缝的表示方法

在工程图样上，焊接接头及焊缝形式通常是用焊缝符号来表示的。焊缝符号起着传递焊接结构设计要求和工艺要求等焊接相关信息的作用，它也是工程语言的一种。我国采用的焊缝符号是由 GB/T 324—2008《焊缝符号表示法》规定的。

1. 焊缝符号的组成

焊缝符号是指在技术图样或文件上标注焊接工艺方法、接头及焊缝形式和焊缝尺寸的符号，它主要包括基本符号、补充符号、尺寸符号和数据、焊接方法代号及指引线等。

（1）**基本符号**　基本符号表示焊缝横截面的基本形式或特征，见表 4-2。

表 4-2　焊缝的基本符号

序号	焊缝名称	示意图	符号	序号	焊缝名称	示意图	符号
1	卷边焊缝（卷边完全融化）		⋀	8	带钝边 J 形焊缝		⊔
2	I 形焊缝		‖	9	封底焊缝		⌣
3	V 形焊缝		V	10	角焊缝		◺
4	单边 V 形焊缝		Ⳇ	11	塞焊缝或槽焊缝		⊓
5	带钝边 V 形焊缝		Y	12	点焊缝		○
6	带钝边单边 V 形焊缝		Y	13	缝焊缝		⊖
7	带钝边 U 形焊缝		⋃	14	陡边 V 形焊缝		V

（2）**补充符号**　补充符号用来补充说明有关焊缝或接头的某些特征，诸如表面形状、衬垫、焊缝分布、施焊地点等，见表 4-3。

第 4 章

表 4-3 焊缝的补充符号

序号	名称	符号	说明	序号	名称	符号	说明
1	平面	─	焊缝表面通常经过加工后平整	6	临时衬垫	MR	衬垫在焊接完成后拆除
2	凹面	⌣	焊缝表面凹陷	7	三面焊缝	⊏	三面带有焊缝
3	凸面	⌢	焊缝表面凸起	8	周围焊缝	○	沿着工件周边施焊的焊缝
4	圆滑过渡	⌣⌣	焊趾处过渡圆滑	9	现场焊缝	▶	在现场焊接的焊缝
5	永久衬垫	M	衬垫永久保留	10	尾部	<	标注焊接方法等信息

（3）尺寸符号　尺寸符号是表示焊缝相关尺寸的符号，必要时可以在焊缝符号中标注尺寸，见表 4-4。

表 4-4 焊缝的尺寸符号

符号	名称	示意图	符号	名称	示意图
δ	工件厚度		c	焊缝宽度	
α	坡口角度		K	焊脚尺寸	
β	坡口面角度		d	点焊：熔核直径 塞焊：孔径	
b	根部间隙		n	焊缝段数	$n=2$
p	钝边		l	焊缝长度	
R	根部半径		e	焊缝间距	
H	坡口深度		N	相同焊缝数量	$N=3$
S	焊缝有效厚度		h	余高	

（4）**焊接方法代号** 为简化焊接方法的标注和文字说明，以简明的英文缩写或阿拉伯数字直接注写在指引线的尾部来表示焊接方法。常用的焊接方法代号如表 4-5 列出部分，其他可查阅 GB/T 5185—2005/ISO 4063：1998《焊接及相关工艺方法代号》。

表 4-5 常用的焊接方法代号

焊接方法名称	焊接方法代号 数字代号	焊接方法代号 英文简写	焊接方法名称	焊接方法代号 数字代号	焊接方法代号 英文简写
电弧焊	1	AW	闪光焊	24	FBW
焊条电弧焊	111	SMAW	气焊	3	Gas welding
埋弧焊	12	SAW	压焊	4	
熔化极惰性气体保护电弧焊	131	MIG	超声波焊	41	UW
熔化极非惰性气体保护电弧焊	135	MAG	摩擦焊	42	FW
钨极惰性气体保护电弧焊	141	TIG	扩散焊	45	DW
等离子弧焊	15	PAW	爆炸焊	441	EW
电阻焊	2	RW	其他焊接方法	7	
点焊	21	Spot welding	激光焊	52	LBW
缝焊	22	Seam welding	电子束焊	51	EBW

2. 焊缝的表示方法

焊缝符号的标注方法如图 4-17 所示，其依据是 GB/T 12212—2012《技术制图 焊缝符号的尺寸、比例及简化表示法》。可通过指引线及相关的规定直接、准确地表示焊缝和接头。通常指引线由箭头线和基准线组成，基准线由实、虚两条线共同表示，为了方便标注，实线可放在上侧或下侧，并规定：如果焊缝在接头的箭头侧，基本符号应标注在基准线的实线侧，相反，如果焊缝在接头的非箭头侧，基本符号应标注在基准线的虚线侧；对称焊缝和双面焊缝标注时可不加虚线。当需要时，可在横线的末端加一尾部，作为其他说明之用（如焊接方法或相同焊缝数目等）。焊缝尺寸符号及数据的标注原则如图 4-18 所示。

常用焊缝符号、尺寸标注方法示例见表 4-6。

图 4-17 焊缝符号的标注方法

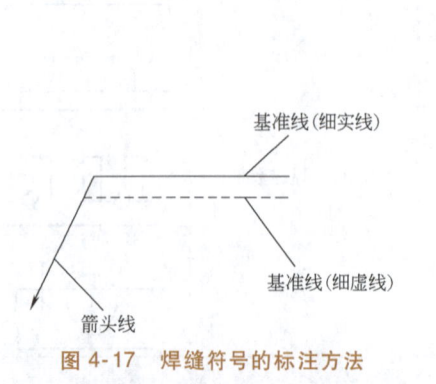

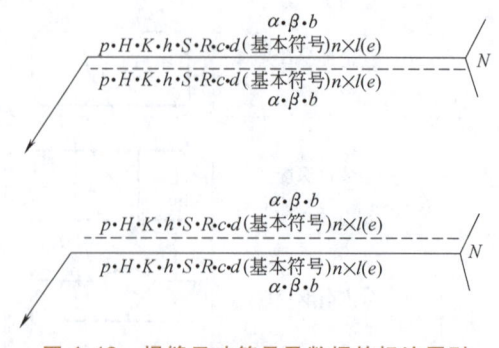

图 4-18 焊缝尺寸符号及数据的标注原则

表 4-6 常用焊缝符号、尺寸标注方法示例

序号	接头与焊缝名称	示意图	焊缝符号标注实例
1	对接焊缝		
2	T形接头角焊缝		
3	角接接头角焊缝		

4.2 焊接接头的非均质特性

焊接过程的局部加热特点使焊接接头的各个部位经历了不同的焊接热循环，使得焊接接头在化学成分、力学性能和几何形状上都表现出非均匀性。这种非均匀性对焊接接头乃至焊接结构的工作性能都会产生重要的影响。

4.2.1 焊接接头的几何不连续性

在焊接接头中通常都可能存在一些焊接缺欠，如焊缝成形不良、咬边、弧坑、余高不足或余高过大、错边、焊瘤等，这些缺欠会造成焊接接头表面过渡不平顺、不连续，表面形状突变。而气孔、裂纹、未熔合、未焊透、夹渣、熔穿等也同样会造成焊接接头材质的不致密和不连续。这些问题使得焊接接头不能充分满足材料力学和弹性力学等理论所要求的连续性假设这一基本前提。对此，人们将其称之为焊接接头的几何不连续性问题。几何不连续性所带来的影响主要表现为引发缺口效应和造成应力集中，并进而会影响焊接接头的应力分布和工作性能。

所谓缺口是指构件外形上存在几何不连续的部位，如切口、孔隙、沟槽等，一些焊接缺欠可以看成是广义的"缺口"。而缺口的存在会导致应力集中和应变集中，影响缺口前方的应力状态，导致局部出现三轴应力，使该局部材料的强度提高而塑性降低，造成所谓的缺口

强化现象。

所谓应力集中，是指接头局部区域的最大应力值（σ_{max}）高于平均应力值（σ_{av}）的现象。而应力集中的大小，常以应力集中系数 K_T 表示

$$K_T = \frac{\sigma_{max}}{\sigma_{av}} \tag{4-1}$$

式中，σ_{max} 为截面中的最大应力值；σ_{av} 为截面中的平均应力值。

焊接接头上的平均应力值（σ_{av}）容易求得，而局部最大应力值（σ_{max}）却难以准确得出，一般可用光弹、电测等实验方法确定 K_T 值，也可用解析法求得。当结构的截面几何形状比较简单时，可利用弹性力学方法计算 K_T；当结构比较复杂时，可运用有限元法计算 K_T。

4.2.2 焊接接头的冶金不完善性

构成熔焊接头的焊缝金属、熔合区、热影响区和母材这四个区域，由于所经历的热循环和应力应变循环均不相同，因此在化学成分、组织结构和力学性能上都是不相同的。特别是采用异质焊材进行焊接和焊接异种金属时，会使焊接接头的化学成分和组织结构的差异更加明显。这种差异被称为焊接接头的冶金不完善性。

1. 焊缝金属的成分和组织的不均匀性

焊缝金属是由熔化的焊接材料和熔化的部分母材经冷却凝固后形成的，因此焊缝金属的化学成分取决于熔化的母材和焊材的比例，也即"熔合比"。熔合比与母材局部熔化的量和焊材的熔敷率有关，因此，其必然与焊接方法、焊接参数、接头形式和坡口尺寸等众多参数有关。表 4-7 给出了焊接工艺条件对低碳钢焊接熔合比的影响。

表 4-7 焊接工艺条件对低碳钢焊接熔合比的影响

焊接方法	焊条电弧焊								埋弧焊
接头形式	I 形坡口对接		V 形坡口对接			角接或搭接		堆焊	对接
板厚/mm	2~14	10	4	6	10~20	2~4	5~20	—	10~30
熔合比 d	0.4~0.5	0.5~0.6	0.25~0.5	0.2~0.4	0.2~0.3	0.3~0.4	0.2~0.3	0.1~0.4	0.45~0.75

除了熔合比的影响之外，焊缝金属的凝固偏析也会影响其成分和组织的均匀性。熔池的化学成分、浓度梯度、温度梯度及冷却速度等均会对凝固偏析行为产生重要影响。

温度梯度对焊缝金属组织的影响表现得更为充分，焊缝金属从母材开始垂直于等温线的方向结晶长大，表现为指向焊缝中心方向的柱状晶，凝固初期高熔点金属结晶较多，低熔点物质存在于最后凝固的部分和柱状晶之间。而在焊缝中心处，由于温度梯度较小，则多表现为等轴晶。相同厚度的板材，单层焊时这种粗大的柱状晶组织明显，如图 4-19a 所示。多层焊时，第一层焊道的柱状晶组织受到后焊层的热作用，消除了柱状晶而转化为较细的晶粒，如图 4-19b 所示。

焊缝组织的这种不均匀性决定了焊缝金属的力学性能。在熔池凝固的过程中，采用一些措施使之发生振荡，可以起到细化晶粒，改善化学成分均匀性的效果。

图 4-19 单层焊与多层焊的接头组织
a) 单层焊时的柱状晶组织　b) 多层焊第二层对第一层柱状晶的细化

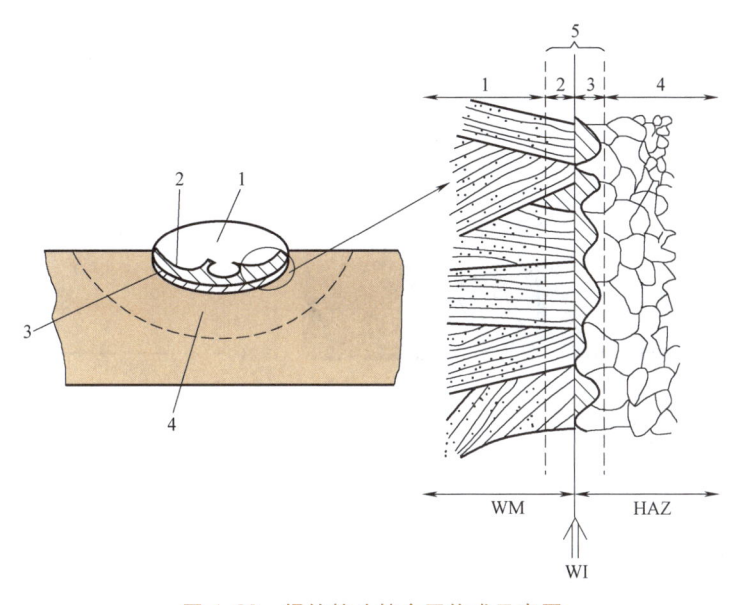

图 4-20 焊接接头熔合区构成示意图
1—焊缝区（富焊条成分）　2—焊缝区（富母材成分）　3—半熔化区　4—热影响区
5—熔合区　HAZ—热影响区　WI—实际熔合线　WM—焊缝金属

2. 熔合区的成分和组织的不均匀性

熔合区是指介于焊缝金属与热影响区之间的半熔化区域（见图 4-20）。由于母材晶粒取向差异导致的导热方向的差异以及母材各点成分的不均匀引起的局部熔化温度的不一致，使得熔合区表现为具有一定的宽度而非理想的"熔合线"。当母材的固液相温度区间较大时，熔合区的宽度也会较宽。

熔合区的这种半熔化特点常常会造成晶界发生迁移，并促进 C、S、P 等元素的扩散，使之富集于晶界，共存的固液相之间的相互作用使得溶质原子易于进入液相之中，从而使晶界偏析增大。此外，该区域也易于析出一些新生相，如碳化物相、氮化物相和硫化物相等。由此造成熔合区的化学成分不均匀，并引起组织的不均匀性。熔合区是焊接裂纹易于产生和发展的区域，是焊接接头中最薄弱的环节。

3. 热影响区的成分和组织的不均匀性

热影响区是指介于熔合区和母材之间，虽然未发生熔化，但组织和性能都发生了明显变化的区域。由于热影响区中距离焊缝中心不同距离的各点所经历的焊接热循环各不相同，离焊缝越近的点，其峰值温度越高，加热速度和冷却速度也越快，对组织和性能的影响也就越大，远离焊缝的点，其组织和性能逐渐趋近于母材。因此，热影响区是组织和性能都极不均匀的区域。

图 4-21 给出了冷轧状态下不易淬火钢焊接热影响区的组织分布及其温度区间。依据组织的差异可将热影响区再区分为过热区、完全重结晶区、不完全重结晶区和再结晶区。

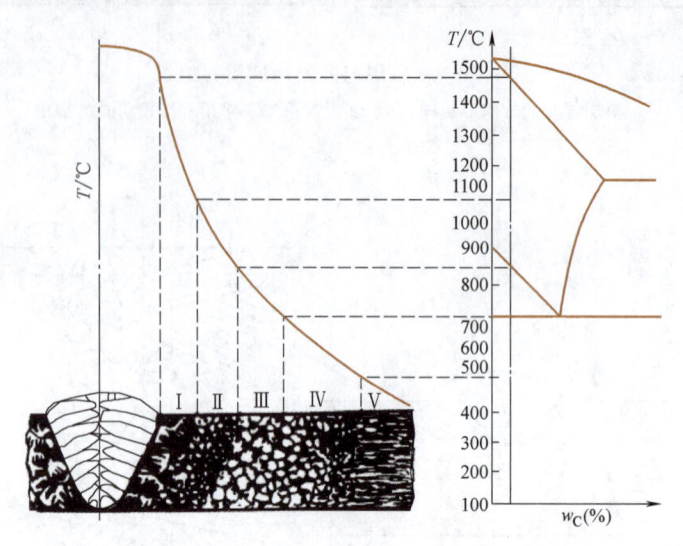

图 4-21 冷轧状态下不易淬火钢焊接热影响区的组织分布及其温度区间
Ⅰ—过热区　Ⅱ—完全重结晶区　Ⅲ—不完全重结晶区
Ⅳ—再结晶区　Ⅴ—母材

过热区处于母材的固相线以下一个较高的温度范围内，在该区域内的晶粒急剧长大，形成晶粒粗大的铁素体和珠光体，甚至形成魏氏组织。因此，该区域又被称为粗晶区。如果采用能量密度相对集中的焊接方法进行焊接时，过热区会变窄，如采用激光或电子束焊接时，几乎看不到过热区。

完全重结晶区处于 Ac_3 以上的一个温度区间，该区间内的金属经历了由铁素体和珠光体向奥氏体转变的相变重结晶，并在随后的冷却过程中由经历了由奥氏体向铁素体和珠光体转变的相变重结晶。两次相变重结晶使晶粒显著细化，因此该区域又被称为细晶粒区或正火区。

不完全重结晶区对应的温度范围为 $Ac_1 \sim Ac_3$，该区域内的金属会有一部分经历了两次相变重结晶，而另外未经历相变重结晶的部分仍保持为原始的铁素体，其晶粒会较为粗大。因此，该区域的晶粒大小不一，且分布不均匀。

再结晶区处于 $Ac_1 \sim 500℃$ 温度范围内。只有经过应变硬化的母材焊后才会出现再结晶区。再结晶使得母材中因冷作变形被拉长的晶粒变为等轴晶粒。如果母材为热轧板材，在焊后的热影响区中将不会出现再结晶区。

4.2.3　焊接接头的力学不均匀性

焊接接头在化学成分和组织结构上的不均匀性必然导致其在宏观力学性能上也具有不均匀性的特征。同时，焊接接头除经历焊接过程之外，还可能经历焊后热处理、热矫形等热、力过程，因此会使焊接接头的力学性能不均匀性变得更加复杂。图 4-22 给出了低碳钢和调质钢焊接接头各区域的强度及塑性变化的示意图。图 4-23 给出了 Mn-Si 系 50kg 级高强度钢堆焊区的硬度分布。可见，焊接接头各区域力学性能有显著的不均匀性。对于异质材料的焊接接头，除上述力学性能不均匀外，接头各部分的其他物理性能（如弹性模量等）有时也可能存在较大差别，这些经常导致焊接接头力学性能测试结果存在较大的分散性。为此，需要深入了解焊接接头各区域力学性能的特点，才能合理构造和使用焊接接头。

对于多数钢材来说，焊接接头热影响区中的过热区（也即粗晶区）的硬度和强度均会高于母材，而塑性和韧性比母材低。韧性、塑性的降低与钢材的含碳量以及热循环时产生的马氏体多少有关。实践证明，当钢材含碳量低时（w_C 大约在 0.15% 以下），即使急冷形成马氏体组织，其塑性降低也是较小的。完全重结晶区（即细晶区）的综合力学性能良好，既具有较高的强度，又具有较高的塑性。而不完全重结晶区的屈服强度比母材的略低，这种倾向对于

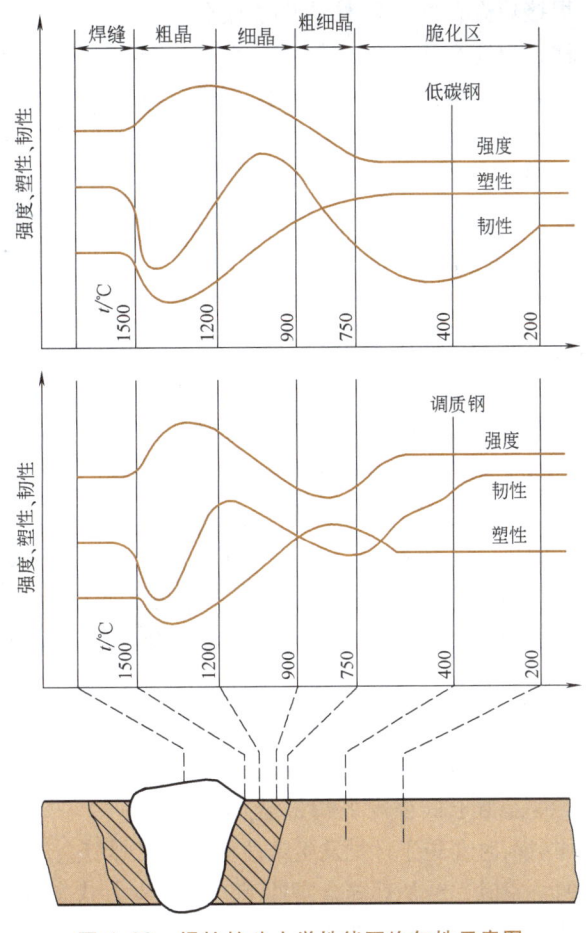

图 4-22　焊接接头力学性能不均匀性示意图

调质钢特别明显，这是由于调质钢经历焊接加热后，原来的回火马氏体组织形态因重结晶而消失所致。对于加热温度低于 700℃ 的区域，因没有组织变化，其强度和塑性与母材无大的差异。但是在 400~200℃ 内可能发生因热塑性变形而引起的强度升高，塑性、韧性下降的情况，这种现象被称为热塑变脆化，该区域被称为蓝脆区。蓝脆区的存在与钢中碳、氮等溶质原子的活动状态有关，特别是自由氮原子较多的低碳钢在热应力作用下，在近缝区产生热塑性变形，则使其力学性能发生变化。

上述讨论的均为同质焊材焊接接头的情况，当焊材的性能与母材不同时，会使情况更加复杂。这里，需要介绍组配比（又称匹配比）的概念。所谓组配比是指焊缝金属的某种性能与母材同种性能的比值，如果所考察的是强度，则相应的组配比称为强度组配比，如果考察的是塑性，则可称之为塑性组配比。通常，如果对组配比不加以特殊说明，则指的就是强度组配比。依据组配比数值的不同，可以将其区分为高组配、等组配和低组配。也即，当焊缝金属的强度高于母材的强度时，所获得的焊接接头称为高组配焊接接头；当焊缝金属的强度低于母材的强度时，其焊接接头称为低组配焊接接头；两者的强度相等时则称为等组配焊接接头。

通常情况下，人们希望焊接接头的力学性能与母材相同，即等强度组配原则。然而，即

使焊接填充材料与母材的化学成分完全一样，焊缝金属与母材的力学性能也是不一致的，即达到等强度组配也只是理想的状态。实际上，焊缝金属的强度可能高于母材，也可能低于母材。因此，焊缝金属和母材两者之间的强度如何组配将决定焊接接头的力学性能。

图 4-24 给出了不同组配的对接接头承受拉伸载荷时的应力与应变关系。从图中可以看出，无论是高组配还是低组配，焊接接头的强度都接近于母材的强度。对于高组配焊接接头来说，由于焊缝金属的强度高于母材，母材是整个接头中的最薄弱环节，拉伸时断裂发生于母材，因此，接头的强度接近于母材，这很好理解。但对于低组配焊接接头来说，在应力值已经高于焊缝金属的强度时，焊接接头却仍未发生断裂，而直至其应力值接近于母材的强度时才发生断裂。这是由于低强度的焊缝金属在承受拉伸载荷时会先于母材发生塑性变形，当焊缝金属的塑性变形受到仍处于弹性状态的高强度母材的约束时，会使焊缝金属处于三轴拉应力状态（见图 4-25），抑制了焊缝金属的塑性滑移，降低了焊缝金属的塑性变形趋势，从而使焊接接头的强度提高到接近于母材的水平。

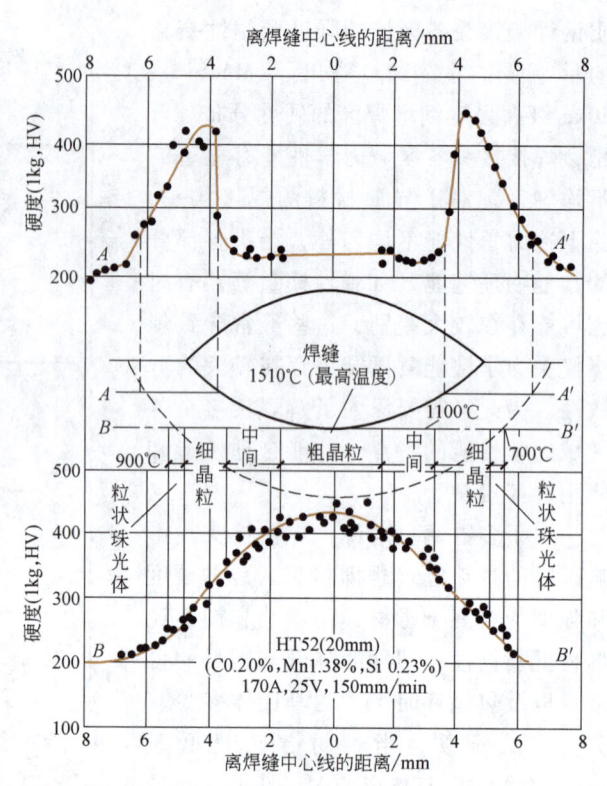

图 4-23 Mn-Si 系 50kg 级高强度钢堆焊区的硬度分布

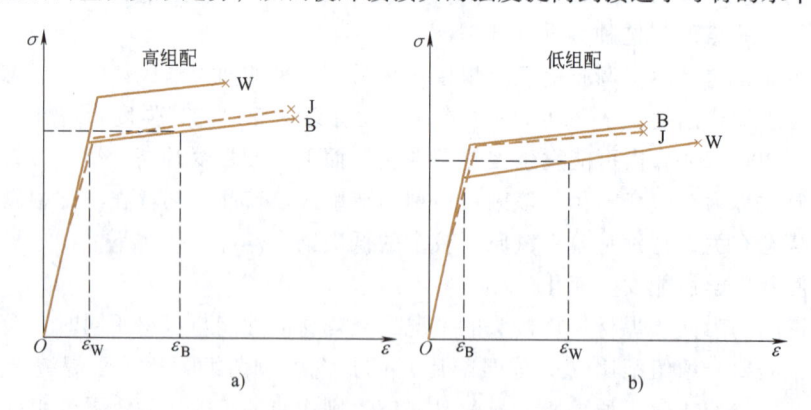

图 4-24 不同组配的对接接头承受拉伸载荷时的应力与应变关系
a) 高组配接头应力-应变曲线 b) 低组配接头应力-应变曲线
W—焊缝金属的 σ-ε 曲线 B—母材的 σ-ε 曲线 J—接头的 σ-ε 曲线

高强度母材约束焊缝金属的塑性变形使焊接接头的强度提高的作用是有条件的，其核心问题是高强度母材是否真的对低强度的焊缝金属施加了约束作用。不同的坡口形式会对这种约束作用产生影响，如相同几何条件下，I 形坡口对接接头的这种约束作用要明显大于 X 形坡口对接接头的作用。更为重要的是母材的几何尺寸与焊缝尺寸之间的关系。对于I形坡口对接接头来说，当被焊母材的宽厚比 $W/h \geq 7$ 时，焊接接头的强度只与相对厚度（即焊缝宽度与板厚的比值）H/h 有关，并且随着 H/h 变小，接头强度增加。

对接宽板时，若已知焊缝金属与母材的抗拉强度比 $S_r (S_r = \sigma_b^W / \sigma_b^B < 1)$ 和相对厚度 $X_h (X_h = H/h)$，可从下面近似公式求得焊接接头的抗拉强度 σ_b^J 的近似值。

$$\sigma_b^J = \left(\frac{1}{3.86 X_{eq}^{0.8}} + 1 \right) \sigma_b^W \quad (4-2)$$

式中，当 $X_h > m$ 时，$X_{eq} = X_h$；当 $X_h \leq m$ 时，$X_{eq} = 0.5(X_h + m)$。

$$m = 2 \left\{ \frac{S_r}{3.86(1-S_r)} \right\}^{\frac{1}{0.8}} \quad (4-3)$$

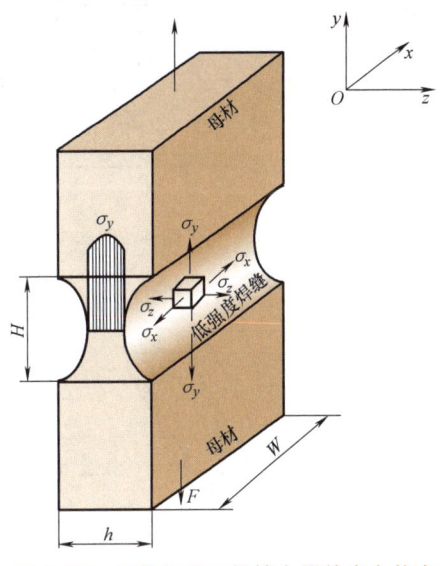

图 4-25 厚板低组配焊缝金属的应力状态

对于超高强度钢来说，随着强度级别的提高，其韧性的储备显著降低，如果仍然采用高组配焊接接头，将会导致由于焊缝韧性不足引起的低应力脆性破坏。若采用高韧性的低组配焊接接头，在弹性应力区焊缝抗脆断能力显然高于母材。但在弹塑性区，由于焊缝要比母材承受更大的工作应变，这又会使低组配焊接接头的抗脆断能力降低。所以在超高强度钢焊接时，宜选择焊缝韧性明显高于母材金属的低组配焊接接头才更加合理。

4.3 焊接接头工作应力的分布与承载能力

焊接接头的冶金不完善性决定了焊接接头的力学不均匀性，而焊接接头的几何不连续性则显著影响着焊接接头中的应力分布特征，并制约着焊接接头的工作特性和承载能力。

4.3.1 工作焊缝与联系焊缝

在焊接结构上往往都会有若干条焊缝，根据其传递载荷的方式和重要程度分为工作焊缝与联系焊缝。当焊缝与被连接的元件串联时，它承担着传递全部或绝大部分载荷的作用，一旦焊缝发生断裂，结构就立即失效，这种焊缝称为工作焊缝，其应力称为工作应力。当焊缝与被连接的元件并联时，它仅传递很小的载荷，主要起元件之间相互联系的作用，即使焊缝发生断裂，结构也不会立即失效，这种焊缝称为联系焊缝，其应力称为联系应力。

图 4-26a 为对接接头工作焊缝的情况，从图中可以看出，如果焊缝失效，工作载荷将不能传递。图 4-26b 为对接接头联系焊缝的情况，此时，即使焊缝的连接失效，工作载荷仍可传递。

图 4-27 为搭接接头的工作焊缝和联系焊缝的示意图。对于斜搭接角焊缝（见图 4-27c）来说，如果焊缝失效会导致工作载荷传递的失效，则将其视为工作角焊缝；如果不会导致工作载荷传递的失效，则可将其视为联系角焊缝。

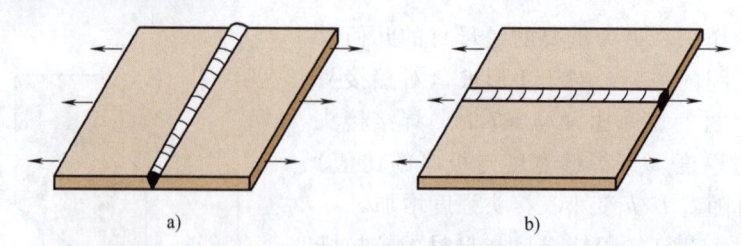

图 4-26 对接接头的工作焊缝和联系焊缝的示意图

a) 工作焊缝　b) 联系焊缝

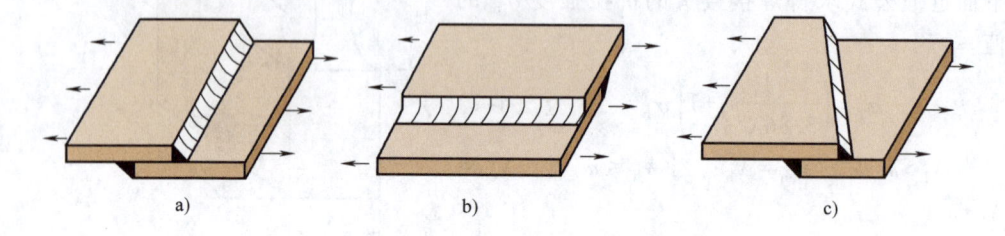

图 4-27 搭接接头的工作焊缝和联系焊缝的示意图

a) 工作角焊缝　b) 联系角焊缝　c) 斜搭接角焊缝

图 4-28 和图 4-29 分别给出了 T 形接头和十字接头的工作焊缝和联系焊缝的示意图。对于十字接头来说，如果主要由直通板来承受载荷，则其焊缝为联系焊缝；如果主要由角焊缝来承受载荷，则其焊缝为工作焊缝。

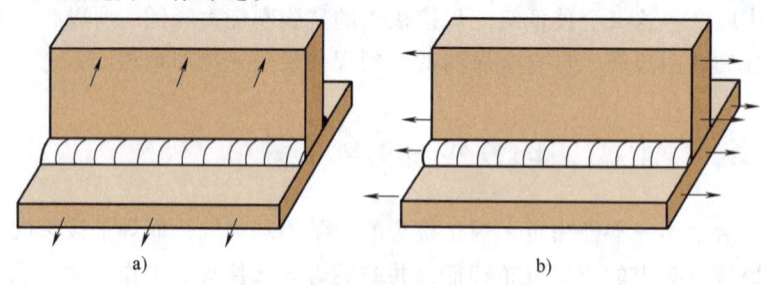

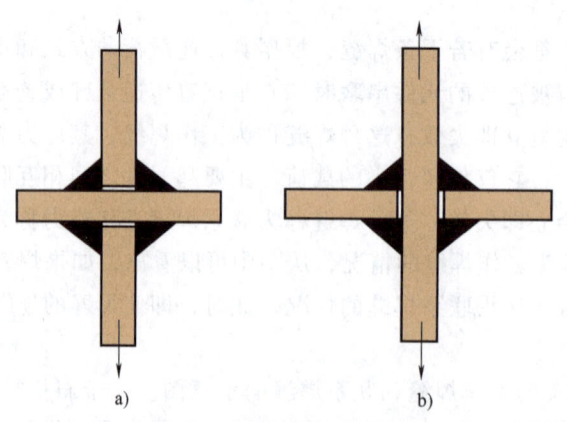

图 4-28 T 形接头的工作焊缝和联系焊缝的示意图

a) 工作焊缝　b) 联系焊缝

图 4-29 十字接头的工作焊缝和联系焊缝的示意图

a) 工作焊缝　b) 联系焊缝

4.3.2 典型焊接接头的应力集中系数

焊接接头的几何形状不连续性，是造成接头应力集中的主要原因，不同的接头形式及焊缝尺寸和排布方式决定了应力集中程度。

1. 对接接头的应力集中系数

通常对接接头的焊缝会略高于母材金属板面，形成焊缝余高，造成构件表面不平滑，引起应力集中。应力集中系数 K_T 的大小取决于构成对接接头的几何参量。在工程上，通常将焊缝余高向母材金属过渡的焊趾处的应力集中系数 K_T 取为 1.6，在焊缝背面与母材金属的过渡处的应力集中系数 K_T 取为 1.5。图 4-30 给出了对接接头几何尺寸与应力集中系数之间的关系曲线。应力集中系数的大小，主要与余高 h 和焊缝向母材过渡圆角的半径 r 有关，减小 r 和增大 h，则 K_T 增加。当余高 h 为零时，过渡圆角半径 r 为 ∞，此时 $K_T=1$，应力集中消失。

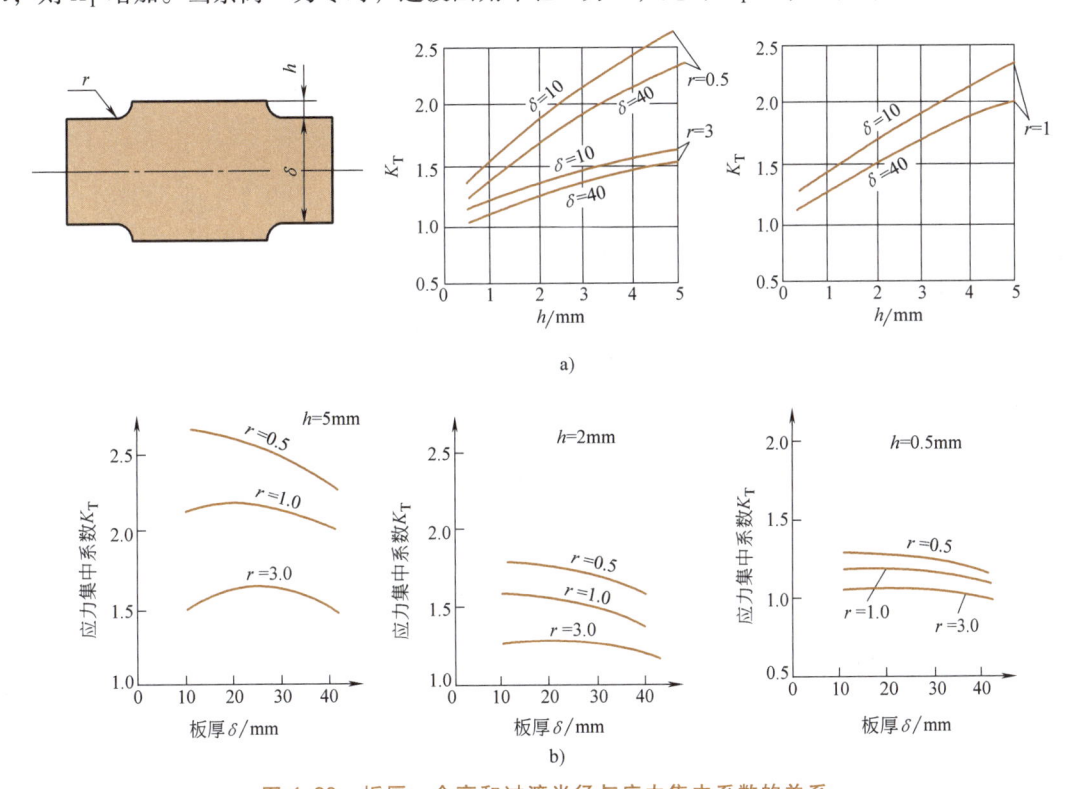

图 4-30 板厚、余高和过渡半径与应力集中系数的关系

事实上，焊趾和焊根处的应力集中系数不仅与余高和过渡半径有关，而且与板厚和焊缝熔宽有关。简单地限定余高和过渡半径的做法并不能完全保证有效减小应力集中系数，合理的做法应是直接对应力集中系数提出限定。

关于对接接头的应力集中系数的研究工作已经取得了较多的研究结果。对于图 4-31 所示的对称 X 形坡口对接接头，其余高为 h，过

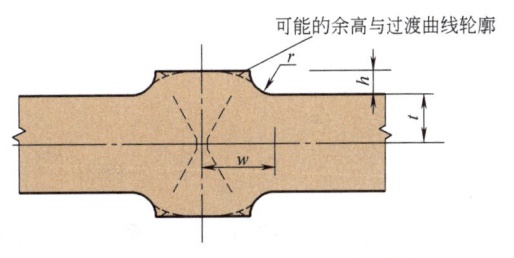

图 4-31 对称 X 形坡口对接接头几何参量定义示意图

渡圆角半径为 r，板厚为 $2t$，焊缝熔宽为 $2w$。在此条件下，各几何参量与应力集中系数的关系如图 4-32 所示。

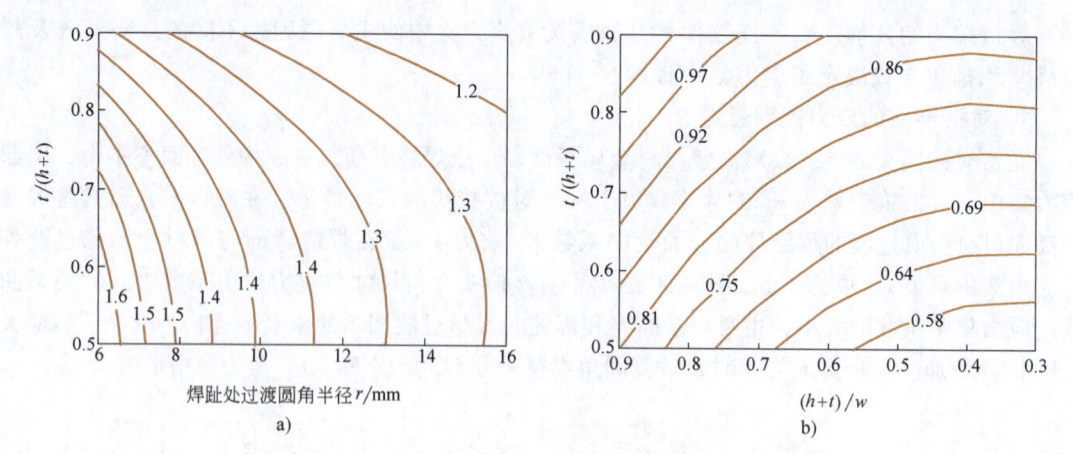

图 4-32 对称 X 形坡口对接接头焊趾和焊根处应力集中系数与接头几何参量的关系
a) 焊趾应力集中系数 b) 焊根应力集中系数

此时，焊趾的应力集中系数 K_T^{toe} 可按下式计算：

$$K_T^{toe} = 1 + \alpha r^{(0.403\frac{t}{h+t}-1.031)} \tag{4-4}$$

上式中的参数 α，当按最大主应力计算时，取

$$\alpha = 3.285 - 2.541\left(\frac{t}{h+t}\right)^2 \tag{4-5}$$

当按 VonMises 等效应力计算时，取

$$\alpha = 3.030 - 2.300\left(\frac{t}{h+t}\right)^2 \tag{4-6}$$

对于焊根处的应力集中系数 K_T^{root}，可按下式计算：

$$K_T^{root} = \frac{t}{h+t} + \alpha r + \beta \tag{4-7}$$

上式中的参数 α 和 β，当按最大主应力计算时，取

$$\alpha = 0.023\frac{h}{w} - 0.002 \tag{4-8}$$

$$\beta = 0.788\left(\frac{h+t}{w}\right)^2 - 0.654\left(\frac{h+t}{w}\right) + 0.133 \tag{4-9}$$

当按 VonMises 等效应力计算时，取

$$\alpha = 0.041\frac{h}{w} - 0.0025 \tag{4-10}$$

$$\beta = 0.963\left(\frac{h+t}{w}\right)^2 - 0.516\left(\frac{h+t}{w}\right) + 0.05 \tag{4-11}$$

按照上述公式计算出的应力集中系数，在大多数情况下其误差不超过 5%。

应力集中对动载结构的疲劳强度是十分不利的，所以要求它越小越好。国家标准规定：在承受动载荷的情况下，焊接接头的焊缝余高应趋于零。对重要的动载构件，可以采用削平

余高或增大过渡圆角半径的措施(如对焊趾局部进行机械加工或进行 TIG 重熔)来降低应力集中,以提高焊接接头的疲劳强度。

与其他形式的接头相比,对接接头外形的变化是不大的,所以它的应力集中较小,而且易于降低和消除。因此,对接接头是最好的接头形式,不但静载性能可靠,而且疲劳强度也较高。所以,对接接头是熔焊最常用的接头形式之一。

2. T形接头和十字接头的应力集中系数

T形接头和十字接头都是用角焊缝将平板和立板进行连接,其应力集中的情况相近,这里将不做详细区分而统一进行讨论。

图4-33 所示为双侧角焊缝开坡口焊透的T形接头,其立板厚度为 $2t$,焊脚尺寸为 K,坡口角度为 β,焊趾角度为 θ,钝边宽度为 d,焊缝间隙为 b,过渡圆角半径为 r。此时,最高应力出现在立板的焊趾部位,而焊根处的应力值较低。其焊趾和焊根处的应力集中系数与接头各几何参量之间的关系如图4-34~图4-36 所示。其应力集中系数也可以按如下公式计算。

在焊趾处,按 VonMises 等效应力计算时

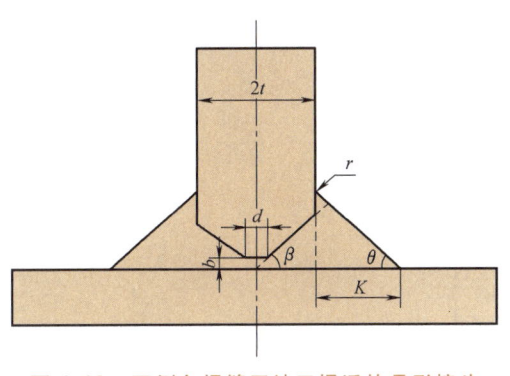

图 4-33 双侧角焊缝开坡口焊透的 T 形接头

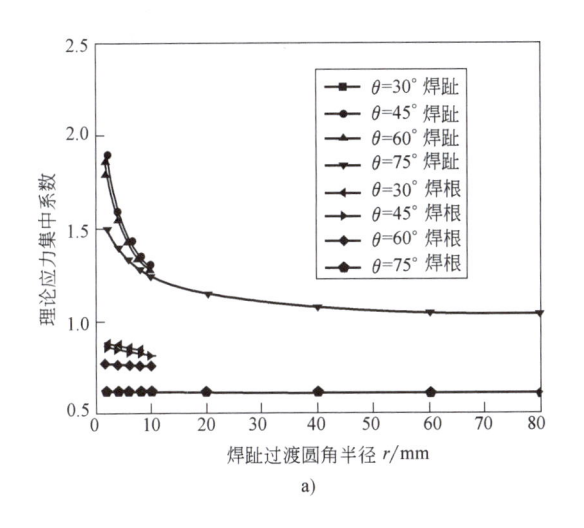

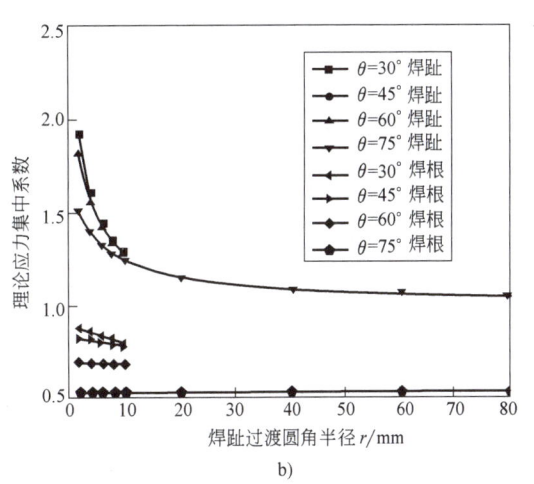

图 4-34 应力集中系数与焊趾过渡圆角半径的关系

a) $K=5$mm　b) $K=7$mm

$$K_T^{toe} = 1 + 0.34127\left(\frac{r}{2t}\right)^{-0.64544} \cos^{0.34517}\theta \tag{4-12}$$

按最大主应力计算时

$$K_T^{toe} = 1 + 0.54622\left(\frac{r}{2t}\right)^{-0.53056} \cos^{0.26632}\theta \tag{4-13}$$

在焊根处,按 VonMises 等效应力计算时

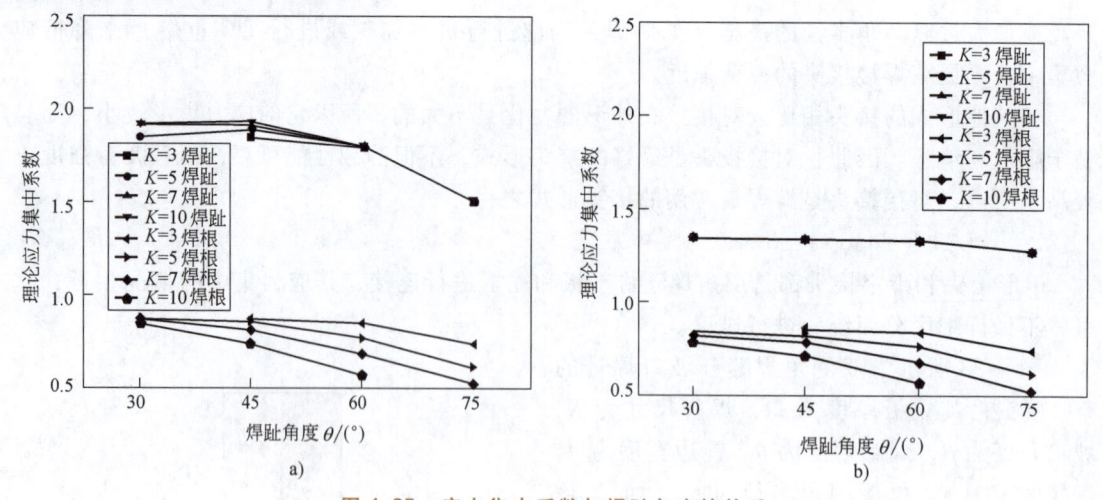

图 4-35 应力集中系数与焊趾角度的关系

a) $K = 5$mm   b) $K = 7$mm

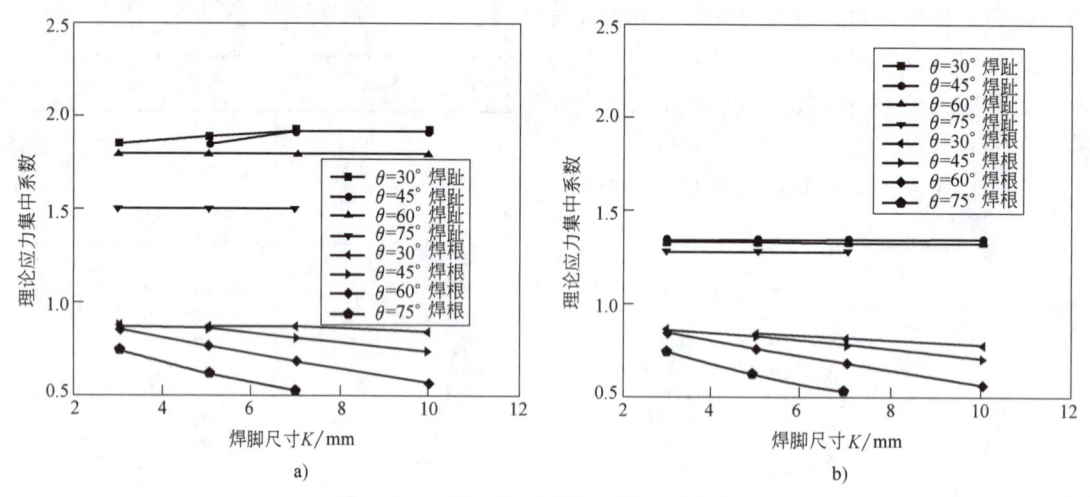

图 4-36 应力集中系数与焊脚尺寸的关系

a) $r = 2$mm   b) $r = 8$mm

$$K_T^{root} = 1.07772 - \left(\frac{K}{K+t}\right)\sin^{2.45803}\theta \tag{4-14}$$

按最大主应力计算时

$$K_T^{root} = 1.12896 - \left(\frac{K}{K+t}\right)\sin^{1.59037}\theta \tag{4-15}$$

图 4-37 和图 4-38 给出了十字接头的工作焊缝和联系焊缝的焊趾角度 θ 和焊脚尺寸 K 对焊趾处应力集中系数的影响。从图中可以看出，工作焊缝接头的焊趾处的应力集中系数随着焊脚尺寸 K 的增大而减小，而联系焊缝接头的焊趾处的应力集中系数随着焊脚尺寸 K 的增大而增大。表 4-8 给出了十字接头焊趾和焊根处的最大应力集中系数。

对于开坡口焊透的十字接头，由于消除了根部间隙，显著降低了应力集中程度，有利于提高接头的工作性能。应当指出，T 形接头的工作应力分布与十字接头有许多相似之处，但由于 T 形接头偏心受力的原因，角焊缝的焊根和焊趾处的应力集中系数都比十字接头低。

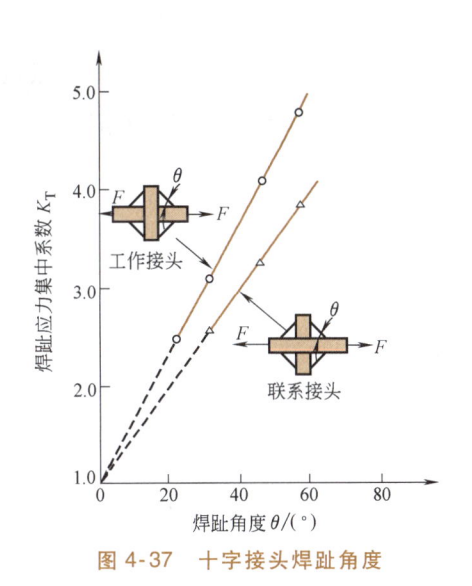

图 4-37 十字接头焊趾角度

图 4-38 十字接头焊脚尺寸

表 4-8 十字接头焊趾和焊根处的最大应力集中系数

焊缝形式		焊缝上部位	应力集中系数 K_T	焊根/焊趾	不同焊缝形式的比较 A_i/A_1
A_1		焊根	4.90	0.875	1
		焊趾	5.60		
A_2		焊根	4.49	1.75	0.92
		焊趾	2.57		0.46
A_3		焊根	3.73	1.38	0.76
		焊趾	2.71		0.48
A_4		焊根	3.76	2.22	0.77
		焊趾	1.69		0.30

3. 搭接接头的应力集中系数

搭接接头也是用角焊缝进行连接的接头。搭接接头的应力集中系数在几类典型焊接接头中是最高的。在焊趾处，可以通过改变角焊缝的外形和尺寸来降低其应力集中系数，但在焊根处，由于不存在开坡口焊透的可能性，因此，使得焊根处成为应力集中系数最高的区域。表 4-9 给出了正面角焊缝搭接接头的焊缝形状尺寸对应力集中的影响。

表4-9 正面角焊缝搭接接头的焊缝形状尺寸对应力集中的影响

角焊缝形状	焊趾角 $\theta/(°)$	水平焊脚尺寸 K	应力集中系数 K_T 焊趾处	应力集中系数 K_T 焊根处
	6.5	t	4.7	6.7
	53	$0.76t$	5.7	8.1
	45	t	4.7	6.9
	37	t	3.2	6.6
	30	$1.31t$	2.1	6.1
	28	t	4.4	7.7

注：t 为材料厚度。

4.3.3 各类焊接接头中工作应力的分布

不同形式的焊接接头在外力作用下，其工作应力分布都不一样，直接影响着焊接接头的工作性能。

1. 对接接头中工作应力的分布

相比较来说，对接接头的几何形状和尺寸的变化是比较小的，因此其应力集中程度也比较小。一般只是在正面焊趾和背面焊根处会出现应力集中，但其应力集中系数也比较低。图4-39给出了X形坡口双面对称焊接的对接接头的工作应力分布。可以说，对接接头是最好的接头形式，不但静载性能可靠，而且疲劳强度也较高。所以，对接接头是熔焊最常用的接头形式之一。

2. T形接头和十字接头中工作应力的分布

对于T形接头和十字接头来说，立板和水平板之间会存在间隙，即存在明显的几何不连续，使得工作载荷不能通过该处直接传递，从而导致力线发生严重偏转，致使应力分布极不均匀。如果开坡口并焊透，不仅可以消除焊根处的应力集中问题，而且可以使焊趾部位的应

图 4-39 对接接头的工作应力分布

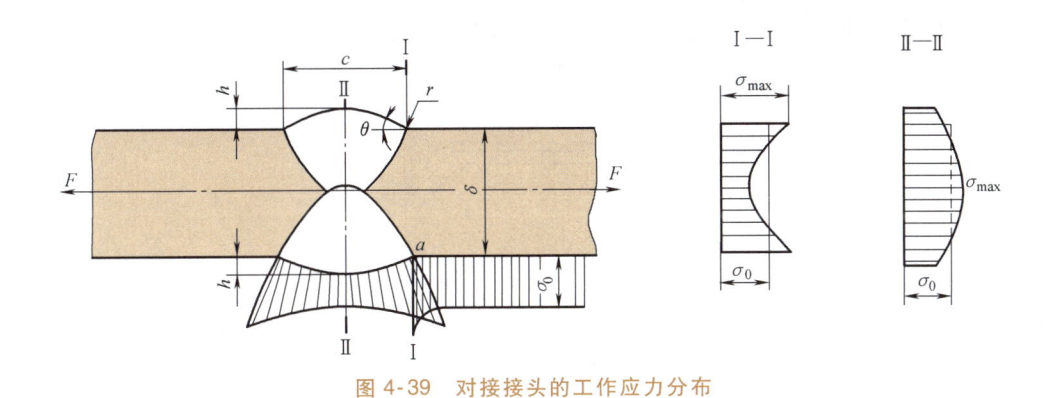

力集中程度也有所降低。图 4-40 给出了 T 形（十字）接头的工作应力分布。

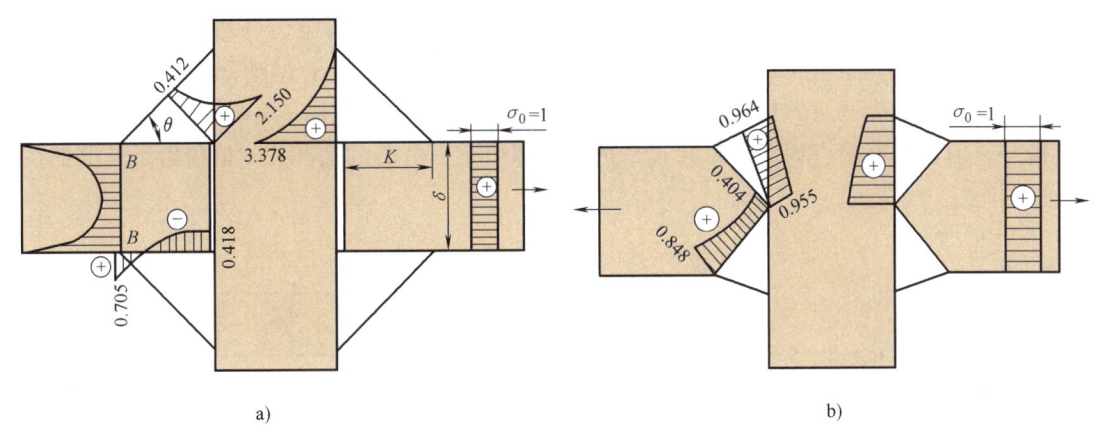

图 4-40 T 形（十字）接头的工作应力分布
a）未开坡口 b）开坡口

对于承受双轴拉应力的十字接头，为避免由于板材内的夹层缺陷导致的层状撕裂，可通过嵌入件来改变焊缝形式，使角焊缝变为对接焊缝（见图 4-41），从而提高接头的承载能力。

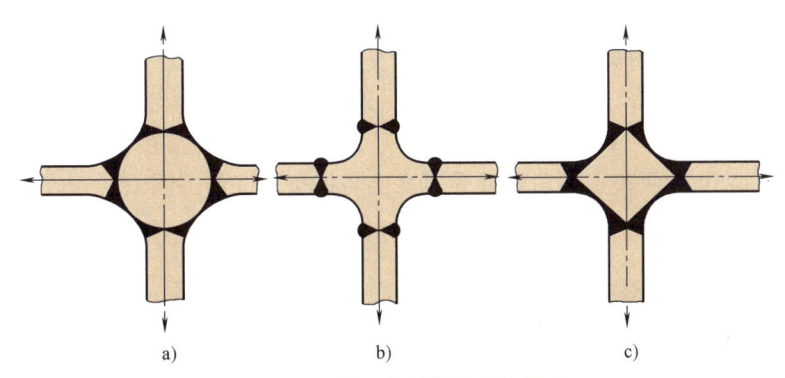

图 4-41 插入成形件的十字接头

3. 搭接接头中工作应力的分布

搭接接头也是用角焊缝来进行连接的，焊缝具有主要承受剪切载荷的特点。搭接接头依据焊缝的取向和外载荷之间的关系，可以将焊缝分为正面角焊缝、侧面角焊缝和斜向角焊缝（见图4-42），不同的取向关系具有不同的应力分布特征。

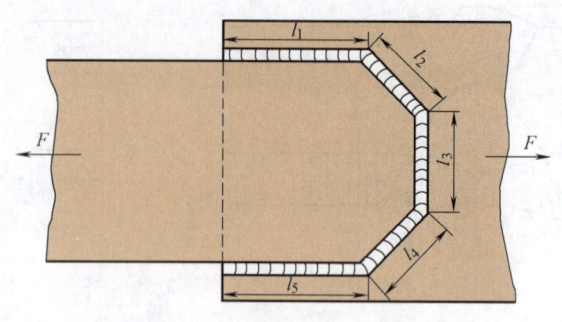

图 4-42　搭接接头角焊缝

（1）正面角焊缝的工作应力分布　正面角焊缝搭接接头中的应力分布如图4-43所示。在焊趾（B 点）和焊根（A 点）部位均存在强烈的应力集中。对于焊趾部位，可以通过减小夹角 θ 的办法来降低应力集中程度；对于焊根部位，通过增加根部熔深可使应力集中程度有所减小，但作用有限。因此，搭接接头的焊根部位是一个高危险部位，值得给予充分的关注。

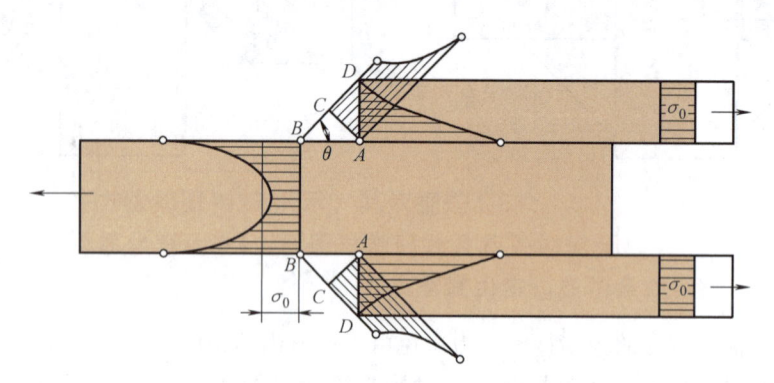

图 4-43　正面角焊缝搭接接头中的应力分布

对于单板搭接接头来说，由于正面角焊缝与作用力偏心，承受拉力时会产生附加弯曲应力（见图4-44）。为减小附加弯曲应力的影响，一般要求搭接长度（即两条正面角焊缝之间的距离）不小于板厚的4倍（$l \geq 4\delta$）。然而，当外载荷的作用点发生变化时，两条正面角焊缝上所承受的力会出现不一致的情况（见图4-45），并且，随着搭接长度的增加，这种趋势会更加严重。表4-10为两条正面角焊缝受力之比与搭接长度的关系。

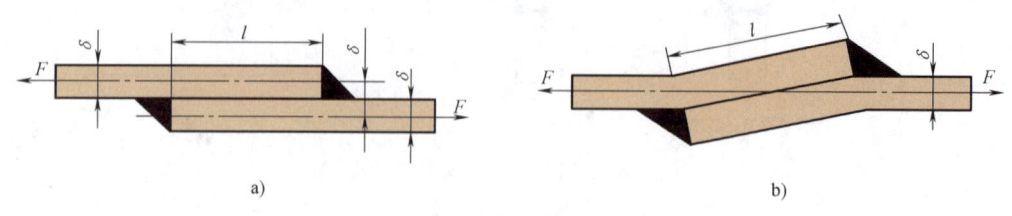

图 4-44　正面角焊缝搭接接头的弯曲变形
a）受力前　b）受力后附加弯矩引起的弯曲变形

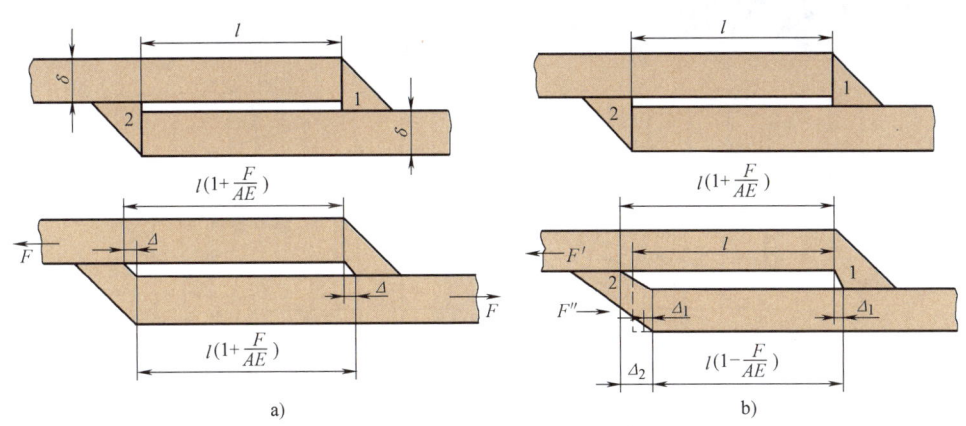

图 4-45 两种不同受力情况的正面搭接接头

A—板的截面面积　E—板材的弹性模量

表 4-10　两条正面角焊缝受力之比与搭接长度的关系

搭接长度 l / 焊件厚度 δ	3	4	5	10
两焊缝受力之比 $\left(\dfrac{左}{右}\right)$	4.96	6.27	7.60	14.20

（2）侧面角焊缝的工作应力分布　侧面角焊缝既承受正应力又承受切应力的作用，其工作应力分布更为复杂，应力集中更加严重。其中沿侧面焊缝长度上的切应力分布是不均匀的，它与焊缝尺寸、截面尺寸和外力作用点的位置等因素有关。图 4-46 给出了两种受力条件下侧面角焊缝搭接接头的变形情况和切应力分布。由图 4-46b 可见，在焊缝的一端受力时，受力端的切应力最大，并沿焊缝长度方向迅速降低，在焊缝的另一端趋近于零。其变形也是在受力端最大并沿焊缝长度方向逐渐减小。对于在焊缝两端受力的情况（见图 4-46a），则表现为切应力的峰值出现在焊缝的两端处，焊缝的中间部分的应力值较低，其变形的分布也有相同的规律。并且，随着侧边角焊缝长度的增加，其应力分布不均匀的程度进一步加大（见图 4-47），因此，通过加长侧面角焊缝方式来增加接头的承载能力是不合理的。一般规定，侧面角焊缝的长度要小于 $50K$。

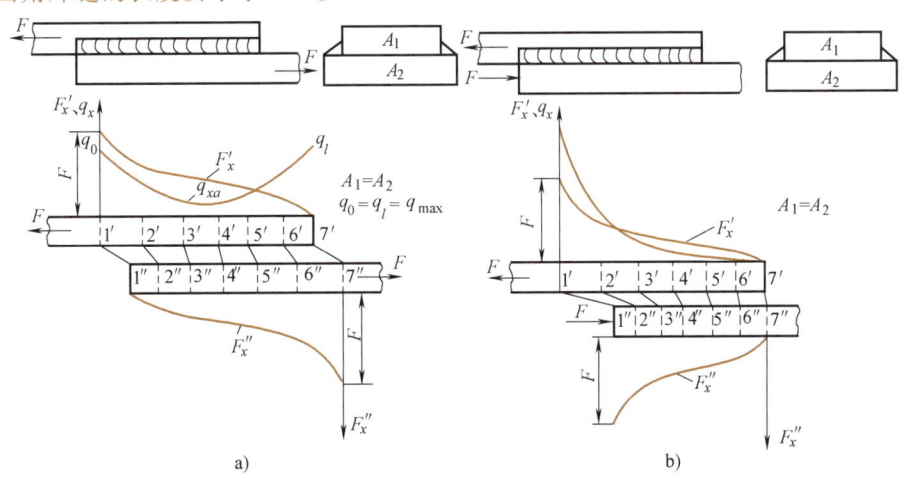

图 4-46　侧面角焊缝搭接接头的变形情况和切应力分布

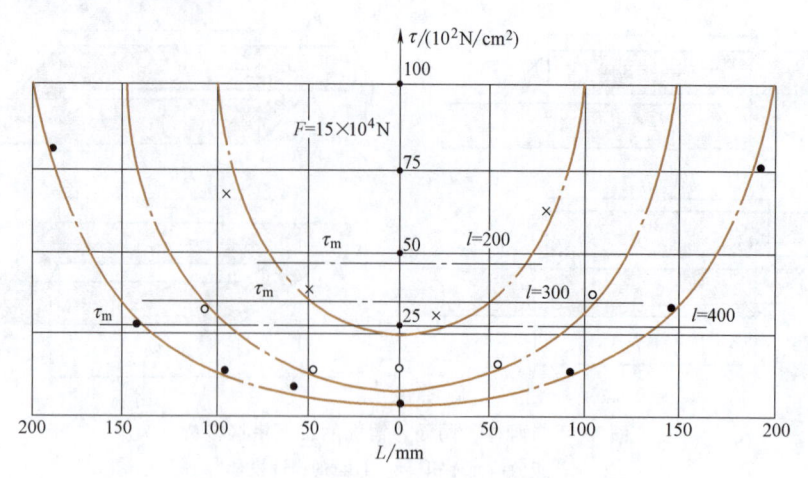

图 4-47 不同长度侧面角焊缝的应力分布

对于图 4-46a 中所示的侧面角焊缝中的切应力 τ_x 可用下式表示

$$\tau_x = 0.7\sigma \frac{\delta}{K} \frac{\operatorname{ch}\dfrac{x}{B} + \operatorname{ch}\dfrac{l-x}{B}}{\operatorname{sh}\dfrac{l}{B}} \tag{4-16}$$

式中，τ_x 为距焊缝一端为 x 的焊缝断面上的平均切应力；$\sigma = \dfrac{F}{B\delta}$ 为被连接件中的平均正应力；B 为被连接件的宽度；δ 为被连接件的厚度；K 为焊脚尺寸；l 为焊缝长度。

在焊缝的两端，即当 $x=0$ 或 $x=l$ 时，τ_x 为最大值。

当两个被连接件的截面积不相等时，切应力的分布并不对称于焊缝的中点，而是靠近小截面一端的应力高于截面大的一端，如图 4-48a 所示。它表明这种接头的应力集中程度比两板截面积相等的搭接接头更为严重。此时，如果采用联合角焊缝搭接接头的形式（见图 4-48b），则可使其应力分布明显趋于平缓。可见，设计搭接接头时，添加正面角焊缝是必要的。

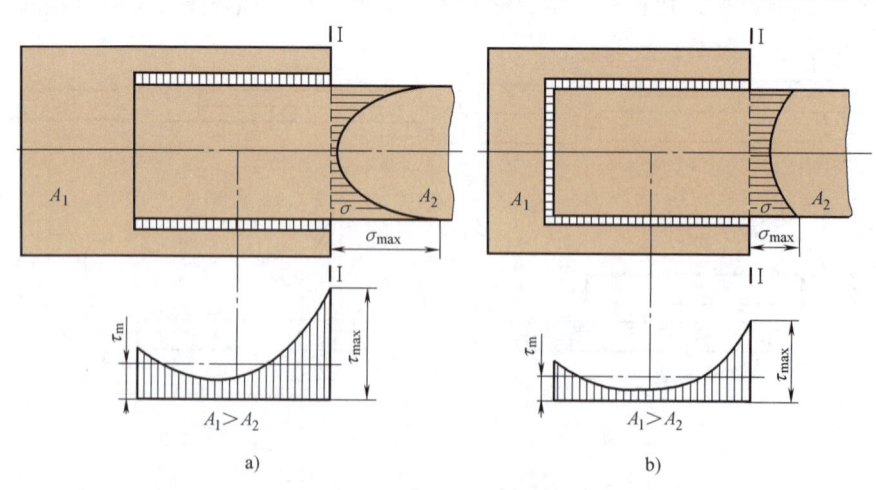

图 4-48 侧面角焊缝和联合角焊缝搭接接头的应力分布
a）侧面角焊缝搭接 b）联合角焊缝搭接

（3）盖板搭接接头的工作应力分布 两平板通过与盖板搭接来实现对接的接头，称为盖板接头，它是模仿铆钉和螺栓连接方式的接头形式。加盖板接头，有双盖板搭接和单盖板搭接两种。仅用侧面角焊缝连接的盖板接头如图 4-49a 所示。在盖板范围内各横截面正应力 σ 的分布极不均匀，靠近侧面角焊缝的部位应力最大，远离焊缝并在构件的轴线位置上的应力最小。增添正面角焊缝连接的盖板接头如图 4-49b 所示。其各横截面正应力的分布得到明显的改善，应力集中程度显著降低。尽管如此，这种盖板接头在承受动载荷的结构中疲劳强度仍然极低，故不宜采用或少用为好。

（4）斜向角焊缝搭接接头 当搭接接头的角焊缝取向与外载荷的方向构成小于 90°的倾角时，将其称为斜向角焊缝搭接接头。在各种角焊缝构成的搭接接头中，实验证明，角焊缝的强度与载荷方向有关。当焊脚尺寸 K 相同时，单位长度正面角焊缝强度高于侧面角焊缝强度，而单位长度斜向角焊缝强度介于上述两种角焊缝之间。当焊脚尺寸一定时，单位长度斜向角焊缝强度随焊缝方向与载荷方向的夹角 α 而变化，如图 4-50 所示，α 角越大其强度越小。

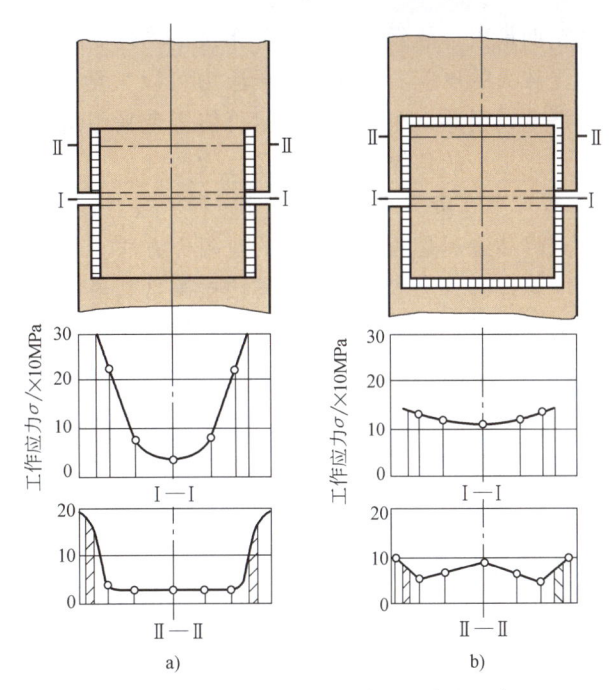

图 4-49 盖板搭接接头的工作应力分布
a）侧面角焊缝连接 b）联合角焊缝连接

4. 角接接头中工作应力的分布

角接接头的几何形状特点是焊缝金属处于严重的母材形状过渡部位，接头在外力作用下

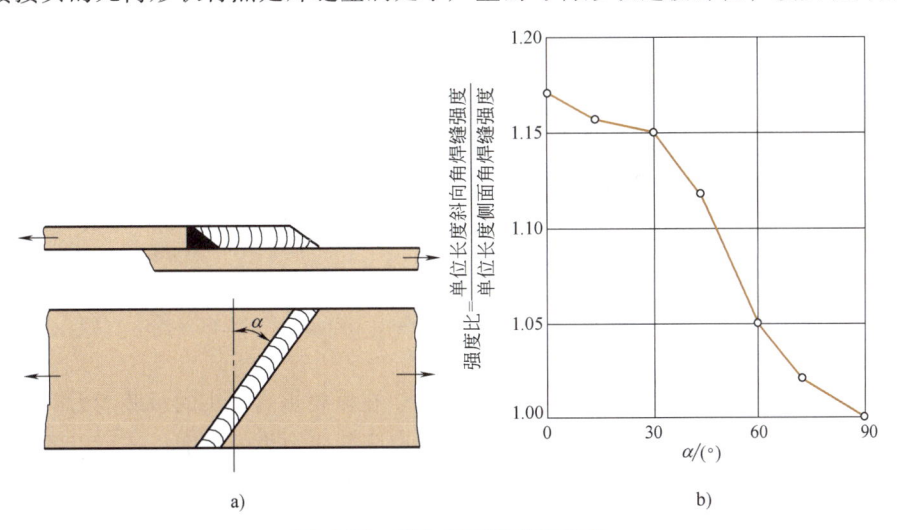

图 4-50 斜向角焊缝搭接接头
a）斜向角焊缝搭接示意图 b）搭接强度与 α 角的关系

力线扭曲最大，故其工作应力分布极不均匀。在角焊缝同一个截面上既承受较大的拉应力，又承受较大的压应力，理论上压应力可以大至无穷，如图 4-51 所示。角接接头的应力集中最为严重，因此，在实际中要尽可能避免采用角焊缝连接的角接接头，或者从结构设计方面保证角接接头的角焊缝不要承受过大的载荷。

5. 电阻焊接头的工作应力分布和承载能力

点焊和缝焊是两种最主要的电阻焊方法。

电阻焊的方法本身决定了搭接接头是其最主要的接头形式，点焊接头上的焊点主要承受切应力，同时，由于偏心力的存在，焊点还会受到附加拉应力的作用，如图 4-52 所示。

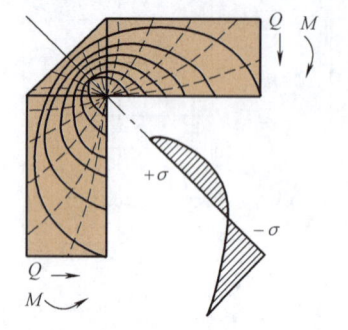

图 4-51　角接接头的工作应力分布 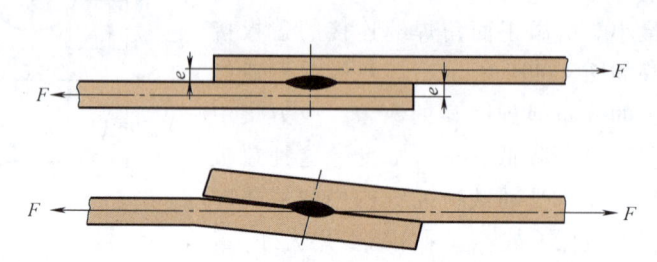　　　图 4-52　单排点焊接头的偏心弯曲

点焊焊点附近处母材沿板厚方向的正应力分布和焊点上的切应力分布都不均匀，存在着严重的应力集中（见图 4-53a）。其应力集中程度与焊点间距 t 和焊点直径 d 的比值有关，该值越大，则应力分布越不均匀。因此，缩短间距 t 有利于降低点焊接头应力集中程度。如果点焊焊点承受拉伸（撕裂）载荷，在焊点边缘会产生极为严重的应力集中（见图 4-53b），由于焊点的抗拉能力一般都比抗剪能力低，所以应尽可能避免焊点承受这种载荷。

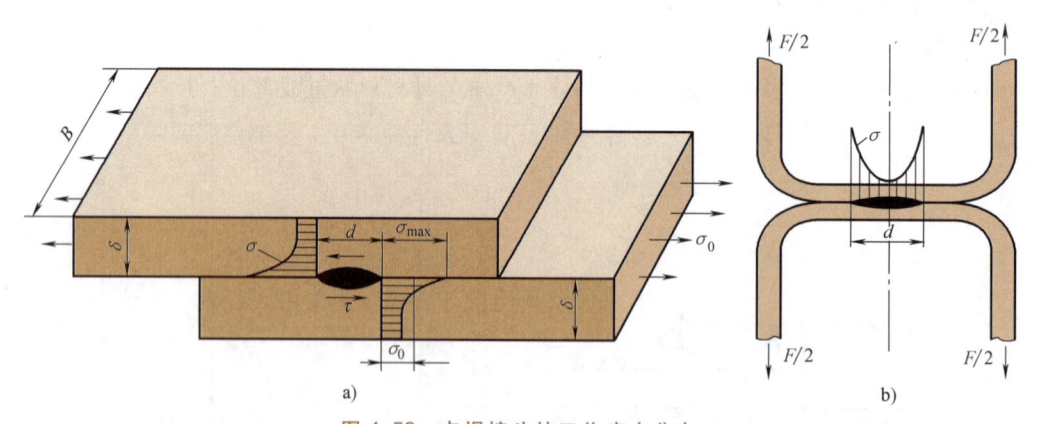

图 4-53　点焊接头的工作应力分布

单排点焊焊接接头的承载能力会明显低于母材，在需要提高接头的承载能力时，可以采用多排点焊焊接接头。采用多排点焊焊接接头不仅可以降低应力集中程度，还可以减小偏心力所引起的附加拉应力的作用。如能采用多排交错的焊点排列方式，则接头的受力情况会更好。但是，多排点焊焊接接头中各排焊点所承受的载荷是不均匀的，处于两边排的焊点受力较高，而处于中心处的焊点受力较低（见图 4-54）。并且，排数越多，其受力不均匀的程度越大，因

此，过多地增加焊点排数对提高承载能力没有意义。图4-55给出了承载能力与焊点排数的关系，从图中可以看出，焊点排数多于三排是没有必要的。

<u>缝焊接头</u>的焊缝实质上是由点焊的许多焊点局部重叠构成的。如果材料的焊接性良好，其接头静载强度可达到母材金属的强度。缝焊接头的工作应力分布比点焊均匀，静载强度和动载强度都明显高于点焊接头。

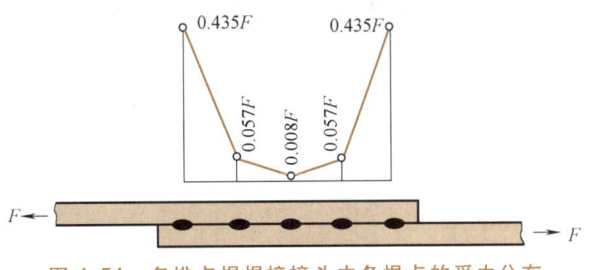

图 4-54 多排点焊焊接接头中各焊点的受力分布

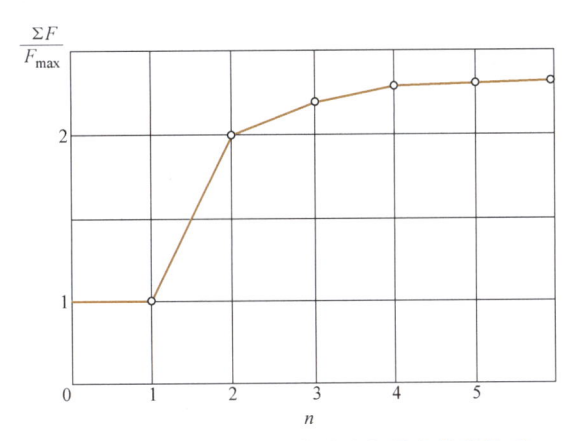

图 4-55 点焊接头的承载能力与焊点排数关系

ΣF——列焊点的总载荷量　F_{max}——一个焊点的最大承载力　n—焊点排数

6. 应力集中对接头承载能力的影响

综合上述，各种形式的接头经过熔化焊接后，都会有不同程度的应力集中，并对接头的承载能力都有一定的影响。应力集中系数 K_T 值越大，应力集中程度就越严重，应力分布就越不均匀。这就使得应力集中处容易较早达到材料的屈服强度或抗拉强度，产生开裂现象，也就使得焊接接头承载能力下降。所以说<u>应力集中系数 K_T 值越大，焊接接头的工作性能越差</u>。

但是，并不是在所有情况下应力集中都对强度产生明显的影响，这与材料的塑性状态有关。如果材料具有足够的塑性，接头在破坏之前就产生明显的塑性变形，通过塑性变形松弛应力，此时应力集中对其静载强度基本无影响。例如，侧面搭接接头在加载时，如果母材和焊缝金属都有良好的塑性，在静载拉伸的起初阶段，焊缝金属工作于弹性极限内，其切应力的分布是不均匀的，呈现两端大中间小的状态，如图4-56所示。继续加载，焊缝两端处的切应力首先达到剪切屈服强度（τ_s），则该处切应力停止上升，而焊缝中段各点的切应力尚未达到 τ_s，故切应力随着加

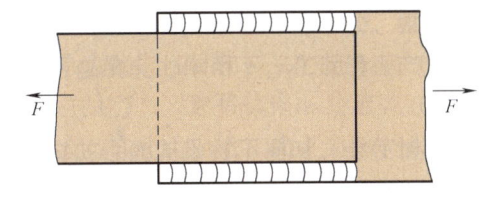

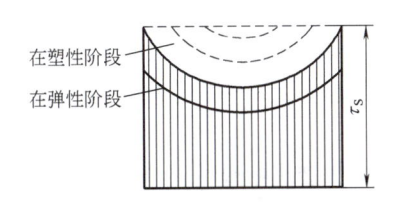

图 4-56 侧面搭接接头的工作应力均匀化分布

载继续上升，随之到达剪切屈服强度的区域逐渐扩大，沿焊缝长度方向切应力分布趋于平缓，直至各点的切应力都达到 τ_s 为止。如果再继续加载，则会因为整条焊缝同时达到材料的强度极限而被破坏。这说明接头在塑性变形的过程中能够发生应力均匀化，因此，只要接头材料具有足够的塑性，应力集中对接头的静载强度就没有影响。

4.4 静载荷条件下焊缝强度的计算

4.4.1 焊缝静载强度计算的基本原理及简化计算的基本假设

焊接接头的静载强度计算和其他结构的静载强度计算相同，均需要计算在一定载荷作用下产生的应力值。目前，焊接接头的静载强度计算方法仍然采用许用应力法，而接头的强度计算实际上是计算焊缝的强度。那么，关于焊缝强度条件的计算从根本上说采用的还是材料力学的基本理论和计算方法，只不过计算对象为焊缝金属。因此，在静载强度计算时的许用应力值为焊缝金属的许用应力。

焊接接头静载强度计算的基本公式一般可表达为

$$\sigma \leqslant [\sigma'] \text{ 或 } \tau \leqslant [\tau']$$

式中，σ、τ 分别为焊缝金属的平均工作正应力和切应力；$[\sigma']$、$[\tau']$ 分别为焊缝金属的拉伸许用应力和剪切许用应力，通称为焊缝许用应力。

焊接接头静载强度计算的根本目的有以下三个方面：
1) 在已知母材和焊接材料力学性能的条件下，设计、计算焊缝的形状尺寸、长度。
2) 在已知焊缝形状尺寸、长度的条件下，选择母材或焊接材料的强度级别。
3) 在已知母材和焊接填充材料的力学性能以及焊缝形状尺寸、长度的条件下，校核焊缝金属的安全性。

在焊接接头中不仅存在复杂的焊接残余应力，而且工作应力的分布也较为复杂，尤其是用角焊缝构成的T形接头和搭接接头等的应力分布非常复杂，如在焊趾和焊根处都会出现不同程度的应力集中现象。要精确地计算这些焊缝金属上的工作应力是十分困难的。因此，在静载荷条件下，为了方便计算，基本做法是：根据理论研究结果和实际使用经验进行一些必要的假设作为静载强度计算的前提，称之为简化计算法。通常要做如下的假设：
1) 对于塑性良好的材料，残余应力对于焊接接头的静载强度没有影响。
2) 焊趾处和余高过渡区产生的应力集中对焊接接头的静载强度没有影响。
3) 焊接接头的工作应力分布均匀，以平均应力进行计算。
4) 正面角焊缝与侧面角焊缝的强度和刚度没有差别。
5) 焊脚尺寸的大小对角焊缝金属的强度没有影响。
6) 角焊缝都是在切应力的作用下被破坏的，故按切应力 τ 来计算强度。
7) 焊缝余高和小的熔深对接头的静载强度没有影响，均以焊缝截面的最小断面作为计算断面。

各种焊接接头中焊缝的有效计算断面高度如图 4-57 所示。

另外，在进行焊接接头或结构设计时，对于工作焊缝必须进行强度计算，对于联系焊缝则可不必计算。而对于既有工作应力又有联系应力的焊缝，在静载强度计算时可以忽

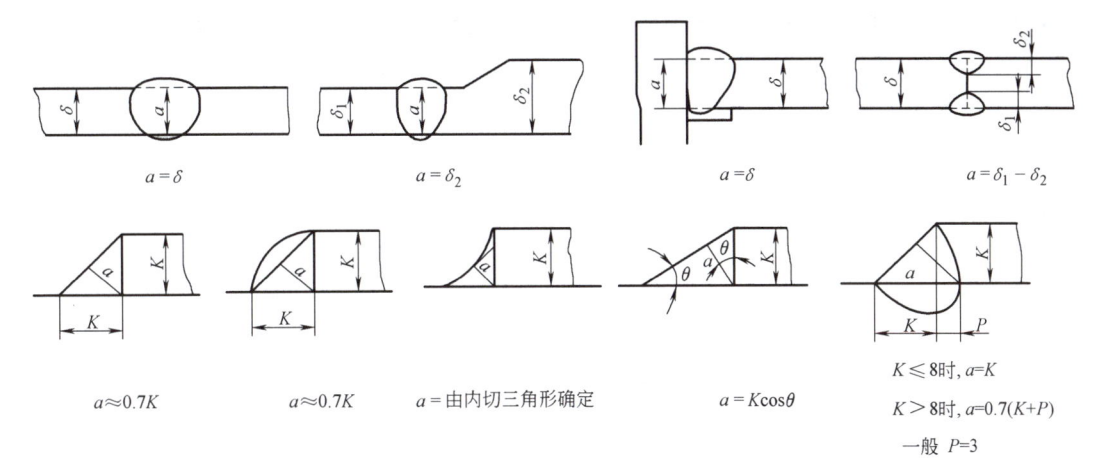

图 4-57 各种焊接接头中焊缝的有效计算断面高度

略联系应力。

4.4.2 对接接头的静载强度计算

在计算对接接头的静载强度时，首先要确定受力条件，找到承受最大载荷作用的焊缝位置，其次是分析焊缝所承受载荷的大小和方向，求出合力，然后是确定焊缝横截面的最小高度和有效长度，得出焊缝有效工作截面中的工作应力。计算过程中，焊接接头中焊缝的计算断面高度 a 按图 4-57 选取。根据假设条件，一般不考虑焊缝的余高，焊缝的计算长度取焊缝实际长度。所以，计算基本金属强度的公式完全适用于计算对接接头。如果焊缝金属的许用应力与基本金属相等，则可不必进行静载强度计算。

全部焊透的对接接头各种受力情况见表 4-11 中简图，图中 F 为接头所受的拉（或压）力，Q 为切力，M_1 为板平面内弯矩，M_2 为垂直板平面的弯矩。其对应的强度计算公式见表 4-11。对于受拉或受弯矩载荷的焊缝按焊缝许用拉应力 $[\sigma'_l]$ 验算其强度；对于受压的焊缝按焊缝金属的许用压应力 $[\sigma'_a]$ 验算其强度；对于受剪切的焊缝要按焊缝的许用切应力 $[\tau']$ 验算其强度。

表 4-11 对接接头的静载强度计算公式

简图	受力条件	计算公式	公式序号
对接接头受力情况	受拉	$\sigma = \dfrac{F}{l\delta_1} \leq [\sigma'_l]$	式（4-17）
	受压	$\sigma = \dfrac{F}{l\delta_1} \leq [\sigma'_a]$	式（4-18）
	受剪切	$\tau = \dfrac{Q}{l\delta_1} \leq [\tau']$	式（4-19）
	受板平面内弯矩（M_1）	$\sigma = \dfrac{6M_1}{\delta_1 l^2} \leq [\sigma'_l]$	式（4-20）
	受垂直板平面弯矩（M_2）	$\sigma = \dfrac{6M_2}{\delta_1^2 l} \leq [\sigma'_l]$	式（4-21）

例 4-1 两块相同厚度的钢板对接接头,材料为 Q235,钢板宽度(即焊缝长度 l)为 300mm,受垂直板面弯矩为 3000000N·mm,试计算焊缝所需的厚度(板厚)。

解 由表 4-11 中式 (4-21) 可得

$$\delta_1 \geqslant \sqrt{\frac{6M_2}{l[\sigma_l']}}$$

由已知条件 $M_2 = 3000000$N·mm、$l = 300$mm,从表 4-23 中查得焊缝金属的许用应力 $[\sigma_l'] = 205$MPa,代入上式得

$$\delta_1 \geqslant \sqrt{\frac{6 \times 3000000}{300 \times 205}} \text{mm} = 17.1 \text{mm}$$

取 $\delta_1 = 18$mm,即当焊缝厚度(板厚)为 18mm 时,该对接接头焊缝静载强度能够满足要求。

当对接接头承受复杂载荷时,如同时存在正应力 σ_x(沿焊缝方向的正应力)、σ_y(垂直于焊缝方向的正应力)和切应力 τ_1,对焊缝需要计算折合应力

$$\sigma_{\text{折}} = \sqrt{\sigma_x^2 + \sigma_y^2 - \sigma_x \sigma_y + 3\tau_1^2}$$

对于斜对接焊缝(见图 4-58),由于外载荷与焊缝方向构成了一定的夹角,因此不能简单地套用该折合应力计算公式,而需要对其进行修正。假设 $\sigma_\perp$ 为与焊缝方向垂直的正应力,$\sigma_{/\!/}$ 为与焊缝方向平行的正应力,$\tau_{\perp/\!/}$ 为切应力,折合应力需按下式计算

$$\sigma_{\text{折}} = \sqrt{\left(\frac{\sigma_\perp}{\alpha_\perp}\right)^2 + \left(\frac{\sigma_{/\!/}}{\alpha_{/\!/}}\right)^2 - \frac{\sigma_\perp \sigma_{/\!/}}{\alpha_\perp \alpha_{/\!/}} + 3\left(\frac{\tau_{\perp/\!/}}{\alpha_{\perp/\!/}}\right)^2} \leqslant [\sigma_l']$$

式中的修正系数为

$$\alpha_\perp = \frac{\text{横向对接焊缝的抗拉(或抗压)强度}}{\text{母材的抗拉强度}}$$

$$\alpha_{/\!/} = \frac{\text{纵向对接焊缝的抗拉(或抗压)强度}}{\text{母材的抗拉强度}}$$

$$\alpha_{\perp/\!/} = \frac{\text{对接焊缝的抗剪强度}}{\text{母材的抗剪强度}}$$

在上述修正公式中,通常将强度用许用应力来代替。对于承受压力的对接焊缝 $\alpha_\perp = 1.0$,承受拉力时 $\alpha_\perp = 0.85$(如果能够保证特别优质的焊缝时 $\alpha_\perp = 1.0$)。除了母材受焊接影响较大的情况之外,一般情况下取 $\alpha_{/\!/} = 1.0$。对于剪切修正系数 $\alpha_{\perp/\!/}$,通常取 $\alpha_{\perp/\!/} = \alpha_\perp$ 或更大一些 $\alpha_{\perp/\!/} = \frac{\alpha_\perp}{0.85}$。

由上述公式可以求出图 4-58 所示的斜对接焊缝的许用载荷。如果把外力 F 分解为垂直力

$$N = F\cos\varphi$$

和切向力

$$T = F\sin\varphi$$

则垂直于焊缝方向的正应力为

$$\sigma_\perp = \frac{F\cos^2\varphi}{Sl}$$

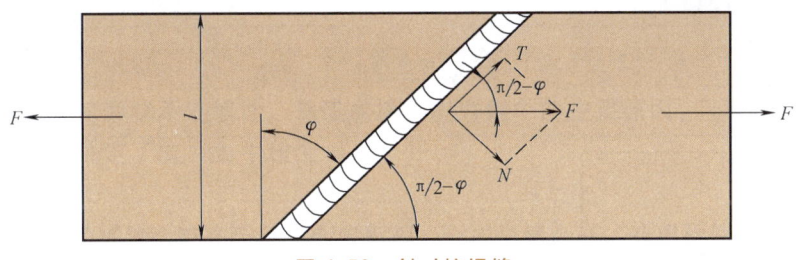

图 4-58 斜对接焊缝

式中，S 为板厚。

而切应力为

$$\tau = \frac{F\sin\varphi\cos\varphi}{Sl}$$

在与焊缝轴线垂直的断面上，即与 F 力的方向成 $\varphi' = \frac{\pi}{2} - \varphi$ 斜倾角的方向作用的正应力为

$$\sigma_{/\!/} = \frac{F\cos^2\varphi'}{Sl} = \frac{F\sin^2\varphi}{Sl}$$

而切应力为

$$\tau_{/\!/} = \frac{F\sin\varphi\cos\varphi}{Sl} = \tau_{\perp}$$

折合应力为

$$\sigma_{折} = \frac{F}{Sl}\sqrt{\frac{\cos^4\varphi}{\alpha_{\perp}^2} + \frac{\sin^4\varphi}{\alpha_{/\!/}^2} - \frac{\sin^2\varphi\cos^2\varphi}{\alpha_{\perp}\alpha_{/\!/}} + 3\frac{\sin^2\varphi\cos^2\varphi}{\alpha_{\perp/\!/}^2}} \leqslant [\sigma_l']$$

从中可以看出，斜焊缝上的折合应力相对较低，采用斜焊缝可以提高接头的承载能力。如果焊缝金属的强度不低于母材的强度，则没有必要采用斜对接焊缝。

4.4.3 搭接接头的静载强度计算

搭接接头的静载强度计算是以角焊缝的最小断面高度 a 作为计算高度，对于直角等腰角焊缝的计算高度 $a \approx 0.7K$。搭接接头无论受何种力作用，焊缝均按切应力计算强度。其静载强度计算公式列于表 4-12。

表 4-12 搭接接头的静载强度计算公式

简图	受力条件	计算公式	公式序号
a) 搭接接头受拉压力	受拉力 受压力	$\tau = \dfrac{F}{0.7K\sum l} \leqslant [\tau']$	式(4-22)

（续）

简图	受力条件	计算公式	公式序号
b) 分段计算法	受平面内弯矩	分段法 $$\tau = \frac{M}{0.7Kl(K+h) + \frac{0.7Kh^2}{6}} \leq [\tau']$$	式(4-23)
c) 轴惯性矩计算法	受平面内弯矩	轴惯性矩法 $$\tau_{max} = \frac{M}{I_x} y_{max} \leq [\tau']$$ I_x—焊缝对 x 轴的计算惯性矩	式(4-24)
d) 极惯性矩计算法	受平面内弯矩	极惯性矩法 $$\tau_{max} = \frac{M}{I_p} r_{max} \leq [\tau'],$$ $I_p = I_x + I_y$，I_y—焊缝对 y 轴的计算惯性矩	式(4-25)
e) 受偏心载荷的搭接接头	受偏心载荷	分段法和轴惯性矩法 $$\tau_{合} = \sqrt{\tau_M^2 + \tau_Q^2} \leq [\tau']$$	式(4-26)
	受偏心载荷	极惯性矩法 $$\tau_{合} = \sqrt{(\tau_M\cos\theta + \tau_Q)^2 + (\tau_M\sin\theta)^2} \leq [\tau']$$	式(4-27)

对于承受拉、压载荷的搭接接头，依据前述的几点假设，可以认为无论是正面角焊缝还是侧面角焊缝，其焊缝强度是相同的。因此，只要将焊缝的总长度求和，代入表 4-12 中的式（4-22），即可进行计算。举例如下：

例 4-2 将材质为 Q235、边厚为 10mm 的 10 号角钢（尺寸为 100mm×100mm×10mm）与一块大尺寸钢板进行连接，焊接方法为焊条电弧焊，接头形式为角焊缝搭接接头（图 4-59），为保证接头在承受拉伸载荷时与角钢等强度，试选择和确定搭接接头合理的焊脚尺寸 K 和焊缝长度 l。

解 查阅材料手册可知，10号角钢截面面积 $A = 1920\text{mm}^2$；Q235 钢的焊缝许用拉应力 $[\sigma'_l] = 190\text{MPa} = 190\text{N/mm}^2$，焊缝许用切应力 $[\tau'] = 110\text{MPa} = 110\text{N/mm}^2$，角钢的允许载荷 $[F] = A[\sigma'_l] = 1920\text{mm}^2 \times 190\text{N/mm}^2 = 364800\text{N}$。

假定接头上各段焊缝中切应力都达到焊缝许用切应力值，即 $\tau = [\tau']$。

由于 10 号角钢边厚为 10mm，为保证接头与角钢等强度，故取焊脚尺寸 $K = 10\text{mm}$，采用焊条电弧焊，则所需的焊缝总长度为

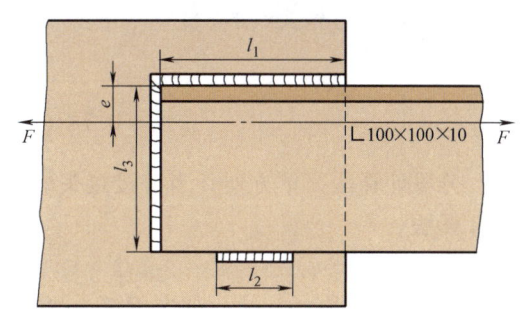

图 4-59 合理的布置焊缝

$$\Sigma_l = \frac{[F]}{0.7K[\tau']} = \frac{364800\text{N}}{0.7 \times 10\text{mm} \times 110\text{N/mm}^2} = 473.8\text{mm} \approx 474\text{mm}$$

将角钢端部用正面角焊缝焊满，其长度 $l_3 = 100\text{mm}$，在两侧布置总长度为 374mm 的侧面角焊缝。考虑到角钢承受拉应力时存在偏心作用，根据材料手册查得角钢的拉力作用线位置 $e = 28.3\text{mm}$，按杠杆原理计算，则侧面角焊缝 l_2 应承受全部侧面角焊缝所承受载荷的 28.3%，故

$$l_2 = 374\text{mm} \times 28.3\% = 105.8\text{mm} \approx 106\text{mm}$$

另外一侧的侧面角焊缝长度应该是

$$l_1 = 374\text{mm} \times (1 - 28.3\%) = 268.1\text{mm} \approx 268\text{mm}$$

取整数 $l_1 = 270\text{mm}$，$l_2 = 110\text{mm}$，故设计的焊脚尺寸 $K = 10\text{mm}$。

此例题说明，即使已知焊脚尺寸和焊缝总长度，也必须要合理布置焊缝，才能达到受力均衡，从而保证接头的强度。

当搭接接头承受平面内弯矩载荷时，通常都将其设计成联合搭接接头。对于其静载强度的计算可以采用三种方法，即分段计算法、轴惯性矩计算法和极惯性矩计算法。其具体计算公式列于表 4-12 中式（4-23）~式（4-25）。

1）分段计算法。所谓分段计算法，就是分别计算出各段焊缝为抵抗外载荷所贡献的力矩大小并求和，然后依据平衡条件计算出焊缝中的切应力，并使之小于许用切应力。下面利用表 4-12 中图 b 所示的联合搭接接头来推导其切应力计算公式（4-23）。

根据受力平衡条件，外加力矩 M 必须与水平焊缝产生的内力矩 $M_{//}$ 和垂直焊缝产生的内力矩 $M_\perp$ 之和相平衡，即：$M = M_{//} + M_\perp$。

假定各处的焊缝截面均为尺寸相同的等腰三角形，其应力值达到 τ 时，有

$$M_{//} = F_x(h+K) = \tau \times 0.7Kl(h+K)$$

$$M_\perp = \tau W = \tau \frac{ah^2}{6} = \tau \frac{0.7Kh^2}{6}$$

式中，W 为焊缝有效截面系数；a 为焊缝有效计算断面高度；τ 为水平焊缝中的平均切应力和垂直焊缝中的最大切应力。

所以

$$M = M_{//} + M_\perp = \tau\left[0.7Kl(h+K) + \frac{0.7Kh^2}{6}\right]$$

由此可以得到式（4-23）

$$\tau = \frac{M}{0.7Kl(h+K) + \frac{0.7Kh^2}{6}} \leq [\tau']$$

分段计算法简单方便，当搭接接头的焊缝数量不多，并且排布比较规则时，可以采用分段计算法。

2) **轴惯性矩计算法**。假定焊缝金属与基本金属等强度，则在弹性变形范围内焊缝金属中的应力与基本金属中的变形成比例。由于基本金属的变形与距中性轴（x—x）的距离成正比关系，所以焊缝中任意点的切应力值也与距中性轴的距离 y 成正比关系，即 $\tau = \tau_1 y$，其中 τ_1 为与中性轴相距单位长度上的切应力值，是一个未知的比例常数。

以表 4-12 中图 c 所示的承受力矩 M 作用的搭接接头为例，在角焊缝的有效截面中任取微元面积 dA，其距中性轴的距离为 y，则在微元上的反作用力 $dF = \tau dA = \tau_1 y dA$，它对中性轴的反作用力矩 $dM = dF \times y = \tau_1 y^2 dA$。若角焊缝有效截面的总面积为 A，则平衡外力矩的全部焊缝对中性轴的合力矩为

$$M = \int_A dM = \int_A \tau_1 y^2 dA = \tau_1 \int_A y^2 dA$$

由于式中积分部分为焊缝有效面积对 x—x 中性轴的惯性矩 I_x，所以

$$M = \tau_1 I_x$$

则

$$\tau_1 = \frac{M}{I_x}$$

将其代入 $\tau = \tau_1 y$，得最大切应力为

$$\tau_{\max} = \frac{M}{I_x} y_{\max} \leq [\tau']$$

因此得到式（4-24）。式中 $y_{\max}$ 为焊缝有效截面距 x—x 中性轴的最大距离。

轴惯性矩计算法的计算结果与分段计算法的计算结果基本相同，对于焊缝布置相对复杂的搭接接头，用轴惯性矩计算法比较方便。

3) **极惯性矩计算法**。假设搭接板以 O 点为中心回转，在弹性变形范围内，焊缝金属中的切应力与变形成正比，而变形又与回转半径 r 成正比。若设 τ_1 为与中心 O 点相距为单位长度处的切应力值，且是一个未知的比例常数，则与中心 O 点相距为 r 处的切应力值 $\tau = \tau_1 r$。

以表 4-12 中图 d 所示的承受力矩 M 作用的搭接接头为例，在角焊缝的有效截面中任取微元面积 dA，其距 O 点的距离即为回转半径 r，则在微元上的反作用力 $dF = \tau dA = \tau_1 r dA$，它对 O 点的反作用力矩 $dM = dF \times y = \tau_1 r^2 dA$。若角焊缝有效截面的总面积为 A，则平衡外力矩的全部焊缝的合力矩为

$$M = \int_A dM = \int_A \tau_1 r^2 dA = \tau_1 \int_A r^2 dA$$

由于式中积分部分是焊缝有效截面对 O 点的极惯性矩 I_p，所以

$$M = \tau_1 I_p$$

则

$$\tau_1 = \frac{M}{I_p}$$

将其代入 $\tau=\tau_1 r$，得最大切应力为

$$\tau_{\max}=\frac{M}{I_p}r_{\max}\leq[\tau']$$

因此得到式（4-25）。式中 $r_{\max}$ 为焊缝有效计算截面距 O 点的最大距离。

通常情况下，极惯性矩 I_p 等于相互垂直的两个轴的计算惯性矩之和，即

$$I_p=I_x+I_y$$

所谓计算惯性矩，即以角焊缝计算截面求得的惯性矩。

极惯性矩计算法的计算过程较为复杂，但得出的结果较为准确，当接头焊缝布置较复杂并需要做较为精确的计算时，可以采用极惯性矩计算法。

若搭接接头承受垂直于 x 轴方向的偏心力 F（见表 4-12 中图 e），则焊缝中既有由弯矩 $M=FL$ 引起的切应力 τ_M，又有由切力 $Q=F$ 而引起的切应力 τ_Q。应分别计算出 τ_M 值和 τ_Q 值，然后求其矢量和。如果采用分段法或轴惯性矩法计算 τ_M，则按表 4-12 中式（4-26）计算合成切应力；如果采用极惯性矩法计算 τ_M，则按表 4-12 中图 e 将 τ_M 分解为水平的（$\tau_M\sin\theta$）和垂直的（$\tau_M\cos\theta$）两个分力，然后再与 τ_Q 合成，合成应力按表 4-12 中式（4-27）计算。关于 τ_Q 的计算，可按全部焊缝承受切力 Q，τ_Q 均匀分布于全部焊缝，其方向与 F 一致来考虑计算。下面以表 4-12 中图 e 所示的受偏心载荷的搭接接头为例，来校核焊缝强度。

例 4-3 已知焊缝长度 $h=400$mm、$l_0=100$mm，焊脚尺寸 $K=10$mm。外加载荷 $F=30000$N，梁长 $L=100$cm，试校核焊缝强度。角焊缝的许用切应力 $[\tau']=100$MPa。

解 用分段计算法计算 τ_M

$$\tau_M=\frac{M}{0.7Kl_0(h+K)+\dfrac{0.7Kh^2}{6}}$$

由 F 力引起的弯矩 $M=FL=30000\times 1000$ N·mm $=30000000$ N·mm。

代入原始数据

$$\tau_M=\frac{30000000}{0.7\times 10\times 100\times(400+10)+\dfrac{0.7\times 10\times 400^2}{6}}\text{N/mm}^2=63.34\text{N/mm}^2=63.34\text{MPa}$$

计算 τ_Q

$$\tau_Q=\frac{F}{0.7K\sum l}$$

$\sum l$ 为焊缝总长，即 $\sum l=(400+100+100)$ mm $=600$mm

$$\tau_Q=\frac{30000}{0.7\times 10\times 600}\text{N/mm}^2=7.14\text{N/mm}^2=7.14\text{MPa}$$

计算角焊缝的合成切应力 $\tau_合$

$$\tau_合=\sqrt{\tau_M^2+\tau_Q^2}=\sqrt{63.34^2+7.14^2}\text{MPa}=63.74\text{MPa}$$

由于 63.74MPa<100MPa，即 $\tau_合<[\tau']$，所以此搭接接头满足强度要求。

对于只用两条平行排布的角焊缝焊成的搭接接头，可以根据焊缝长度和焊缝之间距离的对比关系进行简单的静载强度计算。其计算公式列于表 4-13。

表 4-13　双焊缝搭接接头的静载强度计算公式

简图	受力条件	计算公式	公式序号
a) 长焊缝小间距搭接接头	$F \perp$ 焊缝	$\tau_合 = \tau_M + \tau_Q \leq [\tau']$	式(4-28)
b) 长焊缝小间距搭接接头	$F /\!/$ 焊缝	$\tau_合 = \sqrt{\tau_M^2 + \tau_Q^2} \leq [\tau']$ $\tau_M = \dfrac{3FL}{0.7Kl^2}$ $\tau_Q = \dfrac{F}{1.4Kl}$	式(4-29)
c) 短焊缝大间距搭接接头	$F /\!/$ 焊缝	$\tau_合 = \tau_M + \tau_Q \leq [\tau']$	式(4-30)
d) 短焊缝大间距搭接接头	$F \perp$ 焊缝	$\tau_合 = \sqrt{\tau_M^2 + \tau_Q^2} \leq [\tau']$ $\tau_M = \dfrac{FL}{0.7Klh}$ $\tau_Q = \dfrac{F}{1.4Kl}$	式(4-31)

对于长焊缝小间距搭接接头的情况（见表 4-13 中图 a、b），计算接头静载强度时可以忽略焊缝间距的影响。进行受力分析可知，在焊缝上存在由偏心力 F 造成的弯曲力矩 $M = FL$ 引起的切应力 τ_M 和剪切力 $Q = F$ 引起的切应力 τ_Q。应分别计算出 τ_M 值和 τ_Q 值，然后再求其矢量和。

$$\tau_M = \frac{M}{W} = \frac{3FL}{0.7Kl^2}, \quad \tau_Q = \frac{F}{A} = \frac{F}{0.7K \sum l} = \frac{F}{1.4Kl}$$

则
$$\tau_合 = \tau_M + \tau_Q$$

式中，W 为焊缝有效截面系数，$W = 2 \times \dfrac{0.7Kl^3/12}{l/2} = \dfrac{0.7Kl^2}{3}$；$A$ 为焊缝有效截面面积，$A = 2 \times 0.7Kl = 1.4Kl$。

由于 τ_Q 始终与偏心力 F 方向平行，而 τ_M 有两种情况。第一种情况如表 4-13 中图 a 所示，τ_M 与偏心力 F 方向平行，即与 τ_Q 的方向平行，则合成切应力为 [表 4-13 中式（4-28）]

$$\tau_合 = \tau_M + \tau_Q = \left(\dfrac{3FL}{0.7Kl^2} + \dfrac{F}{1.4Kl}\right) \leqslant [\tau']$$

第二种情况如表 4-13 中图 b 所示，τ_M 与偏心力 F 方向垂直，即与 τ_Q 的方向垂直，则合成切应力为 [表 4-13 中式（4-29）]

$$\tau_合 = \sqrt{\tau_M^2 + \tau_Q^2} = \sqrt{\left(\dfrac{3FL}{0.7Kl^2}\right)^2 + \left(\dfrac{F}{1.4Kl}\right)^2} \leqslant [\tau']$$

对于短焊缝大间距搭接接头的情况（见表 4-13 中图 c、d），计算接头静载强度时可以认为焊缝金属上的切应力分布均匀，简化作用力集中在焊缝的中心点上。进行受力分析可知，在焊缝上承受弯曲力矩 $M = FL$ 引起的切应力 τ_M 以及剪切力 $Q = F$ 引起的切应力 τ_Q，它们均由偏心力 F 造成。首先分别计算出 τ_M 值和 τ_Q 值，然后再求其矢量和。

$$\tau_M = \dfrac{M}{A(h+K)/2} = \dfrac{FL}{0.7Kl(h+K)}, \quad \tau_Q = \dfrac{F}{A} = \dfrac{F}{0.7K\sum l} = \dfrac{F}{1.4Kl}$$

则
$$\tau_合 = \tau_M + \tau_Q$$

由于 τ_Q 始终与偏心力 F 方向平行，而 τ_M 则有两种情况。第一种情况如表 4-13 中图 c 所示，τ_M 与偏心力 F 方向平行，即与 τ_Q 的方向平行，则合成切应力为 [表 4-13 中式（4-30）]：

$$\tau_合 = \tau_M + \tau_Q = \left(\dfrac{FL}{0.7Kl(h+K)} + \dfrac{F}{1.4Kl}\right) \leqslant [\tau']$$

第二种情况如表 4-13 中图 d 所示，τ_M 与偏心力 F 方向垂直，即与 τ_Q 的方向垂直，则合成切应力为 [表 4-13 中式（4-31）]：

$$\tau_合 = \sqrt{\tau_M^2 + \tau_Q^2} = \sqrt{\left(\dfrac{FL}{0.7Kl(h+K)}\right)^2 + \left(\dfrac{F}{1.4Kl}\right)^2} \leqslant [\tau']$$

开槽焊接头与塞焊（电铆）接头（见图 4-5d、e）的静载强度均按工作面所承受的切应力计算，即切应力作用于基本金属与焊缝金属的接触面上，所以其承载能力取决于焊缝金属与母材接触面积的大小。

对于开槽焊来说，焊缝金属接触面积与开槽长度 l 和板厚 δ 成正比，即焊缝金属接触面积 $A_槽 =$ 槽长 × 槽宽 $= l \times 2\delta$。对于塞焊来说，焊缝金属的接触面积与焊点直径 d 的平方及点数 n 成正比，即塞焊的接触面积 $A_塞 = \dfrac{\pi}{4}d^2$。

开槽焊接头的静载强度计算公式为

$$\tau = \dfrac{F}{A_槽} = \dfrac{F}{2mn\delta l} \leqslant [\tau'] \tag{4-32}$$

塞焊（电铆）接头的静载强度计算公式为

$$\tau = \frac{F}{A_\text{塞}} = \frac{F}{mn\frac{\pi}{4}d^2} \leq [\tau'] \tag{4-33}$$

式中，n 为开槽或塞焊点的个数；m 为可焊到性系数，通常 $1.0 \geq m \geq 0.7$。当槽或孔的可焊到性较差时，焊接接头强度将有所降低，故取 $m=0.7$。当槽或孔的可焊到性较好或采用埋弧焊等熔深较大的焊接方法时，可取 $m=1.0$。

4.4.4　T形（十字）接头的静载强度计算

1. 承受偏心轴向力和弯矩的T形（十字）接头

开坡口并完全焊透的 T 形（十字）接头，可按对接接头的静载强度计算方法进行校核，焊缝的有效截面就等于母材的截面（面积 $A=\delta h$）。未开坡口或开坡口未完全焊透的 T 形（十字）接头，则可按表 4-14 所列的式（4-34）和式（4-35）计算。未开坡口和开坡口未焊透这两种情况的区别在于表征焊缝承载截面的参数 a 不同（见图 4-57），也即焊缝的有效承载截面面积不同。

对于表 4-14 中图 a 所示的情况，可以不考虑两条焊缝之间的距离，两条焊缝的有效截面积按 $A = 2ah = 1.4Kh$ 计算。由于产生最大应力的危险点在焊缝的最上端，该点同时有两个切应力起作用，一个是由 $M=FL$ 引起的 τ_M，另一个是由 $Q=F$ 引起的 τ_Q。τ_M 和 τ_Q 是互相垂直的，所以该点的合成切应力 $\tau_\text{合}$ 按 $\tau_\text{合} = \sqrt{\tau_M^2 + \tau_Q^2}$ 计算。

对于表 4-14 中图 b 所示的弯矩载荷垂直于焊缝（板面）的 T 形接头，这种情况下不能忽略两条焊缝之间的距离。其静载强度按表 4-14 中式（4-35）计算。

表 4-14　T形（十字）接头的静载强度计算公式

简图	受力条件	计算公式	公式序号
a) T形接头(未开坡口)	$F \parallel$ 焊缝	$\tau_\text{合} = \sqrt{\tau_M^2 + \tau_Q^2} \leq [\tau']$ $\tau_M = \dfrac{3FL}{0.7Kh^2}$ $\tau_Q = \dfrac{F}{1.4Kh}$	式(4-34)
b) T形接头(未开坡口)	弯矩 $M \perp$ 板面	$\tau_\text{合} = \dfrac{M}{W} \leq [\tau']$ $W = \dfrac{l[(\delta+1.4K)^3 - \delta^3]}{6(\delta+1.4K)}$	式(4-35)

例 4-4　一 T 形接头如图 4-60 所示。已知焊缝金属的许用切应力 $[\tau'] = 100\text{MPa}$，试设计角焊缝的焊脚尺寸 K。

解　计算 τ_M

$$\tau_M = \frac{3FL}{0.7Kh^2}$$

将原始数据代入上式得

$$\tau_M = \frac{3 \times 75000 \times 200}{0.7 \times K \times 300^2}\text{MPa} = \frac{500}{0.7K}\text{MPa}$$

计算 τ_Q

$$\tau_Q = \frac{F}{1.4Kh}$$

将原始数据带入上式得

$$\tau_Q = \frac{75000}{1.4 \times K \times 300}\text{MPa} = \frac{250}{1.4K}\text{MPa}$$

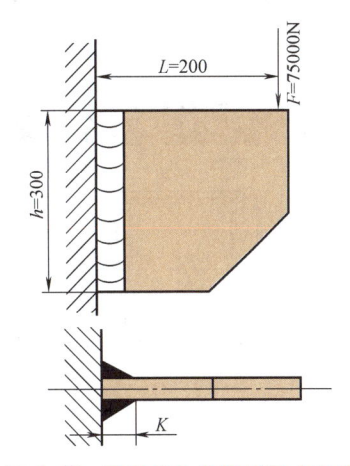

图 4-60　T 形接头的焊脚尺寸设计

计算 $\tau_合$

$$\tau_合 = \sqrt{\tau_M^2 + \tau_Q^2} = \sqrt{\left(\frac{500}{0.7K}\right)^2 + \left(\frac{250}{1.4K}\right)^2}\text{MPa}$$

利用静载强度校核公式 $\tau_合 \leqslant [\tau']$，已知 $[\tau'] = 100\text{MPa}$，即

$$\sqrt{\left(\frac{500}{0.7K}\right)^2 + \left(\frac{250}{1.4K}\right)^2}\text{MPa} \leqslant 100\text{MPa}$$

所以

$$K \geqslant \frac{\sqrt{\left(\frac{500}{0.7}\right)^2 + \left(\frac{250}{1.4}\right)^2}}{100}\text{mm} = 7.3\text{mm}$$

取 $K = 8\text{mm}$。故设计的角焊缝焊脚尺寸为 8mm 即可满足承载要求。

2. 复杂截面构件接头的静载强度计算

复杂截面构件接头的焊缝应处于同一个受力平面内，在此平面内焊缝的走向和受力情况比较复杂，称这个受力平面为焊缝组平面。计算这种接头的静载强度除考虑简化计算的假设之外，还要考虑如下几个特殊问题：

1) 分析焊缝受力情况。首先应弄清楚接头的受载情况，将任意方向空间载荷分解为垂直于焊缝组平面的轴向力 N、平行于焊缝组平面的剪切力 Q 以及由偏心力所引起的弯矩 M。分别计算出这三种载荷引起的最大应力 σ_Q、σ_N、σ_M、τ_Q、τ_N、τ_M。

2) 确定危险点位置。在计算合成应力之前，还必须明确各应力的方向、性质和位置。在确定危险点之后，应该计算危险点位置的最高合成应力，如果危险点难以确定，应选几个高应力点计算合成应力，其中合成应力值最高的位置为危险点。

3) 合成应力时要基于安全原则。在计算合成应力时，最大正应力和最大切应力有可能不在同一点上，但通常以最大正应力和平均切应力来计算其合成应力，这样会更安全。粗略计算时，有时要把正应力当作切应力来考虑，这也是偏向安全的简化计算方法。

各种复杂截面的构件通常是由箱形、环形、工字形和 T 形等常见构件互相连接而构成的空间结构，常见的有梁与柱、梁与板、柱与板等连接的结构。复杂截面的连接多数承受弯矩载荷，进行静载强度计算时，往往采用轴惯性矩或极惯性矩的方法。通常需先求得接头上各焊缝对 O—O 轴的计算惯性矩 I_F，为了方便计算，表 4-15 给出了常见截面的计算惯性矩 I_F 和 y_{max} 值的公式。

表 4-15 计算惯性矩 I_F 及 y_{max} 的近似公式

截面形式	I_F 计算公式	y_{max}	公式序号
a) 箱形截面连接	$I_F = \dfrac{0.7K}{6}[(h+K)^3 + 3Bh^2]$	$y_{max} = \dfrac{h}{2} + K$	式(4-36)
b) 环形截面连接	$I_F = \dfrac{\pi}{64}[(D+1.4K)^4 - D^4]$	$y_{max} = \dfrac{D}{2} + K$	式(4-37)
c) 工字形截面连接	$I_F = \dfrac{0.7K}{6}[h^3 + 3(B-\delta-2K)h^2 + 3BH^2]$	$y_{max} = \dfrac{H}{2} + K$	式(4-38)

(1) 承受弯矩作用的角焊缝连接接头的静载强度计算　受弯矩作用的复杂截面连接接头的静载强度计算，可以按表 4-12 中式 (4-24)、式 (4-25) 计算最大应力和强度校核。当构件同时承受弯矩 M 和轴向力 N 的作用时，焊缝中的应力可按表 4-12 中式 (4-22) 和式 (4-24) 来计算切应力 τ_N 和 τ_M。由于 τ_N 和 τ_M 方向相同，所以合成应力 $\tau_合 = \tau_N + \tau_M$。当构件同时承受横向力 F 和轴向力 N 的作用时（见图 4-61），则这个连接同时承受弯矩 M = FL 和 N 以及切力 Q = F 的作用。由于构件承受切力 Q 时，是由腹板承受的，所以切力只能由连接腹板的焊缝承受，并假定切应力是沿焊缝均匀分布的。

当计算连接焊缝金属的静载强度时，需要验算两个位置的合成应力：

1) 翼板外侧受拉的焊缝截面上的合成应力

$$\tau_合 = \frac{M}{I_F} y_{max} + \frac{N}{0.7Kl} \leq [\tau'] \tag{4-39}$$

式中，l 为接头焊缝的总长度。

2) 腹板立焊缝端点的合成应力

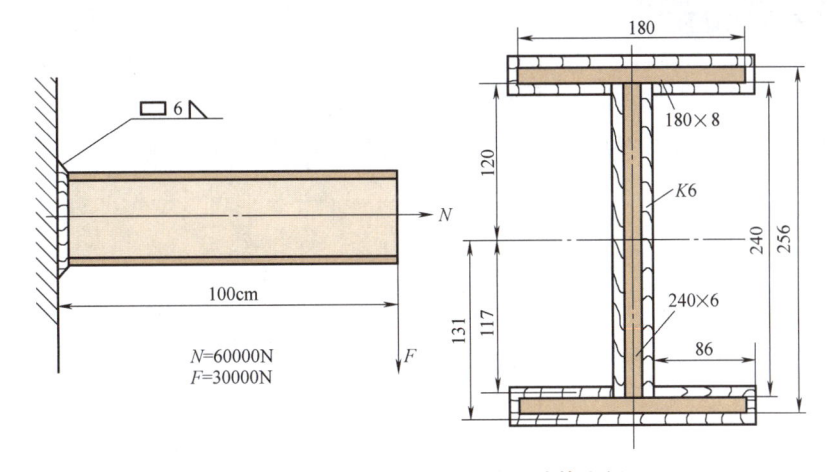

图 4-61 工字梁截面连接接头计算实例

$$\tau_\text{合} = \sqrt{\left(\frac{M}{I_\text{F}}\frac{h}{2}+\frac{N}{0.7Kl}\right)^2+\tau_Q^2} \leqslant [\tau'] \qquad (4\text{-}40)$$

例 4-5 一材质为 Q235 钢的悬臂工字梁，其截面形状和尺寸、载荷以及连接的角焊缝尺寸如图 4-61 所示。采用焊条电弧焊，焊缝金属的许用拉应力 $[\sigma'_l]$ = 190MPa = 190N/mm², 焊缝的许用切应力 $[\tau']$ = 11000N/cm² = 110MPa, 试计算接头的焊缝静载强度。

解 由图 4-61 可知，焊脚尺寸为 K = 6mm = 0.6cm。按表 4-15 中式 (4-38) 计算工字形截面周边角焊缝的计算惯性矩 I_F

$$I_\text{F} = \frac{0.7K}{6}[h^3+3(B-\delta-2K)h^2+3BH^2]$$

$$= \frac{0.7\times0.6}{6}[24^3+3(18-0.6-2\times0.6)\times24^2+3\times18\times25.6^2]\text{cm}^4 = 5404\text{cm}^4$$

由于翼板厚度上的焊缝很短，故忽略不计。

在上翼板外侧的角焊缝既要承受正拉力 N 所产生的剪切力的作用，又要承受垂向力 F 所产生的弯矩的作用。故该处的最大合成应力按式 (4-39) 计算

$$\tau_\text{合} = \frac{M}{I_\text{F}}y_\text{max}+\frac{N}{0.7Kl} = \left(\frac{30000\times100\times13.1}{5404}+\frac{60000}{0.7\times0.6\times116.4}\right)\text{N/cm}^2 \approx 8500\text{N/cm}^2$$

腹板立焊缝端点的合成应力按式 (4-40) 计算

$$\tau_\text{合} = \sqrt{\left(\frac{M}{I_\text{F}}\frac{h}{2}+\frac{N}{0.7Kl}\right)^2+\tau_Q^2}$$

$$= \sqrt{\left(\frac{30000\times100\times12}{5404}+\frac{60000}{0.7\times0.6\times116.4}\right)^2+\left(\frac{30000}{2\times0.7\times0.6\times24}\right)^2}\text{N/cm}^2$$

$$= 8030\text{N/cm}^2$$

可见，危险点位置的最大合成应力值低于焊缝金属的许用切应力值，因此，该结构连接焊缝的静载强度能够满足要求。

(2) 承受扭矩作用的角焊缝连接接头的静载强度计算

1) 矩形截面构件的接头。如果开坡口四周全焊透 (见表 4-16 中图 a), 则接头焊缝中

的最大切应力按下式计算

$$\tau_{max} = \frac{M_n}{2z(h-z)(B-z)} \quad (4\text{-}41)$$

如果不开坡口并用角焊缝四周全焊（见表4-16中图b），则接头焊缝的最大切应力按下式计算

$$\tau_{max} = \frac{M_n}{2 \times 0.7K(h+0.7K)(B+0.7K)} \quad (4\text{-}42)$$

2) 圆形截面构件的接头。如果不开坡口并用角焊缝沿圆周全焊（见表4-16中图c），则接头焊缝中的最大切应力按下式计算

$$\tau_{max} = \frac{M_n}{W_n} \quad (4\text{-}43)$$

式中，W_n为接头的抗扭截面系数，即

$$W_n = \frac{\pi[(D+1.4K)^4 - D^4]}{16(D+1.4K)}$$

表4-16 复杂截面构件接头的静载强度计算公式

简图	受力情况	计算公式	公式序号
a) 矩形截面受扭（开坡口）	受扭	$\tau_{max} = \frac{M_n}{2z(h-z)(B-z)} \leq [\tau']$	式(4-41)
b) 矩形截面受扭（未开坡口）	受扭	$\tau_{max} = \frac{M_n}{2 \times 0.7K(h+0.7K)(B+0.7K)} \leq [\tau']$	式(4-42)
c) 圆形截面受扭（未开坡口）	受扭	$\tau_{max} = \frac{M_n}{W_n} \leq [\tau']$ W_n—接头的抗扭截面系数 $W_n = \frac{\pi[(D+1.4K)^4 - D^4]}{16(D+1.4K)}$	式(4-43)

3. 角焊缝承载能力的研究

前述的搭接接头和T形（十字）接头中的焊缝均为角焊缝，其强度计算的基本原理是相同的。为使计算简洁，做了若干假设。例如，无论焊缝有效截面与载荷方向如何，均以切应力来计算等。这种处理方法比较粗糙，影响计算结果的精确性。多年来，关于角焊缝承载

能力的研究工作在不断进行,国际焊接学会（IIW）和国际标准化组织（ISO）也对相关研究成果进行过总结和推荐,并提出一些建议,希望对一般角焊缝的计算方法加以修正。

假设在角焊缝的破断面上作用有任意外力 F（见图4-62）,F 可以分解为焊缝轴向作用力 $F_{//}$（即作用于焊缝危险断面上的切力）和垂直于焊缝轴向的作用力 $F_\perp$。而 $F_\perp$ 又可以分解为垂直于危险断面并以正应力对其起作用的力 $F_{\perp\sigma}$ 和以切应力在危险断面上起作用的力 $F_{\perp\tau}$。根据以上这些分力可以得到焊缝中的应力如下：

$$\tau_{//} = \frac{F_{//}}{0.7tl}, \tau_\perp = \frac{F_{\perp\tau}}{0.7tl}, \sigma_\perp = \frac{F_{\perp\sigma}}{0.7tl},$$

当 $\tau_{//}=0$,即作用力 F 位于垂直于焊缝中心轴的平面内时,所进行的试验结果如图4-63所示。由图可见,受压时的强度大于受拉时的强度,即角焊缝承受压应力的能力比其承受拉应力的能力大得多。同时,切力会降低承受法向应力的能力。当 $\tau_\perp=0$,即 F 力垂直作用在危险截面上时,也可以得出完全相似的结果。当 $\tau_{//}=0$ 时,试验结果可以很准确地表示为

$$\sigma_{\text{折}} = \sqrt{\sigma_\perp^2 + 1.8\tau_\perp^2} \quad (4\text{-}44)$$

式中,$\sigma_\perp$ 为破断面上与焊缝垂直的正应力;$\tau_\perp$ 为破断面上与焊缝垂直的切应力。

一般情况下可表示为

$$\sigma_{\text{折}} = \sqrt{\sigma_\perp^2 + 1.8(\tau_\perp^2 + \tau_{//}^2)} \quad (4\text{-}45)$$

式中,$\tau_{//}$ 为破断面上与焊缝平行的切应力。

上述研究结果说明：角焊缝的承载能力是与外载荷的作用方向有关的,并且角焊缝承受切应力的能力最弱,它仅为承受拉应力的75%左右,而其承受压应力的能力是最强的,大约为承受拉应力的1.7倍。因此,<u>按切应力计算角焊缝强度虽然比较简捷,也比较安全,但是不够精确</u>。

角焊缝承载完全计算公式为

$$\sigma_{\text{折}} = \sqrt{\sigma_{//}^2 + \sigma_\perp^2 + n(\tau_\perp^2 + \tau_{//}^2)} \quad (4\text{-}46)$$

公式中的系数 n 早期取为1.8,后期推荐取为3。尽管存在一些争议,国际焊接学会（IIW）第ⅩⅤ委员会还是对角焊缝的强度

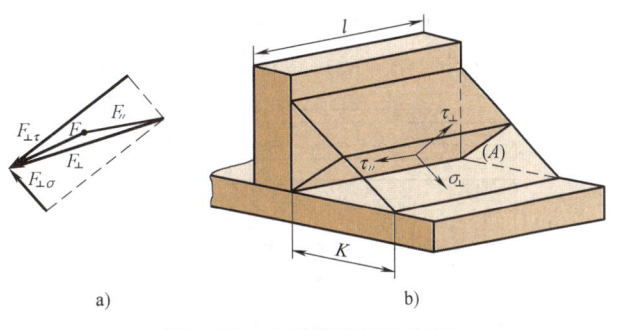

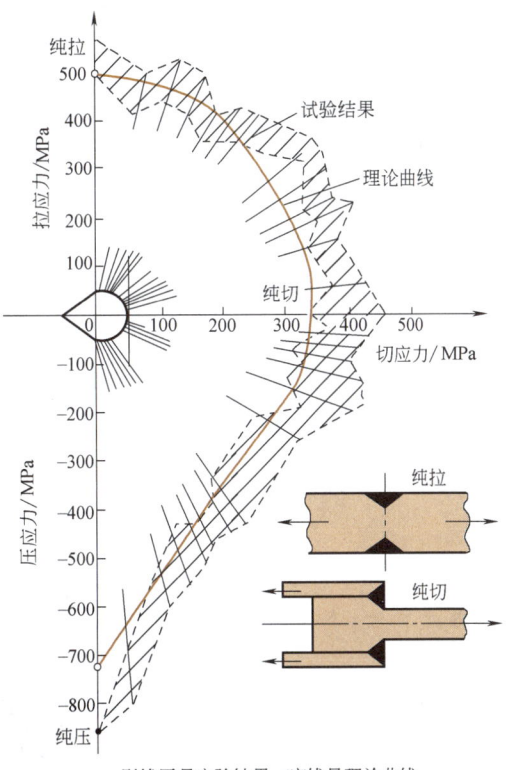

图4-62 角焊缝的受力分析

图4-63 正面角焊缝强度试验结果
影线区是实验结果—实线是理论曲线

计算提出了进一步的修改意见：在任意外力 F 的作用下，在角焊缝的破断面（A）上只考虑 $\sigma_\perp$、$\tau_\perp$ 和 $\tau_{//}$ 三种应力（见图 4-62），明确提出不考虑平行于焊缝的正应力 $\sigma_{//}$，它的折合应力计算公式为

$$\sigma_{折} = \beta \sqrt{\sigma_\perp^2 + 3(\tau_\perp^2 + \tau_{//}^2)} \leq [\sigma'_l] \tag{4-47}$$

并且要求 $\sigma_\perp \leq [\sigma'_l]$。

式中，β 是因母材屈服强度 σ_s 而变的系数，即：$\sigma_s = 240\text{MPa}$，$\beta = 0.7$；$\sigma_s = 360\text{MPa}$，$\beta = 0.85$。其他钢种可按其屈服强度 σ_s 值，用插入法确定 β 值。

例 4-6 有一个斜向角焊缝搭接接头如图 4-64a 所示，设角焊缝与外力 F 倾斜 α 角，焊缝截面为等腰直角三角形，破断面在直角二等分面上，焊缝长为 l，焊脚尺寸为 K，双面角焊缝。试对该斜向角焊缝搭接接头的静载强度进行计算。

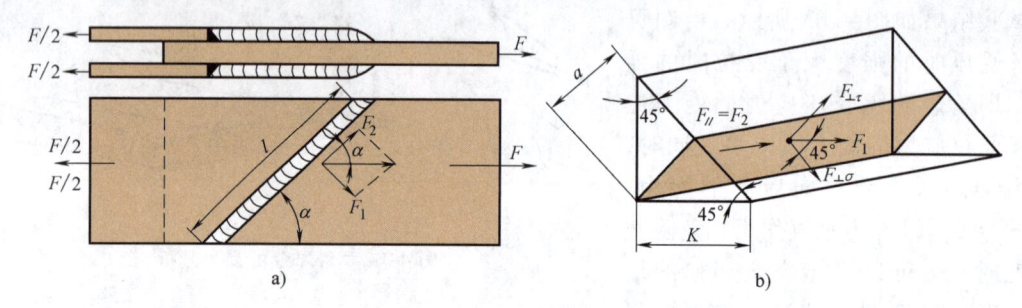

图 4-64 斜向角焊缝搭接接头

解 先将外力 F 分解为垂直于焊缝的 F_1 和沿焊缝的 F_2，再将 F_1 分解为垂直于破断面的 $F_{\perp\sigma}$ 和沿着破断面的 $F_{\perp\tau}$（见图 4-64b），然后分别求出破断面上的应力 $\sigma_\perp$、$\tau_\perp$ 和 $\tau_{//}$。

$$F_1 = F\sin\alpha, \quad F_2 = F\cos\alpha$$

$$F_{\perp\sigma} = F_1 \cos 45° = \frac{F\sin\alpha}{\sqrt{2}}$$

$$F_{\perp\tau} = F_1 \sin 45° = \frac{F\sin\alpha}{\sqrt{2}}$$

$$F_{//} = F_2 = F\cos\alpha$$

$$\sigma_\perp = \frac{F_{\perp\sigma}}{2al} = \frac{F\sin\alpha}{2\sqrt{2}\,al}$$

$$\tau_\perp = \frac{F_{\perp\tau}}{2al} = \frac{F\sin\alpha}{2\sqrt{2}\,al}$$

$$\tau_{//} = \frac{F_{//}}{2al} = \frac{F\cos\alpha}{2al}$$

将 $\sigma_\perp$、$\tau_\perp$ 和 $\tau_{//}$ 代入式（4-47），则得到折合应力为

$$\sigma_{折} = \beta\sqrt{\sigma_\perp^2 + 3(\tau_\perp^2 + \tau_{//}^2)}$$
$$= \beta \frac{F}{2al}\sqrt{2\sin^2\alpha + 3\cos^2\alpha} = \frac{F}{2al}\beta\beta_0$$

式中，$\beta_0 = \sqrt{2\sin^2\alpha + 3\cos^2\alpha}$。

因为要保证接头的强度条件 $\sigma_{折} \leq [\sigma'_l]$，所以可以得出下式

$$\frac{F}{2al} \leq \frac{[\sigma'_l]}{\beta\beta_0} \tag{4-48}$$

式中，β_0 是 α 角的函数，列于表 4-17。

表 4-17 β_0 与 α 角的函数关系

α	30°	45°	60°	90°
β_0	1.65	1.58	1.50	1.41

例 4-7 作为对比，我们将例 4-4 的问题按新方法再进行一次计算（见图 4-60）。

解 假设中性轴在焊缝长度的中点（$h/2$）处，切力引起的切应力沿焊缝均匀分布，最大切应力在受拉边焊缝端点。角焊缝计算端面上的最大正应力和切应力为

$$\sigma_{\perp \max} = \sigma_{\max}\cos 45° = \frac{3FL}{\sqrt{2} \times 0.7Kh^2}$$

$$\tau_{\perp \max} = \sigma_{\max}\sin 45° = \frac{3FL}{\sqrt{2} \times 0.7Kh^2}$$

$\sigma_{\max}$ 值按表 4-14 中式（4-34）计算，即

$$\sigma_{\max} = \tau_M = \frac{3FL}{0.7Kh^2}$$

在角焊缝的破断面上由切力引起的平均切应力为

$$\tau_{//} = \frac{F}{1.4Kh}$$

将 $\sigma_{\perp \max}$、$\tau_{\perp \max}$ 和 $\tau_{//}$ 代入式（4-47）得

$$\sigma_{折} = \beta\sqrt{\sigma_{\perp \max}^2 + 3(\tau_{\perp \max}^2 + \tau_{//}^2)}$$

$$= \frac{\beta F}{\sqrt{2} \times 0.7Kh}\sqrt{\left(\frac{6L}{h}\right)^2 + 1.5} \tag{4-49}$$

由于 $\sigma_s = 100$MPa，插值计算后取 $\beta = 0.54$；将原始数据代入上式，得

$$\sigma_{折} = \frac{\beta F}{\sqrt{2} \times 0.7Kh}\sqrt{\left(\frac{6L}{h}\right)^2 + 1.5} = \frac{0.54 \times 75000}{\sqrt{2} \times 0.7K \times 300}\sqrt{\left(\frac{6 \times 200}{300}\right)^2 + 1.5}\text{MPa} \approx \frac{592}{K}\text{MPa} \leq [\sigma'_l]$$

$$K \geq \frac{592}{100}\text{mm} = 5.9\text{mm}$$

取 $K = 6$mm 即可满足承载要求。

对比例 4-4 和例 4-7，可以看出按式（4-49）计算较为经济，但表 4-14 中式（4-34）计算则偏于安全。

当 L 比 h 大得多时，可得近似公式：

$$\sigma_{折} = \frac{6\beta FL}{\sqrt{2} \times 0.7Kh^2} \leq [\sigma'_l] \tag{4-50}$$

对于带坡口角焊缝焊接的 T 形接头或角接头（见图 4-65），其抗拉强度取决于坡口深度 p、焊脚尺寸 K 和角度 θ 或 θ_p 三个因素，它的计算断面高度是从焊根到角焊缝表面的最短距

离 a，如图 4-66 所示。这种焊缝在焊根处和焊趾处仍然有较大的应力集中，当坡口深度 p 较大时，角焊缝几乎不传递力，力线可以从垂直板直接传递到水平板。如果板材较厚，接头强度不仅取决于计算断面高度 a，而且当 a 值一定时还随坡口深度 p 和焊脚尺寸 K 变化（见图 4-67）。当 $p>K$ 并且 $p>14$mm 时，随着坡口深度的进一步增加，角焊缝强度有明显提高。

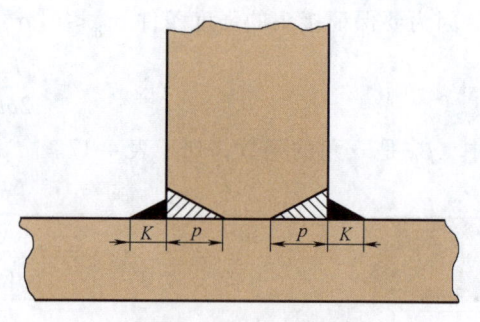

图 4-65 带坡口的角焊缝

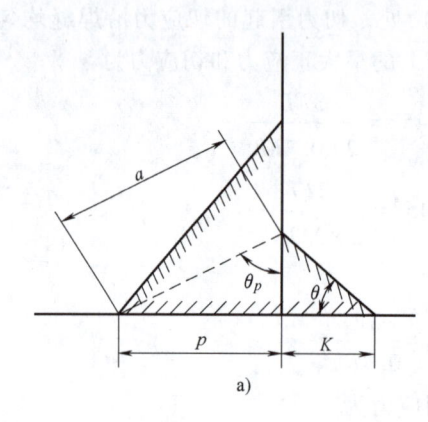

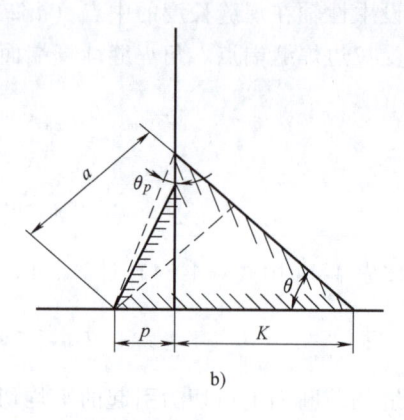

图 4-66 带坡口的角焊缝的计算厚度

a) $p > K$（$\theta_p > \theta$）　　b) $p < K$（$\theta_p < \theta$）

$$a = \frac{p}{\sin\theta_p};\qquad a = (p+K)\sin\theta;$$

$$\theta = 45°,\ a = \sqrt{p^2+K^2}\qquad \theta = 45°,\ a = \frac{p+K}{\sqrt{2}}$$

对于带坡口的角焊缝，当 $p>K$ 而且受拉力时，其接头的抗拉强度可按下式计算：

当 θ_p 为任意值时

$$\sigma_b^J = \sqrt{\frac{3\sin^2\theta_p + 1}{3}}\,\sigma_b^W \qquad (4\text{-}51)$$

当 $\theta_p = 45°$ 时

$$\sigma_b^J = \sqrt{\frac{4p^2 + K^2}{3(p^2+K^2)}}\,\sigma_b^W \qquad (4\text{-}52)$$

式中，σ_b^W 为焊缝金属的抗拉强度。

当 $\theta = 45°$、$p = K$ 时，$\sigma_b^J = 0.91\sigma_b^W$；当 $\theta = 45°$、$p \gg K$ 时，$\sigma_b^J = 1.15\sigma_b^W$。

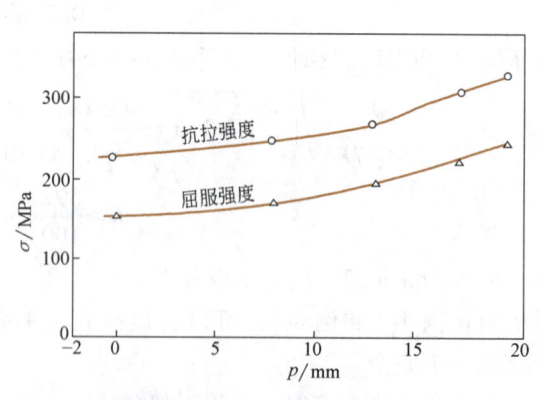

图 4-67 带坡口的角焊缝强度 σ（计算截面平均应力）与坡口深度 p 的关系

可见带坡口的角焊缝与具有相等计算厚度的一般角焊缝相比，其抗拉强度可以提高 20%~50%。

由于母材的承载量为 $\delta\sigma_b^B$，即母材板厚与母材强度的乘积，而开坡口双面角焊缝焊接的 T 形接头的承载能力为 $2a\sigma_b^J$。

$$2a\sigma_b^J = \frac{2}{\sqrt{3}}\sqrt{4p^2+K^2}\,\sigma_b^W$$

当 $p>K$ 时，接头与母材的等承载条件为

$$\delta\sigma_b^B = 2a\sigma_b^J = \frac{2}{\sqrt{3}}\sqrt{4p^2+K^2}\,\sigma_b^W$$

整理之后得

$$4\left(\frac{p}{\delta}\right)^2 + \left(\frac{K}{\delta}\right)^2 = \frac{3}{4}\left(\frac{\sigma_b^B}{\sigma_b^W}\right)^2 \tag{4-53}$$

式中，δ 为垂直板的厚度；σ_b^B 为垂直板（母材）的抗拉强度。

按式（4-53）可以求得等承载条件下的坡口深度 p。

对于梁、柱等焊接结构，有些角焊缝往往承受着压力载荷，其角焊缝就起着传递压力的作用。由于其受压比受拉危险性小得多，只要焊缝的塑性足够好，当装配间隙小于 0.5mm 时，可以认为角焊缝受压时静载强度不成问题，而直接由母材传递压力。如果装配间隙很小而且均匀，或者熔深较大，焊缝金属不仅充满焊根，而且略有超过，或者相当于开坡口焊透，这时就不存在受压强度的问题，可以采用一般角焊缝的强度计算方法。如果装配间隙过大，而且不均匀，相当于存在未焊透，这时角焊缝在压力作用下将要发生较大的变形，会影响构件的稳定性。这时角焊缝应按受压进行强度计算，但是安全系数应取低些，并且取焊缝金属的许用应力等于它的屈服强度即可。对于重要结构的受压角焊缝，最好保证装配间隙小于 2mm，并使焊缝根部有足够的熔深。

4. 电阻焊接头的静载强度计算

（1）点焊接头承受拉压力的静载强度计算　表征点焊接头的几何参量（见表 4-18 中图 a）主要包括焊点直径 d、节距 t、边距 t_1 和 t_2，这些参数的确定可根据材料性能及板厚 δ 查阅专业手册，也可以按表 4-18 中式（4-54）计算。

在进行点焊焊点强度计算和设计点焊结构时，均假定各焊点承担的外力相等，其接头强度多数是按切应力计算。点焊接头有单剪切面承载的，也有双剪切面承载的。通常焊点的布置情况如表 4-18 中图 b 所示，对于承受拉压力的点焊接头静载强度计算公式可见表 4-18 中式（4-55）。

表 4-18　电阻焊接头的静载强度计算公式

形式	简图	受力情况	计算公式	公式序号
点焊接头	a）点焊接头焊点的布置参数		$d = 5\sqrt{\delta}$ $t \geq 3d$ $t_1 \geq 2d$ $t_2 \geq 1.5d$ δ—被焊板中较薄板的厚度	式(4-54)

(续)

形式	简图	受力情况	计算公式	公式序号
点焊接头	b) 点焊接头受拉压力	拉力或压力平行于板面	$\tau = \dfrac{4F}{jnm\pi d^2} \leq [\tau']$ 单面剪切时, $j=1$ 双面剪切时, $j=2$	式(4-55)
	c) 点焊接头受弯矩载荷	受板的平面内弯矩	$\tau_M = \dfrac{4My_{max}}{jm\pi d^2 \sum\limits_{i=1}^{n} y_i^2} \leq [\tau']$ 单面剪切时, $j=1$ 双面剪切时, $j=2$	式(4-56)
缝焊接头	d) 缝焊接头受拉压力	拉力或压力平行于板面	$\tau = \dfrac{F}{bl} \leq [\tau']$	式(4-57)
	e) 缝焊接头受板弯矩	受板的平面内弯矩	$\tau = \dfrac{M}{W_f} \leq [\tau']$ $W_f = \dfrac{bl^2}{6}$	式(4-58)

注：1. $[\tau']$ 为焊点抗剪切许用应力；n 为每排焊点数目；m 为焊点排数；d 为焊点直径；y_{max} 为焊点距 x 轴的最大距离；$\sum y_i^2 = 2(y_1^2 + y_2^2 + \cdots + y_{max}^2)$。

2. l 为焊缝长度；b 为焊缝宽度；W_f 为缝焊接头的计算截面系数。

例 4-8 设计单搭接点焊接头，要求接头与基本金属等强度。已知：焊件截面尺寸为

300mm×4mm，许用应力［σ'］= 190MPa 190N/mm²，焊点许用切应力［τ'］= 110MPa 110N/mm²。试确定焊点数量即排布方式。

解 焊件允许承受最大载荷为

$$[F] = 190 \times 300 \times 4 \text{N} = 228000 \text{ N}$$

根据表 4-18 中式（4-54）得焊点直径为

$$d = 5\sqrt{\delta} = 5\sqrt{4} \text{mm} = 10 \text{mm}$$

根据表 4-18 中式（4-55），计算每个焊点允许承受的载荷

$$F_0 = \pi \frac{d^2}{4}[\tau'] = \frac{3.14 \times 10^2 \times 110}{4} \text{N} = 8635 \text{N}$$

所需焊点数为

$$n = \frac{[F]}{F_0} = \frac{228000}{8635} = 26.4$$

取 $n = 27$

按表 4-18 中式（4-54）：$t \geq 3d$，取 $t = 33$mm；$t_1 \geq 2d$，取 $t_1 = 20$mm；$t_2 \geq 1.5d$，取 $t_2 = 18$mm。每一排可布置的点数为

$$n = \frac{300-36}{33} + 1 = 9$$

确定为 3 排，每排 9 个焊点，共 27 个焊点。点焊接头设计与焊点布置如图 4-68 所示。

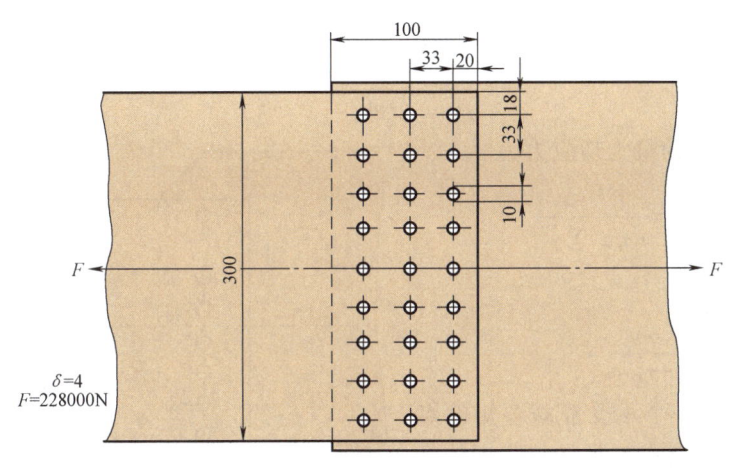

图 4-68 点焊接头设计与焊点布置

（2）点焊接头承受弯矩的静载强度计算 承受板面内弯矩的点焊接头（见表 4-18 中图 c）中各焊点承受的切力不同，远离中性轴 x—x 的焊点承受的切力更高，各点所承受的切力大小与其距中性轴的距离成正比。假设接头中距中性轴为单位长度的焊点所承受的切力为 T，则距中性轴为 y_i 的焊点中的切力 $T_i = Ty_i$，由该点承受的外载力矩为

$$M_i = T_i y_i = T y_i^2$$

则接头中全部 n 个焊点上的切力所能平衡的外载力矩为

由此可得

$$M = \sum_{i=1}^{n} M_i = T \sum y_i^2$$

$$T = \frac{M}{\sum y_i^2}$$

接头中承受了最大切力的焊点为距中性轴最远的焊点，所以，最大切力为

$$T_{\max} = T y_{\max} = \frac{M}{\sum y_i^2} y_{\max}$$

则该点由弯矩 M 引起的最大切应力为

$$\tau_M = \frac{T_{\max}}{\pi \dfrac{d^2}{4}} = \frac{4 M y_{\max}}{\pi d^2 \sum y_i^2}$$

如果接头是由 $m \times n \times j$ 个焊点构成（m 为焊点排数，n 为每排焊点个数，j 为焊点层数，单面焊时 $j=1$，双面焊时 $j=2$），则由弯矩 M 产生的最大水平方向的切应力为表 4-18 中式 (4-56)：

$$\tau_M = \frac{M y_{\max}}{m \dfrac{\pi d^2}{4} \sum y_i^2} = \frac{4 M y_{\max}}{jm \pi d^2 \sum y_i^2}$$

如果接头所受的板面内弯矩是由偏心力 F 造成的（见图 4-69），由图可知，此时 $m=1$，$j=1$，由于切力 $Q=F$ 在每个焊点中所产生的切应力是不均匀的，为计算简便，认为每个焊点上的切应力相等，则各焊点中产生的切应力为

$$\tau_Q = \frac{Q}{n \dfrac{\pi d^2}{4}} = \frac{4F}{n \pi d^2}$$

由弯矩 M 引起的最大切应力为

$$\tau_M = \frac{T_{\max}}{n \pi \dfrac{d^2}{4}} = \frac{4 M y_{\max}}{n \pi d^2 \sum y_i^2}$$

合成切应力为

$$\tau_合 = \sqrt{\tau_M^2 + \tau_Q^2} \leqslant [\tau']$$

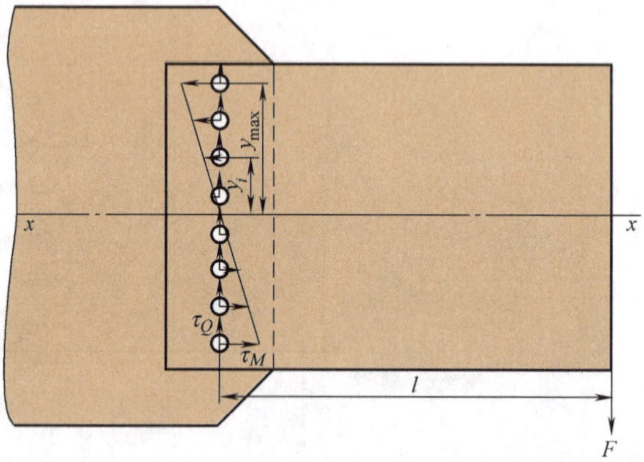

例 4-9 设计一个承受静载弯矩的点焊搭接接头，要求接头与母材等强度。已知：母材的截面尺寸为 400mm×3mm，焊点许用切应力为母材许用应力的一半，即：$[\tau'] = 0.5 [\sigma]$。

图 4-69 受偏心载荷作用的点焊接头

解 母材所能承受的最大弯矩为

$$M = W[\sigma] = \frac{\delta h^2 [\sigma]}{6} = \frac{3 \times 400^2 [\sigma]}{6} = 80000 [\sigma]$$

根据表 4-18 中式 (4-54)，焊点直径为

$$d = 5\sqrt{\delta} = 5\sqrt{3} \text{mm} = 8.65 \text{mm} \quad 取 \ d = 10 \text{mm}$$

节距 $t \geqslant 3d$，取 $t = 40$mm；边距 $t_2 \geqslant 1.5d$，取 $t_2 = 20$mm；则每排焊点数 $n = 10$。由于焊点

为单面剪切，将焊点沿中性轴对称排布，则各焊点与中性轴的距离分别为：$y_1 = 20\text{mm}$，$y_2 = 60\text{mm}$，$y_3 = 100\text{mm}$，$y_4 = 140\text{mm}$，$y_5 = 180\text{mm}$。最后求需要的排数 m。根据表 4-18 中式（4-56）可得

$$m = \frac{4My_{max}}{\pi d^2 \sum y_i^2 [\tau'_0]}$$

由于 $\sum y_i^2 = 2 \times (20^2 + 60^2 + 100^2 + 140^2 + 180^2)\text{mm}^2 = 132000\text{mm}^2$

$y_{max} = 180\text{mm}$

所以 $m = \dfrac{4 \times 80000[\sigma] \times 180}{3.14 \times 10^2 \times 132000 \times 0.5[\sigma]} = 2.78$

取 $m = 3$。所设计的点焊搭接接头的焊点布置如图 4-70 所示。

（3）缝焊接头的静载强度计算　缝焊（滚焊）接头可以认为是很多焊点按规律相互重叠形成的，与点焊断续特征的明显区别是缝焊焊缝是连续的。如果材料的焊接性好，厚度适当，焊接参数合理，它的静载强度可与母材相等。缝焊接头的静载拉伸强度可以按表 4-18 中式（4-57）计算。缝焊接头受静载弯矩时（弯矩作用于连接板的平面），它的静载强度可按表 4-18 中式（4-58）计算，式中的 W_f 为缝焊接头的计算截面系数。

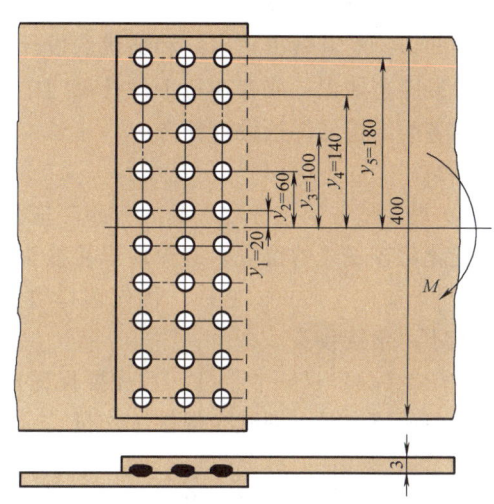

图 4-70　受弯矩点焊接头的设计与布置

4.5　焊接接头设计概述

4.5.1　焊接接头的设计原则

焊接接头是结构成为焊接结构的必要条件，因为没有焊接接头的结构是不能称之为焊接结构的。焊接接头的形式多种多样，在设计时总能找到合适的接头形式以满足对焊接结构所提出的技术要求。在考虑焊接接头的承载能力时，应注意焊接接头与其他连接接头（如铆接或螺栓联接接头）的本质区别，对于铆接结构或螺栓联接结构来说，铆钉或螺栓实际上仅仅是一个联接元件，可以根据平衡条件求出在元件上的作用力，根据这种作用力就可以求出所需要的尺寸。与铆钉不同，焊接接头是结构的一个组成部分，它同样也承受所有外载荷或内应力对母材所引起的弹性和塑性变形。事实上，焊接接头具有两方面的作用，一是作为连接元件，二是同时作为结构的组成部分。然而，现实的情况是，焊接接头的这种特性常常被设计人员所遗忘或忽视，习惯性地照搬已有的类似结构或在错误的条件下进行自以为正确的计算。

进行焊接接头设计时，首先要明确地掌握焊接接头所要承受的载荷情况，包括载荷的大小和载荷的性质，如是承受动载荷还是静载荷，是承受简单应力还是复杂应力等；其次，要准确地了解焊接接头在制造完成后所具有的承载能力，这是保证所设计的焊接接头能够满足

对焊接结构所提出的技术要求的先决条件。

焊接接头的承载能力与焊接工艺方法和焊缝质量密切相关，因此焊接接头的设计和计算并不只是力学问题，还是一个工艺问题。对焊接工艺的不了解和对焊接接头特点和能力的不掌握，使得一些设计人员对焊接接头仍然不够信任，并倾向于认为采用越多、越长、越厚的焊缝才能提高结构的安全性。这样做的结果是一方面会造成不必要的材料消耗和浪费，另一方面是并不能确保结构的安全性。对于焊接结构设计师来说，由于焊接接头形式的多样性，有更多的方案可供选择，因而，其犯错误的机会也就更多一些。而熟悉和掌握有关焊接工艺方面的知识，对其做出正确的和最优的设计方案是极具帮助的。每个设计师都应掌握一些必要的焊接工艺知识，或者在每个设计部门中都有一些通晓焊接工艺的设计人员来辅助主设计师完成各类结构的焊接设计任务。

焊接接头设计的内容主要包括：

1) 焊接位置的选择和焊缝的排布。应将焊接接头选择排布于结构中几何尺寸和载荷分布的变化比较平缓的位置，避免使焊接接头承受过大和过于复杂的载荷。

2) 焊接接头形式的选择。优先选择对接接头，其次是T形接头，尽量少选搭接接头，尽可能不用角接接头。

3) 焊接坡口形式的选择。首先要保证根部焊道焊接时的可达性，其次是要尽可能减少焊缝金属的填充量，即减少焊接工作量。

4) 焊接接头几何参量的确定。几何参量包括余高、熔宽、坡口角度、坡口尺寸、根部间隙、钝边高度、焊脚尺寸以及过渡圆弧等。在确定焊接接头的几何参量时，应注意尽可能减小几何不连续性，采用圆滑过渡，避免应力集中。

对焊接接头设计的基本要求是，首先要保证所设计的焊接接头能够满足使用要求，使结构具有所设计的功能；其次是要保证焊接结构服役时的安全性和可靠性。此外，还要考虑产品制造的工艺性和经济性，并兼顾产品的美观性。

4.5.2 焊接接头的传统设计方法——许用应力设计法

许用应力设计法是以满足工作能力为基本要求的一种设计方法，其基本思想是保证工作载荷不超过许用载荷，即

$$工作应力 \leqslant 许用应力（强度条件）$$
$$工作变形 \leqslant 许用变形（刚度条件）$$

或者

$$安全系数 = \frac{失效应力}{工作应力} = 许用安全系数$$

如果采用屈服准则，则上式中的失效应力为材料的屈服强度；如果采用断裂准则，则失效应力为材料的抗拉强度；如果是考虑疲劳问题，则为疲劳强度。正因为如此，这种方法又被称为安全系数设计法。

对于含裂纹的焊接接头，为防止低应力破坏，还要求满足断裂力学的断裂准则，如：

$$安全系数 = \frac{材料的断裂韧度 K_c}{裂纹尖端的应力强度因子 K} = 许用安全系数（对于弹性体）$$

$$安全系数 = \frac{材料的裂纹尖端的临界张开位移 \delta_c}{材料的裂纹尖端张开位移 \delta} = 许用安全系数（对于弹塑性体）$$

许用应力、许用变形和许用安全系数一般由国家工程主管部门根据安全和经济的原则，按照材料的强度载荷性质、环境情况、加工质量、计算精度和构件的重要性等因素予以确定，在各行业的相关设计规范中也会有相应的规定。

母材的许用应力是构件工作时允许的最大应力值。在静载条件下，焊接结构中母材的许用应力 $[\sigma]$ 是根据材料的极限强度 σ_c 除以安全系数 n_c 来确定的，即

$$[\sigma] = \frac{\sigma_c}{n_c}$$

设计时，如果没有相应的规范或规程可遵循，则可参考表4-19来确定安全系数。

表4-19 机械设计中安全系数取值范围

序号	适用场合	安全系数
1	可靠性很强的材料，如中低强度高韧性结构钢，强度分散性小，载荷恒定，设计时以减小结构质量为主要出发点的构件	1.15~1.5
2	常用的塑性材料，在稳定的环境和载荷下工作的构件	1.5~2.0
3	一般质量的材料，在通常的环境和能够确定的载荷下工作的构件	2.0~2.5
4	较少经过试验的材料或脆性材料，在通常的环境和载荷下工作的构件	2.5~3.5
5	未经试验，因而其强度不确定的材料，在环境和载荷不确定情况下工作的构件	3~4

焊缝许用应力取决于材料性能、焊接方法、工艺参数及焊接检验方法等众多因素，确定焊缝许用应力的常用方法主要有：

（1）折减系数法 按照焊缝金属与母材等强度的原则，将母材许用应力乘以一个折减系数，作为焊缝金属的许用应力，即 $[\sigma'] = \alpha[\sigma]$ 和 $[\tau'] = \alpha[\sigma]$。这个折减系数 α 主要根据母材种类、尺寸、焊接方法、焊接材料、焊接工艺、无损检测以及简化计算的假设来确定，一般取 $\alpha = 0.5~1.0$。对于熔透的对接焊缝，如经质量检验符合设计要求，取系数 $\alpha = 1.0$，意味着焊缝的许用应力与母材相同，则该焊缝可不必进行强度校核。若用一般焊条电弧焊制成的焊缝，可采用较低的系数；若用低氢型焊条电弧焊或自动焊形成的焊缝，采用较高的系数，对于一般焊接结构焊缝金属许用应力的确定可参见表4-20。该方法的优点是可以在不知道母材许用应力的条件下设计焊接接头，多用于机器焊接结构。

表4-20 一般焊接结构焊缝金属许用应力的确定

焊缝种类	应力状态	焊缝许用应力	
		一般E43及E50系列焊条电弧焊	低氢型焊条电弧焊、自动焊和半自动焊
对接焊缝	拉应力	$0.9[\sigma]$	$[\sigma]$
	压应力	$[\sigma]$	$[\sigma]$
	切应力	$0.6[\sigma]$	$0.65[\sigma]$
角焊缝	切应力	$0.6[\sigma]$	$0.65[\sigma]$

注：1. $[\sigma]$ 为母材的拉伸许用应力。
　　2. 适用于低碳钢及普通低合金结构钢的焊接结构。

（2）定值法 采用各行业针对某类产品或焊接结构已经规定的具体数值。为了本行业的方便和技术上的统一，常根据产品的特点、工作条件、所用材料、工艺过程和质量检验方法等，制定出相应的焊缝许用应力的具体数值，参见表4-21以及相关手册与标准。

表 4-21　焊缝金属的许用应力　　　　　　　　　　　　　　　　　　　　（单位：MPa）

焊缝种类	应力种类	符号	自动焊、半自动焊和 E43 系列焊条电弧焊					自动焊、半自动焊和 E50 系列焊条电弧焊		
			构件钢材牌号								
			Q215 钢		Q235 钢		Q345 钢		
			第一组[1]	第二、三组[1]	第一组[1]	第二、三组[1]	第一组[1]	第二组[1]	第三组[1]
对接焊缝	抗压	$[\sigma'_a]$	155	140	170	155	240	230	215
	抗拉 自动焊或用精确方法[2]检查质量的半自动焊和焊条电弧焊	$[\sigma'_ت]$	155	140	170	155	240	230	215
	抗拉 用普通方法[2]检查质量的半自动焊和焊条电弧焊	$[\sigma'_l]$	130	120	145	130	205	195	185
	抗剪	$[\tau']$	95	85	100	95	145	140	130
角焊缝	抗拉、抗压、抗剪	$[\tau']$	110	110	120	120	170	170	170

① 钢材按其尺寸分组，见表 4-22。
② 检查焊缝的普通方法是指外观检查、钻孔检查等方法；精确方法是在普通方法的基础上，用射线或超声波进行补充检查。

表 4-22　钢材的分组尺寸　　　　　　　　　　　　　　　　　　　　（单位：mm）

组别	Q215 或 Q235 钢			Q345 钢
	棒钢直径或厚度	型钢或异型钢厚度	钢板的厚度	钢材的直径或厚度
第一组	≤40	≤15	4~20	≤16
第二组	>40~100	>15~20	>20~40	17~25
第三组	—	>20	—	26~36

注：1. 棒钢包括圆钢、方钢、扁钢及六角钢。型钢包括角钢、工字钢和槽钢。
　　2. 工字钢和槽钢的厚度是指腹板的厚度。

关于焊接材料的选择，通常遵循等强原则，即应选用相应强度等级的焊接材料。对强度高的母材，宜选用低氢型焊材以降低焊缝金属的冷裂纹倾向。有时为了避免焊接冷裂纹，在一些特定的焊缝上，也可选用比相应强度等级略低些而韧性高的焊材进行焊接。

工程上常见的低碳钢、低合金钢和部分铝合金的点焊，抗剪许用应力可取 $[\tau'] = (0.3 \sim 0.5)[\sigma]$，抗撕裂许用应力可取 $[\sigma'] = (0.25 \sim 0.3)[\sigma]$。

对于由高强度钢、高强度铝合金和其他特殊材料制成的焊接结构，或在特殊工作条件（高温、腐蚀介质）下使用的焊接结构，其焊缝的许用应力应按有关标准或经过专门试验来确定。

4.5.3　焊接接头的现代设计方法——可靠性设计法

随着科学技术的不断发展和进步，一些新的设计理论和手段被不断应用于焊接结构和焊接接头的设计中，如分析设计法、可靠性设计法及计算机辅助设计法等，这些方法常被称为现代设计方法，以体现其与传统的许用应力设计法的区别。这里，简单介绍可靠性设计法。

可靠性设计法就是保证产品满足给定的可靠性指标的一种设计方法。所谓可靠性，就是指产品在给定的条件下和规定的服役周期内，实现规定功能的能力。可靠性分为固有可靠性、使用可靠性和环境适应性。表示产品总体可靠性水平高低的各种可靠性指标称为可靠性评价尺度，也就是特征值，它具有多指标性。

与传统设计法中将载荷、强度、尺寸和寿命等参数看成是定值的情况不同，可靠性设计法将这些参数当作随机变量，运用概率理论和数理统计的方法进行处理，使设计的结果与实际更为符合，从而达到既安全可靠又经济的目的。

可靠性设计法的核心工作是确定设计对象的可靠度。所谓可靠度是指产品在规定的条件下和规定的时间内，完成规定功能的概率。由于它是时间的函数，可表示为 $R=R(t)$，称为可靠度函数，其取值范围是 $0 \leq R(t) \leq 1$。与可靠度相对应的是不可靠度，它表示产品在规定的条件下和规定的时间内，不能完成规定功能的概率，又称为失效概率，记为 F。失效概率 F 也是时间 t 的函数，它与可靠度呈互补关系，即

$$R(t) + F(t) = 1$$

$$F(t) = 1 - R(t) = \int_0^t f(t)\,\mathrm{d}t$$

其中，$f(t)$ 是失效概率密度函数。

在简单的设计场合，如果以 C 代表结构抗力（如强度、刚度、断裂韧度等），以 S 代表载荷对结构的综合效应（如应力、应变等），并假定它们都是服从一定分布规律的随机变量，则结构的功能函数 Z 为

$$Z = C - S$$

当 $Z>0$ 时，结构处于可靠状态；当 $Z=0$ 时，结构处于极限状态；当 $Z<0$ 时，结构处于失效状态。可靠性设计的基本思想就是保证设计对象的结构功能函数 $Z>0$。

由于以概率论和数理统计作为其数学基础的概率可靠性，包含着两个基本假设，即离散有限状态假设和概率假设，因此，应用概率方法处理实际问题就必须满足 4 个前提：①事件明确加以定义；②大量样本存在，这是由大数定理决定的；③样本具有概率重复性；④不受人为因素影响。但在实际工程系统中，概率可靠性理论的基本假设往往并不能成立。因为从"可靠"到"失效"，对立的两极是通过一系列的中间状态而相互联系和相互转化的。一切中间过程都是呈现出亦此亦彼的所谓的模糊性。这时离散有限状态假设不成立，而应以模糊状态假设代替。这就需要模糊数学来建立新的可靠性观念和方法，并由此形成模糊可靠性设计。

在我国，可靠性设计法的应用并不充分。目前，在建筑钢结构设计中所采用的极限状态设计法被看成是一种近似的概率设计方法。这种方法已有相应的国家标准（GB 50017—2003《钢结构设计规范》），并且这种设计方法有逐渐向铁道、公路和水利水电等工程结构设计上扩展应用的趋势。

GB 50017—2003《钢结构设计规范》中规定，除疲劳强度计算外，应采用以概率理论为基础的极限状态设计法。该规范对各种形式的焊接接头的强度计算归结为对对接焊缝和角焊缝的强度计算，计算焊缝强度的表达式在形式上和许用应力设计法基本相似，但含义和取值不同。载荷数值采用的是载荷设计值，它等于载荷标准值乘以载荷分项系数；而位于不等号右侧的不是焊缝的许用应力，而是焊缝强度的设计值。例如，在对接接头和 T 形接头中，垂

直于轴心拉（或压）力的对接焊缝，其强度计算公式为

$$\sigma = \frac{N}{l_w t} \leq f_t^w \text{ 或 } f_c^w$$

式中，N 为轴向拉力或轴向压力；l_w 为焊缝计算长度；t 为两对接板中板厚较小的值或T形接头中的腹板厚度；f_t^w 和 f_c^w 分别为对接焊缝的抗拉强度和抗压强度的设计值，该设计值按表4-23选取。

表4-23 焊缝的强度设计值　　　　　　　　　　（单位：MPa）

焊接方法与焊条型号	构件钢材 牌号	构件钢材 厚度或直径/mm	对接焊缝 抗压 f_c^w	对接焊缝 焊缝质量为下列等级时，抗拉 f_t^w 一级、二级	对接焊缝 焊缝质量为下列等级时，抗拉 f_t^w 三级	对接焊缝 抗剪 f_v^w	角焊缝 抗拉、抗压和抗剪 f_f^w
自动焊、半自动焊和E43型焊条的焊条电弧焊	Q235	≤16	215(205)	215(205)	185(175)	125(120)	160
		>16~40	205	205	175	120	
		>40~60	200	200	170	115	
		>60~100	190	190	160	110	
自动焊、半自动焊和E50型焊条的焊条电弧焊	Q345	≤16	310(300)	310(300)	265(255)	180(175)	200
		>16~35	295	295	250	170	
		>35~50	265	265	225	155	
		>50~100	250	250	210	145	
自动焊、半自动焊和E55型焊条的焊条电弧焊	Q390	≤16	350	350	300	205	220
		>16~35	335	335	285	190	
		>35~50	315	315	270	180	
		>50~100	295	295	250	170	
自动焊、半自动焊和E55型焊条的焊条电弧焊	Q420	≤16	380	380	320	220	220
		>16~35	360	360	305	210	
		>35~50	340	340	290	195	
		>50~100	325	325	275	185	

注：1. 自动焊和半自动焊所采用的焊丝和焊剂，应保证其熔敷金属抗拉强度不低于相应于焊条电弧焊焊条的数值。
2. 焊缝质量等级应符合现行国家标准GB 50205—2001《钢结构工程施工质量验收规范》的规定。
3. 对接焊缝在受压区的抗弯强度设计值取 f_c^w，在受拉区的抗弯强度设计值取 f_t^w。
4. 表中厚度是指计算点的钢材厚度，对轴心受力构件是指截面中较厚板件的厚度。
5. 括号内数值适用于薄壁型钢。

4.5.4 焊接接头的等承载设计思想概述

焊接工作者习惯于将船体、桥梁、车辆、飞行器、压力容器等主要采用焊接技术制造的产品统称为焊接结构，而这些结构的设计却不是焊接工作者的任务。焊接结构设计师的任务是针对已基本完成结构设计的具体对象（可以是船体、桥梁、车辆、飞行器、压力容器等各种具体产品），以保证其具有预设的功能和效能为目标，以焊接加工的特殊性为约束条件而进行的结构焊接设计。这涉及焊材的选择，焊缝的排布，焊接顺序、焊接接头形式及尺寸、焊接坡口形式的确定，以及焊接方法、焊接规范的选择确定等，其中最主要的就是焊接接头的设计。

由于焊接过程所固有的加热局部性和瞬时性，使得焊接接头成为具有冶金不完善性、力学性能不均匀性和几何不连续性的不均匀体，因而也成为焊接结构中的薄弱环节。理论分析和工程实践均表明焊接接头是影响结构可靠性和安全性的关键部位。大量的研究工作均围绕着如何提高焊接接头的性能来展开，并追求焊缝金属具有与母材相同的强度，即实现等匹配焊接。

近年来，提出了一种新的焊接接头设计思想——"等承载"的思想，这一思想摒弃了追求焊缝金属与母材等强的思维定式，提出以保证焊接接头与母材具有相同的承载能力为目标来进行焊接接头的设计。应当指出，强度和承载能力是两个不同的概念。强度是指单位截面所能承受的极限载荷，而承载能力是指整个截面所能承受的最大载荷。对于焊接接头来说，在服役过程中所关注的是其承载能力而非其强度。而承载能力不仅与构成接头的材料性能有关，而且与接头的几何参量有关。这就使得有可能在给定材料性能的前提下，通过接头形状的设计来保证接头可以承受的最大载荷不低于母材所能承受的极限载荷。因此，按照焊接接头所能承受的极限载荷 p_w 不低于母材所能承受的极限载荷 p_B（即 $p_w > p_B$）这种思想来设计，就可以保证结构失效时焊接接头不会先于母材发生破坏。这样就可能使焊接接头的设计可以脱离开具体的产品结构而独立进行，并有望逐渐发展成为一个标准化的焊接结构设计环节。下面以承受静拉伸载荷的对接接头的设计为例来简单介绍。

对于板厚为 $2t$ 的母材，开对称的 X 形坡口（见图 4-71）来设计具有等承载能力（$p_w > p_B$）的对接接头。假定母材的屈服强度为 σ_s^B，母材的抗拉强度为 σ_b^B，焊缝金属的屈服强

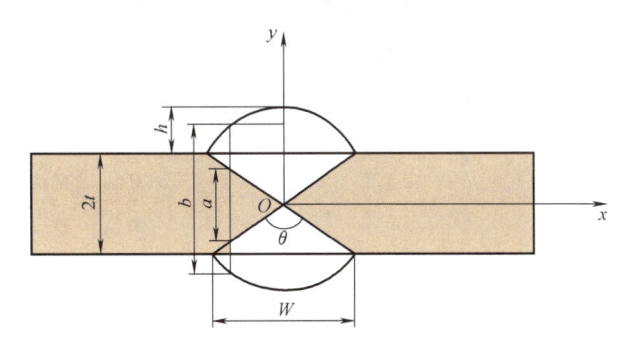

图 4-71 表征对接接头几何形状的参量

度为 σ_s^W，焊缝金属的抗拉强度为 σ_b^W，并且假定 $\sigma_s^B > \sigma_s^W$，$\sigma_b^B > \sigma_b^W$，则屈服匹配比为 $\mu_s = \sigma_s^W / \sigma_s^B$，断裂匹配比为 $\mu_b = \sigma_b^W / \sigma_b^B$。

对于单位长度为 1 的焊缝来说，其所对应的母材的极限承载能力为

$$F_s^B = 2t \times 1 \times \sigma_s^B \text{（弹性阶段）}$$

$$F_p^B = 2t \times 1 \times \sigma_b^B \text{（塑性阶段）}$$

在平行于焊缝方向上，焊缝熔宽 W 范围内的任意截面处，要求该截面具有与母材相同的承载能力，则有

$$F_s^B = a \times \sigma_s^B + (b-a) \times \sigma_s^W \text{（弹性阶段）}$$

$$F_p^B = a \times \sigma_b^B + (b-a) \times \sigma_b^W \text{（塑性阶段）}$$

在该位置处的焊缝余高 h' 为

$$h' = \left(t - \frac{a}{2}\right)\left(\frac{\sigma_s^B - \sigma_s^W}{\sigma_s^W}\right) = \left(t - \frac{a}{2}\right)\left(\frac{1}{\mu_s} - 1\right) \text{（弹性阶段）}$$

$$h' = \left(t - \frac{a}{2}\right)\left(\frac{\sigma_b^B - \sigma_b^W}{\sigma_b^W}\right) = \left(t - \frac{a}{2}\right)\left(\frac{1}{\mu_b} - 1\right) \text{（塑性阶段）}$$

a 的数值由坡口角度 θ 和坐标 x 决定,即

$$a = x\tan\frac{\theta}{2}$$

而该位置的 y 坐标为

$$y = t + h'$$

整理后可得

$$y = \frac{1}{\mu}\left[t - \frac{x(\mu-1)}{2}\tan\frac{\theta}{2}\right]$$

上式即为具有等承载能力的对接接头的焊缝余高的曲线方程,其中 x 的取值范围为 $\pm\frac{W}{2}$,在弹性阶段取 $\mu=\mu_s$,在塑性阶段取 $\mu=\mu_b$。在已知匹配比 μ 的前提下,给定坡口角度 θ,就可以求出各截面处余高的临界值。当 $x=0$ 时,临界余高有最大值 $h = \frac{t}{\mu}$。当所设计的焊接接头的余高尺寸大于上述临界值时,就可以保证焊接接头不会先于母材发生破坏。

对接接头的焊趾和焊根部位是两个可能的应力集中区域。对于焊趾部位,可以通过 Matthech 拉伸三角形或用圆弧作为过渡曲线来使焊趾处圆滑过渡,从而降低其应力集中程度(对于塑性不是很好的材料,推荐使焊趾处的应力集中系数 ≤ 1.1)。对于焊根部位,如果能使焊根处的应力集中系数满足如下条件:

$$K_{\text{root}} = \frac{\sigma_{\max}^{W}}{\sigma_{\text{adv}}^{J}} = \frac{\sigma_{\max}^{W}}{\sigma_{\text{adv}}^{B}} > \mu$$

式中,$\sigma_{\max}^{W}$ 为焊趾处的应力峰值;σ_{adv}^{J} 为焊接接头处的平均应力;σ_{adv}^{B} 为母材上的平均应力;μ 为匹配比。

则可以保证焊接接头不会先于母材发生屈服。而通过改变焊接接头的几何形状,增大焊缝余高 h,就可以使焊缝所在截面上的应力值降低,当 $\mu = \frac{t}{t+h}$ 时,就可以满足上述条件。

有限元分析的结果表明,采用等承载思想设计的对接接头可以将预期的断裂位置从普通对接接头的焊趾处转移到焊缝外的母材上去,如图 4-72 所示。

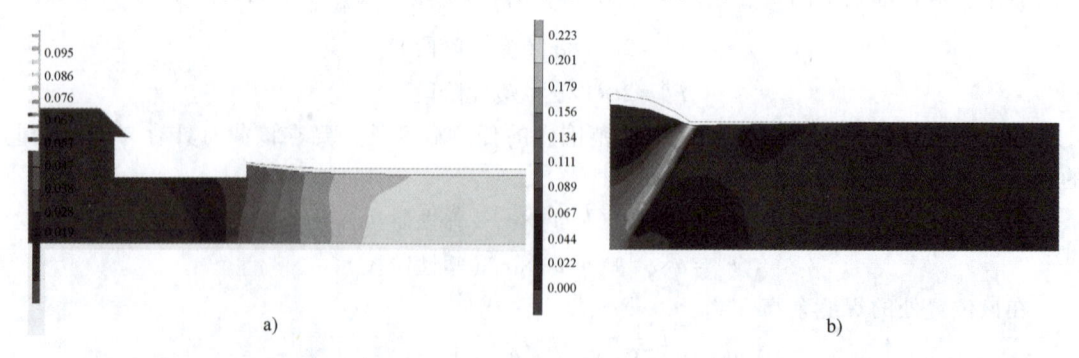

图 4-72 等承载接头与常规接头的等效塑性应变有限元计算结果的比较
a) 等承载设计接头载荷应力为 715MPa b) 常规设计接头载荷应力为 655MPa

对于承受弯曲载荷的构件,在评价其抗弯能力时,有两个指标:一个是在弹性阶段,构

件在相同的载荷条件下具有较小的弯曲挠度，另一个是在塑性阶段，在相同的载荷条件下具有更大的冷弯角。因此，在弯曲载荷作用下，焊接接头与母材等承载的条件可以表述为：弹性阶段，在相同弯曲载荷作用下焊接接头的最大挠度不大于母材的最大挠度，即 $w_W^e \leq w_B^e$；塑性阶段，在相同弯曲载荷作用下焊接接头的冷弯角不小于母材的冷弯角，即 $\alpha_W \geq \alpha_B$。通过增加焊缝余高，可以降低焊缝处的应力值，如果能够保证焊接接头在承受母材所能够承受的最大弯曲载荷时，焊缝处的峰值应力仍然小于焊缝金属的屈服强度，就可以保证焊接接头的抗弯能力不低于母材。这里可以借鉴"鱼腹梁"的设计思想，让焊缝处各截面的极限弯矩均不低于母材所能承受的最大弯矩，即保证了焊接接头与母材抗弯曲等承载。实验结果表明，依据该准则所设计的对接接头可以满足静弯曲等承载的要求。

对于存在低应力脆断危险的情况，需要以断裂参量 K（应力强度因子）来考虑焊接接头的等承载问题。以含有相同尺度的 I 型裂纹的母材和焊接接头为对象，其等承载的条件可表述为：$K_I^W / K_I^B \leq K_{Ic}^W / K_{Ic}^B$（其中上角标 W 表示焊缝，B 表示母材）。对于焊缝中裂纹失稳扩展的临界应力 σ_c^W 可表述为：$\sigma_c^W = K_{Ic}^W / (Y_W \sqrt{a})$（其中 a 为裂纹长度，Y_W 为焊缝区的形状因子）。通过调整形状因子 Y_W，可以使临界应力 σ_c^W 降低。当 σ_c^W 降低到小于母材的裂纹失稳扩展临界应力 σ_c^B 时，就保证了相同尺度的裂纹在焊缝中不会先于在母材中扩展。

对于具有角焊缝的 T 形接头和十字接头，由于角焊缝应力状态的复杂性和这类接头承受载荷的多样性，需要进行更深入的研究工作来考虑可能出现的各种情况。一种简单的做法是，将 T 形接头看成是余高为无限大的单面焊道对接接头，将十字接头看成是余高为无限大的双面对称焊道的对接接头，并按照对接接头的设计思路来进行近似处理，只是相应的应力集中系数的计算公式需要重新确定。

焊接结构的脆性断裂

第5章

5.1 脆性断裂事故及其危害性

20世纪初人们在使用各种材料尤其是金属材料的工程实践中，就已经观察到大量的断裂现象，注意到结构在低应力下的脆性断裂问题，并且焊接结构的脆性断裂案例占有较高的比例。虽然发生脆性断裂事故的焊接结构数量与安全工作的焊接结构数量相比是很少的，但由于这类事故具有突然性、多数是在低于材料屈服强度时发生且不易预先发现等特点，导致其造成的损失特别严重，甚至是灾难性的。

发生脆性断裂事故比例较高的行业包括船舶、桥梁、压力容器、航空航天产品等领域，从下面多个典型焊接结构的脆性断裂事故案例中可以对脆性断裂的特征、影响进行一个概况了解。

第二次世界大战前，比利时阿尔伯特（Albert）运河上建造了大约50座威廉德式桥梁，从桥梁的设计上看，此种形式桥梁为全焊结构，刚性很大，选材为比利时当时生产的St-42钢（转炉钢）。1938年3月14日，跨度74.52m的哈塞尔特桥（Hasselt）在使用14个月以后，在载荷不大的情况下断塌，事故发生时的气温是-20℃；时过不久，在1940年1月19日和25日该运河上另外两座桥梁又发生局部脆性断裂事故。总计从1938—1940年期间，在此50余座桥梁中共有10多座先后发生了脆性断裂事故。

1943—1947年，美国近500艘全焊接船中发生了1000多起脆断破坏，其中238艘完全报废，有的甚至断为两截。为了分析原因，从100多个破坏处割下材料进行试验，结论是：事故总是在有焊接缺陷等应力集中处产生，当气温降到-3℃和水温降到4℃以下时断裂更容易发生，破坏处的冲击韧度低于未破坏处的冲击韧度值。

20世纪50年代，美国北极星导弹固体燃料发动机壳体试验时发生爆炸，材料为屈服强度达到$1372MN/m^2$的高强度合金，传统的强度指标全部合格，爆炸时的工作应力远低于材料许用应力，破坏是由深度为0.1~1mm的宏观裂纹引起的，裂纹源可能为焊接裂纹、咬边、杂质和晶界开裂。

1947年苏联$4500m^3$大型石油贮罐底部和下部连接处在气温降至-43℃时，形成大量裂纹造成贮罐破坏。事后分析结论认为：在焊接部位存在由焊接裂纹、焊瘤和未焊透引起的应力集中，在低温下材料塑韧性明显下降，同时焊接过程及罐体内外温差造成较高的内应力。

我国也曾发生多起贮罐破坏事故，其中典型的一次事故于1995年1月8日发生在黑龙江省某地的糖厂。该糖厂一台使用了20年的直径为24m、高16m的圆筒形糖蜜贮罐在凌晨五点左右突然开裂，导致4000t糖蜜倾泻而出，造成人员和巨大经济损失。有关专家赴现场考察，确定了事故原因为低应力脆断，图5-1所示为该糖蜜贮罐的情况。从图5-1a所示的布局图中可以看到，糖蜜贮罐启裂处所在位置恰好位于迎风风口方向，当时气温很低，约 -30℃，糖蜜贮罐背风一侧不远处有一锅炉房，温度较高。事后查明，启裂处（断裂源）位于罐体与罐底丁字接头处，如图 5-1b 所示，罐底对接焊缝未焊透，应力集中严重，丁字接头处角焊缝与底板焊缝交叉，残余应力高。断口形貌为典型的脆性断口，证实了脆性断裂结论。

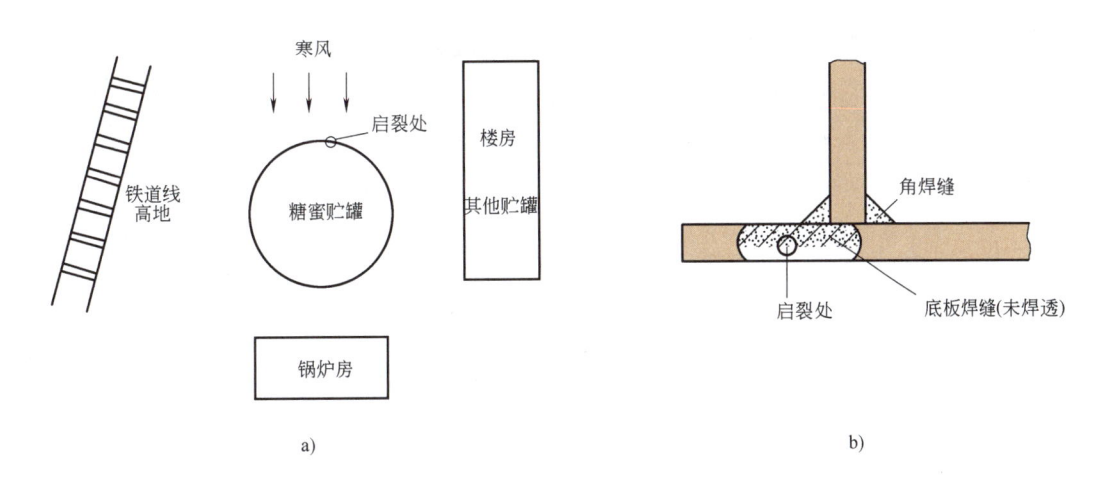

图 5-1 某糖蜜贮罐的脆性断裂
a）布局俯视图 b）开裂局部

我国另一起球罐脆性断裂事故发生在 1979 年，吉林市某煤气公司一台 400m³ 的液化石油气贮罐在使用过程中发生破裂，泄漏出的大量液化石油气遇明火发生爆炸，引起邻近 6 个球罐、6 个卧罐全部连环爆炸烧毁，经济损失达 600 万元。该球罐 1976 年建成，一年后投入使用，采用的钢材为 15MnV、15MnVR，焊接方法为焊条电弧焊，使用的焊条为 E5015（牌号 J507），据称焊接时采取了预热措施。

图 5-2 为球罐裂纹走向示意图，裂纹主要沿上温带 B 板一侧的热影响区扩展，断口人字纹形貌表明裂纹源位于 B4 板热影响区。事故分析结论为：爆炸事故性质为低应力脆断，焊趾部位存在焊接裂纹，赤道带上下环焊缝内壁缺陷很多，焊缝成形差，咬边和深沟缺陷长度达数百毫米，深沟应力集中处产生了延迟裂纹，下环缝还存在严重的错边情况。测试结果表明，接头热影响区硬度偏高，由硬度测试值推测预热温度只有 80℃，远未达到 165℃ 的工艺要求，导致结构焊接区域产生多处大尺寸宏观裂纹并进一步引发了脆性断裂事故。

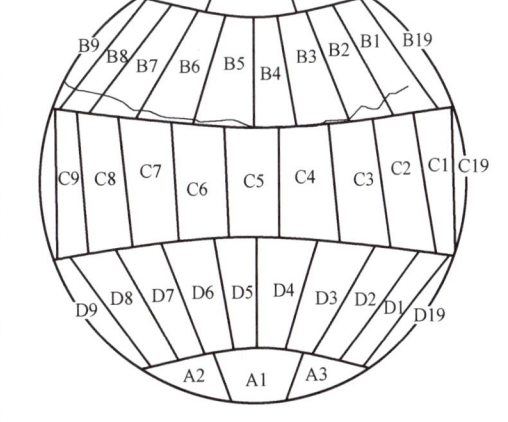

图 5-2 低应力脆断球罐的裂纹走向

表 5-1 给出了低应力脆断的一些典型案例。

通过对这些脆性断裂事故进行的大量调查研究发现，无论是中、低强度钢，还是高强度材料都有可能发生脆性断裂，并具有以下几个特点：

表 5-1　焊接结构脆性断裂的典型案例

损坏日期	结构种类、事故发生地点	损坏的情况及主要原因
1919	糖蜜罐（铆接）高 14m,直径 30m,美国波士顿	安全系数不足、超应力引起,在人孔附近启裂
1934	油罐,美国	气候骤冷时,罐底与罐壁的温差引起脆性裂纹
1938—1940	威廉德式桥,比利时	由于严重应力集中,残余应力高,钢材性能差,气候骤冷,焊接裂纹引起脆性断裂
1942	油罐,德国汉茨	补焊处产生裂纹
1942—1946	EC2(自由轮)货船,美国建造	设计不当,材料性能差
1943.2	球形氧罐,直径 13m,美国纽约	应力集中、残余应力、钢材脆性(半镇静钢)
1944.10	液化天然气圆筒形容器,直径 24m,高 13m,美国俄亥俄	为双层容器,内罐采用 w_{Ni} = 3.5%的镍合金钢制成,由于材料选用不当,有大量裂纹,在-162℃低温下爆炸
1947	4500m³大型石油贮罐,苏联	石油贮罐底部和下部连接处在气温降至-43℃时,形成大量裂纹造成贮罐破坏。在焊接部位存在由焊接裂纹、焊瘤和未焊透引起的应力集中,在低温下材料塑韧性明显下降,同时焊接过程及罐体内外温差造成较高的内应力
1950	直径 4.57m,水坝内全焊管道,美国	由环焊缝不规则焊波向四周扩展的小裂纹引发
20世纪50年代初	北极星导弹发动机壳体,美国	固体导弹壳体试验时发生爆炸,材料为高强度合金,爆炸时的工作应力远低于材料许用应力,破坏是由深度为 0.1～1mm 的宏观裂纹引起,裂纹源可能为焊接裂纹、咬边、杂质和晶界开裂
1949—1951	板梁式钢桥,加拿大,魁北克	材料为不合格的沸腾钢,因出现裂纹曾局部修补过
1954	大型油船"世界协和号",美国制造	钢材缺口韧性差。断裂发生在船中部,即纵梁与隔舱板中段的两端处引发裂纹,然后裂纹从船底沿船两侧向上发展,并穿过甲板。断裂时有大风浪
1962	Kings桥,焊制钢梁,澳大利亚墨尔本	支承钢筋混凝土桥面的四根板腹主梁发生脆裂,裂纹从角焊缝热影响区扩展到母材中
1962	原子能电站压力容器,法国希依	厚 100mm 的锰钼钢制造,环焊缝热处理不当导致开裂
1965.12	合成氨用大型压力容器,内径 1.7m,厚 149~150mm,美国	在筒体与锻件埋弧焊时,锻体偏析(Mn-Cr-Mo-V 钢制),在锻件一侧热影响区有裂纹,焊后未进行恰当的消除应力热处理
1965	"海宝"号钻井船桩腿,英国北海油田	由升降连接杆气割火口裂纹引发脆性断裂,平台整个坍塌
1968	球形容器,日本	使用厚 29mm、80kg 级高强度钢,补焊热输入量过大,导致开裂
1974.12	圆筒形石油贮罐,日本	用厚 12mm、60kg 级钢焊制,在环状边板与罐壁拐角处产生裂纹扩展 13m,大量石油外流
1976	球形液化石油气焊接贮罐,中国吉林市	液化石油气贮罐发生破裂,泄漏出的大量液化石油气遇明火发生爆炸,焊接工艺未被严格执行,焊接结构存在大量焊接裂纹等严重缺陷
1995.1	圆筒形糖蜜贮罐开裂,中国黑龙江	结构存在未焊透缺陷,应力集中严重,丁字接头处角焊缝与底板焊缝交叉,残余应力高,在低温下发生脆性断裂

1）脆性断裂一般都在应力不高于结构的设计应力和没有显著的塑性变形的情况下发生，不易事先发现和预防，因此往往会造成人身伤亡和财产的巨大损失，所以通常称这类破坏为低应力脆断。

2）塑性材料在一定条件下也可能发生脆性断裂。

3）脆性断裂总是由构件内部存在宏观尺寸（0.1mm 以上）的裂纹源扩展引起。这种宏观裂纹源可能是在制造过程或使用过程中产生的。

4）裂纹源一旦超过某个临界尺寸，裂纹将以极高的速度扩展，并瞬时扩展到结构整体，直到断裂，具有突然破坏的性质。

5）中、低强度钢的脆性断裂事故，一般发生在较低的温度，而高强度材料没有明显的温度效应。

大量的脆性断裂事故造成非常严重的人员和财产损失，促使科研工作者和工程技术人员对金属结构脆性破坏行为和机理进行了大量深入的研究，客观上推动了断裂力学等学科的发展和应用，并基于理论研究、大量试验结果和工程经验形成了诸多行业制造标准，使部分行业的脆性断裂事故得到了有效的控制。但是，由于焊接结构存在较高的材质不均匀性、缺陷不易控制、焊接应力大、服役工况条件复杂等诸多问题，完全解决其服役安全性还需付出不懈的努力，新材料及新设计方案、新制造方法和工艺的不断更新换代，原有的行业规范将不适用，需要基于科学研究和工程实践建立新的质量规范体系。

5.2 金属断裂特征及焊接结构脆性断裂影响因素

5.2.1 断裂的分类

断裂过程包括裂纹的萌生和扩展，断裂属性有多种角度的分类方法。

（1）按断裂塑性应变分类　断裂可分为韧性断裂（也称为延性断裂或塑性断裂）和脆性断裂两种。韧性断裂在断裂前有较明显的塑性变形；脆性断裂在断裂前没有或只有少量塑性变形。

可以看出这种分类方式并不严格，存在人为因素。在工程上，一般规定材料的光滑拉伸试样的断面收缩率小于5%时为脆性断裂；大于5%时为韧性断裂。有些国家规定将光滑圆柱形拉伸试样的伸长率10%作为划分脆性断裂和韧性断裂的判据。需要强调：实际结构的断裂与实验室中光滑试样的单轴拉伸标准试验的断裂是不同的，其断裂属性可能存在明显差别；同一材料在不同条件下也会出现不同断裂形式，如通常认为低碳钢的塑性很高，被广泛应用于各种焊接结构中，但是在一定条件下，低碳钢构件也会发生脆性断裂。

（2）按断裂微观路径分类　断裂可分为穿晶断裂、沿晶断裂和混合断裂。穿晶断裂可以是韧性的，也可以是脆性的，断裂形式（韧断或脆裂）主要取决于金属晶体材料本身的塑性变形能力、外部环境条件、所处的力学状态等情况。沿晶断裂在绝大多数情况下是脆性断裂，其材料方面的原因主要是由于杂质元素在晶界偏聚或其他晶界弱化因素使晶界强度低于晶内强度，进一步引起沿晶脆断，只有个别情况下晶界相可以发生较大的塑性变形而表现出沿晶的韧性断裂。

（3）按构件断裂时的断口形貌分类　断裂可分为解理断裂、准解理断裂、沿晶断裂、纯剪切断裂及微孔聚集型断裂。绝大多数情况下断口类型为混合型断口，宏观断口不同区域显示不同的断口形貌。

（4）**按断裂原因分类**　断裂可分为过载断裂、疲劳断裂、蠕变断裂和环境断裂等。

5.2.2　金属材料断裂的形态特征

1. 韧性断裂的形态特征

韧性断裂的过程是：金属晶体在载荷作用下发生弹性变形，载荷进一步增大使之达到屈服状态并进入塑性变形阶段，此时在金属内部会沿着一定的晶体平面和方向产生滑移，由于滑移面分离而产生新的表面，在多次滑移中，这些新表面弯曲交错，形成蛇形滑动并平坦化，同时可能有新的滑移在有利的位置产生。继续加大载荷，金属将进一步变形，材料内部分离形成孔穴，在滑移的作用下孔洞长大并互相连接、汇合，形成韧窝及宏观裂纹，宏观裂纹达到临界尺寸后失稳扩展而导致最终断裂。绝大多数工程合金的孔洞在第二相颗粒处形成，微孔洞的萌生有两种基本形式：在外力作用下第二相颗粒与基体界面聚合力减弱而分离、第二相颗粒自身断裂。韧性断裂机制的核心是微孔萌生、长大和聚集汇合，其模型示意图如图 5-3 和图 5-4 所示。

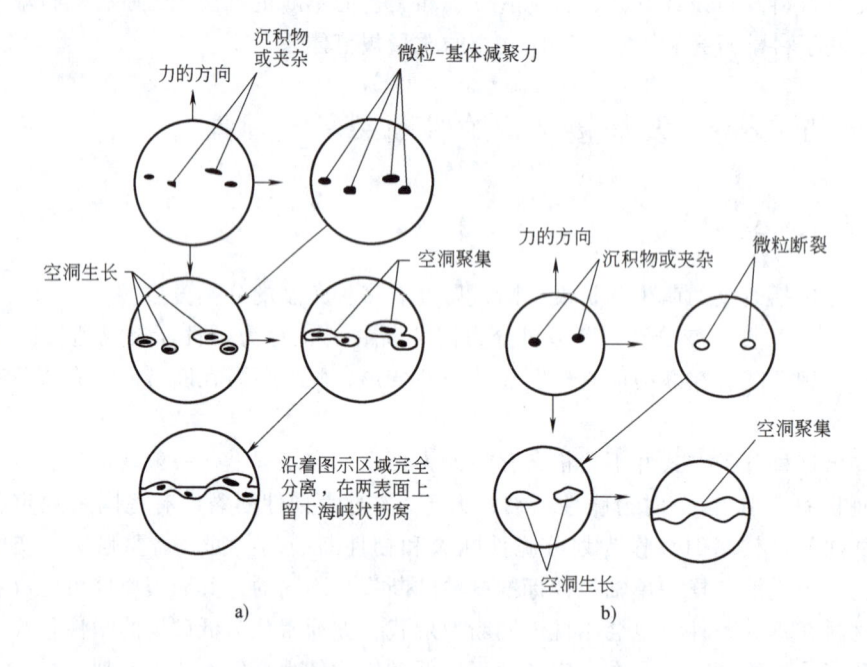

图 5-3　颗粒处孔洞生成示意图
a) 颗粒与基体分离形成孔穴　b) 颗粒断裂形成孔穴

韧性断裂断口的宏观特征有三个要素：纤维区、放射区和剪切唇区，如图 5-5 所示。韧性断口一般分为杯锥状、凿峰状（断口近似颈缩为一点）和纯剪切断口，其中最为常见的是拉伸杯锥状断口，杯锥状断口底部（裂纹源区）金属晶粒被拉长，如同纤维，故名纤维区，上面有许多"小山峰"，即许多小杯锥，山峰（小杯锥）的斜面与拉伸轴大致成 45°角，是塑性变形过程中微裂纹扩展及互连形成的，纤维区对光的反射能力很弱，呈现散射状态，

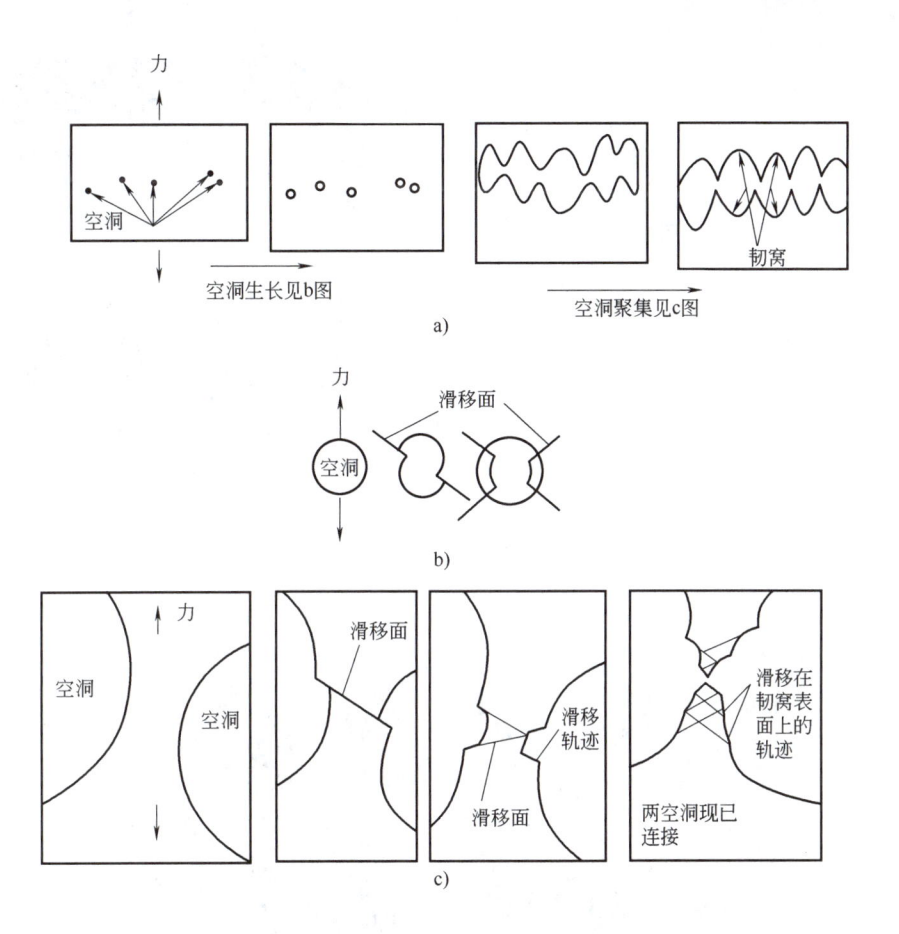

图 5-4　孔洞聚集形成韧窝并断裂示意图
a）孔穴形成、生长及互连过程　b）在力作用下孔洞周围产生滑移　c）滑移使孔穴之间的联系被切断

因此颜色灰暗。与纤维区相邻的为放射区，该区域裂纹扩展速率较纤维区快，呈现放射花样，放射方向即为裂纹扩展方向，逆指向裂纹源。最后断裂的区域形成剪切唇区，剪切唇表面与拉伸轴线约成45°角，属于典型的切断型断口，是裂纹在平面应力作用下发生不稳定快速扩展形成的。

韧性断裂断口的微观特征形态是韧窝，韧窝的实质是材料微孔聚集型开裂所留下的圆形或椭圆形凹坑，其形成机理如图 5-3 所示，其断口形貌如图 5-6 所示。由于受力方向不同，微孔形核、长大、聚集、互连和扩展过程有差异，所以韧窝可呈现等轴韧窝、剪切韧窝和撕裂韧窝。一般情况下，第二相质点的尺寸和距离决定了韧窝的尺寸。

2. 脆性断裂的形态特征

结构脆性断裂最典型的特征就是断裂前不发生明显的塑性变形，虽然疲劳断裂过程中发生的塑性变形也很少，但因为其断裂过程有特殊性，同时这类失效形式占比很高（约占90%），所以工程领域一般不将疲劳断裂失效方式列入脆性断裂范围，本章重点介绍低应力脆性断裂。焊接结构疲劳断裂的内容在第 6 章介绍。

脆性断裂的机理一般是指用位错理论来解释 Griffith 裂纹的形核和扩展过程的理论，目

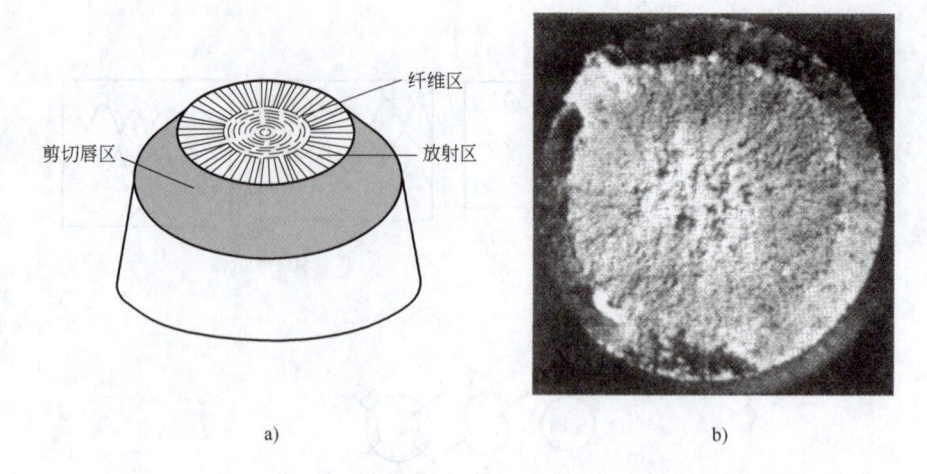

图 5-5 典型韧性拉伸断口示意图及外观形貌
a) 韧性拉伸断口示意图 b) 外观形貌

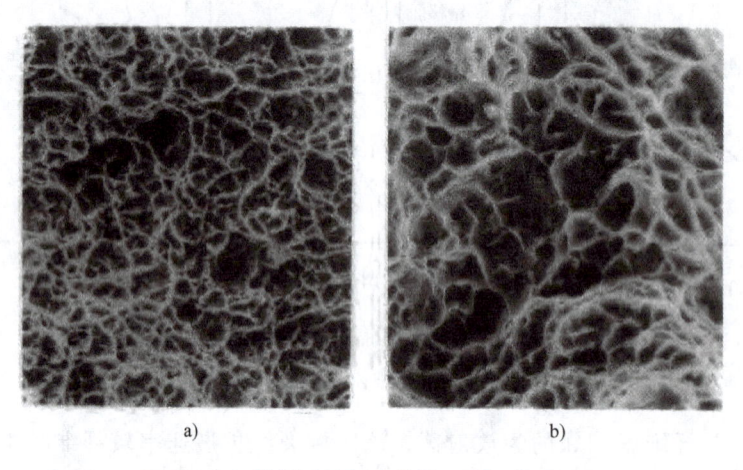

图 5-6 韧性断裂的韧窝花样（TC4 钛合金）
a) ×500 b) ×1000

前的描述模型较多，具有代表性的包括 Stroh 位错塞积理论、Cottrell 位错反应理论及 Smith 理论。

脆性断裂从晶体微观破坏方式上分为穿晶（解理或准解理）断裂和沿晶断裂。解理断裂是金属在正应力作用下沿晶内某特定低指数结晶学平面分离而形成的断裂，这个结晶学平面就称为解理面，此断裂呈脆性，很少发生塑性变形。脆性断裂理论认为，脆性裂纹的形核、长大与切应力引起的滑移密切相关，滑移与解理在金属晶体受力变形过程中是相互竞争的关系，切应力作用下的滑移是塑性变形机制，正应力作用下的解理面分离是脆性断裂机制，滑移和解理两者之中优先发生的过程决定了断裂性质。金属材料的晶格类型、组织结构、缺陷、受力状态、温度、应变速率对其断裂性质有重要影响。准解理断裂是介于解理断裂和韧性断裂之间的一种过渡断裂形式，一般将其纳入脆性断裂范畴。准解理是一种不连续的断裂过程，被普遍接受的准解理断裂过程是：首先在不同部位产生许多解理小裂纹，然后这种小裂纹不断长大，最后以塑性方式撕裂剩余连接部分，所以其断口为混合型断口。沿晶断裂是金属热处理不当或环境、应力状态等因素使晶界弱化，裂纹沿晶界扩展形成断裂。

脆性断裂宏观断口的特征是：没有明显的宏观塑性变形特征；断口平齐并与拉伸载荷方向垂直；表面有时发亮、有时灰暗，光亮的断口有时呈现放射状台阶；灰暗的脆性断口呈现粗糙表面，有时呈现颗粒外形。在一定条件下放射状台阶会发展为人字纹花样，如图 5-7 所示，人字纹放射方向与裂纹扩展方向平行，人字尖端指向裂纹源，相反方向就是裂纹扩展方向，板材构件上脆性断裂断口上易呈现人字纹花样，人字纹是宏观脆性断口诊断的重要依据。人字纹的形成过程是：多晶体金属断裂时主裂纹向前扩展，其前沿可能生成一些次生裂纹，这些裂纹向后扩展产生低能量撕裂并与主裂纹连接就形成了人字纹。

图 5-7 解理断裂宏观断口形貌——人字纹花样

解理断裂微观断口的特征是有解理台阶、河流花样、舌状花样、扇形花样等。图 5-8 是解理断裂的台阶及河流花样示意图。解理台阶是两个不同高度的解理面相交时形成的，河流花样的产生源于裂纹扩展不局限于单一平面内，出现裂纹扩展面的偏离，或者裂纹扩展解理面遇到组织缺陷分离成若干部分，最终结果就是出现一系列平行且同时扩展的裂纹，这些裂纹被它们之间的金属条带断开而互相连接，"河流"实际上是一些把不同裂纹面连接起来的台阶。

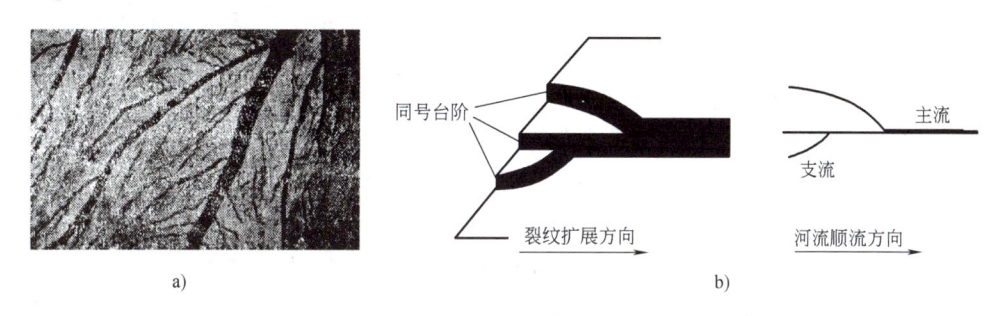

图 5-8 解理断裂微观断口
a) 微观断口——河流花样 b) 河流花样形成示意图

沿晶界脆性断裂的断口宏观特征是，呈不同程度的晶粒多晶体外形岩石花样及冰糖花样，颗粒明显且立体感强，晶界面上多显示光滑形貌，如图 5-9 所示。

准解理脆性断口形貌为：大量高密度的短而弯曲的撕裂棱线条、点状裂纹源由准解理面中部向四周放射的河流花样，可以看到撕裂棱和解理面同时存在，具有混合特征，如图 5-10 所示。

5.2.3 影响金属及其焊接结构脆性断裂的主要因素

影响焊接结构脆性断裂的因素包括内部因素和外部条件。内部因素有材料晶格类型、组织成分、缺陷、结构制造特征、焊接残余应力状态等；外部条件包括外加应力状态、温度、加载速率、环境介质等。

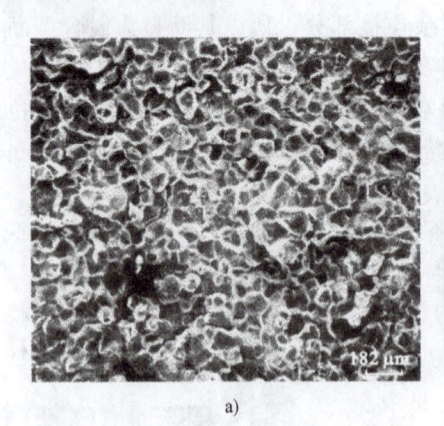

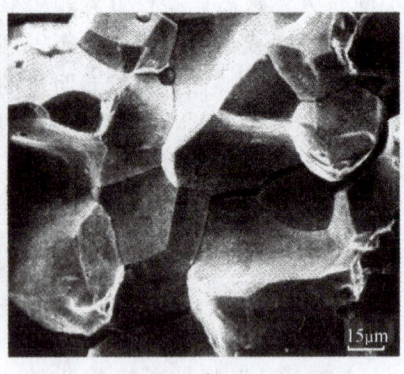

图 5-9 工业纯铁室温夏比冲击沿晶脆性断口
a) 低倍 b) 高倍

1. 内部因素

根据金属晶体学理论，具有面心立方晶格结构的金属（如奥氏体不锈钢、铝合金）塑性优良，一般不会发生脆性断裂，只在特殊情况下（如应力腐蚀条件下），才有可能发生。具有体心立方晶格结构和密排六方晶格结构的金属塑性较差，在较多情况下会发生脆性断裂。面心立方晶格结构的金属一般没有明显的韧脆转变温度（或称为脆性转变温度），是由于其屈服应力几乎不受低温区间范围内温度变化的影响，即使在很低的

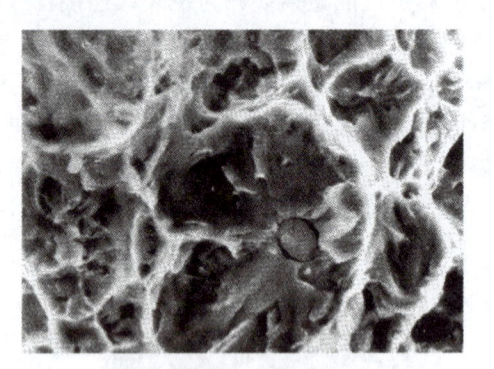

图 5-10 典型准解理断口

服役温度下，其与塑性变形密切相关的滑移过程也是在脆性分离前优先发生。

金属的化学成分是通过形成各种组织结构来体现其性能的，通常钢中的 C、N、O、H、S、P 增加钢的脆性，而另一些元素如 Mn、Ni、Cr、V 的合理添加则有助于减小钢的脆性。

晶粒度对材料的脆性断裂有重要影响，晶粒粗大会导致材料韧性下降，晶粒细化有助于提高材料的低温脆断抗力。对于低碳钢和低合金钢来说，晶粒度对钢的塑性-脆性转变温度也有很大影响，即晶粒越细，其转变温度越低。

结构制造特征和缺陷对脆性断裂的影响是通过应力状态的改变来反映的，若结构的厚度大同时存在缺陷或缺口（应力集中），则此处易出现三轴应力状态，有利于脆性断裂的发生。而当结构壁厚较薄，其受力时在厚度方向能比较自由地收缩，故厚度方向的应力较小，即使存在缺陷或缺口，依然接近于平面应力状态，脆性断裂可能性降低。

焊接结构的制造工艺决定了其比其他金属结构更容易出现有害元素的偏聚、晶粒粗大、几何应力集中和严重缺陷，同时焊接残余应力的峰值高、固有的多轴应力特点使应力状态恶化，都使焊接结构更容易发生脆性断裂。

2. 外部条件

（1）应力状态的影响　断裂与屈服是材料的两种失效模式，断裂失效使构件因解体而丧失承载能力，屈服是因为晶面产生相对滑移引起构件产生塑性变形而失去正常功能。韧性

断裂的特征是断裂前发生了明显的塑性变形（晶面明显滑移），脆性断裂的特征是断裂前材料未发生明显的塑性变形且多数情况呈现低应力特征，区分韧性断裂与脆性断裂的一个重要依据就是断裂前是否发生了明显的塑性变形，发生塑性变形的前提是断裂前发生屈服，或者说屈服是否先于断裂发生是脆性断裂、韧性断裂的判据。材料的断裂性质取决于两个条件：材料性质及应力状态。在简单应力状态下，断裂属性主要取决于材料，铸铁等脆性材料的抗拉能力低于抗剪能力，因此其在单轴拉伸状态下（最大正应力 σ_{max} 作用在与载荷方向垂直的截面上，最大切应力 τ_{max} 作用在与载荷方向成 45°角的截面上，并且 $\tau_{max} = \frac{1}{2}\sigma_{max}$）和扭转状态下（最大切应力 τ_{max} 作用在与中心轴垂直的截面上，最大正应力 σ_{max} 则作用在与中心轴成 45°角的截面上，并且 $\tau_{max} = \sigma_{max}$），正应力引起的断裂总是先于剪切屈服过程而发生，其断裂属性一定为脆性断裂；多数碳钢材料属于塑性材料，其抗剪能力低于抗拉能力，在简单应力状态下（如单轴拉伸或纯扭转）断裂前易先产生明显的剪切屈服（塑性变形），因此为韧性断裂。多数情况下，结构是在复杂应力状态下工作的，材料力学介绍的四个主要强度理论中，第一和第二强度理论是关于断裂的强度理论。第一强度理论为最大拉应力理论，把材料脆性断裂失效的主要原因归结为最大正应力，第二强度理论为最大拉应变理论，把脆性断裂失效的主要原因归结为最大拉应变；第三和第四强度理论是关于屈服的强度理论，分别为最大切应力理论（屈雷斯加判据）与形变应变能理论（米塞斯判据）。断裂的强度理论与屈服的强度理论有各自的适用范围并互相补充。苏联学者弗里德曼（Я. Б. Фридман）统一考虑了材料在不同应力状态下的强度与失效形式，用图解方法把应力状态与断裂属性的关系进行了很好的概括，这就是著名的力学状态图。图 5-11 所示为某金属的力学状态图，图中纵坐标为按照最大切应力理论（第三强度理论）给出的 τ_{max}，横坐标为按照最大正应力理论（第一强度理论）或最大正应变理论给出的 S_{max}（代表 σ_{max} 或最大折合应力 σ_{max}^n），通过坐标原点的多条射线代表不同的应力状态，同一射线上任意一点的应力状态软性系数 $\alpha = \tau_{max}/S_{max}$ 相同。

图 5-11 中，S_{OT} 为正断抗力，τ_T 为剪切屈服限，τ_K 为剪断抗力，这里假定这些指标的大小与应力状态无关，正断抗力 S_{OT} 在超过剪切屈服限后变为斜线，表明 S_{OT} 在塑性变形发生后呈现增大趋势。力学状态图可以划分为四个区域：剪断抗力 τ_K 以上的剪切断裂区、剪断抗力 τ_K 与剪切屈服限 τ_T 之间的塑性变形区、剪切屈服限 τ_T 与正断抗力 S_{OT} 之间的矩形弹性变形区、正断抗力 S_{OT} 线右侧的正断区。某一具有固定力学性能和力学状态图的材料确定后，就可以进一步在该材料的力学状态图上分析任意一种加载过程中所表现的力学行为和失效形式。如图 5-11 所示的力学状态，射线 1（对应 $\alpha = \tau_{max}/S_{max} = 0.5$）代表该金属在单向拉伸情况下只发生了弹性变形，断裂由正断引起，未发生剪切屈服，属于脆性断裂；射线 2（对应 $\alpha = \tau_{max}/S_{max} = 0.8$）表示材料承受扭转力，加载过程中经历了弹性变形和塑性屈服阶段，最终断裂方式为正断，但属于韧性正断；射线 3（对应 $\alpha = \tau_{max}/S_{max} = 2$）表示材料承受压应力，加载过程中材料经历弹性变形、塑性屈服，最终断裂方式为剪切，属于韧性断裂。铸铁在不同受力状态下的断裂行为就属于上述情况。

复杂应力状态下，按照第三强度理论（最大切应力理论）材料承受的最大切应力为 $\tau_{max} = \frac{1}{2}(\sigma_1 - \sigma_3)$，按照第二强度理论（最大拉应变理论）材料承受的最大正应力为 $\sigma_{max} = \sigma_{max}^n = \sigma_1 - \mu(\sigma_2 + \sigma_3)$，则应力状态软性系数 α 的表达式为

$$\alpha = \frac{\tau_{max}}{\sigma_{max}} = \frac{\frac{1}{2}(\sigma_1 - \sigma_3)}{\sigma_1 - \mu(\sigma_2 + \sigma_3)}$$

所以 $\alpha = \tau_{max}/\sigma_{max}$ 越小，则应力状态越危险，材料更易发生脆性断裂。极端情况是三轴等值拉应力下，$\sigma_1 = \sigma_2 = \sigma_3$，$\alpha = \tau_{max}/\sigma_{max} = 0$，力学状态图上的射线与横轴重合，不管材料是塑性材料还是韧性材料，其断裂方式必然是脆性断裂。

在实际结构中三轴应力可能由三轴载荷产生，但更多的情况下是由于结构几何不连续性引起的（见图 3-39）。焊接结构固有的二轴或三轴残余应力场与外加应力叠加、接头几何应力集中（如 T 形接头或十字接头）、焊接缺陷等因素使焊接结构更易出现三轴拉伸应力状态，同时局部应力过高，这些不利因素均可促使脆性断裂发生。

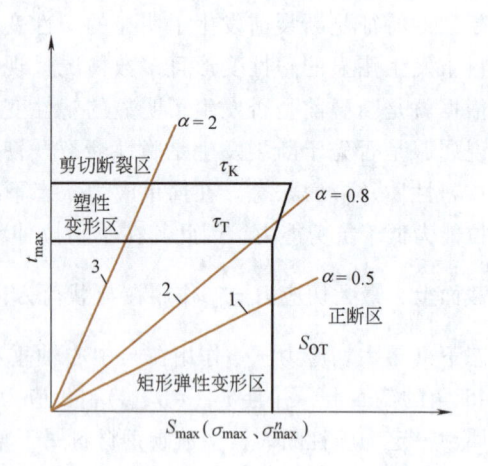

图 5-11 力学状态图

(2) 温度的影响　体心立方和密排六方晶格金属一般具有明显的韧脆转变温度，随着温度的降低，材料的剪切屈服限增大，而一部分材料的正断抗力随温度改变基本不发生变化，如图 5-12 所示；另外一些材料的正应力临界值 σ_n^c（相当于正断抗力 S_{OT}）随温度的变化率明显低于切应力临界值 τ_c 随温度的变化率，如图 5-13 所示。上述两种情况都说明随着温度的降低，以正断方式发生脆性断裂的概率增加，以剪切方式发生韧性断裂的可能性降低。对于一定的加载方式（应力状态），当温度降至某一临界值时，将出现塑性到脆性断裂的转变，这个温度称为塑性-脆性转变温度。转变温度随最大切应力与最大正应力之比值的降低而提高。带缺口的试样的比值比光滑试样低，拉伸试样的比值比扭转试样低，因此转变温度前者比后者高。

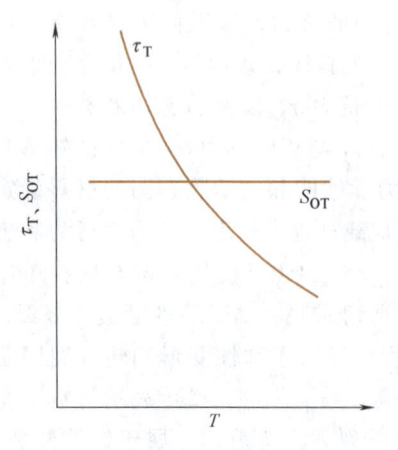

图 5-12　温度对 τ_T 和 S_{OT} 的影响

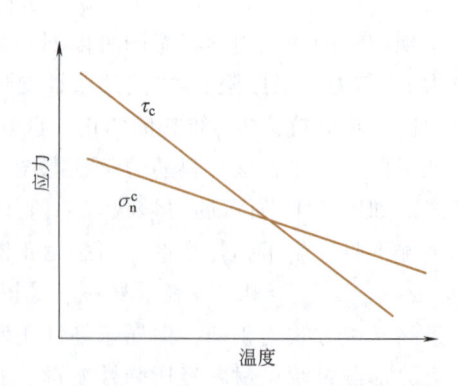

图 5-13　部分体心立方结构的金属正应力临界值与切应力临界值随温度的变化

(3) 加载速率的影响　加载速率对断裂性质的影响很明显，加载速率提高的实质是增加了承载部位材料的应变速率，能促使材料脆性破坏。其微观机理是：由于应变速率的增加，晶格摩擦力增大，形变较难通过滑移进行，更多情况是通过孪晶进行，所以材料的屈服强度随晶格摩擦力增大而上升,但与解理断裂密切相关的正断抗力并不随晶格摩擦力增大而上升。如图 5-14 所示,随温度的下降 τ_T 提高而 S_{OT} 基本不变,因而促进了脆性断裂发生的可能性。

焊接结构常存在各种缺陷或几何因素造成的应力应变集中(如十字接头和 T 形接头),在同样加载速率下,结构应力集中部位材料的应变速率明显高于均匀承载部位,其发生屈服塑性变形更困难,脆性断裂概率大幅度提高。结构钢焊接结构存在缺口时,一旦缺口发展为裂纹,将造成更严重的应力应变集中,裂纹尖端材料立即承受更高的应力应变载荷,此时裂纹加速扩展使结构最后破坏,所以,只要结构中脆性断裂过程已经开始,就很难阻止进一步的扩展断裂。应变速率(加载速率)的增加使材料韧脆转变温度提高,工程结构的安全服役温度范围变窄,如图 5-15 所示。

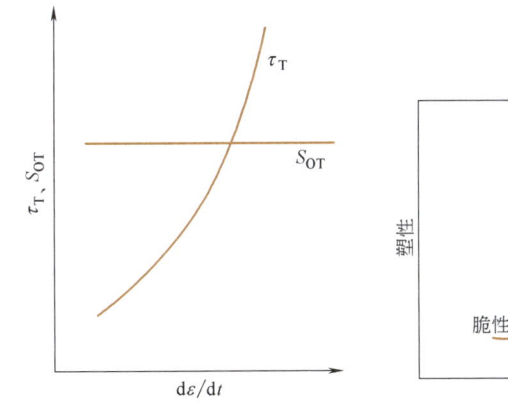

图 5-14 加载速率对 τ_T 和 S_{OT} 的影响

图 5-15 塑性-脆性转变温度与应变速率的关系

5.3 焊接结构制造特点与脆性断裂的关联性

焊接结构的脆性断裂行为与设计和制造过程密切相关,结构设计不佳、焊接热过程导致材料性能恶化、焊接残余应力及焊接变形、焊接缺陷等是引发其脆性断裂的几个主要原因,下面对其进行分析。

(1) 应变时效引起焊接结构局部脆性 所谓"应变时效",是指钢材经一定量塑性变形之后在常温下长期停留,或经 150~450℃(另一种观点是 100~300℃)加热一定时间后,其常温冲击吸收能量及塑性下降而硬度提高的现象。金属和合金的应变时效分为在塑性变形后或与塑性变形同时发生两种情况。塑性变形后发生的时效称为静态应变时效(Static Strain Ageing,SSA),有时将静应变时效简称为应变时效;而变形和时效同时发生的过程,则称为动态应变时效(Dynamic Strain Aging,DSA)或热应变时效。一般认为,钢的应变时效微观过程是,塑性变形后晶格出现了滑移层而扭曲,对固溶合金元素的溶解能力下降,呈现出饱和或过饱和状态,必然促使被溶物质扩散及析出,这就引起了钢材性能的变化。在加热状态下原子活力增加,促使固溶体内过饱和物质加速析出,也引起时效。固溶状态的间隙溶质(C、N)与位错交互作用,钉扎位错阻止变形,导致强度提高,塑性韧性下降。

在焊接结构制造过程中的剪切下料、机械矫形或弯曲等过程使材料预先产生一定的塑性变形，构件在后续热加工过程中经受敏感温度区间（150~450℃或100~300℃）的热作用，恢复常温后经过一定时间放置就可引起（静）应变时效；另一种情况是，在焊接时金属受到热循环和热塑性变形循环的作用，特别是在接头典型区域（热影响区、多层焊道中已焊完焊道）的缺陷或应力集中附近，会产生较大的塑性变形，在一定的热循环作用下将伴随塑形变形过程引起动态应变时效（热应变脆化）。

研究表明，许多低碳钢和低合金结构钢的应变时效引起局部脆化倾向很明显，可大幅度降低材料延性和缺口韧性，提高材料的转变温度，使结构易发生脆性断裂事故。剖析一例某贮油罐的脆性断裂事故，断裂分析结果表明，裂纹始于罐体和底板的连接处，进一步扩展到邻近的位置和罐体顶部。经调查，发生破坏时的最低温度为-14℃，经过断裂部位取样进行V型夏比冲击试验测试，其规定的临界冲击韧度34J/cm^{2}对应的转变温度只有-8℃，未能达到-14℃的实际服役温度。进一步的试验结果证实，钢材的应变时效脆化很明显，距离钢板剪切边缘6mm处，对应34J/cm^{2}的转变温度高达+53℃；距离剪切边缘20mm处也处于+36℃，可以说在常见的自然条件温度范围内，结构始终处于危险的服役状态。由此可以推断，该贮油罐结构发生低应力脆性断裂几乎不可避免，其加工过程中先进行钢板的剪切下料引起了冷作塑性应变，而随后的焊接工序在该剪切位置附近又引起进一步的热应变脆化。

对于工程钢结构，一般情况下热应变时效比冷变形所引起的静态应变时效引起的脆化倾向更为明显。图5-16为C-Mn钢的热应变时效与冷作变形静态应变时效的断裂韧度COD对比试验结果。试件材料C-Mn钢的成分为$w_C = 0.14\%$、$w_{Mn} = 1.15\%$、$w_{Si} = 0.14\%$，余量为Fe。所用板材为10mm^{2}的方形截面缺口试件，原始母材的屈服强度$\sigma_s = 263$MPa，抗拉强度$\sigma_b = 450$MPa。对比试验共进行4组，第一组用于模拟冷变形应变时效脆化，为此在室温20℃下预先冷弯，使缺口张开约0.15mm，然后反向弯曲恢复到原来尺寸，使缺口附近在室温态发生较大塑性变形，随后在250℃下时效0.5h，其他三组试验用于模拟热应变脆化，分别在150℃、250℃和350℃下热弯，同样使缺口张开约0.15mm后向反向弯曲到原来尺寸。最后取上述全部4组试样在不同温度下进行COD试验，测出其断裂前的临界张开位移δc值。图5-16b即为试验结果，从中可以看出，第一组试验冷弯变形试件的转变温度最低，在

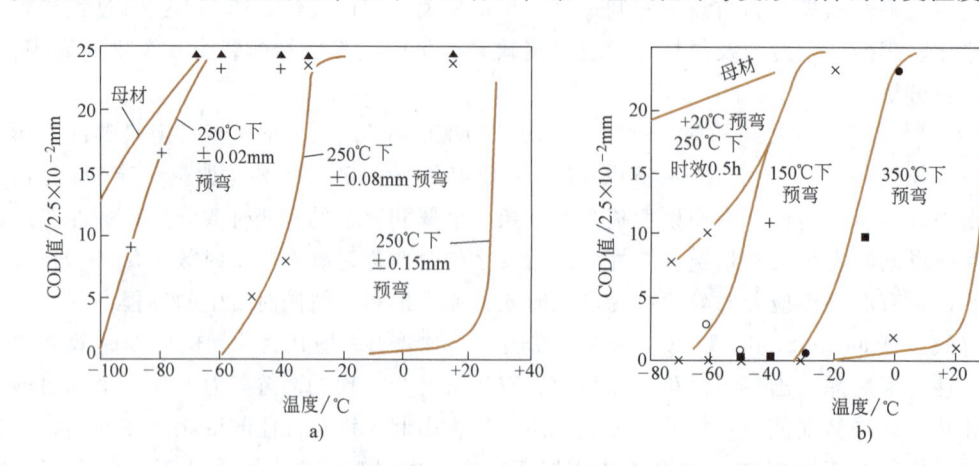

图5-16 缺口弯曲试件的预应变对抗脆性断裂性能的影响

a) 不同热预弯量的影响 b) 不同温度冷热预弯曲的影响

第三组 250℃ 热弯试件的转变温度最高，这个试验数据证实碳锰钢在热应变时效情况下低温脆性更大，安全服役温度范围变小，焊接接头中尖锐刻槽等大应变集中部位在焊接热作用下的热应变时效过程相当于本试验中的缺口试件高温弯曲，将造成工件低温性能大幅度降低。图 5-16a 为恒定温度 250℃ 和不同缺口张开量条件下模拟热应变脆化后的 COD 试验结果，可以看到热弯曲时缺口张开位移越大，脆化倾向越明显，转变温度越高。

解决某些钢材焊接结构时效应变致脆的有效方法是焊后热处理。研究表明，采用 500~600℃ 温度区间的热处理可以消除两类应变时效对低碳钢及一些合金结构钢的不利影响，恢复其韧性，同时这样的热处理还可以对焊接残余应力的消除起到显著作用，这也对防止结构脆性断裂有利。

（2）**金相组织改变对脆性的影响**　除了上述两种应变时效，焊接热循环还使焊缝及近缝区发生了一系列微观组织的变化，进一步改变了接头部位的缺口韧性（抗脆性断裂性能），多数情况下对其低温服役安全性造成不利影响。图 5-17 所示为焊条电弧焊碳锰钢焊接接头各个典型区域（焊缝、热影响区及母材）的 COD 试验结果，焊缝金属具有最高转变温度（低温抗脆性断裂性能最差），热影响区的粗晶区次之，热影响区的细晶区较好，已经与母材性能接近，焊缝与热影响区粗晶区的临界转变温度可比母材提高 50~100℃，焊接热循环作用使接头特定部位的低温性能比母材出现很大差距。

热影响区中的不同微区在焊接过程经历的热循环差异较大，抗脆性断裂性能也不同。其脆性主要取决于此处焊后的显微组织和材料的化学成分。研究表明，焊接热输入对许多钢材焊接接头热影响区的脆性有重要影响，过大的热输入则造成其晶粒粗大和脆化，转变温度提高，但过小的热输入造成淬硬组织并易产生裂纹，也会降低材料的韧性，因此合理选择热输入对于保证接头综合质量十分重要。

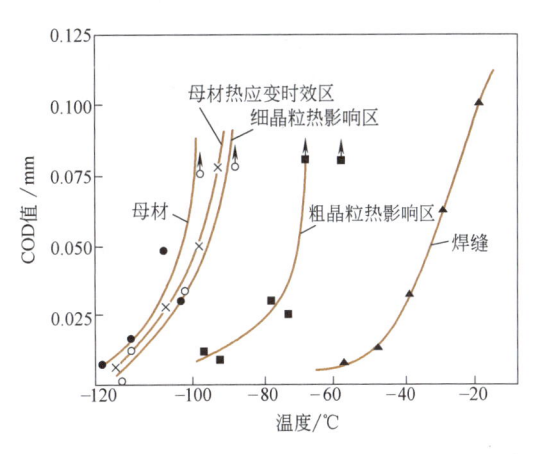

图 5-17　碳锰钢焊接接头不同部位的韧性

图 5-18 所示为不同热输入对一种碳锰钢的热影响区冲击韧性的影响。随着热输入的增加（从 14000J/cm 增至 30000J/cm），该区材料的转变温度提高，或者说材料的低温冲击韧性呈现明显的下降趋势。为了控制热输入过大造成不利影响，可以采用合理的小电流多层焊代替大热输入的单层焊或较少层数焊接，这样可以有效减少热输入量以控制热影响区过热，使其微观组织具有良好的低温韧性。同时多层焊对于接头焊

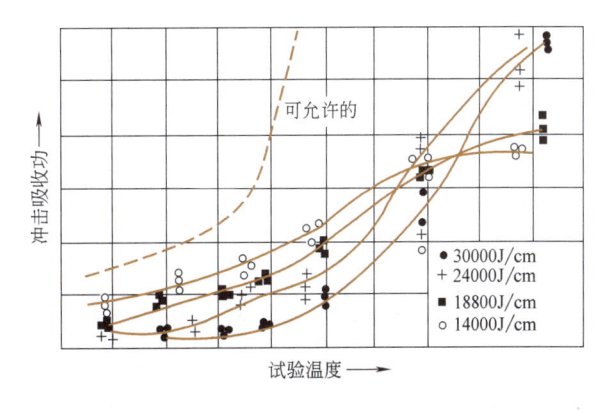

图 5-18　不同热输入对热影响区冲击韧性的影响

缝和热影响区组织的改善也有帮助，即多层焊中每条焊缝的焊接热循环对前一道已凝固的焊缝和附近的热影响区有热处理甚至细化晶粒的作用，这对提高接头韧性、提高其抗脆性断裂能力有利。

（3）**焊接缺陷的影响**　焊缝是焊接接头中最容易产生各种缺陷的地方，其次是熔合区和热影响区。焊接裂纹、未熔合及未焊透三类面缺陷造成严重缺口效应，在张开型载荷作用下会极大地增加接头和结构脆性断裂倾向。美国对船舶脆性断裂事故调查表明，40%的脆性断裂事故是从焊缝缺陷处开始的。气孔等体缺陷危险程度一般低于上述面缺陷，但咬边和严重的焊缝外形缺陷会引起应力集中，也会引起脆性断裂事故。

（4）**接头形状缺陷的影响**　焊接接头几何形状对脆性断裂的影响不可忽视，角变形和错边都会引起附加弯曲应力，接头承载截面的急剧变化将导致高应力应变集中，这些均可增加结构脆性倾向，塑性较低的高强度钢几乎不能通过局部塑形变形缓解受力不均匀状态，接头形状缺陷的不利影响更大。如图 5-19 所示，

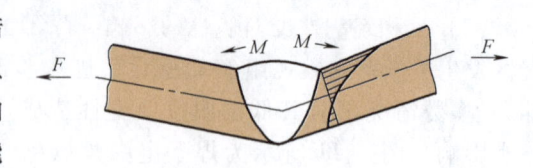

图 5-19　角变形产生的附加弯矩

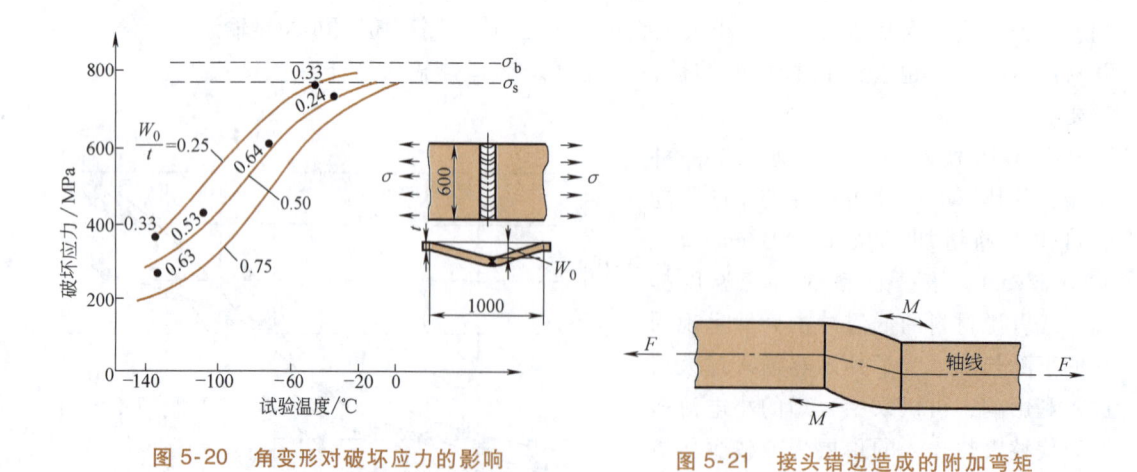

存在角变形的接头承受拉应力时，工件中力线传播路径的弯曲会产生附加弯矩，使接头同时承受拉应力和弯曲应力的作用，可造成接头低应力破坏。焊接余高的存在使接头焊趾附近产生应力集中，如果焊接余高与角变形存在于同一个接头中，应力将在塑韧性较低的熔合区（焊趾附近）产生叠加效应，情况更为严重。图 5-20 是同时存在焊接余高和焊接角变形的高强度钢焊接件的试验结果。试验板材厚度 t 为 21mm，材质为 HT-80 高强度钢，采用自动焊焊接，热输入为 45kJ/cm。结果证实，角变形越大，破坏应力越低。为了改善熔合线处的应力集中系数以提高韧性，应该严格控制角变形和焊接余高引起的应力集中。对接接头错边的影响与搭接接头相似，都会引起附加应力。如图 5-21 所示，由于载荷线与接头轴线不同轴，从而造成附加弯曲应力，增加脆性断裂的可能性。

图 5-20　角变形对破坏应力的影响

图 5-21　接头错边造成的附加弯矩

（5）**焊接残余应力的影响**　焊接残余应力对结构的脆性断裂有重要影响，焊接残余应力峰值常常分布于焊缝及近缝热影响区位置，这里是应变时效脆化、金相组织恶化、焊接缺

陷、焊趾应力集中等诸多不利因素汇合的区域，同时焊接残余应力本身具有二维或三维特征，与外加工作应力叠加易形成三轴拉伸等不利的应力状态，所以，焊接残余应力是诱发脆性断裂的重要因素。日本木原等人在1959年进行的带缺口的宽板拉伸试验（大板拉伸试验）可以说明焊接残余应力对断裂的影响，其试验所用试件尺寸为 1000mm×1000mm×25mm，图 5-22 为宽板试验结果，该试验反映出尖锐缺口及焊接残余应力对碳钢宽板焊接件断裂的影响。图中 PQDG 为只有缺口而无残余应力试件的断裂强度随温度的变化曲线，DG 线段也相当于材料的屈服强度。可以看出，对有缺口但无残余应力试件，无论试验温度高于或低于转变温度，其破坏强度均等于或高于材料的屈服强度，未出现低应力破坏的情况；PQDER 曲线为既有缺口又有残余应力试件的断裂强度。在温度高于

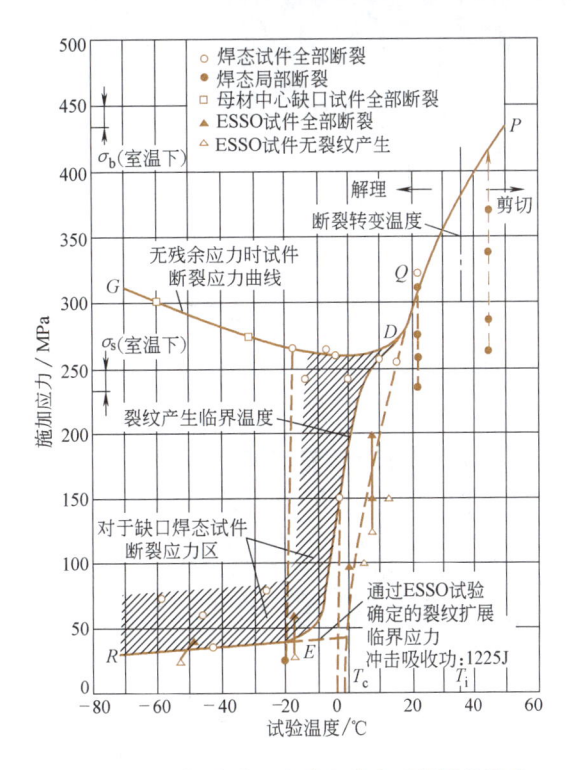

图 5-22 宽板试验研究残余应力对断裂的影响

材料转变温度时，试件仍在外载荷达到材料屈服强度以上破坏。在低于临界转变温度 T_c 时，断裂应力（强度）急剧下降，试件在很低的应力下就发生了破坏（只有几十个 MPa），图中 T_1 为断裂转变温度。在转变温度以上采用预拉伸法（机械拉伸方法）消除焊接试件中的残余应力，然后在转变温度 T_c 以下进行拉伸试验，则发现其断裂应力（强度）显著提高，其强度一般不低于预拉伸应力。

木原等人通过上述试验结论认为，残余应力的影响可以分成两种情况：试验温度在材料的转变温度以上时，残余应力对脆性断裂强度无不利影响；试验温度在转变温度以下试验时，则拉伸残余应力有不利影响。它将和工作应力叠加共同起作用，在外加载荷很低时，发生脆性破坏，即所谓低应力破坏。

焊接残余拉应力有助于裂纹的扩展，残余压应力可限制裂纹扩展。拉伸残余应力具有局部性质，一般它只分布于焊缝附近部位，离开焊缝区其值迅速减小，所以裂纹扩展通过焊缝及其附近区域较为容易，穿过焊缝一定距离后，残余拉应力影响急剧减小。此时当工作应力较低时，裂纹可能中止扩展；当工作应力较高时，裂纹可能一直扩展至结构破坏。图 5-23、图 5-24 给出 ESSO 试验的例子。对于图 5-23 所示的情况，由于焊缝距离近，故两焊缝及其之间位置均具有较高的纵向残余拉应力，试件上有一个较宽的残余拉应力区，因此在 40.2MPa（40.2N/mm²）较高的外加纵向均匀拉应力下引发横向裂纹后，裂纹横贯整个试样宽度；在图 5-24 所示的情况下，焊缝间隔大，焊缝所在位置有纵向残余拉应力峰值，两焊缝之间有较大区域分布着纵向残余压应力且数值较高，对横向裂纹扩展产生限制作用，在 29.4MPa（29.4N/mm²）较低的外加平均应力下，裂纹在压应力区中拐

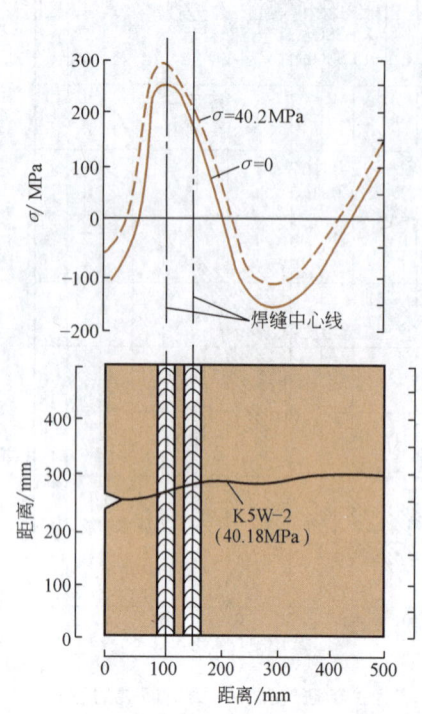

图 5-23 带有小间隔平行焊缝的
接头试样开裂路径和试件中的纵向残余应力

图 5-24 带有大间隔平行焊缝的
接头试样开裂路径和试件中的纵向残余应力

弯后停止。

残余应力对脆性断裂影响的另一方面，是其对裂纹扩展方向的影响。对图 5-25 具有斜焊缝的 ESSO 试验表明，如试件未经退火消除焊接残余应力，试验时也不施加外力，冲击引发裂纹后，则裂纹在焊接横向残余拉应力作用下，将沿平行焊缝方向扩展（图中 N30W-3），裂纹扩展不易沿垂直焊缝方向进行，因为此处为焊接纵向残余压应力区域。随着外加应力的增加，开裂路径越来越接近与外加应力方向垂直的试

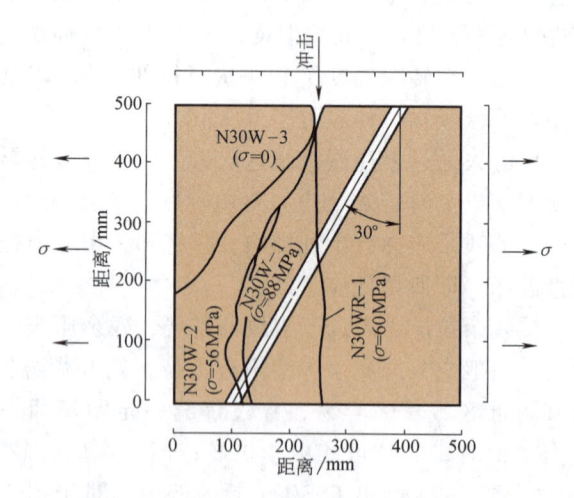

图 5-25 残余应力对裂纹扩展路径的影响

样中心线，如图中 N30W-2 及 N30W-1 裂纹在外加应力作用下逐渐偏转穿过焊接纵向残余压应力区进入残余拉应力区后，在外力与焊接残余拉应力作用下快速转向使焊件完全断裂。如果残余应力经退火完全消除，则开裂路径与外力垂直，呈现 I 型张开裂纹方式开裂（图中 N30WR-1）。

5.4 脆性断裂的转变温度评定方法

结构或材料的断裂按照其破坏机制可以分为两类：一是以材料发生大量屈服为主的塑性破坏，即韧性断裂；二是以失稳扩展为主的脆性破坏，即脆性断裂。缺陷对上述两类断裂方式均有重要影响，但施加影响的机制不同。对于以塑性屈服变形为主的断裂，缺陷的影响主要是减小了承载截面；对于以裂纹失稳扩展为主的脆性断裂，缺陷引起的局部应力应变场对结构的承载能力起主导作用。大量工程结构断裂案例及试验研究结果表明，结构的抗破坏性能用光滑试件的试验来反映具有局限性，实践证明只有具有缺口的试件试验才能反映材料和结构抗脆性破坏的能力，为此在大量低强度钢的试验基础上提出了缺口韧性指标。由于缺口韧性和温度的关系密切，对于特定材料存在一个固有的温度区间，在该温度区间材料的韧脆性出现很大梯度变化，在区间温度下限附近材料韧性指标很低，在区间温度上限附近材料表现出良好的韧性，抗脆性断裂能力较强，因此根据一定原则在该温度范围内人为规定一个材料的临界最低安全使用温度，称之为转变温度，这样基于大量缺口韧性试验确定材料临界最低许用温度的方法通常称为转变温度评定方法。有些钢材往往不表现出明显的转变温度，这就要求采用更完善的定量手段来评定这些材料的抗断性。转变温度法是以大量试验数据作为选材或评价依据的，不足之处是缺乏定量分析理论基础，而断裂力学正是在这种情况下发展起来的一门新的断裂强度设计理论，是利用力学分析原理研究裂纹扩展的力学条件，建立其断裂判据和结构强度设计的方法。目前断裂力学方法在评定材料或结构的脆性破坏中获得了广泛应用，以断裂力学建立起来的金属材料抵抗裂纹扩展断裂的韧性性能以断裂韧性指标表征，这些指标主要包括：临界应力强度因子 K_{IC}、裂纹尖端临界张开位移 δ_c（Crack Opening Displacement，COD）、临界 J 积分 J_{IC} 等，分别适用于具有不同强度和塑性的金属材料。

如上所述，由于一些金属材料的脆性-韧性断裂行为与特定的转变温度密切相关，在转变温度以上缺口韧性值较高，低于转变温度则缺口韧性值大幅度降低，呈现明显的低应力脆性断裂特征，确定了材料的转变温度，为结构的选材、设计和安全性评估提供了重要参考。转变温度方法的基础是建立在试验和使用经验上，其最大优势就是积累了实验室及工程实际中获得的极为丰富的数据，且试验方法和执行规范比较简单，工程价值很大，因此具有力学理论基础的断裂力学目前还不能完全取代它。

转变温度法试验包括两大类，第一类是抗裂试验，第二类是止裂试验。抗裂试验包括：冲击韧性试验、爆炸膨胀试验、落锤试验、缺口试样静载试验、韦尔斯（Wells）宽板拉伸试验、断裂韧性试验、尼伯林克（Niblink）试验等；止裂试验包括：罗伯逊（Robertson）止裂试验、双重拉伸试验等。应当指出，这些试验方法因原理、试件规格、加载方式、试验条件、数据处理和评价方法均存在差别，因此获得的转变温度参量值也可能存在差别，即使是针对相同材料采用同一试验方法，也可能由于试件规格（如缺口形状和尺寸）不同，导致其试验结果出现差别。

5.4.1 冲击韧性试验

针对带有缺口的试样进行冲击试验比静力试验更苛刻，更适合为船舶等承受动载和冲击载荷的焊接结构设计提供参考，目前最常用的冲击韧性试验是夏比（Charpy，或译为"却贝")V型缺口冲击试验，此外还有夏比U型缺口冲击试验和锁眼缺口冲击试验。夏比V型缺口试件应力集中程度更高，因此他比其他形式夏比缺口试件更能反映严重缺陷的脆性断裂危险程度，但依据其结果对选材和制造要求也更高。夏比冲击韧性试验的操作规程是在系列温度下对多组试件进行试验，进一步根据一定方式确定其安全工作的最低临界温度-韧脆转变温度区间。

图 5-26 为冲击试验的几种标准试样。

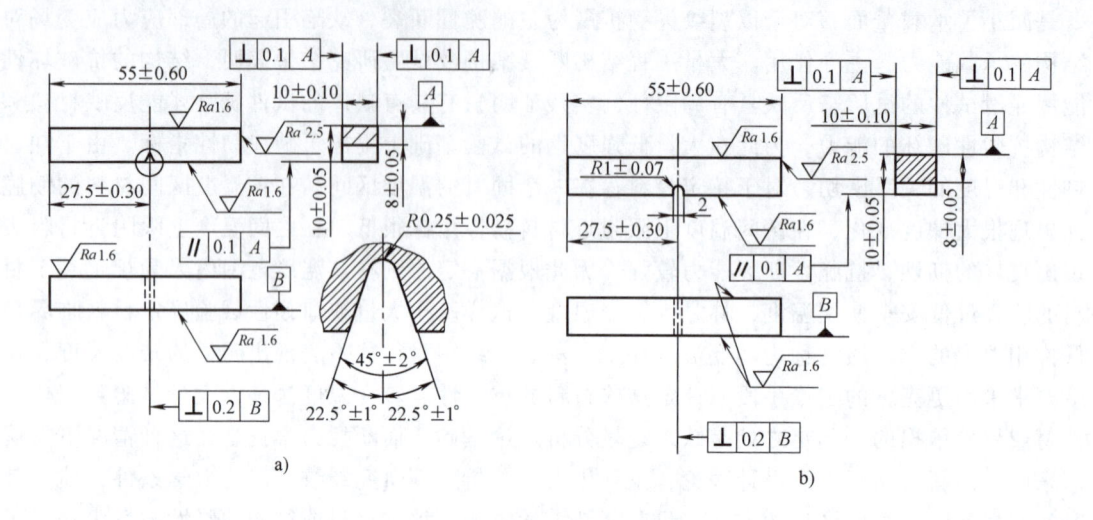

图 5-26 冲击试验的几种标准试样
a) 夏比 V 型标准试样   b) 夏比 U 型试样（深度 2mm）

夏比冲击韧性试验结果的评判可以采用能量标准、断口标准和延性标准。下面以图 5-27 的半镇静钢夏比冲击试验为例，分别说明这几个评价标准。

（1）**能量标准**　以使试样断裂所需要的冲击吸收能量（冲击断裂吸收能）作为转变温度的评判依据。使试件断裂所需的冲击吸收能量随温度提高呈现上升的规律，如图 5-27a 所示。一般认为，冲击吸收能量的大小取决于裂纹产生前和裂纹开始扩展时缺口根部的塑性变形量。在转变温度区间以上，伴随断裂发生的塑性变形量大，冲击吸收能量也较高；在转变温度区间以下，伴随断裂试验产生的塑性变形较小，需要较小的冲击吸收能量，低温脆性明显的材料，此时缺口根部几乎没有塑性变形时就会开裂。

由图 5-27 可见，用缺口根部形状为圆弧形的锁眼形缺口夏比冲击试件测得的转变温度值比用 V 型缺口夏比冲击试件测得的结果低，显然是由于锁眼形缺口的应力集中程度低所致。

冲击吸收能量随温度变化并不一定是陡升或陡降的，一般要跨越几十摄氏度的温度区间，因此根据实际工程经验一般取某一固定冲击吸收能量所对应的温度作为转变温度，如常取 20J、41J 的冲击吸收能量对应的温度为转变温度。或者取最大冲击吸收能量数值的一半对应的温度为转变温度等。

（2）**断口标准**　以冲击断裂试件的断口韧脆形貌占比来确定转变温度，因此常被称为断口形貌转变温度。当温度较低时，材料呈现较高的脆性倾向，其冲击断裂吸收能低、裂纹失稳扩展速度快，断口上具有解理属性的晶粒状正断部分面积占比大；当温度较高时，材料更易表现出塑韧性,此时冲击断裂吸收能高、塑形变形大,断口上具有韧窝微观形貌的剪切韧性破坏特征明显。断口标准获得的试验规律如图 5-27b 所示。工程实际中常以断口上晶粒状脆性部分面积占比达到某一百分数(如 50%)的温度作为转变温度。以断口标准确定的转变温度一般略高于以能量标准确定的转变温度,即以断口标准为依据进行选材要求更高一些。

(3)延性标准 以冲击断裂后测试获得缺口根部的横向收缩量或无缺口面的横向膨胀量作为转变温度确定依据,如图 5-27c 所示。低温下伴随脆性断裂的试件塑形变形量小,断口不同部位测得的收缩率或膨胀率也相应较小;而高温下的情况正好相反。工程规范中常以 3.8% 的侧面膨胀率对应的温度作为转变温度。

焊接接头各个区域的微观组织和性能差别通常较大,为此应该使夏比冲击试件的缺口启裂位置分别位于焊缝、熔合区、热影响区等。

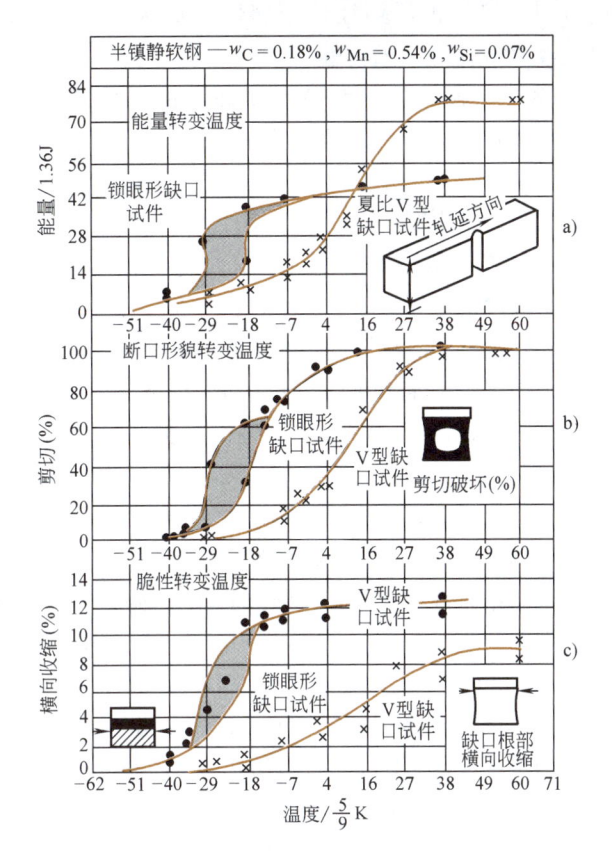

图 5-27 冲击试验及其评定标准

5.4.2 爆炸膨胀试验和落锤试验

爆炸膨胀试验是为了模拟主要在弹性应力水平下发生的脆性断裂,最终确定构件可以安全服役的温度条件(转变温度)。采用爆炸施力方式可以保证冲击力足够大、加载速率足够快,同时由于采用专门设计制作的大尺寸焊件,使之将脆性焊道、高数值残余拉应力和缺口等苛刻条件汇集在一起,更能体现结构服役工况的恶劣条件。该试验由美国海军实验室首先采用。试件为正方形板,尺寸规格为 355mm×355mm×25mm 或 355mm×355mm×δ($δ$ 为构件全厚度),在试件中央堆焊一小段脆性焊道,并沿脆性焊道垂直方向与之交叉锯一缺口作为启裂源,然后将其安置在环形支座上,在工件上方引爆炸药对工件施加爆炸冲击力,如图 5-28 所示。在不同试件温度下进行的试验,试板可以呈现四种不同的破裂形式:

(1)平裂 钢板在没有产生外观凹陷等宏观塑性变形情况下断裂为碎片,这说明断裂属于全弹性的脆性断裂。

(2)凹裂 钢板产生一定的凹陷(即不可逆塑性变形)并开裂,裂纹穿过弹性变形区贯穿至板边,钢板断裂后残留凹陷塑性变形说明这种破坏情况已带有一定的塑性,裂纹断口基本上还是脆性的。

(3)凹陷和局部破裂 钢板中部有明显的凹陷塑性变形,仅在启裂点周围有少量破裂,或者裂纹部分扩展路径位于塑性变形区,说明此时材料已经具有良好的塑韧性。

(4) 膨胀撕裂 钢板发生较大的膨胀塑性变形,裂口呈剪切撕开特征,这表明破裂是全塑性的。

在上述情况(1)和情况(2)之间存在着一临界温度,简称无塑性转变温度 NDT（Nil Ductility Transition）。当低于该临界温度时,材料发生无延性的平裂,断裂是脆性的。

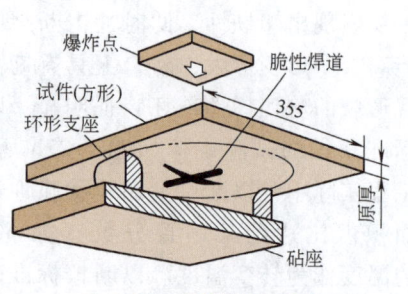

图 5-28 爆炸膨胀试验

在情况(2)和情况(3)之间也存在着一个弹性断裂转变温度,简称 FTE（Fracture Transition Elastic）。在这个温度以下,裂纹能够向低应力弹性区扩展;高于这个温度,裂纹只能在应力达到屈服强度范围内扩展,而不向低应力区域扩展。

在情况(3)和情况(4)之间存在着一个塑性断裂转变温度,简称 FTP（Fracture Transition Plastic）。在此温度之上,断裂完全是塑性撕裂的。

试验结果表明,对于 25mm 厚的低强度钢板,NDT、FTE 和 FTP 之间存在如下关系:

$$FTE = NDT + 33°C$$
$$FTP = FTE + 33°C = NDT + 66°C$$

落锤试验也是一种缺口冲击载荷试验,于 20 世纪 50 年代由美国海军研究所提出,用于确定全厚钢板的 NDT,因试样尺寸大,需要较大的冲击能量才可满足要求,因此不能用一般的摆锤试验机,而必须用落锤冲击使试样断裂。与费用昂贵且试验条件不易满足的爆炸膨胀试验相比,落锤试验相对简单。

落锤试验示意图如图 5-29 所示。试验时先在试件受拉伸的下表面中心平行长边方向堆焊一段脆性焊道,然后在焊道中央垂直焊缝锯开一人工缺口,把试件缺口朝下放在砧座上,砧座两支点中部有限制试件在加载时产生过度塑性变形的止挠块,在不同温度下用直径为 ϕ50mm、硬度高于 50HRC 的圆柱形锤头冲击试件,重锤头可以升至不同高度以获得 340～1650N·m 的能量。落锤能量、支承块跨距和挠度终止块的厚度需根据材料的屈服强度和厚度确定。与爆炸膨胀试验类似,落锤试验也是依据试件发生塑性变形和裂纹扩展形貌确定转变温度 NDT。随着试验温度由高温降至低温,落锤试件呈现的系列规律是：①不开裂→②承受拉伸的下表面部分形成裂纹,但未扩展到试板边缘→③承受拉伸的下表面形成裂纹发展到一侧边或两侧边→④试板断裂成两部分。通常将上述③形貌对应的最高温度定义为转变温度 NDT。

落锤试验的最大优点是试验条件比较符合焊接结构的实际情况,且方法简便,设备简单,不足之处是对脆性断裂不能给予定量评定。通过落锤试验可以建立断裂分析图(FAD),如图 5-30 所示。断裂分析图是表示许用应力、缺陷(裂纹)和温度之间关系的综合图,它明确提供了低强度钢构件在温度、应力和缺陷联合作用下脆性断裂开始和终止的条件。

从图 5-30 中可以看出,断裂强度是温度和缺陷尺寸的函数,当温度低于 NDT 时,随着构件缺陷尺寸增加,断裂强度呈显著下降趋势且均小于材料的屈服强度;但当温度高于 NDT 且低于 FTE 时,不管缺陷尺寸如何,其断裂强度都随温度升高而明显上升,部分小尺

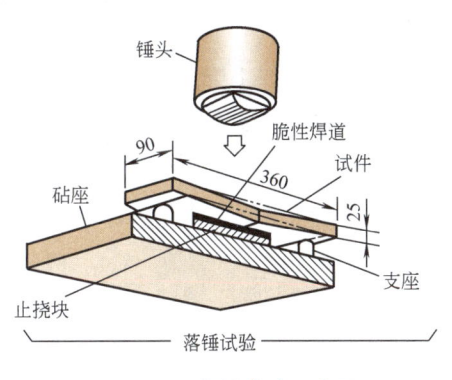

图 5-29　落锤试验示意图

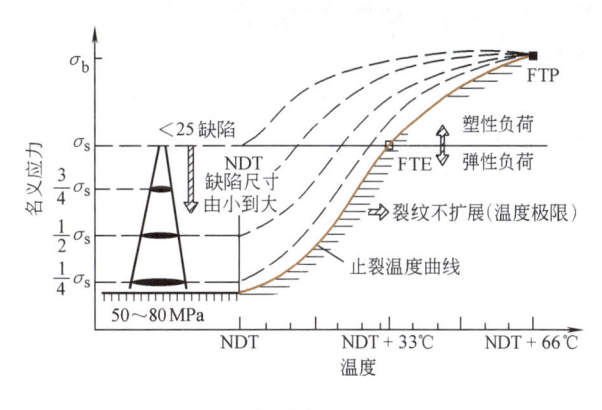

图 5-30　断裂分析图（FAD）

寸缺陷构件的断裂强度超过了材料的屈服强度。当温度达到 FTE 后，所有构件的断裂强度都达到材料的屈服强度以上。而当温度达到 FTP 后，材料的断裂强度达到材料的抗拉强度 σ_b。

图 5-30 中也可给出脆断终止条件，即止裂温度曲线，这意味着当外加应力低于某一缺陷对应的破坏曲线时，裂纹将停止扩展。

断裂分析图（图 5-30）为低强度钢构件防止脆性断裂和选择材料提供了有效方法，此外，还可以用其分析脆性断裂事故。但需要强调的是断裂分析图也有局限性，如大量带有人工裂纹的圆筒形容器爆破试验表明，如果容器内有气体，即使在 FTP 温度以上，也会在应力低于 $\frac{1}{2}\sigma_s$ 时爆破，而不会出现止裂。此外断裂分析图（FAD）是根据大量厚度为 25.4mm（1in）的低强度钢板试验结果综合而成的，对厚度更大的钢板，止裂温度还要高（曲线向右移），同时 FTE 以下的曲线是根据试验数据做出的，而 FTE 以上到 FTP 那部分曲线群的绘制还缺乏充足的试验数据，具有一定主观随意性。

5.4.3　缺口试样静载试验

常用的缺口静载试验方法主要有：缺口静拉伸试验和缺口静弯曲试验。静载试验比动载试验加载速率低，缺口敏感性小，对材料的选择条件有所放宽。

缺口静拉伸试验广泛应用于研究高强度钢的力学性能、钢和钛合金的氢脆，以及研究高温合金的缺口敏感性。试验时用缺口试样的抗拉强度 σ_{bN} 与等截面尺寸光滑试验的抗拉强度 σ_b 的比值作为材料缺口敏感性指标，称之为缺口敏感度，以 q_e 或 NSR（Noteh Sensitivity Ratio）表示。

$$q_e = \sigma_{bN}/\sigma_b$$

缺口敏感度 q_e 与材料特性、应力状态、缺口几何尺寸和试验温度相关。

缺口静弯曲试验也是一种测试缺口敏感度的试验，是根据试样断裂时的剩余挠度或弯曲破坏点（裂纹出现）的位置评定材料的缺口敏感性。由于弯曲载荷的特性，使该试验比缺口静拉伸试验造成的试样应力应变不均匀程度更大。缺口静弯曲试验是造船、压力容器用钢必须进行的一项测试试验，苏联造船规范中将该试验作为确定"临界脆裂温度"的试验。

图 5-31 为缺口弯曲试验方法及其试样，加载方式与夏比冲击试验相似，只是将冲击加载变成缓慢加载，试样也可用尺寸为 10mm×10mm×55mm、缺口深度为 2mm、夹角为 60°的

V 型缺口试样。试验可在室温或低温下进行，具体温度视设计要求而定。试验时要记录弯曲曲线，直到试样发生折断、记下全部弯曲曲线为止。

图 5-32 为金属材料缺口静弯曲曲线的三种形式。材料 1 在曲线上升部分断裂，残余挠度 f_1 很小，表示对缺口敏感；材料 2 在曲线下降部分断裂，残余挠度 f_2 较大，表示缺口敏感度低；材料 3 弯曲不断，取相当于 $0.25F_{max}$ 时的残余挠度 f_3 作为它的挠度值，其值很大，表示材料对缺口不敏感。

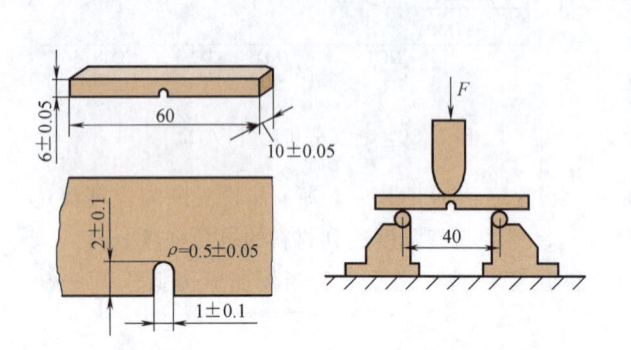

图 5-31 缺口弯曲试验方法及其试样

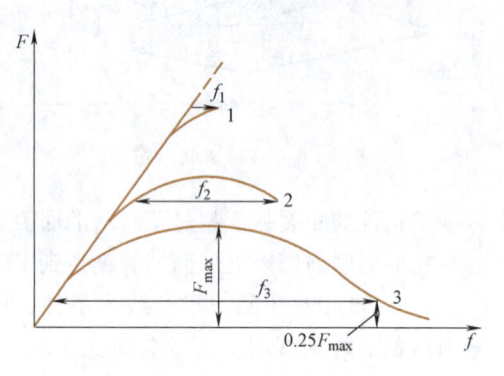

图 5-32 不同材料缺口的静弯曲曲线

图 5-33 为材料的缺口静弯曲曲线。由图可见，破断点出现在 F_{max} 之后的载荷 F 处，以 F_{max}/F 作为衡量材料缺口敏感性的指标。此值越大，说明材料断裂前的塑性变形越大，缺口敏感性越小；若在 F_{max} 处突然脆性破坏，表示材料脆性趋势很大，缺口敏感性大。

如果将上述弯曲曲线所包围的面积分成弹性区Ⅰ、塑性区Ⅱ和断裂区Ⅲ，则各区所占面积分别为弹性功、塑形功和断裂功。断裂功的大小取决于缺口处材料塑性变形能力。若材料塑性变形能力大，裂纹扩展就慢，断裂功也越大。因此有人建议用断裂功表示缺口敏感度。断裂功大，缺口敏感性小；反之，则缺口敏感性大。若断裂功为零，则裂纹发展极快，材料表现为突然脆性断裂，缺口敏感性很大。

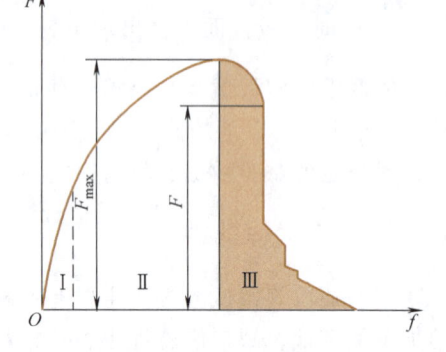

图 5-33 缺口静弯曲曲线图定义的三个区域

图 5-34 所示为一组静弯曲试验获得的载荷-挠度曲线，若曲线形状为图 5-34a 所示类型，则表示材料的抗裂纹扩展能力较好，断裂功较大；若曲线形状为图 5-34b 所示类型，出现载荷的陡降段，则表明发生裂纹的脆性扩展，断裂功小。造船业中以图 5-34a 所示类型曲线或图 5-34b 所示类型其陡降段未超过最大载荷的 1/3 为合格。确定转变温度的方式有多种，如以断裂功为总功 20% 对应的温度为临界安全工作温度，或以断裂后纤维状断口的百分率确定转变温度。

5.4.4 韦尔斯宽板拉伸试验

韦尔斯（Wells）宽板拉伸试验属于一种广泛采用的抗开裂性能大型试验，由于采用大

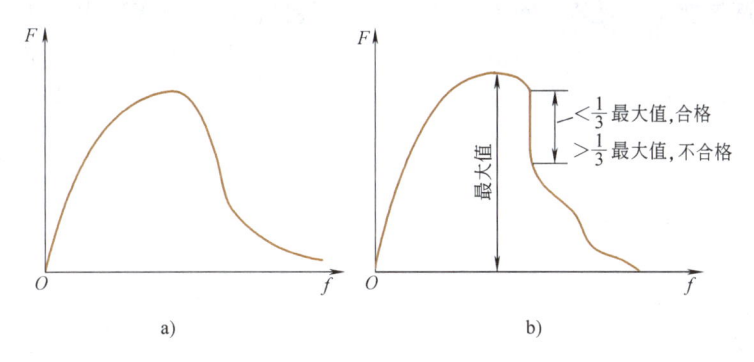

图 5-34　在小缺口试样上静弯曲试验所得的载荷-挠度曲线

尺寸带有人造缺陷的焊接试板进行试验，因此能将焊接残余应力与变形、严重缺陷、焊接热循环对组织和性能的影响等不利因素均在试验中充分体现，同时可以兼顾不同板厚和试验温度条件，这样就能在实验室内模拟和再现实际焊接结构的低应力断裂行为，为进一步进行脆断机理研究和焊接结构选材提供依据。

韦尔斯宽板拉伸试验的焊接试板规格为 910mm×910mm×t，由两块钢板对接焊制备，如图 5-35a 所示。焊前将两块钢板对接边加工 X 形坡口，并在坡口表面锯出缺口，焊后接头锯口处的横截面如图 5-35b 所示，这道与焊缝相邻的缺口可以模拟焊接热循环作用下发生的热应变集中情况，可以产生明显的动应变时效（热应变脆化）效应，将一组这样的焊接试板进行系列温度下的拉伸试验，可以确定断裂转变温度。韦尔斯宽板拉伸试验是一种静载试验，适合受静载的焊接结构（如压力容器和大型贮罐等）的转变温度和缺口敏感性测试。这种方法的不足之处是费用高、周期长、需要大吨位专用设备和工装夹具，不方便普遍采用。

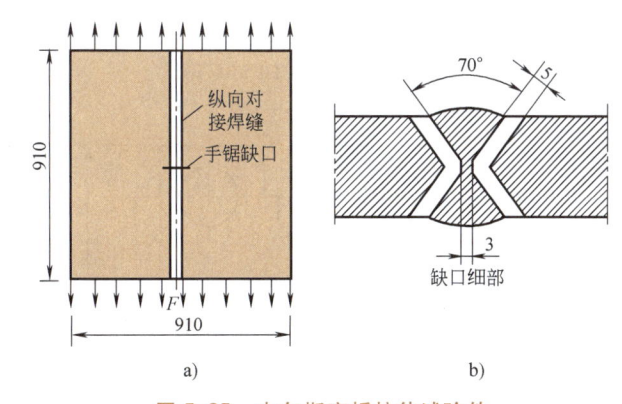

图 5-35　韦尔斯宽板拉伸试验件

5.4.5　断裂韧性试验

平面断裂韧度 K_{IC}、裂纹尖端张开位移 COD（δ_c）以及 J_{IC} 等几个断裂韧性指标能正确反映材料抵抗低应力破坏的能力，是结构强度设计最常用的几个定量参量。国内现行的断裂韧度各参量测试的国家标准为 GB/T 21143—2014《金属材料　准静态断裂韧度的统一试验方法》，该方法对于 K_{IC}、COD（δ_c）、J_{IC} 的测试做了统一的规定，与本国家标准对应的国际标准主要为 ISO 12135《金属材料准静态断裂韧度的统一试验方法》（英文版）。

材料断裂韧度与许多因素有关，如材料厚度、加载速率、试验温度、热处理状态、挤压方向等。其中，材料厚度对断裂韧度的影响较大，板材厚度方向上裂纹尖端塑性区大小从表面到中间部分逐渐变小，直至中间平面应变状态塑性区。而且当板厚大于某一临界值时，随着板厚的增加，平面应力过渡区所占的比例是不变的，只是中间截面平面应变在厚度方向上所占比例在增加。理论上，只有板厚无穷大，才能达到完全的平面应变状态，断口才是完全的平断口。例如，平断口所占百分比达到 80% 以上，K_{IC} 值即趋于常数，各种断裂韧度测试标准对于板厚的要求即源于此。试验温度对断裂韧度也有明显影响，在不同温度下进行系列试验可以确定材料的韧脆转变温度。

K_{IC} 是材料具有裂纹时，裂纹前缘处于平面应变和小范围屈服条件下，Ⅰ型裂纹发生失稳扩展时的临界应力强度因子，它表征含裂纹材料在线弹性范围内抵抗断裂的能力，是材料固有的一种力学性质。

国际标准及国家标准均提供了详细的 K_{IC} 的试验获取方法，用带有预置疲劳裂纹的缺口试样，在三点弯曲或紧凑拉伸试样上加载，直至试样断裂或不能承受更大载荷为止，试验中记录载荷 F 与缺口张开位移 V 的关系曲线，根据记录的载荷-位移曲线（F-V 曲线），求出裂纹失稳扩展时所对应的载荷值，进一步利用该载荷数据计算出 K_{IC} 值。得到的临界应力强度因子是否为真正的平面应变断裂韧度 K_{IC}，还需要按照规定的程序通过有效性判断来确定。

紧凑拉伸试样的尺寸如图 5-36 所示。

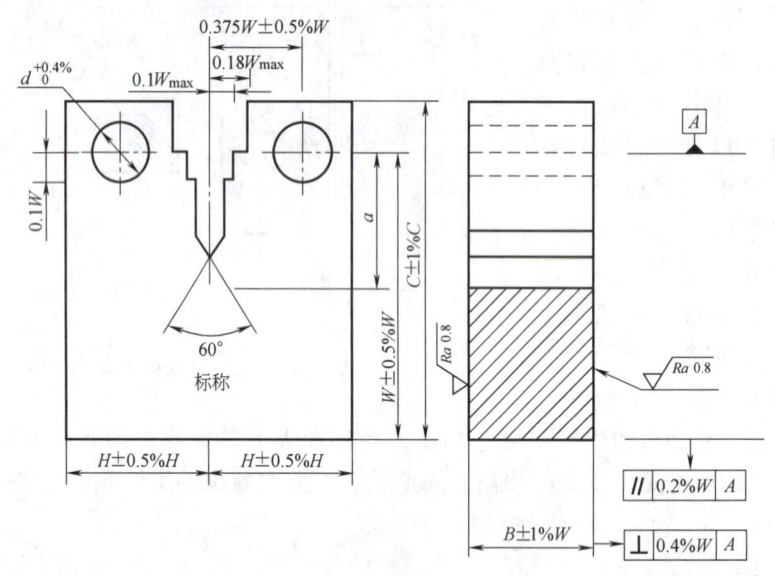

图 5-36 阶梯缺口紧凑拉伸试样

W—有效宽度　C—试样宽度（$C=1.25W$）　B—试样厚度（$B=0.5W$）　H—半高度（$H=0.6W$）
d—孔径（$d=0.25W$）　a—裂纹长度 $[a=(0.45\sim0.55)W]$

COD 方法与 J_{IC} 方法也简单有效且被工程接受并广泛应用，与 K_{IC} 不同的是这两个参量均为弹塑性条件下的断裂韧度指标，表征材料在弹塑性范围内抵抗裂纹开裂和扩展的能力。

较多的高强度钢材料塑性很低，适合利用线弹性断裂力学解决断裂问题，此时常用 K_{IC} 作为设计及安全性评定参量。而对于焊接结构大量采用的中、低强度钢来说，需要利用弹塑性断裂力学理论和试验完成断裂研究工作，此时常采用 COD（δ_c）及 J_{IC} 作为参考指标，测试试验也采用三点弯曲或紧凑拉伸试样进行，其详细的试验步骤参见 GB/T 21143—2014

《金属材料 准静态断裂韧度的统一试验方法》。

对于一般常见材料的弧焊接头，其焊缝、热影响区、母材等各个典型区域材料的断裂韧度有明显区别，因此应该分别进行测试，使裂纹尖端及其扩展路径位于所关注的区域内，不能简单地以母材的 COD 值来评定焊接接头或焊接结构的抗裂性能。断裂韧度试验还可以在不同温度下进行，建立 COD 值与温度之间的关系，并进一步确定材料的韧脆转变温度，图 5-37 为国产低温钢 09MnTiCuRE 的母材及焊接接头最脆部位——热应变时效区的 COD 值与温度的关系图。由图可见，该钢材的焊接接头在焊接状态的 COD 转变温度接近于-40℃，对应同样 COD（δ_c）值的母材的转变温度达到-100℃以下，对焊接接头进行热处理改善组织后，其低温 COD（δ_c）值明显提高，转变温度显著降低。

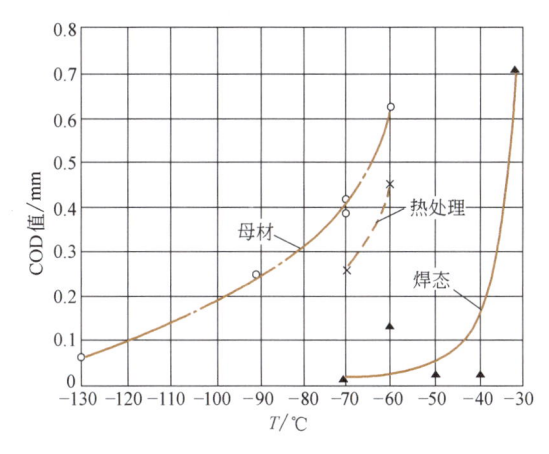

图 5-37　09MnTiCuRE 低温钢的 COD 试验结果

5.4.6　尼伯林克试验

尼伯林克（Niblink）试验是检验母材基体金属或焊接接头抗脆断开裂性能的重要方法，其采用冲击载荷加载，因此比宽板拉伸试验和断裂韧性试验中所采用的加载速率高，适合对承受动载荷的结构（如船舶、桥梁等）进行抗脆性断裂性能和转变温度测试。这种试验方法实际上是动载荷条件下的裂纹尖端张开位移法，或可称为动载 COD 试验。尼伯林克试验的试件尺寸和锤头、桥块及支座的要求如图 5-38 所示。其试验规程是：选择系列温度条件，按照试件板厚选择冲击锤质量，原则是每毫米试件厚度对应冲击锤质量为 1kg，冲击方式为自由落体，冲击锤高度按照材料的强度级别和阶梯递增的方式来确定，其原则是第一次冲击的高度按照试验材料强度每 9.8MPa 对应高度为 1cm 的方式确定，以后冲击时增加高度按照高度在 1m 以内每次增加 10cm、1m 以上每次递增 20cm 的阶梯递增方式实施，特定试件温度下载荷由小至大多次冲击一个在接头选定部位（焊缝、熔合区、热影响区、母材）带有预开缺口的试件。测量每次冲击后的残余塑性张开位移和扩展量，验收标准是：特定温度下多次冲击后缺口残余张开位移≥0.06mm，裂纹扩展量≤5mm，即判定为合格，否则认为该温度下材料性能不合格，需要提高试验温度采用新的试件重复上述试验过程，最终确定转变温度。

国产低温钢 09MnTiCuRE 的焊缝金属及熔合线的尼伯林克试验结果如图 5-39 所示。图中横坐标表示残余 COD 值，分别在 -30℃、-35℃、-40℃试验，仅焊缝金属在 -30℃一组获得 0.06mm 以上残余张开位移值。

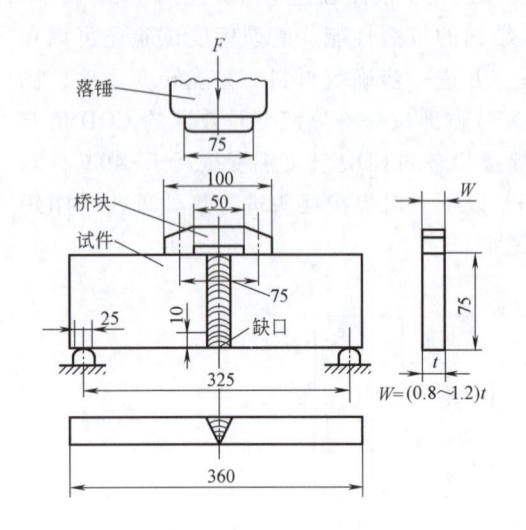

图 5-38 尼伯林克试验示意图

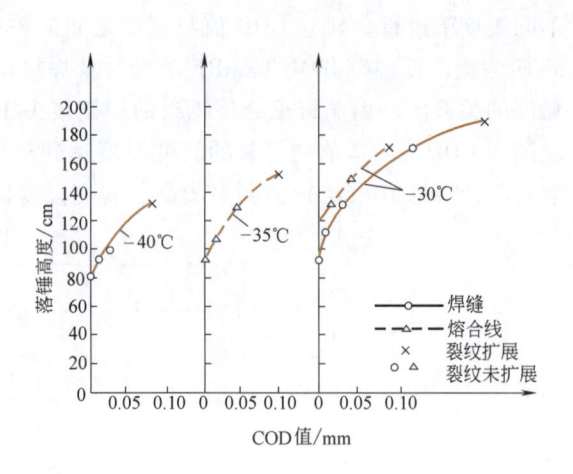

图 5-39 尼伯林克试验结果

5.4.7 罗伯逊试验和 ESSO 试验

罗伯逊（Robertson）试验和 ESSO 试验是 1940 年发展起来的典型止裂试验。罗伯逊止裂试验如图 5-40 所示，这个试验采用一个一端加工成圆弧形并在其圆弧中心钻一圆孔的试件，在孔内侧开一个 0.5mm 深的锯口，形成缺口试件，然后将试件焊接至连接板上。试验时，在试件上预设一个具有线性梯度分布的稳定温度场，带锯口圆孔的一端是低温端，另一端为高温端，同时通过拉头在试样上均匀加载，使应力达到某一预定值，然后在圆弧端部施加一个冲击力，使锯口产生一个脆性裂纹，这个裂纹在拉应力作用下由低温区向试件高温区扩展，在具有某一温度的试件位置止裂，裂纹尖端出现剪切唇，这个温度即为该材料在给定应力下的止裂温度。在不同载荷下试验，可获得外加平均应力与止裂温度的关系曲线。该试验也可在均温试件上进行，在给定应力下进行一系列试验，每次试验温度不同，通过试验可以找出裂纹扩展和不扩展的临界温度。

另一种均温止裂试验原理如图 5-41 所示，称为 ESSO 或 SOD，是 ESSO 石油公司首先采用的。试件有效区处于均温状态，试件两边都有刻槽，一边加工出尖锐缺口，另一边开一锯口，给试件施加预定拉伸载荷并保持，将试件有效区冷却至均匀分布的试验温度。准备工作完成后，将楔形冲头打入尖锐刻槽引发脆性裂纹，裂纹将在试件上贯穿或终止，在系列试验中裂纹刚好不能贯穿整个断面的温度即为止裂温度，可以进一步绘制止裂温度曲线。均温止裂试验的优点是解决了建立梯度温度场的困难，缺点是试验量较大。

5.4.8 双重拉伸试验

双重拉伸试验也是一种常用的止裂试验，是在罗伯逊试验基础上的改进试验，两者的主要区别是，罗伯逊试验采用冲击力来引发脆性裂纹，而双重拉伸试验则采用一个附加静载在

图 5-40 罗伯逊止裂试验试件

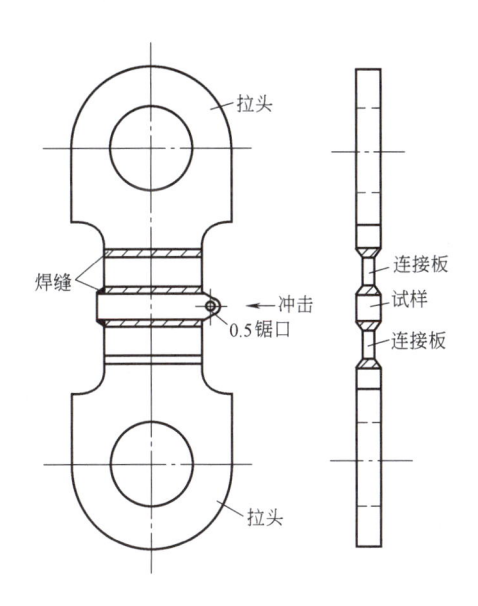

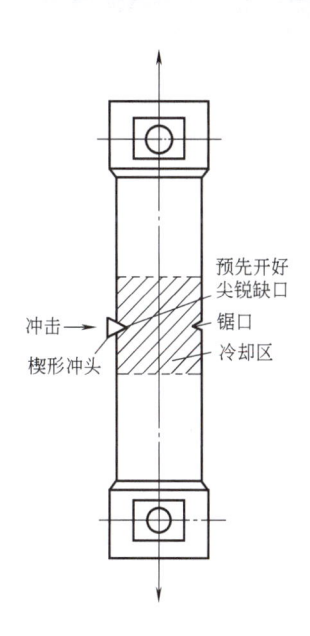

图 5-41 ESSO（即 SOD）止裂试验试件

试件一端引发脆性裂纹来取代冲击载荷。这样的改进方案可使引发裂纹的外力更容易精确控制，试验过程更稳定，试验数据离散度小。

与罗伯逊试验类似，双重拉伸试验也有两种类型，一种试件上具有温度梯度，另一种试件为均温状态。试件尺寸和加载方式如图 5-42 所示；而具有温度梯度类型的试验装置和试件的温度分布如图 5-43 所示。

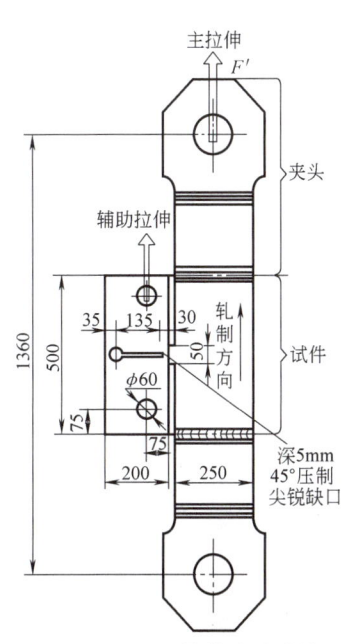

图 5-42 双重拉伸试验试件

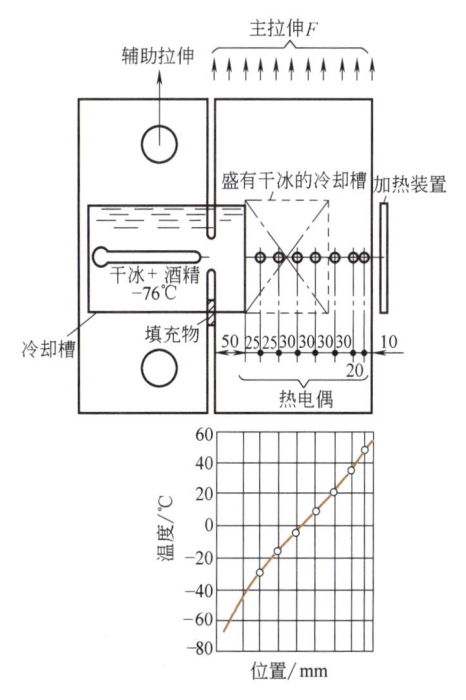

图 5-43 双重拉伸试验温度场

5.5 脆性断裂的断裂力学评定方法

表示缺口韧性的转变温度方法已经有了很长的历史，但脆性断裂的事故仍不断发生。其原因除了前述的某些材料的转变温度特征并不明显之外，还因为转变温度的试验结果往往与板厚、强度等级、冶金因素、外加应力和加载速率都有密切的关系。应用试验的结果带有很大的经验性质，而工程实践中这些因素往往发生变化，所以应用原来的转变温度方法所得的试验结果，自然会出现问题。转变温度方法的另一个缺点是未能建立许用应力水平和缺陷尺寸之间可靠的定量关系。随着现代无损检验技术的发展，检测缺陷灵敏度的提高，同时重大焊接结构建造技术和工艺的发展，使人们认识到许多缺陷的修复是既昂贵又危险的。避免结构脆性断裂（疲劳、应力腐蚀）的裂纹容限的问题提到了人们面前。断裂力学是适应这种工程急需而发展起来的。断裂力学就是在承认材料中存在裂纹，在分析裂纹体的基础上，建立了材料中工作应力和裂纹尺寸及断裂韧度之间的关系。当然，温度、加载速率、构件尺寸、冶金因素等都会改变断裂韧度的大小。

由于研究的观点和出发点不同，断裂力学分为微观断裂力学和宏观断裂力学。微观断裂力学是研究原子位错等晶体尺度内的断裂过程；宏观断裂力学是在不涉及材料内部断裂机理的条件下，通过连续介质力学分析和实际实验做出断裂强度的估算与控制。宏观断裂力学通常又分为线弹性断裂力学（Linear Elastic Fracture Mechnics，LEFM）和弹塑性断裂力学（Elistic-Plastic Fracture Mechnics，EPFM），本节重点讨论宏观断裂力学。

5.5.1 线弹性断裂力学评定方法

线弹性断裂力学的研究对象是含裂纹的线弹性体，它应用线弹性理论主要从两个方面研究物体裂纹扩展规律和断裂准则，一是从能量观点出发，考察裂纹扩展过程中能量的变化，得到表征裂纹扩展的能量变化参量——能量释放率 G；二是通过分析裂纹尖端的应力应变场，得到控制裂纹扩展的特征参量——应力强度因子 K。线弹性断裂力学可以用来解决材料的平面应变断裂问题，适用于厚大结构、高强度低韧性钢材和脆性材料的断裂分析，并足够精确。线弹性断裂力学还常用于宇航工业，因为宇航工业减小质量非常重要，必需采用高强度低韧性的金属材料。实际上金属材料裂纹尖端附近总是存在塑性区，若塑性区尺寸很小（远小于裂纹长度），经过适当修正，则仍可以采用线弹性断裂力学进行断裂分析。目前线弹性力学已经发展得比较成熟，但还存在一些问题，如表面裂纹分析、复合型断裂准则等，有待进一步研究。

1. 金属材料脆性断裂的能量理论

（1）裂纹对材料强度的影响　完整晶体在正应力作用下沿某一个垂直于应力轴的原子面被拉断时的应力，称为理论断裂强度。具有裂纹的弹性体在载荷作用下，在裂纹的尖端区域将产生应力集中，并具有局部性。裂纹尖端区域应力集中的程度与裂纹尖端的曲率半径有关，裂纹越尖锐，应力集中的程度就越高。应力集中的存在必然使带有裂纹等缺陷材料的实际断裂强度远低于其理论断裂强度。

举例说明上述情况，如图 5-44 所示的无限大薄平板，承受单向平均拉应力 σ 作用，板中心区存在贯穿的椭圆形裂纹，其长轴为 $2a$，短轴为 $2b$，最大拉应力发生在椭圆长轴端点

A（或者 A'）处，其值为

$$(\sigma_y)_{\max} = \sigma\left(1 + 2\frac{a}{b}\right) \tag{5-1}$$

该点处的曲率半径 $\rho = \dfrac{b^2}{a}$，代入式（5-1）得

$$(\sigma_y)_{\max} = \sigma\left(1 + 2\sqrt{\frac{a}{\rho}}\right) \tag{5-2}$$

根据固体物理学确定的固体材料理论断裂强度值为

$$\sigma_t = \sqrt{\frac{E\gamma_e}{b_0}} \tag{5-3}$$

式中，E 为材料的弹性模量；γ_e 为固体材料拉断时断面的表面能密度；b_0 为固体材料的原子间距或晶体的原子面间距。

按照传统的强度观点，当裂纹尖端的最大应力达到材料理论强度时，材料断裂，即

$$(\sigma_y)_{\max} = \sigma_t \tag{5-4}$$

将式（5-2）及式（5-3）代入式（5-4），并考虑 $\dfrac{a}{\rho} \gg 1$，得断裂临界应力

$$\sigma_c = \frac{\sqrt{\dfrac{E\gamma_e}{b_0}}}{1 + 2\sqrt{\dfrac{a}{\rho}}} \approx \sqrt{\frac{E\gamma_e \rho}{4ab_0}} \tag{5-5}$$

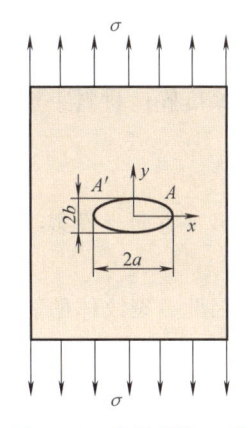

图 5-44　含椭圆切口受拉伸的无限大板

由式（5-5）可见，当为理想裂纹（$\rho \to 0$）时，$\sigma_c \to 0$，这就意味着，不管承受的应力 σ 值为多大，裂纹尖端的局部应力都会超过 σ_c，也就是说，固体一旦有了理想尖裂纹，就不再有强度了，这显然与事实不符。实际上，当固体材料中的缺陷是非常尖锐的裂纹缺陷时，裂纹尖端的曲率半径就要用原子间距 b_0 来代替，于是式（5-5）可写为

$$\sigma_c = \sqrt{\frac{E\gamma_e}{4a}} \tag{5-6}$$

对于一般的固体材料理论断裂强度的数量级为 $E/5 \sim E/10$，但多数情况下实际的断裂强度比理论估计值低 1~2 个数量级，只有无任何缺陷的晶须的强度才能接近理论断裂强度。这就从应力集中的角度解释了当固体有裂纹缺陷存在时，固体材料的实际强度较理论强度低得多这一客观事实。当应力达到 σ_c 值时，裂纹开裂。由式（5-6）可见，裂纹长度 $2a$ 增加，断裂临界应力 σ_c 值降低，若外载荷不变，则裂纹继续自发加速扩展，最后导致整个固体材料断裂。

（2）格里菲斯能量平衡理论及其修正　20 世纪 20 年代初，格里菲斯（Griffith）首先提出了应用能量法解决固体材料的实际断裂强度远低于其理论断裂强度的问题（实际断裂强度一般只有理论值的 1/10~1/1000），格里菲斯推测玻璃等脆性材料内部的缺陷引起应力集

中，使其在较低的名义应力下发生断裂，于是从分析能量平衡的角度出发，提出了裂纹失稳扩展条件，并用实验证实了这一点，进一步确定了脆性材料断裂强度与裂纹尺寸之间的关系，建立了基于能量理论的断裂准则，即 G 准则。

如图 5-45 所示，格里菲斯选择处于平面应力状态、厚度为单位 1 的"无限"大脆性材料（玻璃）平板作为研究模型，使脆性材料平板远端承受单向均匀拉伸并固定，均匀应力场为 σ，若在平板上中心区域割开一垂直于拉应力 σ 方向贯穿板厚的裂纹，其长度为 $2a$，则该系统中产生两部分能量的改变，一方面，裂纹表面的弹性力消失，并将部分弹性能释放出来，其释放量设为 U；另一方面，裂纹出现后形成的上下两个新表面要吸收表面能，设其值为 W，则系统中能量的总变化量 E_c 可表示为

$$E_c = -U + W \tag{5-7}$$

格里菲斯运用英格利斯（Inglis）提出的应力分析来表示单位厚度脆性材料平板的 $2a$ 裂纹释放的能量 U，即

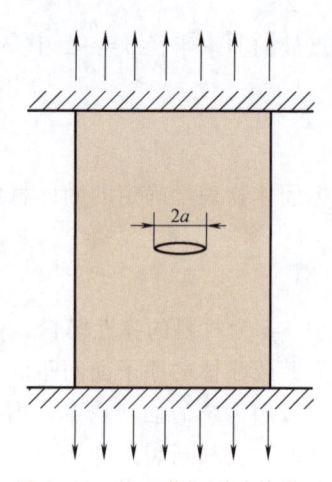

图 5-45 格里菲斯裂纹体模型

$$U = \frac{\pi \sigma^2 a^2}{E} \tag{5-8}$$

另一方面，设裂纹的表面能密度为 γ_e，则形成裂纹所需总表面能为

$$W = 2(2a\gamma_e) \tag{5-9}$$

因此，裂纹体的能量改变总量为

$$E_c = -\frac{\pi \sigma^2 a^2}{E} + 4a\gamma_e$$

这个能量改变总量随裂纹长度的变化曲线如图 5-46a 所示，其变化率为

$$\frac{\partial E_c}{\partial a} = \frac{\partial}{\partial a}\left(-\frac{\pi \sigma^2 a^2}{E} + 4a\gamma_e\right) = -\frac{2\pi a \sigma^2}{E} + 4\gamma_e \tag{5-10}$$

变化率 $\frac{\partial E_c}{\partial a}$ 随着裂纹长度而变化，如图 5-46b 所示。裂纹扩展的临界条件或平衡条件是

$$\frac{\partial E_c}{\partial a} = 0, \quad 即 -\frac{2\pi a \sigma^2}{E} + 4\gamma_e = 0 \tag{5-11}$$

此时系统能量随 a 的变化出现极大值。此前，裂纹扩展，其系统能量增加，即裂纹每扩展一微量所能释放的能量小于裂纹每扩展一微量需要的能量，因此裂纹不能扩展；此后，裂纹扩展其系统能量减少，即释放的能量大于裂纹扩展所需要的能量，因此裂纹将继续自动扩展，导致发生脆性破坏。

综上，可以把 $\frac{\pi a \sigma^2}{E}$ 看成是使裂纹扩展的推动力，而 $2\gamma_e$ 是裂纹扩展的阻力。当推动力大于阻力时，$\frac{\pi a \sigma^2}{E} \geq 2\gamma_e$，裂纹自动扩展；当推动力小于阻力时，$\frac{\pi a \sigma^2}{E} < 2\gamma_e$，裂纹则不能自动扩展。

式（5-11）的平衡条件也可以表示为

$$\frac{2\pi\sigma^2 a}{E} = 4\gamma_e \tag{5-12}$$

式（5-12）经变换得

$$\sigma\sqrt{a} = \left(\frac{2E\gamma_e}{\pi}\right)^{\frac{1}{2}} \tag{5-13}$$

式（5-13）的右端可以看成是材料本身的固有性质，左端是外部条件，所以说，在理想脆性材料中，裂纹扩展是受远场外加应力和裂纹长度平方根的乘积控制的，当然也受材料性质的控制。因为 E 和 γ_e 都是材料性能，所以式（5-13）的右边等于常数值，这反映了理想脆性材料的特性。因而式（5-13）说明，当 $\sigma\sqrt{a}$ 的乘积达到某恒定的临界值时，在材料中的裂纹将发生扩展。

由式（5-13），若给定裂纹长度 a，则临界应力为

$$\sigma_c = \sqrt{\frac{2E\gamma_e}{\pi a}} \tag{5-14}$$

若给定应力 σ，也可定出裂纹扩展的临界尺寸为

$$a_c = \frac{2E\gamma_e}{\pi\sigma^2} \tag{5-15}$$

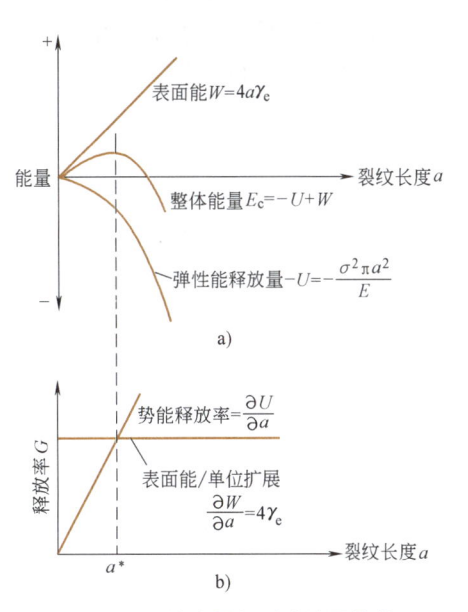

图 5-46 系统能量与裂纹扩展的关系

现在将式（5-14）与式（5-5）做一比较，因为两式左边均为同一个量，所以有

$$\sqrt{\frac{2E\gamma_e}{\pi a}} = \sqrt{\frac{E\gamma_e\rho}{4ab_0}}$$

或

$$\rho = \frac{8}{\pi b_0} \tag{5-16}$$

这就是说，当裂纹尖端的曲率半径满足

$$0 \leq \rho \leq \frac{8}{\pi} b_0 \tag{5-17}$$

时，式（5-5）与式（5-14）近似相当。一般将满足式（5-17）条件的裂纹，称为格里菲斯裂纹。由此可见，格里菲斯理论对裂纹尖端的尖锐度是有严格限制的。

应当指出，格里菲斯是根据玻璃、陶瓷等脆性材料推导能量公式的。在金属材料中，当裂纹扩展时，裂纹前端局部区域要发生一定的塑性变形，裂纹尖端也因塑性变形而钝化，此时格里菲斯理论失效。X 射线分析证实了金属断裂表面有塑性变形的薄层。因此，奥罗万（Orowan）提出，裂纹扩展所释放的变形能不仅用于前述的表面能，对于金属材料而言，更重要的是用裂纹扩展前的塑性变形。设 γ_p 为裂纹扩展单位面积所需的塑性变形能，则在格里菲斯能量方程里 γ_e 应以 $(\gamma_p + \gamma_e)$ 来代替。裂纹扩展的临界条件应修正为

$$-\frac{\pi a\sigma^2}{E} + 2(\gamma_e + \gamma_p) = 0 \tag{5-18}$$

根据试验结果，塑性变形能 γ_p 比 γ_e 大得多，因此 γ_e 可忽略不计，此时修正后的金属材料中裂纹扩展的临界条件可写成

$$-\frac{\pi a \sigma^2}{E} + 2\gamma_p = 0 \tag{5-19}$$

即塑性变形是阻止裂纹扩展的主要因素。金属结构的断裂条件同样不仅取决于工作应力 σ 的大小，还取决于原始裂纹长度 $2a$。这个结论和欧文（Irwin）分析裂纹前端应力应变场，考虑裂纹尖端应力集中，建立新的裂纹扩展临界条件是完全一致的。在此基础上发展了断裂力学。

式（5-19）经移项变为

$$\frac{\pi a \sigma^2}{E} = 2\gamma_p \tag{5-20}$$

式（5-20）的左边被称为能量的释放率（G），表示裂纹扩展单位面积系统所释放的弹性能，即单位裂纹表面积的弹性能；式（5-20）的右边被称为裂纹扩展阻力（R），表示表面能的增加。由此可知，裂纹要发生失稳扩展，G 必须至少等于 R。如果 R 为常数，则意味着 G 必须超过某一临界值（G_c）。因此，当

$$\frac{\pi \sigma^2 a}{E} \geqslant \frac{\pi \sigma_c^2 a}{E} = G_c = R \tag{5-21}$$

时，发生断裂。于是只要测得具有裂纹长度 $2a$ 的平板发生断裂时所需要的应力 σ_c，就能确定临界值（G_c），$G \geqslant G_c$ 被称为裂纹失稳扩展的能量准则，简称 G 准则或 G 判据。

根据式（5-20），若给定裂纹长度，则裂纹扩展临界应力为

$$\sigma_c = \sqrt{\frac{2E\gamma_p}{\pi a}} \tag{5-22}$$

若给定应力，也可定出临界裂纹尺寸为

$$a_c = \frac{2E\gamma_p}{\pi \sigma^2} \tag{5-23}$$

应该指出，以上讨论都是以薄平板为例，属于平面应力情况。如果板很厚，则为平面应变情况。根据弹性力学论证，只要把平面应力情况得到的公式中的 E 用 $\dfrac{E}{1-\mu^2}$ 代替（μ 为材料的泊松比），即可得到平面应变情况下的解答。

2. 应力强度方法

由于格里菲斯能量理论适用范围的限制，欧文（Irwin）提出了应力强度方法，对线弹性断裂力学做出了重要推进。首先，他根据线弹性理论指出，在裂纹尖端附近的应力应该取下列形式，即

$$\sigma_{ij} = \frac{K}{\sqrt{2\pi r}} f_{ij}(\theta) + \cdots \tag{5-24}$$

式中，K 为应力强度因子；$f(\theta)$ 为形状因子；r 和 θ 都是相对于裂纹尖端某一点的圆柱形极坐标，如图 5-47 所示。

应力场式（5-24）具有两个特点：第一，应力与 $\sqrt{r}$ 成反比，在裂纹尖端处（$r=0$）应力

无穷大,即在裂纹尖端应力出现奇点,应力场具有$\frac{1}{\sqrt{r}}$的奇异性,只要存在裂纹和任意大小的载荷,裂纹尖端应力总是无穷大,结构就应发生破坏,这显然与实际情况不符,这意味着,不能再用应力大小来判断裂纹是否扩展,破坏是否发生;第二,应力与参量 K 成正比,所以 K 是裂纹尖端弹性应力场强弱程度的参量,被称为裂纹尖端应力场强度因子,简称为**应力强度因子**。应力强度因子的通式可表示为

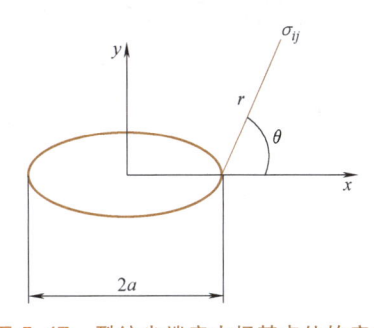

图 5-47 裂纹尖端应力场某点处的应力

$$K = \sigma\sqrt{\pi a} f\left(\frac{a}{W}\right) \tag{5-25}$$

式中, $f\left(\frac{a}{W}\right)$ 是无量纲参数,它取决于试样的几何因素、裂纹形状和加载方式,称为**几何形状因子**。具有中心穿透裂纹的宽平板的应力强度因子表达式为

$$K = \sigma\sqrt{\pi a} \tag{5-26}$$

控制断裂的参数可认为是临界应力强度(K_c),而不是临界能量值(G_c)。对于无限宽板上有长为 $2a$ 的穿透裂纹,在裂纹远处受均匀正应力作用的情况,根据前面介绍的 K 及 G 的表达式,可以确定 K_I 和 G_I 之间的关系是:

$$\left.\begin{array}{ll} \text{平面应力状态} & G_I = \dfrac{K_I^2}{E} \\ \text{平面应变状态} & G_I = \dfrac{K_I^2}{E}(1-\mu^2) \end{array}\right\} \tag{5-27}$$

下角标"I"表示拉伸加载的张开型(I型)裂纹情况,相应临界应力强度 K_{IC} 和临界能量 G_{IC} 的关系是:

$$\left.\begin{array}{ll} \text{平面应力状态} & G_{IC} = \dfrac{K_{IC}^2}{E} \\ \text{平面应变状态} & G_{IC} = \dfrac{K_{IC}^2}{E}(1-\mu^2) \end{array}\right\} \tag{5-28}$$

所以**断裂准则是**

$$K_I \geqslant K_{IC} \quad \text{或} \quad G_I \geqslant G_{IC} \tag{5-29}$$

临界应力强度 K_{IC} 和临界能量 G_{IC} 都可以称为材料的断裂韧度。由于通过弹性力学分析就能确定不同几何形状的 K 因子值,这就使得应力强度方法在解决断裂问题上非常得力。现在已有很多手册,能够给出很多种带有不同裂纹尺寸、取向和形状的裂纹体和加载条件下的应力强度因子的计算公式。对于应力强度因子 K,不仅适用于稳定裂纹扩展,而且也适用于像疲劳和应力腐蚀那样的亚临界裂纹扩展。这是应力强度因子作为裂纹扩展参数的用途。应力强度因子用作裂纹扩展特性参数是线弹性断裂力学的基本原理,用其判定结构安全性的方法称之为 **K 准则**。

K 准则使人们向更全面、更科学地评估和确定结构安全性的道路上迈进了一大步,其基

本步骤是：根据探伤实验测定构件中的缺陷尺寸，计算出构件的受力状态，这样可计算出裂纹尖端的应力场强度因子 K_{I}，将其与材料的断裂韧度 K_{IC} 比较，若 $K_{\mathrm{I}} < K_{\mathrm{IC}}$，则结构是安全的，否则将有脆断的危险，反过来可以确定选材是否合理。根据传统设计方法，为了提高构件的安全性，总是加大安全系数，这样势必提高材料的强度等级，对于高强度钢来说，往往造成低应力脆断。断裂力学提出了新的设计和评估思路，即为了保证结构的安全，采用较小的传统意义上的安全系数，适当降低材料的强度等级，提高材料的断裂韧度。K_{IC} 是衡量材料工艺质量和服役可靠性的新指标，追求高的 σ_{s} 不一定正确，但追求高的 K_{IC} 却一定是正确的，兼顾两者才是科学的态度。

必须指出，当塑性区尺寸远小于裂纹尺寸以及裂纹体仍然具有近似弹性性能时，只要对塑性区影响做出考虑，线弹性断裂力学仍然适用，具体做法就是欧文提出的简便适用的"有效裂纹尺寸法"。用它对应力强度因子 K_{I} 进行修正，得到所谓的"有效应力强度因子"。有效裂纹长度 $a^{*}=a+r_{y}$，其中 a 为裂纹实际原始长度，r_{y} 为裂纹尖端塑性区在 x 轴上的尺寸 R 的一半，即 $r_{y}=R/2$，R 可以利用公式算出。在用弹性理论计算小范围屈服条件下的 K_{I} 时，只需用有效裂纹长度 a^{*} 代替实际裂纹原始长度 a 即可。如果塑性区尺寸与裂纹尺寸相当或大于裂纹尺寸，就必须用弹塑性断裂力学来解决问题。然而弹塑性断裂力学的概念还没有像线弹性断裂力学发展的那样完善，这个事实也反映在最后解的近似上。

弹塑性断裂力学有两种最有希望的概念：一种是裂纹尖端张开位移（COD），它是在裂纹尖端应变基础上建立起来的概念；另一种是 J 积分能量平衡概念。

5.5.2 弹塑性断裂力学评定方法

弹塑性断裂力学是应用弹性力学、塑性力学研究物体裂纹扩展规律和断裂准则的，适用于裂纹尖端附近有较大范围塑性变形的情况。由于直接求裂纹尖端附近塑性区断裂问题的解析解十分困难，目前多采用 J 积分法、COD 法、R 曲线法等近似或实验方法进行分析。通常对薄板平面应力断裂问题的研究，也要采用弹塑性断裂力学。弹塑性断裂力学在焊接结构缺陷评定，核电工程的安全评定，压力容器、管道和飞行器的断裂控制以及结构的低周疲劳和蠕变断裂的研究方面起重要作用。弹塑性断裂力学虽然取得了一定进展，但其理论迄今仍不成熟，弹塑性裂纹体的扩展规律还有待进一步研究。

解决裂纹体的弹塑性问题和线弹性问题的目的相同，即建立材料的断裂韧度与外加应力 σ、裂纹长度 a 之间在弹塑性条件下的定量关系。

1. 裂纹张开位移 COD

韦尔斯于 1961 年提出了 COD 理论（COD 的含义是"裂纹张开位移"）。裂纹体受载后，裂纹尖端附近的塑性变形区将导致裂纹尖端表面张开，这个张开量就称为裂纹（尖端）张开位移，通常用 δ 表示。韦尔斯认为，当裂纹张开位移 δ 达到材料的临界值 δ_{c} 时，裂纹发生失稳扩展，这就是弹塑性断裂的 COD 准则，表示为

$$\delta=\delta_{\mathrm{c}}$$

COD 理论用裂纹尖端在外力作用下张开位移的大小作为力学量和材料韧性来处理裂纹问题。用位移量解决弹塑性问题较之应力量的优势在于位移在塑性变形时比应力敏感。在塑性变形时，材料的变形大而应力的变化小，而变形与 δ 有良好的对应关系。

（1）线弹性条件下的 COD　裂纹顶端在裂纹体受力时会张开。图 5-48 为裂纹尖端张开

位移的模型图。在线弹性条件下

$$\delta = \frac{4}{\pi}\frac{(1-\mu^2)K_I^2}{\sigma_s E} \quad (5\text{-}30)$$

在临界条件下

$$\delta_{IC} = \frac{4}{\pi}\frac{(1-\mu^2)K_{IC}^2}{\sigma_s E} \quad (5\text{-}31)$$

式中，K_{IC} 是材料的平面应变断裂韧度，K_{IC} 与 G_{IC} 之间存在固定的关系，G_{IC} 也是材料的平面应变断裂韧度。K_{IC} 与 δ_{IC} 之间存在固定的关系，δ_{IC} 也是材料的平面应变断裂韧度。

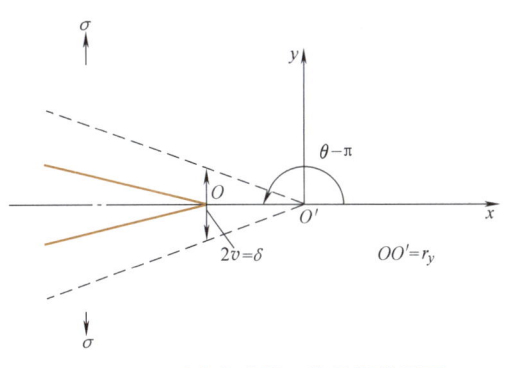

图 5-48　裂纹尖端张开位移的模型图

$$\left.\begin{array}{ll} K_I \geqslant K_{IC} & \text{线弹性条件下断裂判据} \\ G_I \geqslant G_{IC} & \text{线弹性条件下断裂判据} \\ \delta_I \geqslant \delta_{IC} & \text{线弹性条件下断裂判据} \end{array}\right\} \quad (5\text{-}32)$$

（2）弹塑性条件下的 COD　弹塑性条件下的 COD 主要目的是解决裂纹体在弹塑性条件下的力学参量和材料的断裂常数，以及断裂判据的问题。主要的任务是解决 δ 与 σ、a 之间的关系，解决的方法是建立一个合理的模型，依此模型进行力学计算，建立 δ 与 σ、a 之间的关系 $\delta = f(\sigma, a)$。

引入裂纹张开位移的目的就是解决大范围的屈服或者整体屈服的裂纹体问题。实验证明，在大范围屈服的条件下 δ 仍然有意义。但此时 G_I 与 K_I 都已不再适用，因此，在弹塑性状态下要用 COD 来作为断裂判据，就需要找到在弹塑性变形的条件下，COD 和构件工作应力 σ 及裂纹尺寸 a 之间的联系，这里讨论的 D-M（也可为 D-B，Dugdale-Barrennblett）模型就是为了解决这个问题。同时还必须用实验证明，小试样测出的 δ_c 与试件的尺寸无关，也就是说构件的 δ_c 就是小试样上测到的 δ_c。目前这一问题已初步解决，COD 作为弹塑性状态下的判据已经得到应用。

对于一个受单向均匀拉伸的薄板，中间有一长 $2a$ 的穿透裂纹，如图 5-49 所示。D-M 模型认为，裂纹两边的塑性区呈尖劈形向两边伸展，裂纹加塑性区的总长为 $2c$，在塑性区上下两个表面上作用有均匀的拉应力，其数值为 σ_s。具体说，在长为 $2a$ 的裂纹面上不受力的作用，在 $(-c, -a)$ 和 (a, c) 之间的塑性区 ρ 有均匀分布拉应力 σ_s，以防止两个表面分离，因为塑性区周围仍被广大的弹性区所包围。由此可见，D-M 模型只适用于大屈服，而不适用于全屈服。因此，仍可用弹性力学方法来解这个问题，这里只给出结果。用 D-M 模型解出平面应力条件下裂纹顶端张开位移 δ 为

$$\delta = \frac{8\sigma_s a}{\pi E}\ln\sec\left(\frac{\pi\sigma}{2\sigma_s}\right) \quad (5\text{-}33)$$

在裂纹开始扩展的临界条件下

$$\delta_c = \frac{8\sigma_s a_c}{\pi E}\ln\sec\left(\frac{\pi\sigma_c}{2\sigma_s}\right) \quad (5\text{-}34)$$

这便是 D-M 模型所给出的 COD 表达式。若将式（5-33）进行级数展开，并只取第一项，则可得

$$\delta = \frac{G_\mathrm{I}}{\sigma_\mathrm{s}} = \frac{K_\mathrm{I}^2}{E\sigma_\mathrm{s}} \tag{5-35}$$

式 (5-35) 为 D-M 模型导出的 σ、K_I、G_I 的关系式。K_I、G_I 在临界条件下的 K_IC、G_IC 是材料性能,所以 δ_c 也是材料性能。δ_c 为那些测 K_IC 有困难的中、低强度钢提供了依据。

需要强调的是,D-M 模型非线性断裂分析的使用条件是:①针对平面应力下的无限大平板含中心穿透裂纹进行讨论的;②适于 $\sigma/\sigma_\mathrm{s} \leq 0.6$ 的情况;③塑性区内的材料为理想塑性,未考虑加工硬化。

焊接结构在工程结构中占有极高的比例,焊接构件的高应力集中区及残余应力区是裂纹多发区,这里的裂纹处于塑性区包围之中,这就是所谓的全面屈服。对于全面屈服情况,载荷的微小变化都会引起应变和 COD 的很大变化,故在大应变的情况下,已不适合用应力作为断裂分析的依据,而需要寻求裂纹尖端张开位移 δ 与应变 ε、裂纹几何形状和材料性能之间的关系,即引入应变这一概念。全面屈服条件下的选材和设计通常参照无量纲的 COD (Φ) 与标称应变 ($\varepsilon/\varepsilon_\mathrm{s}$) 的实验曲线。

COD 准则主要用于韧性较好的中、低碳钢,其方法广泛应用于焊接结构的设计中。

2. J 积分

COD 方法虽然已经得到广泛的工程应用,但 COD 参量本身不是一个直接而严密的裂纹尖端弹塑性应力应变场的表征参量,J. R. Rice 于 1968 年提出了 J 积分的概念,J 积分是一个定义明确、理论严密的应力应变场参量,且容易通过实验来确定。J 积分也是用来解决弹塑性状态下的裂纹体问题的,其概念已广泛应用于发电、核动力行业中材料的断裂准则。J. R. Rice 提出以下积分

$$J = \int_{\Gamma^*} \left(\omega \mathrm{d}y - \frac{\partial \bar{u}}{\partial x} T \mathrm{d}x \right) \tag{5-36}$$

式中,ω 为应变能密度;u 为位移场;T 为作用在积分域 Γ^* 上的外力。

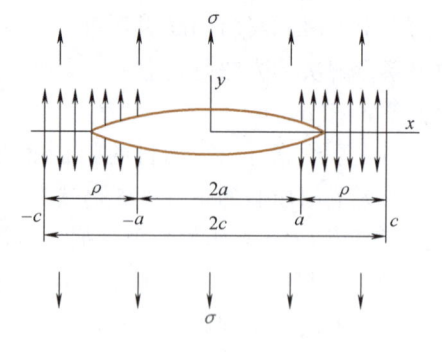

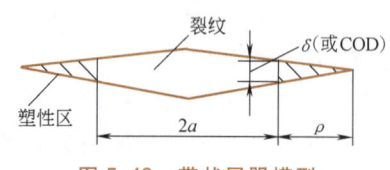

图 5-49 带状屈服模型

式 (5-36) 称为 J 积分,也称为 Rice 积分。这样一个积分如果沿封闭回路 Γ^* 积分(如从裂纹的上表面绕过裂纹尖端到下表面积分一周),该积分值等于零,即 $\oint_{\Gamma^*} = 0$(推导过程较为烦琐,故略),说明 J 积分具有守恒性。这是在线弹性条件下得出的结果,说明在线弹性条件下裂纹顶端应力场是一个保守场。J 积分只与裂纹上下表面两点位置有关,而与路径无关。

在线弹性条件下可以推导出(推导过程较为烦琐,故略)

$$\left. \begin{array}{l} J = G_\mathrm{I} = \dfrac{K_\mathrm{I}^2}{E} \quad \text{(平面应力)} \\[2mm] J = G_\mathrm{I} = \dfrac{(1-\mu^2) K_\mathrm{I}^2}{E} \quad \text{(平面应变)} \end{array} \right\} \tag{5-37}$$

在临界条件下

$$J_{IC} = G_{IC} = \frac{K_{IC}^2}{E}(1-\mu^2) \quad \text{（平面应力）}$$

$$J_c = G_c = \frac{K_c^2}{E} \quad \text{（平面应变）}$$

J_I 与 K_I、G_I、δ_I 之间有固定的关系，J_{IC} 与 K_{IC}、G_{IC}、δ_{IC} 之间也有固定的关系。所以 J_{IC} 与 K_{IC}、G_{IC}、δ_{IC} 一样，均可作为平面应变断裂韧度，都可看成是材料的韧性指标。而

$$\left.\begin{array}{l} K_I \geq K_{IC} \\ G_I \geq G_{IC} \\ \delta_I \geq \delta_{IC} \\ J_I \geq J_{IC} \end{array}\right\} \tag{5-38}$$

均为平面应变（线弹性条件下）裂纹体的断裂判据。

$$\left.\begin{array}{l} K_I \geq K_c \\ G_I \geq G_c \\ \delta_I \geq \delta_c \\ J_I \geq J_c \end{array}\right\} \tag{5-39}$$

为平面应力条件下裂纹体的断裂判据。

在线弹性条件下，J_I 同 K_I 一样可以用来描述裂纹顶端的应力场。

J 积分目前主要是用来解决用小试件测 J_c，用以换算 K_{IC}。σ_s 很低的材料要做 K_{IC} 试件，至少要几吨重，无设备条件很难实现。通常用 J_c 去换算 K_{IC}，既经济又方便。

J 积分准则与其他准则相比，有以下几个优势：

1）与 COD 准则相比，理论依据严格，定义明确。

2）用有限元等方法能够计算不同受力状况与各种形状结构的 J 积分（限于二维平面问题），COD 准则的计算公式仅限于几种简单几何形状和受力情况。

3）用实验方法获取 J_c 简易方便，这与 COD 准则相似。

同时，J 积分准则也存在几方面不足：

1）J 积分理论依据是塑性的全量理论，不允许卸载。但是裂纹稳定扩展时尖端应力存在释放，即存在卸载情况，所以 J 积分理论不能应用于裂纹亚临界扩展情况。

2）J 积分定义局限于二维平面情况。

3）与 COD 准则一样，J_c 一般用于开裂点的确定，此时构件尺寸影响小，测试数据离散度小，适合材料断裂韧度的定量分析，但实际情况是，裂纹从启裂到失稳扩展之间还有剩余承载能力，所以采用 J 积分准则的断裂设计和评估偏于保守。

5.6 预防焊接结构脆性断裂的措施

预防焊接结构脆性断裂的方法可以从导致其脆性断裂的因素入手寻求解决方案，这些不利因素包括：材料或焊接接头在工作条件下韧性不足、结构上存在严重的应力集中（设计上的或工艺上的）、过高的多维应力水平（外部工作应力、内部残余应力等）。因此归纳起来，可以从选材、设计和制造三个方面采取措施预防低应力脆断。

5.6.1 正确选用材料

选择材料要遵循工程合用性原则,即在保证结构服役安全性的前提下降低制造成本,这里主要分析保证服役安全性的问题。从选材上,应使所选用的钢材和焊接材料在合理的焊接工艺下获得的焊接接头各个区域均具有合格的缺口韧性,具体指导原则包括:

第一,除母材以外的焊接接头是结构中高应力、缺陷和脆化组织集中的位置,此处易成为脆性断裂源区,因此在结构服役条件下,焊缝、热影响区、熔合区均应具有足够的抗开裂性能,母材应具有一定的止裂性能。

第二,随着钢材强度的提高,断裂韧性和工艺性一般都有所下降。因此,不应该盲目追求母材和接头强度指标,而忽视其塑韧性等重要因素。

为此,通常采用下述方法进行材料的验收和评定:

(1) **按照缺口韧性检验材料** 世界各国较为普遍采用冲击韧性测试指标进行材料或焊接接头的质量验收,但各个国家和行业对于诸多冲击韧性方法的选择和验收指标存在一定的分歧或差异,因此形成了各自的验收规范。表 5-2 给出了英国劳氏船规 LR、德国船级社规范 GL、美国船级社规范 ABS。

表 5-2 英、德、美国对船用钢板冲击韧性的要求

规范类别	钢板级别	试验温度/℃	夏比 V 型冲击吸收能量/J($\delta \leq 50mm$,不小于) 纵向	横向
英国劳氏船规 LR	AH32	0	31	22
	DH32	-20		
	EH32	-40		
	FH32	-60		
	AH36	0	34	24
	DH36	-20		
	EH36	-40		
	FH36	-60		
	AH40	0	41	27
	DH40	-20		
	EH40	-40		
	FH40	-60		
德国船级社规范 GL	GL-A32	0	31	22
	GL-D32	-20		
	GL-E32	-40		
	GL-F32	-60		
	GL-A36	0	34	24
	GL-D36	-20		
	GL-E36	-40		
	GL-F36	-60		
	GL-A40	0	41	27
	GL-D40	-20		
	GL-E40	-40		
	GL-F40	-60		

(续)

规范类别	钢板级别	试验温度/℃	夏比 V 型冲击吸收能量/J($\delta \leq 50mm$,不小于) 纵向	横向
美国船级社规范 ABS	AH32	0	34	24
	DH32	-20		
	EH32	-40		
	FH32	-60		
	AH36	0	34	24
	DH36	-20		
	EH36	-40		
	FH36	-60		
	AH40	0	41	27
	DH40	-20		
	EH40	-40		
	FH40	-60		

（2）用断裂韧度评定材料　在焊接领域，目前断裂力学主要用于评定焊接结构的缺陷严重性，欧美、中国、日本等很多国家及国际焊接学会（IIW）都制定了相应的基于脆性断裂安全性的缺陷验收标准和规范，各个行业的产品不同，相应的验收标准略有差异。近些年的研究成果表明，断裂韧度的绝对值不能充分反映断裂临界状态裂纹尖端塑性区尺寸，该尺寸对断裂行为有重要影响，因此认为断裂韧度绝对值具有局限性，它尚不足以表征材料的韧脆特性本质，进一步提出了采用断裂韧度与材料屈服强度的比值进行更合理的表征。具体方法是，用 R 表示断裂临界状态的裂纹尖端区的塑性区尺寸，在平面应变条件下 $R = K_{IC}^2 / (2\sqrt{2}\pi\sigma_s)$，在平面应力条件下 $R = K_{IC}^2 / (\pi\sigma_s^2)$。$R$ 尺寸越大，表明断裂前需要产生更大的塑性变形，需要消耗更大的能量，这对于抑制脆性断裂有利，此研究成果对材料的评定进行了合理的补充。

5.6.2　采用合理的焊接结构设计和制造工艺

脆性断裂过程一般分为两个阶段：断裂引发阶段（即裂纹起源——生核和缓慢扩展阶段）、裂纹失稳快速扩展阶段。每种材料都有一个引发临界温度 T_i，可以用这个温度来衡量材料的抗开裂性能。临界温度越低，材料的抗开裂性能越好；材料也有一个止裂临界温度 T_a，在这个临界温度以上脆性断裂裂纹可以被止住，或者不能扩展。同种材料的开裂临界温度一般低于止裂临界温度，因此，保证材料的止裂性能往往要求材料具有比抗开裂性能更高的韧性，这种具有更高止裂性能的材料不易获取或者费用高昂。

为了防止结构发生脆性破坏，相应地有两种设计原则：一为防止断裂引发原则，二为止裂原则。前者要求结构的一些薄弱环节具有一定的抗开裂性能；后者要求一旦裂纹产生，材料应具有将其止住的能力，即止裂性能。显然后者比前者要求更苛刻，因此焊接结构设计重点应主要放在防止开裂方面。

焊接结构防脆性断裂设计的具体方法包括：

1. 设计中尽量减少结构或焊接接头部位的应力集中

1）将结构承载截面突变位置设计成平缓过渡，尽量避免形成尖角。例如，将图 5-50a

所示的设计改为图 5-50b 所示的设计方案是有利的。

2）在设计中应尽量采用应力集中系数小的对接接头，减少或避免使用搭接接头、十字接头及 T 形接头。图 5-51a 所示的设计采用了角焊缝连接的搭接接头，应力集中大，同时焊接残余拉应力峰值与结构应力集中处重叠，增加了脆性断裂危险，以往曾出现过多起这种结构在焊缝处破坏的事故；将设计方案改成图 5-51b 所示的合理的连接形式后，断裂事故不易发生。

3）不等厚构件对接接头应当采用圆滑过渡，如图 5-52 所示。其中以图 5-52b 为最好，因为它的焊缝部位应力集中最小。图 5-52a、c 虽然将厚件加工出过渡斜面，但在焊趾附近仍有较高的应力集中。

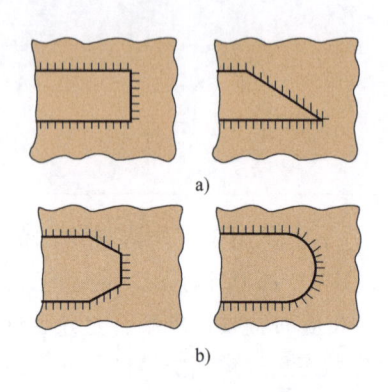

图 5-50 尖角过渡和平滑过渡接头
　　a）不利　b）有利

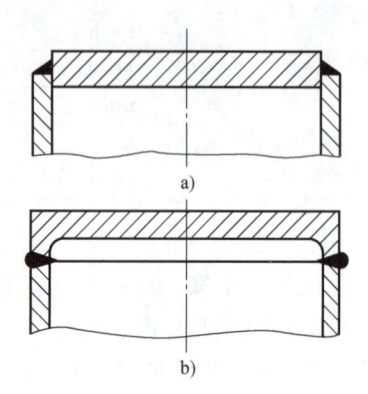

图 5-51 封头设计合理与不合理的接头
　　a）不合理　b）合理

2. 设计中避免密集的焊缝布置

密集的焊缝可引起大面积连续分布的残余拉应力区及多轴应力状态，易诱发启裂及裂纹扩展。图 5-53 表示了焊缝之间的最小距离。

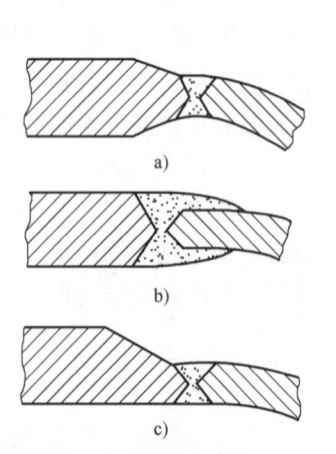

图 5-52 不等厚对接接头设计

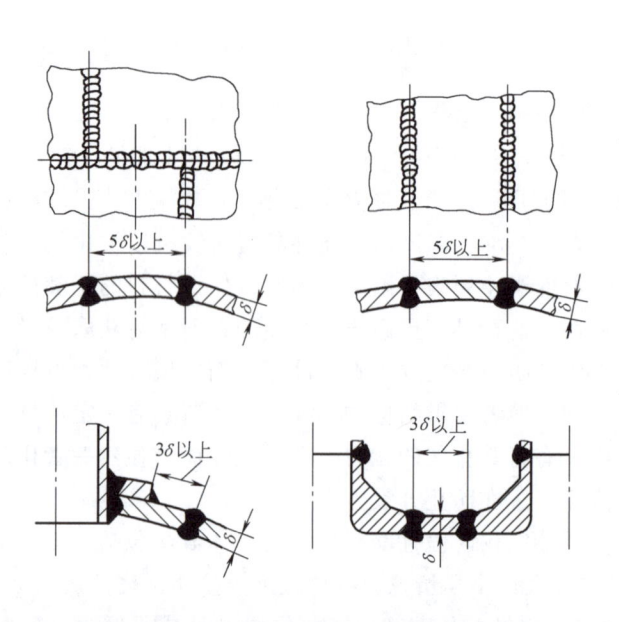

图 5-53 容器焊接时焊缝之间的最小距离

3. 避免焊接高应力区域与结构几何突变位置（应力集中区）重叠

刚度较大的结构中，焊接残余应力水平一般明显高于刚度小的结构，如果这些高应力区与结构承载应力集中处重合，则易导致脆性断裂事故，比利时阿尔拜特运河威廉德式桥的低应力断裂就属于这种情况，其断裂源为桥梁上一处立杆翼板与弦杆翼板的连接处，如图 5-54a 所示。该位置结构刚度大，焊接制造时先将端部过渡钢块用角焊缝焊在水平弦杆的翼板上；然后用对接焊缝将立杆的翼板端部与过渡钢块相连接，如图 5-54b 所示，这种设计制造工艺产生了大刚度、强拘束条件下的高值焊接残余应力，同时使焊接应力峰值区域与结构几何突变位置重叠，脆性断裂事故也正起源于此。若考虑采取简易的优化方法，可以采用如图 5-54c 所示的连接形式，即取消焊接过渡钢块，把立杆翼板端部几何形状优化为缓和过渡形式，这样避免了高值拘束应力产生以及焊接峰值应力与结构几何突变点重叠的两种不利情况发生，可在很大程度上改善脆性断裂安全性。

又如，压力容器的结构特点是经常在主容器壁上开孔焊接较多插管，在重要的插管附近开缓和槽，并使焊接位置离开插管相贯线较远的距离，以避免焊接应力与结构几何突变位置重叠，如图 5-55 所示。

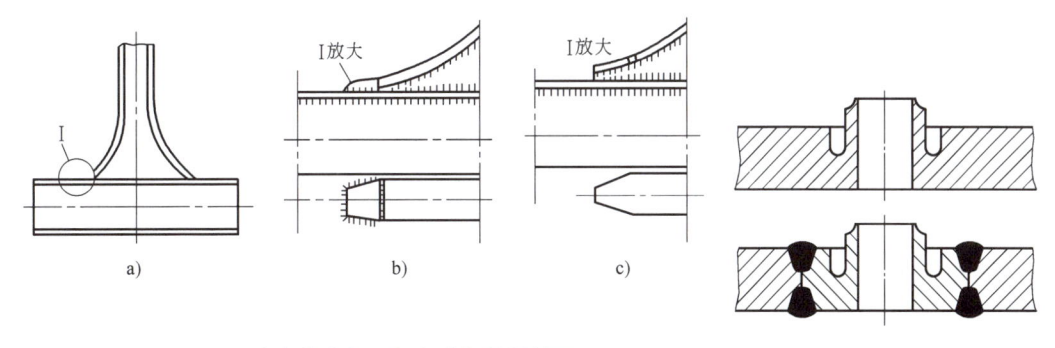

图 5-54 威廉德式桥立杆和弦杆的焊接图

图 5-55 容器开缓和槽

4. 不采用过厚的截面设计

设计者常会选用比实际需要厚得多的截面，以期增加安全系数，这种通过降低许用应力值（方法是增加承载结构厚度）来减小脆性断裂的危险性是不恰当的，因为这样做的结果将使厚度过分增大，而增大厚度会提高钢材的转变温度，降低其断裂韧度值，并导致平面应变应力状态和较强的缺口效应，反而容易引起脆性断裂。

5. 对于附件或联系焊缝的设计，应和主要承力焊缝一样给予足够重视

因为脆性裂纹一旦由这些未受重视的接头部位产生，就会扩展到主要受力的元件中，使结构破坏。对于一些次要的附件也应该仔细考虑、精心设计，不要在受力构件上随意加焊附件。如图 5-56a 所示的支架被焊接到受力构件上，焊缝质量不易保证，极易产生裂纹。图 5-56b 所示的方案采用了卡箍就避免了上述缺点，有助于防止脆性断裂。

6. 制造中避免和减少焊缝的缺陷

大尺寸面缺陷如裂纹、未熔合、未焊透、夹杂等可引起强烈的应力应变集中，同时产生缺口效应（三轴应力状态）及较高的承载变形速率，这些因素都可导致脆性断裂倾向，因此必须避免接头出现严重的焊接缺陷。除了采用合理的焊接方法和工艺确保焊接质量外，设

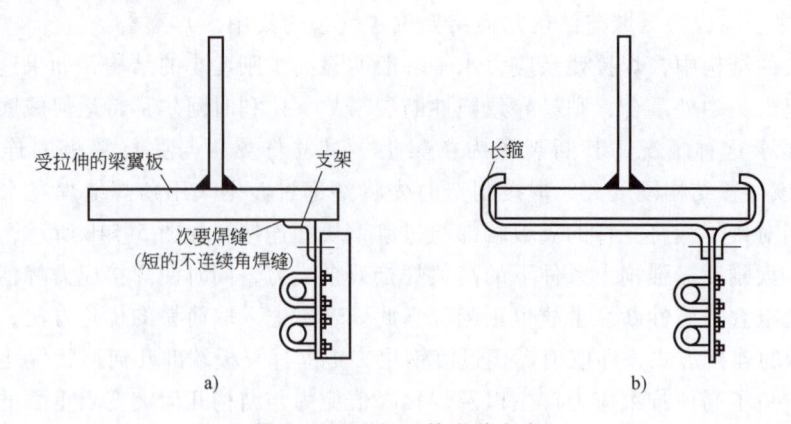

图 5-56 附加元件安装方案

a) 易引起裂纹的结构 b) 推荐结构

计因素也很重要,如将焊缝设计布置在便于施焊和检验的地方。例如,图 5-57a、b、c 所示的焊缝位置设计不合理,施焊空间不足,这将使焊接质量无法保证。在图 5-57d 中,如果采用左边方案,很难焊接,如果在设计上稍加改动(图 5-57d 右图),则很容易施焊。

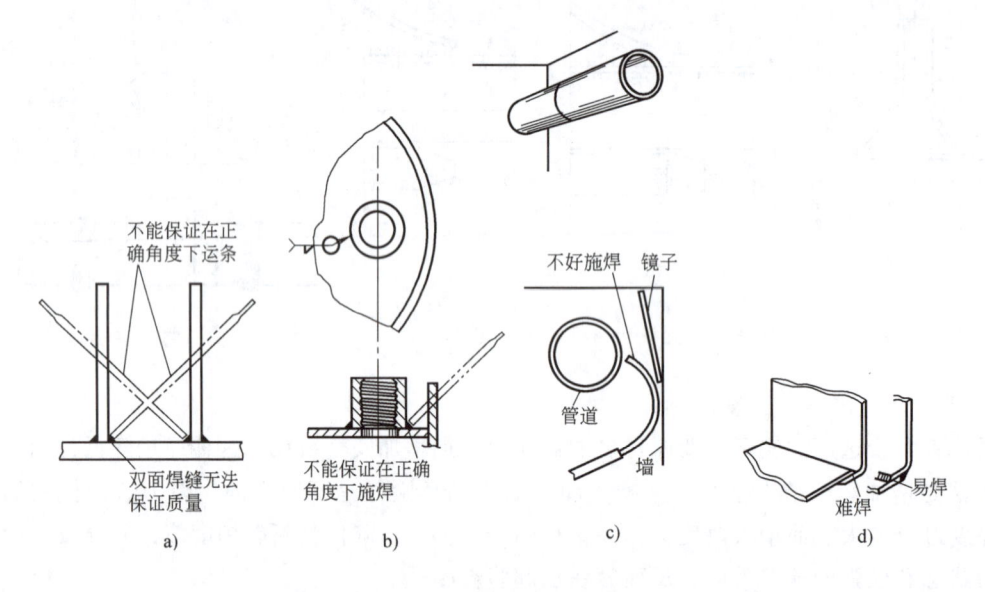

图 5-57 不易施焊的情况

7. 制造中采用调整和控制结构焊接残余应力的措施

在焊接残余应力与外部工作应力联合作用下,易出现多轴应力状态,增加结构脆性断裂危险性。针对具体情况,合理选择前面第 3 章中推荐的方法,可以降低或消除残余应力对脆断的影响;对于大型复杂结构,整体降低残余应力较为困难,可以考虑采用调整残余应力场的方法,将残余拉应力峰值位置"转移"到结构中相对安全的位置,如利用焊接次序的优化调整或采用后期局部加热的方法将残余拉应力峰值位置转移到外部工作应力较低的位置,避免出现危险应力状态。选用调控焊接应力的措施时,还要注意避免接头微观组织变化引起的性能恶化,如接头失强、晶粒粗大脆化、应变时效脆化等情况。

5.6.3 用断裂力学方法评定结构安全性

焊接结构发生脆性断裂事故时通常会引起严重后果并造成重大损失，为了保证结构服役安全性，可以在选材、设计和制造中采取前文所述的一系列方法和措施。但是，在产品投入使用前的加工制造环节采取这些措施也存在一些难以估计和解决的问题。例如：实际工程结构制造中完全避免缺陷和消除焊接残余应力几乎是不可能的，结构选材和设计要考虑强度、焊接接头的组织和力学不均匀性、外部复杂工作应力、服役环境条件及制造成本等诸多因素，很难科学合理地协调和兼顾各个影响因素，所以实际结构制造出来时就是不完美的；在产品投入使用后的服役环节，在例行质量检查中也会发现缺陷，有些缺陷难以修复或者需要巨额维修成本，如焊接修复使接头多次受热，容易出现新的焊接缺陷、接头组织脆化或弱化、应力状态更危险等问题。综上所述，进行工程结构制造环节或服役环节的服役安全性（缺陷严重性等）评定工作十分重要，这项工作可以对含缺陷结构在服役条件下的脆性断裂安全性给出较为科学的评价结论，为结构的选材、设计、制造、服役前后的质量评估提供科学依据及指导原则。国际焊接学会（IIW）于 1975 年发表了按脆性断裂观点的缺陷评定标准草案。英国标准协会 WEE137 委员会也于 1975 年公布了与国际焊接学会公布的草案类似的缺陷评定标准草案。美国和日本也有这类似规范。这些标准对缺陷严重性的评定一般包括以下几个步骤：首先，把各种缺陷简化成表面的、深埋的、贯穿的裂纹，根据这种简化，计算当量裂纹尺寸或计算应力强度因子；其次，通过对材料（包括母材、焊缝金属或热影响区、熔合线）的实际测定，获得材料的断裂韧度（K_{IC}、δ_i 等），并根据结构实际受载情况进行应力分析，计算出临界裂纹尺寸；然后将当量裂纹尺寸和临界裂纹尺寸（或应力强度因子和临界应力强度因子）进行比较，如前者小于后者则是安全的，否则是危险的，需要进行返修或报废。

国际焊接学会以及多国的缺陷脆性断裂安全性评定标准对裂纹和其他缺陷根据形状、部位、尺寸和性质，将其转换成表面的、深埋的或贯穿的裂纹，再将其换算成当量裂纹。在进行换算时，将缺陷分成平面及非平面缺陷。前者指裂纹和未焊透，后者指气孔、疏松、夹杂物、咬边等，显然前者是更危险的。然后用一个包围不规则缺陷边界的简单几何图形（如矩形、椭圆或圆形）表示。几何图形的长边与最接近的自由表面平行，据此将缺陷分为贯穿的、深埋的或表面的，如图 5-58 所示。

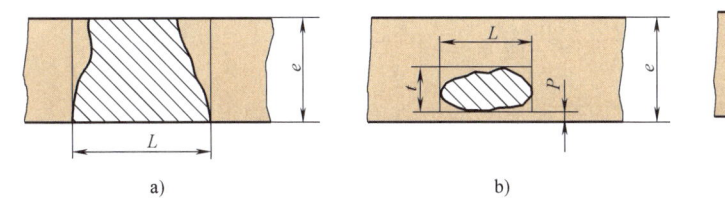

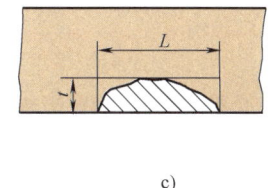

图 5-58 平面缺陷及其尺寸
a) 贯穿裂纹 b) 深埋裂纹 c) 表面裂纹

如果单个缺陷之间距离小于某规定值，则作大包络线将其作为一个大缺陷包围起来。如深埋缺陷和自由表面距离较小，小于某规定值，则可依据标准给出的图表将此缺陷作为表面的或贯穿缺陷。这样就可得到一个长为 L、宽为 t 的单个的表面、深埋或贯穿裂纹，再按 L 和 t 的数值查阅相关图表，如图 5-59 及图 5-60 所示，将表面和深埋缺陷一律换算成贯穿的当量裂纹 $\bar{a}$。例如，有表面裂纹 $t = 15\text{mm}$，$e = 30\text{mm}$，$L = 40\text{mm}$，故 $t/e = 0.5$，$t/L = 0.375$，则查得 $\bar{a}/e = 0.32$，故当量贯穿裂纹 $\bar{a} = 0.32 \times 30\text{mm} = 9.6\text{mm}$。然后根据结构及受载情况进行应力应变分析。按该标准规定要计算的应力有：①平均一次应力（如压力容器的膜应力）：即常规的结构受力计算所得的应力，是一种均布的应力；②一次弯曲应力：由于截面厚度变化（设计截面变化、焊接错边、角变形等）而产生的应力，计算时叠加于平均应力之上；③二次应力：如热应力和残余应力等，焊接残余应力一般可取为一倍的屈服应力；④峰值应力：由于应力集中而产生的一次或二次应力峰值。

计算时，不考虑缺陷本身所产生的应力集中效应。当上述一、二次应力的总和超过焊缝金属或母材的单轴拉伸屈服强度时（视缺陷所在部位确定用焊缝金属或母材的屈服强度），应将应力转换成当量应变（$\varepsilon = \sigma/E$）。如缺陷在热影响区，则取焊缝金属和母材屈服应力的较低者。在应力集中区，当计算塑性应变超过 2 倍屈服应变（如压力容器接管部位在水压试验时）时，应通过弹塑性分析或试验结果对最大应变做出估计。

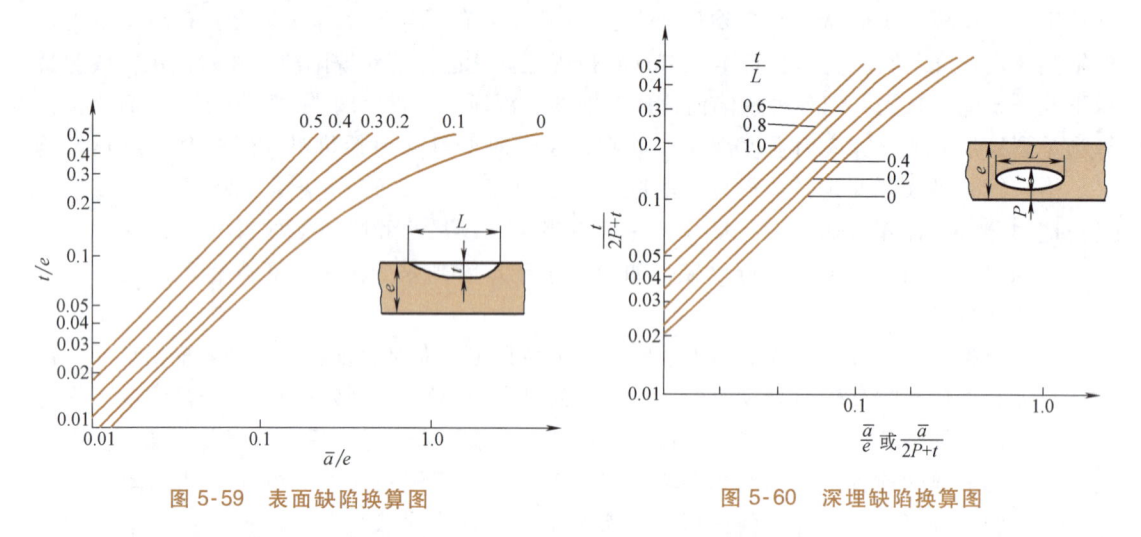

图 5-59　表面缺陷换算图　　　　图 5-60　深埋缺陷换算图

有了计算或试验获得的应力 σ 或应变 ε 和材料（焊缝金属、热影响区或母材）的断裂韧度（K_{IC} 或 δ_i），则可求出裂纹容限 $\bar{a}_m$

$$\bar{a}_m = c \frac{\delta_i}{\varepsilon_s} \text{ 或 } \bar{a}_m = c \left(\frac{K_{IC}}{\sigma_s} \right)^2$$

式中，常数 c 根据应力水平 σ/σ_s 或应变水平 $\varepsilon/\varepsilon_s$，查阅图 5-61 确定。

将计算所得 $\bar{a}_m$ 与当量裂纹 $\bar{a}$ 进行比较，若 $\bar{a} < \bar{a}_m$，则认为缺陷可以存在而不用处理，否则必须处理。

5.6.4　国内外主要的缺陷评定标准及 SINTAP/FITNET 安全性评定规范简介

按照采用的断裂力学参量准则的不同，国际上关于含缺陷结构的完整性评定方法主要分为三类，即 K 准则缺陷评定方法、COD 准则缺陷评定方法和 J 积分准则缺陷评定方法，表 5-3 给出了目前国内外主要的关于含缺陷焊接结构完整性评定的标准。

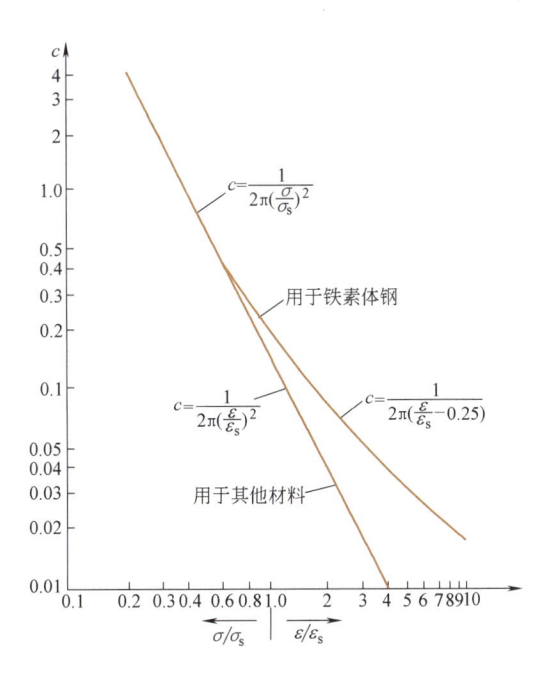

图 5-61　各种载荷水平下常数 c 值

表 5-3　结构完整性评价标准

标准名称	提出机构	适用范围
《弹塑性断裂力学分析的工程方法》(1981)	美国电力研究院(EPRI)通用电气公司	裂纹型缺陷
《含缺陷核压力容器及管道的完整性评定规程》(1982)	EPRI/GE	裂纹型缺陷
《按脆断和疲劳裂纹扩展评定的焊接缺陷验收标准》(WES 2805—1997)	日本焊接工程学会	平面型缺陷
《压力容器缺陷评定规范》(CVDA—1984)	中国压力容器学会化工机械与自动化学会	裂纹型缺陷
《形变塑性失效评价图》(1985)	美国材料与试验学会	裂纹型缺陷
《Assessment of the integrity of structure containing defect》(R/H/R6-Rev4)(2001)	英国中央电力局	平面型缺陷
《焊接结构适用性评价指南》(1990)	国际焊接学会	平面型缺陷
《带裂纹构件安全评定规范手册》(SA/Fou Report91/01)	瑞典	裂纹型缺陷
《在用含缺陷压力容器安全评定》GB/T 19624—2004	中国特种设备检测研究中心	平面型+体积型缺陷
《Recommended practice for fitness-for-sevice second edition》(API 579—2007)	美国石油学会	平面型+体积型缺陷
《Guide to methods for assessing the acceptability of flaws in metallic structures》(BS 7910—2005)	英国标准学会	平面型缺陷
《Manual for Determining the Remaining Strength of Corroded Pipelines》(ASME B31G, 2009)	美国机械工程师学会	体积型缺陷
《核电站构件在役检测的规范》(ASME Section Ⅺ, 1995)	美国机械工程师学会	裂纹型缺陷
《Structural integrity assessment procedure》(European Comsertium, 1999)	欧盟	裂纹型缺陷
SINTAP/FITNET	欧盟	裂纹型缺陷

对于承受外载的结构，可能出现用线弹性断裂力学分析的脆性断裂和由流变应力控制的塑性失稳断裂两种破坏形式，以及处于上述两种形式之间的各种断裂方式。此时，仅采用单

一的断裂力学参量 K、COD 或 J 积分作为评定的准则显然都存在一定的局限。

因此英国中央电力局的 Bowling 和 Townly 提出了双判据的思想，同时考虑脆性断裂和塑性失稳两个判据，形成了 FAD（Failure Assessment Diagram）技术。FAD 图又称为失效评定图，如图 5-62 所示。该图的纵坐标（K_r）表示结构对脆性断裂的阻力，横坐标（L_r）表示结构对塑性失稳的阻力。若评定点坐标在极限状态下的失效评定曲线 FAC（Failure Assessment Curve）之下则安全，否则结构可能不安全。

英国中央电力局（CEGB）的 R/H/R6-Rev4、英国标准学会的 BS 7910—2005 和欧洲工业组织的 SINTAP—2000（Structural Integrity Assessment Procedure），均采用考虑了不同断裂力学参量的 FAD 技术进行评定。其中 SINTAP（结构完整性评定方法）是从 1996 年开始欧洲委员会（European Commission）组织欧洲多个国家和组织进行的一个研究计划的成果，是目前欧洲统一的"合于使用"的评定标准。

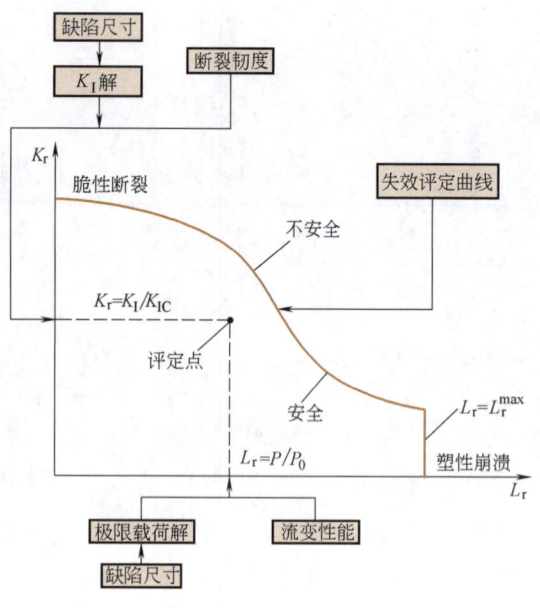

图 5-62　失效评定图（FAD）

SINTAP/FITNET 基于原欧洲共同体国家多个研究机构及大学合作进行的安全性评定研究项目，并得到欧洲共同体组织的资助，其目的是开发一个统一的评定标准，使其得到实际应用。SINTAP/FITNET 是目前欧洲统一的含缺陷结构合于使用评定方法。

SINTAP/FITNET 结构安全性评定技术主要基于 FAD 图，即上述的图 5-62。

SINTAP/FITNET 安全性评定的流程如图 5-63 所示，其具体的评定过程为：

1）根据所能获得的拉伸数据，以及母材与焊缝的不匹配程度，确定待评部位的评定级别，利用所测得的力学性能数据计算获得该评定级别的失效评定曲线（FAC）方程。

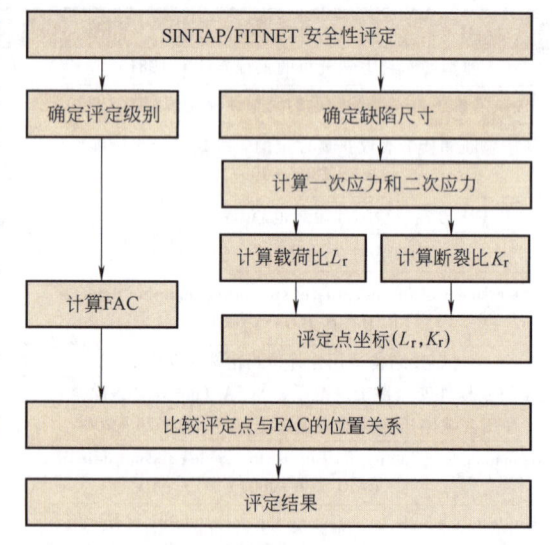

图 5-63　SINTAP/FITNET 安全性评定流程图

2）根据确定的缺陷尺寸，以及有限元计算得到的该部位的应力值，进行应力线性化，计算一次应力和二次应力分布；再次，根据公式计算载荷比和断裂比，得到评定点的坐标（L_r，K_r）。

3）比较评定点坐标与失效评定曲线（FAC）的位置关系，若评定点坐标落在 FAC 之内，则评定结果为安全，反之则不安全。

焊接结构的疲劳强度

第 6 章

6.1 材料及结构疲劳失效的特征

疲劳断裂是金属结构失效的一种主要形式,约占各种失效总数的 90%。在变动载荷作用下,材料会逐渐产生微观的和宏观的损伤,这种以塑性变形为主的损伤会降低材料的继续承载能力并引起裂纹,随着裂纹逐步扩展,最后将导致断裂,这一过程称为疲劳。简单地说,疲劳即是裂纹的萌生与扩展过程。以应力循环次数计,对于没有明显宏观缺陷的一般金属结构,疲劳裂纹的萌生阶段寿命可占全寿命的一半以上,甚至达到 80%~90%,但焊接结构情况有所不同,由于焊接缺陷等因素的影响,许多焊接结构的疲劳裂纹扩展阶段是总寿命的主要部分,裂纹萌生阶段占比很小。

工程实际中的疲劳有多种表现形式,其中包括完全由变动外载荷引起的机械疲劳,表面间滚动接触与交变应力共同作用下的接触疲劳,在高温和交变应力作用下的蠕变疲劳,以及温度变化引起的热疲劳等。本章只讨论具有典型和普遍意义的材料、焊接接头和结构的机械疲劳情况。

材料及结构疲劳失效的第一个特征表现为:疲劳断裂形式与脆性断裂形式有明显差别。疲劳断裂与脆性断裂相比较,虽然两者断裂时的形变都很小,但疲劳断裂需要多次加载,而脆性断裂一般不需多次加载,结构脆性断裂是瞬时完成的,而疲劳裂纹的扩展则是缓慢的,有时需要长达数年或更久的时间。此外对于脆性断裂来说,温度的影响是极其重要的,随着温度的降低,脆性断裂的危险性迅速增加,但疲劳强度却不是这样。疲劳断裂和脆性断裂相比有不同的断口特征。

材料及结构疲劳失效的第二个特征表现为:疲劳强度难以准确定量确定。疲劳过程受相互联系的诸多因素影响,往往在同一组试验中或同一问题的不同试验之间均存在试验结果(强度数值)分散问题,因而难以准确定量预测。工程实践中的工作疲劳强度预测,如果仅基于一般的技术资料和理论知识而不直接进行实际工作条件下的疲劳强度试验,那么这种预测的可靠性只能作为表征设计、制造和使用等工作是否恰当的一种指标。

材料及结构疲劳失效的第三个特征表现为:疲劳破坏一般从表面和应力集中处开始,而焊接结构的疲劳又往往是从焊接接头处产生。

图 6-1 是水轮机焊接结构产生疲劳破坏的案例。水轮机的转轮承受水流冲击疲劳载荷作用,其叶片位于入水端和出水端的部位同时承受较高的焊接残余应力,易出现疲劳失效。

虽然目前对疲劳问题的研究已经取得很大进展,但是新材料和新结构的不断出现,以及对制造成本和周期的控制需求越来越高,焊接结构疲劳断裂事故仍然不断发生,而且随着焊接结构的广泛应用仍有所增加。

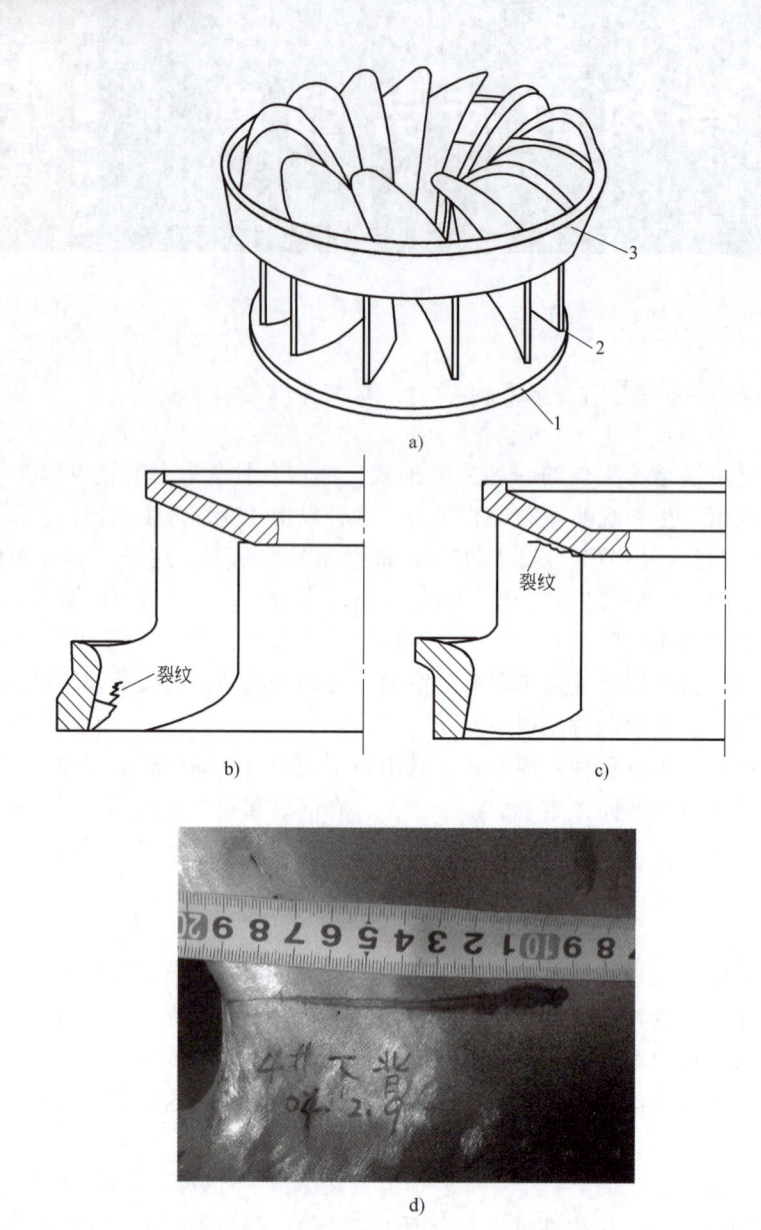

图 6-1 水轮机转轮焊接结构的疲劳开裂
a) 水轮机转轮结构 b) 转轮出水端叶片疲劳开裂 c) 转轮入水端叶片开裂 d) 转轮叶片开裂照片
1—上冠 2—叶片 3—下环

6.2 疲劳试验及疲劳图

6.2.1 疲劳载荷及其表示法

由于金属的疲劳是在变动载荷作用下经过一定循环周次才出现的，所以首先要了解变动载荷的特性。变动载荷是指载荷大小、方向、波形、频率和应力幅随时间发生周期性或无规则变化的一类载荷。

变动载荷或应力循环特性主要用下列参量表示：

$\sigma_{\max}$——变动载荷或应力循环内的最大应力；

$\sigma_{\min}$——变动载荷或应力循环内的最小应力；

$\sigma_{\mathrm{m}} = \dfrac{\sigma_{\max} + \sigma_{\min}}{2}$——平均应力；

$\sigma_{\mathrm{a}} = \dfrac{\sigma_{\max} - \sigma_{\min}}{2}$——应力振幅或应力半幅；

$r = \dfrac{\sigma_{\min}}{\sigma_{\max}}$——应力循环特性系数或应力循环对称系数，或称应力比。

描述循环载荷的上述参数如图 6-2 所示。

从图中很容易看出，$\sigma_{\max} = \sigma_{\mathrm{m}} + \sigma_{\mathrm{a}}$ 和 $\sigma_{\min} = \sigma_{\mathrm{m}} - \sigma_{\mathrm{a}}$。因此，可以把任何变动载荷看作是某个不变的平均应力（恒定应力部分）和应力振幅（交变应力部分）的组合。

r 也可用 ρ 表示，其变化范围为 $-\infty \sim +1$。当 $r = -1$，称为对称交变载荷，如火车轴的弯曲、曲轴曲颈的扭转等，旋转弯曲疲劳试验也属于这一类，其疲劳强度用 σ_{-1} 表示；当 $r = 0$ 时，称为脉动载荷，如齿轮齿根的弯曲，其疲劳强度用 σ_0 表示；$r \neq -1$ 的情况都称为不对称载荷或不对称应力循环，其疲劳强度用 σ_r 表示，下角标 r 用相应的特性系数表示，如 $\sigma_{0.3}$。例如：气缸盖螺钉受大拉小拉的拉伸变载荷作用时，$0 < r < 1$；而内燃机连杆受小拉大压循环应力作用时，$r < 0$；滚动轴承的滚珠承受循环压应力时，$r = -\infty$。各种周期性载荷可简单区分为脉动拉伸载荷、交变载荷和脉动压缩载荷三种情况，如图 6-3 所示。

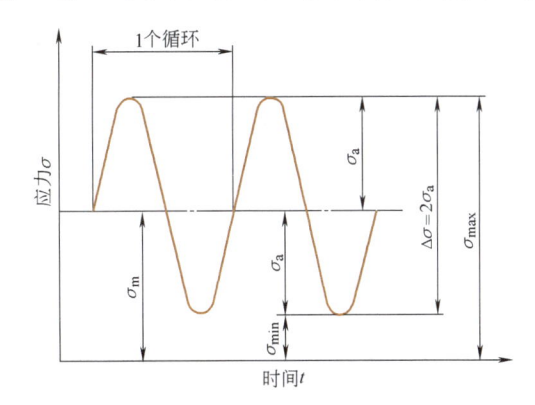

图 6-2 疲劳试验中的载荷参数

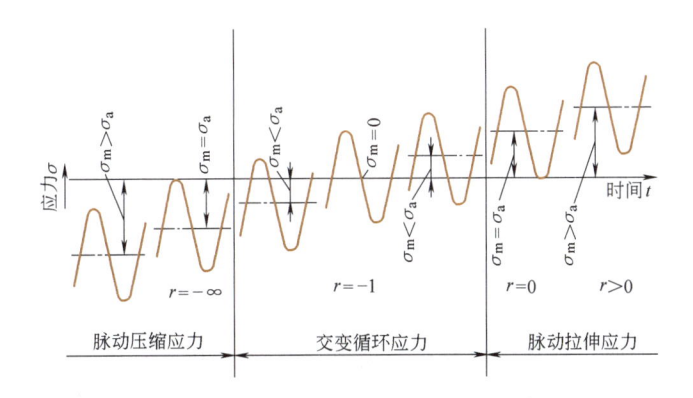

图 6-3 疲劳试验中的载荷范围

6.2.2 基础疲劳试验及疲劳曲线

在金属构件的实际应用中，如果载荷数值或方向变化频繁，即使载荷的数值比静载强度极限 σ_b 小得多，甚至比材料的屈服强度 σ_s 低得多，构件仍然可能发生破坏。

工程上最早的基础疲劳强度试验是 A. Wöhler（1819—1914 年）所做的循环载荷试验。试验时用一光滑（或带缺口）试件或实际构件，使其受周期性重复（通常为正弦型）恒幅载荷（拉伸、压缩、弯曲和扭转）作用，直至出现裂纹或完全断裂。根据试件在裂纹萌生或完全断裂时所经受的应力循环次数 N 与载荷幅或应力幅可作出图 6-4 所示的乌勒（Wöhler 也译作韦勒）疲劳曲线，即 S-N 曲线。其中最重要的有两种，即平均载荷为零时的对称循环疲劳强度曲线和最小载荷为零时的脉动疲劳强度曲线。在低周疲劳时，因为载荷数值大，根据第 5 章介绍的断裂力学知识，此时常常以可承受的位移或应变代替载荷或应力来作出与破坏循环次数的关系曲线，故此时进行的试验常称为位移疲劳试验或应变疲劳试验。实际情况下的疲劳载荷多为幅值变化且常是非周期性的变化过程，对此恒幅周期性循环载荷乌勒试验便显得不够实用了，此时可用随机试验来代替乌勒试验。随机疲劳试验时，仅给定载荷幅变动范围和频率范围，直至裂纹萌生或发生断裂为止。但实际的加载过程并非是严格的随机过程，为了进一步改善试验结果，可采用直方图幅值加载（多级载荷试验、载荷单元程序加载试验）或载荷历程模拟试验。

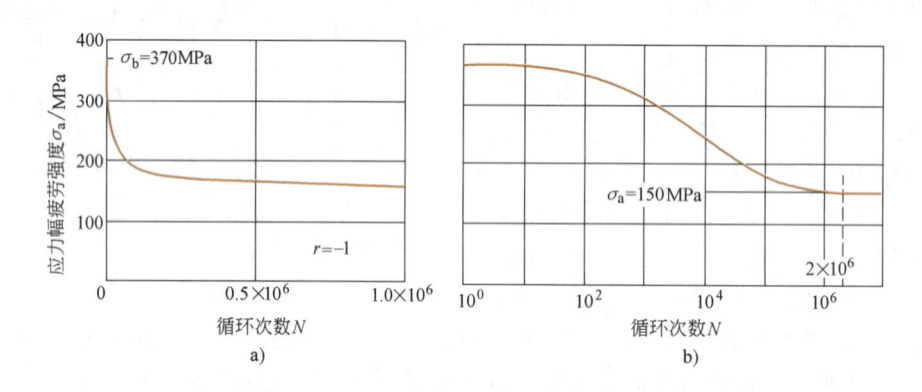

图 6-4 结构钢 St37 的 S-N 曲线
a）循环次数采用线性坐标　b）循环次数采用对数坐标

从乌勒疲劳曲线上可以看出，若金属承受的应力幅越大，则断裂时应力循环次数 N 越少；反之，应力幅越小，则 N 越大。当应力幅低于某值时，应力循环无数次也不会发生疲劳破坏，此时的应力幅称为材料的疲劳极限，即曲线水平部分所对应的应力幅值。如果把图 6-4a 中的横坐标改为载荷循环次数的对数 $\lg N$，则金属破坏应力与循环次数之间的关系曲线 $\sigma = f(N)$ 可用两条直线表示，如图 6-5 所示，水平线代表疲劳极限的数值。

需要特别说明的是，不同材料的疲劳曲线走向有所差异，大致可分为两种类型，如图 6-5 所示。对于具有应变时效现象的金属，如常温下的钢铁材料，疲劳曲线有明显的水平部分，如图 6-5a 所示，此时疲劳极限有明确的物理意义。而对于没有应变实效现象的金属，如铝合金等非铁金属、在高温下或腐蚀介质中工作的钢等，其疲劳曲线上没有水平部分，如

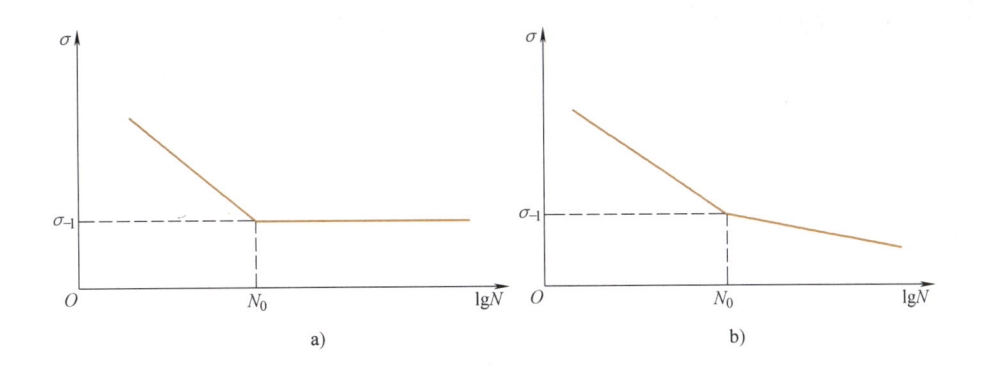

图 6-5 两种类型疲劳曲线
a）钢　b）铝合金

图 6-5b 所示，这时就根据具体情况和使用疲劳寿命人为规定某一 N_0 值所对应的应力作为"条件疲劳极限"或"有限疲劳极限"，N_0 称为循环基数。

6.2.3　疲劳强度的常用表示法——疲劳图

为了表达疲劳强度和循环特性之间的关系，应当绘出疲劳图。从疲劳图中可以得出各种循环特性下的疲劳强度。疲劳图可以有以下几种形式：

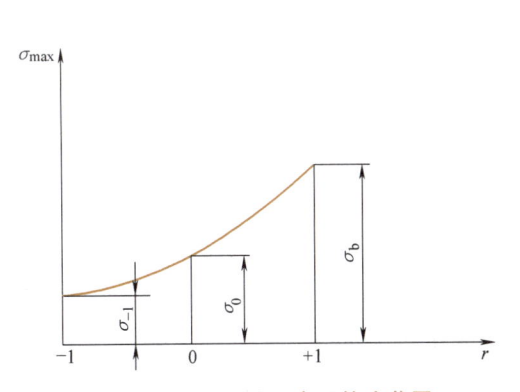

（1）用 $\sigma_{\max}$ 和 r 表示的疲劳图　即 Moore, Kommers 恒寿命疲劳强度图，如图 6-6 所示。它能直接将 $\sigma_{\max}$ 与 r 的关系表示出来。

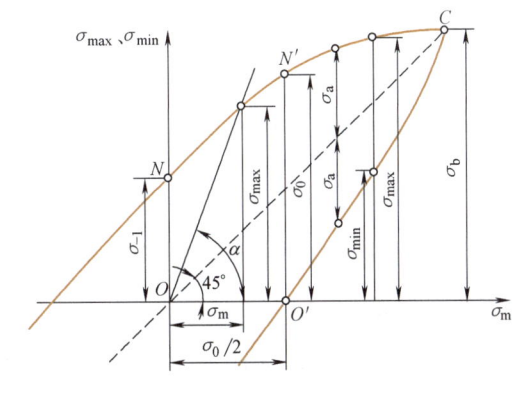

（2）用 $\sigma_{\max}$ 和 σ_{m} 表示的疲劳图　即 Smith 恒寿命疲劳强度图，如图 6-7 所示。图中横坐标表示平均应力 σ_{m}，纵坐标表示应力 $\sigma_{\max}$ 和 $\sigma_{\min}$ 的数值。在与水平线成 45°角的方向上绘一虚线，将振幅的数值 σ_{a} 对称地绘在斜线的两侧。两曲线相交于 C 点，此点表示循环振幅为零，载荷性质为静载荷，其强度为 σ_{b}。线段 ON 表示对称循环时的疲劳强度。在该疲劳图上可以用作图法求出任何一种循环特性系数 r 下的疲劳强度，自 O 点作一与水平线成 α 角的直线，使

$$\tan\alpha = \frac{\sigma_{\max}}{\sigma_{\mathrm{m}}} = \frac{2\sigma_{\max}}{\sigma_{\max}+\sigma_{\min}} = \frac{2}{1+r}$$

图 6-6　用 $\sigma_{\max}$ 和 r 表示的疲劳图

图 6-7　用 $\sigma_{\max}$ 和 σ_{m} 表示的疲劳图

则直线与图形上部曲线的交点的纵坐标就是该循环特性下的疲劳强度 σ_r。

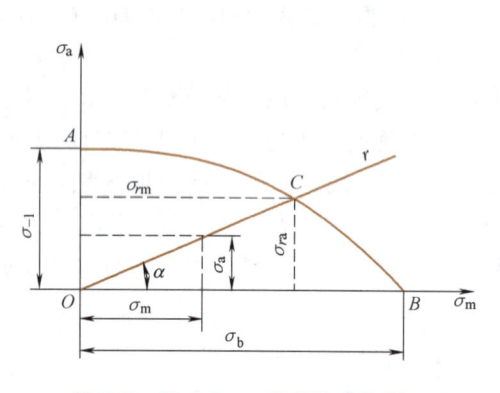

（3）用 σ_a 和 σ_m 表示的疲劳图　即 Haigh 恒寿命疲劳强度图，如图 6-8 所示。图中横坐标为平均应力 σ_m，纵坐标为振幅 σ_a，曲线上各点的疲劳强度 $\sigma_r = \sigma_a + \sigma_m$。曲线与纵轴交点 A 的纵坐标即为对称循环时的疲劳强度 σ_{-1}；曲线与横轴交点 B 的横坐标即为静载强度 σ_b，此时，$\sigma_a = 0$，$r = 1$，从 O 点作 45° 射线与曲线的交点 C 表示脉动循环，其疲劳强度 $\sigma_0 = \sigma_a + \sigma_m = 2\sigma_a = 2\sigma_m$。

若自 O 点作一与水平轴成 α 角的射线与曲线相交，并使

$$\tan\alpha = \frac{\sigma_a}{\sigma_m} = \frac{1-r}{1+r}$$

则交点的 $\sigma_a + \sigma_m = \sigma$ 即为循环特性系数为 r 时对应的疲劳强度。

（4）用 σ_{max} 和 σ_{min} 表示的疲劳图　即 Goodman 恒寿命疲劳强度图，如图 6-9 所示。图中纵坐标表示循环中的最大应力 σ_{max}，而横坐标表示循环中的最小应力 σ_{min}，由原点出发的每条射线代表一种循环特性。例如：由原点向左与横坐标倾斜 45° 的直线表示交变载荷，$r = \frac{\sigma_{min}}{\sigma_{max}} = -1$，它与曲线交于 B 点，BB' 即为 σ_{-1}；向右与横坐标倾斜 45° 的直线表示静载 $r = 1$，它与曲线交于 D 点，DD' 即为静载强度 σ_b，而纵坐标本身又表示脉动载荷 $r = 0$，CC' 即为 σ_0。

图 6-8　用 σ_a 和 σ_m 表示的疲劳图

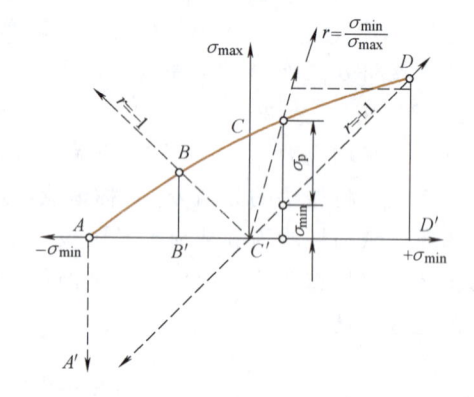

图 6-9　用 σ_{max} 和 σ_{min} 表示的疲劳图

图 6-10 所示为疲劳图的实例。该钢种的静载强度为 588MPa（A 点）。200 万次脉动循环的疲劳强度为 304MPa（B 点）。而其交变载荷 $r = -1$ 的疲劳强度为 196MPa（C 点）。对于 $r = \frac{1}{2}$ 的疲劳强度，根据 ADB 线的交点即可找出，为 411.6MPa（D 点）。同样在该图上也可找出 $N = 100$ 万次的各种循环特性的疲劳强度值。

6.2.4　各类参数对疲劳强度的影响

1. 材料的影响

不同材料的疲劳强度不同，钢材和轻金属的条件疲劳极限（断裂循环次数 $N_0 = 2 \times 10^6$）由无缺口的抛光试件在乌勒疲劳试验中得到，其值与材料的抗拉强度 σ_b 有关。对于钢

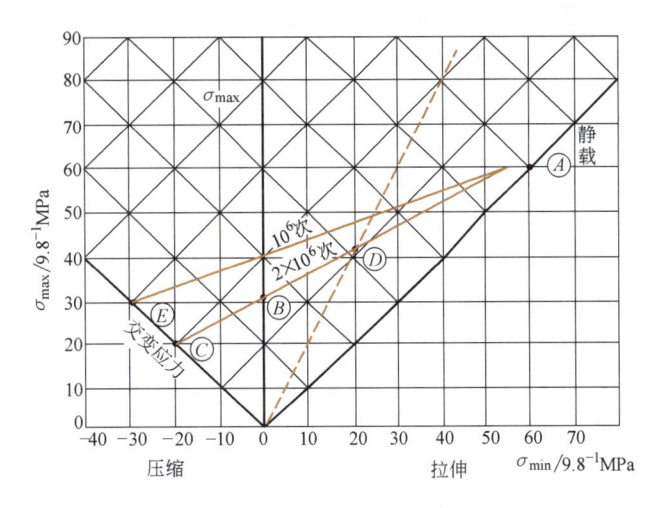

图 6-10 疲劳图的实例

材，有
$$\sigma_{-1} = (0.4 \sim 0.6)\sigma_b$$
$$\sigma_0 = (0.6 \sim 0.8)\sigma_b$$

对于铝合金，有
$$\sigma_{-1} = (0.4 \sim 0.6)\sigma_b$$

钢材的对称交变循环疲劳强度 σ_{-1} 也可以表示为与硬度的一定比例关系，其数值取决于钢材的成分和生产工艺（熔炼、浇注、冷热加工及热处理）。弯曲应力情形下所得数值比拉伸、压缩应力时高。

2. 表面状况的影响

试件的表面状况对疲劳强度有相当大的影响，因为疲劳损伤通常是从表面开始的，表面粗糙度对疲劳强度的影响可用表面系数 k^* 来表示，如图 6-11 所示。表面粗糙度数值的大小决定着疲劳强度降低的程度。轧制表面的疲劳强度低于切削粗加工表面，就是因为相比之下轧制表面具有较大的表面粗糙度值及较严重的脱碳现象。环境的腐蚀作用对疲劳强度也有很

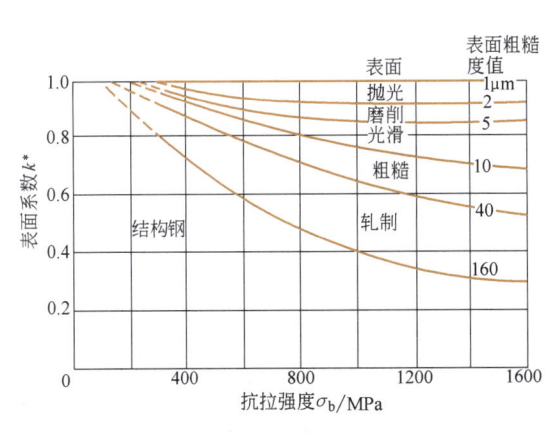

图 6-11 表面状况对疲劳强度的影响

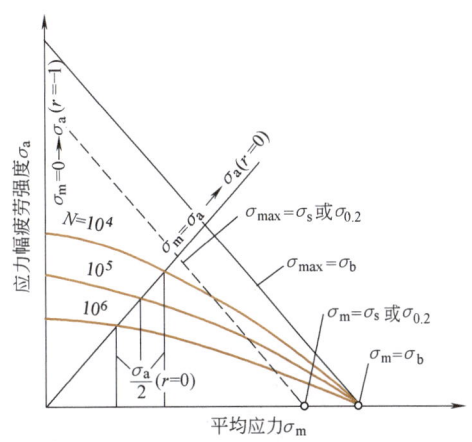

图 6-12 Haight 疲劳强度图

大影响，非合金钢的疲劳强度在潮湿的空气中降低 1/3，在盐水中降低 2/3。此外，表面硬化及表面层中的残余压应力则可使疲劳强度大为提高。

3. 循环次数的影响

对应不同的疲劳破坏循环次数，疲劳强度有很大不同，从各类不同形式的疲劳图中可以清楚地表达出来，如图 6-12 ~ 图 6-15 所示。

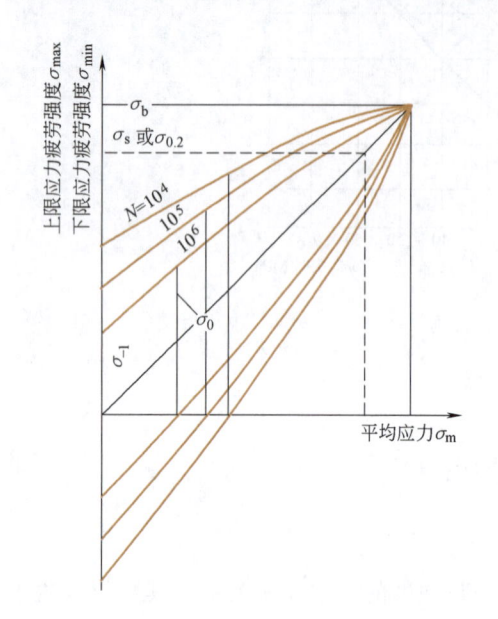

图 6-13　Smith 疲劳强度图

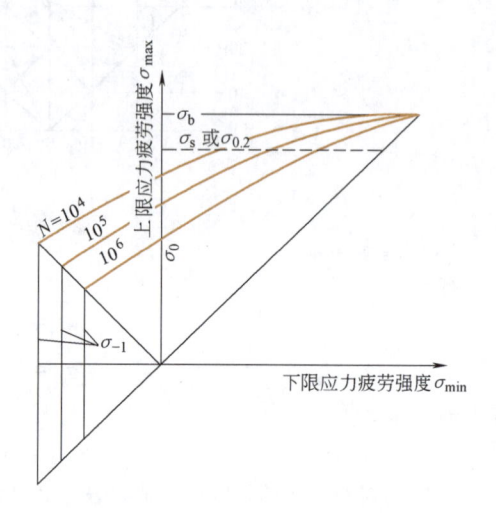

图 6-14　Goodman 疲劳强度图

4. 应力性质的影响

应力特性对疲劳强度的影响也很大，在全部承载应力范围内（疲劳载荷从抗压强度 σ_{bc} 直至抗拉强度 σ_b）的疲劳强度有很大不同，如图 6-16 所示。平均应力对疲劳强度的影响如图 6-17a 所示，对称循环疲劳强度 σ_{-1} 与脉动循环疲劳强度 σ_0 在 S-N 疲劳曲线上的位置有较大差别，如图 6-17b 所示。

复合（多轴）应力状态下的疲劳强度主要由 Von Mises 变形能准则或与之相近的 Tresca 最大切应力准则（这两个准则的详细说明略）来确定。当各外加循环应力分量有相位差时，会有一附加强度下降。

5. 缺口效应的影响

试件或结构的缺口状况对其疲劳强度有显著

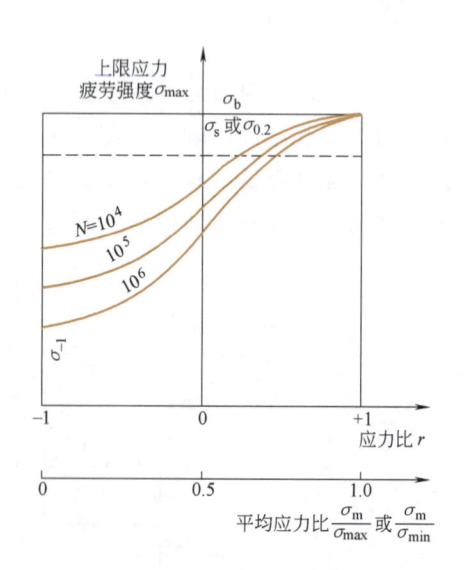

图 6-15　Moore，Kommers 疲劳强度图

的影响，承受疲劳载荷时缺口顶端的应力集中自始至终影响着疲劳强度，在有尖锐缺口和裂纹时，条件疲劳极限范围内会出现一种可限制缺口应力集中效应的弹性约束效应（微观结构约束效应），而有限寿命疲劳强度范围内会因缺口顶端的塑性变形而产生一种附加的约束

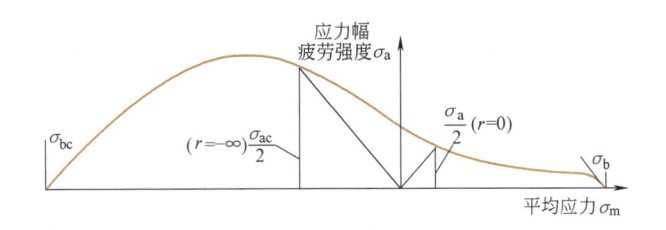

图 6-16 铸铁在全部承载应力范围内的疲劳强度

效应（宏观结构约束效应）。因此，决定疲劳断裂的不单是应力，还有缺口顶端的塑性应变。图 6-18 所示的不同疲劳缺口系数 K_f 情况下的结构钢裂纹萌生 S-N 曲线，可用于实际设计（断裂 S-N 曲线则更陡且向右平移），可以看到 K_f 对疲劳强度的显著影响。

此外，载荷循环频率对疲劳强度也有不同程度的影响。钢疲劳强度受载荷循环频率影响不大，工程技术中常用的频率范围是 0.1~200Hz，低温试验表明，虽然频率的增高试件疲劳强度稍有增加，但温度升高到一定程度后，随着频率的增高试件疲劳强度又会下降。对于铝合金，这种频率影响较为明显。与材料的静载强度类似，其疲劳强度在低温时增加，在高温时降低，高温时要注意蠕变过程。

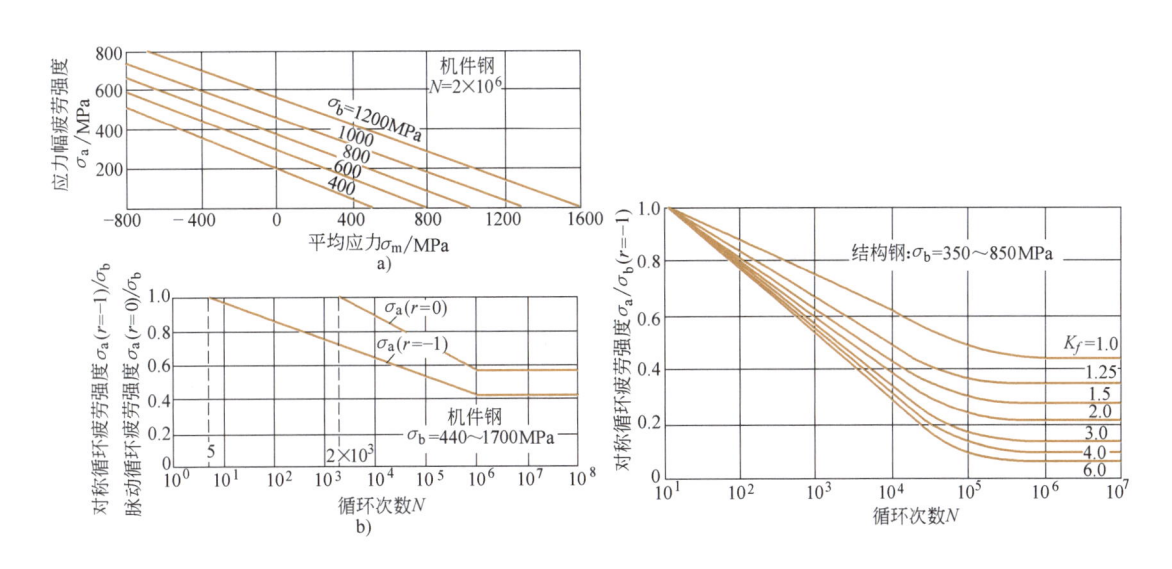

图 6-17 结构钢的疲劳强度（疲劳极限）——按统计分析作出的线性曲线
a）疲劳强度图　b）S-N 曲线

图 6-18 不同缺口效应时结构钢的 S-N 曲线（已做偏于安全的近似）

6.3 疲劳断裂的物理过程和断口特征

工程构件的疲劳损伤包含几个不同的阶段，裂纹在没有明显缺陷的部位形核，然后以稳定的方式扩展，直到发生突然断裂。疲劳损伤的发展可以大致分为下面几个阶段：

1）亚结构和显微结构发生变化，从而永久损伤形核。

2）产生微观裂纹。

3）微观裂纹长大和合并，形成"主导"裂纹。很多学者倾向于将这一段的疲劳视为裂纹萌生与扩展之间的分界线。

4）主导宏观裂纹的稳定扩展。

5）结构失去稳定性或完全断裂。

一般情况下，人们更习惯将疲劳断裂过程简单地划分为三个阶段：裂纹萌生、裂纹稳定扩展及快速失稳断裂。疲劳裂纹"萌生"的定义并不严格，也可以说定义裂纹"萌生"存在一定困难，一方面，科学研究领域中，研究疲劳微观机制的材料科学家可能把沿滑移带和晶界的微米尺度的裂纹形核，以及把疲劳试件表面变粗糙视为疲劳破坏的裂纹萌生阶段；另一方面，从事实际工作的工程师倾向于把（无损）检测裂纹设备的分辨率极限（工程中的初始裂纹长度典型值是零点几毫米至1mm）与疲劳裂纹形核联系起来，在设计中把它当作裂纹的起始尺寸。在这一宽阔的选择范围内，存在着多种裂纹形核定义，它们分别针对疲劳的不同工程应用。裂纹萌生初期包括位错在滑移面内的运动、在晶粒内伴随位错运动出现滑移带和滑移带上材料形成微观分离。滑移带首先出现在缺口、缺陷、夹杂物、空穴和裂纹等引起的局部应力集中区域。在裂纹萌生最后阶段，晶粒内滑移带上材料中出现微观分离，最终形成与晶粒尺寸相当、能够进一步扩展的微观裂纹。裂纹稳定扩展阶段指：在循环载荷作用下，微观裂纹稳定扩展成为大小与构件宏观尺寸（如板厚）相当的临界宏观裂纹的过程，这一过程在总寿命中占主要部分。裂纹尺寸达到临界值后随即出现最终失稳断裂。同样，最后断裂阶段的定义也是不严格的，一般根据结构的形式而定。例如：对于承力构件，可以定义为扣除裂纹面积的净截面已不再能够承受所施应力时为断裂阶段；而对于压力容器则把出现泄漏时定为断裂阶段的开始等。

焊接热循环的特点决定了焊接结构固有的几个不足：焊接缺陷、应力集中、焊接残余应力、弱化的微观组织，由此决定了焊接接头疲劳裂纹萌生阶段一般要比其他制造方式的循环次数少。更为不利的是，焊接接头中的焊接缺陷（焊接裂纹、未熔合、未焊透、夹杂物和气孔等）、应力集中（如角焊缝的焊趾处）、焊接峰值残余应力这几个不利因素往往集中出现在接头的相同部位，使焊接接头中的疲劳裂纹产生阶段往往只占整个疲劳过程中的一个相当短的时间，甚至没有裂纹萌生阶段，疲劳过程主要是裂纹扩展。

对断裂表面进行细致的宏观观察，可以看到从断裂开始点向四周射出类似贝壳纹的疲劳裂纹。图6-19为7系铝合金焊接接头从焊趾裂纹开始的疲劳断口。由图可以清楚地看出疲劳裂纹从焊趾向外辐射，经过扇形区域的稳定扩展，最后造成构件瞬断，利用扫描电镜（SEM）可以进一步观察分析断口上裂纹萌生区、扩展区和瞬断区的典型形貌特征。

根据宏观断口上的疲劳裂纹稳定扩展区与最后失稳断裂区所占面积的相对比例，可以估计所受应力高低和应力集中程度的大小。一般来说，失稳瞬断区的面积越大，位置越靠近断口面中心，则表示工件过载程度越大；反之，其面积越小，位置越靠近断口边缘，则表示过载程度越小。两个区域大小也受材料的断裂韧度 K_{IC} 值控制，同等应力水平下，K_{IC} 值越大，最后失稳断裂区所占面积越小；而 K_{IC} 值越小，最后失稳断裂区所占面积越大。表6-1为各种类型的疲劳断口形态示意图，它表征了载荷类型、应力大小和应力集中等因素对断口形态的影响。

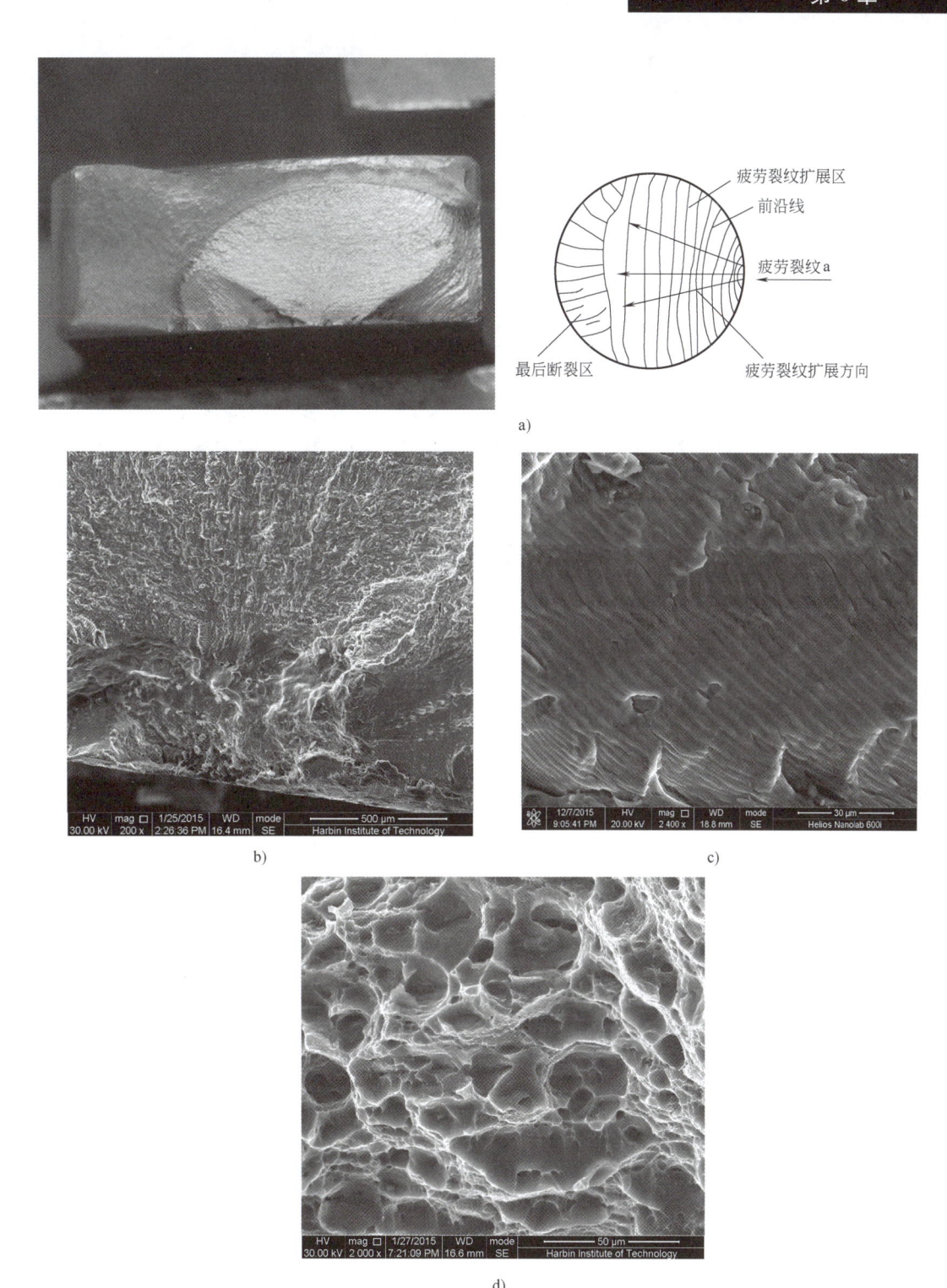

图 6-19　7 系铝合金焊接接头的疲劳断口

a）7 系铝合金焊接接头的疲劳断口宏观照片　b）疲劳裂纹萌生区（SEM）　c）疲劳裂纹扩展区（SEM）
d）最后开裂的瞬断区（SEM）

表 6-1　各种类型的疲劳断口形态示意图

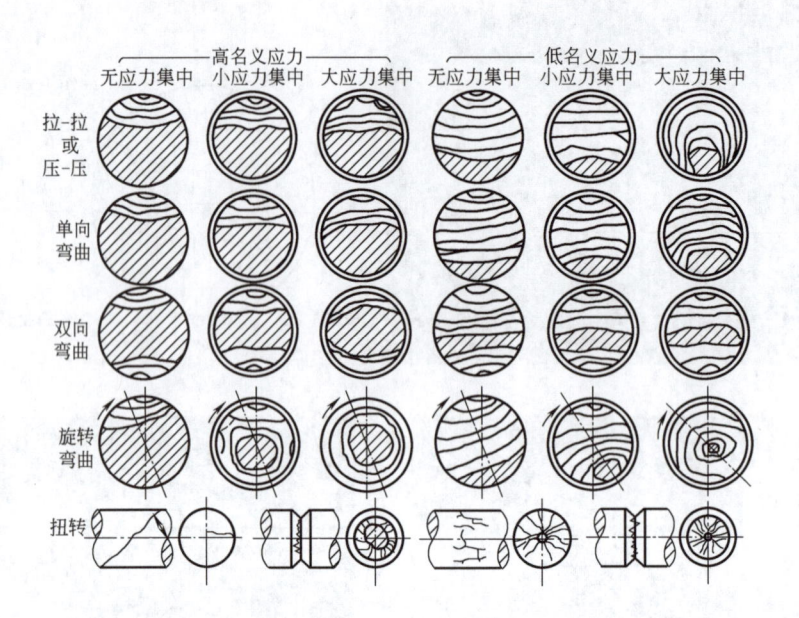

在疲劳裂纹扩展过程中，显微断口分析表明，在均匀的循环应力作用下，只要应力值足够大，一般每一次应力循环将在断裂表面产生一道辉纹，如图 6-20 所示。

疲劳裂纹扩展的机理有不同的解释模型，其中著名的有拉埃特（Laird）和斯密司（Smith）模型，如图 6-21 所示。由图可见，每经过一次加载循环，裂纹尖端即经历一次锐化—钝化—再锐化的过程，裂纹扩展一段距离，断口表面上就产生一道辉纹。这种机械模型可以有效地解释裂纹的扩展情况。这样便可以在某裂纹长度和应力下对裂纹尖端进行应力分析，将断裂力学的有关理论应用到疲劳裂纹的扩展上去。

图 6-20　疲劳裂纹扩展的辉纹

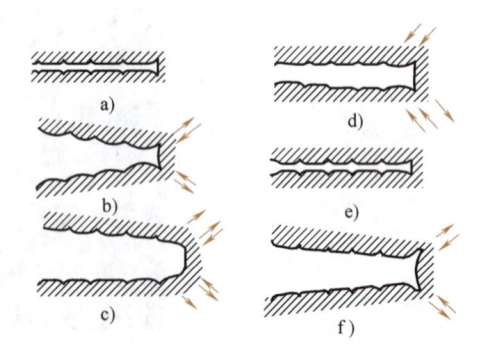

图 6-21　疲劳裂纹的扩展过程
a）无载荷　b）小的拉伸载荷　c）最大扩伸载荷
d）小的压缩载荷　e）最大压缩载荷
f）小的拉伸载荷应力轴沿垂线方向

6.4 焊接接头的疲劳强度计算标准

目前我国最新的涉及钢材疲劳设计的规范是 GB 50017—2003《钢结构设计规范》，它取代了早期的《钢结构设计规范》TJ-17-74（试行）。

新设计规范规定，直接承受动应力荷载重复作用的钢结构构件及其连接，当应力变化的循环次数 N 等于或大于 $5×10^4$ 次时，应进行疲劳计算（早期旧规范规定为 $N \geq 10^5$ 次）。疲劳计算采用允许应力幅法，应力按弹性状态计算，允许应力幅按构件和连接类别以及应力循环次数确定。在应力循环中不出现拉应力的部位可不计算疲劳。

对常幅（所有应力循环内的应力幅保持常量）疲劳，应按下式进行计算

$$\Delta\sigma \leq [\Delta\sigma] \tag{6-1}$$

式中，$\Delta\sigma$ 对焊接部位为应力幅，$\Delta\sigma = \sigma_{max} - \sigma_{min}$，对非焊接部位为折算应力幅，$\Delta\sigma = \sigma_{max} - 0.7\sigma_{min}$；$\sigma_{max}$ 为计算部位每次应力循环中的最大拉应力（取正值）；σ_{min} 为计算部位每次应力循环中的最小拉应力或压应力（拉应力取正值，压应力取负值）；$[\Delta\sigma]$ 为常幅疲劳的允许应力幅（MPa），应按下式计算

$$\Delta\sigma = \left[\frac{C}{N}\right]^{1/\beta} \tag{6-2}$$

式中，N 为应力循环次数；C、β 为参数，根据表 6-3 中的构件和连接类别按表 6-2 采用。

表 6-2 参数 C、β

构件和连接类别	1	2	3	4	5	6	7	8
C	$1940×10^{12}$	$861×10^{12}$	$3.26×10^{12}$	$2.18×10^{12}$	$1.47×10^{12}$	$0.96×10^{12}$	$0.65×10^{12}$	$0.41×10^{12}$
β	4	4	3	3	3	3	3	3

注：式（6-1）也适用于切应力情况。

表 6-3 疲劳计算的构件和连接分类

项次	简图	说明	类别
1		无连接处的主体金属 （1）轧制型钢 （2）钢板 　a. 两边为轧制边或刨边 　b. 两侧为自动、半自动切割边(切割质量标准应符合现行国家标准《钢结构工程施工质量验收规范》GB 50205)	1 1 2
2		横向对接焊缝附近的主体金属 （1）符合现行国家标准《钢结构工程施工质量验收规范》GB 50205 的一级焊缝 （2）经加工、磨平的一级焊缝	3 2

（续）

项次	简 图	说 明	类别
3		不同厚度（或宽度）横向对接焊缝附近的主体金属，焊缝加工成平滑过渡并符合一级焊缝标准	2
4		纵向对接焊缝附近的主体金属，焊缝符合二级焊缝标准	2
5		翼缘连接焊缝附近的主体金属 (1)翼缘板与腹板的连接焊缝 　　a. 自动焊，二级T形对接和角接组合焊缝 　　b. 自动焊，角焊缝，外观质量标准符合二级 　　c. 手工焊，角焊缝，外观质量标准符合二级 (2)双层翼缘板之间的连接焊缝 　　a. 自动焊，角焊缝，外观质量标准符合二级 　　b. 手工焊，角焊缝，外观质量标准符合二级	2 3 4 3 4
6		横向加劲肋端部附近的主体金属 (1)肋端不断弧(采用回焊) (2)肋端断弧	4 5
7		梯形节点板用对接焊缝焊接于梁翼缘、腹板以及桁架构件处的主体金属，过渡处在焊后铲平、磨光、圆滑过渡，不得有焊接起弧、灭弧缺陷	5
8		矩形节点板焊接于构件翼缘或腹板处的主体金属，$l>150mm$	7

（续）

项次	简　图	说　明	类别
9		翼缘板中断处的主体金属（板端有正面焊缝）	7
10		向正面角焊缝过渡处的主体金属	6
11		两侧面角焊缝连接端部的主体金属	8
12		三面围焊的角焊缝端部主体金属	7
13		三面围焊或两侧面角焊缝连接的节点板主体金属（节点板计算宽度按应力扩散角 θ 等于 30° 考虑）	7
14		K 形坡口 T 形对接与角接组合焊缝处的主体金属，两板轴线偏离小于 $0.15t$，焊缝为二级，焊趾角 $\alpha \leqslant 45°$	5
15		十字接头角焊缝处的主体金属，两板轴线偏离小于 $0.15t$	7
16	角焊缝	按有效截面确定的切应力幅计算	8
17		铆钉连接处的主体金属	3

项次	简图	说明	类别
18		连接螺栓和虚孔处的主体金属	3
19		高强度螺栓摩擦型连接处的主体金属	2

注：1. 所有对接焊缝及 T 形对接和角接组合焊缝均需焊透。所有焊缝的外形尺寸均应符合标准《钢结构焊缝 外形尺寸》JB 7949（已废止）的规定。
2. 角焊缝应符合 GB 50017—2003《钢结构设计规范》第 8.2.7 条和 8.2.8 条的要求。
3. 项次 16 中的切应力幅 $\Delta\tau = \tau_{max} - \tau_{min}$，其中 τ_{min} 的正负值为：与 τ_{max} 同方向时，取正值；与 τ_{max} 反方向时，取负值。
4. 项次 17、18 中的应力应以净截面面积计算，19 中应以毛截面面积计算。

对变幅（应力循环内的应力幅随机变化）疲劳，若能预测结构在使用寿命期间各种荷载的频率分布、应力幅水平以及频次分布总和所构成的设计应力谱，则可将其折算为等效常幅疲劳，按下式进行计算

$$\Delta\sigma_e \leq [\Delta\sigma] \tag{6-3}$$

式中，$\Delta\sigma_e$ 为变幅疲劳的等效应力幅，按下式确定

$$\Delta\sigma_e = \left[\frac{\sum N_i (\Delta\sigma_i^\beta)}{\sum N_i}\right]^{1/\beta} \tag{6-4}$$

式中，$\sum N_i$ 为以应力循环次数表示的结构预期使用寿命；N_i 为预期寿命内应力幅水平达到 $\Delta\sigma_i$ 的应力循环次数。

6.5 影响焊接结构疲劳强度的因素

6.2.4 节讨论了影响金属结构疲劳强度的一些因素，如材料性质、表面状况、应力性质、缺口效应等，焊接接头和结构的疲劳性能同样也受这些因素的影响，同时与其他形式制造的金属结构相比，焊接结构固有的一些制造特点，如应力集中和缺陷有时较为严重、焊接残余应力高、材料经过焊接热循环作用后性能有所改变等，可能使其疲劳性能进一步恶化，本节针对焊接结构的这些制造特点讨论其对疲劳强度的影响。

6.5.1 应力集中

如第 4 章所介绍，焊接结构中可能存在多种不同类型的焊接接头，由于几何形状各异，每种接头承受载荷时应力场是不均匀的，其受力不均匀程度常用应力集中系数 K_T 表示，应力集中部位在疲劳载荷作用下受力总是高于其他位置，易成为疲劳损伤的优先点。需要注意的是，应力集中程度不仅受接头几何形状影响，同时还与受力性质（大小、方向等）密切相关。

除了接头或结构的几何因素，焊接缺陷同样也可导致严重的应力集中，这将在后文中专

门讨论。

1. 对接接头

一般情况下，对接接头的应力集中系数 K_T 比其他几种类型接头小，应力集中部位主要为焊趾，其次为焊根。开坡口焊接接头，若坡口未完全填充，其应力集中情况可能变得很严重，应力集中系数 K_T 很大，见表 6-4。

表 6-4 坡口未焊满时接头的应力集中情况

坡口形式		K_T
y 形（根部）	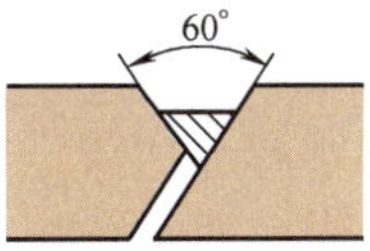	4
双 V 形（根部）	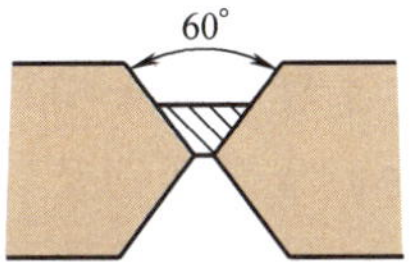	3.5
Y 形（根部）	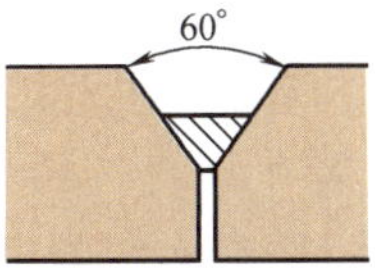	4~5
单边 V 形（根部）	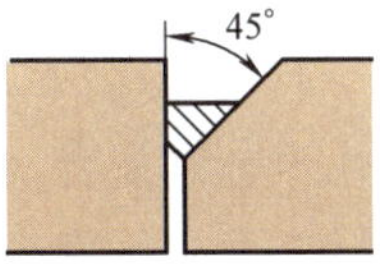	6~8
V 形（根部）	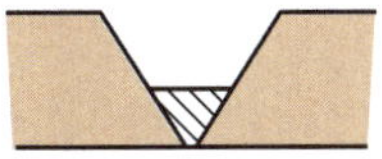	1.5
y，双 V，Y，V，U（焊趾）	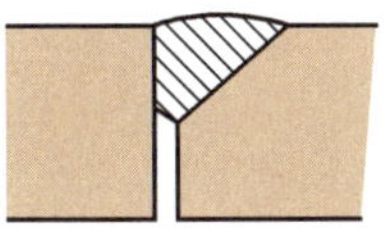	1.5

尽管一般情况下对接接头应力集中程度比其他形式接头要小，但也需要控制其焊缝余高尺寸及防止出现尖锐的焊趾过渡角，否则将失去其应力集中小的优势。

图 6-22 对接接头的焊趾过渡角 θ 以及过渡圆弧半径 R 对疲劳强度的影响。

焊缝余高的存在引起接头产生应力集中，进一步使其疲劳性能下降，如果能够去除余高，则通过降低应力集中使接头疲劳性能提高。图 6-23 为带有焊缝余高的对接接头的疲劳图，曲线 1 及曲线 2 分别为低合金锰钢和低碳钢两种材料对接接头疲劳强度 σ_r 随应力比 r 的变化规律，由于存在余高（应力集中），两种接头疲劳性能的差距较小，尤其在 $r=-1$ 的对称交变载荷作用下，两者的疲劳强度基本相同，高强度的锰钢接头并未体现出优势。图 6-24 为上述两种对接接头经过机械加工去除焊缝余高后的疲劳强度，以及两种母材的疲劳强度对比疲劳图，虚线为母材，实线为去除余高的接头。对比分析图 6-23 及图 6-24 可以看出，去除余高后两种对接接头的疲劳强度明显提高，更接近各自对应的母材性能，同时强度级别更高的低合金锰钢的强度优势也得到充分体现。但由于这种加工方式难度大、成本高，实际工程中很少采用这种完全去除焊缝余高的处理方式。

2. 十字接头与丁字接头（T形接头）

许多领域的工程结构中十字接头和丁字接头的应用比对接接头更广泛，如船舶制造领域。作为工作焊缝承载时，这种接头的应力集中程度通常要比对接接头高许多，其疲劳性能也相应较低。

对于十字接头，未开坡口带有工作焊缝的十字接头的应力集中系数较高，图 6-25 为低合金锰钢及低碳钢两种钢材十字接头的疲劳图，标号为 1 的曲线有实线和虚线各一，分别代表低合金锰钢十字接头疲劳断裂位置在母材（焊趾附近）和焊缝（与母材板厚相比，焊缝尺寸较大时接头断裂在母材，否则断裂在焊缝）处；标号为 2 的曲线同样有实线与虚线各一，分别代表低碳钢十字接头疲劳断裂位置在母材（焊趾附近）和焊缝处。作为根部未焊透的十字接头，其焊趾和焊根处的应力集中较高，通常应力集中系数 $K_T>3$。分析图 6-25 可以发现一个规律：在应力集中较高时，图中两种材料接头的实线和虚线几乎分别重合，这表明高强度级别的合金钢十字接头对于低强度的低碳钢十字接头在疲劳性能方面几乎没有优势，高强度钢对应力集中更敏感。

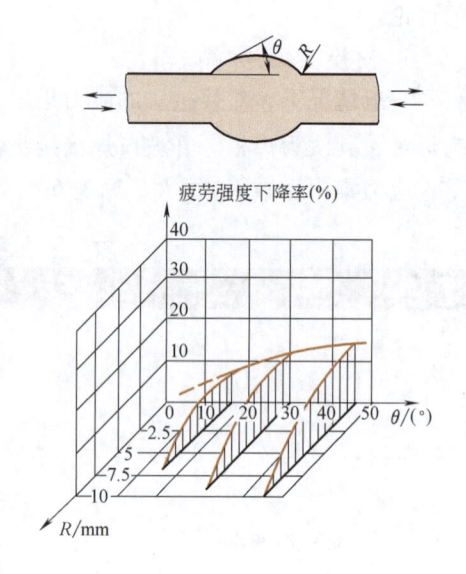

图 6-22 对接接头的焊趾过渡角 θ 以及过渡圆弧半径 R 对疲劳强度的影响

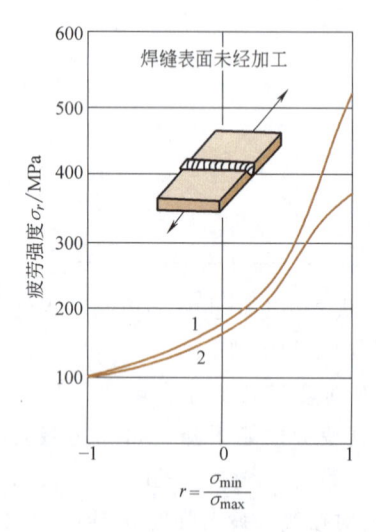

图 6-23 未经加工的低碳钢及低合金锰钢对接接头的疲劳强度
1—低合金锰钢 2—低碳钢

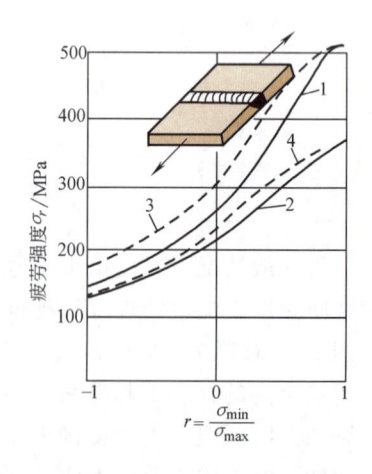

图 6-24 低碳钢及低合金锰钢对接接头在机械加工后的疲劳强度
1—低合金锰钢 2—低碳钢
3—低合金锰钢未焊母材 4—低碳钢未焊母材

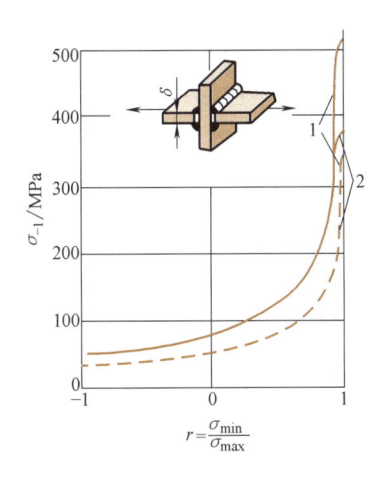

图 6-25　未开坡口的十字接头
1—低合金锰钢　2—低碳钢

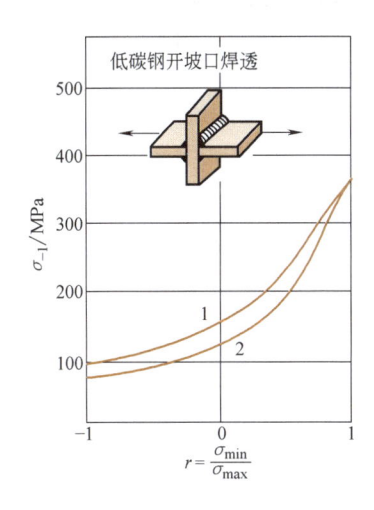

图 6-26　开坡口的十字接头
1—焊缝经过机加工　2—焊缝未经过机加工

以提高疲劳强度为目标改善传递工作应力的十字接头和丁字接头应力集中状况的有效措施有两种：开坡口将根部熔透保证无间隙，以及对焊趾处进行加工实现焊缝与母材（热影响区）之间的圆滑过渡。这两种措施可以使接头焊根部位的应力集中系数 $K_T<1$、焊趾部位的 K_T 趋近于 1。图 6-26 即为开坡口（根部焊透，不存在间隙）时焊缝经过加工圆滑处理及未经过加工低碳钢十字接头的疲劳强度对比图，可以看出改善应力集中状况后接头疲劳强度有显著的提高。

对于丁字接头（T形接头），第 4 章提到，不对称的丁字接头在一定承载条件下有一个转向焊缝侧的偏心力矩，在一定条件下可缓解焊趾附近过渡区的应力，因而它比对称的十字接头应力集中系数更低、疲劳性能更好。图 6-27 为带有联系焊缝（基本不承受工作应力或承受较小比例工作应力的焊缝）的低碳钢丁字接头和十字接头的疲劳强度。图 6-27 中丁字接头、焊趾过渡区经过圆滑加工处理的十字接头的疲劳曲线接近于图中带状阴影区的上限，而十字接头与过渡区未经加工处理的丁字接头的疲劳强度曲线均位于图中阴影区的下部分。

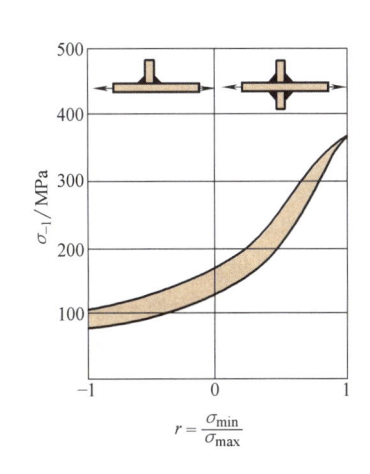

图 6-27　焊缝不承受工作应力的丁字接头和十字接头的疲劳强度

3. 搭接接头

搭接接头的应力集中程度也明显高于对接接头，如不进行改进处理，其疲劳性能处于较低水平。第 4 章对搭接接头受力不均匀性进行过详细论述，搭接角焊缝分为正面角焊缝和侧面角焊缝，侧面角焊缝的应力集中程度又明显高于正面角焊缝，可以通过图 6-28 的实例分析对称搭接接头的疲劳性能。

图 6-28 所示为一组以角焊缝为主连接的低碳钢搭接接头的疲劳试验结果，试验分为 6 种情况：①仅以侧面角焊缝连接的对称搭接接头（见图 6-28a），其应力集中最严重、疲劳

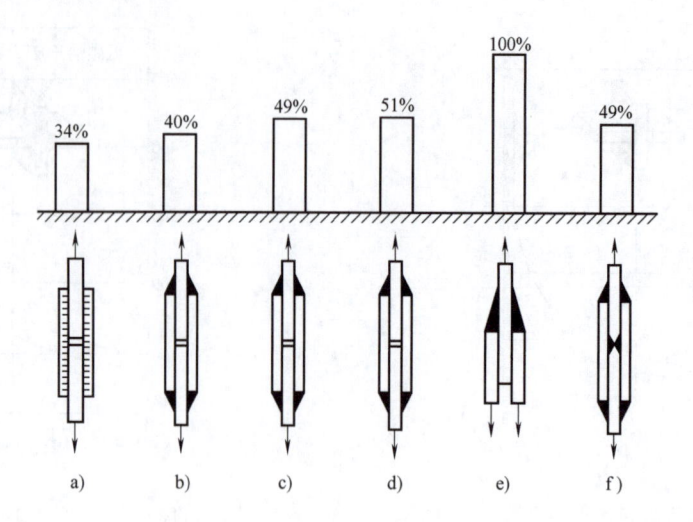

图 6-28 低碳钢搭接接头的疲劳强度对比

强度最低,只达到母材金属的 34%;②仅采用正面角焊缝连接的对称搭接接头(见图 6-28b),两个焊脚尺寸比例为 1:1,其焊趾处应力集中依然比较严重,疲劳强度比前一种情况略有提高,但也仅为母材的 40%;③将前一种情况的正面角焊缝焊脚尺寸比例由 1:1 改进为 1:2(见图 6-28c),即使焊趾处的过渡角由 $\theta=45°$ 减小为 $\theta=26°\sim27°$,应力集中稍有降低,疲劳强度进一步提高为母材的 49%;④其他条件不变,仅将前一种情况焊趾处进行表面机械加工使之圆滑过渡(见图 6-28d),应力集中情况稍有改善,但仅能将疲劳强度由前一种情况占母材比例的 49% 提高至 51%;⑤对称搭接接头依然采用正面角焊缝连接,将接头两侧盖板厚度增加,将角焊缝焊脚尺寸比例改进为 1:3.8,采用机械加工实现焊趾圆滑过渡(见图 6-28e),接头的疲劳强度才达到母材基本金属的水平,但是这样经济性很差的复杂处理过程在实际工程中是很少采用的;⑥首先采用对接接头连接内部平板,为实现"加固"的目标进一步采用所谓"加强盖板"将已经焊好的对接平板两侧覆盖,最后用正面角焊缝再次完成盖板的焊接(见图 6-28f),此时接头疲劳强度只有母材金属的 49%,与情况③基本相同,相当于内部的对接焊缝完全未发挥承载作用,或者说不焊"加强盖板"、只保留内部的对接接头部分反而能充分发挥对接接头应力集中小、疲劳性能高的优势。

4. 材料强度级别对应力集中的敏感性

不同强度级别钢材对应力集中的敏感性不同。低强度结构钢和中强度结构钢焊接接头脉动载荷($r=0$)疲劳强度与缺口效应(应力集中)的关系如图 6-29 所示,同时结合前面的图 6-23、图 6-24、图 6-25 进行综合分析可以发现,与低强度钢相比,中高强度钢在作为光滑试件时的疲劳强度确有一定优势,而存在应力集中并作为缺口试件时,高强度材料的疲劳强度优势将随缺口效应的严重程度而呈现减弱的规律。因此,只有在缺口效应较弱时才适合使用中高强度钢。这种情况对于焊接接头十分明显,即具有较严重应力集中的焊接接头如十字接头,无论它是由低强度钢或高强度钢制成,其对称循环疲劳强度或脉动循环疲劳强度均不高,高强度钢会失去其静载强度方面的优势。

为了便于说明理解焊接接头与母材疲劳强度的差别,可引入疲劳强度系数 γ 这个参量,疲劳强度系数可定义为

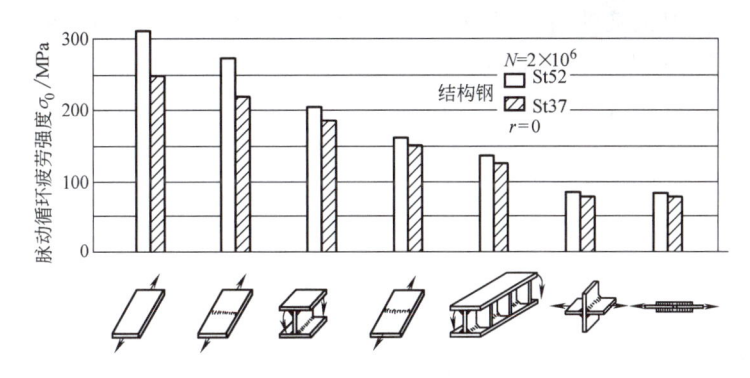

图 6-29 低强度结构钢和中强度结构钢焊接接头
脉动载荷疲劳强度与缺口效应的关系

$$\gamma = \frac{\sigma_{rw}}{\sigma_r} \quad (\text{对于 } \sigma_\perp \text{ 或 } \sigma_\parallel) \tag{6-5}$$

$$\gamma = \frac{\tau_{rw}}{\tau_r} \quad (\text{对于 } \tau_\parallel) \tag{6-6}$$

式中，σ_r 和 τ_r 分别为母材（无焊缝轧制板材）的正应力疲劳强度及切应力疲劳强度；σ_{rw} 和 τ_{rw} 分别为焊接接头中母材（一般为焊缝以外热影响区）的正应力疲劳强度及切应力疲劳强度。

材料承受复合载荷时，σ_r 和 τ_r 间的关系可由 Von Mises 变形能准则给出

$$\sigma_r = \sqrt{3}\,\tau_r \tag{6-7}$$

不同的接头形式应力集中情况即缺口效应不同，疲劳强度系数 γ 也不同，表 6-5 归纳了不同焊缝种类对应的接头疲劳强度系数。

表 6-5 低强度结构钢焊接接头疲劳强度系数 γ

（拉伸脉动疲劳强度 $\sigma_0 = 240\text{MPa}$，破坏概率 $P_f \approx 0.1$）

焊缝种类	母材受载情况		
	$\sigma_\perp$	$\tau_\parallel$	$\sigma_\parallel$
承载焊缝			
对接焊缝	0.5~0.9	0.6~0.9	0.7~0.9
单边 V 形与 K 形焊缝	0.4~0.7	0.5~0.7⑤	0.6~0.8
角焊缝	0.3~0.5①	0.4~0.6	0.5~0.7
	—	—	0.3~0.5③
	—	—	0.2~0.4②
角接焊缝	0.3~0.5④	0.4~0.6④⑤	0.5~0.7
非承载焊缝			
对接焊缝节点板	0.2~0.3	—	—
角焊缝横向、纵向肋板接头及加强盖板	0.4~0.8	0.4~0.7⑤	0.3~0.6
堆焊焊缝及引弧	0.6~0.9	0.6~0.9	0.6~0.9

① 承受拉伸载荷的十字接头和带横向角焊缝的搭接接头。
② 搭接接头中的纵向角焊缝。
③ 工字梁双面断续角焊缝。
④ 所列数值还可能更小（取决于接头的支承条件）。
⑤ 基于缺口应力分析的估值。

上述的讨论适合高周疲劳情况（破坏循环次数 $N \geq 2 \times 10^6$），然而，在中周和低周疲劳强度范围内高强度钢的优点就会显示出来，它的 S-N 曲线会随其抗拉强度的增大而相应升高，如图 6-30 所示。所以说，只有当静平均应力较高（如大跨度桥梁）和循环次数适当时（如高压容器、飞机旋翼、深海潜艇），焊接构件才宜使用高强度钢。对于载荷峰值很高的载荷谱作用下的构件，高强度钢也特别适用，但必须设法减轻这类构件上的缺口效应（应力集中），此外还应考虑到焊接残余应力会因高强度钢屈服强度高而相应增大，这会使疲劳强度降低，或相变导致应力分布、符号和数值的改变。

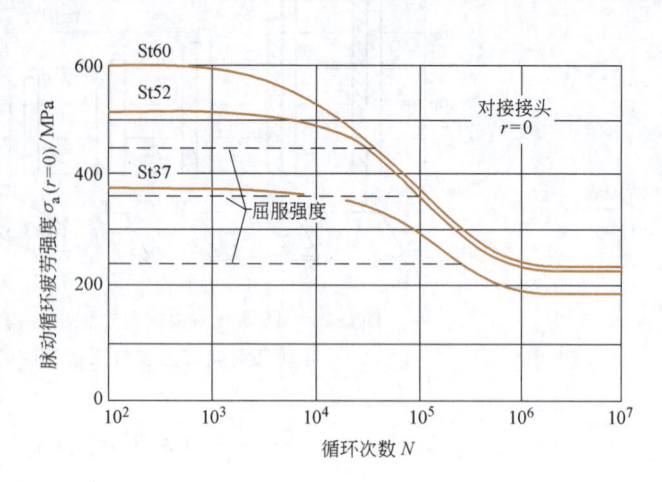

图 6-30 低、中、高强度结构钢对接接头的低周和中周脉动疲劳强度（$r=0$）

6.5.2 残余应力

焊接残余应力是制造内应力的一种形式。内应力是作用在结构内部并以一定形式平衡于结构内部的宏观应力，如焊接残余应力。在疲劳裂纹扩展过程中随着裂纹尺寸的逐渐增长，承载截面减小，原有的内应力场会随之重新自适应协调和重分布，这使受力分析工作更为复杂。在此进行简化处理，即假定内应力场在疲劳裂纹扩展中的特定阶段不发生变化，这样可以将其视为一个施加在构件上恒定的平均应力展开讨论。图 6-31 为用 σ_a 和 σ_m 表示的恒寿命为 N_0 的疲劳图，曲线 ACB 上任意一点的坐标（σ_a, σ_m）表示疲劳载荷为该应力幅和平均应力时构件的疲劳寿命为 N_0，或者说代表疲劳寿命不低于 N_0 时构件所能承受的应力幅及平均应力的一对载荷组合的上限值。当实际构件承受的疲劳载荷的平均应力为上限值 σ_m，若此实际疲劳载荷的幅值大于与平均应力上限值 σ_m 对应的上限幅值 σ_a，则表明其疲劳寿命 $N<N_0$；反之，若此实际疲劳载荷的幅值小于与平均应力上限值 σ_m 对应的上限幅值 σ_a，则表明其疲劳寿命 $N>N_0$。从另一个角度分析，当实际构件承受的疲劳载荷的幅值为 ACB 曲线的某一点 σ_a（上限幅值），若此实际疲劳载荷的平均值大于与上限幅值 σ_a 对应的上限平均应力值 σ_m，则表明其疲劳寿命 $N<N_0$；反之，若此实际疲劳载荷的平均值小于与上限幅值 σ_a 对应的上限平均应力值 σ_m，则表明其疲劳寿命 $N>N_0$。实际构件中存在焊接残余应力时，它将作为平均应力叠加在外力上形成总疲劳载荷发挥作用（在此忽略残余应力场随裂纹尺寸增加而出现的变化，以及总载荷最大值小于屈服强度 σ_s），残余拉应力将使总疲劳载荷的平均应力 σ_m 增加，残余压应力将使总疲劳载荷的平均应力 σ_m 下降。如图 6-32 所示，如果构件中存在着内应力（焊接残余应力）σ_0，则它将始终作用于应力循环中，使整个应力循环的应力值偏移一个 σ_0 值，而应力幅值保持不变。再回到图 6-31 进行分析，假设外载荷的平均应力为 σ_m，与此平均应力对应的上限应力幅值为 σ_a，若构件中内应力（焊接残余应力）σ_0 为正值时，它将与外部载荷应力相叠加使总疲劳载荷应力平均值提高 σ_0，总载荷的平均应力将增加到 σ_{m1}（$\sigma_{m1}=\sigma_m+\sigma_0$）>$\sigma_m$，为保持寿命恒定依然为 N_0，则允许的上限应力

幅值降低到 σ_{a1}，疲劳强度将降低。或者说在应力幅不变、平均应力增加（残余应力为拉应力）的情况下构件的疲劳寿命降低。若内应力为负值（存在残余压应力），它将使总载荷的平均应力降低 σ_0，平均应力将降低到 σ_{m2}（$\sigma_{m2} = \sigma_m - a_0$），保证恒寿命的允许上限应力幅值将增加到 σ_{a2}，构件的疲劳强度将有所提高，或者说在应力幅不变、平均应力降低（残余应力为压应力）的情况下构件的疲劳寿命增加。

上述分析的前提是假定内外应力叠加后的最大值小于材料屈服强度 σ_s，即应力循环是在弹性范围内进行的。实际上，当总载荷的最大应力 σ_{max} 到达 σ_s 时，也即 σ_m 与 σ_a 之和达到

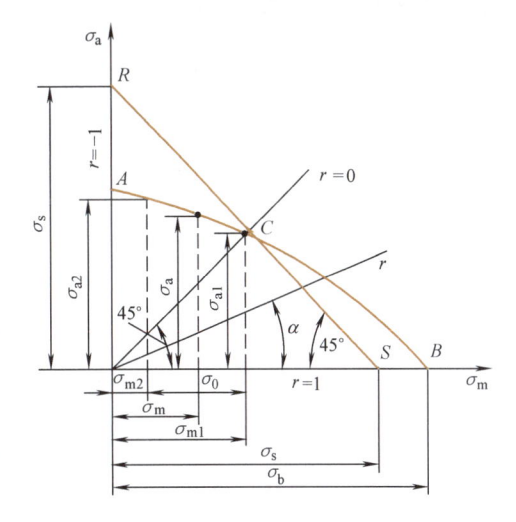

图 6-31 疲劳强度与 σ_a、σ_m 关系

σ_s 时，内应力将因材料达到屈服而部分消除或全部消除（相当于第 3 章"机械拉伸法"消除焊接残余应力的作用原理）。在图 6-31 中直线 SCR 与水平轴成 45°角，是 $\sigma_m + \sigma_a = \sigma_s$ 的轨迹，在此线上所有点的 σ_m 与 σ_a 之和均达到 σ_s，在 SCR 线右侧区域所有点满足 $\sigma_m + \sigma_a > \sigma_s$，此时内应力对疲劳强度的影响降低或将没有影响。

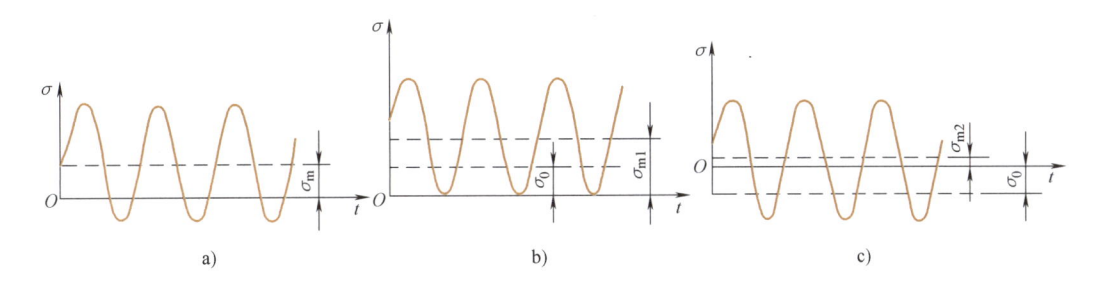

图 6-32 焊接应力对应力循环的影响

尽管存在过载导致残余应力松弛的可能性，但一般来说，多数情况下焊接残余应力对结构的疲劳承载能力有不同程度的负面作用，焊接应力过高引起疲劳失效方面的工程案例很多，相关领域的研究工作一直是热点，对焊接结构的疲劳行为存在各种不同的学术观点甚至争议。例如，有人采用焊态正常存在焊接残余应力的试样与经过热处理消除内应力后的试样进行疲劳性能对比试验，以考察残余应力的影响，但是这样的试验方案明显存在不足，由于热处理的作用不仅是消除内应力，同时也改变了焊接件原有的微观组织状态（可能包括焊缝、熔合区、热影响区和母材）及其力学性能，因此试验结果应该同时反映了残余应力及接头微观组织力学性能的变化，单纯用其解释残余应力的影响必然存在局限性。

下面通过一个试验研究结果来说明焊接残余应力对疲劳强度的影响。

试验如图 6-33 所示，制作两组用于对比疲劳性能的焊接件，两组试验件都采用薄板堆焊制作，且所有试板正反两个表面各有一条与试件长度方向平行的纵向长焊缝及一条垂直板长方向的横向短焊缝。第一组试样（A 组）先焊板材一个表面的纵向长焊缝，后焊另一表面

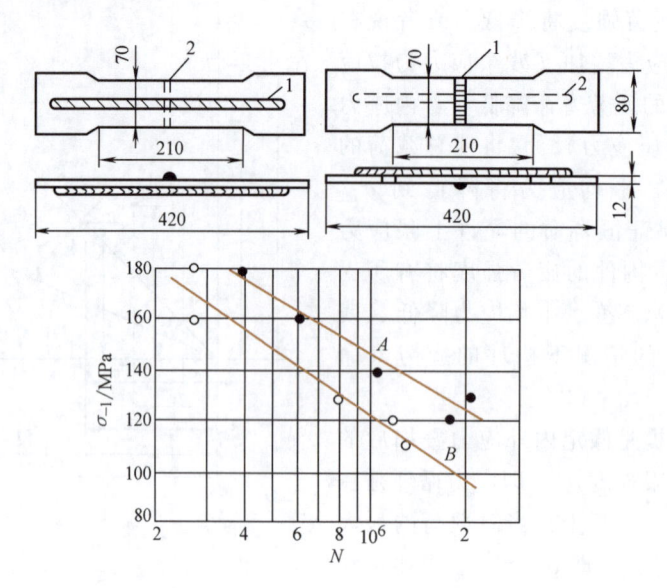

图 6-33 利用不同焊接次序调整试样焊接应力的疲劳强度对比试验结果

的横向短焊缝；另一组试样（B 组）是先焊薄板一面的横向短焊缝，后焊另一表面的纵向长焊缝。因此，两组焊接试验件的差别主要是纵向长焊缝及横向短焊缝的焊接次序不同。由于是薄板，可以将其视为只存在二维内应力状态，由于在该焊接条件下后焊焊缝形成的应力场起主导作用，因此在拉应力峰值和应力集中最高的焊缝交叉处，第一组（A 组）试样沿板长方向的焊接残余拉应力低于第二组（B 组）。对 A、B 两组焊接件进行外加对称交变载荷疲劳试验，使焊接应力与外部施加的试验应力叠加之和即总应力的最大值低于材料的屈服强度，保证不发生材料屈服，因此焊接残余应力不会因为过载而松弛，两组焊接试样疲劳试验结果如图 6-33 下方疲劳图所示，可以看出第一组（A 组）试件的恒寿命疲劳强度高于第二组（B 组）。这个试验证实了上述焊接残余应力对构件疲劳性能影响的论述。

6.5.3　焊接接头区域金属性能变化

焊接热过程导致接头出现了几个微观组织与母材基本金属不同的区域：以铸态组织为主的焊缝区、熔化与非熔化组织混合态的熔合区、临近焊缝母材微观组织因高温热循环发生改变但基本未经历熔化过程的热影响区，通过第 4 章内容的介绍可知，不同的微观组织一般具有不同的力学性能。焊接接头微观组织的变化与其疲劳性能的关联性是本节讨论的重点。

由于疲劳问题的复杂性和测试数据的离散性较高，目前关于疲劳微观断裂机制研究成果主要是针对组织和性能均匀性良好的材料，同时很难针对多因素施加影响的情况进行普适性的定量描述。影响焊接结构疲劳性能的因素包括各类宏观缺陷、残余应力、应力集中等，这些因素与接头微观组织受焊接热循环的影响发生变化相比，重要性（影响级别）往往更高。目前针对焊接接头疲劳性能的研究主要是基于试验，获得包含全部影响因素或部分影响因素的疲劳数据，进一步进行唯象定量描述，用以满足工程疲劳设计需求，但从学术研究的角度看，依然存在很大不足。

焊接接头中焊缝是铸造组织，晶粒的方向性很明显，同时其内部易产生缺陷。如果存在严重缺陷，如裂纹、未熔合、近表面的气孔和夹杂物，则疲劳开裂易在焊缝出现。在不存在严重缺陷时，焊接接头的余高弥补了微观组织方面的不足，因为余高的存在使其承载面积增加（实际工程中大部分焊接接头的余高并不会加工去除），所以即使焊缝组织并不理想，但它一般不会成为接头疲劳承载的薄弱部位。去除焊接余高的接头虽然消除了应力集中，但此时焊缝组织方面的不足之处可能导致其成为接头的薄弱部位。

接头热影响区在焊接时温度梯度很大，不同的微区经受了不同的热循环并导致微观组织和常规静力学性能出现较大差异，但从大量疲劳试验研究结果得出的规律却是：低碳钢及低合金钢焊接接头热影响区和母材金属的疲劳性能基本相同。如图 6-34 所示，标准疲劳试验件从焊接件上切割取出后可以消除焊接残余应力的影响，在实际生产中常采用的焊接热输入范围内制成的

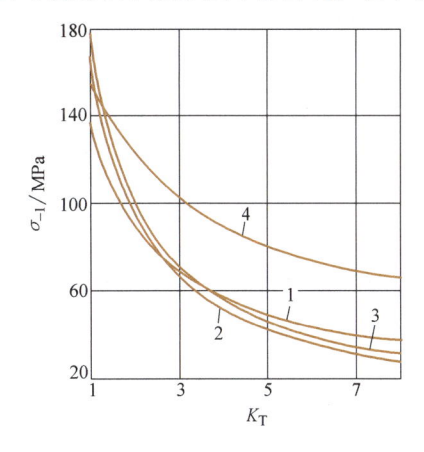

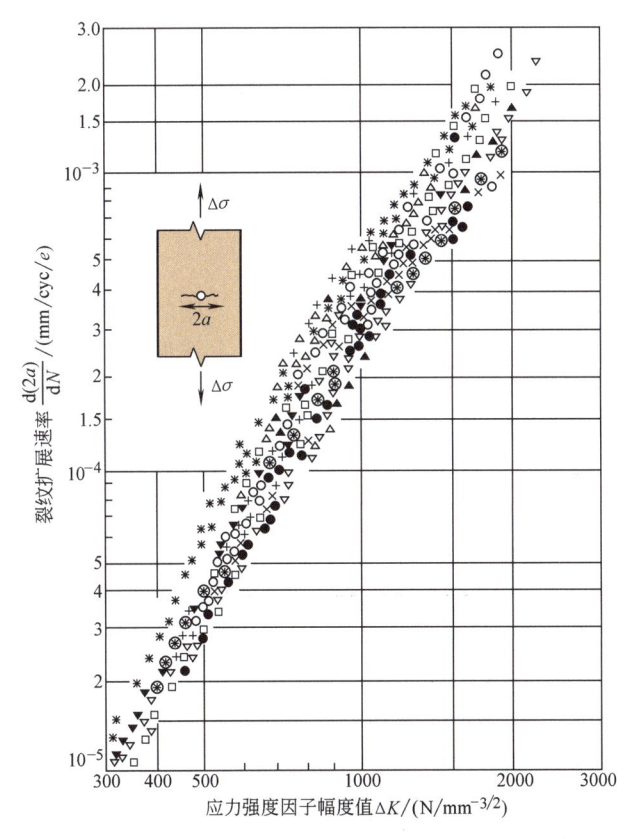

图 6-34　疲劳强度 σ_{-1} 与应力集中的关系
1—基本金属　2~4—不同冷却速度下热影响区情况
（2—1000℃/s　3—28℃/s　4—6.8℃/s）

图 6-35　几种焊缝金属及经过模拟焊接热处理的钢材的裂纹扩展速率规律
注：BS968 为英国 20 世纪 60 年代研制出的一种轧制低碳高强度钢

焊接接头，在焊接热影响区开裂时的疲劳性能与母材金属很接近（图 6-34 曲线 4 采用的超大热输入焊接的情况基本不具备应用价值，此时接头疲劳性能大幅度提升的机理有待进一步研究）。对低合金钢接头热影响区进行的疲劳试验结果得出的结论与低碳钢类似，即焊接热影响区与基体母材金属的性能差别很小。

对多种低碳钢和高强度钢等匹配焊接接头的焊缝及热影响区进行裂纹扩展速率试验，发现在平面应变状态下不同材料的疲劳裂纹扩展速率曲线集中在一个较窄的带状区域，说明多种钢铁材料接头的焊缝及热影响区的疲劳性能差别较小，如图 6-35 所示。

制造高强度钢结构时，为了避免氢致裂纹，接头设计时常采用低组配的母材与焊缝组合，此时焊缝金属的力学性能原则上与母材金属有较大的差别。根据前面第 4 章的内容可知，低组配接头静力学性能（拉伸性能）在焊缝相对宽度很小时存在拘束强化效应，使带有低强度焊缝的接头表现出与高强度母材相当的抗拉强度。这种产生拘束强化效应的低组配接头在疲劳承载时表现出类似的规律。如图 6-36所示，进行了低组配和高组配焊接接头的两组试验，第一组为低组配接头，是用电阻焊方法将两个直径为 ϕ20mm 的 40Cr 高强度钢圆棒以 20 钢为"中间层低强度焊缝"金属连接制成，第二组为作为对比研究的高组配接头，是用高强度的 40Cr 钢作为"中间层高强度焊缝"连接两个低碳钢圆棒制备。两组接头中间层金属取多种厚度，其范围为 2~30mm。图 6-36 试验结果表明，低组配焊接接头的疲劳强度与中间"硬夹层"的相对尺寸 h/d（h 为夹层的厚度；d 为试件直径）密切相关，此时

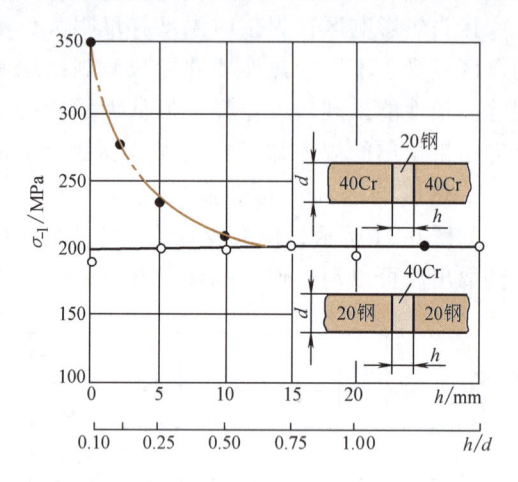

图 6-36 接头疲劳极限与夹层尺寸的关系
○—"硬夹层"情况　●—"软夹层"情况

焊接接头的疲劳强度随比值 h/d 的减小而提高。对于高组配即"软夹硬"的焊接接头，其疲劳强度等于两侧低强度的母材金属 20 钢的疲劳强度。<u>需要说明的是</u>，上述低组配接头的拘束强化效应仅适合于"夹层"金属中没有严重应力集中的情况，否则接头的疲劳性能不升反降，强化效应消失。

6.5.4　焊接缺陷

在此只讨论宏观焊接缺陷对接头疲劳性能的影响。缺陷的种类、尺寸、取向和位置不同，对疲劳性能的影响也不同，位于构件表面或近表面焊接残余拉应力峰值区域的大尺寸面缺陷（裂纹、未熔合、未焊透、片状夹杂物等）在 Ⅰ 型张开载荷的作用下将使疲劳性能大幅度下降，这是最严重的缺陷状态，此时接头基本可以跨过萌生阶段直接进入亚临界扩展阶段；严重的咬边缺陷一般情况下也对疲劳性能有较大的不利影响，主要是大幅度缩短裂纹萌生周期；大尺寸或密集型气孔若位于表面或近表面，通常也会缩短裂纹萌生周期。宏观缺陷影响疲劳性能的原因一方面是产生应力集中，另一方面可能会减小承载截面。图 6-37 及图 6-38 为几种典型缺陷在不同位置载荷下的影响，A 组的影响大，B 组的影响小。

一般高强度材料对缺陷（缺口）的敏感性要高于低强度材料。图 6-39 为不同尺寸的未

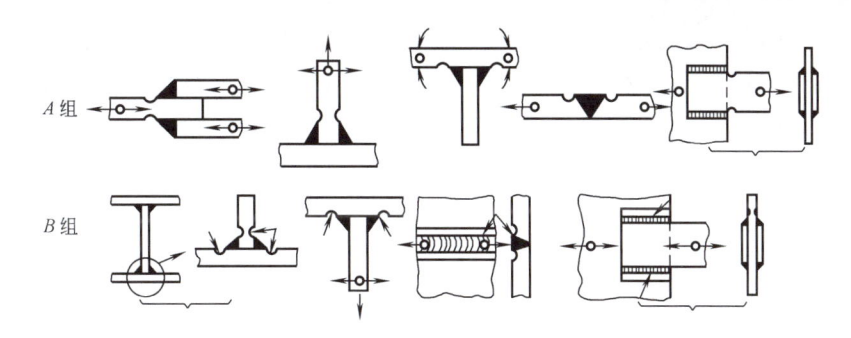

图 6-37 咬边在不同的载荷作用下对疲劳强度的影响

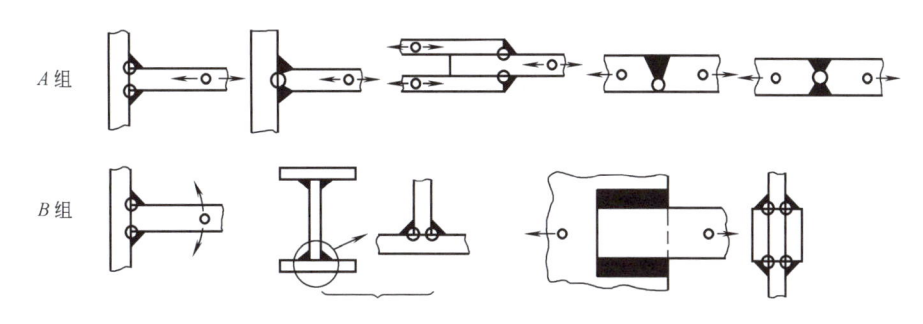

图 6-38 未焊透在不同的载荷作用下对疲劳强度的影响

焊透缺陷对五种金属接头疲劳强度的影响。从图中可以看出，当缺陷尺度很小时，钢材焊接接头疲劳性能与铝合金相比优势明显，所有接头随着未焊透尺寸的增加，其疲劳强度均呈现下降趋势，钢材接头在缺陷尺寸增加的初始阶段比铝合金接头的疲劳强度下降速率更大。

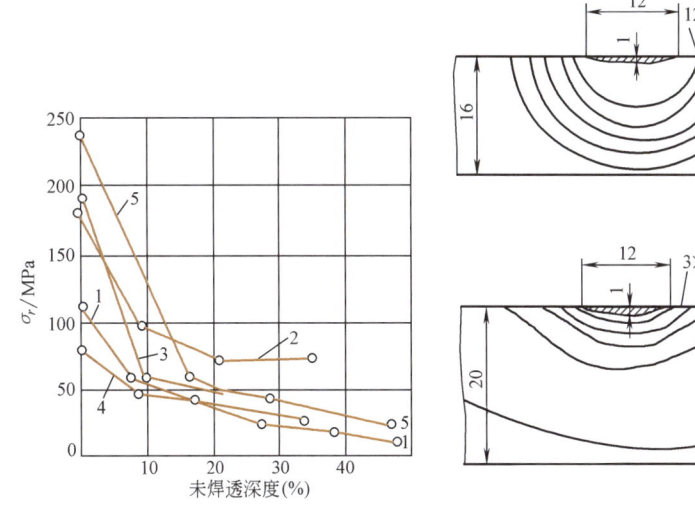

图 6-39 未焊透深度百分比对疲劳强度的影响

1—5A06 自动氩弧焊　2—30CrMnSiA 埋弧焊
3—12Cr18Ni9Ti 自动氩弧焊　4—2A12 自动氩弧焊　5—低碳钢埋弧焊

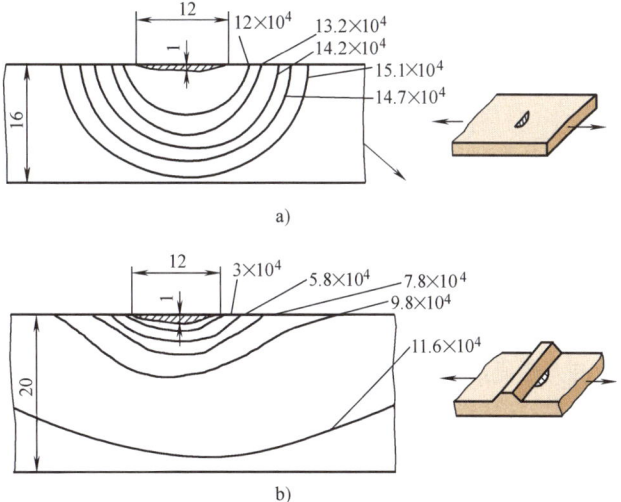

图 6-40 平板表面裂纹与几何突变处的表面裂纹的扩展
a) 平板表面裂纹　b) 几何突变处的表面裂纹

若结构本身存在承载截面的几何突变（应力集中），则此处已经存在的裂纹在相同的外部疲劳载荷作用下其扩展速率更高。如图 6-40 所示，几何突变处的表面裂纹沿板厚方向（深度）的扩展速率明显高于无应力集中的平板表面裂纹，同时裂纹沿长度方向的扩展也呈现相同的规律。因此在结构几何突变的应力集中区，裂纹的疲劳失效更容易。

6.6 焊接结构疲劳设计及提高疲劳强度的措施

6.6.1 焊接结构疲劳强度设计原则

焊接结构及其构件的设计应做到既能满足所需的疲劳强度、使用寿命和安全性，又能使所需费用尽可能降低。所谓"疲劳强度设计"，是指按照规定的目标（如费用指标），对强度、寿命和安全性进行优化，并使组成结构的各构件都具有相同的疲劳强度、疲劳寿命和安全性的一种设计方法，其他问题，诸如是否易于制造、试验和维修等，设计时也应充分考虑。

形状设计，包括整体结构及其构件的形状设计（整体结构设计），以及焊接接头的位置与形状设计（局部结构设计），是疲劳强度设计所关心的首要问题。

对于实际工程结构，除稳定性之外，其强度方面最危险的极限状态便是疲劳断裂和脆性断裂。虽然脆性断裂一般认为是静载强度的一种极限状态，但作为断裂的最后阶段，只要能够显示出一定的脆性，那么它也是试件和结构疲劳破坏的重要组成部分。综观实际中的脆性断裂情况可以看出：很大一部分脆性断裂是由结构中的疲劳裂纹引起的。

疲劳断裂和脆性断裂始于形状不连续、缺口和裂纹等部位，即始于局部弹性应力极大值——"应力峰值"（结构应力、缺口应力和应力强度因子）所在之处。对于整个结构的强度问题，应力峰值所在处的一小部分材料可能起着决定性作用。若能采用一定的设计措施使结构应力峰值降低或消除，则疲劳断裂和脆性断裂便可推迟或避免。即便在使用韧性材料且应力峰值只有因材料产生屈服而下降时，有关设计改进措施仍然有效。因为金属材料的韧性是有限的，当应力峰值所在处的韧性逐步耗竭时，脆性断裂的危险便随之增大。采用适当的设计措施以避免局部结构应力峰值和缺口应力峰值，是提高结构强度和寿命的最有效方法。实际中，通常在不确切知道具体的受载情况时设法去掉结构中各基础载荷引起的应力峰值，这样便足以保证该结构不致破坏。因此不应忽视设计改善措施的重要作用。

结构应力峰值出现在整体结构中的不连续处（如焊缝、转角、加劲肋板及开口等），缺口应力峰值出现在局部结构中的不连续处，即横截面发生变化的部分、焊趾、焊缝根部、焊缝端部、焊波、间隙、裂缝、点焊熔核边缘、焊接缺陷和裂纹等处。整体结构由设计图样中的尺寸确定，局部结构则仅需确定焊缝的形式、位置及厚度。局部结构应力分析所需的数据资料须由焊缝测量或其他行之有效的方式得出。

总结工程实例，焊接结构疲劳强度设计的一般原则是：

1) 承受拉伸、弯曲和扭转的构件应采用长而圆滑的过渡结构，以减少刚度的突然变化。

2) 优先选用对接焊缝、单边 V 形焊缝和 K 形焊缝，尽可能不用角焊缝。

3) 采用角焊缝时最好用双面焊缝，避免使用单面焊缝。

4）采用带有搭接板（盖板）的搭接接头和弯搭接接头，尽可能不用偏心搭接。

5）使焊缝（特别是焊趾、焊缝根部和焊缝端部）位于低应力区（如弯曲时的中性带、承受小弯矩的区域、孔边缘上使缺口应力为零的地方、过渡段和转角以外的部位），使缺口效应分散而避免其叠加。

6）在焊趾缺口、焊缝根部缺口和焊缝端部缺口之前或之后（处于力流之中）设置一些缓冲缺口以消除或降低上述缺口部位的应力。

7）承受横向弯曲的构件应缩短支承间距以减小弯矩。

8）横向力应作用于剪切中心之上以减小扭矩。

9）承受拉伸与弯曲的构件如需加强，则加强（件）长度应小，以减少加强件对于构件变形的拘束。

10）承受扭转的构件，为避免横截面翘曲受阻可采用切除翼缘端部、翼缘端部斜接等形式以及采用横截面不产生翘曲的型材。

11）使焊缝能包围较大面积或局部增加构件壁厚以减轻外力作用于薄壁构件上时引起的局部弯曲。

12）在薄板范围内合理布置焊缝以减轻弯曲变形。

13）避免能扰乱力流的开口（或切口），但与力流垂直的加劲肋板角部应切除（加劲肋板切角）。

14）在特别危险的部位以螺栓接头或铆接接头、锻造连接件或铸造连接件代替焊接接头（尤其当这样做更便于装配时）。

15）消除能引起腐蚀的根部间隙。

为检查设计质量，可通过测试或计算确定结构应力峰值。测试原型（去掉漆层，用应变计）上或光弹模型上的结构应力峰值，是设计承受疲劳载荷的焊接结构时采用的一种基本方法。如破坏发生在焊趾而不在焊缝根部，则焊趾区测得的应变即可作为评价焊缝的一个可靠指标。近年来，计算方法特别是基于有限元法的计算方法用得越来越多，大有代替测试方法之势。

6.6.2 提高疲劳强度的工艺措施

如前文所述，多数情况下焊接结构的应力集中、残余应力和焊接缺陷对其疲劳性能造成不利影响，这些因素会不同程度缩短接头疲劳裂纹的萌生周期，甚至使裂纹的萌生期"消失"。疲劳损伤起始阶段的局部特性使人们认识到，提高静载条件下强度的最重要措施，即相应增大承载横截面的方法，在疲劳受载条件下却不一定起作用，甚至起负作用，这是因为在已经"补强"的边缘周围会产生附加的缺口效应。此外，对于已经制造完成但不满足使用要求的结构，可考虑降低使其产生疲劳破坏的工作载荷，但这也仅仅是临时性的应急措施。为提高焊接结构的疲劳强度，采用适当的工艺措施十分重要，实践证明下列工艺措施是行之有效的。

（1）降低结构应力集中及减少接头缺陷

1）从设计制造方面控制结构或接头的应力集中。采用合理的结构形式或者将结构局部进行优化改进，在可能的情况下用低应力集中系数接头代替高应力集中系数接头形式，或者尽量避免结构承载截面突变位置处于焊接拉应力峰值区。图 6-41 为各构件设计改进前后对比，图 6-42、图 6-43 是把角焊缝改为对接焊缝、将结构几何突变点避开焊接残余拉应力峰值区域（或者避开焊缝）的实例。图 6-44 是几个将焊缝（高拉应力区）设计在结构几何突变位置的错误设计实例。

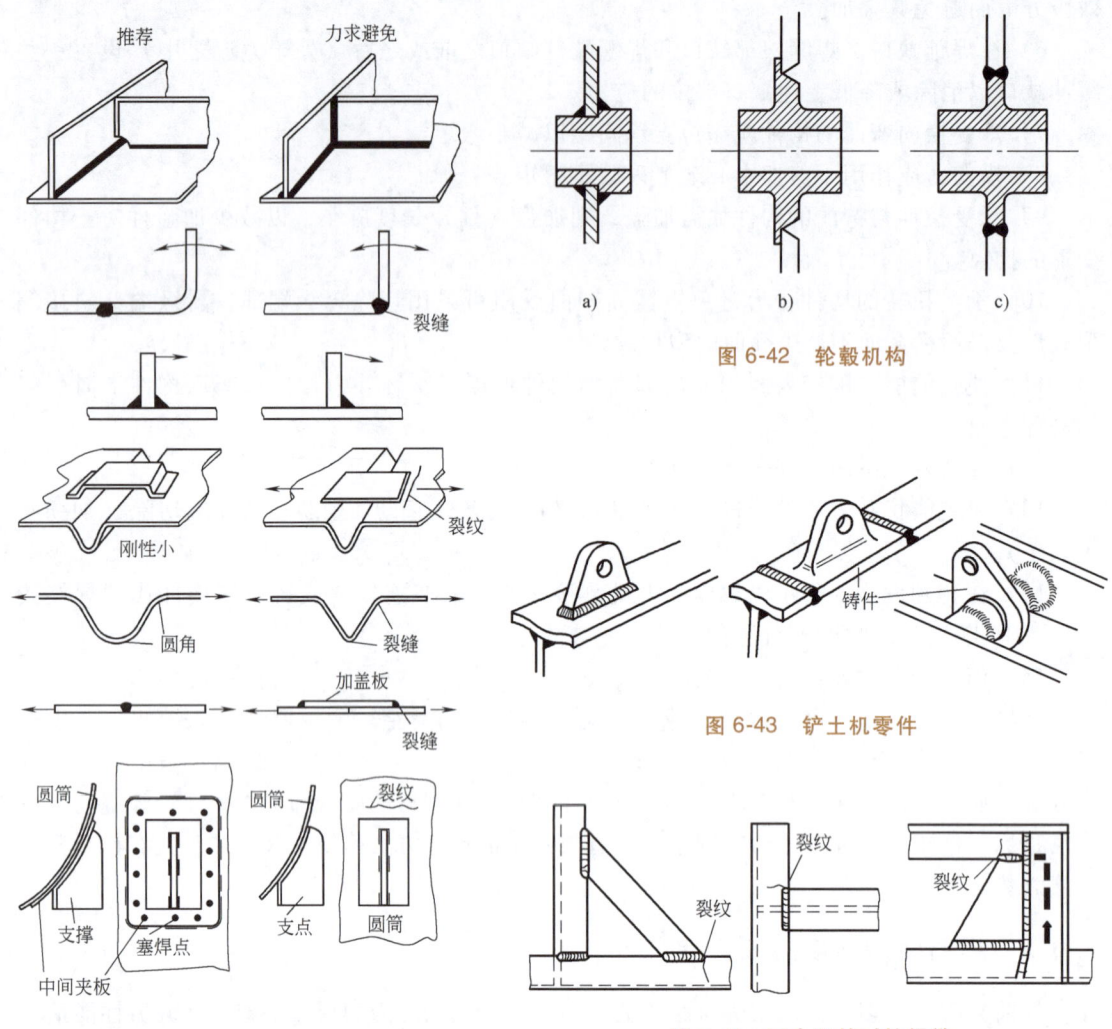

图 6-42 轮毂机构

图 6-43 铲土机零件

图 6-41 几种设计方案正误比较

图 6-44 不合理的对接焊缝

2）**从焊后加工处理方面进一步降低应力集中**。例如，将焊趾过渡区进行加工打磨处理，以提高曲率半径并改善表面粗糙度；有些材料可以采用电弧 TIG 或等离子束整形的方法对焊缝与热影响区金属之间的过渡区重熔一次，以改善焊趾处过渡角度。采用上述方法对提高几种钢不同接头形式疲劳强度的效果如图 6-45 所示。有时可以采用焊后在焊趾附近开缓和槽的方法降低应力集中，如图 6-46 所示。

3）**从控制缺陷方面降低应力集中**。针对特定的材料采用的焊接方法或焊接工艺不合理，会使接头产生严重缺陷。前文介绍过，某些严重缺陷（如面缺陷）可使疲劳裂纹萌生寿命大幅度缩短，需要尽量避免的焊接缺陷主要是焊接裂纹、未熔合、未焊透、片状夹杂物、咬边、近表面的密集型或大尺寸气孔等。

（2）**调整残余应力场** 消除接头应力集中处的残余拉应力或使该处产生残余压应力可

以提高接头的疲劳强度。这种方法可以分为两类：一类是结构或元件整体处理，另一类是对接头部位局部处理。第一类包括整体退火或超载预拉伸法，第二类一般是在接头某部位采用加热、辗压、局部爆炸等方法使接头应力集中处产生残余压应力。

1) 结构或接头热处理消除残余应力。一般情况下焊接残余拉应力会降低结构疲劳强度，完全或部分消除拉应力对提高疲劳性能有利。如本书第3章所述，消除焊接残余应力的方法很多，但不一定都对改善疲劳性能有效。科学研究和工程实践表明，采用退火消除焊接残余应力可能会同时消除材料原有的热处理强化性能，而在某些情况下反而使疲劳强度有所降低。一般情况下，在高周应力疲劳和应力集中较高时，热处理消除残余拉应力往往能明显提高疲劳性能。

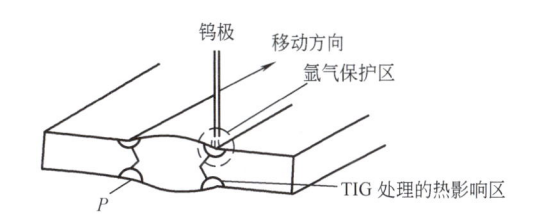

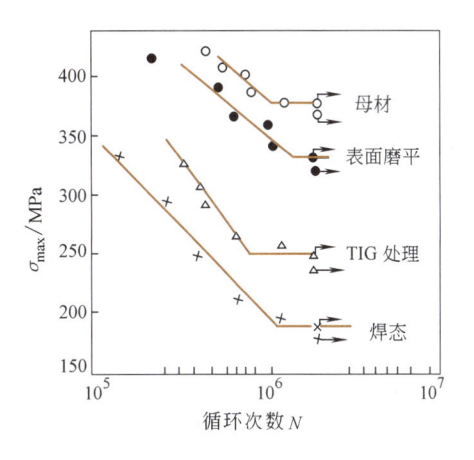

图 6-45　采用钨极氩弧整形提高接头疲劳强度

2) 局部加热处理获得有利的残余应力

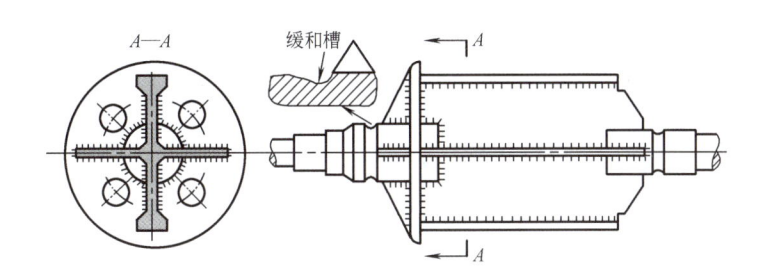

图 6-46　带有缓和槽的焊接电动机转子

场重分布状态。采用局部加热的目的不是消除残余应力，而是调整残余应力场的分布状态，使焊接残余拉应力区或易出现缺陷的焊缝部位避开结构承载截面几何突变位置（结构应力集中处）。图 6-47 为采用局部加热处理调整残余应力场的例子。低碳钢构件下部分的连接板不论是梯形还是矩形，在上部连接处（图 6-47 的点 B、C、D）均存在截面几何突变引起的应力集中，此时具有高拉应力的焊缝端部位置与结构几何突变点重合，对疲劳承载极为不利。为此在已焊完的结构应力集中附近选择合适的区域实施局部快速加热处理（图 6-47 的圆圈处），其高温区限制在一个小区域（类似定点堆焊），这样圆形加热区冷却后会产生较高的残余拉应力，而附近区域产生与之平衡的压应力区域。若能使残余压应力的峰值恰好位于原有结构的应力集中位置（图 6-47 的点 B、C、D），就能在此用新的压应力抵消原有焊缝端部的高拉应力，这样就使结构结合突变点（应力集中处）与最终结构高值残余拉应力位置避开，其疲劳强度得到大幅度提高。

3) **对应力集中处实施局部超载（过载）拉伸获得压应力。**一些具有严重缺口的钢铁材料焊接接头的疲劳强度几乎不受残余拉应力的影响（在有无焊接残余拉应力的试件之间，其持久应力幅仅有微小差别），而存在残余压应力时疲劳强度却有很大提高。**焊接结构服役前预先超载法的原理是**，通过一定力学手段对接头应力集中等薄弱部位实施超过服役载荷的过载拉伸，使之产生合适的拉伸塑性变形，这样卸载后该位置可产生残余压应力，对疲劳失效过程的产生起抑制作用。研究表明，全部或部分处于压缩区内的应力幅几乎不引起损伤并可能闭合一部分现有裂纹，故在缺口区内局部产生尽可能高的残余压应力可使其强度有较大提高。但需要注意，施以能产生过高压应力的集中载荷也可能会引起局部损伤而产生副作用。因此，采用这种方法必须避免控制参数不当的情况。此外，多次实施过载拉伸的情况也应予避免，因为这样可能会产生低周疲劳损伤。对于静载

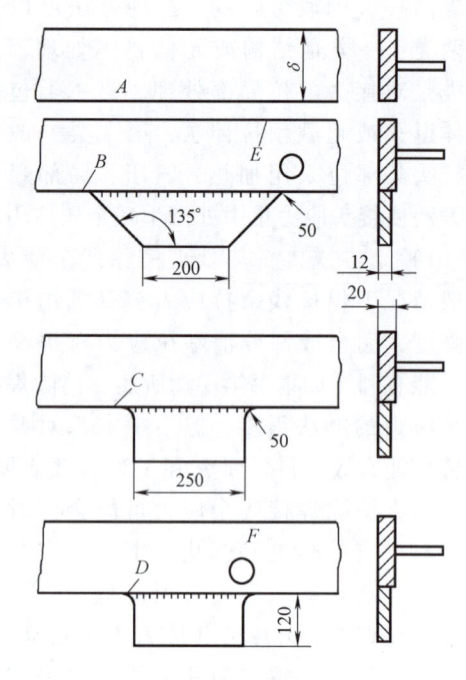

图 6-47 局部加热调节残余应力场分布以提高疲劳强度

强度较高的钢材来说，产生和保持高残余压应力对提高疲劳性能是特别有用的方法。

（3）**对构件的表面实施强化处理** 疲劳破坏易于从构件的表面起始。因此对表面材料实施强化处理，可以提高接头的疲劳强度。传统中用机械方法（挤压和锤击等）或用喷丸处理焊缝表面及过渡区，可以带来两个好处：形成有利的表面压应力以及使材料局部加工硬化，因而可以提高疲劳强度。近些年超声冲击焊趾附近的方法得到了较多应用，超声冲击的作用与普通机械冲击法类似，同时与之相比有两个优点，一是冲击频率高且行程短，可以提高被冲击位置的表面质量；二是冲击过程产生的噪声较小。其缺点是冲击力较弱，对硬质材料不易造成明显的塑性变形而降低实施效果。新出现的缺口激冷法处于研究阶段，具体做法是：加热缺口区使之处于高温状态，随后用水枪喷射对该表面进行局部激冷处理，被激冷的表面将硬化且产生残余压应力，这是由于较深层金属的相继收缩以及该表面中产生了组织变化（如形成马氏体）所致。缺口激冷不需要像局部加热那样做过多的参数调整，但若需形成高残余压应力，则须切实注意使激冷处理局部集中。

6.6.3 提高疲劳强度几种工艺方法的定量分析与比较

国外多位学者用不同工艺方法提高焊接接头工作疲劳强度的韦勒试验结果表明，各种方法提高工作疲劳强度的程度很不一致。图 6-48 和图 6-49 所示为英国焊接研究所对同一种试件（横向肋板接头和纵向肋板接头）按照相同条件进行试验研究得出的结果，可用于对各种方法进行定量比较。图中除 TIG 修整是对高强度钢试件作出之外，其余各 $S\text{-}N$ 曲线均由低强度钢试件作出。图中未画出缺口激冷和缺口涂镀的有关曲线，同样也未包括铝合金试件的有关试验结果（局部加压和塑料涂层对铝合金已有成功应用）。幅值变动较大的载荷序列对

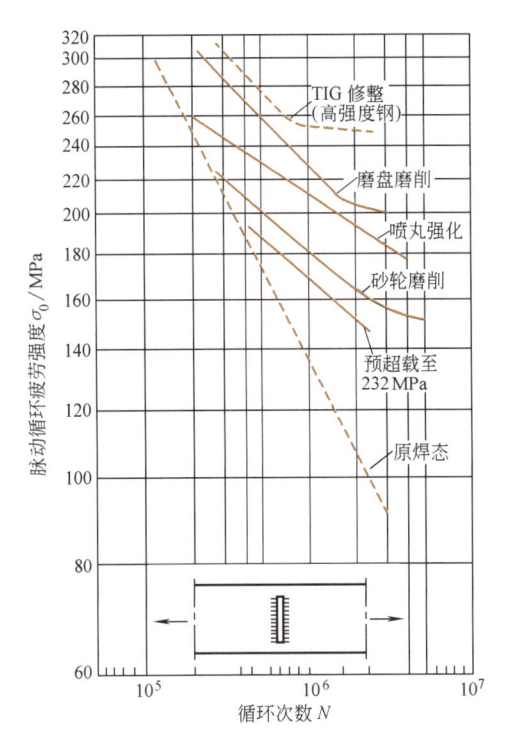

图 6-48　不同工艺方法提高焊接接头疲劳强度的比较（结构钢、横向肋板接头、脉动加载）

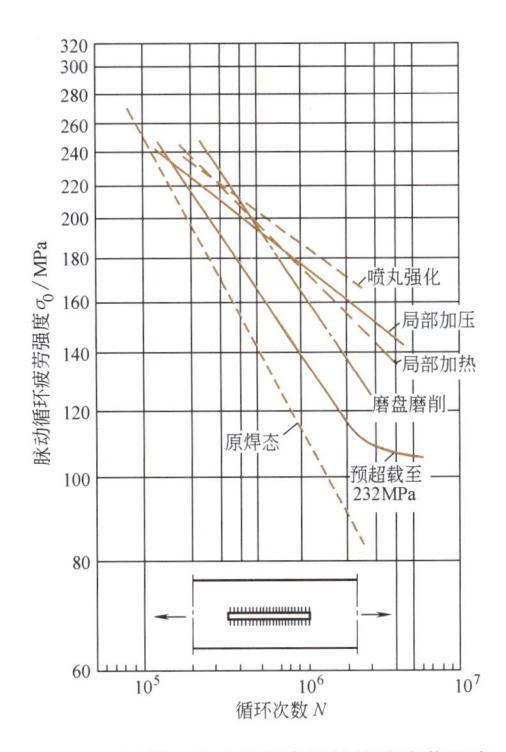

图 6-49　不同工艺方法提高焊接接头疲劳强度的比较（结构钢、纵向肋板接头、脉动加载）

于强度的影响在图中也未反映清楚。

预先超载法相对来说作用不大，而 TIG 修整（至少对高强度钢）的作用却很大，表面压缩、局部加热和局部加压的作用则介于两者之间。所有这些方法均能有效地提高焊接接头的疲劳极限及高周疲劳强度（$N \geq 10^5$）。

因此，采用上述工艺方法可使工作疲劳强度相对较低的焊接接头的疲劳特性得到较大改善（特别是在高周疲劳和疲劳极限范围之内）。那些基于在应力集中处建立残余压应力的方法仅用于应力循环次数很高以及不能使用预先超载法等场合，而磨削和 TIG 修整在应力循环次数较低时仍可采用。对于萌生于内部缺陷或焊缝根部的疲劳破坏，这些方法则全然（或在很大程度上）不起作用。

6.7　疲劳裂纹扩展的定量描述及寿命计算

如本章开始部分所述，构件疲劳总寿命由裂纹萌生和扩展两个部分组成。对于光滑试样，其裂纹萌生寿命可能占总寿命的 80%~90%，疲劳裂纹萌生行为还处于研究阶段，目前还未能提出一个具有普适性的具有一定理论基础的定量描述模型，这种情况下只能在获得大量疲劳试验数据的基础上绘制全寿命的 S-N 曲线及疲劳图，再赋予适当的安全系数进行设计。工程结构由于存在各种加工制造缺陷，其疲劳裂纹萌生寿命占总寿命的比例较无明显宏观缺陷的光滑试样低很多，其疲劳寿命可能主要是裂纹的扩展寿命。焊接结构更是如此，由于严重焊接缺陷、应力集中、焊接残余应力的影响，很多焊接结构的疲劳裂纹萌生阶段只占总寿命的很小比例，甚至可以认为其寿命就是基于较大尺寸宏观缺陷的扩展寿命。如此，焊接结构的疲劳行为描述就可以充分借助于已经发展较为成熟的断裂力学，疲劳裂纹扩展描述及寿命计算就有了可靠的基础。

6.7.1 裂纹亚临界扩展描述

如图 6-50 所示，含有初始裂纹 a_0 的构件，在达到一定水平的交变疲劳载荷的作用下会逐渐扩展，其剩余承载截面随之减小，应力水平提高。当裂纹尺寸达到 a_c 时，应力水平达到脆性断裂临界应力 σ_c，或者说当其裂纹尖端的应力强度因子达到临界值 K_{IC}（K_c）时，会发生失稳破坏。裂纹在循环应力作用下，由初始值 a_0 到临界值 a_c 这一段扩展过程，称为**疲劳裂纹的亚临界扩展阶段**或**稳定扩展阶段**。

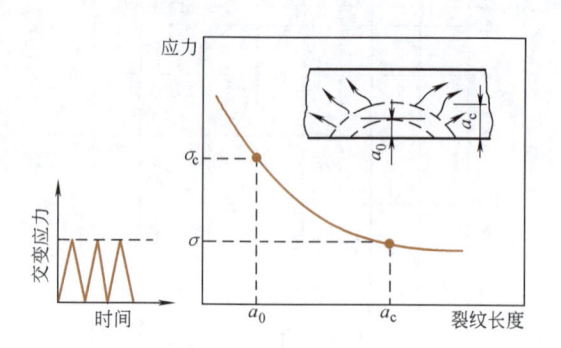

图 6-50 亚临界裂纹与临界裂纹尺寸

工程中经常使用高周疲劳和低周疲劳的概念。当构件所受交变应力水平较低时，疲劳裂纹主要在弹性区扩展，裂纹扩展至失稳断裂前经历的循环周期较高，或者说裂纹扩展寿命较长，裂纹扩展速率较低，这种疲劳称为**高周疲劳**或**应力疲劳**；另一种情况是，裂纹扩展过程中局部应力明显超过材料屈服强度，裂纹扩展时附近形成较大的塑性区，直至失稳断裂前经历的载荷循环周次较少，疲劳裂纹扩展速率高，这种疲劳称为**低周疲劳**或**应变疲劳**、**塑性疲劳**。本节重点讨论高周疲劳裂纹的扩展描述。

帕瑞斯（Paris）等学者通过理论与试验相结合的研究发现，在线弹性断裂力学范围内，应力强度因子 K 能恰当地描述具有一定尺度裂纹尖端的应力强度，在高周疲劳条件下，裂纹尖端塑性区尺寸远小于裂纹尺寸。大量试验数据也表明，应力强度因子幅值 ΔK 是裂纹扩展速率 da/dN 的主要控制参量，或者说，裂纹尺寸、应力水平是裂纹扩展的驱动力。无限宽板中心穿透裂纹的疲劳扩展速率可写成以下形式

$$da/dN = f(\sigma, a, C) \tag{6-8}$$

式中，N 为循环次数；σ 为应力；a 为裂纹长度；C 为与材料有关的常数。

帕瑞斯进一步提出了著名的无限宽板中心穿透裂纹的疲劳扩展速率经验公式

$$da/dN = C(\Delta K)^n \tag{6-9}$$

式中，ΔK 为应力强度因子幅值（$\Delta K = K_{max} - K_{min}$），它等于最大载荷时的应力强度因子值减去最小载荷时的应力强度因子值；C 和 n 是由材料决定的常数。

国际焊接学会推荐了两种确定材料参数 C 及 n 的方法：

1）由疲劳裂纹扩展速率试验获得。

2）若无法进行疲劳裂纹扩展试验，可以按照 IIW XIII—1539-96/XV-845-96 获得：对于钢，取 $C = 9.52 \times 10^{-12}$，$n = 3$；对于铝合金，取 $C = 2.6 \times 10^{-10}$，$n = 3$。

对于中心开有长 $2a$ 缺口（裂纹）的无限宽板，有

$$\Delta K = \Delta\sigma\sqrt{\pi a} \tag{6-10}$$

把式（6-10）代入式（6-9）中，则有

$$da/dN = C_1 \Delta\sigma^n a^{\frac{n}{2}} \tag{6-11}$$

式中，$C_1 = C\pi^{\frac{n}{2}}$。

但是，帕瑞斯的指数规律公式式（6-9）或式（6-11）有两个缺点：首先它未考虑平均应力对 da/dN 的影响，平均应力会影响应力比，或者说不同应力比下的疲劳裂纹扩展速率在帕瑞斯公式中没有体现，试验证明平均应力或应力比对裂纹扩展速率是有显著影响的，如图 6-51 所示，相同的应力幅或应力强度因子幅值下不同应力比对应不同的扩展速率曲线，可见同一个 ΔK 值下 r 值越高（也即平均应力越高），裂纹扩展速率也越高，同时也可看到每条线都有自己单独的"指数规律"关系，证实帕瑞斯公式存在局限性；其次是它未考虑当裂纹尖端的应力强度因子趋近其临界值 K_{IC} 时，裂纹的加速扩展效应。考虑上述两个因素的影响，福曼（Forman）提出了修正公式

$$\frac{da}{dN} = \frac{C(\Delta K)^n}{(1-r)K_{IC} - \Delta K} \tag{6-12}$$

由式（6-12）可见，由于引入了考虑平均作用力的循环特性应力比 r 和断裂韧度 K_{IC}，名义上它可在任何应力比 r 的循环载荷条件下描述疲劳裂纹扩展规律及裂纹尺寸接近失稳断裂临界值时的加速扩展效应，同时上式还反映出 K_{IC} 值也会影响扩展速率。

但是，如果用福曼公式处理图 6-51 的 5 组数据，则得到图 6-52 所示的唯一一条归一化曲线，其斜率为 4。这说明修正公式有比帕瑞斯公式更好的概括性。

<u>需要特别强调的是</u>，福曼公式也不是通用于各种材料的万能公式。例如，在一些材料及其焊接接头的疲劳数据处理中发现福曼公式存在较大的偏差，各种平均应力或应力比条件下获得的数据曲线归一化效果较差，针对具体材料还需要基于帕瑞斯公式或福曼公式进行专门研究进行修正，以期获得专用的高精度描述模型。此外，福曼公式中有材料的 K_{IC} 值，这就使得不能用它描述目前尚难以测定出 K_{IC} 值的高韧性材料裂纹的扩展规律。因此，华格（Walker）提出了用如下公式来描述裂纹的扩展规律

$$\frac{da}{dN} = C[K_{max}(1-r)^m]^n \tag{6-13}$$

式中，m、n、C 为与材料和介质有关的常数。

华格称 $K_{max}(1-r)^m$ 为<u>有效应力强度因子</u>。当 $m=1$ 时，它与帕瑞斯公式完全一致。图 6-53 是图 6-51 的 5 组数据用华格公式处理的结果，可以看出获得了较好的曲线归一化效果。

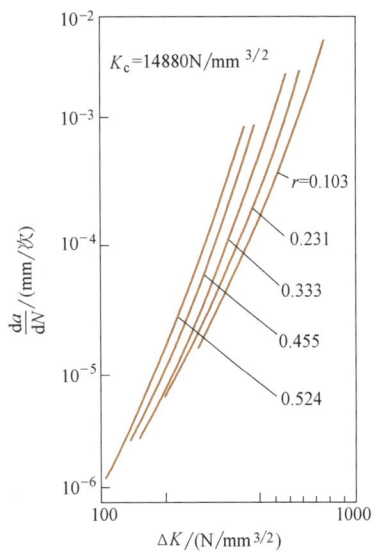

图 6-51 根据"指数规律"公式绘制的 7075-T6 铝合金的 da/dN 与 ΔK 的关系曲线

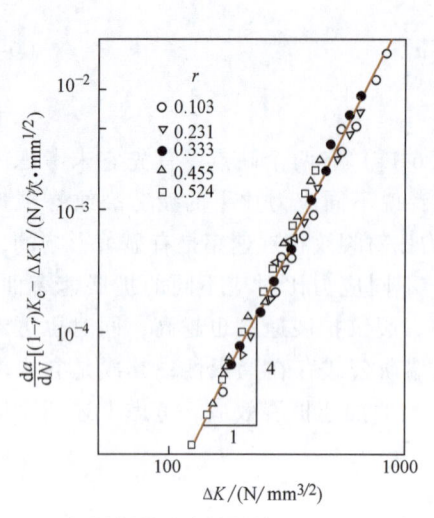

图 6-52 根据福曼公式绘制的 7075-T6 铝合金的 $\dfrac{\mathrm{d}a}{\mathrm{d}N}[(1-r)K_{\mathrm{IC}}-\Delta K]$ 与 ΔK 的关系曲线

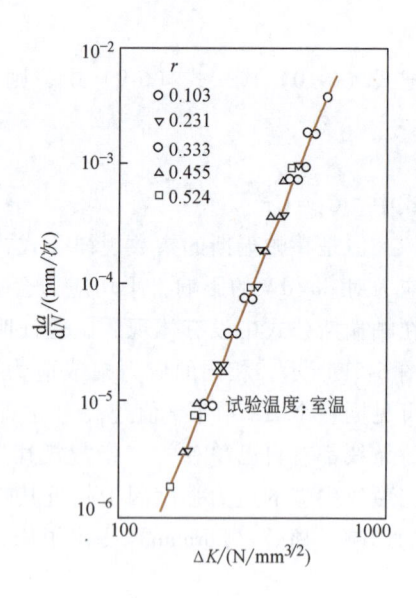

图 6-53 以华格公式处理的 $\mathrm{d}a/\mathrm{d}N$-ΔK 的关系

6.7.2 疲劳裂纹扩展寿命计算

构件在进行疲劳裂纹扩展寿命的估算中,其基本数据就是材料(或构件)的裂纹扩展速率。文献及图册中所给出的裂纹扩展速率与应力强度因子幅值 ΔK 的关系,通常以帕瑞斯公式及福曼公式等表示。

若以帕瑞斯公式为例,则

$$\frac{\mathrm{d}a}{\mathrm{d}N}=C(\Delta K)^n$$

对此式求定积分

$$N=N_{\mathrm{f}}-N_0=\int_{N_0}^{N_{\mathrm{f}}}\mathrm{d}N=\int_{a_0}^{a_{\mathrm{c}}}\frac{\mathrm{d}a}{C(\Delta K)^n} \tag{6-14}$$

便可得疲劳扩展寿命。

式中,N_0 为裂纹扩展至 a_0 时的循环数(若 a_0 为初始裂纹长度,则 $N_0=0$);N_{f} 为裂纹扩展至临界失稳断裂长度 a_{c} 时的循环次数。

对于无限大板中心穿透裂纹的情况,将 $\Delta K=\Delta\sigma\sqrt{\pi a}$ 代入式(6-14)后,得疲劳裂纹扩展寿命

$$N=N_{\mathrm{f}}-N_0=\frac{1}{C}\frac{2}{n-2}\frac{a_{\mathrm{c}}}{(\Delta\sigma\sqrt{\pi a_{\mathrm{c}}})^n}\left[\left(\frac{a_{\mathrm{c}}}{a_0}\right)^{\frac{n}{2}-1}-1\right] \tag{6-15}$$

上式中 $n\neq 2$。若 $n=2$ 时,疲劳裂纹扩展寿命为

$$N=N_{\mathrm{f}}-N_0=\frac{1}{C}\frac{1}{(\Delta\sigma\sqrt{\pi})^n}\ln\frac{a_{\mathrm{c}}}{a_0} \tag{6-16}$$

若以福曼公式为例,则根据式(6-12)

$$\frac{\mathrm{d}a}{\mathrm{d}N} = \frac{C(\Delta K)^n}{(1-r)K_{\mathrm{IC}} - \Delta K}$$

用 ΔK_f 表示对应于临界裂纹尺寸 a_c 时的应力强度因子幅值，有

$$\Delta K_\mathrm{f} = (1-r)K_{\mathrm{IC}} \tag{6-17}$$

对于无限大板中心穿透裂纹的情况，用 ΔK_0 表示对应于初始裂纹尺寸 a_0 时的应力强度因子幅值，并将式（6-17）代入式（6-12）中求定积分得到下面结果：

当 $n \neq 2$，$n \neq 3$ 时

$$N = N_\mathrm{f} - N_0 = \frac{2}{\pi C (\Delta \sigma)^2} \left\{ \frac{\Delta K_\mathrm{f}}{n-2} \left[\frac{1}{(\Delta K_0)^{n-2}} - \frac{1}{(\Delta K_\mathrm{f})^{n-2}} \right] - \frac{1}{n-3} \left[\frac{1}{(\Delta K_0)^{n-3}} - \frac{1}{(\Delta K_\mathrm{f})^{n-3}} \right] \right\} \tag{6-18}$$

当 $n = 2$ 时

$$N = N_\mathrm{f} - N_0 = \frac{2}{\pi C (\Delta \sigma)^2} \left[\Delta K_\mathrm{f} \ln \frac{\Delta K_\mathrm{f}}{\Delta K_0} + \Delta K_0 - \Delta K_\mathrm{f} \right] \tag{6-19}$$

当 $n = 3$ 时

$$N = N_\mathrm{f} - N_0 = \frac{2}{\pi C (\Delta \sigma)^2} \left[\Delta K_\mathrm{f} \left(\frac{1}{\Delta K_0} - \frac{1}{\Delta K_\mathrm{f}} \right) + \ln \frac{\Delta K_0}{\Delta K_\mathrm{f}} \right] \tag{6-20}$$

需要强调的是，上述疲劳寿命评估方法和公式适用于应力疲劳的情况。对于应变疲劳的情况，由于此时最大应变已经与屈服应变相当，裂纹尖端的塑性区很大，故必须用弹塑性断裂力学来分析疲劳裂纹扩展速率，也就是说利用裂纹尖端张开位移幅度 $\Delta\delta$ 或 J 积分幅度 ΔJ 作为控制裂纹扩展速率的主要参量，即

$$\frac{\mathrm{d}a}{\mathrm{d}N} = A(\Delta\delta)^n \tag{6-21}$$

或

$$\frac{\mathrm{d}a}{\mathrm{d}N} = B(\Delta J)^m \tag{6-22}$$

式（6-21）及式（6-22）中的 A、n 和 B、m 在一定条件下是材料常数。

6.7.3 利用断裂力学预测疲劳寿命的局限及全寿命分析方法

宏观断裂力学在过去近 60 年的时间内取得了巨大发展，在工程上已经得到了广泛应用。但是，断裂力学的研究基础是假设材料或构件中存在裂纹型缺陷，进行分析时对裂纹的尺寸和位置常常进行人为的假定，具有较强的经验性；另一方面，材料内部的缺陷不能完全简化成一个或若干个宏观裂纹，如蠕变条件下材料内部的孔洞等。同时，疲劳断裂寿命 N_f 由疲劳裂纹萌生寿命 N_i 和疲劳裂纹扩展寿命 N_p 组成，疲劳裂纹萌生寿命 N_i 占疲劳断裂寿命的 0%～80%。当试件上有严重的应力集中或表面缺陷时，疲劳裂纹萌生寿命 N_i 所占比例通常较低，如果试件内部和表面都没有缺陷，则疲劳裂纹萌生寿命 N_i 所占比例能够达到总寿命的一半以上甚至 80%，在这种情况下，利用断裂力学进行裂纹扩展寿命预测已经意义不大。帕瑞斯公式、福曼公式、华格公式等主要基于断裂力学的理论方法主要适合于疲劳裂纹稳定扩展阶段的寿命估算，其成熟性已经得到公认，但对于裂纹萌生寿命的评估却无能为力；也可以说，断裂力学理论方法对于结构的全寿命评估存在明显的不足。为此，目前还有以下几种典型的方法被推荐用于解决结构全寿命估算的问题。

1. 应力-寿命法

Wöhler 在研究火车车轴的疲劳问题时，提出了根据光滑试件的旋转弯曲疲劳数据，利用名义应力幅作为参量来描述材料的疲劳寿命，提出了著名的 S-N 曲线。Basquin 利用双对数坐标轴描述了试验材料的疲劳曲线，并发现应力幅与疲劳断裂寿命在双对数坐标下呈线性关系，可表示为

$$\sigma_a = \sigma'_f (2N_f)^b \tag{6-23}$$

式中，σ'_f 为疲劳强度系数；b 为疲劳强度指数或 Basquin 指数。

这里的疲劳断裂寿命包括了疲劳裂纹萌生寿命和疲劳裂纹扩展至材料最终破坏的寿命。应力-寿命法适合于高周应力疲劳情况。

2. 应变-寿命法

低周疲劳条件下，材料所受的载荷常常超过屈服强度，导致材料产生塑性应变。在交变应力的作用下，材料可能会发生硬化或软化现象，如果像应力-寿命法那样，利用恒应力幅进行加载，材料的应变将会不断地减小或增大，最终导致疲劳试验无法进行。因此，在低周疲劳试验时，一般在控制应变的条件下进行。

Coffin 和 Manson 在独立研究塑性材料热疲劳问题时，分别提出了以塑性应变幅为参量来描述疲劳寿命的方法。他们发现，塑性应变幅 $\Delta\varepsilon_p/2$ 的对数与发生破坏的疲劳断裂寿命在对数坐标系下呈线性关系，即

$$\frac{\Delta\varepsilon_p}{2} = \varepsilon'_f (2N_f)^c \tag{6-24}$$

式中，$\Delta\varepsilon_p/2$ 为塑性应变半幅；c 为疲劳塑性指数，对于大多数金属，c 为 $-0.5 \sim -0.7$；ε'_f 为静拉伸断裂应变，对于大多数材料，等于静拉伸时的断裂真应变。

这就是著名的 Coffin-Manson 公式。

在应变控制的疲劳试验中，总应变幅等于弹性应变幅与塑性应变幅之和，即

$$\frac{\Delta\varepsilon_t}{2} = \frac{\Delta\varepsilon_e}{2} + \frac{\Delta\varepsilon_p}{2} \tag{6-25}$$

同时，根据胡克定律有

$$\frac{\Delta\varepsilon_e}{2} = \frac{\sigma_a}{E} \tag{6-26}$$

再根据式（6-23）和式（6-24），有

$$\frac{\Delta\varepsilon}{2} = \frac{\sigma'_f}{E}(2N_f)^b + \varepsilon'_f(2N_f)^c \tag{6-27}$$

式（6-27）是利用应变-寿命法进行疲劳设计的基础，并在工业领域得到了广泛的应用。

3. 损伤力学方法

从微观尺度上说，损伤的物理机理是原子间结合键的破坏，但是在细观尺度上，损伤则会以不同的方式表现出来，它取决于材料的性质、载荷的类型和温度，主要包括以下几种表现方式：脆性损伤、延性损伤、蠕变损伤、低周疲劳损伤、高周疲劳损伤等。

连续损伤力学在疲劳问题上的应用取得了一定的成果。最经典的疲劳损伤模型是由 Chaboche 在 1974 年提出来的非线性疲劳损伤模型

$$\frac{\mathrm{d}D}{\mathrm{d}N} = \left[1-(1-D)^{B+1}\right]^{A(\sigma_M,\bar{\sigma})} \left[\frac{\sigma_M - \bar{\sigma}}{M(\bar{\sigma})(1-D)}\right]^B \quad (6\text{-}28)$$

式中，σ_M 为最大应力（MPa）；$\bar{\sigma}$ 为平均应力（MPa）；B、$A(\sigma_M,\bar{\sigma})$、$M(\bar{\sigma})$ 为与温度和材料有关的参量；D 为疲劳损伤度，当 $D=1$ 时即为疲劳破坏。

在该模型中，不仅考虑了平均应力的影响，还考虑了材料静力学性能和疲劳极限的因素。该模型目前已在工程上得到了应用。

第 7 章 焊接结构类型及其力学特点

焊接属于增材制造技术，几乎所有的金属结构都可以采用焊接技术加工而成。由于焊接结构的使用功能不同，所用的材料种类、结构形状、尺寸精度、焊接方法和焊接工艺也不相同，这就使得焊接结构形式多样。但焊接结构应用的主要目的是一致的，就是能够长时间承受自身重量及外部载荷而保持其形状和性能不变。

本章只从大型焊接结构的角度进行分类，并论述其结构形式及力学特点。

7.1 焊接结构的基本类型

7.1.1 焊接结构的分类

焊接结构类型众多，其分类方法也不尽相同，各分类方法之间也有交叉和重叠现象。即使同一焊接结构之中也有局部的不同结构形式，因此很难准确和清晰地对其进行分类。通常可以从用途（使用者）、结构形式（设计者）和制造方式（生产者）来进行分类，见表 7-1。

表 7-1 焊接结构的类型

分类方法	结构类型		焊接结构的代表产品	主要受力载荷
按用途分类	运载工具		汽车、火车、船舶、飞机、航天器等	主静载、疲劳、冲击载荷
	贮存容器		气罐、油罐、料仓等	主静载
	压力容器		锅炉、钢包、反应釜、冶炼炉等	主静载、热疲劳载荷、高温载荷
	起重设备		建筑塔吊、车间行车、港口起重设备等	主静载、低周疲劳
	建筑设施		桥梁、钢结构的房屋、厂房、场馆等	主静载、风雪载荷、低周疲劳
	海洋设施		船舶、港口起重设备、海洋钻井平台等	主静载、疲劳载荷、应力腐蚀
	焊接机器		减速机、机床机身、旋转体等	主静载、交变载荷
按结构形式分类	杆系结构	框架结构	钢结构房屋、桥梁、发射塔等	主静载、风雪载荷
		桁架结构	桁架梁、网架结构等	主静载、低周疲劳
	板壳结构		容器、锅炉、管道等	主静载、热疲劳载荷、应力腐蚀
	实体结构		焊接齿轮、机身、机器等	主静载、交变载荷
按制造方式分类	铆焊结构		小型机器结构等	主静载、交变载荷
	栓焊结构		桥梁、轻钢结构等	主静载、风雪载荷、低周疲劳
	铸焊结构		机床机身等	主静载、交变载荷
	锻焊结构		机器、大型厚壁压力容器等	主静载、交变载荷
	全焊结构		船舶、压力容器、起重设备等	主静载、低周载荷、应力腐蚀

从使用者的角度考虑，主要按其用途进行分类。这样的分类方法不仅适合于专业人员，

也适合于普通人员，可以使人清晰地了解焊接结构的形状尺寸、功能作用、承受载荷类型以及对焊接结构的要求，有利于对所用材料的选择和进行结构设计。例如，提起交通运载工具，人们自然想到的是轻质、高速、安全、能耗等问题，这也是焊接结构设计者和制造者首先考虑的分类方法。

从设计者的角度考虑，主要按其结构形式进行分类。这样的分类方法主要适用于专业人员，有利于设计人员进行受力分析、结构设计、材料选择。主要有杆系结构（包括框架结构、桁架结构）、板壳结构和实体结构三种形式，其具体选择依赖于焊接结构的用途、承受载荷的能力和自身重量等。如建筑类结构选择杆系结构，板壳结构比桁架结构的承载能力大，而实体结构主要用于机器和机身结构。

从生产者的角度考虑，主要按焊接结构制造方式进行分类。这样的分类方法主要适用于制造工艺人员，要从焊接结构的使用性能、形状大小、生产规模、制造成本以及材料的加工工艺性能等方面考虑，以便在保证满足使用性能的要求下，提高生产率，降低制造成本。铆钉连接是一种古老的连接方法，由于连接接头的柔性和退让性较好，便于质量检查，故经常用于一般小型金属结构制造中，但因其制造费工费时、用料多、钉孔削弱构件工作截面面积等原因，目前已逐步被螺栓联接和焊接所取代。高强度螺栓联接头承载能力比普通螺栓要高，同时高强度螺栓联接能减轻钉孔对构件的削弱作用，因此，目前仍然得到广泛的应用，主要与焊接方法一起使用，形成栓焊结构。例如，桥梁多为栓焊结构，其梁柱构件均在工厂内制造，在工地现场只进行螺栓联接，这种方法不仅制造方便，从断裂力学角度考虑，螺栓联接部位可以防止脆性断裂。铸焊结构和锻焊结构是指铸造或锻造部件通过焊接形成尺寸更大、不能一次铸造和锻造的结构，这些方法在大型厚壁重型结构中得到应用。随着焊接技术水平的不断提高，全焊焊接结构得到了快速发展，如船舶、压力容器和起重设备等。

7.1.2 焊接结构的力学合理性分析

1. 焊接结构涉及的力学性能

在自身重力载荷、外部载荷和自然力载荷的作用下，焊接结构具有保持其自身形状不变的能力，即具有抵抗变形和破坏的能力，因此焊接结构必须具有满足使用要求的力学性能。焊接结构涉及的力学性能见表7-2。

表7-2 焊接结构涉及的力学性能

力学性能	具体指标	涉及的焊接结构和部件	主要试验方法
一般静力学性能	屈服强度	所有焊接结构	拉伸试验
	抗拉强度	所有焊接结构	拉伸试验
	临界失稳压应力	承受压力的支柱、薄板结构	失稳试验
	硬度	焊接接头	硬度试验
	刚度	梁、机床机身	拉伸试验
	抗弯刚度	梁、板壳结构	弯曲试验
	抗扭刚度	梁、柱结构	扭曲试验
断裂力学性能	缺口韧度	所有焊接结构	缺口冲击试验
	断裂韧度	厚板和重要焊接结构	断裂韧性试验

(续)

力学性能	具体指标	涉及的焊接结构和部件	主要试验方法
疲劳力学性能	疲劳强度	承受交变载荷的焊接结构	疲劳试验
	裂纹扩展速率	承受交变载荷的焊接结构	疲劳裂纹扩展试验
应力腐蚀性能	应力腐蚀门槛值	腐蚀环境下的焊接结构	应力腐蚀试验
	应力腐蚀裂纹扩展速率	腐蚀环境下的焊接结构	应力腐蚀试验
高温力学性能	蠕变强度	长期在高温环境下工作部件	蠕变试验
	蠕变速率	长期在高温环境下工作部件	蠕变试验
	蠕变持久强度	锅炉、反应釜等高温设备	蠕变持久强度试验
	蠕变裂纹扩展速率	锅炉、反应釜等高温设备	蠕变裂纹扩展速率试验
低温力学性能	缺口韧度	低温容器及结构	低温缺口冲击试验
	断裂韧度	低温容器及结构	低温断裂韧性试验

2. 焊接结构的力学合理性

焊接结构所使用的原材料多为经过轧制的板材和各种断面形状的型材，这些材料的强度高、韧性好、易于加工，且组合性强，因此焊接结构的工艺性能和力学性能都非常好，承受动载荷时的疲劳强度也令人满意。与铆接、栓接结构相比，焊接结构具有如下力学特点：

(1) **强度高、质量小** 铆钉或螺栓结构的接头，须预先在母材上钻孔，因而削弱了接头的工作截面，其接头的强度只有母材强度的 80% 左右。现代焊接技术已经能够使得焊接接头的强度等于甚至高于母材的强度，也具有良好的断裂韧性和疲劳性能。焊接结构多为空心结构或框架结构，与铸造结构和锻造结构相比，当承受的载荷和条件相同时，焊接结构自重较轻、节省材料、所需截面较小，运输和架设也较方便。

(2) **塑性和韧性好** 轧制钢板具有良好的塑性，在一般情况下，不会因为局部超载造成突然断裂破坏，而是事先出现较大的变形预兆，以便采取补救措施。轧制钢板还具有良好的韧性，对作用在结构上的动载荷适应性强，为焊接结构的安全使用提供了可靠保证。

(3) **结构计算准确可靠** 钢板和型材的内部组织均匀，各个方向的力学性能基本相同，在一定的应力范围内，钢板和型材处于理想弹性状态，与工程力学所采用的基本假定较吻合，故焊接结构承载能力计算结果准确可靠。

(4) **整体性强、刚度大** 焊接结构通过焊接接头连接成为一个整体，具有较大的抗变形能力，因此可以长期保持原有设计形状不变。

(5) **结构密封性好** 由于焊接方法可以使被焊接的母材材料达到原子间距的连接程度，焊接接头容易做到紧密不渗漏，密封性好，适用于制造各种容器，尤其是压力容器。

此外，大型焊接结构适用于工厂制造、工地安装的施工方法，结构部件形状尺寸精度高，铆焊和栓焊结构共同存在，使焊接结构综合力学性能得到最大程度的发挥。

3. 焊接结构自身力学特点

经过短时高温快速冷却的焊接热循环作用，使得焊接结构具有如下自身独特的力学特点：

(1) **较大的残余应力和变形** 由于焊接接头局部高温加热，在焊接热循环中，必然引起较复杂的热应力和瞬时形变，导致焊接残余应力和变形的产生。在某些情况下，焊缝及其近缝区的拉伸残余应力高达材料的屈服强度，这对焊接结构的抗疲劳和抗脆性断裂性能有影响。残余压应力和变形将会降低结构的抗弯刚度。残余拉伸应力可能导致裂纹产生，对结构强度和尺寸稳定性等有不利影响。焊接残余变形还可以引起附加弯曲应力，降低承受外载的能力。

（2）**应力集中系数较大**　焊接结构具有整体性强、刚性大的特点，对应力集中因素较为敏感。应力集中点是结构疲劳破坏和脆性断裂的起源。在工作过程中，如果裂纹一旦开始扩展，裂纹就难以被止住；而在铆接或栓接结构中，如果有裂纹产生并发生扩展时，裂纹将会扩展到板材边缘或铆钉孔处而终止。所以常常在一些重要的焊接结构中，引入栓接接头，即采用栓焊结构，把栓接接头作为止裂件。

（3）**焊接接头性能不均匀**　焊缝金属是母材和填充金属在焊接热作用下熔合而成的铸造组织，靠近焊缝金属的母材，受到焊接热过程的影响而发生组织变化，结果在整个焊接区出现了化学成分、金相组织、物理性质和力学性能不同于母材的情况。此外，不均匀性还包括由于截面形状改变和焊接变形引起的几何不均匀性，以及由于接头形式引起的应力集中和焊接残余应力引起的力学不均匀性。因此，在选择母材和焊接材料以及制订焊接工艺时，应保证焊接接头的性能符合技术要求。

（4）**对材料敏感，易产生焊接缺陷**　各种材料的焊接性存在着较大的差异，有些材料焊接性极差，很难获得优质的焊接接头。由于焊接接头在短时间内要经历材料冶炼、冷却凝固和后热处理三个过程，所以在焊缝金属中常常会产生气孔、裂纹和夹渣等焊接缺陷。例如，一些高强度钢，在焊接时容易产生裂纹，铝合金焊缝金属中容易产生气孔。

历史上有许多焊接结构失效的事例，追其根源，多数在于设计者和制造者未能充分考虑到焊接结构的这些力学特点。因此只有正确认识并熟悉了这些力学特点，做到合理的结构设计、正确的材料选择、优选的焊接设备、合理的焊接工艺和严格的质量控制，才能设计并制造出综合性能优良、安全可靠的焊接结构。

7.2　焊接结构力学特征

无论是何种类型的结构，其存在的目的就是要形成一个稳定的有效空间，以满足人类居住、货物贮存、机器运转的要求，并抵抗地球引力、风雪和地震自然载荷以及运动载荷而保持其结构形状不变。因此，众多类型结构的基本组成元素只有两个："**梁**"和"**柱**"。"柱"为梁的支撑，与自然重力相平衡，总体上承受轴心压力或压弯力；"梁"的两端安置于柱上，总体上承受剪切力和横向弯矩力。

与传统"土木结构"不同的是，以金属材料为主的焊接结构，其形状可以呈现出多种形式的变化。有的焊接结构其"梁"和"柱"比较容易看出，如框架结构，也可以直接称为梁柱结构；有的焊接结构其"梁"和"柱"通过节点联系在一起形成网格，如桁架结构；有的焊接结构其"梁"和"柱"与墙壁板或屋顶板融为一体，不容易看出梁与柱，如板壳结构；有的焊接结构具有多个"梁"与"柱"，并互相倾斜交叉，很难明显区分梁与柱，如实体结构。

了解焊接结构的形式和力学特征，有利于焊接结构的设计、制造、安装和安全使用。下面以结构形式的分类方法，分别叙述框架结构、桁架结构、板壳结构和实体结构的力学特征。

7.2.1 框架结构及其力学特征

1. 框架结构的分类

框架结构是指由梁和柱以刚性连接或者铰接形式相连接而成,构成承重体系的结构,即由梁和柱组成框架共同抵抗使用过程中出现的垂直载荷和水平载荷,因此框架结构又直接称为梁柱结构,属于杆系结构,如图7-1所示。柱支承主梁,承受主梁以支座反力形式作用的集中载荷;主梁支承次梁,承受次梁以支座反力形式作用的集中载荷;次梁支承面板,承受密铺面板以支座反力形式作用的均布载荷。

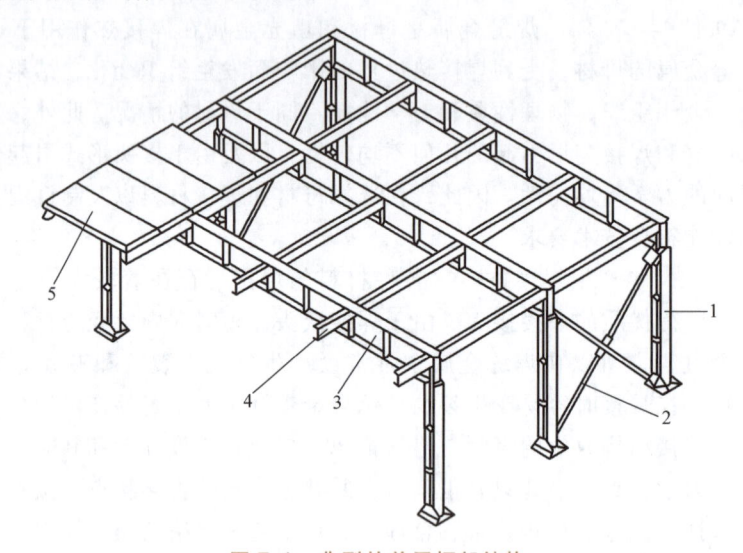

图7-1 典型的单层框架结构
1—柱 2—支撑 3—主梁 4—次梁 5—面板

框架结构按照房屋跨数分有单跨、多跨;按照层数分有单层、多层;按照立面构成分为对称、不对称。

框架结构的主要优点是:空间分隔灵活,自重轻,节省材料;具有可以较灵活地配合建筑平面布置的优点,利于安排需要较大空间的建筑结构;框架结构的梁、柱构件易于标准化、定型化,便于采用装配整体式结构,以缩短施工工期。框架结构常用于大跨度的公共建筑、多层工业厂房和一些特殊用途的建筑物中,如剧场、商场、体育馆、火车站、展览厅、造船厂、飞机库、停车场、工业车间等。

2. 焊接梁的结构

按制造方法,钢梁可以分为型钢梁和焊接组合梁。常用的型钢梁有普通工字钢、热轧槽钢和热轧工字钢等,如图7-2a、b、c所示。常用的焊接组合梁如图7-2d、e、f所示,焊接工字形组合梁应用得最多,当抗弯承载力不足时可在翼缘加焊一层翼缘板,如果梁所受荷载较大,而梁高受限或者截面抗扭刚度要求较高时,可采用箱形截面组合梁。

3. 焊接柱的结构

焊接柱是由钢板或型钢经焊接而成的受压构件。按受力特点可分为轴心受压柱和偏心受压柱(压弯构件)。按截面形式可分为实腹式柱和格构式柱两种,如图7-3所示。柱由柱头、柱身和柱脚组成。柱头承受施加的载荷并传给柱身,它再将载荷传至柱脚及基础。

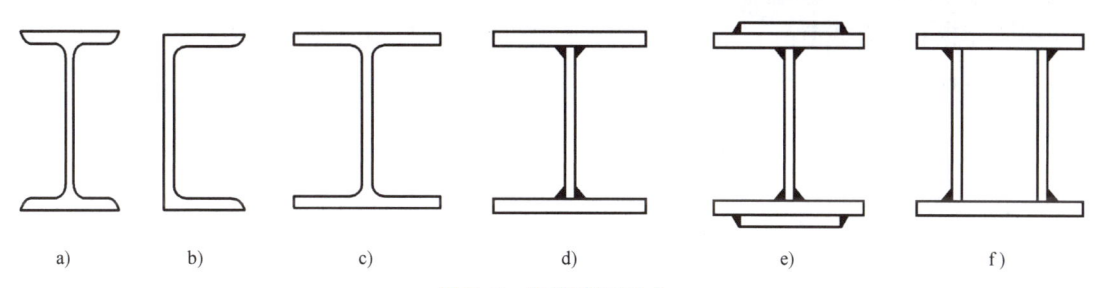

图 7-2 梁的截面形式

a）普通工字钢　b）热轧槽钢　c）热轧工字钢　d）焊接工字形组合梁
e）增强焊接工字形组合梁　f）焊接箱形组合梁

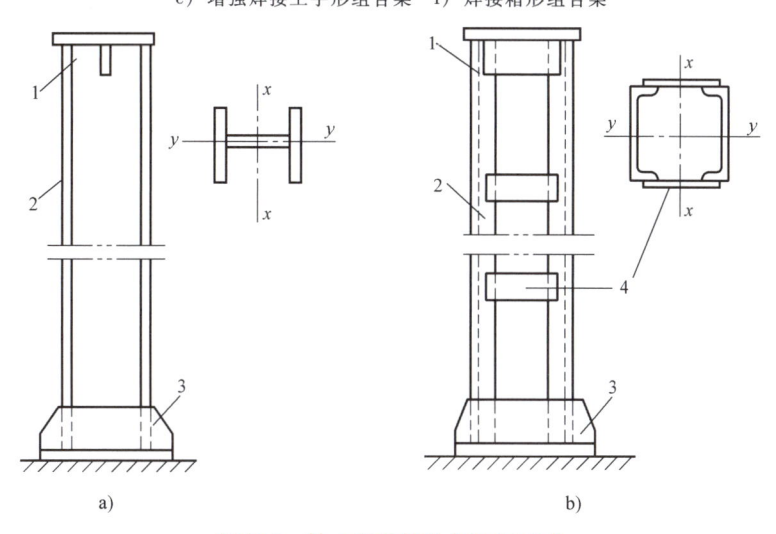

图 7-3 轴心受压柱的结构与形式

a）实腹式柱　b）格构式柱
1—柱头　2—柱身　3—柱脚　4—缀板

轴心受压柱一般采用双轴对称截面，以避免弯扭失稳。轴心受压柱常用截面如图 7-4 所

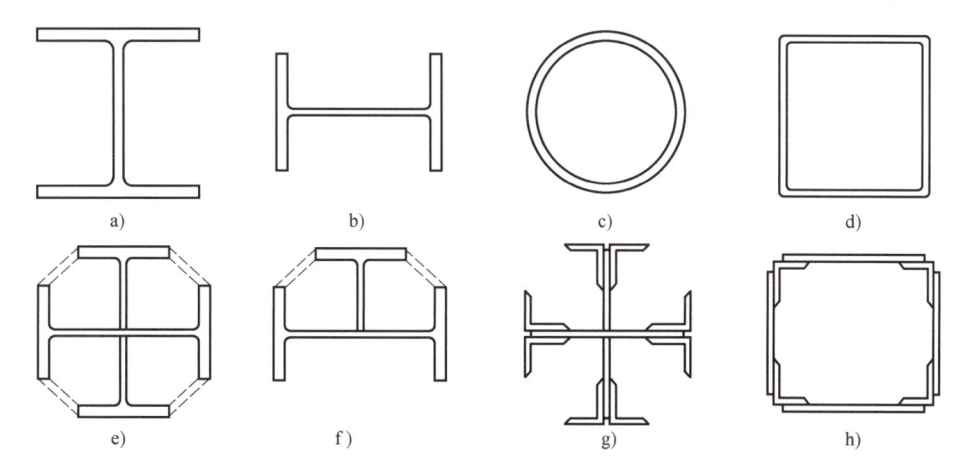

图 7-4 轴心受压柱常用截面

a）工字形钢（宽翼缘）　b）工字形钢（中等翼缘）　c）圆钢管　d）方钢管
e）工字形钢+双 T 形钢　f）工字形钢+单 T 形钢　g）外角钢组合　h）内角钢组合

示，分为型钢和组合截面两大类。常见的有轧制工字钢、轧制圆管、轧制方管、型钢及钢板的焊接组合柱等。

4. 框架结构的力学特征

（1）梁的力学特征　梁承受横向载荷作用，横向载荷有<u>均匀分布载荷</u>和<u>集中载荷</u>两种情况，由此引起<u>剪力</u>和<u>弯矩</u>，它们在长度方向上的分布分别如图 7-5 和图 7-6 所示。

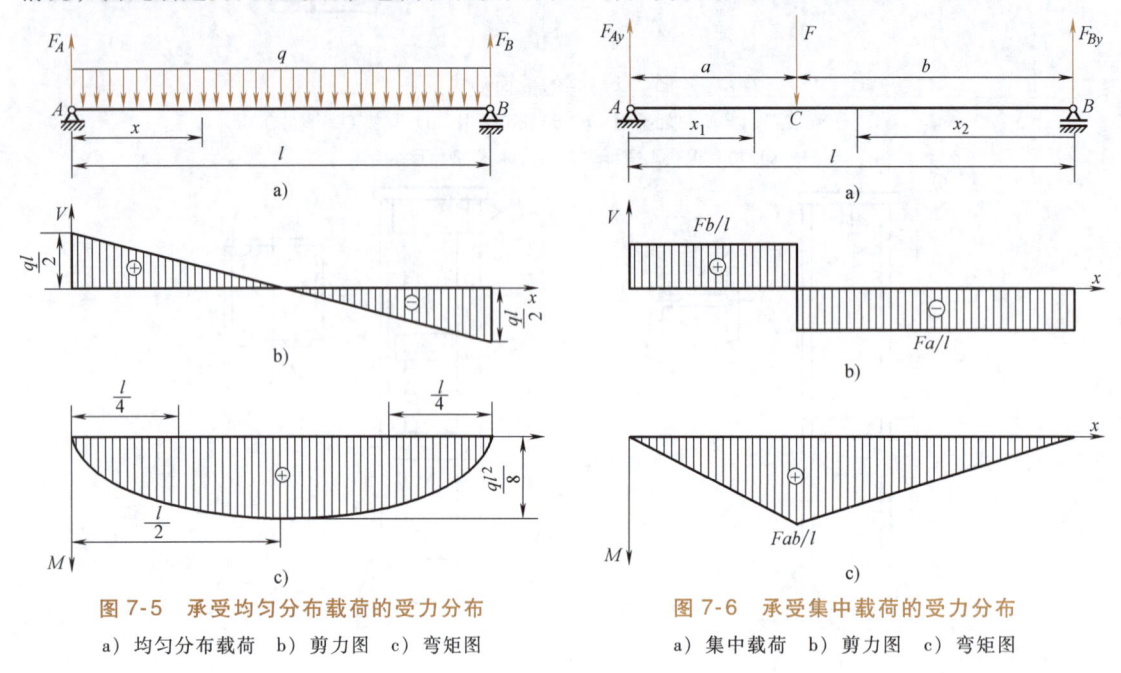

图 7-5　承受均匀分布载荷的受力分布
a) 均匀分布载荷　b) 剪力图　c) 弯矩图

图 7-6　承受集中载荷的受力分布
a) 集中载荷　b) 剪力图　c) 弯矩图

在均布载荷作用下，剪力图为斜直线，梁横截面上任意一点 x 的剪力为 $Q(x) = \dfrac{ql}{2} - qx$，最大剪力值（按绝对值）为 $V = \dfrac{ql}{2}$，发生在两个支座的内侧横截面上；弯矩图为抛物线，最大弯矩值为 $M_{max} = \dfrac{ql^2}{8}$，发生在跨中横截面上，该截面的剪切力为零。

在集中载荷作用下，集中载荷点左右两侧剪力为常数，分别为 $F_{Ay} = \dfrac{Fb}{l}$ 和 $F_{By} = \dfrac{Fa}{l}$，集中载荷作用点的剪力值有突变。弯矩图各为一条斜直线，最大弯矩值为 $M_{max} = \dfrac{Fab}{l}$，发生在集中载荷作用点上。

作用在梁上的载荷不断增加时，梁的弯曲应力的发展过程可分为三个阶段，下面以工字形截面梁为例（图 7-7a）进行说明。

1）<u>弹性阶段</u>。当作用在梁上的弯矩 M 小于弹性极限弯矩 M_e 时，梁全截面处于弹性状态，应力与应变成正比，此时截面上的应力为直线分布，如图 7-7b 所示。当边缘应力达到材料的屈服强度 σ_s 时，构件界面处于弹性极限状态，如图 7-7c 所示。

2）<u>弹塑性阶段</u>。当弯矩 M 继续增加，大于弹性极限弯矩 M_e 时，截面边缘部分开始进入塑性状态，但中间部分仍然处于弹性状态，如图 7-7d 所示。载荷弯矩越大，进入塑性阶

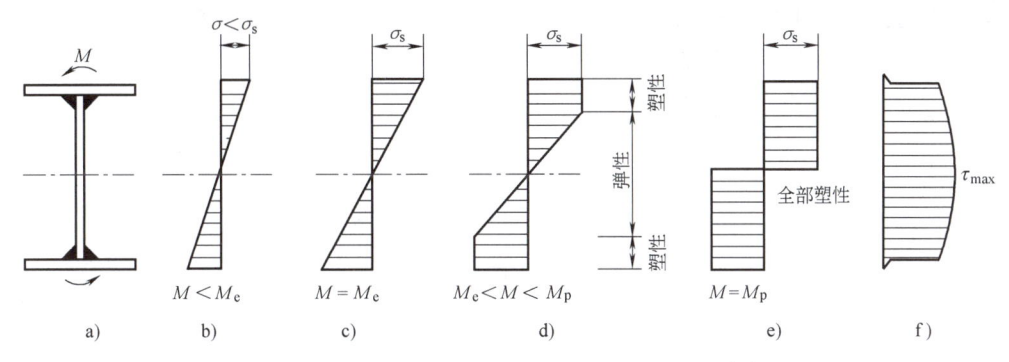

图 7-7 梁受载荷时各阶段弯曲应力及剪切力分布

a）工字形截面焊接梁　b）弹性阶段　c）弹性极限状态　d）弹塑性阶段　e）全部塑性阶段　f）剪切力分布

段的面积越大，仍处于弹性阶段的面积越小。

3）塑性阶段。当载荷弯矩达到一定程度时，全界面进入塑性状态，此时梁的承载能力达到塑性极限弯矩 M_p，如图 7-7e 所示。

图 7-7f 为截面的剪切力分布。

（2）柱的力学特征　《钢结构设计规范》（GB 50017—2014）对轴心受压构件的整体稳定计算采用下列公式

$$\frac{N}{\varphi A} \leqslant [\sigma]$$

式中，N 为轴心压力设计值；A 为构件截面面积；φ 为轴心受压构件的整体失稳系数；$[\sigma]$ 为钢材的抗拉或抗压强度设计值。

一根理想轴心受压杆，当轴心压力 N 满足上述公式时，受压杆件处于直杆平衡状态。如果它由于任意偶然外力的作用而发生弯曲，则当偶然外力停止作用时会产生两种结果：一是杆件立即恢复到直杆平衡状态，这种状态称为稳定状态；二是杆件不再恢复到直杆平衡状态，而是处于微弯曲的平衡状态，这种状态称为临界状态。

在载荷作用下，当轴心受压构件截面上的平均应力低于或远低于钢材的屈服强度时，若微小扰动即可促使构件产生很大的变形而丧失承载能力，这种现象称为轴心受压构件丧失整体稳定或屈曲。轴心受压构件丧失整体稳定常常是突发性的，容易造成严重的后果。

如图 7-8 所示，实腹式轴心受压构件失稳时的变形形式可分为弯曲屈曲、扭转屈曲和弯扭屈曲。对于双轴对称截面，常为弯曲屈曲，只有当截面的扭转刚度较小时，才有可能发生扭转屈曲。单轴对称截面如角钢、槽钢等，在杆件绕截面对称轴弯曲的同时必然会伴随扭转变形，产生弯扭屈曲。截面无对称的轴心受压构件发生弯扭屈曲。

格构式轴心受压构件可能会出现整体弯曲失

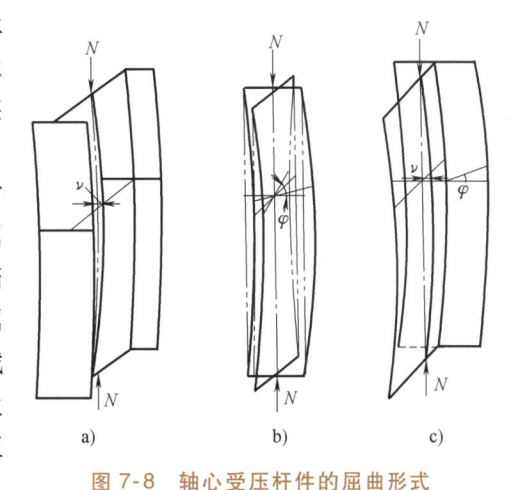

图 7-8 轴心受压杆件的屈曲形式

a）弯曲屈曲　b）扭转屈曲　c）弯扭屈曲

稳破坏，也可能会出现单肢弯曲失稳破坏。由于格构式构件截面抗扭能力远大于实腹式构件，故一般不可能出现扭转失稳和弯扭失稳破坏。

7.2.2 桁架结构及其力学特征

1. 桁架结构的分类

桁架结构属于杆系结构，是指由长度远大于其宽度和厚度的杆件在节点处通过焊接工艺相互连接组成的能够承受横向弯曲的结构，其杆件按照一定的规律组成几何不变结构。焊接桁架结构广泛应用于建筑、桥梁、起重机、高压输电线路和广播电视发射塔架等，如图7-9所示。

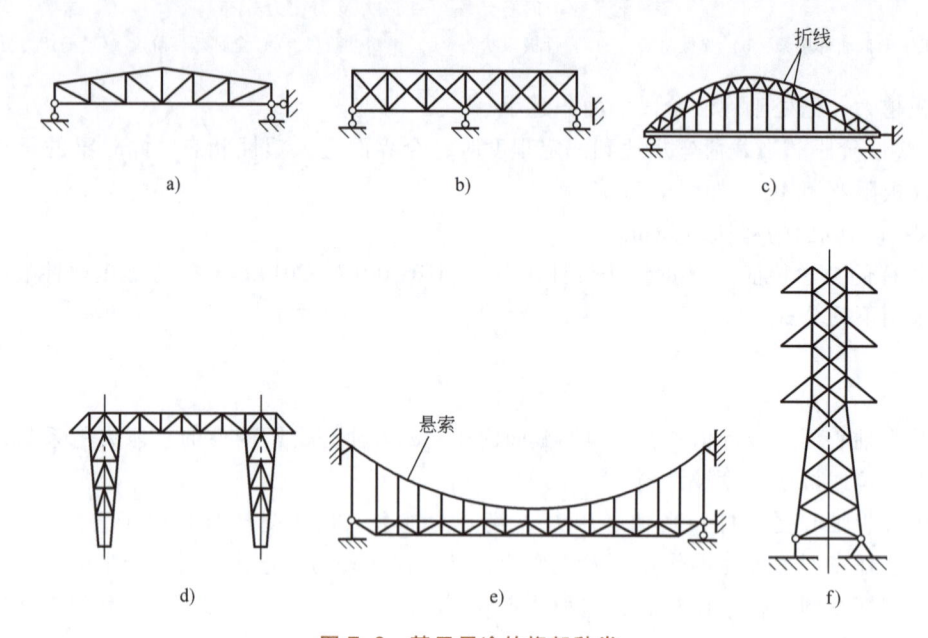

图7-9 基于用途的桁架种类

a）屋盖桁架 b）桥梁桁架 c）拱形桥梁桁架 d）龙门起重机桁架
e）悬吊组合桥桁架 f）高压电缆塔式桁架

根据承受荷载大小的不同，又可分为普通桁架（图7-9c、f）、轻钢桁架（图7-9a）和重型桁架（图7-9b、d、e）。根据桁架的外形轮廓，桁架可分为三角形、平行弦、梯形、人字形和下撑式桁架等（图7-10）。

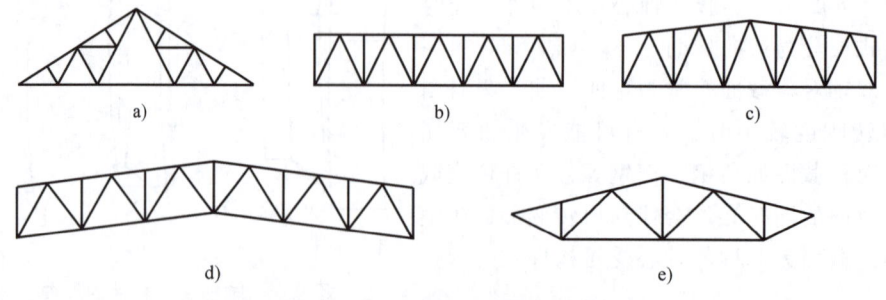

图7-10 基于形状的桁架种类

a）三角形桁架 b）平行弦桁架 c）梯形桁架 d）人字形桁架 e）下撑式桁架

网架结构是一种高次超静定的空间杆系结构，按其形状可分为平面网架、球冠形网壳和曲面网壳，如图 7-11 所示。图 7-11a 是一个以平面网架为屋盖的厂房结构示意图，主要由立柱、外侧墙面、平面网架和屋顶板材组成。平面网架结构空间刚度大、整体性强、稳定性强、安全度高，具有良好的抗震性能和较好的建筑造型效果，同时兼有质量小、省材料、制作安装方便等优点，因此是一种适用于大、中跨度屋盖体系的结构形式。网架可布置成双层或三层，双层网架是最常用的一种网架形式。依据建筑结构的特点，还可以采用球冠形网壳和曲面网壳结构，如图 7-11b、c 所示。

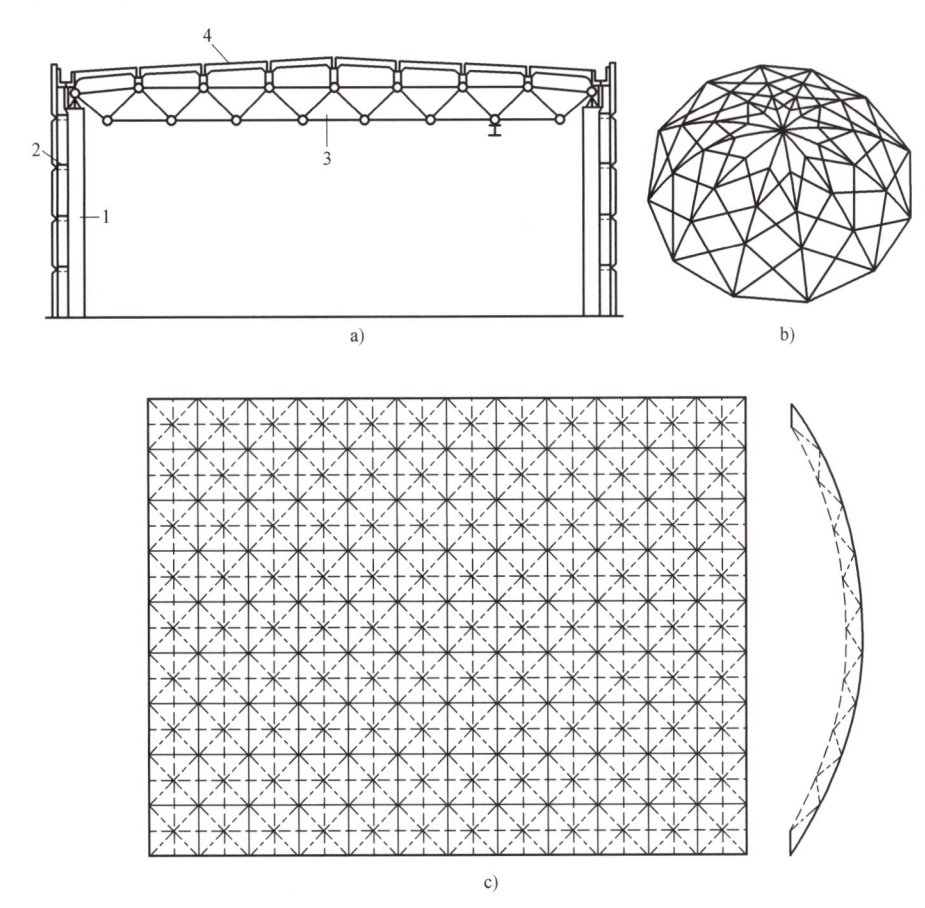

图 7-11 网架结构
a) 平面网架 b) 球冠形网壳 c) 曲面网壳
1—立柱 2—外侧墙面 3—平面网架 4—屋顶板材

2. 桁架结构的组成及杆件截面形式

桁架结构由上弦杆、下弦杆和腹杆三部分组成，图 7-12 给出了几种常用的腹杆布置方法。对两端简支的屋盖桁架而言，当下弦无悬吊载荷时，以人字形体系和再分式体系较为优越（图 7-12b、g）；当下弦有悬吊载荷时，应采用带竖杆的人字形体系（图 7-12c）；桥梁结构中多用三角形和带竖杆的米字形体系（图 7-12e、f）；起重机械和塔架结构多采用斜杆或交叉斜杆体系（图 7-12a、d）。

桁架结构中常用的型材有工字钢、T 形钢、管材、角钢、槽钢、冷弯薄型材、热轧中薄

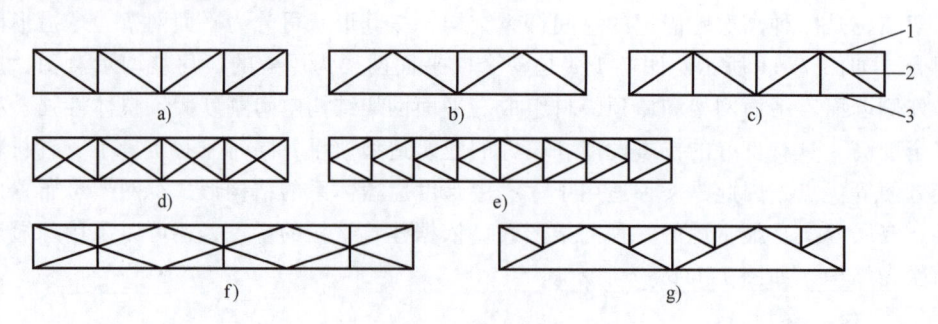

图 7-12 桁架的腹杆体系

a）斜杆体系　b）人字形体系　c）带竖杆的人字形体系　d）交叉斜杆体系
e）三角形腹杆体系　f）米字形体系　g）再分式体系
1—上弦杆　2—腹杆　3—下弦杆

板以及冷轧板等。图 7-13 给出了常用上弦杆的截面形式。上弦杆承受以压应力为主的压弯力，尤其上部承受较大的压应力，因此构件应具有一定的受压稳定性，结构部件必须连续，必要时加肋板（见图 7-13d、e）。图 7-14 给出了常用下弦杆的截面形式，下弦杆承受以拉应力为主的拉弯力，结构相对简单。可以看出，桁架结构中上下弦杆截面形式基本相同，只是考虑到受力情况不同，主受力板位置有所变化。一般情况下，缀板加于受拉侧，肋板加于受压侧。腹杆截面形式与上下弦杆截面形式也基本相同，腹杆主要承受轴心拉力或轴心压力，所以腹杆截面形式尽可能对称，其中双壁截面类型常用于重型桁架中，用来承受较大的内力。

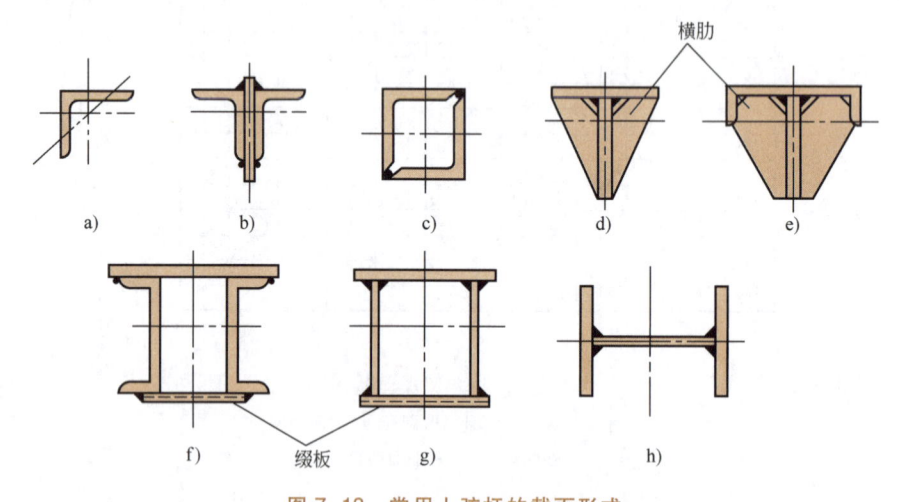

图 7-13　常用上弦杆的截面形式

a）角钢　b）双角钢　c）角钢组焊的箱形　d）T 形　e）槽钢组焊的 T 形
f）槽钢组焊的箱形　g）箱形　h）工字形

3. 桁架结构的力学特征

桁架结构杆件承受有轴心拉力、轴心压力、拉弯力和压弯力四种，而大部分杆件只承受轴心力的作用，与实腹式受弯构件相比，受力合理，节省材料，自重轻，可做成各种几何外形，易满足各种不同的使用要求。

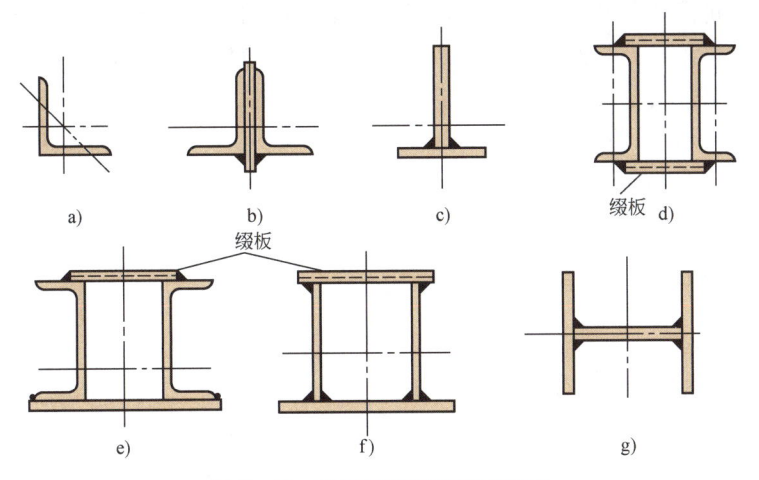

图 7-14 常用下弦杆的截面形式

a) 角钢　b) 双角钢　c) T形　d)、e) 槽钢组焊的箱形　f) 箱形　g) 工字形

腹杆布置应考虑经济性和适用性，应尽量避免非节点载荷引起受压弦杆局部弯曲。尽量使长腹杆受拉，短腹杆受压，腹杆数量宜少，总长度要短，节点构造要简单合理。外形轮廓越接近外载荷引起的弯矩图形，其弦杆受力越为合理。

桁架形式的确定一般与使用要求、桁架的跨度、载荷类型及大小等因素有关。焊接桁架的设计应满足刚度、强度和稳定性的要求。一般桁架的刚度多由桁架的高跨比控制，桁架结构的承载力主要靠各组成杆件的强度和稳定性以及节点的强度来保证，桁架的整体稳定性通过合理的布置支撑体系或横向联系结构来取得。

4. 桁架结构焊接节点形式

焊接节点是指用焊接方法将各个不同方向的型材组合成整体并承受应力的结构，如图 7-15 所示。图 7-15a 是工字钢或 T 形钢型材的焊接节点形式，可用于重型桁架节点；图 7-15b 是角钢型材的对接节点形式；图 7-15c 是钢管型材的焊接节点形式；这三种节点将型

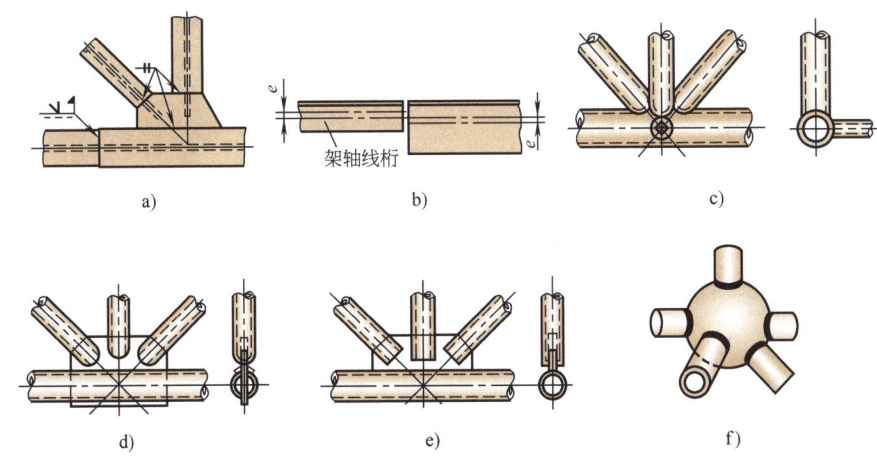

图 7-15　桁架结构的焊接节点形式

a) 工字钢或 T 形钢节点（重型桁架节点）　b) 角钢桁架节点　c) 管材节点
d) 插入连接板管材节点　e) 部分插入连接板管材节点　f) 球形节点管材节点

材直接焊接在一起，具有强度高、节省材料、质量小和结构紧凑等优点，但焊接节点处焊缝密集，焊后残余应力高，应力复杂，容易产生严重的应力集中。对于管材，其焊接节点相贯线较多，制造比较困难，可采用插入连接板（见图 7-15d）或部分插入连接板（见图 7-15e）的焊接节点形式。目前多用球形焊接节点，即将各个方向的管材焊在一个空心钢球上，结构强度高，受力合理（见图 7-15f）。如果结构承受的是动载荷，则焊接节点应尽量采用对接接头，否则会降低桁架结构的使用寿命。

7.2.3 板壳结构及其力学特征

1. 板壳结构的分类

板壳结构是由板材焊接而成的刚性立体结构，钢板的厚度远小于其他两个方向的尺寸，所以板壳结构又称薄壁结构。

按照结构中面的几何形状分类，板壳结构又分为薄板结构和薄壳结构，薄板结构其中面为平面，薄壳结构其中面为曲面。

按照用途分类，板壳结构可分为贮气罐、贮液罐、锅炉压力容器等要求密闭的容器，大直径高压输油管道、输气管道等，冶炼用的高炉炉壳，交通运输轮船的船体、飞机舱体、客车车体等。另外还有以钢板形式为主要制造原材料的箱体结构也属于板壳结构，如汽车起重机箱形伸缩臂架、转台、车架、支腿，挖掘机的动臂、斗杆、铲斗，门式起重机的主梁、刚性支腿、挠性支腿等。

按照形状分类，板壳结构可分为箱形、圆筒形、球形、椭圆形等。

按照板厚结构分类，板壳结构可分为单层、双层、多层和板架结构等。

2. 板壳结构的基本形式

（1）单壁结构　单壁结构只由一层钢板拼接而成，承受拉伸应力的能力较强，而承受压缩应力的能力较弱。对于有密封要求的压力容器，为了避免较大应力集中的作用，主体结构往往采用单壁结构，其连接处均采用对接接头。

（2）板架结构　为了提高板壳承受弯曲应力、扭曲应力和压缩应力的能力，提高结构刚度和稳定性，往往在结构钢板的内侧加装有肋板支承，形成板架结构（见图 7-16a），其骨架多为 T 形截面梁（见图 7-16b）。板架结构可以承受多种类型的复杂载荷。

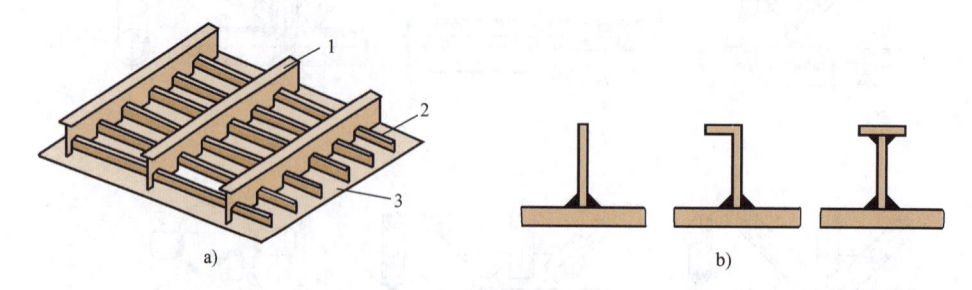

图 7-16　板壳结构的骨架形式
a）板架结构　b）骨架形式
1—桁材　2—骨材　3—板

（3）箱形结构　箱形板壳结构主要是以板材经过冷或热加工后形成截面为方形、长方形、圆形，具有纵向焊缝的结构形式，也可以采用型材焊接而成，其抗弯能力和压缩稳定性较强。在较大尺寸和特殊情况下，内部也可以加焊肋板以进一步提高其抗弯能力。

3. 板壳结构的力学特征

板壳结构具有优异的综合力学特征，能够承受多方向的拉、压、弯、扭形式的静载和动载，具有较强的形状稳定性和抗变形能力。板壳结构类型不同，其力学特征也不尽相同，主要分为以下三种情况：

（1）压力容器的力学特征　有密封要求的压力容器，如锅炉、贮罐、管道等，承受较大的内压力，在壳体壁板上形成以下应力：

1）薄膜应力。薄膜应力是由内压引起的并与其相平衡的壳壁平均应力。例如，圆筒形壳体沿壁厚均匀分布的环向应力、纵向应力及径向应力，均属于平均薄膜应力（见图7-17a），薄膜应力随工作压力的提高而增加。

2）弯曲应力。由内压或附加载荷引起的不均匀分布的弯曲应力。例如，卧式圆筒形壳体因自重产生的应力，即属于弯曲应力（见图7-17b）。弯曲应力沿壁厚的分布是不均匀的，当最大应力区域达到屈服强度时，其余区域仍处于弹性状态，故弯曲应力对组件强度的影响比薄膜应力小。

3）二次应力。二次应力又称间接应力，是由于容器部件几何尺寸不对称，在连接处因变形量不等引起的局部附加薄膜应力及弯曲应力。例如，不等厚壳体的连接处、几何形状不同部件的过渡区等二次应力（见图7-17c）。二次应力的特点是：①局部分布；②当应力达到使过渡区整个截面全屈服时，则产生塑性铰，不会使整个组件产生塑性变形而引起破裂；③不与外力相平衡，而是自身平衡的。因此，二次应力对组件强度的影响较前几种应力都要小些。

4）峰值应力。几何形状不连续处局部升高的应力称为峰值应力。表面焊接缺陷等造成的应力集中、结构部件的直角弯边是峰值应力产生的根源（见图7-17d）。它的主要特征是不会引起部件产生宏观变形，但可能成为疲劳破坏的起因，对部件的强度和可靠性有较大的影响。

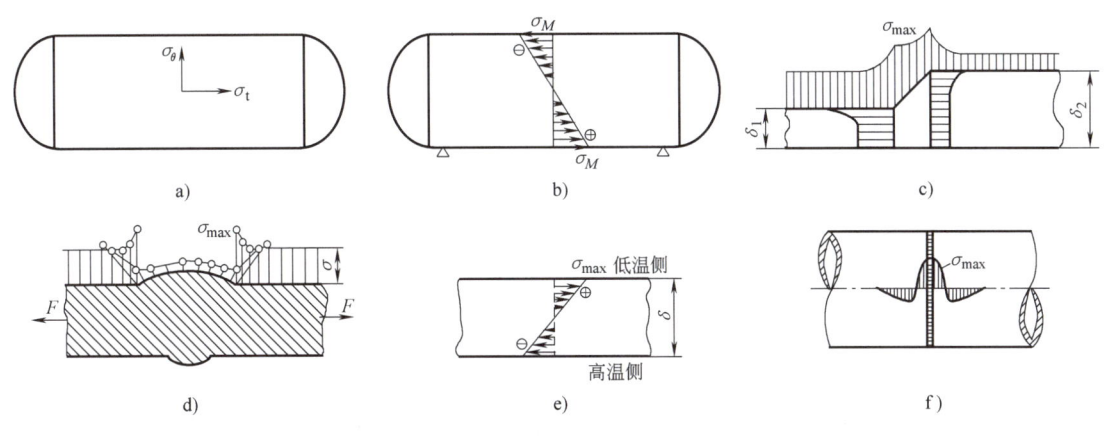

图 7-17　压力容器承受的应力示意图

a）内压引起的薄膜应力　b）自重引起的弯曲应力　c）不等厚引起的二次应力
d）缺口效应引起的峰值应力　e）温差引起的温度应力　f）焊接引起的残余应力

5）温度应力。由于受热不均匀引起温度差异而造成的应力（见图7-17e）。例如，厚壁壳体内外表面温差引起的应力、温度不同部件相连接处的温差应力、线胀系数不同组件相连接处的温差应力等。温度应力属于自身平衡应力。局部温度应力不会引起宏观变形，但可能成为低周疲劳破坏和蠕变破坏的起因。

6) **残余应力**。残余应力是由于部件在高温下受局部应力作用而产生热塑性变形所引发的应力。例如，在焊接、热处理和热冲压加工过程中形成的内应力（见图 7-17f）。这些应力在强度计算中一般不予考虑，但在防止脆性断裂设计时必须考虑焊接残余应力的作用。

（2）装载容器的力学特征　以装载为主的容器类结构，容器内外大气压力相同，主要承受自身重量和装载重量，如汽车、铁路车体和船体等（其结构形式参见图 7-47 和图 7-48）。与压力容器结构相比，这类结构载荷分布不均匀，应力集中较大。为了防止钢板的弯曲或波浪变形，内部都加装有肋板支承，外部有包覆薄板。船体是一个具有复杂外形和内部空间的全焊接结构，其受力复杂，而客车车体结构则相对简单一些。这类结构主要承受以下载荷的作用：

1) **重力载荷**。重力载荷主要指空载重量和装载重量，空载重量是容器结构自身的重量，其位置和作用力相对稳定。装载重量依赖于装载人员和货物位置、形式和装载量，在最大设计载荷下，作用力也相对稳定。对于船体结构，船体板还承受垂直于板平面的水压力和浮力的作用。

2) **运行载荷**。在起动和停止过程中承受的惯性力。在运行过程中承受垂向和横向交变疲劳或冲击载荷。波浪中航行的船舶，当船体中部在波峰或波谷时，分别产生严重的中拱或中垂，浮力沿船体长度分布发生最严重的不均匀，船体受到最大弯曲应力。

3) **残余应力**。由于焊缝数量较多、分布密集，因此焊接残余应力较大。

4) **特殊载荷**。在意外状态下载荷的变化情况，如船体的碰撞、搁浅、触礁等。

这些载荷在焊接结构中引起拉压应力、弯曲应力、扭曲应力，影响整个焊接结构的刚度和结构稳定性。

（3）箱形板壳结构的力学特征　门式起重机的主梁、汽车起重机箱形伸缩臂架、挖掘机的动臂等都属于箱形板壳结构。这类板壳结构一般承受三类载荷，即基本载荷、附加载荷和特殊载荷，主要考虑弯曲刚度和稳定性的问题。

1) **基本载荷**。基本载荷是始终和经常作用在板壳结构上的载荷，其位置不变，如结构自重载荷和提升货物的重力，包括结构、机械、电气设备以及承载货物构件的自重。自重载荷往往是起重量的几倍乃至几十倍。对于运动的构件，还要考虑起升冲击、运行冲击、卸载冲击、水平惯性力的影响，往往把这些影响因素以系数的形式考虑到基本载荷之中。

2) **附加载荷**。附加载荷是焊接结构在正常工作状态下结构所受到的非经常性作用的载荷，如工作外加载荷、工作状态风载荷以及偏斜运行引起的侧向力都属于附加载荷。

3) **特殊载荷**。特殊载荷则是焊接结构处于非工作状态时可能受到的最大载荷，或者在工作状态下结构偶然受到的不利载荷，如最大风载荷、碰撞载荷、试验载荷和地震载荷等。

在结构设计中，根据具体机器种类的工作条件采用不同的载荷组合，往往选取对结构作用最不利的组合方式。**载荷的组合方式有**：

载荷组合Ⅰ——只考虑基本载荷。

载荷组合Ⅱ——（基本载荷）+（附加载荷）。

载荷组合Ⅲ——［（基本载荷）+（附加载荷）+（特殊载荷）］或 ［（基本载荷）+（特殊

载荷)]。

按载荷组合Ⅰ进行疲劳强度验算，按载荷组合Ⅱ计算结构的强度和稳定性，按载荷组合Ⅲ验算结构的强度、刚度和稳定性。

7.2.4 实体结构及其力学特征

1. 实体结构的分类

实体结构又称为实腹式构件，其截面组成部分是连续的，一般由轧制型钢制成，常采用角钢、工字钢、T形钢、圆钢管、方形钢管等。构件受力较大时，可用轧制型钢或钢板焊接成工字形、箱形等组合截面。

实体结构主要按其用途进行分类。在焊接结构产品中，实体结构主要应用于各种机器的机身和旋转构件，如机床机身、锻压机械梁柱、减速器箱体、柴油机机身、齿轮、滑轮、带轮、飞轮、鼓筒、发电机转子支架、汽轮机转子和水轮机工作轮等。

2. 实体结构的基本形式

实体结构的主体形式是箱形结构，其断面形状为规则或不规则的三边形、四边形或多边形，也具有圆形结构。典型实体结构是内燃机车柴油机焊接机身（参见图 7-30），其结构是由与主轴垂直和平行的许多钢板焊接而成。与主轴平行的板状元件有水平板、中侧板、支承板、内侧板和外侧板，这些纵向的钢板贯穿整个机身长度，内侧板、中侧板和外侧板上端和顶板焊在一起，下端和主轴承座焊在一起。与主轴垂直的钢板下端与主轴承座焊在一起，上端与左右顶板焊在一起。这些纵横交错的板材形成了大小不同、形状各异的箱格结构。

实体结构焊接接头形状多样，常有T形接头和角接接头，采用角焊缝连接。实体结构壁厚变化较大，对由不同厚度板材组成的对接接头，要在厚板上采取平缓过渡措施。由于实体结构中各部位的力学性能要求不一样，常常采用铸造或锻造部件，因此实体结构多为铸焊联合结构或锻焊联合结构。

3. 实体结构的力学特征

实体结构多为机器部件，受力复杂。由于承受负载重量、运动部件之间的作用力和运动时产生的惯性力，尤其部件之间的作用力往往是高周或低周循环的交变载荷，因此实体结构要具有较高的静载强度和动载强度。实体结构也必须有足够的刚度，以保证机器运行时，在承受各种作用力的情况下不致发生不可接受的变形。

实体结构中的焊缝数量较多，且分布集中，不可避免存有严重的焊接残余应力，这对结构尺寸的稳定性有较大的影响，尤其是切削机床的机身要求尺寸稳定性更高，所以这类焊接机身必须在焊后进行消除残余应力处理。

实体结构的板材或型材厚度比较大，对断裂韧性有较高的要求，一般采用韧性比较高的低碳钢和低合金高强度钢材料。采用对接接头和全焊透的T形接头，承受各种拉、压、剪切、弯矩力的作用。对于承受动载的结构，在焊接接头设计上要考虑疲劳失效问题。

7.3 焊接结构实例分析

焊接结构的应用实例数以千计，结构类型多种多样，仅全焊结构的产品就不胜枚举。本节列举工程应用中常见的具有代表性的大型全焊结构，对桥式起重机主梁、焊接容器、机床机身、旋转体和薄板结构进行分析。

7.3.1 桥式起重机主梁

桥式起重机是工业生产中重要的起重装备，由钢板焊接而成，总体外观属于梁结构，是典型的板壳式全焊结构，其腹板的高度与其厚度之比常达 200 以上，因此也是薄板结构。整体桥架结构主要由两根主梁、两根端梁和行走小车组成，如图 7-18 所示，其中主梁的结构和制造能够较全面地反映焊接结构的类型和力学特点。

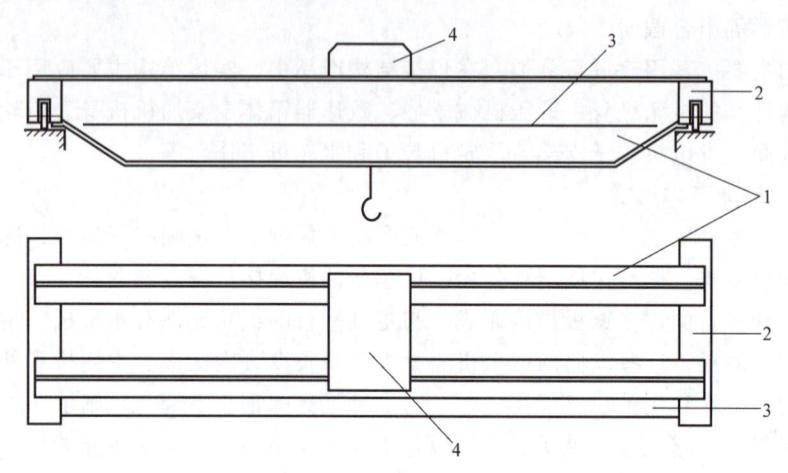

图 7-18 桥架的构造示意图
1—主梁　2—端梁　3—走台　4—起重小车

1. 主梁的结构形状

桥式起重机的箱形主梁由上下翼板、左右腹板、长隔板、短隔板、角钢肋板、扁钢肋板、钢轨组成，其断面结构如图 7-19 所示。一般箱形主梁的腹板厚度是 6mm 左右，大跨距的桥式起重机的主梁高度在 1500mm 左右，这种宽度和厚度的腹板存在局部失稳问题，必须合理布置加强肋板以增强腹板局部稳定性。

起重小车的轮子在钢轨上运行，小车轮压通过钢轨作用在上翼板上，上翼板的背面有横隔板起着支承钢轨的作用。横隔板有两种，一种是短隔板，其高度 $h_2 = \frac{h}{3} \sim \frac{h}{4}$，另外一种是长隔板，与腹板等高。长隔板除了支承钢轨之外，还起增强腹板局部稳定性的作用，它把腹板分隔为若干区段，每一区段内在短隔板的下端设置一根角钢作为纵向加强肋，它对于增强薄腹板的局部稳定性起重要作用。在腹板下半部拉伸区安置的一根纵向板条，是从工艺角度而设的，用以克服腹板的焊接波浪变形。

通常按刚度和强度条件，并使截面积最小的原则来确定梁的高度、宽度，然后初步估算梁的腹板、盖板厚度，进行截面几何特征的计算。一般情况下，主梁中部高度 $h = \left(\frac{1}{14} \sim \frac{1}{16}\right) L$，腹板的壁间距 $b_0 \geqslant \frac{h}{3}$ 且 $b_0 \geqslant \frac{L}{50}$，腹板厚度 $\delta_0 = 6 \sim 8 \text{mm}$，盖板厚度 $\delta_1 > \frac{b_0}{60}$。为了减少主梁在受载工作时的实际下挠变形，以利于起重小车和大车运行机构的正常工作，制造

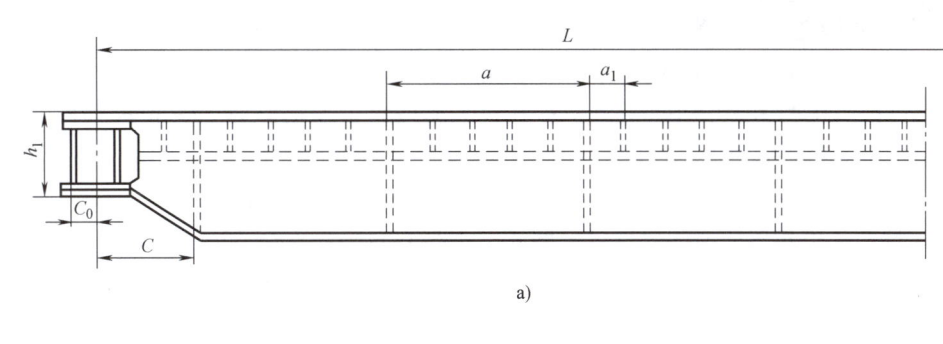

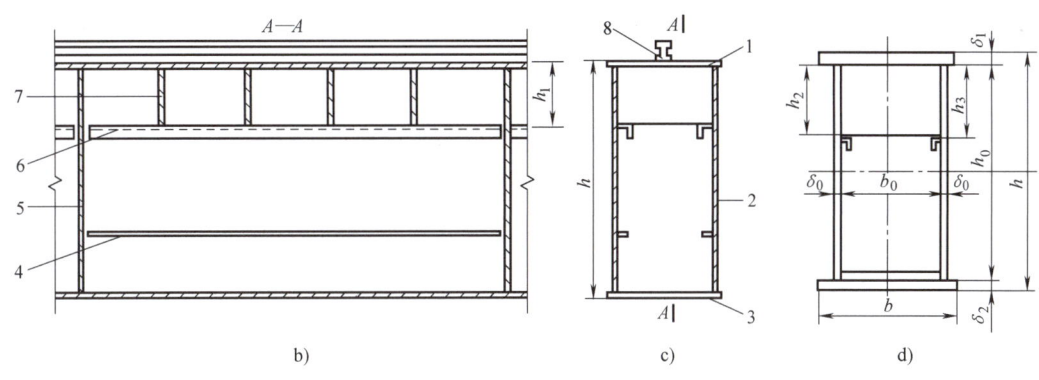

图 7-19 起重机箱形主梁的构造

a）主梁的结构组成　b）主梁的局部纵断面图　c）主梁的横截面图　d）主梁尺寸图
1—上翼板　2—腹板　3—下翼板　4—扁钢肋板　5—长隔板　6—角钢肋板　7—短隔板　8—钢轨

时把主梁做成向上弯曲的弧线形，主梁上拱弧线一般采用二次抛物线或正弦曲线，并且规定梁跨度中央的最大上拱度 $f_s = \dfrac{L}{1000}$。

2. 主梁及其焊缝金属的力学特征

桥式起重机的箱形主梁不仅承受自身重量，而且承受吊运货物的重量和运动惯性力。主梁截面所受到的载荷有固定载荷和活动载荷在垂直方向上所引起的弯矩和剪力，水平方向上的弯矩和剪力，弯矩与应力分布属于典型的梁的力学特征，如图 7-5 和图 7-6 所示。腹板同时承受弯矩和切力，在腹板上部产生压应力和剪切力，在腹板下部产生拉应力和剪切力。强度、刚度和稳定性是主梁的三个主要指标，前两者是对拉应力区即下部腹板而言，不能发生超过规定的变形和断裂，后者是对压应力区即上部腹板而言，不能发生失稳。

盖板与腹板的角焊缝是主要工作焊缝之一。角焊缝同时承受三种应力，即由集中载荷产生的剪应力、由弯矩产生的正应力，以及由于腹板和盖板未靠紧，集中载荷的压力通过角焊缝传递，在角焊缝中产生的剪切力。

除肋板和腹板的连接焊缝部分、横向间隔肋板及纵向肋板有时采用断续角焊缝外，全部支承肋板、大部分横向间隔肋板都采用连续角焊缝。验算支承肋板与腹板的连接焊缝是假定它承担全部支座应力与集中载荷，并且在焊缝全长上均匀分布。主梁在起吊货物时，受到向下的拉力，从而使上盖板受压而下盖板受拉，故上盖板焊缝不必校核，只需校核下盖板对接焊缝。

3. 主梁的制造工艺过程

1) 上、下盖板的拼接。上、下盖板通常采用对接接头形式，当板厚为 6~8mm 时，采用 I 形坡口；当板厚为 10~20mm 时，采用单 Y 形坡口；当板厚为 20~30mm 时，采用双 Y 形坡口。

盖板焊接可采用自动焊或半自动焊进行。焊接时，要在工艺板上引弧和熄弧，焊后去掉工艺板，与工艺板相连的两侧要用砂轮磨光，不得有缺陷。

焊后要进行外观质量检验和 X 光焊缝射线照片或超声波检验，合格后进行下道工序。

2) 腹板的拼接。板材波浪变形值不应太大，否则使用辊式矫正机矫正；板料不应有划伤现象；如腹板高度方向上需要拼接时，应先拼接，焊后在平板矫正机上矫正。腹板下料应该有拱度 $f_s = \left(\dfrac{1}{1000} \sim \dfrac{3}{1000}\right) L$。

腹板拼接时，焊缝两端应有引弧和熄弧工艺板；对接焊时采用埋弧焊，焊接方向一般为自下而上；拼焊后的腹板应进行 X 射线或超声波探伤，检验合格后，进行矫平。

3) 主梁的焊接顺序。起重机主梁焊接的一般顺序如图 7-20 所示。

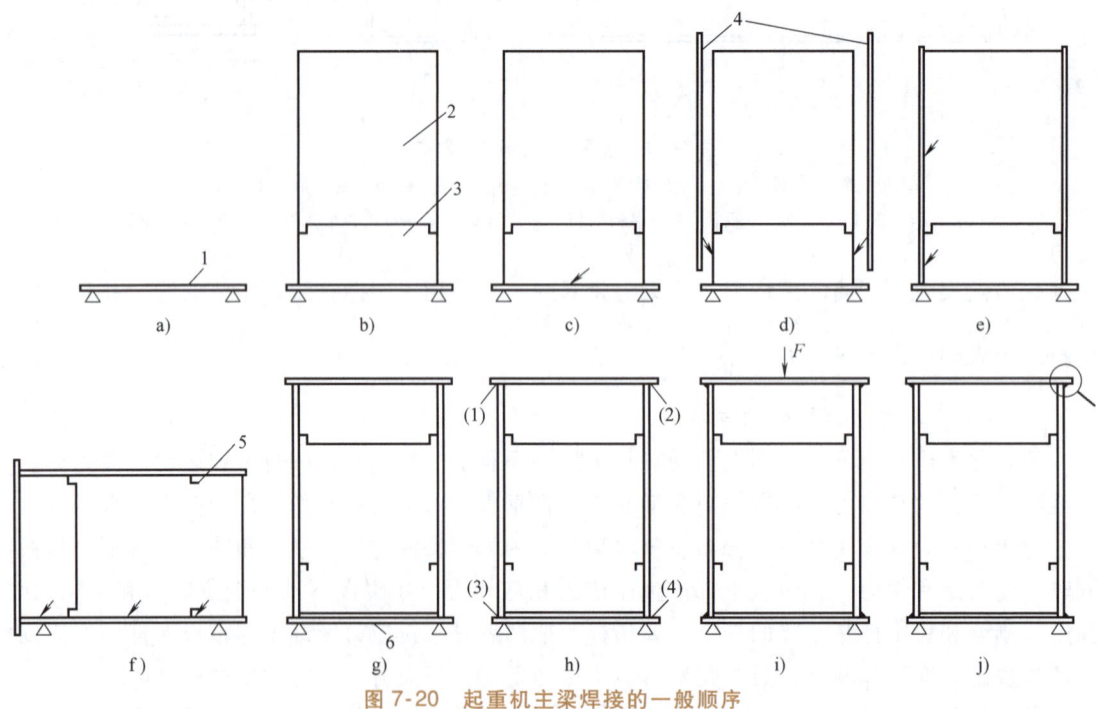

图 7-20 起重机主梁焊接的一般顺序

a) 放置上盖板 b) 放置大小隔板 c) 隔板与上盖板焊接 d) 安装左右腹板 e) 腹板与隔板定位焊
f) 腹板与隔板焊接 g) 下盖板定位焊 h) 腹板与上下盖板焊接 i) 焊接变形测量与矫正 j) 焊接质量检验
1—上盖板 2—大隔板 3—小隔板 4—左右腹板 5—加强肋 6—下盖板
(注：短箭头所指为定位焊或焊接的位置)

① 上盖板铺设。上盖板置于支承平台上，并加压板固定。在地上铺好已拼接好的上盖板，使其中间向下弯曲，弯曲程度等于预制的上拱度，即中点处向下挠 $L/1000$。

② 装配焊接大隔板和小隔板。焊接时两个工人同时由大梁的中部向盖板边缘焊接。对于隔板与上盖板的角焊缝，为保证预置旁弯，焊接方向从无走台侧向有走台侧焊接，焊接时

应尽量分散进行。

③ 腹板与隔板用断续焊。先将腹板与上盖板定位焊，把腹板装配好。由于腹板有预制上挠，装配时需使盖板与之贴合严密，然后开始焊接，形成无下盖板的Π形梁。

④ 将装配好的腹板进行焊接。将定位焊后的Π形梁侧放躺下，焊接腹板与肋板之间的焊缝，先集中焊接一侧，以造成向另一侧的有利旁弯。

⑤ 焊接角钢。腹板装配焊接完成之后，将角钢（加强肋板）断续焊接到腹板之上。

⑥ 装配下盖板。在装配压紧力作用下预弯成所需形状。由于长隔板规定了矩形形状公差，较容易控制盖板的倾斜度和腹板的垂直度，然后定位焊。焊后测量挠度，若上挠度大于允许值，则先同时焊（1）、（2）焊缝，使焊后产生一定量下挠；反之，则先焊（3）、（4）焊缝。

⑦ 焊接四条长角焊缝。盖板与腹板的角焊缝是主要工作焊缝之一。一般情况下，采用的是不开坡口的角焊缝，采用 80%Ar+20%CO_2 混合气体的 MAG 焊，工件运动，焊枪不动，左右焊枪同时焊接。拱度不够时，应先焊下盖板左右两条纵缝；拱度过大时，先焊上盖板左右两条焊缝。

⑧ 矫形。主梁制成后，如有超出规定的挠曲变形，需进行修理，可用锤击法，但应用最多的是火焰矫正。

⑨ 检验。用超声波探伤、射线探伤等进行焊缝焊接质量检验，焊缝表面的缺陷如烧穿、裂纹等可用肉眼或放大镜观察。同时，焊后也应对焊缝外形尺寸如余高、角焊缝焊脚尺寸进行检验。

7.3.2 焊接容器

基于压力容器具有承受压力大、使用环境恶劣和密封性强的要求，焊接技术成为制造压力容器的最佳方法，对于大型容器而言也可以说是唯一的方法。焊接容器主要用于供热、供电、贮存和运输各种工业原料及产品，完成工业生产过程必需的各种物理和化学过程。焊接容器一旦出现事故，危害极大、损失严重，因此对焊接容器的设计、制造、使用和维护，各个国家的产品质量监督部门和技术部门都有严格的要求和规定。

1. 焊接容器的分类

焊接容器种类很多，可按照工作温度、工作压力、工作用途、形状、钢板厚度（制造方式）和安全管理等进行分类，见表 7-3。

表 7-3 压力容器的分类

分类	类别			
工作温度	低温容器	常温容器	高温容器	一般容器
	$T \leq -20℃$	$-20℃ < T < 350℃$	$T \geq 350℃$	常温常压容器
工作压力	常压容器	低压容器	中压容器	高压容器	超高压容器
	$p<0.1MPa$ 非密封容器	$0.1MPa \leq p < 1.6MPa$	$1.6MPa \leq p < 10MPa$	$10MPa \leq p < 100MPa$	$p \geq 100MPa$
工作用途	贮罐类	锅炉类	化工反应釜类	冶金行业类	特殊用途类
	立、卧式贮罐、球罐、贮气罐等	工业锅炉和电站锅炉及其锅筒等	反应器（罐）、蒸煮球、合成塔、洗涤塔等	高炉、平炉、转炉、热风炉、水泥窑炉等	核容器、潜艇、航天器等

(续)

分类	类别		
形状	圆筒形容器	球形容器	水滴状容器
	卧式、立式容器	又称球罐,同等容积表面积最小,装气体时,表面受力均匀	装液体时,表面受力均匀一致
钢板厚度	薄壁容器	厚壁容器	多层容器
	$\frac{\delta}{D_n} \leq 0.1$ 或 $K = \frac{D_w}{D_n} \leq 1.1$	$\frac{\delta}{D_n} > 0.1$ 或 $K = \frac{D_w}{D_n} > 1.1$	采用薄钢板几层或十几层叠加制造
安全管理	第一类压力容器	第二类压力容器	第三类压力容器
	综合考虑设计压力、容积大小和介质的危害程度等因素进行划分的,其中第三类压力容器对设计、制造和检验的要求最严格		

注:δ 为钢板厚度,D_w 为容器外直径,D_n 为容器内直径。

2. 焊接容器的结构组成

锅炉、压力容器与管道是典型的焊接容器,其结构形式属于板壳结构。

(1)锅炉及其锅筒的结构形式 锅筒是水管锅炉中最重要的受压部件之一,锅筒钢材和壁厚取决于锅筒的工作压力和使用温度。按照锅炉的容量,锅筒的工作压力可以从0.4MPa到20.0MPa,工作温度最低为142℃,最高达364℃。由于锅筒的直径和容积都比较大,一旦破裂将释放出巨大的能量而导致灾难性的事故。这就要求锅筒的选材、设计、制造和检验必须严格符合相应的规程,确保锅炉运行的安全可靠。

锅筒的典型结构如图7-21所示,由筒体、封头、下降管和接管等部件组成。筒体按其长度由若干筒节组焊而成,通常采用钢板卷制或压制成形,并由一条或多条纵缝连接成整体。封头可采用冷冲压、热冲压或旋压成形制成半球形、椭圆形和碟形,并通过全焊透环缝与筒体相接(图7-21a)。下降管管接头与筒体的连接,由于接头的拘束度较大,焊接残余应力较高,受力状态较复杂且应力集中系数高,故应采用图7-21b所示的全焊透接头形式。对于直径小于133mm的接管允许采用局部焊透的接头形式,但坡口的形状和尺寸必须保证足够的焊缝厚度,如图7-21c所示。

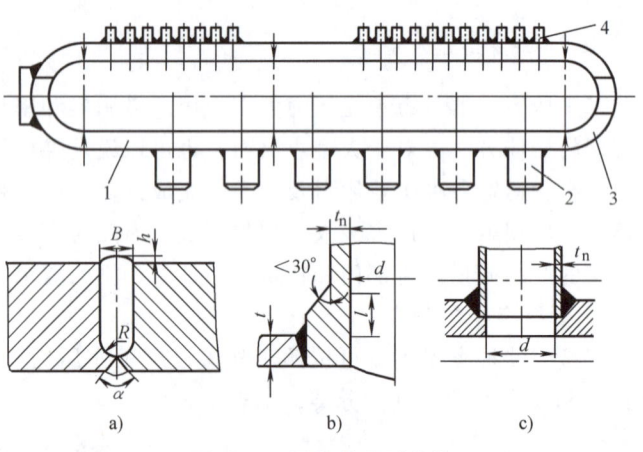

图7-21 锅筒的典型结构
a)环缝坡口 b)下降管接管接头 c)小直径接管接头
1—筒体 2—下降管 3—封头 4—接管

(2)压力容器的结构形式 按压力容器壳体的结构形式,可将容器分为整体式和组合式两大类。整体式容器也称单层容器,其制造方法有钢板卷焊式、整体锻造式、电渣成形堆焊式、铸焊式、锻焊式等;组合式容器制造方法有多层包扎、多层热套、多层绕板、扁平绕带、槽形绕带等。

钢板卷焊式结构的容器实际应用最广泛,其典型结构如图7-22所示。如钢板厚度在

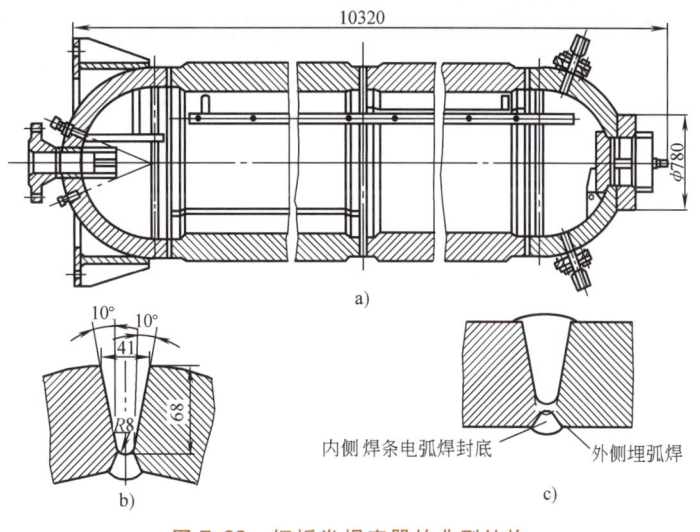

200mm 以下，筒体可用卧式或立式卷板机卷制成形；当钢板厚度超过 200mm，宽度超过 3.5m，筒体则应采用大吨位油压机压制成形。容器的封头可根据封头不同的直径、厚度与材料，将预先割好的圆形钢板坯料，在液压机或旋压机上以冷成形或热成形方法制成所需形状的封头。筒节按其直径可由一条或多条纵缝组焊，筒节之间由环缝连接成筒体。各种接管和加强圈可采用无缝钢管或锻件直接与筒体相焊。卷焊结构的优点是制造工艺简单，设备投资费用较低，材料利用率高，生产成本较低，与锻焊结构相比制造周期可缩短一半多，薄壁容器可不用进行焊后热处理工序。

图 7-22 钢板卷焊容器的典型结构
a）焊接容器　b）纵缝焊坡口　c）环缝焊坡口

（3）焊接管道的结构形式　焊接管道的结构形式比较简单，由钢板卷制形成筒体，由一条纵焊缝焊接成筒节，由环焊缝把各个筒节连接成整个管道。中等直径中等压力的管道也可以采用螺旋焊管。大直径管道采用双面焊，小直径管道采用单面焊背面成形技术。目前管道的纵焊缝和环焊缝均可以采用自动焊方法来完成，焊接质量可以得到很好的保证。

焊接管道用途很广泛。例如，我国的"西气东输"工程，西起新疆东至上海，主管道全长 4200km，直径 1016mm，最大壁厚 26.2mm，承受压力 10MPa。管道输送易燃易爆的天然气介质，内压力大，经过山脉、河流和沙漠，工作环境恶劣，因此对焊接接头的质量提出很高的要求。

3. 焊接容器的力学特征

焊接容器的运行条件相当复杂和苛刻。例如，电站锅炉必须在高温高压下长期安全运行，超临界电站锅炉的蒸汽参数已经达到 593℃和 31.1MPa，压力容器不仅要求承受较高的内压和高温，而且要经受各种介质的腐蚀作用。

焊接容器的焊接接头承受着与受压壳体相同的各种载荷、温度和工作介质的物理化学作用，不仅应具有与壳体基体材料相等的静载强度，而且应具有足够的塑性和韧性，以防止这些受压部件在加工过程中以及在低温和各种应力的共同作用下产生脆性破裂。在一些特殊的应用场合，接头还应具有抗工作介质腐蚀的性能。因此，对焊接接头性能要求的总原则是等强度、等塑性、等韧性和等耐蚀性。

（1）等强度　焊接接头的强度性能不低于母材标准规定的下限值，强度性能包括常温强度、高温短时强度和持久强度。实际上，焊接接头的强度值与母材相应强度值绝对等同是不可能的，而且也无此必要。母材和焊缝金属的屈强比也不尽相同，很难使焊缝金属的抗拉强度与屈服强度同时达到母材标准的规定值。现行设计标准规定，按抗拉强度值选取的许用应力低于按屈服强度值选取的许用应力。

对于锅炉和压力容器的高温部件，应当按最高温度下的强度指标——持久强度或高温短时抗拉强度选择焊接材料，而不必强求同时达到常温强度的规定指标。因为焊缝金属和钢材的组织不同，常温和高温强度比必然存在较大的差异，要求同时达到常温和高温强度显然是不合理的。

（2）等塑性和等韧性　指焊缝金属的塑性和韧性不低于母材标准规定的塑性和韧性指标的下限值。这里的塑性和韧性的含义应包括低温塑性和韧性以及高温塑性和韧性，同时包括在加工过程中应具有的变形能力，并保证多次热处理和长期高温运行后的塑性和韧性不低于母材标准规定的塑性和韧性指标的最低值。

（3）等耐蚀性　等耐蚀性可理解为焊接接头耐腐蚀性、抗氧化性等不低于母材标准规定的指标，往往要求焊缝金属的合金成分不低于母材。考虑到焊接热过程会对接头的耐蚀性产生不利影响，应选择主要合金成分略高于母材而含碳量低于母材的焊接材料。

由于上述力学性能的特点，在制造焊接容器时应全面考虑质量控制环节。例如：在选择材料时，应首先选用焊接性良好的材料；在强度计算和结构设计时，应注意合理选取焊缝强度系数，开孔补强形式；焊接接头形式的设计应避免应力集中，保证焊缝的强度性能；焊缝的布置应有较好的可达性和可检验性。鉴于焊接容器可能经受各种形式载荷和恶劣的工作环境，对有些受压部件及其焊接接头应着重分析其抗断裂性能、抗疲劳性能，并考虑焊接热影响区性能的变化和焊接残余应力对其不利的影响。对于长期经受高温高压作用的部件，应顾及蠕变、回火脆性和蠕变疲劳交互作用引起的破坏。对于核反应堆容器，应特别注意辐照脆化现象。对于在氢介质和腐蚀介质下工作的容器应仔细分析氢脆、应力腐蚀、腐蚀疲劳等可能产生的严重后果，并从选材和结构设计上采取相应的防范措施。

7.3.3　机床机身

1. 机床焊接机身

机械切削加工是高精度的加工工艺过程，要求保证零件加工后的形状和尺寸精确，因此必须严格控制切削机床在加工过程中引起的变形，也即要求机床的机身具有很高的刚度。机身承受工件的重量及切削力，而这些力对于切削机床的机身来说是较小的，所以切削机床的强度要求容易满足，而刚度要求较高。

大型重要的机床床身、工作台、底座等构件过去采用铸造结构，现在出于提高机床工作性能、减小结构质量、缩短生产周期或降低制造成本等原因，逐渐改用焊接结构。焊接机身的刚度主要不是靠增加钢板厚度和大量使用肋板来保证，而是尽可能利用型钢或钢板冲压件组成合理的构造形式来获得，要把结构中肋板的数量或焊缝的数量降至最少。

（1）机床的受力与变形　机床在工作时所承受的力有切削力、重力、摩擦力、夹紧力、惯性力、冲击或振动干扰力、热应力等。因此，机床在静力作用下可能发生本体变形、断面畸变、局部变形、接触变形等四种类型的变形，有些只发生其中一种，有些可能是几种变形的组合。在工作时床身的变形有弯曲变形、扭转变形和导轨的局部变形，其中扭转变形占总变形的50%～70%。设计车床床身结构应满足一般机床大件所要求的静刚度、动刚度、尺寸稳定性等。

（2）机床机身的结构形式和材料　从结构形式上来看，机床机身结构属于实体结构，由形状各异、大小不同的箱格式结构组成。存在铸造与锻造部件，属于铸焊与锻焊结构。

切削机床工作时，机身中产生的工作应力较低，所以焊接机身可以用焊接性好的低碳钢制造。导轨则可以用强度高的耐磨材料，但是导轨与机身本体的焊接需克服异种材料焊接的困难，可以用螺栓固定在机身本体上。

(3) 普通车床床身　图 7-23 所示是普通车床的焊接床身，这类结构长度较长，常设计成梁式结构。在图中把组成该床身的零部件以图解方式表示在它的周围。箱形床腿为焊接件、纵梁、Ⅱ形肋和液盘等均为冲压件，减少了焊缝数量。这样的结构适用于批量生产的焊接床身。

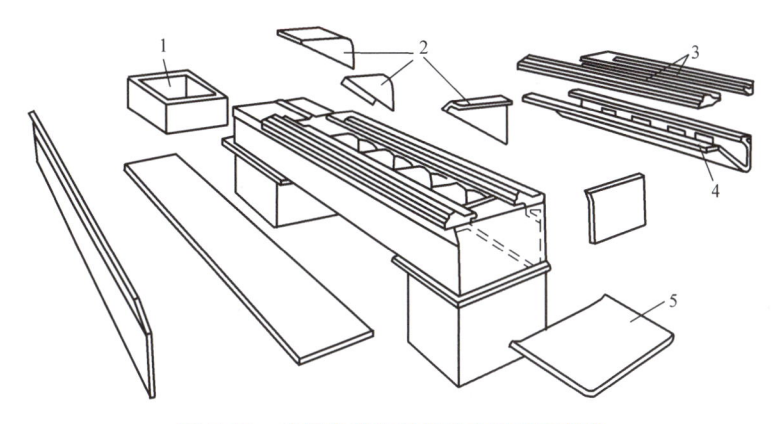

图 7-23　普通车床的焊接床身及其零部件
1—箱形床腿　2—Ⅱ形肋　3—导轨　4—纵梁　5—液盘

(4) 铣床、磨床床身　这类床身较短，常设计成能承受重力和切削力的刚性台架式结构。按焊接工艺特点，本着少用肋板而尽可能采用箱形结构的原则进行设计。

图 7-24 是一台卧式铣床的焊接床身的结构。其特点（见图中 $B—B$ 剖面）是巧妙地利用 3 个钢板冲压件组焊成具有 3 个封闭箱体的床身主体结构，焊接接头少。底板是用稍厚一些的 5 条扁钢组焊成的边框，从而减小质量，节省材料，用 $w_C = 0.4\%$ 的中碳钢做导轨，直接焊到壁板上，用双层壁支承，焊后对导轨做火焰淬火和磨削加工。整个床身质量小，刚性大，结构紧凑。

(5) 龙门式刨床、镗床床身　图 7-25 所示是大型龙门铣刨床焊接床身的应用实例。龙门式机床多为大型或重型机床，这类

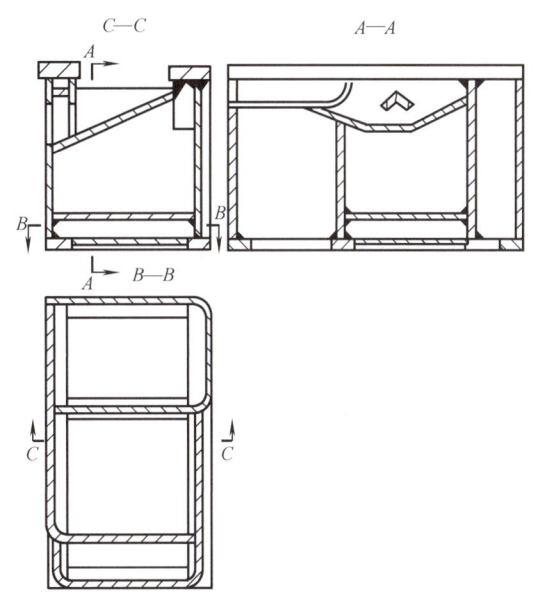

图 7-24　卧式铣床焊接结构

床身长度较大，在工作时主要承受弯曲载荷，可以设计成封闭的箱形端面结构。该床身中间 4 条纵向肋和两侧壁构成 5 个箱形结构；整个床身很长，仅中段的长度为 8.5m，所以每隔 900mm 左右设置一横肋板，厚为 15mm，中间开孔以减小质量，整个床身成为箱格结构。床面上承受重力大，为了稳定不设床腿，床身直接安装在基础上，使床身高度尽量减小。导轨

的接触面大，在它的正下方或附近，设置支承壁或垂直肋，以保证导轨的支承刚度。

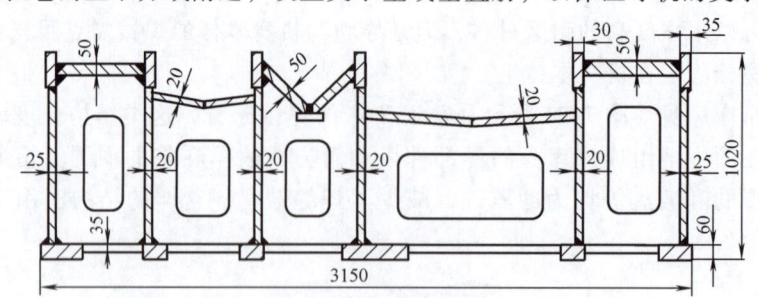

图 7-25 大型龙门铣刨床焊接床身的应用实例

2. 锻压设备焊接机身

各种锻锤、机械压力机、液压机、剪切机、折边机等锻压设备都是对金属施加压力使之成形的机器，工作力大是它们的基本特点。压力机是典型的锻压设备，其不同于切削机床，加工件的精度要求比切削加工件低，其机身宜采用焊接结构，特别像重型机械压力机和液压机的机身采用焊接结构经济效益更为显著。我国在 20 世纪 60 年代初就已经成功制造了焊接结构的 12000t 水压机，现在各种吨位的压力机机身都采用焊接结构。

（1）锻压机身的受力分析　压力机在工作时，机身承受全部变形力，它必须满足强度要求，通过较低的许用应力以充分保证工作安全和可靠。同时，还必须具有足够的刚度，因为机身的变形改变了滑块与导轨之间相对运动的方向，既加速导向部分的磨损，又直接影响冲压零件的精度和模具寿命。锻压设备是承受动载荷的，应尽可能降低关键部位的应力集中以免产生疲劳破坏，损害机器的使用寿命。总体结构和局部结构的强度和刚度力求均衡，在满足强度和刚度的前提下使结构尽量简单、质量小。在焊缝布置上，应尽可能不使其承受主要载荷。

（2）锻压机身所用的材料　多数的锻压机身是铸钢件或是焊接结构。一般情况铸钢件的成本比焊接件高，因此压力机的机身应用焊接结构比较普遍。锻压设备在工作时承受动载荷，常用的材料是对缺口敏感性较低的普通碳素结构钢 Q235，如果强度要求高或要减小机器质量时，可选用普通低合金结构钢，如 Q345 等。但要注意，因锻压机身材料的许用应力取得较低，结果板厚较大，如大厚度 Q345 钢板焊接时，可能会产生焊接裂纹，为此常在焊前进行预热。

（3）锻压机身的结构形式　压力机是典型的锻压设备，其结构形式有开式（C 型）和闭式（框架型）两类（见图 7-26）；按各主要部件之间的连接方式，则可分为整体式（见图 7-26b）和组合式（见图 7-26c）两种。

开式机身操作范围大而方便，机身结构简单，但刚性较差，适用于中小型压力机。这种机身在工作力的作用下产生角变形，如果角变形过大将影响上下模具对中，降低冲压件的精度和模具寿命。开式机身的喉口结构对于机身的强度和刚度影响较大，喉口上下转角处局部应力最高，转角圆弧半径越小，局部应力越高。增大转角半径和减小喉口深度可提高机身的强度和刚度，有利于改善压力机的工作性能。在转角处连接侧壁板和弯板的焊缝受力最严重，该处常出现疲劳裂纹，设计时应该增强，通常是对侧壁板局部补强。

闭式机身可以采用整体的焊接结构，这种结构具有质量小、刚度大和工作精度高的优

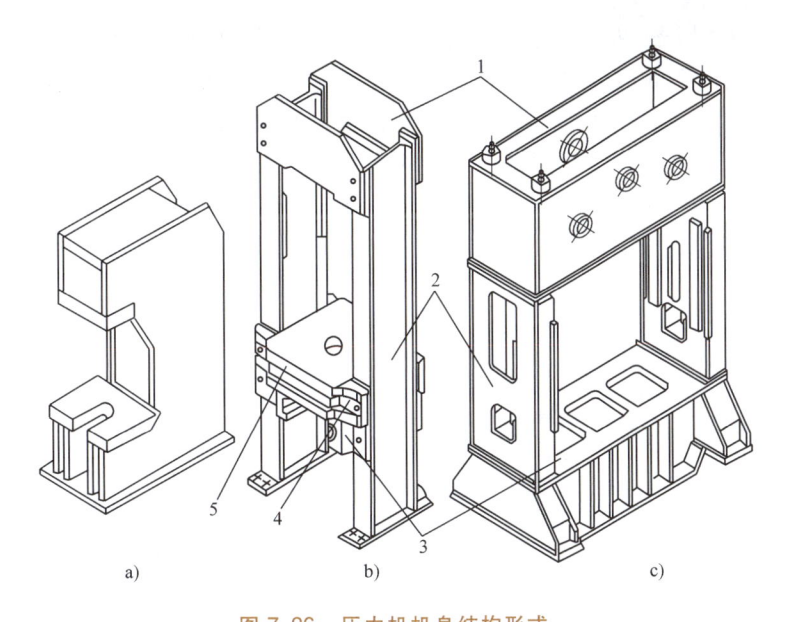

图 7-26 压力机机身结构形式
a) 开式机身　b) 闭式整体机身　c) 闭式组合机身
1—上横梁　2—立柱　3—下横梁　4—滑块　5—活动横梁

点,适用于大中型压力机,但工件尺寸受到限制。框架整体式机身可以用钢板和型钢焊成,也可以采用一些铸、锻件构成复合结构,这种复合结构具有结构简单、制造方便和刚性好等优点,因此获得广泛应用。整体式框架结构中内侧四个转角处也是应力集中区,应当有适当的圆弧过渡,以降低应力集中,提高疲劳强度。

大型的机械压力机和液压机大量采用组合式机身,因为组成机身的上横梁、立柱、下横梁、滑块或活动横梁等大件,可以分别单独进行制造,这样有利于组织生产和控制焊接质量,同时又解决整机运输上的困难。压力机立柱支承上部机器部件的重量和承受拉紧螺栓的压力,同时是滑块运动的导轨,立柱是受压件,用厚钢板焊成,以保证局部稳定性和刚性。

3. 减速器箱体

大型减速器的箱体从铸造结构改用焊接结构后,制作简化,节省材料,成本可降低约 50%。此外,还具有质量小、结构紧凑和外形美观等优点。现在不仅生产单个减速器箱体采用焊接结构,而且在一些机械行业中已形成焊接减速器系列,定型批量生产。

减速器箱体的基本功能是对齿轮传动机构的刚性支承,同时,还起到防尘和盛装冷却润滑齿轮油的作用。箱体必须具有足够刚度,否则工作时轴和轴承发生偏移,降低齿轮的传动效率和使用寿命。

(1) 箱体受力分析　一般情况作用在箱体上的力不大,减速器箱体的刚度最为重要,所以只要箱体的刚度满足要求,强度通常不成问题。齿轮传动时所产生的力是通过轴和轴承作用到箱体的壁板上,通常是把壁板当作一根梁,根据支反力和相应的刚度条件进行壁板的断面设计和计算。减速器箱体多用低碳钢制造,主要用 Q235 钢。

(2) 箱体结构　减速器箱体可以根据传动机构的特点设计成整体式或剖分式的箱体结构。整体式的刚性好,但制造、装配、检查和维修都不如剖分式方便。剖分式箱体是把整个箱体沿某一剖分面划分成两半，分别加工制造，然后在剖分面处通过法兰和螺栓把这两部分联接成整体，剖分面的位置常取在齿轮轴的轴线上。单壁板剖分式焊接减速器箱体如图7-27所示，其由上盖、下底、壁板、轴承座、法兰和肋板等构件组成。

一般的焊接减速器箱体是单层壁板，壁板上采用加强肋增强轴承支座的刚度，加强肋可以用板条和型钢，如图7-27d所示。承受大转矩的重型机器减速器箱体可以采用双层壁板的结构，在双层壁板之间设置肋板以增加箱体的刚度。

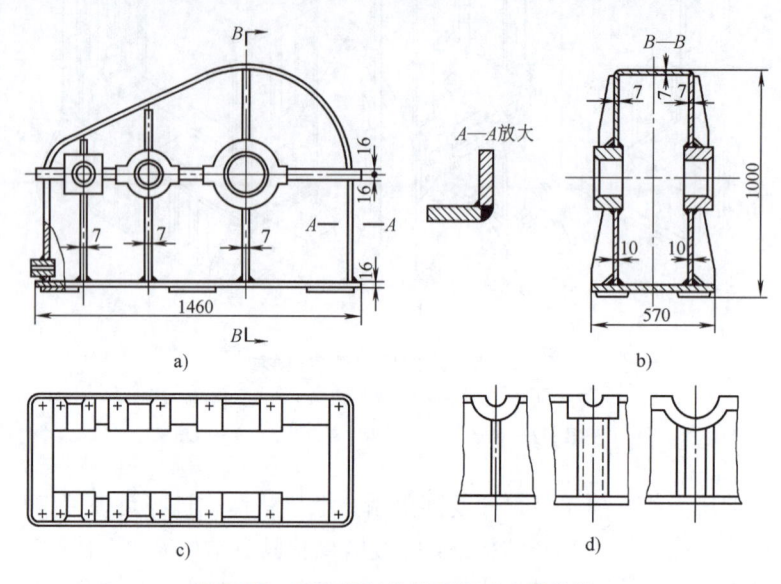

图 7-27　单壁板剖分式焊接减速器箱体
a）箱体外观图　b）剖视图　c）底座　d）轴承座支承方式

由于载荷是通过轴承座传递到壁板上的，所以除轴承座之外，连接部位的刚性要求也很高。为了增强焊接箱体的刚度，在箱体的轴承座处设置加强肋，轴承座必须有足够的厚度。小型焊接箱体的轴承支座用厚钢板弯制，大型焊接箱体的轴承支座采用铸件或锻件。箱体的下半部分承受轴的作用力并与地基固定，必须用较厚的钢板，而上半部分（上盖）可以用较薄的钢板。

在减速器箱体上经常有两个或两个以上的轴承座并行排列。整体式箱体中有图7-28所示的两种结构形式。图7-28a适用于大型减速器的箱体，特别是当相邻两轴承座的内径相差

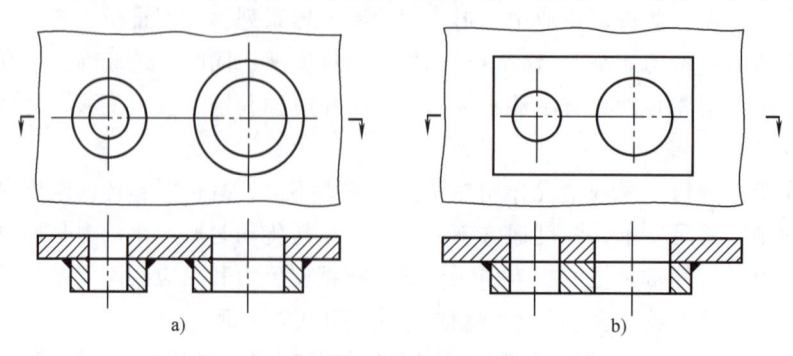

图 7-28　轴承座的结构
a）分体式轴承座　b）一体式轴承座

大，两轴线距离也较远的情况。其特点是两轴承座是单独制作的。中小型减速器箱体，其轴承座内径相差不大，且轴线距离较小时，建议采用图 7-28b 所示的结构，即两轴承座用一块厚钢板或铸钢件做成。这样的结构不仅刚度大，而且制作十分简单和方便。

(3) 箱体的焊接　一般机器的减速器工作条件比较平稳，可以不必开坡口，用角焊缝连接，并不要求与母材等强度，焊脚尺寸也可以较小。壁板与上盖、下底、法兰、轴承座的焊缝，采用双面角焊缝或开坡口背面封底焊缝等，以增强焊缝的抗渗漏能力。每条密封焊缝，都应处在最好条件下施焊，周围须留出便于施焊和质量检验的位置和自由操作空间。为了提高轴承座的支承刚度，可在轴承座周围设置适当肋板，肋板在减速器箱体外侧，用角焊缝连接，并起到一定的散热作用。此外，为了获得焊后机械加工精度以及保持使用过程中的稳定性，焊后须做消除应力处理，如采用退火或振动等方法。

4. 柴油机机身

焊接结构的柴油机机体具有结构紧凑、质量小、强度高和刚度大等优点。目前大功率柴油机的机体已越来越多地采用焊接结构。

(1) 柴油机机体受力分析　在柴油机的内部安装着气缸、活塞、连杆、曲轴和主轴承等零部件及其他附件。它的功用是在气缸盖和运动件之间构成力传递的环节，形成一个密封的容纳运动件的空间，并作为其他零部件的支承骨架。

柴油机是产生动力的机械，工作时机身受力复杂，不仅承受零部件质量产生的重力，而且承受着大小和方向做周期性变化的燃气压力、运动件的惯性力和扭转力矩的作用，具有动载荷性质。它要求机体上各零部件始终能保持原有的配合面和精确的相对位置，不至于因这些力的作用发生变形，引起各零部件之间的异常磨损和发生漏水、漏油及漏气等问题。因此，机身不仅要有足够的强度，而且特别要求具有足够的刚度。

(2) 柴油机机体的结构和焊接　由于机身受力复杂，而且都是承受变动载荷，焊接接头设计制造时，有如下要求：

1) 为避免应力过分集中于某局部区域内，机身壁厚应无急剧变化。T 形接头的工作焊缝应该焊透，焊缝表面应向母材平滑过渡，减少应力集中，以提高疲劳强度。

2) 尽量采用封闭的箱格结构，这种结构具有较高的纵向和横向抗弯刚度以及抗扭刚度。局部刚性可以通过增加壁厚、使用部分铸钢件或适当加肋等措施加强。机身内部肋板过多，焊接施工困难，因此，在受力较大的主轴承座部位采用铸钢件更为合适。尽量采用轧制型钢代替钢板切条和组焊型材。

3) 柴油机机身材料具有较好的焊接性，一般采用船用结构钢 D 级。机身内外焊缝要便于施焊和质量检验，工艺性能好，成本低。

4) 鉴于机体上各零部件的相互位置有很严格的要求，焊后在机械加工之前，须进行消除应力处理，既保证了机械加工精度，又保证了今后使用过程中尺寸的稳定。

(3) 船用柴油机机体　船用柴油机机身是由机座、机架和缸体三部分通过贯穿螺栓拧紧而组成的刚性体，机座为铸焊结构，机架为全焊结构，缸体为铸造结构，如图 7-29 所示。在设计船用柴油机机座、机架时，首先要考虑它的刚度，其次还要有足够的强度。

船用柴油机机架为全焊结构，如图 7-29a 所示，采用整体刚性和稳定性都较好的箱格结构。与机座相对应，在垂直纵轴方向上设有数个构造单元（其数量随气缸数量变化），这些单元常称为 A 字架或机架单片，数个 A 字架和侧板就组成了箱格结构。A 字架左右两端用两块三角板与导滑块及隔板组焊成箱形孔，供贯通的拉紧螺栓通过，工作时它相当于箱形柱，具有很高的抗压性能。机架采用了厚度较大的导滑板，且背面有两块三角板构成双腹板的支撑，在工作中足以承受滑块对它很大的交变侧推力，提高了结构的抗疲劳性能和吸振性能。

机座为铸焊联合结构，如图7-29b所示，主轴承座形状复杂并要求具有足够刚度，故采用铸钢件，然后再用钢板组焊成整个机座。机座整体结构仍为箱格结构，它由两侧的纵梁和带铸钢轴承座的横梁（其数量随气缸数量变化，与机架配合）组成，从而保证机座具有极高的刚度和最小的外形尺寸，且具有较好的抗震性能。带轴承座的横梁用两块耳板组成双层壁板结构，具有足够的支承刚性。

在机座机架制造过程中，它的高度、宽度和长度都应适当留有焊接收缩余量。装配间隙为 0～2mm，大部分为零，局部允许2mm，这样对防止变形有好处。为了防止焊接裂纹，对与铸锻件相连接的焊缝，板厚大于 50mm 的焊缝以及结构刚度大的部位，焊前都应进行预热。

（4）铁路机车用柴油机机体　铁路内燃机车的动力装置是机车柴油机。它为机车提供牵引力，又为辅机提供动力。机车用柴油机的显著特点是要在尺寸有限的车厢内，布置大功率柴油机及其附属装置，因此要求柴油机结构紧凑，要严格控制外形尺寸及质量。

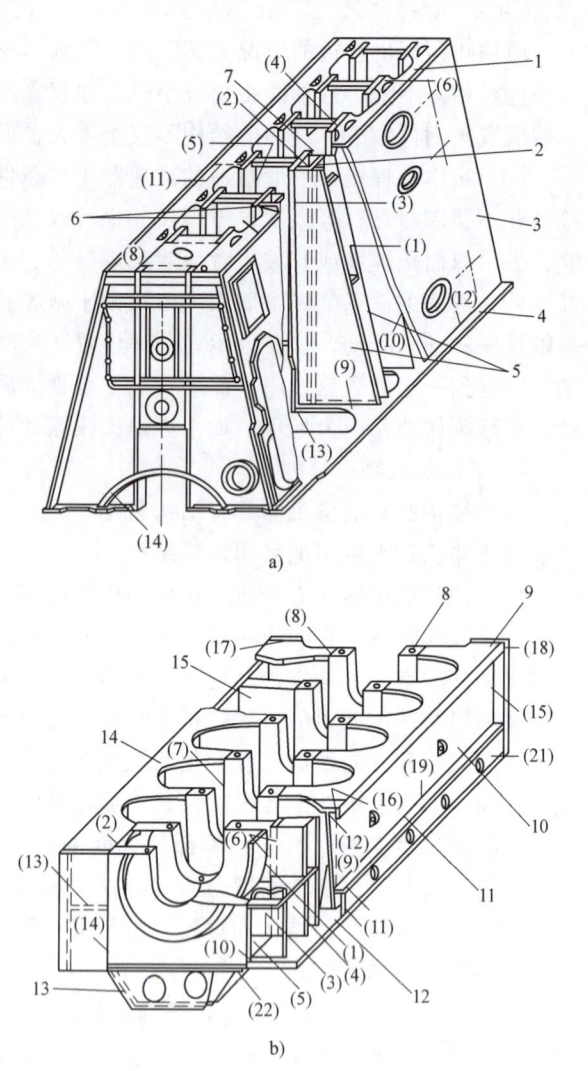

图 7-29　船用柴油机的焊接结构
a）机架结构　b）机座结构
1—上面板　2—隔板　3—侧板　4—底板　5—A 字架结构
6—导滑板　7—中间壁板　8—轴承中间体　9—端板
10—侧板　11—地脚螺栓箱体面板　12—底板
13—接油槽　14—上面板　15—耳板
（括号内数据为该处焊缝的焊接顺序）

典型的机车用柴油机机身如图 7-30a 所示，属于铸焊复合结构，机身的横断面图如图 7-30b 所示。机身的下部分是主轴承座，形状复杂，壁厚变化大（20～120mm），因此这部分采用铸钢结构，其材质为 ZG251+RE。上部分采用 V 形的机体结构，故设计成左右对称的由 Q345 钢板构成的箱形体，共有 14 块垂直板和两端板，这些和主轴垂直的钢板下端与主轴承座焊在一起，上端与左右顶板焊在一起。与主轴平行的板状元件有水平板、中侧板、支承板、内侧板和外侧板。这些纵向的钢板贯穿整个机身长度，内侧板、中侧板和外侧板上端和顶板焊在一起，下端和主轴承座焊在一起。这些纵横交错的板材形成了大小不一、形状各异的箱格结构。

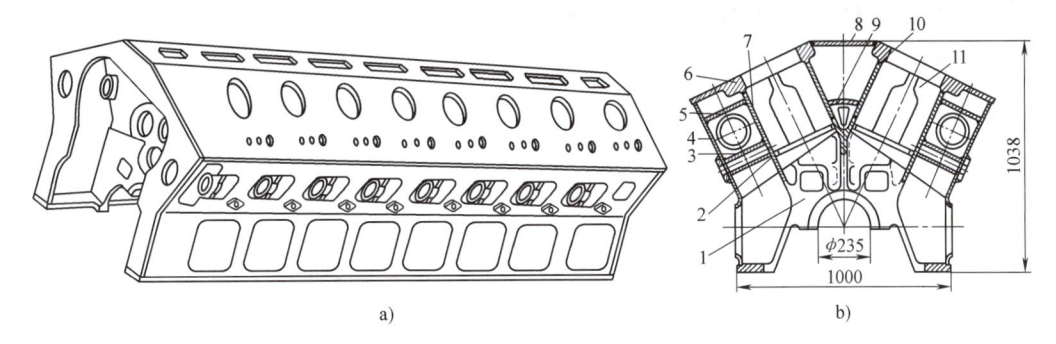

图 7-30 机车用柴油机机身
a）柴油机机身 b）机身的横断面图
1—主轴承座 2—水平板 3、5—支承板 4—外侧板 6—顶板
7—中侧板 8—中顶板 9—盖板 10—内侧板 11—垂直板

各板与主轴承座之间的焊缝是对接的，必须开坡口以保证焊透。顶板和内侧板以及顶板和中侧板之间的焊缝最重要，所以在顶板上加工出 10mm 高的凸台，以便采用对接焊缝。垂直板和顶板之间的焊缝是角焊缝。左右内侧板呈 50°夹角，它和中顶板构成一个空腔，中间用 3mm 厚的隔板分为上下两腔，上腔为贯通的增压空气稳压箱，V 形的下腔为主油道。机身上有 16 个安装气缸的位置，分两排布置，相对应的两缸成对布置。机身共有 9 个主轴承，它们承受气缸中的燃气压力对活塞的作用力以及活塞连杆机构运动的惯性力，它们是柴油机的主要承载部件。

柴油机工作时气缸的反作用力通过螺栓作用在顶板上，所以顶板采用厚钢板。与顶板连接的焊接接头承受反复冲击载荷，所以对焊缝的质量要求较高。受力严重的焊接接头大部分处于施焊较易的位置，机身下底面用螺栓与机座相联接。为了提高机身的强度，钢板用焊接性好的 Q345 钢。一般不用预热就可以施焊，焊后机身进行炉内整体高温回火处理，消除残余应力，以保证机身的加工精度和尺寸稳定性。这类机身的结构坚固、刚性好、质量较小、工艺性也较好。

7.3.4 焊接旋转体

在机器中绕某固定轴线旋转的运动件，通称为旋转体。这些旋转体包括齿轮、滑轮、带轮、飞轮、卷扬筒、发电机转子支架、汽轮机转子和水轮机工作轮等。小型的旋转体多为锻件和铸件，而大型的旋转体已越来越多地改用焊接方法来制造。

1. 旋转体的受力特点

大部分旋转体对结构设计的要求都是强度高、质量小、刚度大和尺寸紧凑，并要求旋转过程平稳，无振动、无噪声。旋转体是一个动、静平衡体，形状的轴对称是最基本的要求，务必使结构对回转轴线对称分布，即尽可能使旋转体上产生离心惯性力系的合力通过质心，对质心的合力矩为零，否则将产生不平衡的惯性力和力矩，就会对轴承和机架产生附加的动压力，从而降低轴承寿命。旋转体的几何形状多为比较紧凑的圆盘状或圆柱状，每个横截面都是对称平面，都共有一根垂直于截面的几何轴线。旋转体结构特殊，工作条件复杂，在工作时承受着多种载荷，从而引起复杂的应力。其常受到下列作用力：

1）旋转体传递功率而受到转矩，引起切应力。
2）旋转体自重产生弯矩，引起弯曲应力。对转动的旋转体来说，这是交变应力。
3）旋转体高速转动时产生的离心力，在其内部产生切向和径向应力。
4）由于工作部分结构形状和所处的工作条件不同而引起的轴向力和径向力。
5）由于各种原因引起的温度应力、振动和冲击力。
6）旋转体在焊接或焊后热处理过程中所造成的残余应力。

有些旋转体，如斜齿轮，工作时除了受到周向力外，还受到轴向力和径向力的作用，径向力能引起轮体轴线挠曲和体内构件径向位移，还能引起轮体歪斜，变形的结果是破坏轮子的机械平衡和工作性能等。因此，旋转体的强度和刚度同样重要。

2. 轮体

（1）轮体结构的组成　轮体上的轮缘、轮辐和轮毂是按它们在轮体内所处的位置、作用和结构特征来划分的，如图 7-31 所示。轮体的制造主要是确定这三者的构造形式，以及它们之间的连接关系。

1）轮毂。轮毂是轮体与轴相连的部分，转动力矩通过它与轴之间的过盈配合或键进行传递，它的结构是个简单的厚壁圆筒体。轮毂的工作应力一般不高，所用材料的强度应等于或略高于轮辐所用材料的强度。轮毂毛坯最好用锻造件，其次是铸钢件，前者多用 35 钢制造，后者常用 ZG275-485H。也可以用厚钢坯弯制成两块半圆形的瓦片，然后用埋弧焊方法拼焊，一般用焊接性好的低碳钢 Q235 钢或低合金结构钢 Q345 钢制造。

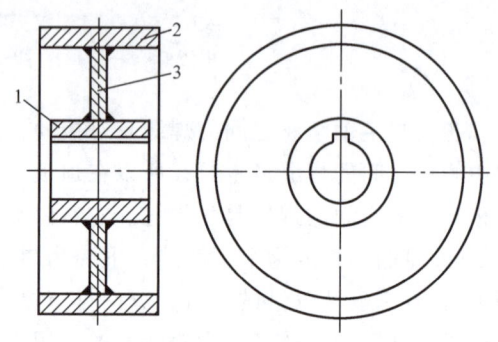

图 7-31　单辐板焊接轮体的组成
1—轮毂　2—轮缘　3—轮辐

2）轮缘。轮缘位于基体外缘，起支承与夹持工作部件的作用，轮缘是齿轮和带轮的工作面。带轮靠摩擦传力，其轮缘工作应力不高，用低碳钢制造。齿轮的齿缘工作应力很高，轮齿磨损严重。为了提高齿轮的使用寿命，轮缘应该用强度高、耐磨性好的合金钢制造，但需要解决异种钢的焊接工艺问题。

3）轮辐。轮辐位于轮缘和轮毂之间，主要起支承轮缘和传递轮缘与轮毂之间转矩的作用，它的构造对轮体的强度和刚度以及对结构质量有重大影响。轮辐为焊接结构，所用材料一般选用焊接性较好的普通结构钢，如 Q235A 钢和 Q345 钢等。

轮辐的结构形式可归纳为辐板式和辐条式两种。辐板式结构简单，能传递较大的扭转力矩。焊接齿轮多采用辐板式结构，如图 7-32a 所示。根据齿轮的工作情况和轮缘的宽度采用不同数目的辐板，当轮缘宽度较小时采用单辐板，加放射状肋板以增强刚度；当轮缘较宽或存在轴向力时，则采用双辐板的结构，在两辐板间设置辐射状隔板，构成一个刚性强的箱格结构，辐板上开窗口以便焊接两辐板间的焊缝。辐板和肋板之间的焊缝受力不大，焊脚尺寸可取肋板厚度的 0.5~0.7，但不低于 4mm。从强度、刚度和制造工艺角度看，同样直径的轮体，用双辐板的结构要比用带有放射状肋板的单辐板结构优越。因为双辐板构成封闭箱形结构，具有较大的抗弯和抗扭刚度，抗震性能也比较强。

图 7-32b 所示是辐条式焊接带轮。采用辐条式轮辐的目的是减小结构的质量，支承轮缘

的不是圆板，而是若干均布的支臂。一般用于大直径、低转速而传递力矩较小的带轮、导轮和飞轮。辐条是承受弯矩的杆件，要按受弯杆件校核强度。

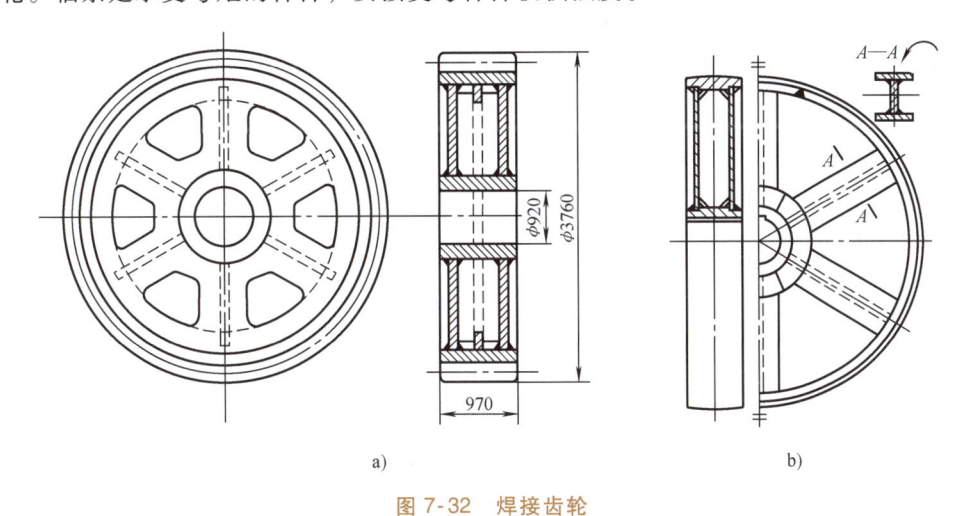

图 7-32 焊接齿轮
a) 双辐板式焊接齿轮　b) 辐条式焊接带轮

（2）轮体结构的焊接

1）轮毂和轮辐的焊接。轮毂和轮辐之间的连接通常采用丁字接头，其角焊缝均为工作焊缝。比较起来，轮毂和轮辐之间的环形角焊缝承受着最大的载荷，应进行强度计算。为了提高接头的疲劳强度，焊缝最好为凹形角焊缝，向母材表面应圆滑地过渡。角焊缝的根部是否需要熔透，应由轮体的重要程度决定。应该指出，该处的角焊缝要做到全熔透是相当困难的，特别是对双辐板轮体，因焊缝背面无法清根，无损检测也有困难。因此，只有对高速旋转的或经常受到逆转冲击负载的轮子才要求全熔透，一般的轮子采用开坡口深熔焊、双面焊来解决，必要时改成对接接头。图 7-33 列出了可以采用的接头形式。图 7-33a 适用于负荷不大、不太重要的轮体；图 7-33b 适合于承受较大载荷、较为重要的轮体；图 7-33c 适合于工作环境恶劣、有冲击性载荷或经常有逆转和紧急制动等情况。

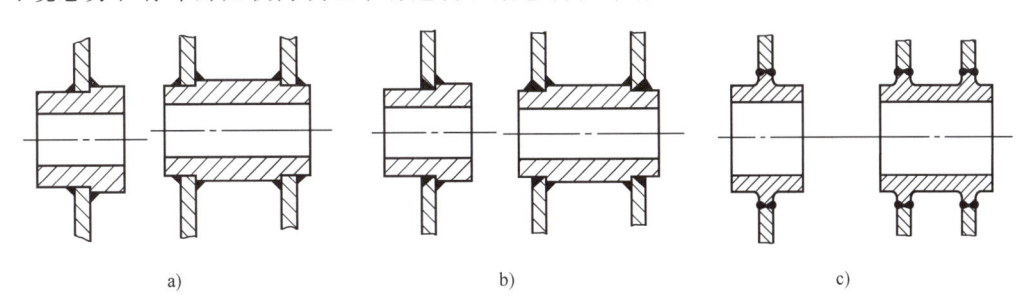

图 7-33 轮辐与轮毂的接头形式
a) 丁字接头（不开坡口）　b) 丁字接头（开坡口）　c) 对接接头

2）辐板与轮缘的焊接。辐板与轮缘之间的连接接头，原则上与轮毂连接相同。轮缘和辐板之间的焊缝虽然比轮辐和轮毂之间的焊缝长许多，但实际上应力分布是不均匀的，在力的作用点附近焊缝的工作应力相当高，而且是脉动的，所以轮缘与辐板之间的焊缝焊脚不能太小。尽可能采用对接接头，图 7-34 是采用对接接头的例子。

3) 异种钢的焊接。轮体设计和制造时，原则是把性能好的金属用在重要部位，其余选用来源容易、价格便宜的钢材。例如，直接从轮缘上加工出轮齿的大型齿轮，由于齿面有硬度要求，须选用调质钢如 45 钢或 40Cr 等作为轮缘材料，轮辐则选用便宜的普通结构钢 Q235A 钢等。这时要注意异种钢的焊接性问题，如图 7-35 所示，可先在合金钢的轮毂或轮缘上堆焊过渡层，然后再把辐板与轮毂或轮缘焊在一起。

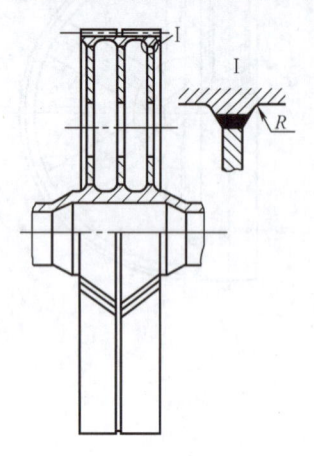

图 7-34 辐板与轮缘的对接接头形式

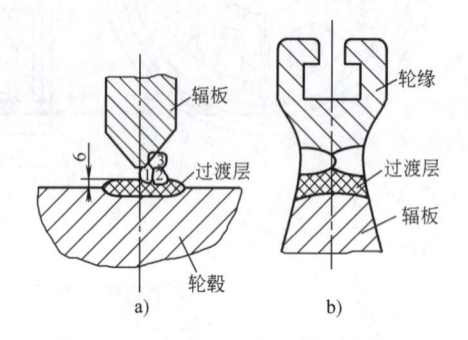

图 7-35 异种钢焊接过渡层的使用
a) 辐板与轮毂的焊接 b) 辐板与轮缘的焊接

4) 焊接残余应力的控制。轮体上两条环形封闭焊缝，在焊接过程中最容易产生裂纹，主要是因为刚性拘束应力过大引起。应选用抗裂性能好的低氢型焊接材料，在工艺上通常采用预热工件或对称地同时施焊等措施。预热温度由所用材料及其厚度决定，常常使外件的温度略高于内件的温度。这样焊后工件与焊缝同时冷却收缩，外件收缩略多于内件，可减少焊接应力，甚至有可能使焊缝出现压应力，达到防止裂纹的目的。

5) 焊接残余变形的控制。轮体刚度很大，变形不易矫正，所以必须重视控制变形问题。在施焊中严格按对称结构对称焊原则，使整个轮体受热均匀。尽量采用胎夹具或在变位机上自动焊接。

3. 水轮机工作轮

水力发电设备由水轮机工作轮和水轮发电机组成。图 7-36 所示为典型的立式混流式水力发电机组布置图，由引水钢管将水流引入水轮机，在水流能量作用下水轮机工作轮旋转，并带动发电机转子旋转。混流式水轮机的工作轮是由上冠、下环和多个叶片组成的旋转体，如图 7-37a 所示。大中型的工作轮受到工厂铸造能力和运输条件限制，常设计成铸焊联合结构，并有整体式焊接工作轮和分瓣式焊接工作轮两种结构形式。

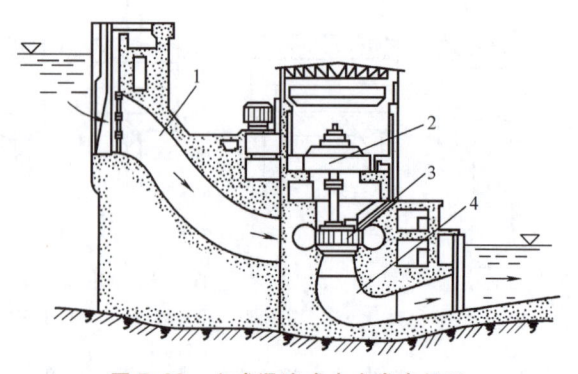

图 7-36 立式混流式水力发电机组
1—引水钢管 2—水轮发电机 3—水轮机 4—尾水管

整体式焊接工作轮的基本特点是用焊接方法把上冠、叶片和下环连接成整体，常采用 T

形接头将叶片直接焊在上冠和下环的过流表面上。分瓣式焊接工作轮是把整个工作轮分成若干瓣，在工厂中分别制造好运到现场进行组装成整体。焊接方法需要根据工作轮的直径大小和工厂的变位条件选择，目前用焊条电弧焊、MAG 焊（Metal Active Gas Arc Welding，熔化极活性气体保护电弧焊）和管状熔嘴电渣焊，前两者均适用于焊接中型工作轮，直径大于 6m 的工作轮最好采用熔嘴电渣焊。图 7-37b 是采用焊条电弧焊的接头形式，图 7-37c 是采用熔嘴电渣焊的接头形式，图 7-37d 是熔嘴电渣焊的布置。近年来，大型焊接工作轮已开始用弧焊机器人进行焊接。

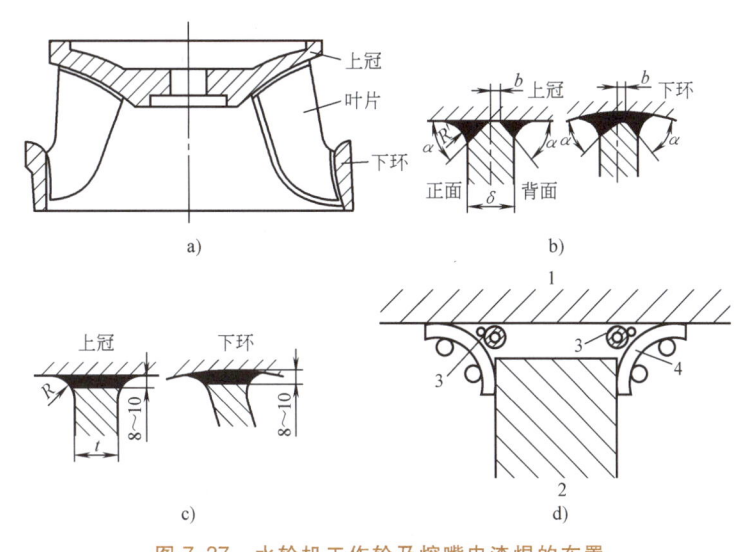

图 7-37 水轮机工作轮及熔嘴电渣焊的布置
a）水轮机工作轮 b）焊条电弧焊接头 c）熔嘴电渣焊接头 d）熔嘴电渣焊的布置
1—上冠或下环 2—叶片 3—涂药熔嘴 4—铜质水冷成形板

工作轮在水下运行过程中，将有气蚀和泥沙磨损发生，因此要求工作轮具有较高的耐气蚀、耐腐蚀和抗磨损性能。从材料角度可以采用下面三种方法：一是全部采用不锈钢制造，这样焊接工作量最少，工艺简单，但耗用大量的贵重金属；二是用碳素钢（如 20MnSi）制造，在气蚀和磨损面堆焊不锈钢，这种方法可以节省贵重金属，但工艺复杂，焊接变形难以控制，生产周期长；三是采用异种钢焊接工作轮，在气蚀和磨损部位用马氏体不锈钢（如 0Cr13Ni4Mo）等，其他部位用碳素钢。

20 世纪 70 年代，我国就成功制造了总质量为 120t 的全电渣焊的水轮机工作轮。在三峡大坝水利发电机组中，我国又成功制造了直径为 10.7m、高为 5.4m、总质量为 440t 的水轮机工作轮（见图 7-38），从体积和质量来说都为世界第一，仅焊接材料就耗用 12t。

图 7-38 三峡大坝水轮机工作轮

4. 汽轮机转子

汽轮机转子是在高温高压的气体介质中工作，且转速很高，要求具有高温力学性能、疲劳性能、动平衡以及高度运行可靠性。目前汽轮机转子可用锻造、套装和焊接方法制造。与前两种方法比较，焊接转子具有刚性好、起动惯性小、临界转速高、锻件尺寸小、质量易保证等优点。

焊接转子一般采用盘鼓式结构，即由两个轴头、若干个轮盘和转鼓拼焊而成的锻焊联合结构。汽轮机转子用珠光体或马氏体耐热钢制造，这类钢焊接性不好，必须预热到较高的温度才能施焊，焊后还须进行正火热处理。我国设计的 600MW 的汽轮机焊接转子（见图7-39）由 6 块轮盘、2 个端轴及 1 个中央环组成，共有 8 个对接接头，总质量在 45t 以上，连接轮盘的对接焊缝厚度为 125mm。汽轮机转子的焊接工艺要求很高，必须保证焊接质量和尺寸精度。

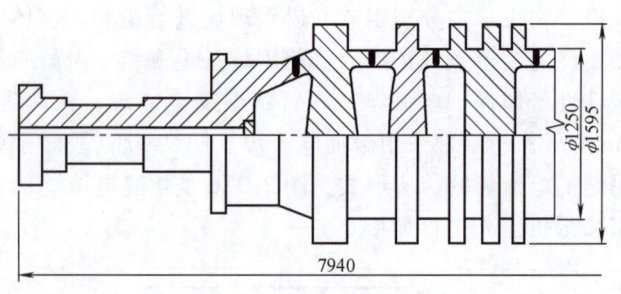

图 7-39　600MW 汽轮机低压焊接转子（1/2 部分）

转子各轮盘之间的焊缝坡口形式非常重要，图 7-40 列出了目前国内外使用的几种焊接转子坡口形式。图 7-40a 是气体保护焊和埋弧焊并用的接头，在焊缝根部设计成锁边接头，左右两凸缘共厚 5mm，它们之间有 0.1mm 的过盈配合，满足装配定位要求。先用 TIG 焊或等离子弧焊焊接第一条焊缝，要求单面焊背面成形，然后用 MIG 焊焊至一定厚度转用埋弧焊填满整个坡口。在焊缝根部两侧，设计 45°斜面的槽，为超声波探测焊缝根部质量所需的反射面。图 7-40b、c、d 所示的坡口形式的示意图基本相似，但各有特色。图 7-40b 所示的坡口背面安置有陶瓷垫，保证单面焊背面成形；图 7-40c 所示的坡口定位准确，焊接过程中收缩自由，冷却慢，不易产生裂纹，缺点是不易加工；图 7-40d 所示的坡口在焊前增加一根纵向开口的管子，打底焊时，焊缝直接焊在管子上，这有利于改善焊缝根部的应力分布，根部不易产生裂纹。图 7-40e 所示的坡口用于窄间隙焊接，其填充金属量很少。

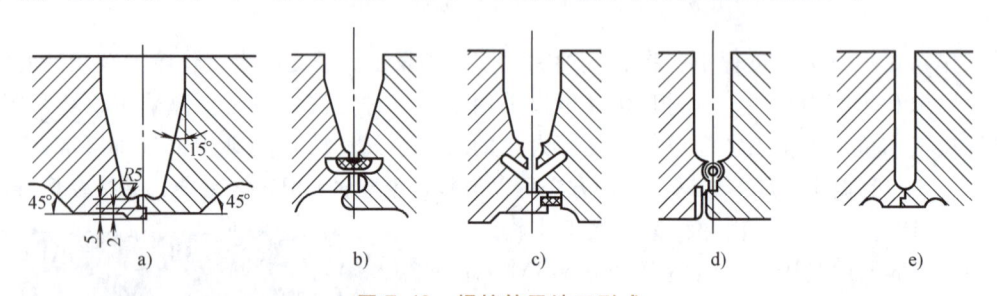

图 7-40　焊接转子坡口形式

a）一般坡口　b）加有陶瓷垫坡口　c）、d）抗开裂坡口　e）窄间隙焊接坡口

5. 卷扬机鼓筒

卷扬机鼓筒是筒式旋转体的一个典型结构，它的尺寸差异很大，最大的矿山卷扬机的鼓筒直径可达数米。从结构形式上来看，卷扬机鼓筒属于实体结构，也具有板壳结构的特征。大、中型鼓筒宜采用焊接结构，鼓筒由筒体、端板、轮毂或轴以及加强肋板组成，如图7-41 所示。鼓筒承受三种作用力，即钢丝绳缠绕产生的压力、弯矩和转矩。第一种力可能使筒体失稳，在确定筒体厚度时必须计算，后两种力对于筒体强度影响不大，但对于端板和轴需要校核强度。鼓筒承受动载荷，应注意正确选择焊接接头形式。

轮毂为铸钢件或锻件，也有用厚钢板弯制焊成的，鼓筒端板与轮毂的连接形式如

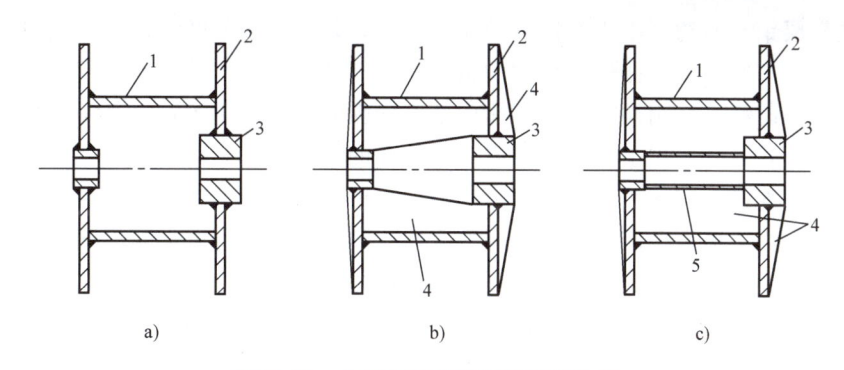

图 7-41 多层缠绕的鼓筒焊接结构图
a）一般鼓筒　b）有肋板鼓筒　c）有轴套鼓筒
1—筒体　2—端板　3—轮毂　4—肋板　5—轴套

图 7-42 所示。有时也可以不用轮毂，把端板和轴直接焊在一起（见图 7-43）。鼓筒轴一般用强度较高的材料，焊接性不好，端板与轴直接焊在一起工艺上有困难。

焊接鼓筒的筒体用钢板弯制焊成，端板是由厚钢板切制成的圆盘，一般采用单端板（见图 7-43a），特殊情况下采用双端板（见图 7-43b）。端板需用加强肋加固，辐射状加强肋设置在端板外面便于施焊（见图 7-42a、图 7-43a），这种结构适于一般小直径的鼓筒。辐射状加强肋置于端板里面结构美观（见图 7-42b），但内部焊缝的可焊到性较差，只能通过端板上的窗口焊接内部的少量焊缝。

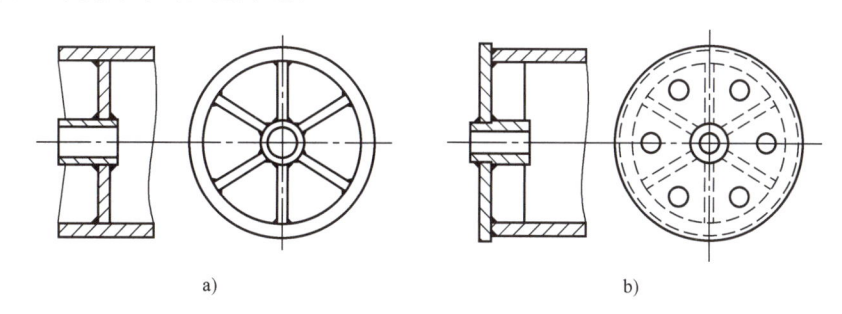

图 7-42 鼓筒端板与轮毂的连接形式
a）加强肋置于端板外　b）加强肋置于端板内

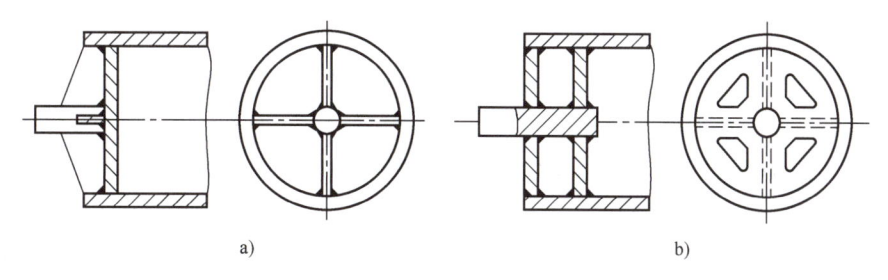

图 7-43 鼓筒端板与轴的连接形式
a）单端板鼓筒　b）双端板鼓筒

多层缠绕的鼓筒，其构造形式如图 7-41 所示。筒体由钢板卷圆后用 V 形坡口对接焊成，两端板外径应大于筒体外径以构成凸缘，防止钢丝绳卷到外面。凸缘的高度由缠绕层数决定，它比最高层钢丝绳约高出1.5倍钢丝绳的直径。确定端板厚度时，要考虑钢丝绳水平分力的作用，否则需在端板外侧加放射状肋板（见图7-41b、c）。同样，为了减薄筒体壁厚或者因筒体长度大而需提高刚性时，在筒体内部可加纵向肋。图7-41c所示为在两毂之间还增加一段圆钢管套管，既增加了刚性，又有利于轮毂的定位与加工。

单层缠绕的鼓筒，其端板处的凸缘最小高度取钢丝绳直径的2.5倍，以防止钢丝绳缠绕到端面时脱出。为了提高鼓筒的整体和局部刚性，在筒体内部可以加肋，这时要注意内部焊缝必须都能施焊。筒体与端板连接的角焊缝必须进行强度计算。选材时，端板应具有较高的Z向断面收缩率，焊接该角焊缝时注意防止层状撕裂。图7-44所示为双联鼓筒的焊接结构，鼓筒两端采用双层壁的端板，与端板加肋的结构相比，焊接工作量少而刚度大。右端为动力传入端，采用两级双层壁端板结构。

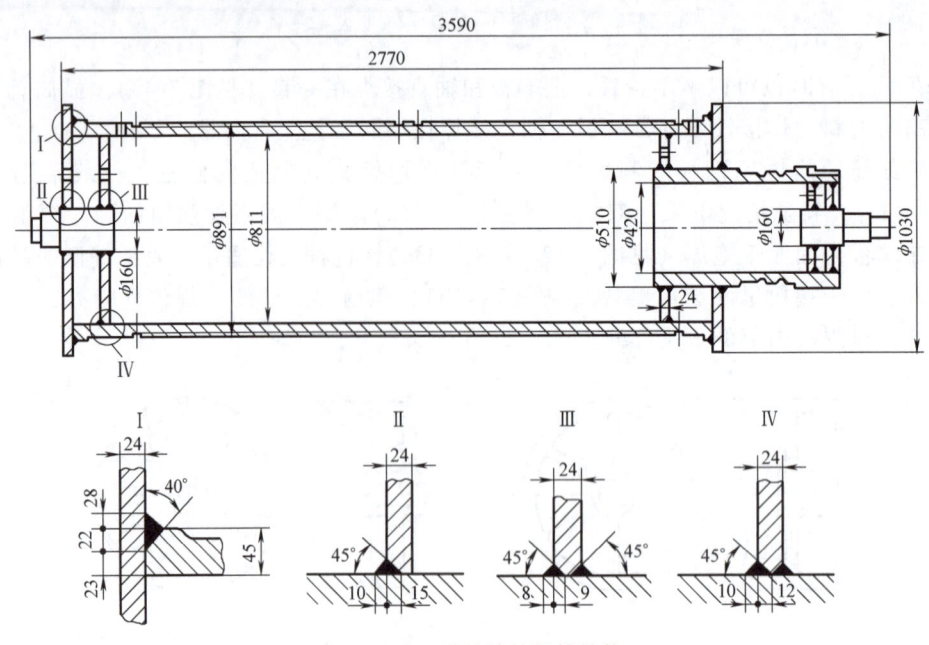

图7-44 双联鼓筒的焊接结构

7.3.5 薄板结构

薄板结构广泛应用于汽车车厢及驾驶室、大小客车的车体、铁路客车车厢、航空航天器的机身、船舶外壳、各种机器及控制箱的外罩、钢结构建筑外壳以及一些以薄板为主的壳体结构。

1. 薄板结构的受力分析

依据薄板结构形式和应用方式的不同，薄板结构承受的力也不相同，大概可以分为下面三种情况：

1）薄板结构不受力或只承受自身的重力。薄板作为一些结构的外壳在设计时可以不考虑承受载荷，载荷由骨架承担，外壳只是附加在骨架上，起到造型和隔离的作用。

2）薄板结构承受较小的外载力。为了充分利用薄板材料，在设计薄板结构时能够把外壳也作为承受载荷的一部分加以考虑，达到节约材料和减小结构自身质量的目的，这对于运输工具等有很大意义。

3）薄板结构承受主要的外载力。有些结构的外壳也起到主要承受载荷的作用，如铁路运输的客车、棚车和内燃机车的车体等，这可以减小底架的质量，提高整个结构的刚度和强度。

对于承受力的薄板结构，其中一些部位承受拉伸应力的作用，拉伸应力远小于薄板的抗拉强度，一般情况下不至于使板材产生屈服或断裂，而拉伸应力有利的作用是使薄板更加平整和美观；而另一些部位承受压缩应力的作用，这给薄板结构带来稳定性的问题，轻者引起板材变形，重者导致薄板结构的失稳。另外，薄板结构焊接变形也是个很突出的问题，在结构设计中应加以重视。

2. 汽车车体薄板结构

载货汽车驾驶室、车厢及轻型汽车车身结构是只承受自身重力的薄板结构。这类薄板结构由于不受外载力或受力很小，使用的薄板厚度一般为1~2mm。为了提高结构的局部稳定性，薄板被压制成波纹板，或是在薄板局部卷边，或是在横向焊一些加强肋，这样结构在受到载荷时就不易变形。图7-45所示的载货车厢，由车厢底板、左边板、右边板、前板和后板五大部件组成，这五大部件都是由波纹板和冲压槽钢、角钢组焊而成，其上焊缝多由断续焊缝连接而成，其总体刚度较大，而焊接变形较小。图7-46所示为轿车车身，它是一个由复杂而又众多的薄板冲压件焊接、装配的集合体，以提供车身所需的承载能力。

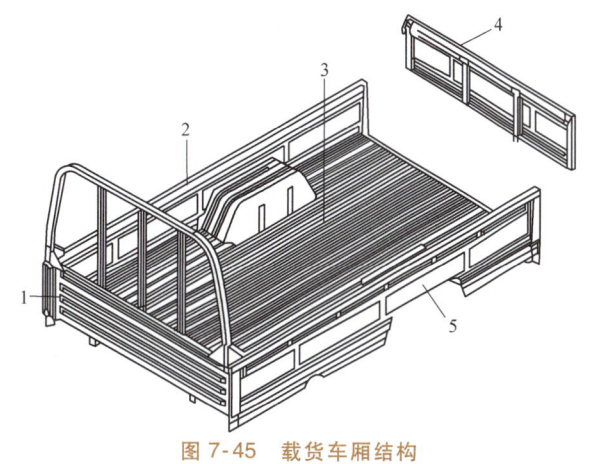

图7-45 载货车厢结构

1—前板 2—右边板 3—车厢底板 4—后板 5—左边板

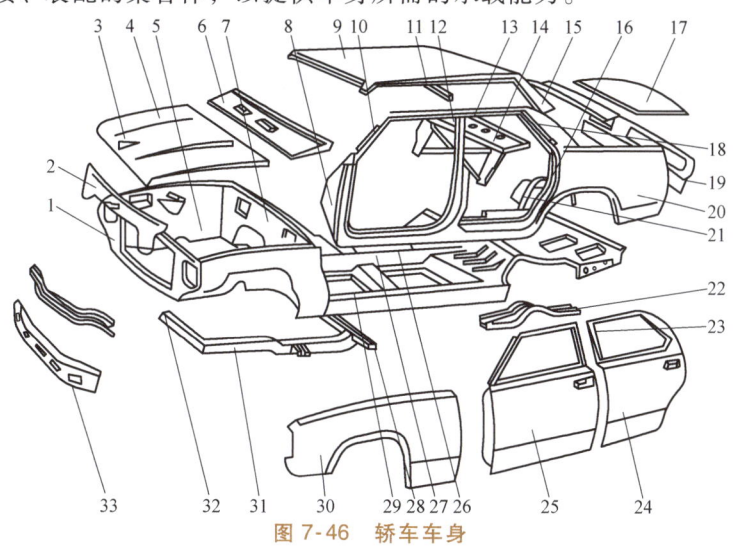

图7-46 轿车车身

1—散热器固定板 2—发动机罩前支承板 3—标志 4—发动机罩 5—前挡泥板 6—前围上盖板
7—前围板 8—前围侧板 9—顶盖 10—前立柱 11—顶盖横梁 12—中立柱 13—上边梁
14—后窗台板 15—后顶盖侧板 16—后围上盖板 17—行李舱盖 18—流水槽 19—后围板
20—后翼子板 21—车轮挡泥罩 22—后纵梁 23—门窗框 24—后门 25—前门 26—门槛
27—地板通道 28—地板横梁 29—地板 30—前翼子板 31—前纵梁 32—前横梁 33—前裙板

3. 铁路车辆薄板结构

铁道运输的车辆，如客车、棚车以及内燃机车的车体等都是承受较小外载力的薄板结构。

客车车体的侧壁由低碳钢钢板拼焊而成，如图 7-47a 所示。侧壁板虽然不厚，由于它的高度大，垂直方向的刚度很大，所以能承受大部分载荷。车底架的中梁虽然是由大尺寸型钢构成，但因为它的高度受到限制，而且跨距很大，所以垂直方向的刚度相对来说比较小，能承受的载荷也就小。侧壁作为承载结构必须保证它的稳定性，因此要在侧壁板上设置加强骨架。

机车车体侧壁局部结构如图 7-47b 所示。与客车车体不同的是在机车车体内要安装柴油机、发电机和电动机以及其他机械电力设备，如果这些载荷全部都由机车底架承担，必然使机车底架很笨重。利用侧壁作为承载结构，不但可以减小机车底架的质量，更主要的是可以提高机车车体的刚度，对安装机器十分有利。内燃机车车体的侧壁为钢架结构，钢架是由封闭断面的构件组成的。侧壁板为 2.5mm 厚的薄钢板，它和垂直布置的立柱以及水平布置的水平梁焊在一起构成侧壁。侧壁上端焊接一根用 4mm 厚钢板冲压成的角钢与顶棚连接，侧壁下端焊接一根槽钢与机车底架连接。侧壁板与水平梁以及立柱之间的焊接是间断的，以便减小侧壁板的焊接变形。整个车体近似一个箱形梁，整个车体除局部受反复冲击外，总体上是个承受静载荷的结构。

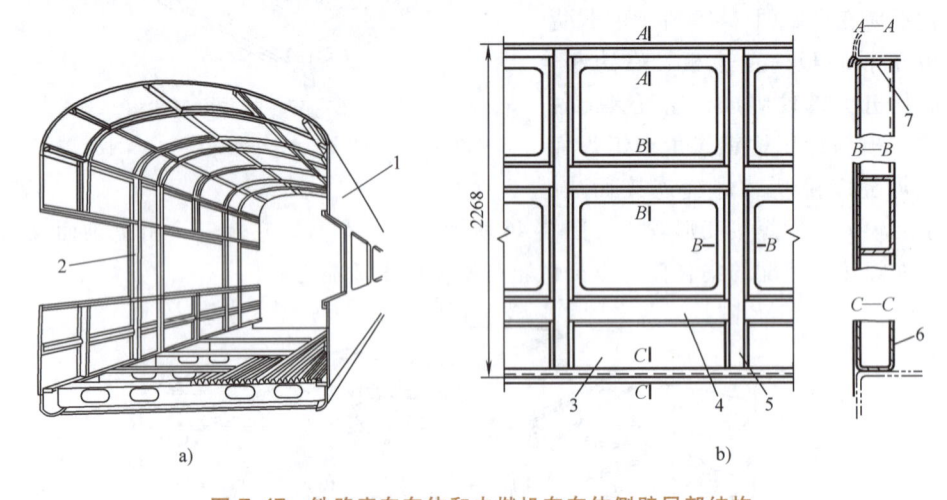

图 7-47 铁路客车车体和内燃机车车体侧壁局部结构
a) 铁路客车车体 b) 内燃机车车体侧壁局部结构
1—薄板包覆板 2—骨架 3—侧壁板 4—横梁 5—立柱
6—侧板下部槽钢与底架的焊接 7—侧板上部角钢与顶棚的焊接

4. 船体薄板结构

船体结构是一个具有复杂外形和空间结构的全焊结构，如图 7-48a 所示。按其结构特点，从下到上可以分为主船体和上层建筑两部分，两者以船体最上层贯通首尾的甲板为界。上层建筑由左右侧壁、前后端壁和上甲板围成，形成各种用途的舱室。船体的主体部分是由船壳（船底和舷侧）和上甲板围成的具有流线型水密性的空心结构，是保证船舶具有所需浮力、航海性能和船体强度的关键部分，一般用于布置动力装置、装载货物、贮存燃油和淡水以及布置各种舱室。

船体基本上都是由一系列板材和骨架（合并成板架结构，见图 7-16）相互连接和相互

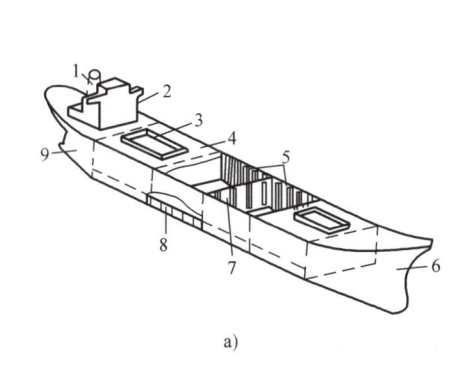

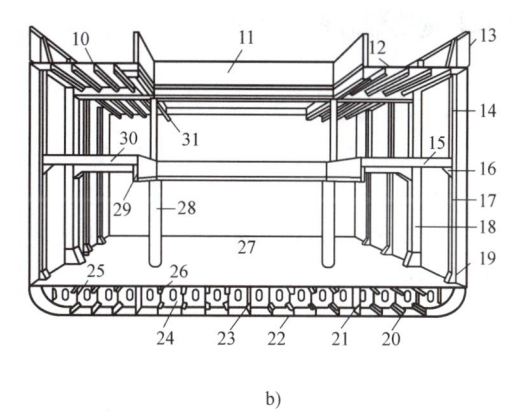

图 7-48 船体结构
a）船体外观结构 b）货船体舱体结构
1—烟囱 2—上层建筑 3—货舱口 4—甲板 5—舷侧 6—首部 7—横舱壁 8—船底 9—尾部
10—甲板纵骨 11—舱口围板 12—上甲板 13—舷墙 14—甲板间肋骨 15—下甲板 16—梁肘板
17—主肋骨 18—强肋骨 19—舭肘板 20—外底纵骨 21—旁桁材 22—外板 23—中桁材 24—实肋板
25—加强肋 26—内底纵骨 27—内底板 28—支柱 29—舱口端梁 30—横梁 31—甲板纵桁

支撑所组成。骨架是板材的支承结构，可增强壳板的承载能力，提高它的抗失稳能力。壳板与骨架焊在一起，也提高了骨架自身的强度和刚度。船体内的骨架沿船长和船宽两个方向布置，分别称为纵骨架和横骨架，纵横交叉的骨架将壳板分成许多板格，从而保证了整个板架具有很好的抗弯性能和局部稳定性。按板架在船体上的位置分别有甲板板架、舷侧板架、船底板架、纵舱壁板架和横舱壁板架等。

这些板架把整个船体分隔成许多空间封闭的格子，构成一个箱格结构（也自然形成满足各种用途而设置的舱室），即便甲板上有舱口存在，也使得整个船体具有很强的抗扭性能和总体的稳定性。船体首尾的壳体也是利用这种箱格结构来获得很好的强度、刚性、稳定性、抗震性和耐冲击性等。

船舶结构受力复杂，在建造、下水、运营和船坞修理等状态下都承受不同的载荷。船舶结构主要是根据运营状态受载条件下进行强度设计的，在这种状态下，船体主要承受重力和水压力。重力指空船重量（船体结构、舾装设备、动力装置等）和装载重量（货物、旅客、燃油、水等），水压力由吃水深度决定，因水深相同处压力相同，故平底水压力呈矩形分布，舷侧呈三角形分布。

垂直向上总压力之和称为浮力。在静止的水中整个船体重力和浮力大小相等，方向相反，作用在一条垂直线上。但船体各区段的重力和浮力并不平衡，如在船体首尾区段内装载货物，虽然总浮力和总重力仍然平衡，但首尾区段重力大于浮力，这样就出现了重力与浮力沿船长分布不均匀，使船发生纵向弯曲，会出现中间上拱的中拱弯曲；反之，出现中垂弯曲。在波浪中航行的船舶，当波峰在船中部或波谷在船中部时，浮力沿船长分布发生最严重的不均匀，船体弯曲得最厉害，分别产生严重的中拱和中垂。在意外状态下（如碰撞、搁浅、触礁等），载荷更有很大不同。

局部结构的变形和破坏有时也会引起整个船断裂事故。如舱口应力集中、舷侧结构在横舱壁之间内凹、外板及甲板骨架变形、支柱压弯等，都可造成局部变形和破坏。

船体强度要靠合理设计，但正确选材和优良的建造质量无疑也是保证船体结构强度的重要条件。

5. 桁架中的薄板结构

在大型桁架结构中，简单的杆件体系已经不能满足其力学性能的要求，而应采用箱形板壳结构。箱形板壳结构主要是以板材经过冷或热加工后形成截面为方形、长方形、圆形，以纵向和横向焊缝拼接的结构形式，具有优异的综合力学特征，能够承受多方向的拉、压、弯、扭形式的静载和动载，具有较强的形状稳定性和抗变形能力。箱形板壳桁架结构目前广泛应用于大型体育场馆、飞机场航站楼和高层建筑。

2008年北京奥运会国家体育场"鸟巢"钢结构工程（见图7-49）是典型的箱形板壳桁架结构形式，为全焊结构。其建筑造型独特新颖，顶面为双曲面马鞍型结构，长轴为332.3m，短轴为297.3m，最高点高度为68.5m，最低点高度为40.1m。结构用钢总量约53000t，涉及6个钢种，消耗焊材2100t以上。焊缝的总长度超过了31万m，现场焊缝超过6.2万m（不含角焊缝），仰焊焊缝有1.2万m以上，对接接头焊缝为全熔透Ⅰ级焊缝。采用的钢板规格厚度大于42mm的占总用钢量的24%，达12800t，桁架柱脚焊缝钢板厚100~110mm。

图7-49 国家体育场"鸟巢"钢结构工程

主体钢结构由桁架柱、平面主桁架、立体桁架和立面次结构组成，其横截面形状基本一致，为1~2m的矩形板壳结构。该工程存在大量复杂的焊接节点，板件的厚度较大，板件之间的相互约束显著，大量焊缝集中，焊接应力较大。特别是桁架柱柱脚结构复杂，内部肋板多数要求全焊透焊接，焊缝纵横交错，控制焊接应力和焊接变形难度很大。屋盖主结构属于大型大跨度空间结构，其自重产生的内力所占比例较大，主结构的施工和焊接顺序对结构在重力载荷下的内力将产生明显的影响，而主结构不规则的走向，很难排定焊接顺序和安装程序。主体钢结构的安装顺序遵循对称同步的原则，以桁架柱（主结构）为中心对称施焊，可获得均布应力，采用自由变形的方法可以最大限度地减少焊接应力。

国家体育场"鸟巢"钢结构工程被评为2007年全世界十大建筑之首！

第8章 焊接结构设计

焊接是机械工程中的一种制造工艺技术，当机械产品采用焊接方法制造时，必须进行该产品的焊接设计。焊接设计包括焊接结构设计、焊接工艺设计、焊接设备设计、焊接工装设计、焊接材料设计以及焊接车间设计等，每一设计都有其详细的具体内容。焊接结构设计是焊接产品设计的核心内容，是在全面考虑了焊接结构的形状与功能、焊接热过程、焊接应力与变形、焊接接头工作应力分布、焊接结构脆性断裂与疲劳性能、焊接结构类型和力学特征的基础上进行设计的。

8.1 焊接结构设计的一般原则

8.1.1 焊接结构设计的一般思路

1. 焊接结构设计的基本要求

所设计的焊接结构应当满足下列基本要求：

（1）实用性 焊接结构必须达到产品所要求的使用功能和预期效果。

（2）可靠性 焊接结构在使用期内必须安全可靠，受力必须合理，能满足强度、刚度、稳定性、抗振性、耐蚀性、抗脆性断裂和抗疲劳断裂等方面的要求。

（3）工艺性 焊接结构及其所用材料必须具有良好的工艺性，其中包括金属材料具有良好的焊接性、焊前加工、焊后处理等加工工艺性能，在空间位置上要具有良好的焊接与检验操作的可达性等。此外，焊接结构也应易于实现机械化、自动化和智能化的焊接过程。

（4）经济性 制造焊接结构时，所消耗的原材料、能源和人工工时应最少，其综合成本尽可能低。

上述要求是设计者追求的目标。对一个具体焊接结构产品来说，这些基本要求必须统筹兼顾，它们之间的关系是：以实用性为核心，以可靠性为前提，以工艺性和经济性为制约条件。此外，在可能的条件下还应注重结构的造型美观。

2. 焊接结构设计的基本方法

对于大型复杂的焊接结构设计，一般分为初步设计、技术设计和工作图设计三个工作阶段，其中最重要的确定焊接结构形状和尺寸的任务是在技术设计阶段完成。从发展的角度来分，设计方法有传统设计方法和现代设计方法，焊接结构设计目前大量采用的仍然是传统设计方法，如许用应力设计法；重要的大型焊接结构设计，逐渐采用现代设计方法中的可靠性设计法；随着计算机和有限元方法的发展，对于焊接结构局部细节，已经开始采用有限元数值模拟辅助设计方法。

(1) 许用应力设计法 许用应力设计法又称为安全系数设计法或常规定值设计法，是以满足工作能力为基本要求的一种设计方法，对于一般用途的构件，设计时需要满足的强度条件或刚度条件分别为

$$工作应力 \leqslant 许用应力 \tag{8-1}$$

$$工作变形 \leqslant 许用变形 \tag{8-2}$$

或者
$$安全系数 \geqslant 许用安全系数 \tag{8-3}$$

许用应力、许用变形和许用安全系数一般由国家工程主管部门根据安全和经济的原则，按照材料的强度、载荷、环境情况、加工质量、计算精确度和构件的重要性等予以确定。如在我国，锅炉、压力容器、起重机、铁路车辆、桥梁等行业都在各自的设计规范中确定了各种材料的许用应力、许用变形和许用安全系数。

1) 母材的许用应力和安全系数。许用应力是构件工作时，允许的最大应力值。在静载条件下，焊接结构中母材的许用应力是根据材料的极限强度除以安全系数确定的，即

$$[\sigma] = \frac{\sigma_c}{n_c} \tag{8-4}$$

式中，$[\sigma]$ 为许用应力；σ_c 为材料的极限强度（对于塑性材料为屈服强度 σ_s 或条件屈服强度 $\sigma_{0.2}$，对于脆性材料为抗拉强度 σ_b）；n_c 为安全系数。

例如，压力容器设计用的母材安全系数按 GB 150.1~150.4—2011 规定选用；起重机金属结构设计用的母材安全系数和许用应力按 GB/T 3811—2008 规定选用。如果设计某金属构件时，没有相应的设计规范或规程可遵循，则安全系数的取值范围可参考表 8-1。

表 8-1 机械设计中安全系数取值范围

序号	适用场合	安全系数
1	可靠性很强的材料,如中低强度高韧性结构钢,强度分散性小,载荷恒定,设计时以减轻结构重量为主要出发点时	1.15~1.5
2	常用的塑性材料,在稳定的环境和载荷下工作的构件	1.5~2.0
3	一般重量的材料,在通常的环境和能够确定的载荷下工作的构件	2.0~2.5
4	较少经过试验的材料或脆性材料,在通常环境和载荷下工作的构件	2.5~3.5
5	未经试验,因而其强度不确定的材料以及环境和载荷不确定情况下工作的构件	3~4

2) 焊缝的许用应力。对焊接结构中的焊缝强度计算，使用的是焊缝许用应力。焊缝许用应力与焊接工艺方法、焊接材料和焊接检验的精确程度有关。

用电弧焊焊接一般结构钢时，通常要求选用与母材具有相同或相近强度等级的焊接材料进行焊接。因此，确定焊缝许用应力方法之一是按母材的许用应力乘以一个系数，该系数根据影响焊缝质量和可靠程度而取不同的值，其范围≤1。对于熔透的对接焊缝，经质量检验符合设计要求，系数可取 1。这意味着焊缝的许用应力与母材相同，该焊缝可不进行强度验算。一般机器焊接结构的焊缝许用应力可按表 4-21 中选用。

(2) 可靠性设计法 可靠性设计是把与设计有关的结构尺寸、材料强度、工作载荷和使用寿命等数据如实地当作随机变量，运用了概率理论和数理统计的方法进行处理，因而其设计结果更符合实际，做到既安全可靠又经济实用。

1) 结构设计中的不确定性。在工程结构制造和使用过程中，结构可靠与不可靠是不可预知的，这是因为存在有诸多不确定性的因素，如事件发生的随机性、事物属性的模糊性和

人类知识的不完善性。图 8-1 为国际标准 ISO 2394—1998《结构可靠性总原则》给出的关于结构使用性能存在中间过渡特性的图示，当指标 $\lambda_1 < \lambda < \lambda_2$ 时，结构是处于完全能使用和完全不能使用的中间状态，可使用的程度与 λ 的值有关。

2）结构使用中的风险性。工程结构在制造和使用过程中都带有一定的风险，风险由两部分组成：一是危险事件出现的概率；二是一旦危险出现，其后果严重程度和损失的大小。人们往往认为风险越小越好，实际上这是不现实的，合理的做法是将风险限定在一个可接受的水平上，要接受合理的风险，不要接受不必要的风险，力求在风险与利益间取得平衡。近年来出现的 ALARP（As Low as Reasonable Practicable）原则就是尽可能降低风险而又能实现风险可接受的准则之一，其图形表达如图 8-2 所示，能够尽量降低风险的范围称为 ALARP 区域。

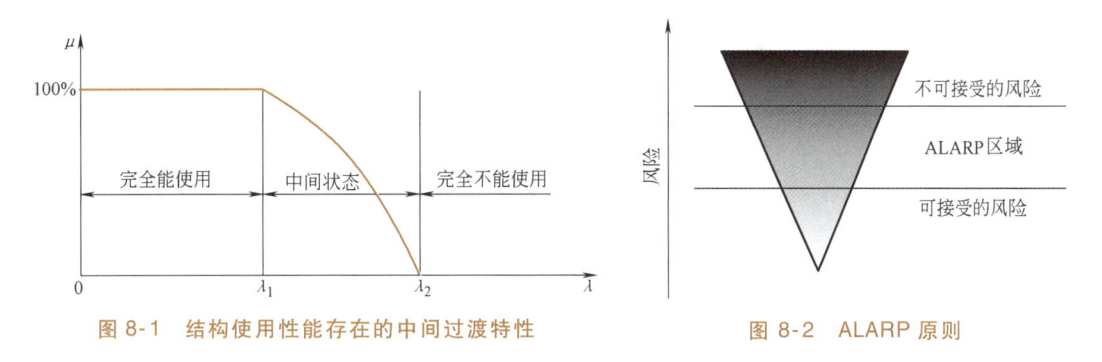

图 8-1　结构使用性能存在的中间过渡特性

图 8-2　ALARP 原则

风险可接受准则有许多种表述形式，目前多应用可靠指标 β 和失效概率 p_f 来表示，见表 8-2。

表 8-2　结构可靠指标 β 与失效概率 p_f

失效后果	严重程度	第Ⅰ类失效 塑性失效 β	p_f	第Ⅱ类失效 韧性撕裂失效 β	p_f	第Ⅲ类失效 脆性断裂 β	p_f
不严重	对人员伤害、对环境污染程度均很小，经济损失也小	3.09	10^{-3}	3.71	10^{-4}	4.26	10^{-5}
严重	对人员可能造成伤害，甚至导致死亡，对环境可能存在污染，有明显的经济损失	3.71	10^{-4}	4.26	10^{-5}	4.75	10^{-6}
很严重	很大可能性导致一些人员伤害或死亡，明显的环境污染和巨大的经济损失	4.26	10^{-5}	4.75	10^{-6}	5.20	10^{-7}

3）工程结构的可靠性。结构可靠性可定义为结构在规定的时间内，在规定的条件下，完成预定功能的能力。结构可靠度是结构可靠性的概率度量，工程中一般多用结构失效概率 p_f 来描述结构的可靠度。

结构在使用过程中，工作载荷的变化和结构设计中的不确定性，载荷效应 S（也即工作应力）和抗力 R（也即许用应力）都是随机变量。设 S 和 R 为服从正态分布的随机变量且两者为线性关系，其概率密度分布曲线如图 8-3 所示，S 和 R 的平均值分别为 μ_S、μ_R，标准差分别为 σ_S、σ_R（注：不是应力的概念）。按照结构设计的要求，显然 R 必须大于 S。但由于两者分布的原因，R 曲线和 S 曲线产生了重叠，重叠区是 $R<S$ 的区域，其大小反映了抗力 R 和载荷效应 S 之间的概率关系，即为结构的失效概率，用 p_f 表示。重叠的范围越小，结构的失效概率 p_f 越小。平均值 μ_S 和 μ_R 相差越大，或标准差 σ_S 和 σ_R（离散程度）越小，则重叠越少，失效概率 p_f 越小。

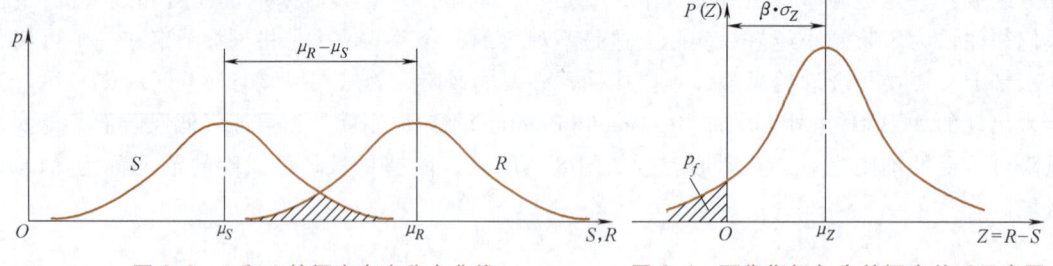

图 8-3　R 和 S 的概率密度分布曲线

图 8-4　可靠指标与失效概率关系示意图

增加 R 和 S 的差值或减小 R 和 S 的离散程度，可以提高构件的可靠程度。以 Z 表示 R 和 S 差值，即 $Z=R-S$，Z 也是服从正态分布的随机变量，其概率密度分布曲线如图 8-4 所示，则 $Z<0$ 事件的概率就是构件的失效概率，可表示为

$$p_f = P(Z) = \int_{-\infty}^{0} f(Z) \, dZ \tag{8-5}$$

按上式计算失效概率 p_f 比较麻烦，故又建立了一种可靠指标的计算方法。由于失效概率 p_f 与 Z 的平均值 μ_Z 和标准差 σ_Z 有关，取其比值（即可靠指标）可以反映失效概率情况，即

$$\beta = \frac{\mu_Z}{\sigma_Z} = \frac{\mu_R - \mu_S}{\sqrt{\sigma_R^2 - \sigma_S^2}} \tag{8-6}$$

$\mu_Z = \beta \sigma_Z$，可以看出 β 越大，失效概率越小。β 和 p_f 可作为风险接受准则和可靠性评价指标，已在航空、核电和海洋工程等方面得到普遍应用。表 8-2 列出了常用的结构可靠指标与失效概率。

可靠性设计是一门新兴学科，目前正处在积极发展和完善阶段，设计所需的呈分布状态的各种数据，有些还需试验、采集和积累。在我国，按照《钢结构设计规范》（GB 50017—2003）规定，工业与民用房屋和一般构筑物的钢结构设计，除疲劳强度计算外，还应采用以概率理论为基础的极限状态设计方法。

（3）有限元数值模拟辅助设计法　上述两种方法都属于数学中的解析方法，适用于焊接结构的整体形状和尺寸的设计，对于焊接结构的局部细节来说，计算起来烦琐而又不准确。近年来，有限元数值模拟方法在焊接结构设计中的应用得到快速发展，逐渐形成了独具特色的有限元数值模拟辅助设计法，属于现代设计方法。与许用应力设计法或可靠性设计法共同使用，弥补了这两种方法的细节问题处理的不足，使得焊接结构更加安全可靠。

采用有限元数值模拟辅助设计法来分析已设计焊接结构静态或动态的物理系统，可以得出焊接结构局部区域的工作应力分布，尤其是焊接接头的工作应力分布和应力集中状态，从而改进连接节点和焊缝的形状及尺寸设计。结合焊接热过程知识，可以模拟焊接过程中焊接应力和变形的演变过程，改进焊接接头位置和焊接顺序的设计，进一步通过重新设计，调控焊接残余应力分布；结合断裂力学知识，可以分析焊接缺欠甚至潜在缺陷区域的塑性变形范围，评价焊接接头的安全可靠性，改进焊接结构的局部设计。目前，常用的有限元数值模拟软件有 ANSYS、ABQUS、SYSWELD 等商业性有限元软件，也可以针对特定的焊接结构在此基础上二次开发。

8.1.2 焊接结构设计的合理性分析

1. 从实用性和可靠性分析焊接结构的合理性

焊接结构种类繁多，焊接接头形式多种多样，焊接方法数以百计，设计者在设计时有充分的选择余地。但是必须考虑焊接结构的实用性和焊接接头的可靠性，以便选择合理的基体材料和焊接材料，确定合理的焊接结构及接头形式，尽可能发挥焊接结构的承载能力，提高使用寿命。

（1）合理选择基体材料和焊接材料　所选用的金属材料必须同时能满足使用性能和加工性能的要求。使用性能包括强度、塑性、韧性、耐磨性、耐蚀性、耐高温、抗蠕变性能等。对承受交变载荷的结构，还须考虑材料的疲劳性能；对大型构件和低温环境的材料还须考虑断裂韧度的要求。加工性能主要是指材料的焊接性能，同时要考虑其冷、热加工的性能，如金属切削、冷弯、热切割、热弯和热处理等性能。例如，许多机器零件用 35 钢和 45 钢制造，这些钢含碳量高，作为铸钢件是合适的，但如果改为焊接件，则不宜采用原来的材料，而应选用强度相当的焊接性较好的低合金结构钢。

全面考虑结构的使用性能，有特殊性能要求的部位可采用特种金属，其余采用能满足一般要求的廉价金属。例如：有防腐蚀要求的结构，可以采用以普通碳钢为基体、以不锈钢为工作面的复合钢板，或者在基体表面上堆焊耐蚀层；有耐磨要求的结构，可以在工作面上堆焊耐磨合金或热喷涂耐磨层等。应当充分发挥异种材料可以焊接的优势。

焊接材料的选择取决于与基体材料的匹配状态，一般有成分匹配和强度匹配两种形式。对于具有耐蚀性能要求的结构，按照成分匹配选择焊接材料，即要求焊接材料熔敷金属的化学成分与基体材料的化学成分相当，可以抵抗化学腐蚀、电化学腐蚀。大多数焊接结构以强度匹配要求为主，依照焊缝金属与母材金属的屈服或断裂强度的大小，分为高强匹配、等强匹配和低强匹配三种形式。完全的等强匹配是不存在的，考虑到断裂韧度的要求，往往采用低强匹配，可以获得等强高韧性的焊接接头。

（2）合理设计焊接结构形式　合理设计焊接结构形式涉及许多方面的因素，应着重考虑以下内容：

1）要有良好的受力状态。根据强度或刚度要求，以最理想的受力状态去确定结构的几何形状和尺寸。例如，应采用应力集中小、焊接残余应力小和焊接变形小的焊接接头形式，这在前面章节中已有详细论述。

2）要重视局部构造。既重视结构的整体设计，也重视结构的细部处理。焊接结构的整体性意味着任何部位的构造都同等重要，许多焊接结构的破坏事故起源于局部构造不合理的薄弱环节处，如局部节点部位、断面变化部位、焊接接头的形状变化部位等。

3）要有利于实现机械化和自动化焊接。尽量采用简单平直的构造形式，减少短而不规则的焊缝，要避免采用难以弯制或冲压的具有复杂空间曲面的结构。

（3）合理设计焊接接头形式　焊接接头形式选择是焊接结构设计时重点考虑的内容。

在各种焊接接头中，对接接头应力集中程度最小，是最为理想的接头形式，应尽可能采用，质量优良的对接接头可以与母材等强度。但用盖板"加强"的对接接头（见图 8-5a、b）是不合理的接头设计，尤其是单盖板对接接头的动载性能更差。角焊缝的接头应力分布不均匀，应力集中程度大，动载强度低，但这种形式接头是不可避免的，采用时应当采取适当措施提高其动载强度。单面焊丁字接头（见图 8-5c）是不合理的接头设计，应改为双面焊丁字接头（见图 8-5d），这样承载能力会大幅度提高。搭接接头装配简单，但应力集中程度大，多数情况下搭接接头是可以改为对接接头的。

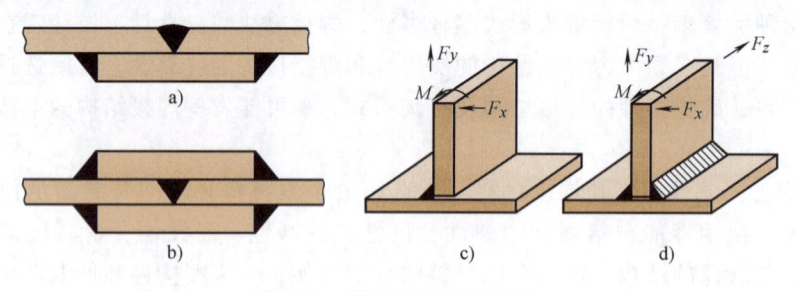

图 8-5 焊接接头的合理性
a) 单盖板对接接头　b) 双盖板对接接头　c) 单面焊丁字接头　d) 双面焊丁字接头

（4）合理布置焊接接头位置　焊接接头的布置合理与否对于结构的强度有较大影响。尽管质量优良的对接接头可以与母材等强度，但是考虑到焊缝中可能存在的工艺缺陷会减弱结构的承载能力，所以设计者往往把焊接接头避开应力最高位置。如承受弯矩的梁，对接接头经常避开弯矩最高的断面。对于工作条件恶劣的结构，焊接接头尽量避开截面突变的位置，至少也应采取措施避免产生严重的应力集中。下面是一些合理布置焊接接头位置的例子。

1）小直径的压力容器，采用大厚度的平封头（见图 8-6）。图 8-6a 所示的角接接头形式应力集中严重，承载能力低。若在封头上加工一个槽（见图 8-6b），角接接头就成为准对接接头，这样就改善了接头的工作条件，避免在焊缝根部产生严重的应力集中。最合理的结构形式是采用热压成形的球面封头，以对接接头连接筒体和封头。

2）在集中载荷作用处，必须有较高刚度的依托，如两个支耳直接焊在工字钢的翼缘上（见图 8-7），背面没有任何依托，在载荷作用下支耳两端的焊缝及母材上应力很高，极易产生裂纹。若将两支耳改为一个，焊在工字钢翼板的中部，支耳背面有腹板支承（见图 8-7b），在受力时有可靠的依托，则应力分布较为均匀，其强度得到保证。

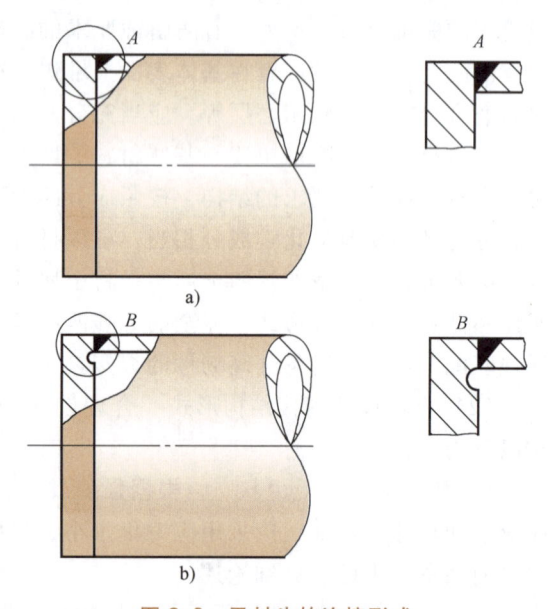

图 8-6 平封头的连接形式
a) 角接接头　b) 准对接接头

3）两个工字钢垂直连接时，如果两者直接连接而不加肋板（见图 8-8a），则连接翼缘和柱的焊缝中应力分布不均,焊缝中段应力较高。如果按应力均匀分布进行设计,焊缝中段可能因过载而发生断裂。若在柱上加焊肋板（见图 8-8b）,则应力分布均匀,承载能力将大大提高,是比较合理的结构形式。

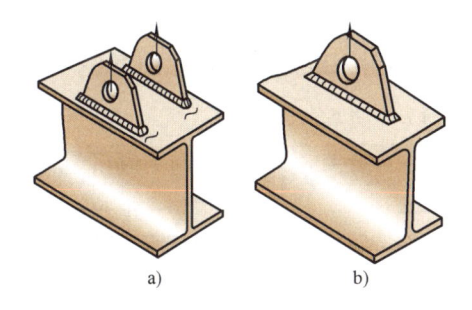

图 8-7 支耳的布置形式
a) 背面无依托的支耳　b) 背面有依托的支耳

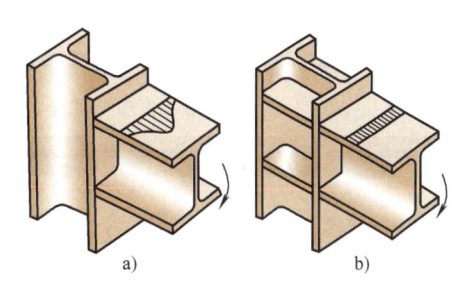

图 8-8 工字梁的连接
a) 无肋板结构　b) 有肋板结构

4) 有对称轴的焊接结构,焊缝宜对称地布置并尽可能接近中心轴,这有利于控制焊接变形,如图 8-9c 相对于图 8-9a、b,其焊缝位置更合理。

5) 工字梁的对接方式有多种形式,最简单的对接方式如图 8-10a所示,焊接顺序 1→2→3→4→5。但这种对接方式有个最大的缺点,就是由于焊缝金属不可避免地存在焊接缺陷,焊缝金属集中在一个横截面上,一旦局部出现问题,很容易影响整个截面的安全性。采用图 8-10b 所示的对接方式,焊缝金属互相错开,出现问题互不影响,这就使得对接焊接区域的安全性得到较大提高。焊接顺序 1→2→3→4→5 可以使得下翼板预制压应力,上翼板预制拉应力,使工字梁承受更大的外载荷,从而提高安全性。

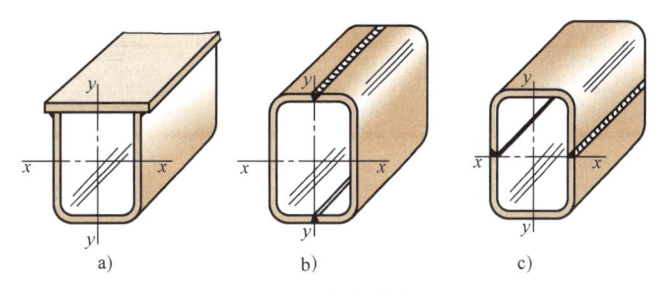

图 8-9 焊缝的布置
a) 焊缝不对称　b) 焊缝对称但远离中心轴
c) 焊缝对称且离中心轴较近

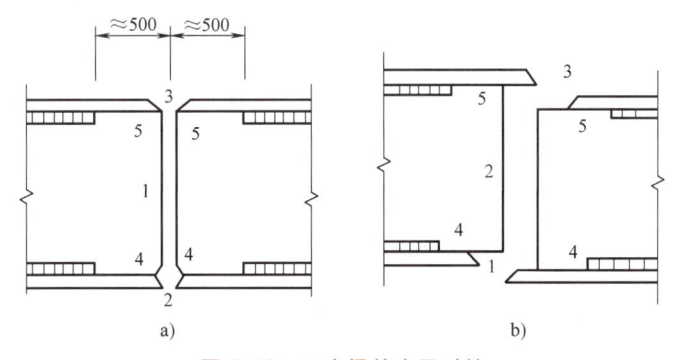

图 8-10 工字梁的水平对接
1~5 表示焊接顺序

总之,合理的焊接接头设计不仅能保证结构的焊缝和整体的强度,还可以简化生产工艺、降低制造成本。因此,设计焊接接头时应考虑：焊缝位置不要布置在最大应力处、载荷集中处、截面突变处；要避免焊缝平面或空间汇交和密集，在结构上使重要焊缝连续，让次要焊缝中断；尽量采用平焊位置和自动焊焊接方法；尽可能使焊接变形和应力小，能满足施工要求所需的技术、人员和设备的条件；尽量将焊缝设计成联系焊缝，焊接接头便于检验，焊接前的准备和焊接所需费用低；焊缝要避开机械加工面和需改性处理的表面；对角焊缝不宜选择和设计过大的焊脚尺寸。部分焊接接头不合理的设计及改进后的设计见表 8-3。

表 8-3 部分焊接接头不合理的设计及改进后的设计

接头设计原则	易失效的设计	改进后的设计
增加正面角焊缝		
设计的焊缝位置应便于焊接和检验		
搭接焊缝处为减小应力集中，应设计成有一定缓和应力的接头		
切去加强肋端部的尖角		
焊缝应分散布置		
避免交叉焊缝		
焊缝应设计在中性轴或靠近中性轴对称的地方		
受弯曲的焊缝应设计在受拉的一侧，不得设计在受压未焊的一侧		
避免焊缝布置在应力集中处		
焊缝应避开应力最大处		
加工面应避免有焊缝		
自动焊的焊缝位置应设计在焊接设备调整次数和工件翻转次数最少的部位		

2. 从工艺性及经济性分析焊接结构的合理性

焊接结构的制造工艺性和经济性是紧密相连的，工艺性不好的结构设计不仅制造困难，而且往往会增加制造成本。它们与备料工作量、结构形状尺寸、焊接操作可达性、产品的批量、设备条件、制造工艺水平和技术人员水平等诸多因素有关。

（1）焊接结构的备料工作量　焊接结构制造工艺及成本在很大程度上和备料以及装配工作有关。以厚度为 40mm 的对接接头坡口加工为例，对接焊缝的每米长焊缝金属量随坡口形式而异，不同坡口横截面的对比如图 8-11 所示，其所需填充材料质量见表 8-4。

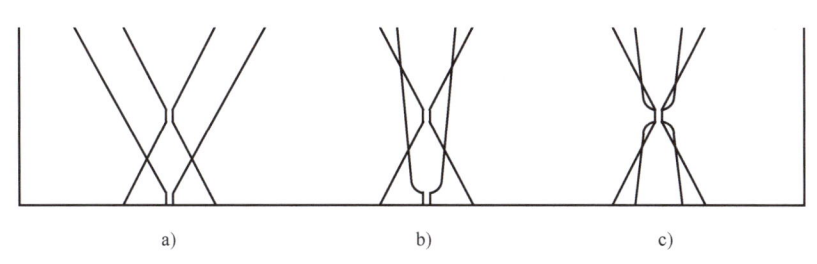

图 8-11　不同坡口横截面的对比

a）V 形与 X 形对比　b）X 形与 U 形对比　c）X 形与双 U 形对比

表 8-4　焊接结构的备料工作量

坡口形式	V 形坡口	X 形坡口	U 形坡口	双 U 形坡口
填充材料质量	14kg	7.6kg	8.3kg	7.2kg
焊接工作量	最大	小	大	最小
坡口加工方法	气割	气割	机械切削加工	机械切削加工
坡口加工费用	最低	低	高	最高
角变形量	最大	小	中	最小

从填充材料质量和焊接工作量来看，双 U 形坡口最经济，但是从坡口加工方法来看，双 U 形坡口必须进行机械切削加工，而 X 形坡口可以气割加工，所以双 U 形坡口加工费用较高，直边坡口加工容易。总体考虑，采用 X 形坡口较好。

对于要求焊透的厚板，不管是对接接头、T 形接头、角接接头等，都要进行开坡口。坡口的形式和尺寸主要根据钢结构的板厚、选用的焊接方法、焊接位置和焊接工艺等来选择和设计。总体原则是：焊缝金属填充量尽量少，具有良好的可焊到性，坡口的形状应容易加工，便于调控焊接变形。

（2）焊接结构形式与焊接工艺选择　如图 8-12 所示的带锥度的弯管，可以分别采用铸造、锻造和焊接的方法制造。图 8-12a 所示的结构形式适于铸造方法制造，批量大、尺寸小时，较为经济。采用焊接方法制造时，图 8-12b 所示的结构形式比较适合，且适合于大尺寸、小批量生产。如果生产批量很大，则可以将弯管分成两半压制成形，然后拼焊，这个方案减少了焊接工作量。从这个实例可以得出结论，结构的合理性和制造厂家的生产条件密切相关。

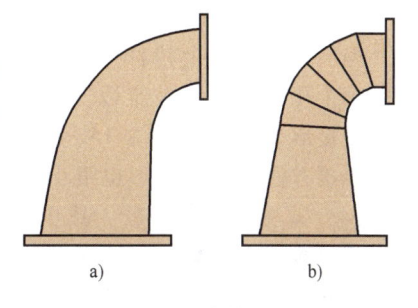

图 8-12　弯管头形式

a）铸造方法制造　b）焊接方法制造

（3）焊缝的可焊到性和可检测性　必须使结构上每条焊缝都能方便地施焊和方便地进行质量检查。保证焊缝周围有供焊工自由操作和焊接装置正常运行的条件，需要质量检验的焊缝，其周边应有足够的空间进行探伤操作。尽量使焊缝都能在工厂中焊接，减少工地焊接量；减少焊条电弧焊工作量，扩大自动焊接量；双面对接焊时，操作较方便的一面用大坡口，施焊条件差的一面用小坡口，必要时改用单面焊双面成形的接头坡口形式和焊接工艺。

例如，某一3500t压力机的活动横梁，其断面如图8-13所示，梁的长度为9m，纵向肋板与辐板距离太近，仅有不到400mm的距离，因此底部焊缝施焊不便。设计者往往忽略了这个问题，不仅造成施焊劳动条件很差，而且难以保证焊接质量。图8-14a是一些可焊到性较差的焊缝位置，图8-14b是改进后的焊缝位置，其可焊到性得到提高。

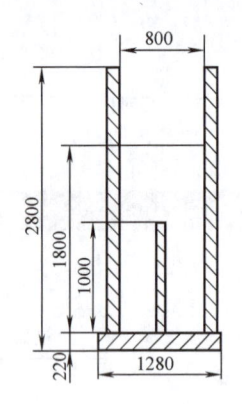

图8-13　压力机的活动横梁

图8-14　可焊到性举例
a）不好　b）好

必须充分考虑装配焊接次序对可焊到性的影响，以保证装配工作能顺利进行。例如，采暖锅炉的前脸，由两块平行的钢板组成，两块钢板相距100mm，板间用许多拉杆支承，内部承受压力。如果把拉杆与两块钢板连接设计成如图8-15a所示的形式，则工艺性极差很不合理。试想把数百个拉杆焊在钢板上，必然引起严重的翘曲变形，焊后再把数百个拉杆同时对准另一块钢板上的数百个孔，这显然是难以实现的。把拉杆和钢板的连接形式改成如图8-15b所示的形式，则装配和焊接方便，焊后变形也很小。

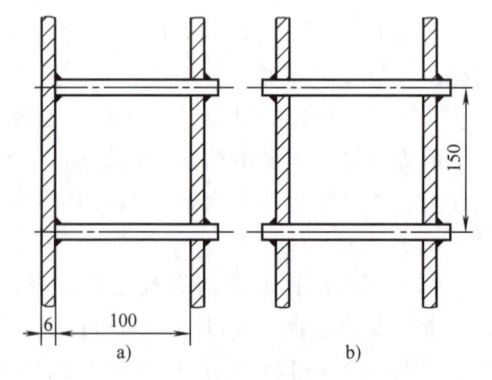

图8-15　锅炉前脸拉杆连接形式
a）单边钻孔结构　b）双边钻孔结构

（4）减少焊接工作量　减少焊接工作量有利于降低焊接应力、减小焊接变形，它包括减少焊缝的数量和焊缝填充金属量。尽量选用轧制型材，利用冲压件代替一部分焊件；结构形状复杂、角焊缝多且密集的部位，可用铸钢件代替，必要时，宁可适当增加壁厚，以减少或取消加强肋板等。对于角焊缝，在保证强度要求的前提下，尽可能用最小的焊脚尺寸，因为焊缝面积与焊脚高的平方成正比。对于对接焊缝，在保证焊透的前提下选用填充金属量最少的坡口形式。

（5）焊接变形的控制　焊接变形是生产上常遇到的问题，合理的焊接结构设计焊后应变形较小。把复杂的结构分成几个部件制造，尽量减少最后总装配时的焊缝，这对于防止结构总体变形是有利的。例如，火车底架的横梁与中梁装配，按图 8-16a 所示的结构形式来总装配，上下板是一块通长的钢板，上翼板与腹板间的翼缘焊缝必须在装配之后焊接，焊后横梁两端向上翘起。如果把横梁上翼板分成两段，则横梁可以分成两个部件制造，总装时把上翼板用对接焊缝连接起来（见图 8-16b），这样既降低了总装时的焊接工作量，也减少了焊接变形。此外横梁还可以在生产线上焊接，对于提高生产率和焊接质量也有利。

（6）操作者劳动条件的改善　合理的焊接结构设计还应保证焊接工作有良好的劳动条件。处于活动空间很小的位置施焊，或者在封闭空间操作，对工人健康十分有害。故容器设计时应尽量选用单面 V 形或 U 形坡口，并用单面焊双面成形的工艺方法确保焊透，使焊接工作在容器外部进行，把在容器内部施焊的工作量减少到最低限度。

（7）材料的合理利用　合理利用材料就是要力求提高材料的利用率，降低结构的成本，设计者和制造者都必须考虑这个问题。在划分结构的零、部件时，要合理安排、全面考虑备料的可能性，尽量减少余料。可以采用现代化的数控排料软件和下料设备进行备料工作。尽可能选用标准型材和异型材，通常轧制型材表面光洁平整、质量均匀可靠，不仅减少了许多备料工作量，还减少了焊缝数量，可以降低焊接应力、减小焊接变形。

节省材料与制造工艺有时发生矛盾，在这种情况下必须全面分析。例如，降低结构的壁厚可以减小质量，但是为了增强结构的局部稳定性和刚性必须增加更多的加强肋，因而增加了焊接和矫正变形的工作量，产品的成本很可能反而提高。在一般结构上片面追求减小质量不一定合理。设计结构既要节省材料，又要不损害结构的制造工艺性。一些次要的零件应该尽量利用一些边角余料。例如，桥式起重机主梁的内部隔板可以用边角余料拼焊而成（见图 8-17），虽然增加几条短焊缝，可是节省了整块钢板。

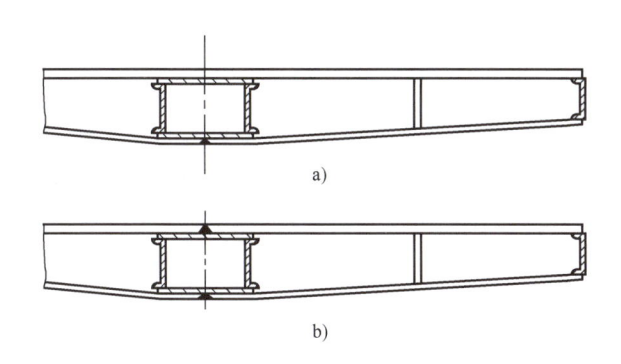

图 8-16　火车横梁连接形式
a）横梁整体制造　b）横梁分段制造

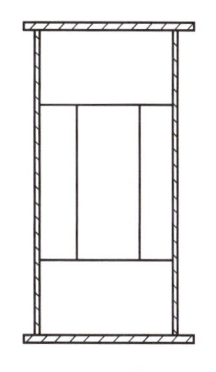

图 8-17　箱形梁的拼焊隔板

充分挖掘材料潜力也可以节省材料。例如，把轧制的工字钢按锯齿状切开（见图 8-18a），然后再按图 8-18b 所示的结构形式焊接成锯齿合成梁，在质量不变的情况下刚性可以提高几倍。这种梁适用于跨距较大，而载荷不高的情况。

（8）方便生产组织与管理　大型焊接结构采用部件组装的生产方式有利于工厂的组织

与管理。因此，设计大型焊接结构时，要合理进行分段。一般要综合考虑起重运输条件、焊接变形的控制、焊后处理、机械加工、质量检查和总装配等因素，力求合理划分、适于组织、便于管理。

8.1.3 焊接结构设计中应注意的问题

焊接结构设计需要考虑的问题很多，除了上述的一些基本原则之外，还应当注意以下设计问题。

1. 考虑改造结构的焊接设计

有许多结构都是从铸造或锻造结构改变为焊接结构的，在这种情况下，一般采用等价截面方法进行设计，如减速器铸造箱体改为焊接箱体后，其箱体壁厚应与原来设计的保持一致。按焊接结构要求重新设计减速器箱体需要进行相应的试验研究。

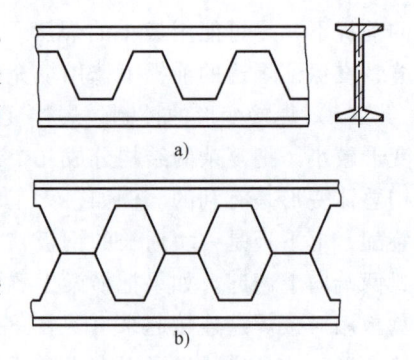

图 8-18 锯齿合成梁
a) 合成前　b) 合成后

（1）铆接结构的改造　许多焊接结构是从铆接结构改造过来的，如果不加分析随意地把铆接接头的铆钉去掉换成焊缝是不合适的，将会产生许多严重的问题，焊接结构应具有它自己的独特结构形式。例如，轻便型桁架的节点构造，原来的铆接节点如图 8-19a 所示，并不存在严重的应力集中，而且也不存在高值残余应力。如果不加分析原封不动地把它改为焊接节点（见图 8-19b），这样将会造成焊缝密集，应力集中严重，而且焊接残余应力很高，则结构的使用寿命将降低。

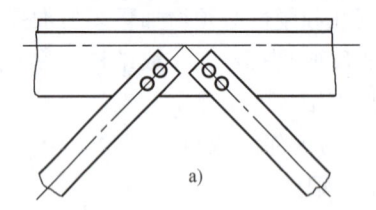

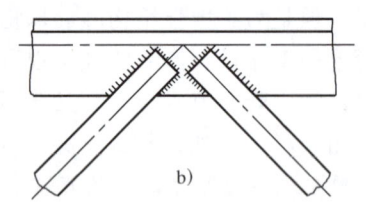

图 8-19　铆接节点与焊接节点
a) 铆接节点　b) 焊接节点

目前，单一的铆接结构已不多使用，而将其改为栓焊结构，大多数情况下应用于大型焊接结构部件的现场快速安装和拆卸目的的安装。有时考虑到整个结构的柔性要求（退让性），一些局部位置也采用高强螺栓接头。

（2）铸造结构的改造　铸造结构改造成焊接结构时，首先应对铸造结构进行分析，弄清楚哪些构造形式是由机器功能要求所决定，哪些是由铸造工艺要求所决定。应该去掉由铸造工艺所决定的那些构造形式，在满足原零部件工作性能的前提下，结合焊接工艺特点进行重新设计。

1）要注意所用材料性质上的差别。铸钢结构用的材料多为 ZG230—400H、ZG270—500H 和合金铸钢，而焊接结构用的材料大多是焊接性能好的碳素钢和低合金结构钢。如果把铸钢结构改为焊接结构，则要注意材料的焊接性。一般随着金属含碳量和合金元素含量的增加其焊接性能变坏，如果改用焊接性能好的普通结构钢，则应注意两种材料之间力学性能的差别。

2）要注意铸造工艺和焊接工艺各自的要求。铸造工艺要起模斜度、壁厚不能太薄、相邻壁厚差别不能悬殊、拐角处要做出较大的圆弧、不能做成空心封闭的结构，铸件增加凸台、圆座或加强肋的数量并不困难。对于焊接结构，则力求结构简单、平直、变化少，板厚规格尽可能少，尽量减少凸台或肋板；在焊缝周围要留出焊接与质量检验的自由操作空间，要留出适当的收缩余量和机械加工余量。焊接结构中各板件之间的连接根据实际需要可以是全熔透的或非全熔透的。特别是按刚度设计的构件，厚度大，一般并不需要连接处全熔透，如果盲目地仿照铸造结构一律要求全熔透，将会给生产带来很大的困难。

3) 要注意振动和屈曲问题。钢材的阻尼比是铸铁的 1/3.2，而抗拉强度和拉伸弹性模量却是铸铁的 2 倍以上，若按等强度或等刚度设计，焊接结构的壁厚将减薄，就有可能因壁板动刚度不足而产生振动、噪声和壁板失稳问题。可采用适当增加肋板等措施，以减小壁板自由幅面尺寸。

2. 考虑自动化焊接的结构设计

近年来，焊接过程自动化得到飞速发展，自动化焊接技术、机器人焊接技术、智能控制焊接技术已经广泛应用于焊接结构的制造中。因此，焊接结构的设计应当考虑这些技术的特点，在焊缝位置、接头形式、焊接顺序、操作空间等方面充分分析，不仅可提高焊接质量，而且可极大地提高焊接生产率。例如，把普通钢板拼接成大尺寸钢板，有两种拼接形式，如图 8-20 所示。从焊接残余应力的角度考虑，要求焊缝尽量不要平面交叉，这样图 8-20b 是合理的；但是如果采用埋弧焊进行焊接，则其起弧和熄弧点太多，焊接缺陷产生的概率就会增加，生产率也受到影响，因此图 8-20a 所示的结构则比较合理。

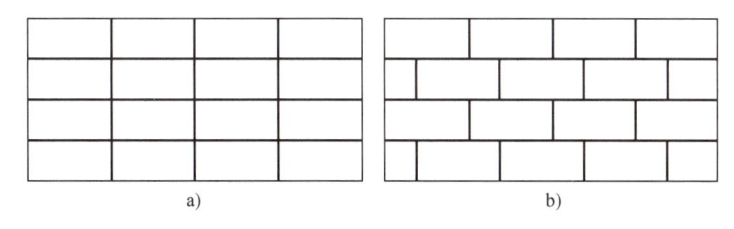

图 8-20 钢板的拼接方式
a) 适合于自动焊 b) 适合于手工焊

3. 考虑先进焊接方法的结构设计

以激光焊和电子束焊为代表的高能束流焊接技术已经得到快速发展，其特点是能量密度高、探焊距离远、形成的焊缝深宽比大，且容易实现单面焊背面成形，因此给焊接结构设计提供了更多和更灵活的选择平台。例如，采用激光束焊接方法，可以对内孔焊缝实现远距离焊接，而不必采用必须外部焊接或翻转工件焊接，可以实现多曲面、多位置、不等探焊距离的薄板焊接。采用电子束焊接方法，可以对中等厚度板材实现不开坡口焊接，可以实现大厚度差的板材拼接，尤其是可以实现精密加工后工件的焊接。这对汽车薄板焊接、复合焊接齿轮、汽轮机转子对接、异种材料构件等焊接结构制造提供了强有力的手段。

搅拌摩擦焊接技术也日渐成熟和广泛应用，其最大的特点是焊接变形小，适合于铝合金、镁合金等轻质合金焊接。但在焊接结构设计时，要考虑焊缝的位置，其周边必须有足够的固定或夹持空间。

4. 考虑现代化生产管理的结构设计

计算机与信息化的快速发展，部分大中型企业已经建立了基于网络信息的现代生产管理系统，实现了从产品设计、任务下达、任务分解到班组生产的无纸化信息传递，极大地提高了生产率，降低了产品生产周期，促进了全面质量管理水平的提高。焊接结构设计应当主动适应现代化生产管理系统的要求，更加有利于生产组织与管理。

一些智能化焊接设备具备了焊接工艺储存、远程监控和工作量管理等功能，因此焊接接头或焊缝类型数量应尽可能减少，实现规则化、等级化和标准化，从而实现"互联网+焊接生产管理"，有利于提高生产率和产品质量。

5. 考虑在役监控系统的结构设计

利用"在役检测"和"无线网络技术"可以实现对大型焊接结构的服役状态进行检测和评价，因此在焊接结构设计时，要明确焊接结构关键点或薄弱点的位置、数量及其相互关系，要留有加装监控器的位置，从而依靠"互联网+在役监控系统"实现焊接结构的安全运行和事故预测。

8.2 焊接结构设计实例

8.2.1 机床机身

机身是机器架体结构的简称，是各种动力设备和传动机构的支承结构或主体部件。在机身上，一般要安装各种运动部件，并承受各部件的重量、运动部件之间的作用力和运动时产生的惯性力。以往的机身多用铸造件，铸造件生产成本较低，也适于成批生产，其减振性能和机械加工性能较好，但其力学性能较差，对于单件或小量生产的大型或专用机床来说，采用铸造件的机身成本很高，而且生产周期也很长。采用焊接机身可以加速制造过程，降低生产成本。

1. 焊接机身设计的要求

（1）**强度** 由于承受负载重量、运动部件之间的作用力和运动时产生的惯性力，焊接机身要具有较高的强度，尤其部件之间的作用力往往是高周或低周循环的交变载荷，因此，在进行焊接机身设计时，必须考虑疲劳强度设计，尽量避免应力集中大的焊接结构细节，焊接接头过渡要平缓。

（2）**刚度** 焊接机身必须有足够的刚度，以保证机器运行时，在承受各种作用力的情况下不致发生不可接受的变形。焊接机身形式繁多，设计者可以选择较为合理的结构形式，完全能做到满足刚度要求。钢的弹性模量比铸铁高，在保证相同的刚度情况下焊接的钢质机身比铸铁机身轻很多。对于切削机床则要求具有更高的刚度和减振性，以保证机械的加工精度。

（3）**尺寸稳定性** 要特别注意焊接机身尺寸稳定性的问题。因为焊接结构中不可避免地存有较严重的残余应力，这对结构尺寸的稳定性有较大的影响，尤其是切削机床的机身要求尺寸稳定性更高，所以这类焊接机身必须在焊后进行消除残余应力处理。

（4）**减振性** 铸造件具有很好的减振性能，以往的机身多采用铸造工艺制造，而钢材的减振性能比铸造材料差，所以当采用焊接钢质机身代替铸造机身时，减振问题是一个必须仔细考虑的问题。

结构的减振性不仅取决于选用的材料，而且与结构本身有关，故可分为材料的减振性和结构的减振性。焊接机身的材料减振性较差，必须从结构设计上采取措施提高结构的减振性。利用接触面的微量相对运动引起的能量消耗的方法，在提高结构减振性方面已经取得了很好的效果。实验表明，焊接钢质梁的腹板嵌在翼板的槽里，虽然钢的减振性能不如铸铁，但是由于构造上采取措施，焊接的钢质梁的阻尼指数反而比铸铁梁高 50%。

此外，焊接机身的制造成本与生产批量有关，在单件和小量生产时采用焊接机身才有利。

2. 焊接机身的设计

（1）材料的选用　焊接机身一般采用轧制的钢板和型钢焊制而成，形状特殊的部分，可以采用锻件或铸件。焊接机身应用最多的金属材料是焊接性好的低碳钢和普通低合金钢（如 16Mn 等），匹配的锻件或铸件也应采用化学成分相近的材料，常用的材料如 20 钢、26 钢和 20MoSi 等铸钢。

由于焊接结构所用钢板质地匀净、厚薄均匀、表面光洁，所以加工余量比铸件小。但考虑到低碳结构钢的机械加工性比铸件差的特点，常把机械加工要求高的构件用中碳钢代替低碳钢。

（2）焊接接头的设计　焊接接头的设计，主要考虑焊接机身减振性能的要求。

1）采用 T 形焊接接头。不同的焊接接头形式，具有不同的减振性能。采用角焊缝的 T 形焊接接头，由于焊缝冷却时的收缩，在未焊透的接合面处，存有一定程度的接触压应力。当结构振动时，在未焊透的接合面上会产生微小的相对位移，形成摩擦，从而产生了阻尼作用。实验证明，单面角焊缝比双面角焊缝的减振性好，单面坡口焊缝比双面坡口焊缝的减振性好，不完全焊透的坡口焊缝比完全焊透的减振性好。这说明焊缝形式和接合面的性质对 T 形焊接接头的减振性有影响。

2）采用断续焊缝。断续焊缝中未焊部分的接触面具有减振作用，减振能力比连续焊缝的高。在断续焊缝中，又以焊缝比较短的减振性能为最好，所以在强度和刚度允许的情况下，应尽量采用断续焊缝来提高焊接结构的减振能力。

3）加强肋板的应用。长宽尺寸大于板厚 10 倍以上的板结构一般为薄壁结构，大多数焊接机身仍都属于薄壁结构。为了防止薄壁振动，一般是在光壁钢板上布置加强肋板，以提高板壁的固有频率，避免结构固有频率等于或接近激振频率，以防止共振现象的出现。因为机床噪声的频带很宽，但许多激振源的频率很低，所以提高薄壁结构的固有频率对防止薄壁振动有好处。可以设计出增加阻尼的接头，如带折线肋板的梁具有较好的刚度和减振性能，由于肋板和翼板之间的焊缝收缩，使接触面产生压力，因而使梁的阻尼指数提高，所以现在焊接机床的机身肋板设置多采用折线形式。几十年来，焊接机身从简单的箱形结构发展到设置各种形式肋板的复杂结构，焊接机身的应用得到进一步扩大。

（3）焊接接头的位置

1）避免在加工表面上布置焊缝。在需要加工的表面上，应尽量避免布置焊缝。如图 8-21 所示的角接接头，图 8-21a、b 所示不论是水平面或垂直面，都不便于机械加工；图 8-21c、d 所示不便于水平面的机械加工，只适于垂直面的机械加工。图 8-22 是可以机械加工的角接接头，其中图 8-22a 适于水平面机械加工，其他接头不仅适于水平面，也适于垂直面机械加工。

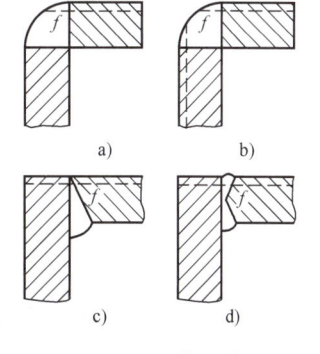

图 8-21　不适合机械加工的焊接接头

显然，最好的方法是使全部焊缝避开机械加工表面。图 8-23 所示的轴承支架就是全部焊缝都避开机械加工表面的例子。

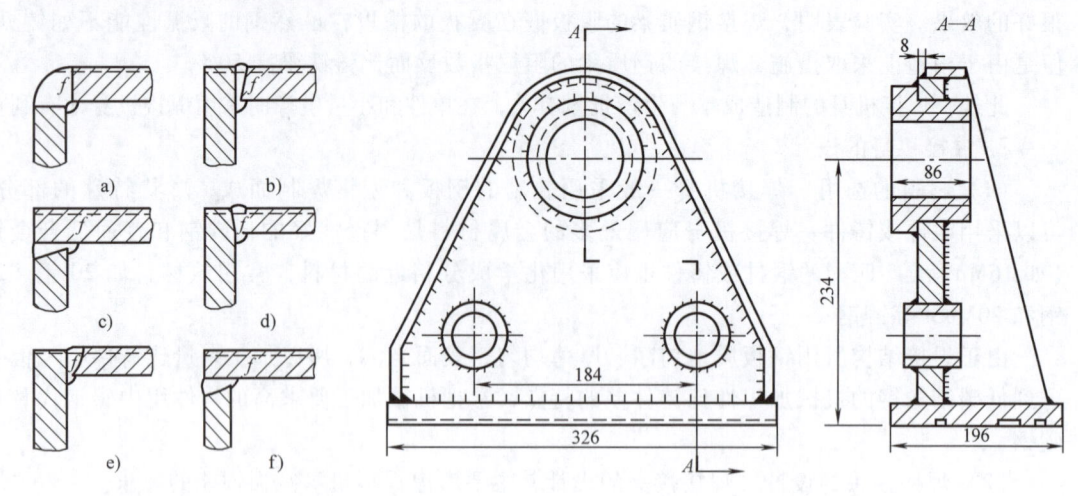

图 8-22 适合机械加工的焊接接头

图 8-23 轴承支架

2）**避免在配合面上布置焊缝**。配合面的加工精度较高，焊缝加工后尺寸不稳定性明显影响配合面的精度，所以应尽量避免在配合面上布置焊缝。

（4）保证焊接构件的定位精度 根据实际情况与需要，在焊接构件上机加工出定位台阶，以保证焊接结构的精度。例如，图 8-24 所示的轴套焊接结构，由图分析可知，图 8-24a~c 所示结构，不仅可焊到性好，而且焊接成本也较低，但只适用于精度要求不高的场合。倘若定位精度要求高时，轴套应加工出定位台阶，如图 8-24d、e、f 所示。

（5）防止加强肋板被钻穿 焊接结构加强肋板较多，设计时要注意加强肋板布置不宜靠近钻孔的位置，以防止肋板被钻穿，削弱加强肋的作用，如图 8-25 所示。

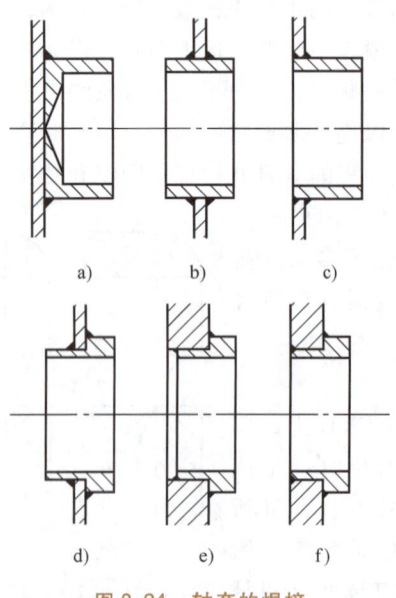

图 8-24 轴套的焊接

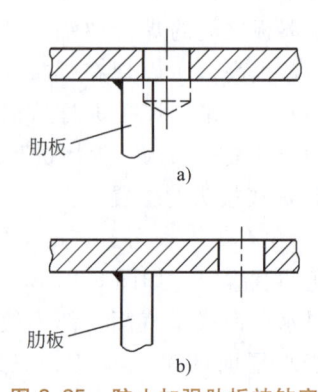

图 8-25 防止加强肋板被钻穿
a) 肋板被穿孔 b) 钻孔远离肋板

8.2.2 压力容器

1. 压力容器焊接接头的分类及设计要求

单层受压壳体上的焊接接头按其受力状态及所处部位可以分成 A、B、C、D、E、F 六类，如图 8-26 所示。压力容器的焊接接头分类及设计要求见表 8-5。

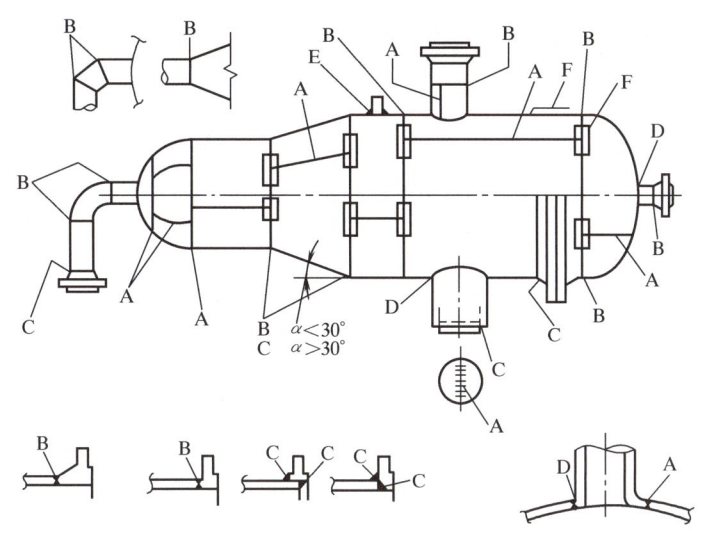

图 8-26 压力容器焊接接头的分类

表 8-5 压力容器的焊接接头分类及设计要求

分类	接头类型	焊接接头设计要求
A 类	指圆柱形壳体筒节的纵向对接接头，球形容器和凸形封头瓜片之间的对接接头，球形容器的环向对接接头，镶嵌式锻制接管与筒体或封头间的对接接头，大直径焊接三通支管与母管相接的对接接头	A 类和 B 类焊缝必须为全焊透对接焊缝的接头形式，一般为双面焊头形式，也可采用单面开坡口的接头形式。单面开坡口的接头应采用氩弧焊完成全焊透的封底焊道，或在焊缝背面加临时衬垫或固定衬垫，采用适当工艺保证根部焊道与坡口两侧完全熔合
B 类	指圆柱形、锥形筒节间的环向对接接头，接管与筒节间及其与法兰相接的环向对接接头，除球形封头外的各种凸形封头与筒身相接的环向接头	为避免相邻焊接接头残余应力的叠加和热影响区的重叠，焊缝之间的距离至少应为壁厚的 3 倍，且不小于 100mm。焊缝及其附近不应直接开管孔，焊缝应布置在不直接受弯曲应力作用的部位
C 类	法兰、平封头、端盖、管板与筒身、封头和接管相连的角接接头，内凹封头与筒身间的搭接接头以及多层包扎容器层板间纵向接头等	不必要求采用全焊透的接头形式，而采用局部焊透的 T 形接头。低压容器中的小直径法兰甚至可以采用不开坡口的角焊缝来连接，但必须在法兰内外两面进行封焊，这可以防止法兰的焊接变形
D 类	接管、人孔圈、手孔盖、加强圈、法兰与筒身及封头相接的 T 形接头或角接接头	常用接头形式有：插入式接管全焊透 T 形接头、局部焊透 T 形接头、带补强圈接管 T 形接头、鞍座式接管的角接接头以及小直径法兰和接管的角接接头
E 类	吊耳、支撑、支座及各种内件与筒身或封头相接的角接接头，即非受压件与受压件相连接的搭接接头	采用双面开坡口的全焊透角焊缝的接头形式，主要用于吊耳、支架、角撑等承载部件与壳体的连接
F 类	在筒身、封头、接管、法兰和管板表面上的堆焊接头	注意堆焊材料与基体材料的适应性，防止产生脆性层，避免堆焊层与基体的剥离

2. 压力容器焊接结构设计

（1）焊接强度设计　薄壁容器的壁厚比其直径小很多，应力在壁板厚度上可视为均匀分布，按薄膜应力计算。厚壁容器壁厚较大，厚度上的应力分布不可忽视，按最大应力计算。压力容器的强度计算见表8-6。

表8-6　压力容器的强度计算

类型	薄壁球形容器	薄壁圆筒形容器	厚壁容器
示意图			
受力特点	厚度上应力分布均匀，壁板中各方向应力相等	厚度上应力分布均匀，环向应力是轴向应力的2倍	壁厚较大，厚度上的应力分布不可忽视。在厚度方向上，σ_t为恒值拉应力，σ_θ为变拉应力，σ_ρ为变压应力，在筒壁内侧面处，两者同时达到最大值
焊缝强度校核公式	$\sigma = \dfrac{pD_n}{4\delta} \leq [\sigma']$　（8-7）	$\sigma_\theta = \dfrac{pD_n}{2\delta} \leq [\sigma']$　（8-8） $\sigma_t = \dfrac{pD_n}{4\delta} \leq [\sigma']$　（8-9）	$\sigma_{\theta max} = \dfrac{pD_n^2}{D_w^2 - D_n^2}\left(\dfrac{D_w^2}{D_n^2} + 1\right) \leq [\sigma_l']$　（8-10） $\sigma_{\rho max} = -\dfrac{pD_n^2}{D_w^2 - D_n^2}\left(\dfrac{D_w^2}{D_n^2} - 1\right) \leq [\sigma_a']$　（8-11）
壁厚计算公式	$\delta = \dfrac{pD_n}{4\varphi[\sigma]} + C$　（8-12）	$\delta = \dfrac{pD_n}{2\varphi[\sigma]} + C$　（8-13）	$\delta = \dfrac{pD_n}{2\varphi[\sigma] - p} + C$　（8-14）

注：p为容器内部压力（MPa）；σ_θ为环向应力（MPa）；σ_t为轴向应力（MPa）；σ_ρ为厚度方向应力（MPa）；D_w为容器外径（cm）；D_n为容器内径（cm）；δ为壁厚（cm）；$[\sigma]$为母材的许用应力（MPa）；$[\sigma']$为焊缝的许用应力（MPa）；φ为焊缝强度减弱系数；C为计算厚度的附加值。

焊缝强度减弱系数φ值根据制造工艺质量确定。全部焊缝经过无损探伤，确定为质量优良的焊缝时，对于低碳钢、普通低合金结构钢及奥氏体钢，$\varphi=1$；对于铬钼钒和高铬钢，$\varphi=0.8$，因为这类钢的焊接热影响区强度降低，而且热处理不能恢复。C为计算厚度的附加值，包括加工裕量和腐蚀裕量，当计算厚度小于20mm时，$C=1$mm。

壁板厚度和曲率变化的地方有局部附加弯矩，造成局部应力增高，因此应尽量避免封头和筒体间的厚度和曲率突变，以降低连接处局部应力峰值。

（2）压力容器材料的选择　薄壁容器承受的内应力可以反复作用，其工作温度也可能变化很大。根据容器的工作条件确定对材料、结构形式和制造工艺的要求。对于一般容器，质量大小不是主要问题，所以用焊接性好的低碳钢或低合金结构钢制造。对于飞行器上的容器，质量大小十分重要，所以采用高强度材料制造。用高强度材料制造的焊接容器，在构造上不允许采用搭接接头，而且对于装配和焊接工作的质量提出严格要求，焊后必须进行热处理。要求采用强度更高的材料制造容器时，则要求更高的技术水平。一般来说，材料的强度越高则其焊接工艺性越差，断裂韧度越低。单纯追求高强度指标，反而会使安全性下降，因此对于材料性能必须全面考虑。

厚壁容器易发生脆性断裂，发生事故影响十分严重，所以厚壁容器的设计与制造必须遵照专门的技术规程。厚壁容器用的材料种类繁多，但是应用最广的是低碳钢和低合金结构钢，这些钢种的强度适中，塑性和韧性较好，焊接性良好或较好。

在高温下工作的容器使用耐热钢，对焊接性较差的耐热钢，在工艺上必须采取措施才能保证质量。选择材料和制订工艺时，必须保证容器使用过程的安全，同时还必须考虑制造过程中和水压试验时发生脆性断裂的危险性。因此厚壁容器的材料不但在工作温度下须具有要求的力学性能，而且在制造过程和试验的条件下材料也必须具有一定的韧性储备。珠光体钢和马氏体钢（如铬钼钒钢和高铬钢）可以在550℃以下工作，奥氏体钢只有在550℃以上才能显出优越性。

低温容器往往采用铬镍奥氏体钢和铝合金制造，这些材料在低温条件下仍保持很好的韧性，而且工艺性良好。

3. 圆筒形容器结构与接头的设计

（1）圆筒形容器的组成　以锅炉锅筒为例（见图8-27），圆筒形容器主要由筒体、封头、法兰、接管、支座等组成。

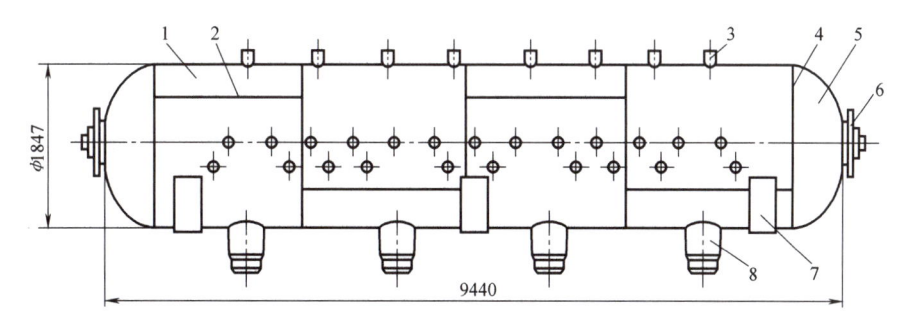

图 8-27　锅炉锅筒

1—筒体　2—纵向焊缝　3—接管　4—环向焊缝　5—封头　6—人孔法兰及密封盖　7—支座　8—下降管

1）筒体。筒体是压力容器最主要的组成部分，由它构成贮存物料或完成化学反应所需要的大部分压力空间。当筒体直径较小（小于500mm）时，可用无缝钢管制作；当直径较大时，筒体一般用钢板卷制或压制（压成两个半圆）后焊接而成。中、低压容器筒体一般为单层结构；高压容器中有的筒体采用单层，有的采用多层结构。

2）封头。根据几何形状的不同，压力容器的封头可分为凸形封头、锥形封头和平盖封头三种，其中凸形封头应用最多。

3）法兰。法兰按其所连接的部分分为管法兰和容器法兰。用于管道连接和密封的法兰称为管法兰；用于容器顶盖与筒体连接的法兰称为容器法兰。

4）接管。由于工艺要求和检修时的需要，常在石油化工容器的筒体或封头上开设各种孔或安装接管，如人孔、手孔、视镜孔、物料进出接管，以及安装压力表、液位计、流量计、安全阀等接管。

5）支座。压力容器靠支座支承并固定在基础上。随着圆筒形容器的安装位置不同，有立式容器支座和卧式容器支座两类。对于卧式容器主要采用鞍式支座,对于薄壁长容器也可采用圈座。

(2) 圆筒形容器焊接接头的设计

1) 纵向焊缝和环向焊缝。内压力较高的小型薄壁容器经常需要用人力搬动,所以质量不宜过大。用 $\sigma_s \geqslant 1400$ MPa 的高强度钢制造的容器,不允许采用残留环形垫圈。设计和制造这种容器应尽量避免应力集中,全部采用对接接头,并且使焊缝和母材之间平滑过渡。为了保证焊缝双面成形良好,施焊时在焊缝背面设置可拆卸式的临时垫板。如果密闭容器内部无法装卸临时垫板,则必须采用工艺措施保证焊缝背面成形良好。

圆筒形容器的纵向焊缝必须与母材等强度,环向焊缝的工作应力只有纵向焊缝的一半,因此对环向焊缝的强度要求较低,可以用较软的填充金属材料,这对于容器的承受能力并不降低。

各筒节间的环向焊缝以及筒节和封头间的环向焊缝一般都采用埋弧焊方法施焊。

2) 容器上的接管连接。在锅炉锅筒、压力容器、球罐等容器上,需要焊接各种类型的管道、接管等。接管连接处钻孔后,孔附近将有相当大的应力集中,为了减少孔口处应力集中的影响,对于薄板可在孔口周围进行补强加固。图 8-28a 为加强板插入式接管。当壁厚较大或接管直径较小时,可采用图 8-28b 所示的贯穿型插入式接管,焊缝双面焊透为佳,也可以采用图 8-28c 所示的平置式接管,焊缝单面焊透。图 8-28d 所示接头是为了消除应力集中的影响,连接形式较好,但工艺实施较困难。

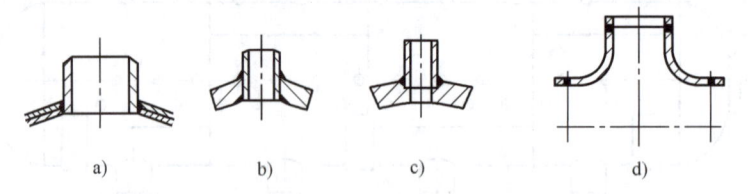

图 8-28 容器上接管焊接方式

a) 加强板插入式接管 b) 贯穿型插入式接管,焊缝双面焊透为佳
c) 平置式接管,焊缝单面焊透 d) 带喇叭口形中间接管式对接缝单面焊透

当考虑到压力容器的载荷性质为低周循环疲劳载荷时,疲劳破坏多发生在结构不连续处,如截面突变、开孔、转角、焊缝与焊接缺陷、法兰连接等处;而接管与容器连接处的应力集中系数 $K_T = 2.0 \sim 4.0$,因而可能降低容器的疲劳强度,其影响程度取决于连接的具体形式及工艺措施。实验研究表明,带加强圈的插入式接管连接形式对疲劳强度的降低影响程度最大,平置式接管放置于容器外表面(焊缝单面焊透)次之,贯穿型插入式较好。贯穿型接管并双面焊(见图 8-29)时,由于工艺不同也会有不同的结果。

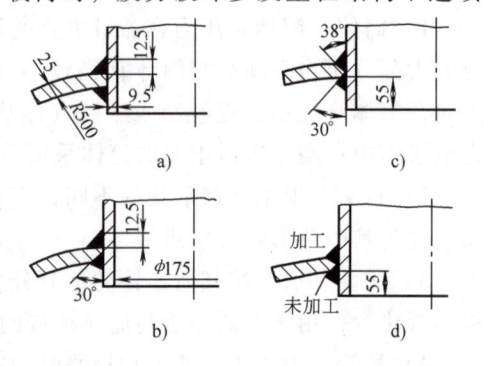

图 8-29 贯穿型接管

a) 两条填角焊缝 b) 一条坡口焊缝两面焊透且在焊缝表面进行加工 c) 两条深坡口焊缝
d) 一条深坡口焊缝并焊后加工,另一条不加工

3) 管板连接。管子与管板之间的焊接接头经常承受交变载荷,在设计时必须考虑长期使用的安全性,同时还要考虑工艺性。管子与管板之间的接

头形式有图 8-30 所示的各种方案。大多数是把管子穿入管板的孔中，从外面施焊。为了降低焊缝的拘束度，在管板上加工出一个环形沟槽（见图 8-30a、b）。为使管接头与管板更紧密配合，在施焊之前把管子端部向外扩张（见图 8-30c），焊后管子端部再向外扩张一次，对降低残余应力更为有利。管板接头在工作中可能受到较大的弯曲应力，最大应力处于管板表面，将焊缝置于管板中间，焊缝将处于低应力区，如图 8-30d 所示的接头。图 8-30e、f 所示的接头采用对接焊缝，受力情况最好，但装配工艺复杂，并且需要用特殊的气体保护焊炬施焊。在图 8-30 中，中心线左侧表示焊前，右侧表示焊后。

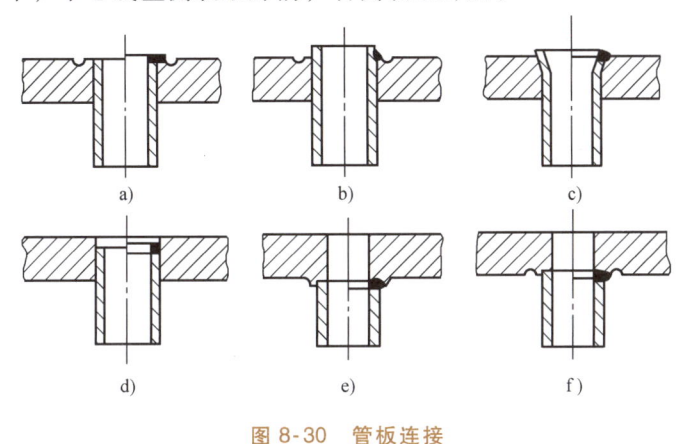

图 8-30 管板连接

a)、b) 环形沟槽焊接　c) 胀管焊接　d) 沉管焊接　e) 翻边对接　f) 环形沟槽对接

4) 开孔与补强。在容器的筒体或封头上开设各种孔或安装接管会减弱纵向断面的强度。手孔和人孔是用来检查容器的内部并用来装拆和洗涤容器内部的装置。手孔的直径一般不小于 150mm，直径大于 1200mm 的容器应开设人孔。筒体与封头上开设孔后，开孔部位的强度被削弱，一般应进行补强。

为了提高材料的利用率，孔可以补强。补强措施有管补强（管子的壁厚增加，见图 8-31a）、基体补强（基体材料壁厚全部增加，见图 8-31b）、补强圈（外加钢圈，见图 8-31c）和孔补强（孔周边基体材料壁厚增加，见图 8-31d）。如果不采取对孔的补强措施，就必须增加壁厚才能保证强度要求。在容器工作温度超过 300℃ 或壁厚超过 40mm 时，不采用图 8-31c 所示的补强圈形式，而采用其他的补强形式。在孔径超过一定值时必须补强，否则强度不能保证，增加壁厚效果不大。

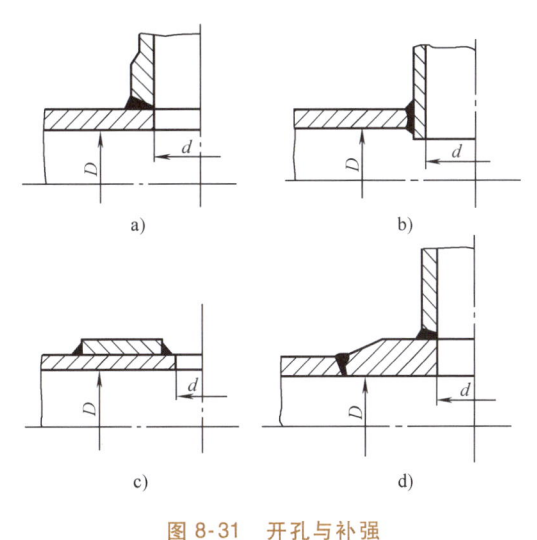

图 8-31 开孔与补强

a) 管补强　b) 基体补强　c) 补强圈　d) 孔补强

如因管孔过于密集而必须开在 A、B 两类接头上时，则必须对开孔部位的焊缝做 100% X 射线照相或超声波探伤。壁厚大于 50mm 时，在焊接接管之前应将开孔区焊缝做消应力处理。

4. 多层容器结构与接头的设计

大型高压容器随着壁厚的增加脆性断裂的危险性也增加，因此多层容器可采用较薄的材料制造，它具有一定的优越性，因而在一些领域内取得了较广泛的应用。多层高压容器的实例如图 8-32 所示，封头和法兰是单层的，环向焊缝用埋弧焊多层焊对接。多层容器抗脆性断裂性能好。爆破试验表明，破断是塑性的。多层容器焊后不进行热处理，所以大型容器可以在工地上施焊。多层容器中存在残余应力有紧箍作用，对于整体强度有利，可以提高容器的承压能力。在多层容器的筒体上开孔接管不太方便，在多数情况下把管接头设置在单层的封头和法兰上，因此这种结构不适于管接头很多的高压容器。

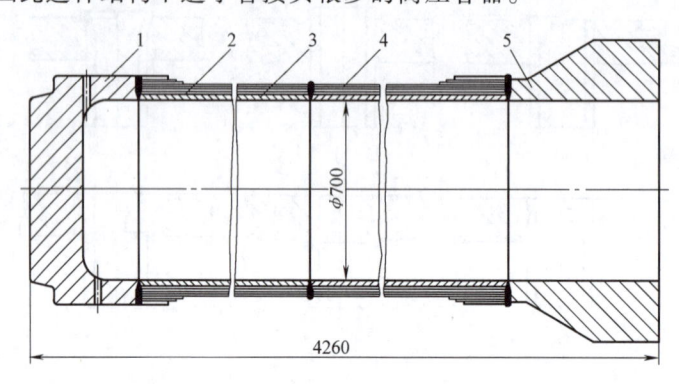

图 8-32　多层高压容器
1—封头　2—多层容器筒体　3—内筒　4—多层　5—法兰

多层容器制造方法有以下多种：

（1）层板包扎法　层板包扎法是最常用的方法，如图 8-33a 所示此法先用厚度为 10~40mm 的优质钢板或厚度为 8~13mm 的不锈钢板制成内筒，内筒经热处理和机械加工。然后将预先弯制好的两片半圆形层板包在内筒外面，用适当的加压装置把层板和内筒紧紧地压在一起，然后定位焊。用钢丝绳捆扎法加压比较简单，而且压力均匀可靠。焊完两条焊缝之后，由于焊缝横向收缩较大，层板便更紧地包在内筒外面，磨平焊缝后依次包扎，焊接各层，直至设计厚度。层板厚度一般为 4~8mm，制成的筒节两端机械加工环焊缝的坡口，用环焊缝把各筒节连接成筒体。此法的主要优点是内壁存在受压预应力，在承压时筒壁内应力沿壁厚分布较单层筒体均匀，筒体上各层板的纵向焊缝可以沿圆周均匀分布，在任何轴向剖面上无相重的焊缝，因此焊缝减弱影响小，使用安全性更高。

（2）绕板法　绕板法如图 8-33b 所示。内筒制造与前法相同，然后在内筒外连续缠绕若干层薄钢板，只焊两条焊缝，即在内层和外层各焊一条焊缝。本法比层板包扎法更省工时和材料，但需要专门的缠绕设备，以确保层板缠绕紧密。绕板的始端焊在内筒上，由于绕板有一定厚度，因此在绕板开始端有一台阶，当第二层绕板绕上时就形成一个楔形间隙。为了填补这个间隙，采用一个楔形垫片填入。绕完最后一周把末端焊住，在绕板外面再包上两块半圆形的保护板（如同层板包扎法），用两条纵向焊缝连接。在制成的筒节端面加两坡口，用环焊缝连接成筒体。

（3）热套法　热套法如图 8-33c 所示。每个筒节由几层厚度为 20~50mm 的筒节组成，每个单层筒节直径不同，形成过盈配合。每个单层筒节焊后削平焊缝，清理表面并矫正圆度，然后逐层套装。套装时外层筒节加热至 600℃，待冷却后外层收缩，层间紧密接触。此

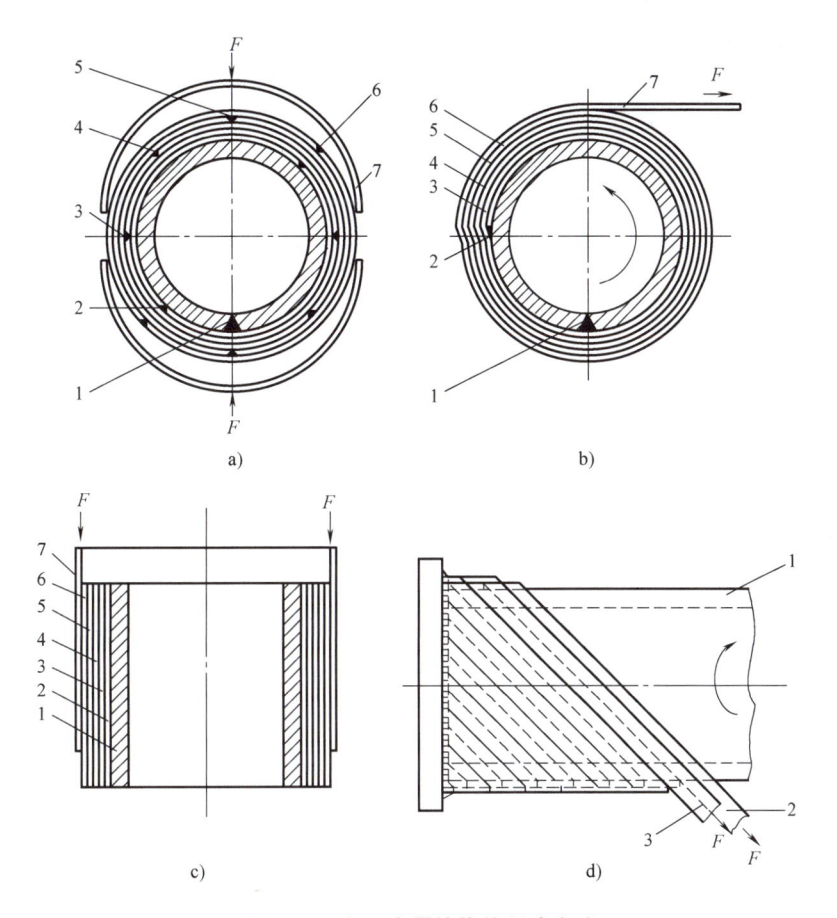

图 8-33 多层容器筒体的制造方法
a）层板包扎法　b）绕板法　c）热套法　d）绕带法（2 层为例）
1—内筒（焊缝）　2—第 1 层　3—第 2 层　4—第 3 层　5—第 4 层　6—第 5 层　7—正在进行中的第 6 层

法要求各层之间具有较高的配合公差，套装时要用一定的加压设备。

（4）绕带法　绕带法如图 8-33d 所示。绕带式多层容器的内筒用厚钢板制成一个整体筒体，其外表面车削出三线的螺纹槽，以便与第一层钢带相啮合，内筒厚度应大于总厚度的 1/4。钢带由优质钢轧制而成，钢带断面的形状和尺寸保证内筒与钢带以及钢带之间互相紧密啮合，使绕带层也能承受一定的轴向力。这种绕带式多层容器便于机械化制造，但对于钢带的尺寸精度要求较高，这是轧钢技术较为困难的课题。绕带式多层容器的最大优点是焊接工作量减少，对于制造大型高压容器有利。这种容器也有一定缺点，钢带之间的啮合未必完全理想，难免存在局部贴合不良的现象，钢带破裂不易修复，筒壁开孔比其余结构形式的多层容器更困难。

5. 球形容器结构与接头的设计

（1）典型球形容器的结构　球形容器在工程上也称为球罐。典型球形容器的结构如图 8-34 所示，通常分为南极带、南温带、赤道带、北温带和北极带等部分，也有以赤道环缝为界将球体分为南北两个半球的。每一圈带板均由若干块"桔瓣"形或足球壳块形钢板组焊而成（见图 8-34a、b）。当球体焊接完成后，由若干支撑将其架设在空间即可供使用。

球罐纵焊缝对接接头如图 8-34c 所示。壁厚根据工作压力选择，一般为 16~40mm。由于钢板要焊透并要尽量降低角变形，因此采用不对称对接坡口形式。在施工和安装中，立、横焊缝较多，各占焊缝总长的 30% 以上，仰焊及平焊焊缝各占 10% 左右。通常多采用手工装配和手工施焊的生产方式，此时产品质量的保证是关键问题。

（2）球形容器的制造方法　球罐生产工艺方案通常有下列三种：

1）*分片预制、现场整体装焊方案*。将每一带板中的相邻三块（块数多少取决于尺寸及便于运输）在工厂装焊成组件，运到施工现场后再将各组件装配成球体，之后焊接。这一方案可相对降低现场焊接量，但分片预制生产周期较长，整体焊接时立、横、仰、平各种焊法在球罐内部进行，劳动强度较大，质量保证较难，大容积厚壁球罐多用这种方案。

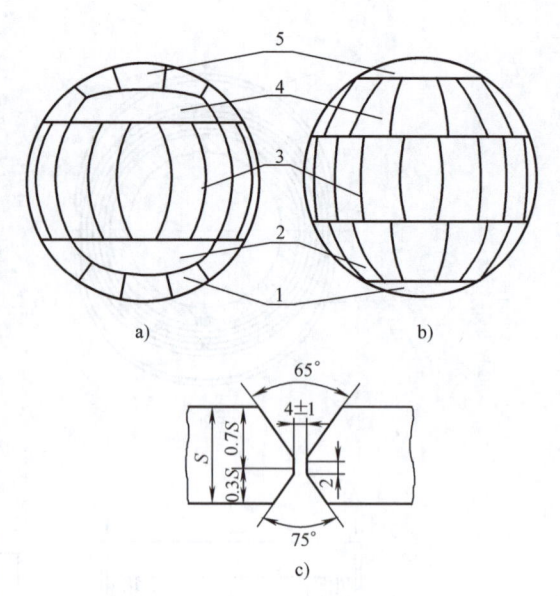

图 8-34　典型球形容器的结构
a）桔瓣形　b）足球壳块形　c）纵焊缝对接接头
1—南极带　2—南温带　3—赤道带
4—北温带　5—北极带

2）*吊轴旋转整体装焊方案*。先将球罐组成球体，后在赤道带上对称中心装焊两根吊轴。此时先焊上半球的外表面和下半球的内表面焊缝，成为较易操作的上坡立焊位置；然后利用吊轴将球体吊起并旋转 180°，再焊上半球的内表面和下半球的外表面焊缝，仍为上坡立焊。这一方案可以将内外纵缝改成上坡立焊，但为了吊起整个球体需要有大型的起吊设备，因此，这一方案用于中小型球罐是合适的。

3）*分带预制、整体叠装焊接方案*。将南极带—南温带、北极带—北温带和赤道带分别装焊成三大组件。预制这些大组件时可将其各翻转一次，使之成为上坡立焊位置。然后以南极带为装配基准逐层往上叠装并焊接两条环缝。后两个工艺方案均可避开质量最难保证的仰焊位置，减少了容器内部的焊接量，缩短了生产周期，但该方案最适合薄壁球罐。在预制各带板环时，一旦变形不匀并导致各带板环间对缝不合拢，则将产生严重的错边而且不易修正，尤其对厚壁球罐更应注意。

在上述三个方案中，如果具备生产设备、生产经验，并且在运输条件许可的情况下，采用后一种方案是最合适的。

如果备料尺寸准确，装配间隙正确，在装配过程中即可避免强力装配所带来的过大装配应力。并可在装配或安装状态下实行自由状态焊接，避免因拘束过大而导致焊接裂纹和使焊缝得以自由收缩而降低残余应力。

球罐的焊接除在工厂进行预制阶段条件较好，可以实现机械化外，在工地施工情况下，多数是焊条电弧焊，用不对称 X 形坡口，采用 J507 焊条及直流反接电源，坡口两边 30~50mm 范围内除锈打光。在保证焊透的情况下尽量减小对接间隙以减小焊接变形。各条焊缝的间隙应尽量保持均匀一致，以使整体变形均匀。

在安装施工情况下，焊接顺序应是先焊各块瓜皮间的纵缝，后焊各带板之间的环缝。例如，在焊接赤道带与南温带间的环缝前，须先装配南温带板与南极带板，以便利用构件本身的点装刚性来限制焊接环缝时可能发生的焊接变形，并避免了由此而可能导致的强力装配。这种焊接顺序的安排原则与制造圆柱形容器的工艺要点是一致的。

8.2.3 薄板结构

1. 薄板结构的稳定性

设有一矩形薄板，长度为 a，宽度为 b，如图 8-35 所示，在 $x=0$ 和 $x=a$ 的边缘上作用均匀分布的压应力。在弹性范围内临界应力为

$$\sigma_{cr} = \frac{K\pi^2 E}{12(1-\mu^2)}\left(\frac{\delta}{b}\right)^2 \tag{8-15}$$

式中，δ 为钢板厚度；E 为弹性模量，对于低碳钢 $E = 2.1\times10^5$ MPa；μ 为泊松比，对于低碳钢 $\mu = 0.3$；K 为系数，与边界条件有关，随 a/b 之值而变化，当 $a \gg b$ 时，在 $y=0$ 及 $y=b$ 的边缘铰支的条件下，$K=4$；在 $y=0$ 固定、$y=b$ 自由的条件下，$K=1.33$；在 $y=0$ 铰支、$y=b$ 自由的条件下，$K=0.46$。

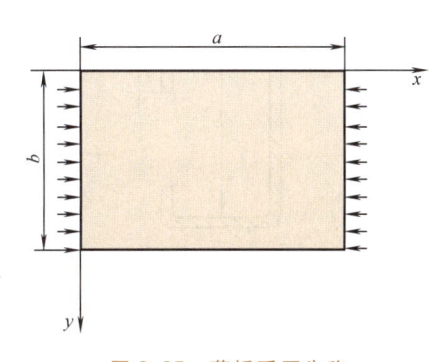

图 8-35 薄板受压失稳

如果薄板构件受轴向应力小于临界应力，则可以认为薄板构件将不会发生局部失稳。如果压应力 $\sigma_y > \sigma_{cr}$，则薄板结构发生失稳。

2. 基于稳定性的薄板结构设计

设计薄板结构最重要的问题是要保证其局部稳定性，提高局部稳定性的主要办法是：合理设计构件的截面形状、设置加强肋、增加板厚或把薄板压制成带凸肋和波纹形的。设置加强肋或增加板厚，两者互有利弊。增设太多的加强肋在工艺方面不利，既费工又易引起焊接变形，但是要减少加强肋就必须增加板厚，因而增加结构质量，这也是不利的。因此，必须从两方面分析权衡利弊，既要考虑工艺性又要考虑经济性。

（1）合理设计截面形状　将薄钢板压制成各种断面形式的杆件，可以提高局部稳定性。常见的薄板构件断面形式如图 8-36 所示。宽度 b 相当于两侧铰支，$K=4$，按式（8-15）计算，必须 $b \leqslant 60\delta$ 方能保证不失稳；宽度 b_1 相当于一侧铰支，一侧自由，$K=0.46$，则必须 $b_1 \leqslant 20\delta$ 才能不失稳。

图 8-36f 所示的薄壁圆管局部稳定性最好，所以承受轴向压力的柱类构件经常用管子。薄壁圆管承受轴向压力时也存在局部失稳问题，薄壁管的局部失稳临界应力

$$\sigma_{cr} = 0.24\frac{E\delta}{D} \tag{8-16}$$

式中，D 为薄壁圆管的直径。

如果 $\sigma_{cr} \geqslant \sigma_s$，则不能失稳，所以对于低碳钢制作的薄壁管，必须 $D \geqslant 200\delta$，才能保持稳定性。

（2）设置加强肋　薄板结构的特点是必须设置加强肋以增进薄板结构的局部稳定性。

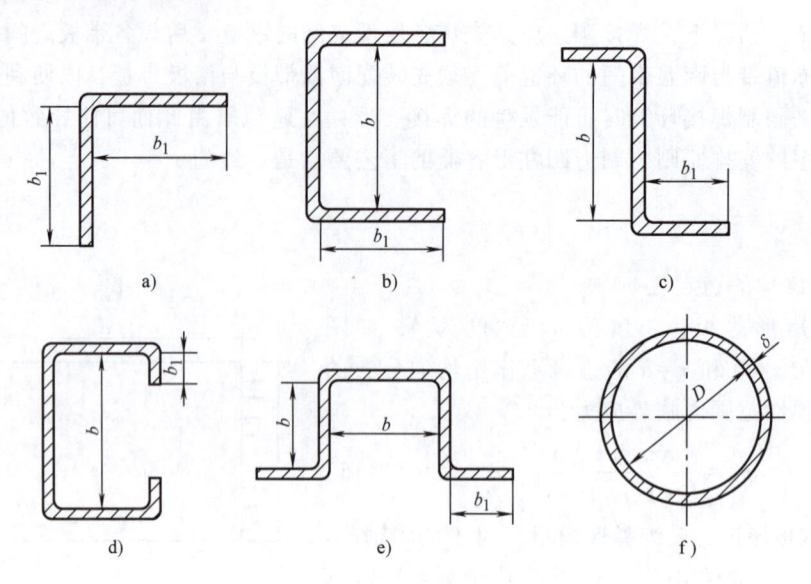

图 8-36 各种薄板构件断面图
a) 角形　b) 槽形　c) L形　d) C形　e) Ω形　f) O形

薄板壳结构在各种工程结构中有着极为广泛的应用，为了增加构件的强度，一般在基板（壳）上附加一些加强肋。近几十年来，薄板壳结构加强肋的分布设计受到了国内外研究者的重视，出现了均匀化方法、密度法、进化法等一些有效的设计手段。加强肋的数量必须适当，设计加强肋时必须分析它的可焊到性，尽量减少施焊不便的加强肋。例如，桥式起重机的箱形主梁，其内部的隔板和纵向加强肋与其腹板之间的焊缝都处于不便施焊的位置，焊接这些焊缝时，焊工的劳动条件很差，应该从工艺方法或结构设计方面研究改进。如把部分加强肋设在箱形梁的外部，把薄腹板压制成带纵向凸肋或波纹形状，都会改善箱形梁的工艺性，值得进一步研究。

现有的方法一般是将加强肋的设计问题转化为板厚的设计问题，计算量大，并且由于设计结果通常是板厚分布的图像，需要专门的后处理程序来识别和确定真正的加强肋的分布形态和实际尺寸。同时，现有的方法往往难以有效地处理承受复杂载荷且具有复杂支承条件的薄板壳加强肋分布设计问题。

（3）薄板压形　为了提高薄板结构的局部稳定性，常把薄钢板压成波纹状（见图8-37）。波纹的方向应该和压应力的方向一致。两波纹间的平面宽度应该小于板厚的60倍。

图 8-38 中所示的薄壁梁的腹板带有压制成形的凸肋，不必再设置纵向加强肋。腹板直接支承钢轨，因此不必设置隔板。上述方案由于两腹板间有一定距离，梁的整体稳定性比单腹板的工字梁高得多。如果不承受横向力或扭矩，这种梁可以独立工作，而不必用辅助桁架增强其整体稳定性。但是这种梁水平方向的刚度和抗扭刚度都还较低，如果要承受一部分水平力或扭矩，这种梁则显得不足。图 8-38b、c 所示的两种结构形式比前者抗扭

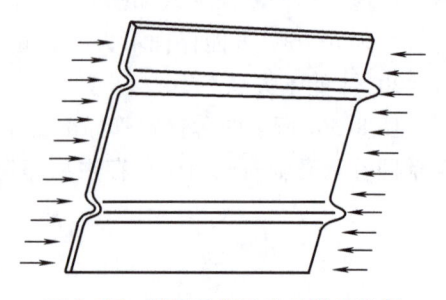

图 8-37 增强局部稳定性的波纹板

刚度提高很多，可以承受一定的水平方向力和扭矩。图 8-38d 所示的形式是单腹板梁，但其上部构成一封闭断面，抗扭刚度提高很多，不但垂直方向的刚度和强度高，而且水平方向的刚度和抗扭刚度也较高。

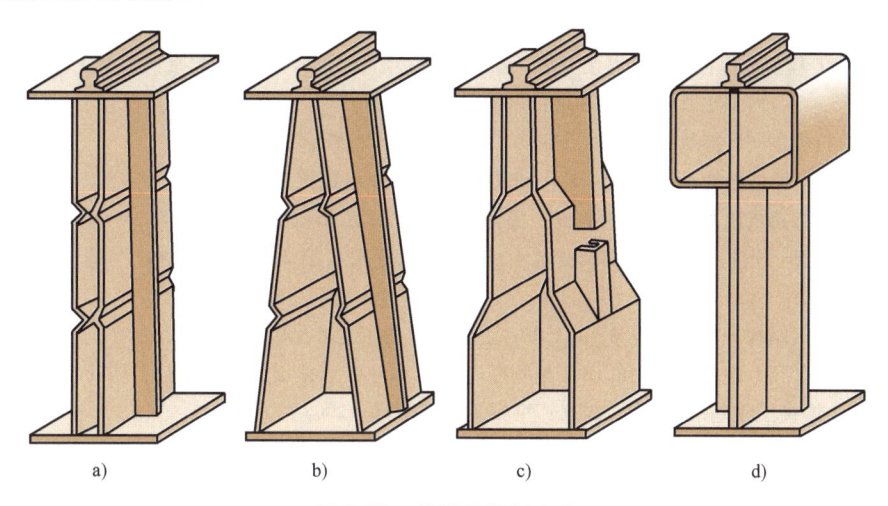

图 8-38　薄板梁的新方案

（4）焊接方法　薄板结构的焊接应尽量使用点焊、气体保护焊、激光高能束焊以及低应力无变形焊接等特种焊接方法，来控制结构焊后的变形。

为了适应电阻焊点焊的工艺要求，薄板结构的点焊接头应尽量设计成便于施焊的搭接接头或卷边接头（见图 8-39a、b、c），便于用固定式或悬挂式的点焊机进行焊接，以保证焊接质量的稳定。一般不采用图 8-39d 所示的结构形式，因为其点焊工艺性能不好。电阻焊点焊工艺最适于焊接两层板厚度相近的接头，三层板的电阻焊点焊接头质量不易保证，应尽量不采用三层板的点焊接头。

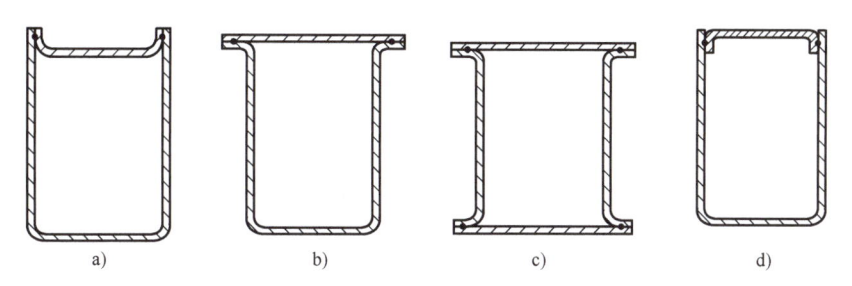

图 8-39　点焊薄壁构件断面图

参 考 文 献

[1] 田锡唐. 焊接结构 [M]. 北京：机械工业出版社, 1982.
[2] 中国机械工程学会焊接学会. 焊接手册：第3卷焊接结构 [M]. 3版. 北京：机械工业出版社, 2015.
[3] 佐藤邦彦, 等. 溶接工学 [M]. 东京：理工学社, 1979.
[4] ΓA尼古拉也夫. 焊接结构学 [M]. 北京：中国工业出版社, 1956.
[5] F法尔杜斯. 焊接结构设计原理 [M]. 北京：机械工业出版社, 1965.
[6] 滨崎正信. 搭接电阻焊 [M]. 尹克里, 等译. 北京：国防工业出版社, 1977.
[7] 机械工程手册、电机工程手册编辑委员会. 机械工程手册：第26篇焊接结构 [M]. 北京：机械工业出版社, 1979.
[8] 焦馥杰. 焊接结构分析基础 [M], 上海：上海科学技术文献出版社, 1991.
[9] 太田省三郎, 等. 溶接构造物的设计与基准 [M]. 东京：产报出版株式会社, 1978.
[10] 熊腊森. 焊接工程基础 [M], 北京：机械工业出版社, 2002.
[11] D拉达伊. 焊接热效应 [M]. 北京：机械工业出版社, 1997.
[12] 宋天民. 焊接残余应力的产生与消除 [M], 北京：中国石化出版社, 2005.
[13] 奥凯尔勃洛姆. 焊接变形与应力 [M]. 北京：机械工业出版社, 1958.
[14] 张文钺. 金属熔焊原理及工艺：上册 [M]. 北京：机械工业出版社, 1980.
[15] HH雷卡林. 焊接热过程计算 [M] 北京：机械工业出版社, 1958.
[16] 汪建华. 焊接数值模拟技术及其应用 [M]. 上海：上海交通大学出版社, 2003.
[17] 孟庆国, 方洪渊, 徐文立, 等. 双丝焊热源模型 [J]. 机械工程学报, 2005, 41 (4)：110-113.
[18] 范成磊, 方洪渊, 陶军, 等. 随焊冲击碾压控制焊接应力变形防止热裂纹机理 [J]. 清华大学学报：自然科学版, 2005, 45 (2)：159-162.
[19] 方洪渊, 王霄腾, 范成磊, 等. LF6铝合金薄板平面内环缝焊接应力与变形的数值模拟 [J]. 焊接学报, 2004, 25 (4)：73-76.
[20] 刘雪松, 徐文立, 方洪渊, 等. LY12CZ铝合金焊件在热循环作用下的尺寸不稳定性 [J], 焊接学报, 2004, 25 (3)：82-84.
[21] 陈祝年. 焊接设计简明手册 [M]. 北京：机械工业出版社, 1997.
[22] 陈祝年. 焊接工程师手册 [M]. 北京：机械工业出版社, 2002.
[23] 曾乐. 现代焊接技术手册 [M]. 上海：上海科学技术出版社, 1993.
[24] 钱在中. 焊接技术手册 [M]. 太原：山西科学技术出版社, 1999.
[25] 王国凡. 钢结构焊接制造 [M]. 北京：化学工业出版社, 2004.
[26] 增渊兴一. 焊接结构分析 [M]. 张伟昌, 等译. 北京：机械工业出版社, 1985.
[27] OW勃劳杰. 焊件设计 [M]. 张伟昌, 等译. 北京：中国农业机械出版社, 1985.
[28] 霍立兴. 焊接结构工程强度 [M]. 北京：机械工业出版社, 1995.
[29] 霍立兴. 焊接结构的断裂行为及评定 [M]. 北京：机械工业出版社, 2000.
[30] TR格尔内. 焊接结构的疲劳 [M] 周殿群, 译. 北京：机械工业出版社, 1988.
[31] D拉达伊. 焊接结构疲劳强度 [M]. 郑朝云, 张式程, 译. 北京：机械工业出版社, 1994.
[32] 贾安东. 焊接结构及生产设计 [M]. 天津：天津大学出版社, 1989.
[33] 张建勋. 现代焊接生产与管理 [M]. 北京：机械工业出版社, 2006.
[34] 邓洪军. 焊接结构生产 [M]. 北京：机械工业出版社, 2004.
[35] 游敏. 连接结构分析 [M]. 武汉：华中科技大学出版社, 2004.

[36] 黄正闰. 焊接结构生产 [M]. 北京：机械工业出版社，1991.
[37] 孟广喆，贾安东. 焊接结构强度和断裂 [M]. 北京：机械工业出版社，1986.
[38] 张汉谦. 钢熔焊接头金属学 [M]. 北京：机械工业出版社，2001.
[39] 杨愉平. 反应变法防止高强铝合金薄板焊接热裂纹的研究 [D]. 哈尔滨：哈尔滨工业大学，1995.